W0355074

Savia

matemáticas

orientadas a las enseñanzas académicas

sm

4 ESO

Entrar en Saviadigital es fácil:

1. Escribe en internet la siguiente dirección: **smsaviadigital.com**
2. Regístrate e introduce el número de licencia que encontrarás en la página anterior.
3. Como solo debes registrarte una vez, anota tu **identificador** y **contraseña**.

CONOCE TU LIBRO

Presentación de la unidad

Empieza la unidad disfrutando de un texto o fragmento literario relacionado con los contenidos de la unidad.

Preguntas relacionadas con el texto para trabajar la comprensión lectora y los conocimientos que ya tenemos sobre el tema.

Ruta de aprendizaje
Para que conozcas qué vas a aprender en cada unidad.

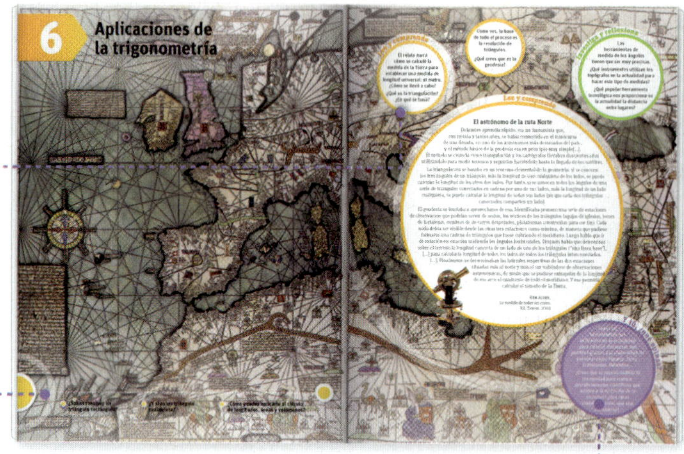

Y tú, ¿qué opinas?
Para que reflexiones sobre valores cívicos o sobre cuestiones sociales de actualidad.

Contenidos

Los contenidos se presentan a partir de situaciones cercanas. Se desarrolla la teoría destacando las ideas más importantes.

Enlace a **actividades interactivas** realizadas con **Geogebra** para que practiques y comprendas mejor los conceptos.

Pon en valor
Breve texto informativo relacionado con la sección **Y tú, ¿qué opinas?** de la entrada. Con una propuesta para trabajar en **savia**digital distintas estructuras de pensamiento crítico.

Ejemplos que te muestran de manera inmediata y directa lo expuesto en la teoría.

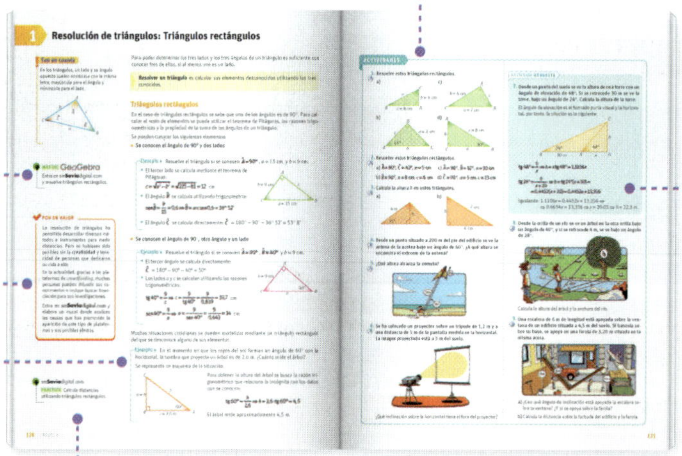

Actividades propuestas al final de cada epígrafe para afianzar los contenidos y adquirir las destrezas necesarias.

Actividades resueltas al final de cada epígrafe, que complementan la teoría y te permiten ver aplicaciones de lo tratado.

Enlace a **actividades interactivas** en **savia**digital para que continúes practicando y compruebes lo que ya sabes.

Organiza tus ideas

Esquema que resume los contenidos más importantes de la unidad.

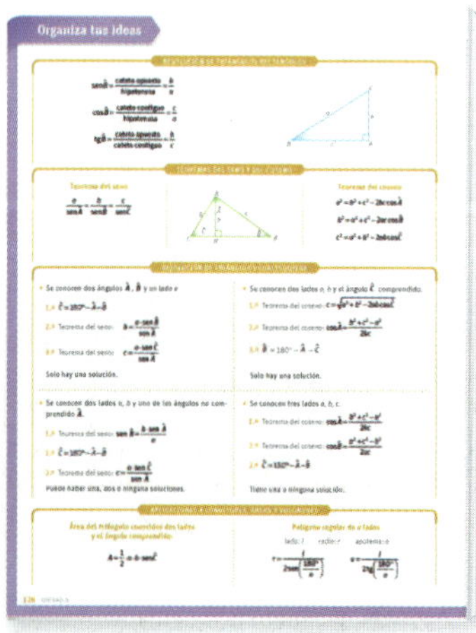

Actividades clave

De una a tres páginas donde se resuelven las actividades más representativas de la unidad o aquellas que muestran procedimientos que permiten relacionar distintos contenidos.

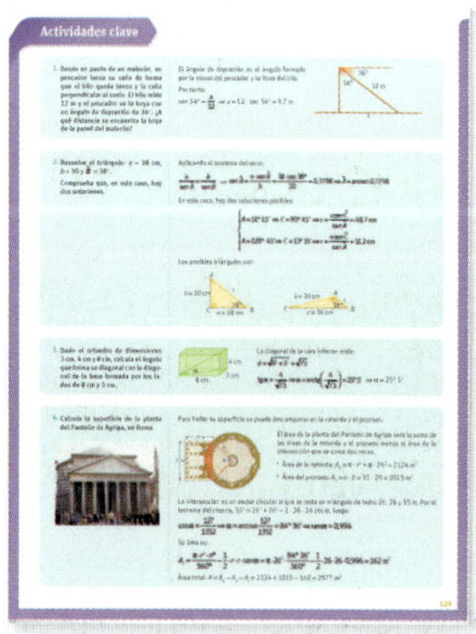

Ejercicios propuestos al final de la unidad

Hasta cinco páginas con actividades y problemas propuestos y resueltos con el fin de que trabajes lo aprendido en la unidad. Están organizados por grupos de contenidos y por nivel de dificultad.

- **Ejercicios:** Actividades para aplicar la teoría, organizados por contenidos y nivel de dificultad.
- **Ejercicios de síntesis:** Actividades, cuestiones y problemas que relacionan diferentes contenidos de la unidad.
- **Problemas:** Situaciones con contexto para ilustrar las aplicaciones de la teoría estudiada.
- **Emprende:** Actividad propuesta para trabajar la habilidad de convertir ideas en actos y fomentar el compromiso social.
- **Actividades para pensar más:** Ejercicios de ampliación basadas en los contenidos de la unidad, en los que hay que reflexionar un poco más.

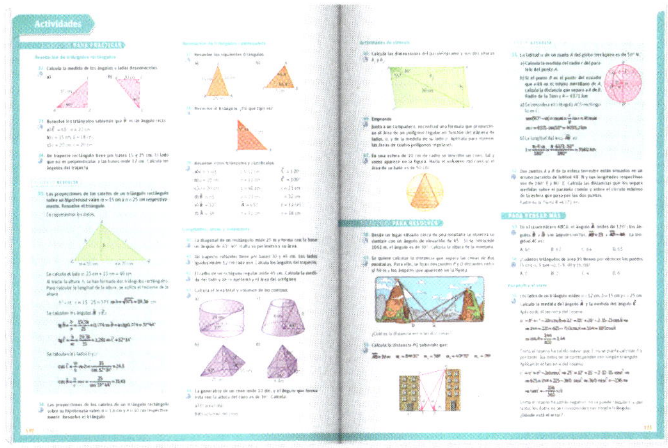

Ponte a prueba

Problemas y actividades PISA

Problemas presentados desde un contexto, extraídos de las pruebas PISA o inspirados en ellas, para que puedas preparar este tipo de evaluaciones. La primera actividad se presenta resuelta paso a paso.

Autoevaluación

Preguntas para que evalúes los conocimientos adquiridos al finalizar la unidad. Las soluciones están disponibles en las páginas finales del libro.

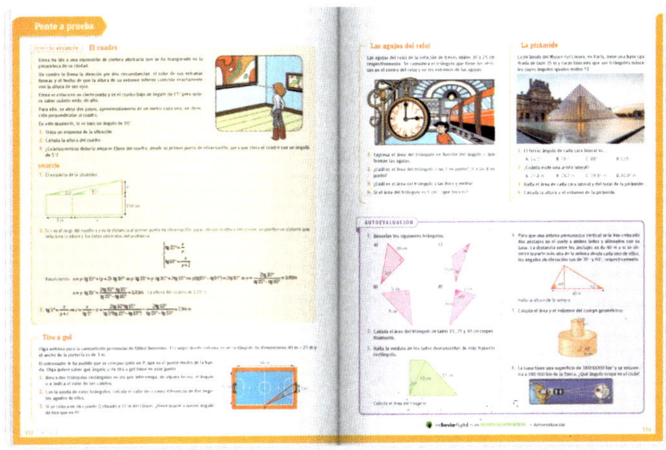

Mates + Magia

En esta sección se presentan divertidos trucos de magia que podrás reproducir con tus compañeros, acompañados de la explicación matemática del truco.

CONOCE Saviadigital www.smSaviadigital.com

Saviadigital te ofrece más recursos y actividades para aprender y profundizar en los contenidos.

PRACTICA	Actividades para que afiances tus conocimientos de forma interactiva.
MAT-TIC CON GEOGEBRA	Actividades interactivas con la aplicación Geogebra.
VALORA LO APRENDIDO	Autoevaluación de la unidad para que seas consciente de tu aprendizaje y prepares el examen.

Para acceder a **Savia**digital sigue los pasos que encontrarás nada más abrir este libro.

En tu libro aparecen llamadas para que sepas qué recursos hay en **Savia**digital.

sm**Savia**digital.com
PRACTICA ¿A qué conjunto pertenece cada número?

MAT-TIC GeoGebra
Entra en sm**Savia**digital.com y practica la proporcionalidad con ruedas.

ÍNDICE

Funciones

Estadística y probabilidad

1 Números reales

- ¿Cuántos conjuntos de números conoces? ¿Sabes representarlos?
- ¿Qué operaciones puedes hacer con potencias? ¿Y con radicales?
- ¿Cómo puedes calcular el exponente de una potencia si conoces su valor?

Lee y comprende

¿Qué representan los números de los 10 primeros versos?

¿Qué quiere decir la autora al afirmar *¡Oh, qué corta es la cola del cometa...!*?

¿Por qué el número Pi no transcurre?

Lee y comprende

**3,1415926535897932384
626433832795028841971693
993751058209749445923078164
0628620899862803482534211706 79...**

El número Pi es digno de admiración
tres coma uno cuatro uno,
todas sus cifras siguientes
también son iniciales,
cinco nueve dos,
porque nunca se termina.
No permite abarcarlo con la mirada
seis cinco tres cinco,
con un cálculo ocho nueve,
con la imaginación siete nueve
o en broma tres dos tres,
es decir, por comparación
ocho cuatro seis con cualquier otra cosa
dos seis cuatro tres en el mundo.
La más larga serpiente después
de varios metros se interrumpe.
Igualmente, aunque un poco más tarde,
hacen las serpientes fabulosas.
El cortejo de cifras que forman
el número Pi
no se detiene en el margen de un folio,
es capaz de prolongarse por la mesa,
a través del aire, a través del muro,
de una hoja, del nido de un pájaro,
de las nubes, directamente al cielo a
través de la total hinchazón
e inmensidad del cielo.
¡Oh, qué corta es la cola del cometa,
como la de un ratón!
¡Qué frágil el rayo de la estrella
que se encorva en cualquier espacio!
Pero aquí dos tres quince trescientos
noventa mi número de teléfono,
la talla de tu camisa,
año mil novecientos setenta y tres,
sexto piso número de habitantes,
sesenta y cinco céntimos
la medida de la cadera, dos dedos,
la charada y el código
en el que mi ruiseñor vuela y canta
y pide un comportamiento tranquilo,
también transcurren la tierra y el cielo
pero no el número Pi,
éste no, él es todavía un buen cinco,
no es un ocho cualquiera,
ni el último siete
metiendo prisa, oh, metiendo prisa
a la perezosa eternidad
para la permanencia.

WISLAVA SZYMBORSKA

Analiza y reflexiona

¿Qué características tiene el número Pi? ¿A qué conjuntos de números pertenece?

¿Conoces algún otro número con las mismas características?

¿Interés simple o compuesto?

1 Números reales

A lo largo de la historia de las matemáticas han surgido distintos conjuntos de números para ir dando respuesta a la necesidad de expresar la realidad.

- El conjunto de los **números naturales**: $\mathbb{N} = \{0, 1, 2, 3, 4, ...\}$
- El conjunto de los **números enteros**: $\mathbb{Z} = \{..., -2, -1, 0, 1, 2, ...\}$

  Cualquier número natural es también un número entero: $\mathbb{N} \subset \mathbb{Z}$
- El conjunto de los **números racionales**, es decir, el conjunto de las fracciones: $\mathbb{Q} = \left\{-\frac{4}{7}, \frac{11}{12}, \frac{1}{8}, \frac{0}{1}, -\frac{3}{1}, ...\right\}$

  Cualquier número entero es también un número racional: $\mathbb{Z} \subset \mathbb{Q}$

Ten en cuenta

$\mathbb{N} \subset \mathbb{Z}$

se lee "$\mathbb{N}$ está incluido en $\mathbb{Z}$".

Sabías que...

$\mathbb{N}$: inicial de *naturel* (francés) y natural (inglés y español)

$\mathbb{Z}$: inicial de *zahl* (número en alemán)

$\mathbb{Q}$: inicial de *quotient* (cociente en francés e inglés)

$\mathbb{I}$: inicial de irracional (que no es racional)

Los números irracionales: $\mathbb{I}$

Cualquier número racional también se puede escribir como un número **decimal finito o periódico**, pero hay números que no se pueden escribir como cociente de enteros.

Los números que no tienen un desarrollo decimal ni finito ni periódico, se denominan **irracionales**. El conjunto de los números irracionales se designa con la letra $\mathbb{I}$.

Ejemplo ▶ Son números irracionales:

- Los números decimales no periódicos: 3,303 003 000 3..., π...
- Las raíces no exactas de números reales: $\sqrt{3}$, $\sqrt[5]{90}$...

Los números reales: $\mathbb{R}$

Los números racionales y los irracionales forman el conjunto de los **números reales**, que se designa con la letra $\mathbb{R} = \mathbb{Q} \cup \mathbb{I}$.

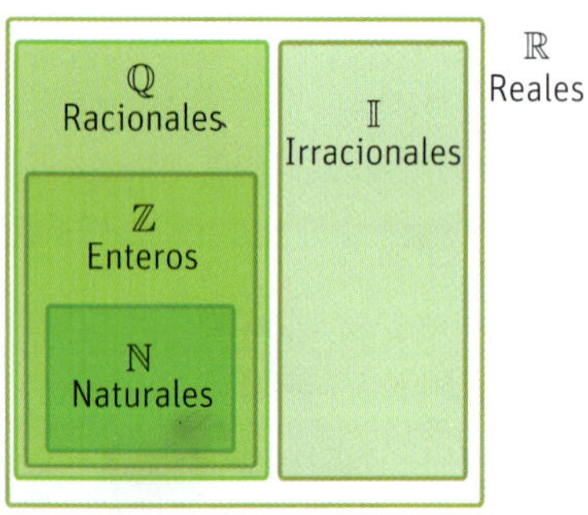

Ejemplo ▶ Son números reales:

$$1, -3, \frac{3}{4}, 2{,}010\,203..., \pi, \sqrt{3},...$$

Cualquier número racional es también un número real: $\mathbb{Q} \subset \mathbb{R}$.

Cualquier número irracional es también un número real: $\mathbb{I} \subset \mathbb{R}$.

Valor absoluto de un número real

El **valor absoluto de un número real *a***, se representa por $|a|$ y es la distancia que hay desde a hasta 0. Siempre es un número **no negativo**.

Una definición equivalente es: $|a| = \begin{cases} a & \text{si } a \geq 0 \\ -a & \text{si } a < 0 \end{cases}$

Por tanto, la **distancia entre dos números reales**, a y b, es igual al valor absoluto de su diferencia: $d(a, b) = d(b, a) = |b - a|$

Ejemplos

▶ Calcula el valor absoluto de −3.

Aplicando la definición es: $|-3| = -(-3) = 3$

▶ Calcula la distancia entre −1 y 4.

La distancia entre −1 y 4 es: $d(-1, 4) = d(4, -1) = |-1-4| = |-5| = -(-5) = 5$

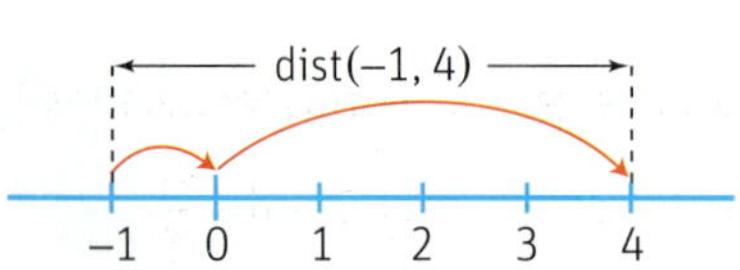

Aproximación y error

Los números reales pueden tener gran cantidad de números decimales. Para poder operar con ellos se utilizan aproximaciones.

Aproximar un número real es sustituirlo por un número racional con un número finito de cifras decimales.

Se puede aproximar por truncamiento o por redondeo. Al **truncar** un número a un orden determinado se eliminan las cifras decimales a partir de ese orden y para **redondearlo**, se eliminan las cifras decimales a partir de ese orden, teniendo en cuenta la primera cifra decimal que se suprime.

- Si es mayor o igual que 5 se suma 1 a la última cifra decimal de la aproximación.
- Si es menor que 5 mantiene igual.

Ejemplo ▸ Redondea $\sqrt{7} = 2{,}645\,751\,311...$ usando tres cifras significativas.

$$2{,}645\,751\,311... \approx 2{,}65$$

Siempre que se aproxima, se comete un error que se puede medir de dos formas.

El **error absoluto**, E_A, es el valor absoluto de la diferencia entre el valor exacto, x_r, y su aproximación, x_a.

$$E_A = |x_r - x_a|$$

El **error relativo**, E_R, es el cociente entre el error absoluto y el valor exacto.

$$E_R = \frac{E_A}{x_r}$$

Ejemplo ▸ Calcula el error absoluto y relativo si se aproxima π por 3,14 y se considera como valor exacto de $\pi = 3{,}141\,592\,654$.

- Error absoluto: $|3{,}141592654 - 3{,}14| = 0{,}001592654$
- Error relativo: $\frac{0{,}001592654}{3{,}141592654} = 0{,}000\,506\,957 \Rightarrow 0{,}05\ \%$

Ten en cuenta

Las cifras del número aproximado se llaman **cifras significativas**, son las que aportan información.

MAT-TIC GeoGebra

Entra en sm**Savia**digital.com y practica con los números reales.

Ten en cuenta

El error relativo se suele indicar utilizando porcentajes.

ACTIVIDADES

1. Señala si los siguientes números son racionales o irracionales.

a) 5,372727272...
b) 0,127202002000...
c) 3,5454454445...
d) 8,66612671267...

2. Indica todos los conjuntos numéricos a los que puedan pertenecer estos números.

$$\frac{3}{5};\ -\sqrt{2};\ 1{,}2525...;\ 2{,}010010001...;\ -4;\ 0{,}2\widehat{6}$$

3. Di si estas frases son verdaderas o falsas.

a) Todo número decimal es racional.

b) El número $\sqrt{\frac{12}{3}}$ pertenece a $\mathbb{N}$, $\mathbb{Z}$, $\mathbb{Q}$ y $\mathbb{R}$.

c) El número −1 pertenece al intervalo $\left(-\sqrt{25}, -\sqrt[3]{8}\right)$.

d) Existe la fracción $\frac{a}{b} = 3{,}414114111411114...$

4. Calcula estos valores absolutos.

a) $|-7 + 2|$
b) $|7 - |-9||$
c) $||-5| - |-8||$
d) $||-9| + |2| \cdot |-5||$

5. Aproxima $\sqrt{10} = 3{,}162\,277\,66...$ con tres cifras significativas y calcula el error absoluto y el error relativo.

ACTIVIDAD **RESUELTA**

6. Encuentra todos los números x que cumplan que $|x + 1| = 3$.

Como $|x + 1| = |x - (-1)| = d(x, -1)$, se buscan los números que distan 3 unidades de −1.

$$x = -1 + 3 = 2 \quad \text{y} \quad x = -1 - 3 = -4.$$

7. Encuentra todos números x que verifican estas igualdades.

a) $|x - 1| = 2$
b) $|x + 2| = 5$
c) $|3 - x| = \frac{4}{5}$

2 La recta real. Intervalos

Ten en cuenta

A diferencia de lo que ocurre con la recta real, la recta racional no es completa, es decir, no a todo punto de la recta le corresponde un número racional.

Los números reales se pueden representar en una recta que se denomina **recta real**.

A cada **número real** le corresponde un único punto de la **recta real**, y a cada punto de la recta, un único número real.

Representación de números racionales

Cualquier número racional se representa en la recta real usando el compás, la escuadra y el cartabón no graduados, y aplicando el teorema de Tales.

Ejemplo ▸ Representa el número racional $a = \frac{7}{4}$.

1.º Como $a = \frac{7}{4} = 1 + \frac{3}{4}$, entonces $1 < a < 2$.

Se traza una semirrecta auxiliar que parta de 1 y se toman cuatro segmentos iguales.

2.º Se traza la recta r que una el último punto E con el 2, formándose el triángulo AEF.

3.º Por el punto D, que corresponde al tercer segmento, se traza una paralela a r, que corta a la recta real en G. Como AEF y ADG son semejantes, G es el punto que corresponde al número a.

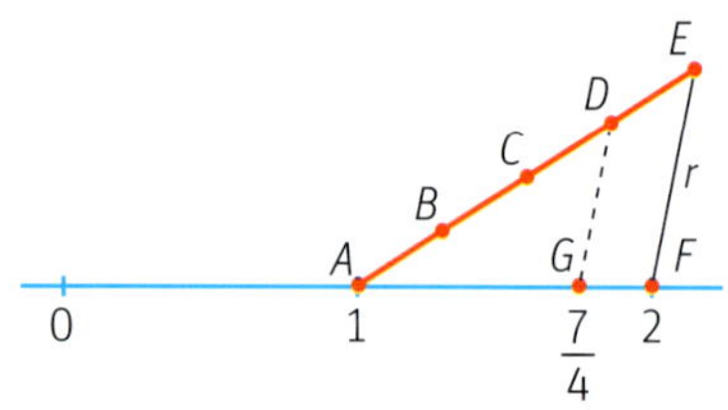

Representación de números irracionales

Para representar algunos números irracionales como las raíces cuadradas, se pueden utilizar métodos geométricos.

Ejemplo ▸ Representa el número irracional $\sqrt{10}$.

1.º Se descompone 10 como producto de dos números, por ejemplo, $10 = 5 \cdot 2$. Se dibujan los segmentos $AD = 5$ y $DB = 2$.

2.º Se traza la semicircunferencia de diámetro AB.

3.º Por D se traza la perpendicular a AB hasta que corte a la semicircunferencia en C.

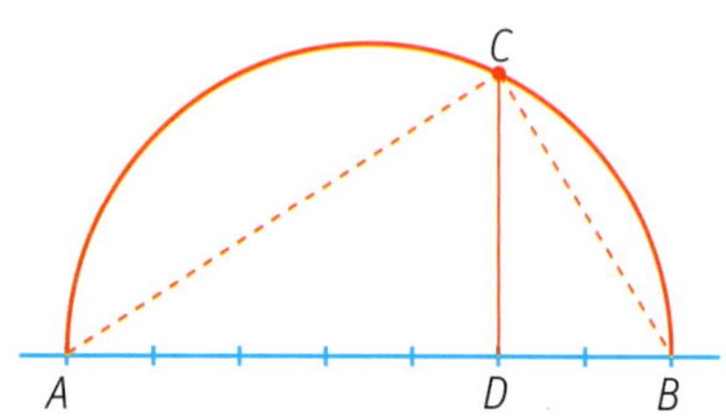

4.º El triángulo ACB es rectángulo en C y los triángulos CDB y ADC son semejantes al tener sus ángulos iguales. Por tanto, se cumple que:

$$\frac{\text{cateto menor de } BDC}{\text{cateto menor de } ADC} = \frac{\text{cateto mayor de } BDC}{\text{cateto mayor de } ADC} \Rightarrow \frac{2}{CD} = \frac{CD}{5} \Rightarrow CD^2 = 10 \Rightarrow CD = \sqrt{10}$$

El segmento DC mide $\sqrt{10}$.

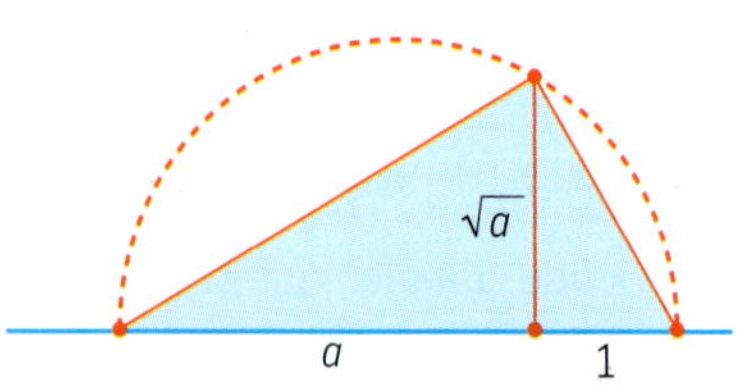

Si se sabe representar el número a, también se puede representar $\sqrt{a}$ tomando dos segmentos de longitudes a y 1.

Para representar otros números irracionales se utilizan sus aproximaciones.

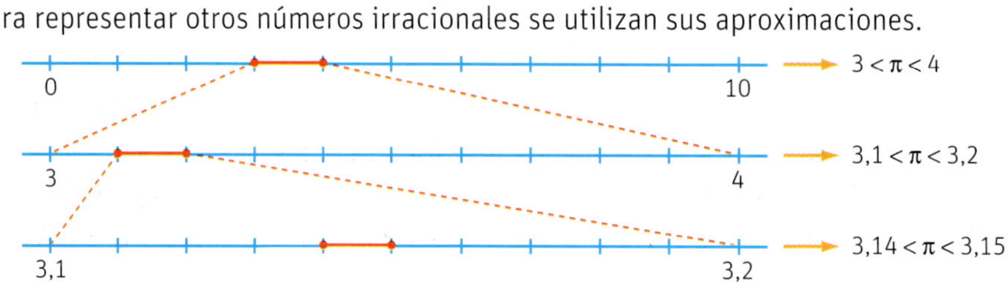

Intervalos

> Un **intervalo** es el conjunto de todos los números comprendidos entre dos puntos de la recta real.

Si a y b son números reales, $a < b$, un intervalo puede ser:

Cerrado $[a, b] = \{x \in \mathbb{R} \,/\, a \le x \le b\}$	**Abierto** $(a, b) = \{x \in \mathbb{R} \,/\, a < x < b\}$

Semiabierto o semicerrado	
$[a, b) = \{x \in \mathbb{R} \,/\, a \le x < b\}$	$(a, b] = \{x \in \mathbb{R} \,/\, a < x \le b\}$

Un intervalo abierto o cerrado se llama también **entorno de centro *M* y radio *r***. El punto M es el punto medio del intervalo y r la distancia del centro a los extremos.

Se representan por $E(M, r)$ si el intervalo es abierto y $E[M, r]$ si es cerrado.

> Una **semirrecta** es el conjunto de todos los números menores o mayores que un punto de la recta real.

Si a es un número real, una semirrecta puede ser:

Cerrada por la derecha $(-\infty, a] = \{x \in \mathbb{R} \,/\, x \le a\}$	**Abierta por la derecha** $(-\infty, a) = \{x \in \mathbb{R} \,/\, x < a\}$

Cerrada por la izquierda $[a, +\infty) = \{x \in \mathbb{R} \,/\, x \ge a\}$	**Abierta por la izquierda** $(a, +\infty) = \{x \in \mathbb{R} \,/\, x > a\}$

Ten en cuenta

- La intersección de dos conjuntos A y B se escribe $A \cap B$.
- La unión de dos conjuntos A y B se escribe $A \cup B$.

MAT-TIC GeoGebra

Entra en smSaviadigital.com y practica con entornos e intervalos.

ACTIVIDADES

8. Representa en la recta real los números $\frac{7}{2}$, $\sqrt{12}$, $2\sqrt{3}$.

9. ¿Qué es mayor, $\sqrt{6}$ o $\frac{7}{3}$? Para averiguarlo, representa estos números en la recta real.

10. Escribe como semirrectas o intervalos las siguientes desigualdades.

a) $x \ge -3$
b) $-5 \le x < 7$
c) $x < 7$ y $x > -8$
d) $8 > x$
e) $7 < x$ y $x \ge 9$
f) $x < -3$ y $x \ge 1$

11. Expresa con una desigualdad y gráficamente los siguientes intervalos y semirrectas.

a) $[-1, +\infty)$ b) $(-2, 0]$ c) $(-\infty, 3)$ d) $[4, 8]$

12. Señala si las siguientes igualdades son verdaderas o falsas.

a) $E[1, 2] = [-1, 3]$
b) $E(0, 1) = [-1, 1]$
c) $E(-2, 3) = (-5, 0)$
d) $E(4, 2) = (3, 5]$

13. En el siglo XII, el matemático indio Bhaskara aseguró que $\sqrt{8} + \sqrt{2} = \sqrt{18}$.

Dibuja un segmento de longitud $\sqrt{8} + \sqrt{2}$ y otro de longitud $\sqrt{18}$, y compruébalo.

14. Responde en cada caso, expresando el resultado como un intervalo y como una desigualdad.

a) ¿Qué números reales están a la vez en los intervalos $(-7, 5]$ y $[-6, 3]$?

b) ¿Qué números enteros están a la vez en las semirrectas $(-\infty, -2]$ y $(-6, +\infty)$?

3 Potencias de exponente entero

Sabías que...

En la materia, los órdenes de magnitud varían de forma dramática:

- Galaxias de diámetro 10^{21} m

- Átomos de diámetro 10^{-10} m

MAT-TIC GeoGebra

Entra en smSaviadigital.com y practica con potencias de exponente entero.

A partir de la **potencia de exponente natural** $a^n = \underbrace{a \cdot a \cdot a \cdot \ldots \cdot a}_{n \text{ veces}}$, con a un número real distinto de cero y n cualquier número natural, se puede definir:

- La **potencia de exponente nulo**, $a^0 = 1$.
- La **potencia de exponente entero**, $a^{-n} = \dfrac{1}{a^n}$.

Se prueba utilizando las propiedades de las potencias de exponente natural.

- $1 = \dfrac{a^n}{a^n} = a^{n-n} = a^0 \Rightarrow 1 = a^0$
- $a^{-n} \cdot a^n = a^0 = 1 \Rightarrow a^{-n} = \dfrac{1}{a^n}$

De esta forma, las potencias de exponente entero conservan las mismas propiedades que las potencias de exponente natural.

- $a^n \cdot a^m = a^{n+m}$
- $a^n : a^m = a^{n-m}$
- $(a^n)^m = a^{n \cdot m}$
- $a^n \cdot b^n = (a \cdot b)^n$
- $a^n : b^n = (a : b)^n$

Ejemplos

- $2^3 \cdot \left(\dfrac{1}{2}\right)^2 = 2^3 \cdot 2^{-2} = 2^{3+(-2)} = 2$
- $2^8 : 4^4 = 2^8 : (2^2)^4 = 2^8 : 2^{2 \cdot 4} = 2^{8-8} = 2^0 = 1$
- $(3^2)^3 \cdot 5^6 = 3^{2 \cdot 3} \cdot 5^6 = [3 \cdot 5]^6 = 15^6$
- $15^4 : (-5)^4 = 15^4 : 5^4 = (15 : 5)^4 = 3^4$

ACTIVIDADES

15. Escribe los siguientes números como potencias cuya base sea un número primo.

a) 8, 125, 243, 1024, 2401 b) $\dfrac{1}{625}, \dfrac{1}{343}, \dfrac{1}{256}, \dfrac{1}{81}, \dfrac{1}{32}$

16. Haz estas operaciones con potencias.

a) $4^{-3} \cdot 4^2 : 4^{-1}$ b) $\left(\dfrac{3}{4}\right)^{-3} \cdot \left(\dfrac{9}{8}\right)^2$ c) $5^{-3}\left[\left(\dfrac{1}{5}\right)^{-2}\right]^2$

ACTIVIDAD **RESUELTA**

17. Utiliza las propiedades de las potencias y halla el valor de *x*.

a) $\left(\dfrac{1}{2}\right)^x = 2$ b) $0{,}01^{2x} \cdot 1000 = 0{,}1$

a) $(2^{-1})^x = 2 \Rightarrow 2^{-x} = 2 \Rightarrow -x = 1 \Rightarrow x = -1$

b) $\left(\dfrac{1}{100}\right)^{2x} \cdot 10^3 = \dfrac{1}{10} \Rightarrow (10^{-2})^{2x} \cdot 10^3 = 10^{-1}$

$10^{-4x} \cdot 10^3 = 10^{-1} \Rightarrow 10^{-4x+3} = 10^{-1} \Rightarrow -4x + 3 = -1 \Rightarrow x = 1$

18. Calcula x en cada una de estas igualdades:

a) $2 \cdot 16^2 \cdot 32^{-7} = 2^x$ c) $10^{2x} \cdot 10\,000 = 0{,}001$

b) $3 \cdot 27^2 \cdot 9^{-7} = 3^x$ d) $100^{2x} \cdot \dfrac{1}{1000} = 0{,}1^{-2}$

19. Simplifica al máximo estas expresiones.

a) $\dfrac{4 \cdot (10^{-2})^3 \cdot 10^2}{12 \cdot 10^{-3}}$ b) $\dfrac{25 \cdot (10^2)^{-5} \cdot 121}{11 \cdot 75 \cdot 10^{-9}}$

20. Expresa como potencia de 10 y opera.

a) $\dfrac{(0{,}0001^{-2})^3 \cdot 100^2}{0{,}1 \cdot 10\,000 \cdot 10^{-5}}$ b) $\dfrac{(0{,}0001^2)^{-2} \cdot 10^6}{(1000^{-1})^{-5} \cdot 10^{-3}}$

ACTIVIDAD **RESUELTA**

21. ¿Qué es mayor 8^{10} o 10^8?

Se observa que ni 8 ni 10 son potencias enteras de una misma base, para compararlas se buscan potencias con valor cercano.

Como $8^{10} = (2^3)^{10} = (2^{10})^3$ y $2^{10} = 1024$ es un valor cercano a $1000 = 10^3$, se tiene que

$$2^{10} = 1024 > 1000 = 10^3 \Rightarrow 2^{10} > 10^3$$

Por tanto, $8^{10} = (2^{10})^3 > (10^3)^3 = 10^9 > 10^8$.

Así pues, $8^{10} > 10^8$.

22. ¿Qué es mayor 31^{11} o 17^{14}?

Ayuda: piensa en 16 y 32 y ten en cuenta que $31^{11} < 32^{11}$ y $16^{14} < 17^{14}$.

4 Notación científica

Hay valores que al ser muy grandes o muy pequeños se expresarían con muchos ceros. La notación científica permite expresarlos de forma abreviada y sencilla de entender.

> Un número x está escrito en **notación científica** si es de la forma $x = a \cdot 10^p$, donde:
> - a es un número real cuyo valor absoluto es mayor o igual que 1 y menor que 10
> - p es un entero, llamado **orden de magnitud** de x.

Ejemplo ▸ Expresa en notación científica estas longitudes.

- El diámetro del Sol mide 1 390 000 000 m.
  1 390 000 000 m = $1{,}39 \cdot 10^9$ m
- La longitud de la bacteria Escherichia Coli es 0,000 004 m.
  0,000 004 m = $4 \cdot 10^{-6}$ m

Además, la notación científica facilita la comparación entre magnitudes muy grandes o muy pequeñas, basta con estudiar sus órdenes de magnitud.

Ejemplo ▸ Compara la masa de Saturno: $5683 \cdot 10^{23}$ kg y la masa de Neptuno: 102 400 000 000 000 000 000 000 000.

En notación científica, la masa de Saturno es $5{,}683 \cdot 10^{26}$ y la masa de Neptuno es $1{,}024 \cdot 10^{26}$.

Como el orden de magnitud es igual, y 5,683 > 1,024, la masa de Saturno es mayor.

Con calculadora

Para escribir en la calculadora un número en notación científica, se debe escribir:

2 . 5 EXP (–) 3

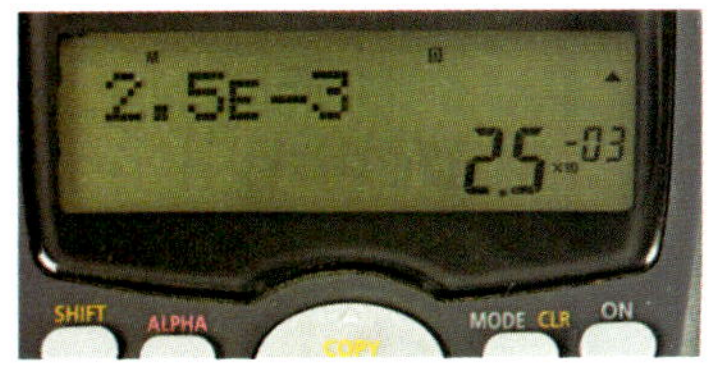

MAT-TIC GeoGebra

Entra en smSaviadigital.com y practica con la notación científica.

ACTIVIDADES

23. Expresa en notación científica.

a) La distancia media de Plutón al Sol: 5 913 500 000 km.

b) La masa de un átomo de hidrógeno:
0,000 000 000 000 000 000 000 001 661 g.

24. Copia en tu cuaderno y completa.

Escritura decimal	Escritura $n \cdot 10^p$	Notación científica
25 000 000	●●●	●●●
0,000 004 3	●●●	●●●
●●●	$29 \cdot 10^{-3}$	●●●
●●●	$438 \cdot 10^5$	●●●
●●●	●●●	$3{,}48 \cdot 10^{-4}$
●●●	●●●	$1{,}3 \cdot 10^5$

25. María tiene que dar la respuesta de una actividad en notación científica, pero el profesor le dice que su respuesta no está bien. ¿Cuál es la respuesta correcta en notación científica?

ACTIVIDAD **RESUELTA**

26. Si $a = 1{,}067 \cdot 10^3$ y $b = 2{,}1 \cdot 10^{-2}$, escribe en notación científica.

a) $a - b$ b) $a \cdot b$ c) $\frac{a}{b}$

a) $a - b = 1{,}067 \cdot 10^3 - 2{,}1 \cdot 10^{-2} =$
$= 1{,}067 \cdot 10^3 - 2{,}1 \cdot \frac{10^{-2}}{10^3} \cdot 10^3 =$
$= 1{,}067 \cdot 10^3 - 0{,}000\,021 \cdot 10^3 =$
$= (1{,}067 - 0{,}000\,021) \cdot 10^3 =$
$= 1{,}066\,979 \cdot 10^3$

b) $a \cdot b = 1{,}067 \cdot 10^3 \cdot 2{,}1 \cdot 10^{-2} = 1{,}067 \cdot 2{,}1 \cdot 10^{3+(-2)}$
$= 2{,}2407 \cdot 10$

c) $\frac{a}{b} = \frac{1{,}067 \cdot 10^3}{2{,}1 \cdot 10^{-2}} = \frac{1{,}067}{2{,}1} \cdot \frac{10^3}{10^{-2}}$
$= 0{,}508\,095\,2 \cdot 10^5 = 5{,}080\,952 \cdot 10^4$

27. Si $a = 2{,}3 \cdot 10^8$, $b = 5{,}1 \cdot 10^7$ y $c = 4{,}6 \cdot 10^{-5}$, resuelve las siguientes operaciones y escribe el resultado en notación científica.

a) $a + b$ b) $a \cdot b$ c) $a \cdot c$ d) $\frac{a}{c}$

28. smSaviadigital.com

PRACTICA Expresa números reales de diferentes maneras.

5 Radicales. Potencias de exponente fraccionario. Propiedades

Ten en cuenta

En particular, si $n = 2$ y $a > 0$, $\sqrt{a}$ indica el único número positivo cuyo cuadrado es a. Por tanto:

$$\sqrt{a^2} = |a|$$

Un radical es la raíz indicada de un número.

Si $a > 0$, $\sqrt[n]{a}$ indica el **único número positivo** cuya potencia n-ésima es a.

Índice — Expresión radical — Radicando — Raíz de orden n

$$\sqrt[n]{a} = b \Leftrightarrow b^n = a$$

Radicando	Índice	Número de raíces reales	Expresiones radicales	Ejemplo
$a > 0$	Par	Dos opuestas	$+\sqrt[n]{a}$ o $\sqrt[n]{a}$	$\sqrt{49} = 7$
			$-\sqrt[n]{a}$	$-\sqrt{49} = -7$
	Impar	Una positiva	$\sqrt[n]{a}$	$\sqrt[3]{343} = 7$
$a < 0$	Par	Ninguna	$\sqrt[n]{a}$ no es real.	$\sqrt{-1}$ no es real.
	Impar	Una negativa	$\sqrt[n]{a} = -\sqrt[n]{\lvert a \rvert}$	$\sqrt[3]{-27} = -\sqrt[3]{27} = -3$
$a = 0$	Cualquiera	Una igual a 0	$\sqrt[n]{0} = 0$	$\sqrt[4]{0} = 0$

Un radical puede expresarse como una **potencia de exponente fraccionario**.

$$\sqrt[n]{a^m} = a^{\frac{m}{n}} \text{ con } n \neq 0 \text{ y } m \neq 0$$

Ejemplo ▸ Demuestra que $27^{\frac{1}{3}} = \sqrt[3]{27}$.

Se elevan al cubo los dos términos de la igualdad y se tiene: $\left(27^{\frac{1}{3}}\right)^3 = 27^{\frac{1}{3}\cdot 3} = 27^1 = 27$

Así pues, $27^{\frac{1}{3}}$ es el número que elevado al cubo da 27, es decir, $27^{\frac{1}{3}} = \sqrt[3]{27}$.

Propiedades

Los radicales cumplen las siguientes propiedades.

Propiedad	Ejemplo
1. $\sqrt[n]{ab} = \sqrt[n]{a} \cdot \sqrt[n]{b}$	$\sqrt[3]{12} \cdot \sqrt[3]{18} = \sqrt[3]{12 \cdot 18} = \sqrt[3]{216} = 6$
2. $\sqrt[n]{\dfrac{a}{b}} = \dfrac{\sqrt[n]{a}}{\sqrt[n]{b}}$	$\sqrt[3]{\dfrac{1000}{125}} = \dfrac{\sqrt[3]{1000}}{\sqrt[3]{125}} = \dfrac{10}{5} = 2$
3. $\sqrt[n]{\sqrt[m]{a}} = \sqrt[n \cdot m]{a}$	$\sqrt{\sqrt[3]{5}} = \sqrt[6]{5}$
4. $\left(\sqrt[n]{a}\right)^m = \sqrt[n]{a^m}$	$\left(\sqrt[5]{-3}\right)^3 = \sqrt[5]{(-3)^3} = \sqrt[5]{-27} = -\sqrt[5]{27}$
5. Si $a \geq 0$, $\sqrt[n]{a} = \sqrt[n \cdot m]{a^m}$	$\sqrt{10} = \sqrt[2 \cdot 3]{10^{1 \cdot 3}} = \sqrt[6]{10^3}$

- Para que sean ciertas las relaciones anteriores, deben tener sentido en $\mathbb{R}$ las expresiones $\sqrt[n]{a}$ y $\sqrt[n]{b}$.
- Las demostraciones son inmediatas si se convierten los radicales en potencias de exponente fraccionario.

Ejemplo ▸ Demuestra que $\sqrt[n]{a} \cdot \sqrt[n]{b} = \sqrt[n]{ab}$.

$$\sqrt[n]{a} \cdot \sqrt[n]{b} = \sqrt[n]{ab} \Leftrightarrow \sqrt[n]{a} \cdot \sqrt[n]{b} = a^{\frac{1}{n}} \cdot b^{\frac{1}{n}} = (a \cdot b)^{\frac{1}{n}} = \sqrt[n]{ab}$$

Ten en cuenta

No existe ninguna propiedad de los radicales cuando estos se están sumando o restando.

$$\sqrt[n]{a+b} \neq \sqrt[n]{a} + \sqrt[n]{b}$$

$$\sqrt{16+9} \neq \sqrt{16} + \sqrt{9}$$

Radicales equivalentes

Dos **radicales** son **equivalentes** si representan el mismo número real.

Ejemplo ▸ Comprueba si son equivalentes los siguientes radicales.

- $\sqrt[4]{16}$ y $\sqrt[8]{256}$

  $\sqrt[4]{16} = 2$ y $\sqrt[8]{256} \overset{\text{Prop. 5}}{=} \sqrt[\cancel{2}\cdot 4]{16^{\cancel{2}}} = 2 \Rightarrow$ Son equivalentes.

- $\sqrt[3]{-8}$ y $\sqrt[6]{64}$

  $\sqrt[3]{-8} = -\sqrt[3]{|-8|} = -\sqrt[3]{8} = -2$ y $\sqrt[6]{64} \overset{\text{Prop. 5}}{=} \sqrt[3\cdot 2]{(-8)^2} = \sqrt[3\cdot \cancel{2}]{8^{\cancel{2}}} = 2 \Rightarrow$ No son equivalentes.

MAT-TIC GeoGebra

Entra en smSaviadigital.com y practica con radicales y potencias de exponente racional.

Calculando radicales equivalentes, se escriben raíces con el mismo índice, para compararlas u operar con ellas.

Ejemplo ▸ Reduce a índice común $\sqrt{3}$ y $\sqrt[3]{10}$.

Se buscan radicales equivalentes a los dados que tengan el mismo índice.

m.c.m. $(2, 3) = 6 \Rightarrow \sqrt{3} = \sqrt[6]{3^3}$ y $\sqrt[3]{10} = \sqrt[6]{10^2}$

ACTIVIDADES

29. Calcula mentalmente y escribe en tu cuaderno el valor de los siguientes radicales.

a) $\sqrt[55]{1}$ d) $\sqrt[40]{-1}$ g) $\sqrt[5]{32}$

b) $\sqrt[4]{81}$ e) $\sqrt[3]{-1000}$ h) $\sqrt[4]{0{,}0001}$

c) $-\sqrt[6]{64}$ f) $-\sqrt{36}$ i) $\sqrt[4]{-81}$

30. Expresa los siguientes radicales como potencias y simplifícalos.

a) $\sqrt[3]{729}$ c) $\sqrt{125}$ e) $\sqrt[10]{81}$

b) $\sqrt[4]{1024}$ d) $\sqrt[6]{8}$ f) $\sqrt[12]{15625}$

31. Calcula el valor de las siguientes potencias.

a) $25^{\frac{3}{2}}$ c) $343^{\frac{2}{3}}$ e) $16^{0{,}25}$ g) $27^{0{,}\hat{3}}$

b) $49^{\frac{5}{2}}$ d) $125^{\frac{4}{3}}$ f) $81^{0{,}75}$ h) $625^{0{,}25}$

32. Expresa como un solo radical.

a) $\sqrt[3]{2} \cdot \sqrt[3]{3} \cdot \sqrt[3]{4}$ c) $\left(\sqrt[5]{3}\right)^4 : \sqrt[5]{27}$

b) $\sqrt[4]{4} : \sqrt[4]{2} \cdot \sqrt[4]{8}$ d) $\sqrt[3]{\sqrt{512}} \cdot \sqrt[6]{64}$

33. Aplica las propiedades de los radicales y simplifica las siguientes expresiones.

a) $\sqrt[4]{\sqrt[3]{\sqrt{4}}}$ c) $\sqrt[3]{\sqrt{\sqrt[4]{2^6}}}$

b) $\sqrt{\sqrt[3]{\sqrt{8}}}$ d) $\left(\sqrt[3]{\sqrt{64}}\right)^2$

34. Explica cómo expresiones tan distintas como $2^{0{,}5}$, $\sqrt{2}$ y $8^{\frac{1}{6}}$ pueden ser equivalentes.

ACTIVIDAD **RESUELTA**

35. Reduce a índice común, $\sqrt{5}$, $\sqrt[6]{100}$ y $\sqrt[4]{22}$ y ordénalos de menor a mayor.

- Se calcula el mínimo común múltiplo de los índices 2, 6 y 4.

  m.c.m. $(2, 6, 4) = 12$

- Se reduce los radicales a índice común.

  $\sqrt{5} = \sqrt[2\cdot 6]{5^6} = \sqrt[12]{15625}$

  $\sqrt[6]{100} = \sqrt[6\cdot 2]{100^2} = \sqrt[12]{10\,000}$

  $\sqrt[4]{22} = \sqrt[4\cdot 3]{22^3} = \sqrt[12]{10\,648}$

- Se comparan las fracciones equivalentes obtenidas:

  $\sqrt[12]{10\,000} < \sqrt[12]{10\,648} < \sqrt[12]{15\,625}$

Por tanto, $\sqrt[6]{100} < \sqrt[4]{22} < \sqrt{5}$.

36. Reduce a índice común y ordena de mayor a menor los siguientes radicales.

a) $\sqrt[4]{4}$, $\sqrt[8]{8}$, $\sqrt[6]{6}$ b) $\sqrt[5]{5}$, $\sqrt{2}$, $\sqrt[10]{20}$

37. Escribe las siguientes expresiones de la forma que se indica en cada caso.

a) Con radicales: $x^{\frac{2}{3}}$, $\left(8x^{\frac{1}{3}}\right)^2$ y $(3+a)^{\frac{1}{3}}$

b) Con exponentes fraccionarios: $\sqrt[3]{2a^2}$, $\sqrt[3]{\sqrt{x}}$ y $\sqrt[3]{\sqrt{a}+\sqrt{b}}$

38. ¿Cuál es el error en esta falsa igualdad?

$$\sqrt{-1} = \sqrt[2\cdot 4]{(-1)^4} = \sqrt[8]{1} = 1$$

39. Demuestra las propiedades de los radicales utilizando exponentes fraccionarios.

6 Operaciones con radicales. Racionalización

Aplicando las propiedades de los radicales se pueden definir operaciones que permiten simplificar los cálculos con ellos.

Extracción e introducción de factores en un radical

Para simplificar radicales, se factoriza el radicando y se extraen todos los factores posibles del radical.

Ejemplo

- $\sqrt[3]{5488} = \sqrt[3]{2^4 \cdot 7^3} = \sqrt[3]{2^4} \cdot \sqrt[3]{7^3} = \sqrt[3]{2^3 \cdot 2} \cdot 7 = \sqrt[3]{2^3} \cdot \sqrt[3]{2} \cdot 7 = 2 \cdot 7 \cdot \sqrt[3]{2} = 14\sqrt[3]{2}$

Para introducir factores dentro de un radical, el factor que está fuera se escribe en forma de radical del mismo índice y se opera.

Ejemplo

- $-5\sqrt[3]{2} = \sqrt[3]{(-5)^3} \cdot \sqrt[3]{2} = \sqrt[3]{(-5)^3 \cdot 2} = \sqrt[3]{-125 \cdot 2} = \sqrt[3]{-250}$

Producto y cociente de radicales

Para calcular el producto o el cociente de radicales es necesario que tengan el mismo índice.

Ejemplos

- $\sqrt{3} \cdot \sqrt[3]{2}$

  m.c.m. $(2, 3) = 6 \Rightarrow \sqrt{3} \cdot \sqrt[3]{2} = \sqrt[6]{3^3} \cdot \sqrt[6]{2^2} = \sqrt[6]{3^3 \cdot 2^2} = \sqrt[6]{108}$

- $\sqrt[5]{4} : \sqrt[3]{2}$

  m.c.m. $(3, 5) = 15 \Rightarrow \sqrt[5]{4} : \sqrt[3]{2} = \sqrt[15]{(2^2)^3} : \sqrt[15]{2^5} = \sqrt[15]{2^6 : 2^5} = \sqrt[15]{2}$

Suma y resta de radicales

Sólo se pueden sumar o restar radicales que sean **semejantes**.

> Dos radicales son **semejantes** si tienen el mismo índice y el mismo radicando.

Ejemplo ¿Son semejantes $\sqrt{50}$, $\sqrt{18}$ y $\sqrt{2}$?

Se extraen factores en los radicales $\sqrt{50}$ y $\sqrt{18}$:

$\sqrt{50} = \sqrt{5^2 \cdot 2} = \sqrt{5^2} \cdot \sqrt{2} = 5\sqrt{2}$

$\sqrt{18} = \sqrt{3^2 \cdot 2} = \sqrt{3^2} \cdot \sqrt{2} = 3\sqrt{2}$

Como tienen la misma parte radical, $\sqrt{2}$, los tres radicales son semejantes.

Para sumar o restar radicales, se buscan radicales semejantes y se opera entre ellos.

Ejemplos

- $\sqrt{50} + \sqrt{18} - 4\sqrt{2} + \sqrt{2^5} = \sqrt{5^2 \cdot 2} + \sqrt{3^2 \cdot 2} - 4\sqrt{2} + \sqrt{2^4 \cdot 2} =$
  $= \sqrt{5^2}\sqrt{2} + \sqrt{3^2}\sqrt{2} - 4\sqrt{2} + \sqrt{2^4}\sqrt{2} =$
  $= 5\sqrt{2} + 3\sqrt{2} - 4\sqrt{2} + 4\sqrt{2} = 8\sqrt{2}$
- $\sqrt{27} - 3\sqrt{12} + 5\sqrt{8} - \sqrt{18} = \sqrt{3^3} - 3\sqrt{2^2 \cdot 3} + 5\sqrt{2^3} - \sqrt{2 \cdot 3^2} =$
  $= 3\sqrt{3} - 3 \cdot 2\sqrt{3} + 5 \cdot 2\sqrt{2} - 3\sqrt{2} =$
  $= 3\sqrt{3} - 6\sqrt{3} + 10\sqrt{2} - 3\sqrt{2} = -3\sqrt{3} + 7\sqrt{2}$

PRACTICA ¿Te aclaras con los radicales?

Racionalización

Racionalizar una expresión fraccionaria con radicales es encontrar otra expresión equivalente en la que no aparezcan radicales en el denominador.

Ejemplo ▸ Racionaliza $\frac{6}{\sqrt{2}}$, $\frac{14}{\sqrt[3]{7^2}}$ y $\frac{\sqrt{2}}{\sqrt{5}+\sqrt{2}}$.

- $\frac{6}{\sqrt{2}}$: la raíz cuadrada del denominador desaparece al multiplicarla por sí misma.

  Así, se multiplica y divide la fracción por dicha raíz y se obtiene una expresión equivalente que no tiene raíces en el denominador:

$$\frac{6}{\sqrt{2}}=\frac{6}{\sqrt{2}}\cdot\frac{\sqrt{2}}{\sqrt{2}}=\frac{6\sqrt{2}}{\sqrt{2}\sqrt{2}}=\frac{6\sqrt{2}}{2}=3\sqrt{2}$$

- $\frac{14}{\sqrt[3]{7^2}}$: la raíz cúbica del denominador desaparece si el radicando es una potencia con exponente múltiplo de 3. En este caso, se multiplica el denominador por $\sqrt[3]{7}$ y se obtiene $\sqrt[3]{7^2}\cdot\sqrt[3]{7}=\sqrt[3]{7^3}=7$.

  Por tanto, para obtener una expresión equivalente sin raíces en el denominador, se multiplica y divide la fracción por $\sqrt[3]{7}$:

$$\frac{14}{\sqrt[3]{7^2}}=\frac{14}{\sqrt[3]{7^2}}\cdot\frac{\sqrt[3]{7}}{\sqrt[3]{7}}=\frac{14\sqrt[3]{7}}{\sqrt[3]{7^2}\cdot\sqrt[3]{7}}=\frac{14\sqrt[3]{7}}{\sqrt[3]{7^3}}=\frac{14\sqrt[3]{7}}{7}=2\sqrt[3]{7}$$

- $\frac{\sqrt{2}}{\sqrt{5}+\sqrt{2}}$: para eliminar las raíces del denominador se puede utilizar la identidad notable $(a-b)(a+b)=a^2-b^2$. Si $a=\sqrt{5}$ y $b=\sqrt{2}$, al multiplicar y dividir la fracción por $(\sqrt{5}-\sqrt{2})$, se obtiene una expresión equivalente sin raíces en el denominador.

$$\frac{\sqrt{2}}{\sqrt{5}+\sqrt{2}}=\frac{\sqrt{2}}{\sqrt{5}+\sqrt{2}}\cdot\frac{\sqrt{5}-\sqrt{2}}{\sqrt{5}-\sqrt{2}}=\frac{\sqrt{2}(\sqrt{5}-\sqrt{2})}{(\sqrt{5}+\sqrt{2})(\sqrt{5}-\sqrt{2})}=\frac{\sqrt{10}-\sqrt{2^2}}{\sqrt{5^2}-\sqrt{2^2}}=\frac{\sqrt{10}-2}{5-2}=\frac{\sqrt{10}-2}{3}$$

Ten en cuenta

Dada $\sqrt{a}+\sqrt{b}$, a la expresión $\sqrt{a}-\sqrt{b}$ se le llama conjugado.

MAT-TIC GeoGebra

Entra en sm**Savia**digital.com y practica la racionalización.

ACTIVIDADES

40. Extrae factores y simplifica al máximo estos radicales.

a) $\sqrt{3000}$ b) $\sqrt[3]{600}$ c) $\sqrt[4]{810}$

41. Introduce factores dentro de cada radical.

a) $3\sqrt{5}$ b) $4a\sqrt[3]{2a^2}$ c) $\frac{3}{5}\sqrt[4]{\frac{5}{3}}$

42. Efectúa las siguientes operaciones.

a) $\sqrt{8}\cdot\sqrt{27}$ c) $\sqrt[4]{2187}:\sqrt{108}$

b) $\sqrt[3]{4}\cdot\sqrt[5]{392}$ d) $\sqrt{12}:(\sqrt[3]{32}:\sqrt[6]{2})$

43. Opera y simplifica.

a) $\sqrt{12}-4\sqrt{27}+3\sqrt{75}$ c) $\frac{3}{2}\sqrt{32}+5\sqrt{18}-\sqrt{2^7}$

b) $3\sqrt{20}-2\sqrt{80}-\sqrt{45}$ d) $-\sqrt{3^5}+\sqrt{3^2\cdot 2^5}-\sqrt{2}$

44. Racionaliza y simplifica las siguientes expresiones fraccionarias.

a) $\frac{3}{\sqrt{6}}$ c) $\frac{\sqrt{3}}{\sqrt[3]{12}}$ e) $\frac{2}{5-\sqrt{23}}$

b) $\frac{10}{\sqrt[3]{5}}$ d) $\frac{4}{\sqrt{7}-\sqrt{5}}$ f) $\frac{7}{\sqrt{3}+\sqrt{2}}$

45. Calcula el valor de x en la siguiente expresión.

$$\sqrt{18}\cdot x=\sqrt{50}\cdot x+7\sqrt{2}$$

46. Si $a=\sqrt{3}(1+\sqrt{6})$ y $b=3-\sqrt{6}$ son los catetos de un triángulo rectángulo, halla la hipotenusa.

47. sm**Savia**digital.com

PRACTICA Racionaliza expresiones fraccionarias.

7 Logaritmos. Propiedades

Ten en cuenta

- Los números $N < 0$ **no tienen logaritmo real.**
- El logaritmo para $N = 0$ no está definido.

Con calculadora

Hay dos teclas para calcular logaritmos:

- Decimales: log
- Neperianos: ln

Ten en cuenta

Dos potencias son iguales si sus bases y sus exponentes son iguales.

MAT-TIC GeoGebra

Entra en smSaviadigital.com y practica con los logaritmos y sus propiedades.

smSaviadigital.com

PRACTICA ¿Verdadero o falso?

Si a es un número positivo y distinto de 1, el **logaritmo en base a de un número positivo N** es el exponente al que hay que elevar la base a para obtener N. Se representa por $\log_a N$.

Argumento

$$\log_a N = x \Leftrightarrow a^x = N$$

Base

- Los logaritmos con base 10, se llaman logaritmos decimales y se escriben omitiendo la base:

$$\log_{10} N = \log N$$

- Los logaritmos neperianos o naturales tienen por base el número irracional $e = 2{,}718182...$ y se escriben:

$$\log_e N = \ln N = \mathrm{L}\, N$$

Ejemplos

- $\log_3 9 = x \Leftrightarrow 3^x = 9 = 3^2 \Rightarrow x = 2$. Por tanto, $\log_3 9 = 2$.
- $\log_2 \sqrt{8} = x \Leftrightarrow 2^x = \sqrt{8} = \sqrt{2^3} = 2^{\frac{3}{2}} \Rightarrow x = \frac{3}{2}$. Por tanto, $\log_2 \sqrt{8} = \frac{3}{2}$.
- $\log_6 \frac{1}{6} = x \Leftrightarrow 6^x = \frac{1}{6} = 6^{-1} \Rightarrow x = -1$. Por tanto, $\log_6 \frac{1}{6} = -1$.

Propiedades

Dado que los logaritmos se definen a partir de las potencias, las propiedades de ambas operaciones están muy relacionadas.

1. El logaritmo de la base es siempre igual a 1: $\log_a a = 1$.

Para probarlo se utiliza la definición: $\log_a a = x \Leftrightarrow a^x = a \Rightarrow x = 1 \Rightarrow \log_a a = 1$.

Ejemplo ▸ Calcula $\log_7 7$.

$\log_7 7 = x \Leftrightarrow 7^x = 7 \Rightarrow x = 1 \Rightarrow \log_7 7 = 1$

2. El logaritmo en cualquier base de 1 es igual a 0: $\log_a 0 = 1$.

Ejemplo ▸ Calcula $\log_{20} 1$.

$\log_{20} 1 = x \Leftrightarrow 20^x = 1 \Rightarrow x = 0 \Rightarrow \log_{20} 1 = 0$

3. El logaritmo del producto es igual a la suma de los logaritmos:

$$\log_a(N \cdot M) = \log_a N + \log_a M$$

Para probarlo se utiliza la definición de logaritmo:

$$\left.\begin{array}{l}\log_a N = x \Rightarrow a^x = N \\ \log_a M = y \Rightarrow a^y = M\end{array}\right\} \Rightarrow N \cdot M = a^x \cdot a^y = a^{x+y}$$

Por tanto, $\log_a(N \cdot M) = x + y = \log_a N + \log_a M$.

Ejemplos

- $\log_6 30 = \log_6(2 \cdot 3 \cdot 5) = \log_6 2 + \log_6 3 + \log_6 5$
- $\log 6 = \log(2 \cdot 3) = \log 2 + \log 3$

4. **El logaritmo del cociente es igual a la diferencia de los logaritmos.**

$$\log_a \frac{M}{N} = \log_a M - \log_a N$$

Ejemplos

- $\log \frac{27}{8} = \log 27 - \log 8$
- $\log_3 5 = \log_3 \frac{10}{2} = \log_3 10 - \log_3 2$

5. **El logaritmo de una potencia es igual al producto del exponente por el logaritmo de la base:**

$$\log_a M^r = r \cdot \log_a M$$

Ejemplo

- $\log 0{,}25 = \log \frac{1}{4} = \log 2^{-2} = -2 \cdot \log 2 = -0{,}602$

Sabías que...

Los logaritmos se utilizan en las escalas que miden el brillo de las estrellas y el nivel de ruido en un lugar.

ACTIVIDADES

48. Calcula los logaritmos en base 2 de los siguientes números.

a) -4 c) $\frac{1}{8}$ e) $\sqrt[3]{32}$

b) 2 d) 1024 f) $8 \cdot 16 \cdot 2^5$

49. Sin utilizar la calculadora, halla la primera cifra de los siguientes logaritmos.

a) $\log 450$ c) $\log 0{,}03$ e) $\log_5 75$

b) $\log 37$ d) $\log_3 10$ f) $\log_2 \frac{1}{3}$

ACTIVIDAD **RESUELTA**

50. Utilizando la definición de logaritmo, halla el valor de x en las siguientes igualdades.

a) $\log_3 81 = x$ c) $\log_x 64 = 6$

b) $\log_5 x = -\frac{2}{3}$ d) $\log_{\frac{1}{2}} 4 = x$

a) $\log_3 81 = x \Leftrightarrow 3^x = 81 = 3^4 \Rightarrow x = 4$

b) $\log_5 x = -\frac{2}{3} \Leftrightarrow 5^{-\frac{2}{3}} = x \Rightarrow x = \frac{1}{\sqrt[3]{5^2}} = \frac{\sqrt[3]{5}}{5}$

c) $\log_x 64 = 6 \Leftrightarrow x^6 = 64 = 2^6 \Rightarrow x = 2$

d) $\log_{\frac{1}{2}} 4 = x \Leftrightarrow \left(\frac{1}{2}\right)^x = 4 \Leftrightarrow 2^{-x} = 2^2 \Rightarrow -x = 2 \Rightarrow x = -2$

51. Calcula el valor de x en estas igualdades.

a) $\log 1\,000\,000 = x$ c) $\log(-100) = x$ e) $\log_7 \frac{1}{49} = x$

b) $\log_x 0{,}5 = -1$ d) $\log_2 x = 5$ f) $-\frac{1}{3} = \log_{27} x$

ACTIVIDAD **RESUELTA**

52. Utilizando $\log 2 = 0{,}301$ y $\log 3 = 0{,}477$ como valores aproximados, calcula:

a) $\log 6$ b) $\log 5$ c) $\log 0{,}25$ d) $\log \sqrt[3]{2{,}4}$

a) $\log 6 = \log(2 \cdot 3) = \log 2 + \log 3 = 0{,}301 + 0{,}477 = 0{,}778$

b) $\log 5 = \log \frac{10}{2} = \log 10 - \log 2 = 1 - 0{,}301 = 0{,}699$

c) $\log 0{,}25 = \log \frac{1}{4} = \log 2^{-2} = -2 \cdot \log 2 = -0{,}602$

d) $\log \sqrt[3]{2{,}4} = \log \left(\frac{24}{10}\right)^{\frac{1}{3}} = \frac{1}{3} \log \frac{2^3 \cdot 3}{10} =$

$= \frac{1}{3}(3\log 2 + \log 3 - \log 10) = 0{,}127$

53. Tomando $\log 8 = 0{,}903$, calcula:

a) $\log 80$ c) $\log 2$ e) $\log 64$

b) $\log 0{,}8$ d) $\log 1{,}25$ f) $\log \sqrt[3]{800}$

54. Transforma los siguientes logaritmos en sumas y restas de $\log A$ y $\log B$.

a) $\log \frac{\sqrt{B}}{10A}$ b) $\log \frac{B^3}{\sqrt{A}} - \log A^2$

55. Calcula $2^{\log_2 7}$ y $\log_{19} \sqrt{19}$.

56. smSaviadigital.com

PRACTICA Calcula el valor de logaritmos y utiliza sus propiedades.

8 Expresiones logarítmicas y algebraicas. Cambio de base

Ten en cuenta

Los logaritmos son muy útiles porque facilitan los cálculos al rebajar en un escalón la dificultad de las operaciones: transforman potencias en productos, productos en sumas y cocientes en restas.

Si existe, el logaritmo de un número es único. Por tanto, se puede asegurar que se cumple la siguiente equivalencia:

$$\log_a M = \log_a N \Leftrightarrow M = N$$

Ejemplos

- Transforma la expresión $M = \frac{10y^3}{\sqrt{z}}$ en sumas y restas.

Se transforman en logaritmo ambos miembros y se aplican las propiedades.

$$M = \frac{10y^3}{\sqrt{z}} \Rightarrow \log M = \log \frac{10y^3}{\sqrt{z}} \underset{\text{cociente}}{=} \log(10y^3) - \log\sqrt{z} \underset{\text{producto}}{=} \log 10 + \log y^3 - \log z^{\frac{1}{2}} \Rightarrow$$

$$\Rightarrow \log M \overset{\text{potencia}}{=} 1 + 3\log y - \frac{\log z}{2}$$

- Halla el valor de N en la expresión $\log N = 2\log x + \frac{1}{3}\log z - \log y$.

$$\log N = 2\log x + \frac{1}{3}\log z - \log y \underset{\text{potencia}}{=} \log x^2 + \log\sqrt[3]{z} - \log y \underset{\text{producto}}{=} \log(x^2 \cdot \sqrt[3]{z}) - \log y \Rightarrow$$

$$\log N \overset{\text{cociente}}{=} \log\frac{x^2 \cdot \sqrt[3]{z}}{y} \Rightarrow N = \frac{x^2 \cdot \sqrt[3]{z}}{y}$$

Cambio de base

Ten en cuenta

El cambio de base es muy útil para hallar con la calculadora logaritmos en bases distintas de 10 y de *e*.

La relación entre los logaritmos de un mismo número A en distintas bases viene dada por:

$$\log_b A = \frac{\log_a A}{\log_a b}$$

Para demostrar esta relación se utiliza la definición de logaritmo: $x = \log_b A \Leftrightarrow b^x = A$.

Se toman logaritmos en base a y se aplican las propiedades de los logaritmos:

$$\log_a b^x = \log_a A \Rightarrow x\log_a b = \log_a A \Rightarrow x = \frac{\log_a A}{\log_a b} \Rightarrow \log_b A = \frac{\log_a A}{\log_a b}$$

Ten en cuenta

Los logaritmos permiten resolver ecuaciones en las que las incógnitas aparecen como parte de un exponente.

Ejemplo ▸ Halla el valor de x en la ecuación $2^x = 6$.

$$2^x = 6 \Leftrightarrow x = \log_2 6$$

Para calcular su valor, se hace un cambio de base a base decimal: $\log_2 6 = \frac{\log 6}{\log 2} \approx 2{,}585$

ACTIVIDADES

57. Transforma las siguientes expresiones en sumas y restas.

a) $X = \frac{a\sqrt[3]{b^2}}{\sqrt[3]{a}}$ b) $Y = \frac{a^3\sqrt{b}}{100\sqrt[3]{c}}$

58. Calcula el valor de A sin usar la calculadora.

$$\log A = \log 8 - 2\log 3 + \log 16$$

59. Aplicando un cambio de base y usando la calculadora, halla los siguientes logaritmos.

a) $\log_2 14$ b) $\log_3 32$ c) $\log_{\frac{1}{2}} 12$ d) $\log_5 10$

60. Halla x usando la calculadora para que se cumpla que $3^x = 7$.

9 Porcentajes. Interés simple

Porcentajes. Aumentos y disminuciones porcentuales

Los **porcentajes** expresan la razón entre dos magnitudes directamente proporcionales e indican la cantidad que corresponde a una de ellas cuando la otra es exactamente 100.

Ejemplo ▸ En 4.º ESO, 60 de los 75 alumnos practican algún deporte. ¿Qué porcentaje representan?

El porcentaje de alumnos que practican algún deporte es: $\frac{60}{75}=0{,}8 \Rightarrow 0{,}8\cdot 100=80\ \%$

El **aumento o disminución** de una cantidad al aplicarle un porcentaje del r %, se estudia mediante el índice de variación.

Se llama **índice de variación** a la expresión $\boldsymbol{I}=\left(\mathbf{1}\pm\frac{\boldsymbol{r}}{\mathbf{100}}\right)$, con $0<r<100$.

- Si $\boldsymbol{I}>\mathbf{1}$ se produce un aumento porcentual de un r %.
- Si $\boldsymbol{I}<\mathbf{1}$ se produce una disminución porcentual de un r %.

Ejemplo ▸ ¿Cuál es el aumento o disminución porcentual en cada caso?

- El año pasado se matricularon en piano 150 alumnos y este año 165.

  Se calcula el índice de variación: $\frac{165}{150}=1{,}1 \Rightarrow 1+\frac{r}{100}=1{,}1 \Rightarrow r=10\ \%$.

  El número de alumnos ha aumentado un 10 %.
- El año pasado se matricularon en guitarra española 165 alumnos y este año 132.

  $$\frac{132}{165}=0{,}8 \Rightarrow 1-\frac{r}{100}=0{,}8 \Rightarrow r=20\ \%$$

  El número de alumnos ha disminuido un 20 %.

Interés simple

El **interés simple** es un aumento porcentual periódico de un capital inicial, de tal forma que los intereses producidos en cada período no se acumulan al capital y, por tanto, no generan intereses en el siguiente período.

Al depositar un capital C_I durante t años a un r % de **interés simple** anual, el capital final obtenido será: $\boldsymbol{C_F}=\boldsymbol{C_I}\left(\mathbf{1}+\frac{\boldsymbol{r\cdot t}}{\mathbf{100}}\right)$.

Ejemplo ▸ Si se depositan 10 000 € a un interés simple del 4 % anual, ¿qué capital se obtiene al cabo de dos años?

$$C_F=10\,000\left(1+\frac{4\cdot 2}{100}\right)=10\,000\cdot(1{,}08)=10\,800\ €$$

Con calculadora

Los porcentajes

- El 15 % de 800 es:

  800 × 15 SHIFT % 120
- Si 340 disminuye en un 15 % se obtiene:

  340 × 15 SHIFT % − 289
- Si 340 aumenta en el 15 % se obtiene:

  340 × 15 SHIFT % + 391

Sabías que...

Con la hoja de cálculo puedes realizar los cálculos correspondientes a los intereses bancarios.

ACTIVIDADES

61. En una bolsa hay 30 bolas blancas, 20 verdes y 45 negras. Halla el porcentaje de bolas de cada color.

62. Indica el índice de variación porcentual y el porcentaje de aumento o disminución.

"Las ventas han pasado de 15 000 a 18 000 ejemplares."

63. Indica qué porcentaje aumenta o disminuye una cantidad al multiplicarla por los números siguientes.

a) 0,9 b) 1,2 c) 0,02 d) 2,02

64. Halla el capital final en que se convierten 650 € en tres años a un interés simple del 2,25 %.

10 Interés compuesto

Sabías que...

Según el diccionario de la Real Academia Española (DRAE):

- *Interés*: Provecho, utilidad, ganancia.
- *Rédito*: Renta, utilidad o beneficio renovable que rinde un capital.
- *Liquidar*: Saldar, pagar enteramente una cuenta.

Un capital se deposita a **interés compuesto** cuando se acumulan al mismo los intereses al final de cada período de liquidación (año, mes, trimestre, día...). De esta forma, los intereses acumulados pasan a producir también réditos al final del siguiente período de liquidación.

Ejemplo ▸ Si se deposita un capital inicial de 5000 € al 4 % de interés compuesto anual, ¿en cuánto se habrá convertido al cabo de 3 años?

100 € producen 4 € de interés en un año, luego 1 € producirá 0,04 € y se convertirá en 1,04 € al cabo de un año.

Al final del 2.º año, 1 € será: $1{,}04+1{,}04\cdot 0{,}04=1{,}04(1+0{,}04)=1{,}04^2$

Y al final del 3.er año: $1{,}04^2+1{,}04^2\cdot 0{,}04=1{,}04^2(1+0{,}04)=1{,}04^3$

Por tanto, los 5000 € se convertirán en $5000\cdot 1{,}04^3=5624{,}32$ €.

Observando el ejemplo anterior se puede deducir la fórmula general:

MAT-TIC GeoGebra

Entra en smSaviadigital.com y practica con el interés simple y compuesto.

El capital final en que se convierte un capital inicial C_I colocado a un **interés compuesto** del R % anual durante t años viene dado por la expresión:

$$\boldsymbol{C_F=C_I(1+r)^t}\text{, donde } r=\frac{R}{100}$$

ACTIVIDADES

65. La población de un país aumenta por término medio un 8 % anual. Si actualmente hay 20 millones de habitantes en dicho país y el ritmo de crecimiento se considera constante, ¿qué población estimas que tendrá dentro de 30 años?

66. ¿Qué capital debe depositarse a un interés compuesto del 5 % para convertirse en 10 000 € al cabo de un año?

67. Un banco ofrece un interés compuesto del 6 % anual en su cuenta de ahorro con la condición de que cada año ingreses 1000 €.

Si aceptas la oferta y retiras tu dinero a los 5 años, ¿cuánto dinero deberá entregarte el banco?

68. Halla el capital final en que se convierten 750 € en cuatro años a un interés simple del 12 %. ¿Y si el interés que se aplica es compuesto?

69. ¿A qué tanto por ciento anual hay que colocar 50 000 € para que se conviertan en 182 124 € al cabo de 15 años?

ACTIVIDAD **RESUELTA**

70. **Un banco ofrece un interés al 3 % anual para los capitales ingresados al abrir una cuenta de ahorro. ¿Cuántos años han de estar colocados para que se duplique el capital ingresado?**

Aplicando la expresión del capital final para uno inicial C e imponiendo la condición de que este se doble:

$$C(1+0{,}03)^t=2C\Rightarrow C\cdot 1{,}03^t=2C\Rightarrow$$
$$\Rightarrow 1{,}03^t=\frac{2C}{C}\Rightarrow 1{,}03^t=2$$

Para despejar t se toman logaritmos en ambos términos de la igualdad:

$$\log(1{,}03^t)=\log 2\Rightarrow t\log 1{,}03=\log 2\Rightarrow$$
$$\Rightarrow t=\frac{\log 2}{\log 1{,}03}\approx 23$$

Tarda 23 años en duplicarse el capital inicial.

71. ¿Cuántos años debe estar impuesto un capital si a un interés compuesto del 5 % anual se convierte en 1,25 veces el capital depositado inicialmente?

72. ¿A qué tanto por ciento debe colocarse un capital cualquiera para duplicarlo en 15 años?

73. Halla durante cuántos años se ha colocado un capital de 2800 € a un interés simple del 5 % para obtener al final del período 3920 €. ¿Y si se deposita a un interés compuesto del 5 %? ¿Qué observas?

Organiza tus ideas

NÚMEROS REALES ($\mathbb{R}$)

Racionales ($\mathbb{Q}$)

- Pueden escribirse como fracciones.
- Tienen un desarrollo decimal finito o periódico.

Irracionales ($\mathbb{I}$)

- No pueden escribirse como fracciones.
- Tienen un desarrollo decimal ilimitado no periódico.

Valor absoluto

$|a|$: **distancia** en la recta real entre el punto a y el 0.

$$|a| = \begin{cases} a & \text{si } a \geq 0 \\ -a & \text{si } a < 0 \end{cases}$$

La distancia entre dos números a y b es $|b - a|$.

REPRESENTACIÓN GRÁFICA DE UN NÚMERO REAL

Racionales (teorema de Tales)

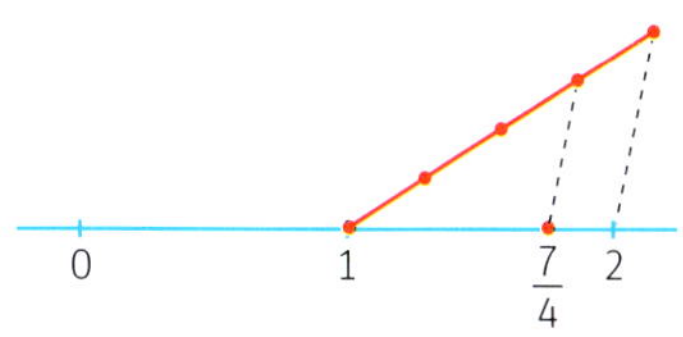

Raíces cuadradas

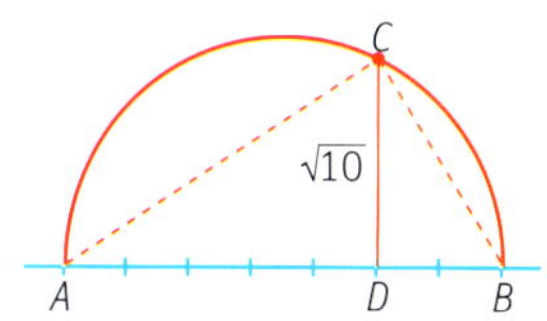

Intervalos	(a, b)	$[a, b]$	$(a, b]$	$[a, b)$
Semirrectas	$(-\infty, a]$	$(-\infty, a)$	$[a, +\infty)$	$(a, +\infty)$

POTENCIAS

- **Potencia de exponente entero:** $a^{-n} = \frac{1}{a^n}$
- **Potencia de exponente fraccionario:** $a^{\frac{1}{n}} = \sqrt[n]{a}$

Ambas cumplen las mismas propiedades que las potencias de exponente natural.

Notación científica

$$x = a \cdot 10^p$$

- a es un número real con $1 \leq |a| < 10$.
- p es un número entero, es el **orden de magnitud**.

RADICALES

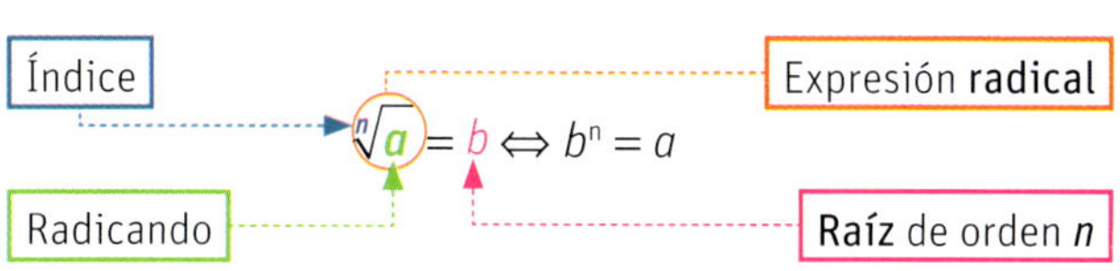

Propiedades

- $\sqrt[n]{a} \cdot \sqrt[n]{b} = \sqrt[n]{a \cdot b}$
- $\left(\sqrt[n]{a}\right)^m = \sqrt[n]{a^m}$
- $\sqrt[n]{a} : \sqrt[n]{b} = \sqrt[n]{a : b}$
- $\sqrt[n]{\sqrt[m]{a}} = \sqrt[n \cdot m]{a}$
- Si $a \geq 0$, $\sqrt[n]{a^m} = \sqrt[n \cdot q]{a^{m \cdot q}}$, con $q \neq 0$

Racionalizar: escribir una expresión equivalente que **no** contenga raíces en el denominador.

LOGARITMO DE UN NÚMERO REAL

Definición

$$\log_a N = b \Leftrightarrow a^b = N$$

Base (a) · Argumento (N)

$(a > 0, a \neq 1)$

Propiedades

- $\log_a a = 1$
- $\log_a 1 = 0$

$\log_a (M \cdot N) = \log_a M + \log_a N$

$\log_a (M : N) = \log_a M - \log_a N$

$\log_a M^r = r \cdot \log_a M$

$\log_a N = \frac{\log_b N}{\log_b b}$

Actividades clave

1. Encuentra los números x tales que se cumpla la siguiente igualdad:

$$|x+2|+|x-1|=7$$

Los números que hacen cambiar el signo de las expresiones dentro de los valores absolutos son -2 y 1.

- Si $x<-2$, la ecuación es equivalente a: $-(x+2)-(x-1)=7$

  Operando se halla el valor de x: $-2x=8 \Rightarrow x=-4$.

  Como $-4<-2 \Rightarrow x=-4$ es solución.
- Si $-2<x<1$, la ecuación es equivalente a: $x+2-(x-1)=7$

  Operando: $x-x=4 \Rightarrow$ No hay ningún número que lo verifique.
- Si $1<x$, la ecuación es equivalente a: $x+2+x-1=7$

  Se despeja la x: $2x=6 \Rightarrow x=3$

  Como $1<3$, $x=3$ sí satisface la ecuación.
- Finalmente, se comprueban los valores $x=-2$ y $x=1$, y se observa que no satisfacen la ecuación.

Por tanto, las soluciones son $x=-4$ y $x=3$.

2. ¿Qué figura tiene mayor perímetro: un triángulo de lados $\sqrt{50}$, $\sqrt{72}$ y $\sqrt{98}$ cm o un cuadrado de área $\frac{325}{8}$ cm²?

Se calcula el perímetro de las dos figuras:

- Perímetro del triángulo:

$$\sqrt{50}+\sqrt{72}+\sqrt{98}=\sqrt{5^2\cdot 2}+\sqrt{6^2\cdot 2}+\sqrt{7^2\cdot 2}=5\sqrt{2}+6\sqrt{2}+7\sqrt{2}=18\sqrt{2}\text{ cm}$$

- Perímetro del cuadrado:

  Primero se calcula el lado del cuadrado: $\sqrt{\frac{325}{8}}=\sqrt{\frac{5^2\cdot 13}{2^2\cdot 2}}=\frac{5}{2}\sqrt{\frac{13}{2}}$ cm

  Por tanto, el perímetro es: $4\cdot\frac{5}{2}\sqrt{\frac{13}{2}}=10\sqrt{\frac{13}{2}}=\sqrt{\frac{10^2\cdot 13}{2}}=\sqrt{650}$ cm

Para comparar $18\sqrt{2}$ con $\sqrt{650}$, se introduce el 18 dentro del radical:

$$18\sqrt{2}=\sqrt{18^2\cdot 2}=\sqrt{648}\text{ cm}$$

Como $\sqrt{648}<\sqrt{650}$, se concluye que el cuadrado tiene mayor perímetro que el triángulo.

3. Un decágono no regular pero equilátero está formado por cuatro cuadrados y ocho triángulos equiláteros.

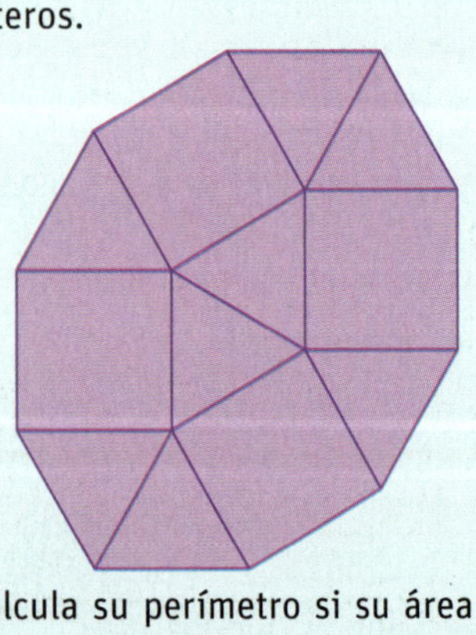

Calcula su perímetro si su área es $32(2+\sqrt{3})$ cm².

El área de cada cuadrado, llamando l al lado, es l^2.

Para calcular el área de cada triángulo de lado l se obtiene la altura utilizando Pitágoras:

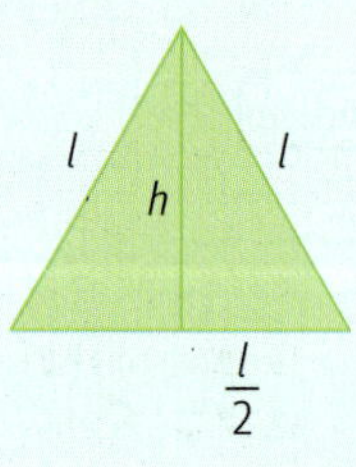

La altura es: $h^2=l^2-\left(\frac{l}{2}\right)^2=\frac{3l^2}{4}\Rightarrow h=\frac{l\sqrt{3}}{2}$ cm

El área de cada triángulo es: $\frac{l^2\sqrt{3}}{4}$ cm²

El área del decágono viene dada por la expresión: $4l^2+8\frac{l^2\sqrt{3}}{4}=4l^2+2l^2\sqrt{3}$, que es igual a $32(2+\sqrt{3})$ cm².

$$4l^2+2l^2\sqrt{3}=32(2+\sqrt{3})\Rightarrow l^2(4+2\sqrt{3})=32(2+\sqrt{3})\Rightarrow l^2=\frac{32(2+\sqrt{3})}{4+2\sqrt{3}}=\frac{32(2+\sqrt{3})}{2(2+\sqrt{3})}=16\Rightarrow l=4$$

El lado del cuadrado y del triángulo es $l=4$ cm.

El perímetro del decágono es $10\cdot 4=40$ cm.

4. Demuestra que el número $A=\sqrt{20+2\sqrt{19}}-\sqrt{20-2\sqrt{19}}>0$ es entero.

Para tratar de simplificar la expresión, se elevan al cuadrado ambos miembros de la igualdad y se opera.

$$A^2=\left(\sqrt{20+2\sqrt{19}}-\sqrt{20-2\sqrt{19}}\right)^2=$$
$$=\left(\sqrt{20+2\sqrt{19}}\right)^2+\left(\sqrt{20-2\sqrt{19}}\right)^2-2\sqrt{20+2\sqrt{19}}\cdot\sqrt{20-2\sqrt{19}}=$$
$$=20\cancel{+2\sqrt{19}}+20\cancel{-2\sqrt{19}}-2\sqrt{(20+2\sqrt{19})(20-2\sqrt{19})}=$$
$$=40-2\sqrt{20^2-(2\sqrt{19})^2}=40-2\sqrt{400-4\cdot19}=40-2\sqrt{324}=$$
$$=40-2\cdot18=4$$

Por tanto, $A^2=4\Rightarrow A=2$, que es un número entero.

5. a) Si a y b son dos números positivos, ¿qué relación hay entre $\log_a b$ y $\log_b a$?

b) Encuentra un número x tal que se verifique la siguiente igualdad:

$$\frac{1}{\log_3 x}+\frac{1}{\log_4 x}+\frac{1}{\log_5 x}=5$$

a) Si se llama $\log_a b=z$, aplicando la definición, se tiene que $a^z=b\Leftrightarrow a=b^{\frac{1}{z}}$, y aplicando de nuevo la definición se obtiene $z=\dfrac{1}{\log_b a}$.

Por tanto, $\log_a b=\dfrac{1}{\log_b a}$.

b) Utilizando el resultado del apartado anterior, se tiene que:

$$\frac{1}{\log_3 x}=\log_x 3,\ \frac{1}{\log_4 x}=\log_x 4 \text{ y } \frac{1}{\log_5 x}=\log_x 5$$

La ecuación se puede escribir como: $\log_x 3+\log_x 4+\log_x 5=1$

Aplicando la propiedad del producto, se tiene que: $\log_x(3\cdot4\cdot5)=1\Rightarrow\log_x 60=1$

Aplicando la definición de logaritmo se despeja el valor de x: $x^1=60\Rightarrow x=60$

6. La relación entre el número de decibelios n, y la intensidad del sonido I en voltios por centímetro cuadrado (V/cm²) viene dada por:

$$n=10\cdot\log\left(\frac{I}{10^{-16}}\right)$$

a) Determina la intensidad de un sonido si el nivel de decibelios es 125.

b) Si la intensidad del sonido se hace 10 veces mayor, ¿cómo aumenta el número de decibelios?

c) Si el número de decibelios aumenta el doble, ¿que relación hay entre las intensidades?

a) Se debe despejar I en la ecuación $125=10\cdot\log\left(\dfrac{I}{10^{-16}}\right)$.

$$\frac{125}{10}=\log I-\log10^{-16}\Rightarrow12{,}5=\log I+16\Rightarrow-3{,}5=\log I\Rightarrow I=10^{-3{,}5}$$

Utilizando la calculadora se obtiene que $I=3{,}16\cdot10^{-4}$.

b) Si el nivel de decibelios inicial es $n_1=10\cdot\log\left(\dfrac{I}{10^{-16}}\right)$, al aumentar 10 veces la intensidad se tiene $n_2=10\cdot\log\left(\dfrac{10I}{10^{-16}}\right)=10\cdot\log\left(\dfrac{I}{10^{-17}}\right)$.

Para estudiar el aumento del número de decibelios se restan n_1-n_2:

$$n_2-n_1=10\cdot\log\left(\frac{I}{10^{-17}}\right)-10\cdot\log\left(\frac{I}{10^{-16}}\right)=10\log(I\cdot10^{17})-10\log(I\cdot10^{16})=$$
$$=10\cdot(\log I+\log10^{17})-10\cdot(\log I+\log10^{16})=10\cdot(\cancel{\log I}+17-\cancel{\log I}+16)=10$$

Hay un aumento de 10 decibelios.

c) Se pide estudiar la relación que hay entre I_1 y I_2 siendo $n=10\cdot\log\left(\dfrac{I_1}{10^{-16}}\right)$ y $2n=10\cdot\log\left(\dfrac{I_2}{10^{-16}}\right)$.

Dividiendo ambas cantidades, se obtiene:

$$2=\frac{10\cdot\log\left(\frac{I_2}{10^{-16}}\right)}{10\cdot\log\left(\frac{I_1}{10^{-16}}\right)}=\frac{\log I_2+16}{\log I_1+16}\Rightarrow\log I_2+16=2\log I_1+32\Rightarrow\log\frac{I_2}{I_1^2}=16\Rightarrow\frac{I_2}{I_1^2}=10^{16}\Rightarrow I_2=10^{16}\cdot I_1^2$$

Por tanto, la relación es $I_2=10^{16}I_1^2$.

Actividades

EJERCICIOS **PARA PRACTICAR**

Números reales

74. Escribe tres fracciones que den lugar a números racionales con desarrollo decimal finito.

75. Escribe dos números irracionales cuya suma sea un número racional y dos números irracionales cuya suma sea otro número irracional.

76. Encuentra un número racional y otro irracional comprendidos entre $\frac{17}{26}$ y $\frac{18}{26}$.

77. Indica todos los conjuntos numéricos a los que puedan pertenecer estos números.

$$2{,}4747\ldots, -\sqrt{9}, \frac{2}{7}, \frac{35}{5}, 12{,}121121112\ldots; -4; 3{,}0\widehat{5}$$

78. En la siguiente cadena de contenidos $\mathbb{N}\subset\mathbb{Z}\subset\mathbb{Q}\subset\mathbb{R}$, encuentra un número que pertenezca a cada conjunto, pero no a los anteriores.

79. Realiza las siguientes operaciones.

a) $|7-|-9||$

b) $||-8|-|10||$

c) $|-1+|-7|-|-3||$

d) $||-3|+|-2|\cdot|-5||$

e) $\left|-\frac{1}{2}+3\right|$

f) $|-9|\cdot|5-3|-|-4|:|-2|$

80. Encuentra todos los valores de x que verifican las siguientes igualdades.

a) $|x|=4$

b) $|x|=-1$

c) $|x+5|=2$

d) $|x-2|=10$

e) $|5-x|=\frac{1}{5}$

f) $\left|\frac{5}{2}+x\right|=3$

81. Redondea dejando dos cifras significativas y calcula el error absoluto y el error relativo cometido con la aproximación.

a) $3{,}140101\ldots$

b) $\frac{4}{9}$

c) $\sqrt{35}$

82. Interpreta $|x-2|=|x+1|$ como una igualdad entre distancias y encuentra el único número x que la verifica.

La recta real

83. Representa en la recta real $-\frac{3}{5}$, $\sqrt{3}$ y 0,25.

84. Representa gráficamente los siguientes números reales y ordénalos de menor a mayor.

$$-\pi;\ 2\sqrt{5};\ \frac{2}{3};\ \frac{223}{50};\ -3{,}15;\ 0{,}\widehat{6}$$

85. ¿Qué intervalo equivale al entorno $E[3, 7]$?

86. Representa estos entornos en la recta e indica los intervalos que determinan, su centro y radio.

a) $E(2, 4)$

b) $E[-1, 3]$

c) $E(3, 1)$

87. Relaciona en tu cuaderno las diferentes expresiones de estos intervalos y semirrectas.

$[-1, 2]$	$x>2$
$(2, +\infty)$	$0<x<4$
$(3, 6]$	$-1\le x\le 2$
$(0, 4)$	$3<x\le 6$

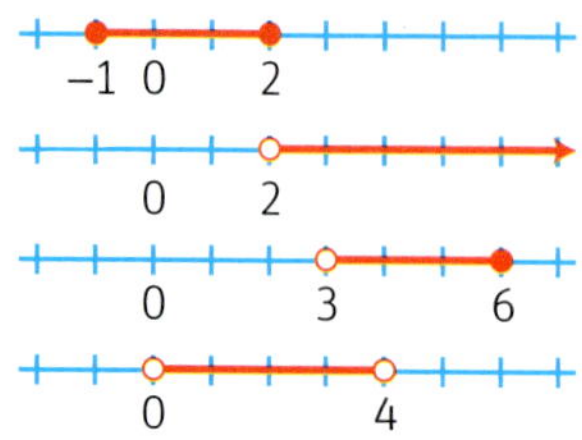

88. Representa en la recta real el intervalo $[-2, 5]$ y la semirrecta $(3, +\infty)$.

¿Existe algún intervalo de puntos común a ambos? En caso afirmativo, hállalo.

89. Marca en una recta numérica el conjunto de puntos cuya distancia al punto −2 sea:

a) Igual a 3.

b) Menor que 1.

c) Mayor que 2.

d) No mayor que 3.

e) No menor que 2.

f) Entre 2 y 5

ACTIVIDAD **RESUELTA**

90. ¿Qué intervalo equivale a $|x-3|\le 2$?

El número que hace cambiar el signo del valor absoluto es 3.

- Si $x<3$, la inecuación dada es equivalente a $-(x-3)\le 2$, es decir, $-x\le -1 \Rightarrow x\ge 1$ pero como $x<3$, la solución son los números del intervalo $[1, 3)$.
- Si $x>3$, la inecuación dada es equivalente a $x-3\le 2$, es decir, $x\le 5$, pero como $x>3$, la solución son los números del intervalo $(3, 5]$.
- Si $x=3$, también se verifica la ecuación, por tanto, también forma parte de la solución.

La solución son los valores de x que están en el intervalo $[1, 5]$.

91. Encuentra aquellos números x tales que $|x-3|<4$.

92. Escribe el intervalo formado por los números x que verifican simultáneamente:

- x está en el entorno abierto de centro 4 y radio 2.
- $|x-1|\le 3$

93. Representa en la recta real $\sqrt{20}$ y $\sqrt{\sqrt{20}}$.

94. Representa un segmento que mida $\sqrt{1+\sqrt{7}}$.

Potencias de exponente entero. Notación científica

95. Realiza estas operaciones con potencias.

a) $9^{-1}\cdot 9^{2}:9^{-3}$

b) $\left(\frac{2}{5}\right)^{4}:\left(\frac{4}{25}\right)^{-2}$

c) $3^{-3}\cdot(9^{-2})^{2}$

96. Simplifica al máximo estas expresiones.

a) $\dfrac{12\cdot 10^{-1}\cdot 20^{4}}{50\cdot(16^{-2})^{-3}}$

b) $\dfrac{(18^{2})^{-2}\cdot 81}{6^{3}\cdot 108\cdot 24^{-4}}$

97. Escribe en notación científica los siguientes números.

a) 5 182 000 000 000 c) 835 000 000 000 000

b) 0,000 000 000 369 d) 0,000 000 000 003 51

¿Cuál tiene un orden de magnitud superior?

98. Si $a = 1{,}4 \cdot 10^5$, $b = 0{,}2 \cdot 10^7$, $c = 3{,}7 \cdot 10^{-5}$ escribe $a \cdot b$, $a \cdot c$, $a + b$, y $\frac{a}{b}$ en notación científica.

99. ¿A qué exponente hay que elevar 3 para obtener $\left(\frac{1}{3}\right)^{20} + \left(\frac{1}{3}\right)^{20} + \left(\frac{1}{3}\right)^{20}$?

Radicales

100. Calcula el valor de k en cada caso.

a) $\sqrt[3]{k} = \frac{1}{2}$ b) $\sqrt[5]{k} = -2$ c) $\sqrt[k]{-343} = -7$

ACTIVIDAD **RESUELTA**

101. ¿Qué es mayor, $\sqrt{2}$ o $\sqrt[3]{3}$?

Se reducen los radicales a índice común, y se escriben como potencias de exponente fraccionario con el mismo denominador.

$$\left.\begin{array}{l}\sqrt{2} = 2^{\frac{1}{2}} = 2^{\frac{3}{6}} = \sqrt[6]{2^3} = \sqrt[6]{8}\\ \sqrt[3]{3} = 3^{\frac{1}{3}} = 3^{\frac{2}{6}} = \sqrt[6]{3^2} = \sqrt[6]{9}\end{array}\right\} \Rightarrow \sqrt{2} < \sqrt[3]{3}$$

102. Ordena de mayor a menor estos números.

a) $3, \sqrt{10}, \sqrt[3]{26}$ b) $\sqrt{2}, \sqrt[4]{5}, \sqrt[5]{12}$

103. Calcula los valores de a, b, c y d en esta igualdad.

$$\sqrt{10^4 \cdot 14^6 \cdot 81^{12}} = 2^a \cdot 3^b \cdot 5^c \cdot 7^d$$

104. Expresa como un solo radical.

a) $\sqrt[3]{2} \cdot \sqrt[3]{3} \cdot \sqrt[3]{4}$ c) $\sqrt[3]{4} \cdot \sqrt{2} \cdot \sqrt[6]{8}$

b) $\sqrt[4]{3} : \sqrt[3]{2}$ d) $\sqrt[3]{512} : \sqrt[3]{200}$

105. Tres de los siguientes seis números son iguales. ¿Cuáles?

$A = \sqrt{5} + \sqrt{5}$ $C = 2\sqrt{5}\sqrt{5}$ $E = \sqrt{5}\sqrt{5}$

$B = \frac{\sqrt{500}}{5}$ $D = \sqrt{20}$ $F = 10$

106. Opera y simplifica.

a) $2\sqrt{20} + 3\sqrt{45} - \sqrt{80}$ c) $3\sqrt[3]{81} + \sqrt[3]{24} - 5\sqrt[3]{375}$

b) $4\sqrt[3]{16} + 5\sqrt[3]{54} - 2\sqrt[3]{250}$ d) $\sqrt{27} - 2\sqrt{32} + \sqrt{180}$

107. Realiza las siguientes operaciones.

a) $\sqrt[4]{5} \cdot \sqrt[6]{3}$ c) $\sqrt[3]{9} : \sqrt{12}$

b) $3\sqrt{50} + 2\sqrt{72} - 4\sqrt{8}$ d) $(\sqrt{3} \cdot \sqrt[4]{3}) : (\sqrt[3]{3})^2$

108. Opera y simplifica.

a) $(\sqrt{3} - \sqrt{12})^2$ b) $\left(\sqrt{\frac{1}{2}} \cdot \sqrt[4]{8}\right) : \sqrt[3]{4}$

ACTIVIDAD **RESUELTA**

109. Racionaliza y simplifica $\frac{60}{\sqrt[4]{200}}$.

Se factoriza el radicando para ver por qué números hay que multiplicar para que todos los factores estén elevados a múltiplos de 4, que es el índice de la raíz.

$$\frac{60}{\sqrt[4]{200}} = \frac{60}{\sqrt[4]{2^3 \cdot 5^2}} = \frac{60}{\sqrt[4]{2^3 \cdot 5^2}} \cdot \frac{\sqrt[4]{2 \cdot 5^2}}{\sqrt[4]{2 \cdot 5^2}} =$$
$$= \frac{60\sqrt[4]{2 \cdot 5^2}}{\sqrt[4]{2^4 \cdot 5^4}} = \frac{60\sqrt[4]{2 \cdot 5^2}}{2 \cdot 5} = 6\sqrt[4]{50}$$

110. Racionaliza las siguientes expresiones.

a) $\frac{3}{2\sqrt{3}}$ c) $\frac{5}{\sqrt[4]{1000}}$ e) $\frac{\sqrt{2}}{\sqrt{2} - \sqrt{3}}$

b) $\frac{1}{\sqrt[4]{8}}$ d) $\frac{2}{\sqrt{3} + \sqrt{7}}$ f) $\frac{1 + \sqrt{2}}{1 - \sqrt{2}}$

111. Racionaliza y simplifica.

a) $\frac{\sqrt{6} + \sqrt{3}}{\sqrt{6} - \sqrt{3}}$ b) $\frac{\sqrt{x+y} + \sqrt{x-y}}{\sqrt{x+y} - \sqrt{x-y}}$

112. Calcula.

a) $\frac{6}{\sqrt[3]{72}} - \frac{10}{\sqrt[3]{375}}$ b) $\frac{5}{1 - \sqrt{2}} + \frac{3}{1 + \sqrt{2}}$

113. Escribe $\frac{1}{1 - \sqrt[4]{2}}$ como una expresión que no tenga raíces en el denominador.

Logaritmo de un número. Propiedades

114. Calcula los siguientes logaritmos.

a) $\log_2 32$ c) $\log_3 729$ e) $\log 1\,000\,000$

b) $\log_2 \frac{1}{16}$ d) $\log_3 \frac{1}{81}$ f) $\log \frac{1}{1000}$

115. Calcula los siguientes logaritmos.

a) $\log_2 \sqrt{8}$ c) $\log_3 \sqrt[3]{243}$ e) $\log_{\frac{1}{3}} \frac{1}{27}$

b) $\log_{\frac{1}{2}} 32$ d) $\log \sqrt[5]{100}$ f) $\log_{\frac{1}{10}} \sqrt[3]{100}$

116. Completa los huecos mentalmente usando la definición de logaritmo.

a) $\log_2 8 = ●$ b) $\log_3 ● = 4$ c) $\log_● 125 = 3$

117. Halla el valor de x en cada caso.

a) $\log_x 16 = -4$ d) $\log_{11} 1331 = x$

b) $\log_x \frac{1}{16} = -8$ e) $\log_x 125 = 3$

c) $\log_{\frac{1}{7}} x = -3$ f) $\log_x 25 = 4$

118. ¿A qué numero hay que elevar 5 para que dé un millón?

Actividades

119. Si $\log 8 \approx 0{,}9031$, halla:

a) $\log 800$ c) $\log 0{,}64$ e) $\log 5$

b) $\log 2$ d) $\log 40$ f) $\log \sqrt[5]{8}$

120. Escribe como un único logaritmo.

a) $\log 16 - \log 3 + \log 12$

b) $\log 18 - \log 27 - \log 2$

c) $(\log 25 + \log 4) - (\log 8 - \log 9)$

121. Ordena los siguientes logaritmos aplicando su definición y sus propiedades.

$$\log \sqrt[3]{10};\ \log_2 \left(\frac{1}{4}\right)^{-1};\ \ln \sqrt{\frac{1}{e}};\ \log_{\sqrt{3}} \sqrt[4]{3}$$

122. Expresa $\log \frac{a}{b} + \log \frac{b}{c} + \log \frac{c}{d} - \log \frac{ay}{dx}$ como un solo logaritmo.

123. Utilizando las propiedades de los logaritmos y siendo $\log x \approx 0{,}70$ y $\log y \approx 1{,}18$, calcula:

a) $\log(x^2 \cdot y)$ b) $\log \frac{x^3}{y^2}$ c) $\log(\sqrt{x} \cdot \sqrt[3]{y^2})$

124. Si $\log_2 A = C$, calcula $\log_8 A$, $2^{\log_2 A}$ y $\log_2 \frac{1}{A}$.

125. Toma logaritmos en estas expresiones.

a) $A = \frac{x^2 y^3 z^5}{t^4}$ b) $B = \frac{1100 x^3 y}{t^2}$ c) $C = \frac{\sqrt{x} y z^2}{10 t^3}$

126. Expresa el segundo miembro de cada igualdad como un solo logaritmo y halla los valores de A y B.

a) $\log A = 3\log x + 2\log y - 5\log z$

b) $\log B = \frac{3}{2}\log x + \log y - \frac{2}{3}\log z - 2$

127. Demuestra las fórmulas de logaritmo de un cociente y logaritmo de una potencia.

128. ¿Qué números positivos x verifican la siguiente igualdad?

$$(\log_3 x) \cdot (\log_x 5) = \log_3 5$$

ACTIVIDAD **RESUELTA**

129. Despeja el valor de x en la fórmula $A = (B \cdot C)^{x-D}$.

Se toman logaritmos en ambos miembros y se aplican las propiedades de los logaritmos.

$$A = (B \cdot C)^{x-D} \Rightarrow \log A = \log (B \cdot C)^{x-D}$$
$$\Rightarrow \log A = (x - D) \cdot \log (B \cdot C)$$
$$\Rightarrow x - D = \frac{\log A}{\log(B \cdot C)} \Rightarrow x = \frac{\log A}{\log(B \cdot C)} + D$$

130. Despeja x en estas dos expresiones.

a) $A = B(1 + C)^x$ b) $\log A^x = \log \sqrt{B}$

131. Tomando $\log 2 = 0{,}30$ y $\log 3 = 0{,}48$, resuelve la ecuación $3^{x+3} = 135$.

ACTIVIDAD **RESUELTA**

132. Si $\log m = b - \log n$, ¿cuál es el valor de m?

Se escribe el segundo miembro como un solo logaritmo: $b - \log n = \log 10^b - \log n = \log \frac{10^b}{n}$.

Por tanto, $\log m = b - \log n = \log \frac{10^b}{n} \Rightarrow m = \frac{10^b}{n}$.

133. ¿Qué relación ha de haber entre p y q para que se cumpla que $\log (p + q) = \log p + \log q$?

134. Si $\log (xy^2) = 1$ y $\log (x^2 y) = 1$, calcula $\log (xy)$.

Actividades de síntesis

135. Di si son ciertas o no estas afirmaciones.

a) Entre dos números reales siempre hay otro.

b) $\log_a x$ nunca es negativo.

c) $\log_a x$ existe si x es negativo.

d) En $(-4, -3)$ hay racionales, pero no enteros.

e) $|x| = -x$ para ciertos valores de x.

136. ¿Cómo es el número $\sqrt{2} + \sqrt{3}$? ¿Racional o irracional?

137. Ordena de menor a mayor los números 7^{-50}, 3^{-100} y 2^{-150}.

138. A, B y C son los vértices de un triángulo tales que $AB = 2\sqrt{5}$, $BC = 3\sqrt{5}$ y $AC = \sqrt{65}$.

¿Qué tipo de triángulo es?

139. Dos cuadrados de lado 1 tienen un vértice común y el lado de uno de ellos está sobre la diagonal del otro. ¿Cuál es el área sombreada?

140. ¿Cuál es la última cifra de $1^3 + 2^3 + 3^3 + ... + 2015^3$?

141. Completa la igualdad $10^{-3} = 12^{-3} + 15^{-3} + \bullet^{-3}$.

142. Comprueba que $a^3 - b^3 = (a - b)(a^2 + ab + b^2)$ y, utilizando esta expresión, racionaliza $\frac{1}{\sqrt[3]{5} - \sqrt[3]{2}}$.

143. Si a, b, c son enteros positivos, ¿qué relación ha de haber entre ellos para que $\sqrt{a + \frac{b}{c}}$ y $a\sqrt{\frac{b}{c}}$ sean el mismo número?

144. Si $\log_b M = \log_c N = 9$, ¿cuál es el valor de $\log_{bc} MN$?

PROBLEMAS PARA RESOLVER

145. En la diana de matemáticas, puntúas si clavas el dardo en la franja correspondiente al número del dardo. Estas son las tiradas de Ana y Quique. ¿Quién ha obtenido más puntos?

146. Un país invierte el 0,17 % del PIB en ayuda al desarrollo en lugar del 0,7 % que recomienda la ONU para erradicar la pobreza. Si el PIB es de 2 billones de euros, ¿cuánto dinero deja de invertir en ayudas? (Opera en notación científica).

147. Cuando nació Sofía, sus padres depositaron 20 000 € a su nombre al 10 % de interés compuesto. ¿Cuánto dinero tendrá Sofía cuando cumpla la mayoría de edad?

148. Un profesor pide a la mitad de sus alumnos que operen $\sqrt[5]{8^2}\cdot\sqrt[3]{\frac{1}{4}}\cdot\frac{1}{\sqrt{2}}$ desarrollando por potencias, y a la otra mitad, por radicales. ¿Qué resultado obtendrá cada mitad de la clase?

149. Una cafetería incrementa cada año el precio de un café en un 4 %. Si actualmente cuesta 1,10 €, ¿podrías encontrar la fórmula que relaciona el precio del café con los años transcurridos? ¿Cuánto costará el café dentro de 5 años?

150. ¿Cuánto tiempo hay que depositar un dinero al 4 % de interés compuesto para triplicarlo?

151. Las ondas sísmicas producidas por un terremoto son: longitudinales y de propagación rápida, *P*, y transversales y de menor velocidad, *S*. La escala de Richter mide la magnitud de un terremoto como:

$$M = \log A + 3\log(8t) - 2{,}92$$

Donde *A* es la amplitud de las ondas *S* y *t*, el tiempo transcurrido, entre la aparición de las ondas *P* y las *S*.

	t (s)	*A* (mm)	*M*
1	8	15	●
2	15	●	4
3	●	45	7

a) Copia y completa la tabla en tu cuaderno.

b) Calcula la relación entre las amplitudes de dos terremotos de magnitudes 6 y 9. (Supón el mismo valor para *t*.)

152. Dos capitales, uno el doble que el otro, se colocan a interés compuesto: el menor al 10 % y el mayor al 6 %. ¿Al cabo de cuántos años se habrán igualado los capitales finales?

ACTIVIDADES PARA PENSAR MÁS

153. Si $D = a^2 + b^2 + c^2$ con *a* y *b* enteros consecutivos y $c = a\cdot b$, $\sqrt{D}$ es:

A. Siempre un entero par.

B. Algunas veces un entero impar, otras no.

C. Siempre un entero impar.

D. Algunas veces un racional, otras no.

154. Si *x* verifica que $\frac{1}{x} < 2$ y $\frac{1}{x} > -3$, entonces:

A. $x > \frac{1}{2}$ o $x < -\frac{1}{3}$

B. $-\frac{1}{2} < x < 3$

C. $-\frac{1}{3} < x < \frac{1}{2}$

D. $x > \frac{1}{2}$

155. $A = \frac{\sqrt{6}+\sqrt{2}}{4}$ y $B = \frac{\sqrt{2+\sqrt{3}}}{2}$ verifican:

A. $A^2 > 1$ B. $A = B$ C. $A < B$ D. $A > B$

156. Si $\log_2 a + \log_2 b \geq 6$, el valor mínimo de $a + b$ es:

A. $2\sqrt{2}$ B. 6 C. $8\sqrt{2}$ D. 16

Encuentra el error

157. La profesora ha pedido resolver este problema por parejas: Si *a* y *b* números reales positivos, simplifica la expresión:

$$E = \frac{\sqrt{a^2+b^2+2ab} - \sqrt{a^2+b^2-2ab}}{\sqrt{a^2+b^2+2ab} + \sqrt{a^2+b^2-2ab}}$$

Alicia y Pedro transforman la expresión teniendo en cuenta el cuadrado del binomio.

$$E = \frac{\sqrt{(a+b)^2} - \sqrt{(a-b)^2}}{\sqrt{(a+b)^2} + \sqrt{(a-b)^2}} = \frac{a+b-(a-b)}{a+b+a-b} = \frac{2b}{2a} = \frac{b}{a}$$

- Pedro comprueba con $a = 5$ y $b = 2$ que el resultado es correcto:

$$\frac{\sqrt{5^2+2^2+2\cdot5\cdot2} - \sqrt{5^2+2^2-2\cdot5\cdot2}}{\sqrt{5^2+2^2+2\cdot5\cdot2} + \sqrt{5^2+2^2-2\cdot5\cdot2}} = \frac{\sqrt{49}-\sqrt{9}}{\sqrt{49}+\sqrt{9}} = \frac{4}{10} = \frac{2}{5}$$

En efecto, obtuvo el resultado esperado: $\frac{b}{a} = \frac{2}{5}$.

- Alicia comprueba el resultado con otros valores, $a = 5$, $b = 7$:

$$\frac{\sqrt{5^2+7^2+2\cdot5\cdot7} - \sqrt{5^2+7^2-2\cdot5\cdot7}}{\sqrt{5^2+7^2+2\cdot5\cdot7} + \sqrt{5^2+7^2-2\cdot5\cdot7}} = \frac{\sqrt{144}-\sqrt{4}}{\sqrt{144}+\sqrt{4}} = \frac{10}{14} = \frac{5}{7}$$

Pero según la simplificación que han realizado debería haber obtenido $\frac{b}{a} = \frac{7}{5}$.

¿Dónde está el error?

Ponte a prueba

PROBLEMA **RESUELTO** **¿Como cuánto?**

Cuando se habla de números muy grandes es fácil perder la noción de su verdadero valor y parece que da igual un cero más o menos. Para comprenderlos se comparan con cantidades que sean familiares: habitantes de la Tierra, altura del Teide, capacidad de un estadio de fútbol, etc.

1. El precio medio de la vivienda en España es de 2300 €/m^2 y el tamaño medio es de 98,6 m^2. ¿Cuál será el coste medio de una casa?

A. $2{,}2 \cdot 10^5$ € B. $2{,}3 \cdot 10^5$ € C. $2{,}4 \cdot 10^5$ € D. $2{,}5 \cdot 10^5$ €

2. Calcula el número de casas que se podrían comprar con:

a) El presupuesto para la construcción de un nuevo hospital: 50 000 000 €.

b) El precio que pagó el Real Madrid por Cristiano Ronaldo: 94 000 000 €.

c) El coste del AVE Madrid-Valencia: 12 410 000 000 €.

d) El coste del programa Apolo de la NASA: 100 000 000 000 €.

SOLUCIÓN

1. $2300 \cdot 98{,}6 = 226\,780 \approx 2{,}3 \cdot 10^5$. **B.** $2{,}3 \cdot 10^5$ €

2. El número de casas que se podrían comprar con:

a) $5 \cdot 10^7 : 2{,}3 \cdot 10^5 = \frac{5}{2{,}3} \cdot \frac{10^7}{10^5} = 2{,}17 \cdot 10^2$. . Unas 200 casas.

b) $9{,}4 \cdot 10^7 : 2{,}3 \cdot 10^5 = \frac{9{,}4}{2{,}3} \cdot \frac{10^7}{10^5} = 4{,}08 \cdot 10^2$. . Unas 400 casas.

c) $1{,}241 \cdot 10^{10} : 2{,}3 \cdot 10^5 = \frac{1{,}241}{2{,}3} \cdot \frac{10^{10}}{10^5} = 0{,}54 \cdot 10^5$. . Unas 54 000 casas.

d) $1 \cdot 10^{11} : 2{,}3 \cdot 10^5 = \frac{1}{2{,}3} \cdot \frac{10^{11}}{10^5} = 0{,}43 \cdot 10^6$. . Unas 430 000 casas.

Publicidad engañosa

Un anuncio televisivo propone cuatro tipos de ofertas a los clientes de unos grandes almacenes:

1. Estudia cada una de las ofertas y di cuál es la mejor si quieres comprar 2, 3, 4, 5 o 6 productos iguales.

2. La publicidad da a entender que la oferta descuento 20 % es la más conveniente.

a) ¿Es eso cierto en todos los casos?

b) ¿Qué ventajas puede tener sobre las otras?

El logaritmo del amoniaco

Las siglas pH significan "potencial de hidrógeno". Se trata de una escala que mide cómo de ácida o básica es una sustancia. Los ácidos fuertes, como el ácido sulfúrico, tienen altas concentraciones de iones de hidrógeno, y las soluciones alcalinas fuertes, como la sosa cáustica, tienen concentraciones bajas.

La concentración de una sustancia se expresa como el número de moles por litro. Por ejemplo, el vinagre tiene 0,001 mol/l. Para evitar trabajar con números tan pequeños, en 1909 el químico danés Sørensen construyó una escala logarítmica para medir las concentraciones: el pH.

El pH es el opuesto del logaritmo de la concentración de moles de iones de hidrógeno.

$$\text{pH(vinagre)} = -\log 0{,}001 = -\log(10^{-3}) = 3.$$

- Si el pH = 7, se dice que es la sustancia es neutra.
- Si el pH < 7, es ácida.
- Si el pH > 7, es básica.

Por ejemplo, el pH del amoniaco es 12 y el del vino es 4.

1. La concentración mínima es de 10^{-14} mol/l. ¿Cuál es el valor máximo que puede tomar el pH?
2. Considera el amoniaco, el vino y el vinagre.
   a) ¿Cuáles de ellos son básicos y cuáles ácidos?
   b) ¿Cuál es la concentración en cada uno de ellos?
   c) ¿Cuántas veces es mayor la concentración de iones de hidrógeno en el amoniaco que en el vino?
3. ¿Cuántas veces es más ácida una sustancia cuyo pH es 2 que una cuyo pH es 4?
4. Para el cuerpo humano son corrosivas las sustancias con un pH menor que 3,5, y son cáusticas aquellas con un pH superior a 11,5. Relaciona el pH con las sustancias e indica cuáles no son adecuadas para el cuerpo humano.

pH = 5

pH = 6,5

pH = 2,3

pH = 13

pH = 9,9

AUTOEVALUACIÓN

1. Representa en la recta real $\frac{5}{3}$ y $\sqrt{13}$. ¿Son racionales o irracionales?
2. Un número real x cumple que $|x-2| < 3$. Describe los posibles valores de x gráficamente, con intervalos y mediante desigualdades.
3. Escribe en notación científica el resultado de:
   $$(0{,}26 \cdot 10^{-4}) \cdot (8{,}53 \cdot 10^{9})^2 + 7{,}2 \cdot 10^{13}$$
4. Realiza las operaciones y simplifica el resultado.
   a) $\sqrt[3]{2} : \sqrt[5]{3}$
   c) $\left(\sqrt{\sqrt[3]{2}}\right)^4$
   b) $\sqrt{3} \cdot \sqrt[4]{2}$
   d) $4\sqrt{50} - 3\sqrt{128} + 5\sqrt{72}$
5. Opera y simplifica.
   a) $(\sqrt{18} - \sqrt{20}) \cdot (\sqrt{2} - \sqrt{5})$
   c) $\left(\sqrt{12} + \sqrt{3}\right)^2$
   b) $2\sqrt{48} - 3\sqrt{675} + \sqrt{588}$
   d) $(2 + \sqrt{8})(3 - \sqrt{2})$
6. Calcula el valor de x en estas igualdades.
   a) $4^x = (2^{-3})^5$
   c) $0{,}001^{-5} \cdot 100^x = 0{,}01^5$
   b) $\left(\sqrt{5}\right)^x = 25$
   d) $0{,}25^x = 16$
7. Racionaliza estas expresiones.
   a) $\frac{4}{\sqrt{8}}$
   b) $\frac{1}{\sqrt[3]{12}}$
   c) $\frac{1}{\sqrt{7} + \sqrt{3}}$
8. Sabiendo que log 2 = 0,301…, calcula:
   a) $\log 5$
   b) $\log 20$
   c) $\log 16$
   d) $\log_5 2$
9. Toma logaritmos en la expresión:
   $$A = \frac{x^3 \sqrt[7]{y^2} z^{\frac{3}{4}}}{t^2}$$
10. Elimina los logaritmos en la expresión:
   $$\log A = \frac{1}{5}\log x + \frac{2}{9}\log y - 8\log z$$

smSaviadigital.com VALORA LO APRENDIDO > Autoevaluación.

2 Expresiones algebraicas

- ¿*Expresión algebraica y polinomio* son sinónimos?
- ¿Qué operaciones puedes hacer con polinomios?
- ¿Puedes relacionar factor, raíz y resto de un polinomio?
- ¿Qué pasa si el numerador y el denominador de una fracción son polinomios?

Analiza y responde

¿Qué relación hay entre el pasatiempo *Une los puntos* y una película de animación?

¿Qué es un *spline cúbico*?

Reflexiona y saca conclusiones

¿Por qué el autor afirma *Todas las películas de animación modernas están llenas de polinomios*?

¿A qué crees que se refiere el autor cuando habla de curvas suaves?

Lee y comprende

¿Recuerdas esta historia?

La soñadora Anna emprende un viaje épico junto al montañero Kristoff y su leal reno Sven para encontrar a su hermana Elsa, cuyos fríos poderes han atrapado al reino de Arendelle en un invierno eterno.

Frozen es hasta ahora la película de animación más taquillera de la historia, en gran parte gracias a su famosísima canción *Let it go*, traducida al español como Libre soy. Ha recaudado la friolera de 1270 millones de dólares en todo el mundo. Miles de niños y niñas se saben la historia de memoria y cantan sin parar: Libre soy, libre soy, no puedo ocultarlo más...

Lo que posiblemente no saben esos espectadores es que si no fuese por los polinomios, no podrían haber visto ni a Anna ni a la Reina de las Nieves. Todas las películas de animación modernas están llenas de polinomios.

Seguro que alguna vez has jugado a un pasatiempo que se llama *Une los puntos*. En un papel se representan varios puntos numerados y el juego consiste en unirlos ordenadamente mediante líneas para obtener un dibujo.

De manera similar se trabaja a la hora de crear y dar movimiento a las imágenes por ordenador en las películas de animación de 2D y de 3D. Se marcan los puntos claves del personaje (las manos, los pies, las rodillas, la boca, etc.) que forman el esqueleto de la figura y luego, mediante programas de ordenador, se dibujan unas curvas suaves que enlazan dichos puntos y que se mueven según lo requiera el personaje. Esas suaves curvas reciben el nombre de *splines* cúbicos, que no son otra cosa que polinomios de tercer grado.

ESTEBAN SERRANO

1 Expresiones algebraicas. Polinomios

Sabías que...

El álgebra ha aportado a las matemáticas precisión y sencillez y se ha convertido en un lenguaje universal para transmitir conocimientos con rigor.

El **álgebra** es una parte de las matemáticas que se ocupa de las relaciones numéricas y funcionales, de la estructura de los conjuntos, etc. Introduce símbolos para formular leyes generales.

Una **expresión algebraica** es cualquier combinación de números y letras relacionados entre sí por operaciones aritméticas.

Las letras reciben el nombre de **variables** y siempre representan a números.

Ejemplo ▸ Son expresiones algebraicas:

- Las fórmulas, como $A=\frac{B+b}{2}\cdot a$, donde A es el área, B es la longitud de la base mayor del trapecio, b, la longitud de la base menor, y a, la altura del trapecio.
- Las identidades, como $\log_b(M\cdot N)=\log_b M+\log_b N$, donde M y N son números reales positivos y b es un número real positivo distinto de 1.
- Las expresiones de funciones, como $f(x)=\frac{3x^2-7}{x-5}$, donde x es un número real cualquiera distinto de 5.

Ten en cuenta

Siempre que se usa una expresión algebraica hay que indicar **qué están representando las letras**.
Si no, la expresión carece de sentido.

El **valor numérico de una expresión algebraica** es el resultado que se obtiene al sustituir las variables por números y operar.

Ejemplo ▸ Calcula la expresión algebraica del volumen de una torre cuadrada cuya altura mide 5 m más que el doble del lado de la base. Si el lado de la base mide 5 m, ¿cuál es el volumen?

Si x es la medida del lado en metros, la altura será: $2x + 5$.

El volumen es, por tanto, $V(x) = x \cdot x \cdot (2x + 5) = 2x^3 + 5x^2$.

En el caso de una torre de lado $x = 5$ m, el volumen será: $V(5) = 2 \cdot 5^3 + 5 \cdot 5^2 = 375$ m^3.

Polinomios

Un **monomio** es una expresión algebraica formada por el producto de un número real y una o más variables elevadas a exponentes naturales.

El **grado** de un monomio es la suma de los exponentes de su parte literal.

Dos monomios son **semejantes** si tienen la misma parte literal.

Ejemplo ▸ Indica el grado de los monomios $-xy^3$ y $7x^3y$ y si son semejantes.

- Tienen el mismo grado: $1 + 3 = 4 = 3 + 1$.
- No son semejantes porque no tienen la misma parte literal: $xy^3 \neq x^3y$.

Ten en cuenta

Si el coeficiente del término de mayor grado es 1, se dice que el polinomio es mónico.

Un **polinomio** es la suma de varios monomios no semejantes. Su grado es el del monomio de mayor grado que contenga.

Los polinomios de una sola variable tienen esta expresión:

$$P(x) = a_0 + a_1x + a_2x^2 + ... + a_{n-1}x^{n-1} + a_nx^n,\ n \in \mathbb{N} \text{ y } a_0, a_1, ...a_n \in \mathbb{R}$$

Ejemplo ▸ Indica qué monomios forman el polinomio $P(x, y) = 6x^2y - 7x^2y^2 + 1$ y su grado.

- Está formado por tres monomios: $6x^2y$, $-7x^2y^2$ y 1.
- Su grado es 4, que es el grado del monomio $7x^2y^2$.

MAT-TIC GeoGebra

Entra en smSaviadigital.com y construye expresiones algebraicas para distintas figuras geométricas.

ACTIVIDADES

1. Encuentra la expresión algebraica que describe cada uno de los siguientes enunciados.

a) El perímetro de un rectángulo de base b y altura h.

b) El área de un rombo de diagonal mayor D y diagonal menor d.

c) El volumen de un prisma de base cuadrada de lado x y altura h.

d) La propiedad distributiva de tres números reales a, b y c.

e) El producto de potencias de base a y exponentes n, m es una potencia de base a y exponente la suma de los exponentes.

f) El logaritmo en base a de x es y.

2. ¿Cuál de estas expresiones algebraicas es un monomio?

a) $\sqrt{12x}$ b) $\frac{4}{x}$ c) $3x^{-2}$ d) $x^2\sqrt{3}$

3. Relaciona en tu cuaderno las magnitudes indicadas correspondientes a un triángulo equilátero de lado x con los monomios de la columna derecha.

1. Perímetro — A. $\frac{\sqrt{3}}{2}x$

2. Área — B. $3x$

3. Altura — C. $\frac{\sqrt{3}}{4}x^2$

4. Explica cuáles de las siguientes expresiones algebraicas son polinomios y cuáles no.

a) $A(x)=x+15$ c) $C(x)=\frac{5}{x}+23x$

b) $B(x)=\frac{x^3}{5}-\sqrt{13}$ d) $D(x)=\sqrt{x}-x+3$

ACTIVIDAD **RESUELTA**

5. Completa la tabla indicando los monomios, el grado y el valor numérico en $x=-1$, $y=1$, del polinomio: $P(x, y, z)=xyz+3xy^2-2x^2z^3+7$.

Monomios	xyz	$3xy^2$	$-2x^2z^3$	7	$P(x, y, z)$
Grado	3	3	5	0	5
Valor numérico	−2	−3	−16	7	−14

6. Completa la tabla en tu cuaderno indicando los monomios, el grado y el valor numérico en $x=-2$, $y=-3$ del polinomio $P(x, y)=x^2y^3+3xy-2x+2$.

Monomios	●●●	●●●	●●●	●●●	●●●
Grado	●●●	●●●	●●●	●●●	●●●
Valor numérico	●●●	●●●	●●●	●●●	●●●

7. Dado el polinomio $P(x)=x^2-2x-15$.

a) Calcula $P(1)$, $P(-1)$, $P(0)$ y $P(1000)$.

b) ¿Para qué valores de x el valor numérico de $P(x)$ se hace cero?

8. La trayectoria de una pelota de tenis viene dada por la expresión algebraica:

$$H(t)=2{,}2+7t-t^2$$

Donde H es la altura de la pelota en metros y t es el tiempo en segundos.

a) Indica el grado del polinomio y los monomios que lo forman.

b) Halla la altura a la que se encuentra la pelota, para cada uno de estos tiempos:

$t=0$ s $t=3$ s $t=5{,}5$ s $t=7$ s

9. Considera un triángulo isósceles cuyo lado desigual mide la mitad que uno de los lados iguales. Llama x al lado menor y encuentra la expresión algebraica del perímetro y el área.

10. Expresa con un polinomio la fórmula del volumen de los siguientes ortoedros.

a) Sus aristas miden x, $2xy$ y $3z+1$, respectivamente.

b) Sus dimensiones son números consecutivos, siendo x el mayor de ellos.

11. El cuadrado de la figura tiene lado y.

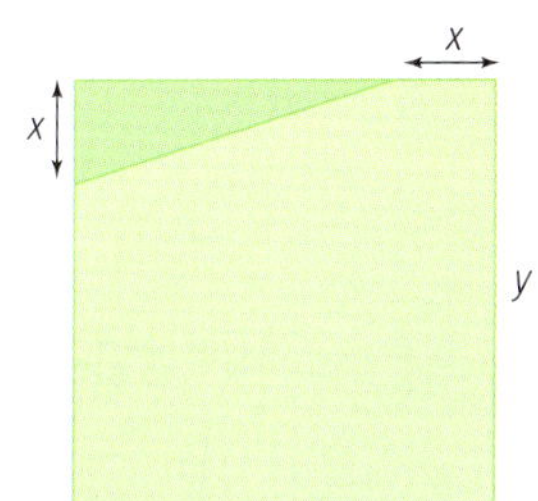

a) Escribe un polinomio que exprese el área del pentágono sombreado.

b) Si $x=3$ cm e $y=10$ cm, calcula el área sombreada.

12. Sean los polinomios $E(x)=4\pi x^2$, $F(x)=2\pi x^2+10\pi x$ y $G(x)=\frac{5}{3}\pi x^2$, asociados a distintas figuras geométricas. Relaciona en tu cuaderno estas tres columnas.

Volumen de un cono de radio 3 y altura 5	$E(3)$	36π
Área de un cilindro de altura 5 y radio 3	$G(3)$	15π
Volumen de una esfera de radio 3	$F(3)$	48π

2 Operaciones con polinomios

Suma y diferencia de polinomios

La **suma o diferencia de polinomios** se realiza sumando o restando los monomios semejantes y dejando indicada la operación entre los monomios no semejantes.

Ejemplo ▸ Dados los polinomios $P(x) = 2x^3 - 5x^2 + x - 3$ y $Q(x) = x^3 - 7x^2 + 5$, calcula su suma y su diferencia.

- $P(x) + Q(x) = 2x^3 - 5x^2 + x - 3 + x^3 - 7x^2 + 5 = 3x^3 - 12x^2 + x + 2$
- $P(x) - Q(x) = 2x^3 - 5x^2 + x - 3 - (x^3 - 7x^2 + 5) = x^3 + 2x^2 + x - 8$

Producto y potencia de polinomios

Ten en cuenta

El producto de polinomios cumple la **propiedad distributiva**:

$$a \cdot (b + c) = a \cdot b + a \cdot c$$

- El **producto de dos polinomios** es otro polinomio cuyos términos se obtienen multiplicando cada monomio del primero por cada monomio del segundo y sumando los semejantes.
- La **potencia de exponente natural de un polinomio** se halla multiplicando el polinomio por sí mismo tantas veces como indique el exponente.

Ejemplo ▸ Dados los polinomios $P(x) = 3x^2 - 2x + 1$ y $Q(x) = 5x - 3$, calcula $P(x) \cdot Q(x)$ y $[Q(x)]^2$.

- $P(x) \cdot Q(x) = (3x^2 - 2x + 1)(5x - 3) = 15x^3 - 9x^2 - 10x^2 + 6x + 5x - 3 =$
  $= 15x^3 - 19x^2 + 11x - 3$
- $[Q(x)]^2 = (5x - 3)^2 = (5x - 3) \cdot (5x - 3) = 25x^2 - 15x - 15x + 9 = 25x^2 - 30x + 9$

Sabías que...

Euclides ya describió las identidades notables en su tratado *Los elementos*.

Euclides (ca. 300 a. C.)

Las identidades notables

Las identidades notables son productos y potencias de binomios que aparecen con mucha frecuencia en matemáticas. Las más importantes son:

Cuadrado de una suma	$(a + b)^2 = a^2 + b^2 + 2ab$	$(3 + x)^2 = 3^2 + x^2 + 2 \cdot 3 \cdot x = 9 + x^2 + 6x$
Cuadrado de una diferencia	$(a - b)^2 = a^2 + b^2 - 2ab$	$(2x - 5y)^2 = (2x)^2 + (5y)^2 - 2 \cdot 2x \cdot 5y = 4x^2 + 25y^2 - 20xy$
Suma por diferencia	$(a + b)(a - b) = a^2 - b^2$	$(3a + 2b)(3a - 2b) = 9a^2 - 4b^2$

ACTIVIDADES

13. Dados los polinomios $A(x) = 2x - 1$, $B(x) = -2x^2 + 3x - 5$ y $C(x) = 4x^3 - 3x^2 + 1$, calcula:

a) $A(x) - B(x)$
b) $A(x) \cdot B(x)$
c) $2x^2 \cdot A(x) - C(x)$
d) $[A(x) - C(x)]^2$

14. Si el grado de $P(x)$ es 2 y el de $Q(x)$ es 3, ¿qué grado tienen los siguientes polinomios?

a) $P(x) \cdot Q(x)$
b) $P(x) + [Q(x)]^2$

15. Desarrolla aplicando las identidades notables.

a) $(3 - 4xy)^2$
b) $(-b + 7x^2)^2$
c) $(3a + 2\sqrt{b})^2$
d) $(2x - 5y)(2x + 5y)$

ACTIVIDAD **RESUELTA**

16. Extrae el monomio de mayor grado posible como factor común en el siguiente polinomio.

$$P(x, y) = 4x^2y - 8x^3y^2 - 2x^3y$$

Utilizando la propiedad distributiva:

$$P(x, y) = 4x^2y - 8x^3y^2 - 2x^3y = 2x^2y(2 - 4xy - x)$$

17. Extrae el factor común de mayor grado posible de los siguientes polinomios.

a) $16x^3 + 24x^2$
b) $3xy^3 - 27x^3y^2$
c) $-5x^2z^2 - 10xz^3 - 15x^2z^5$
d) $x^2zy^2 - 2yz^2 + 4xy^5$

División entera de polinomios

Dividir un polinomio $D(x)$ entre otro $d(x)$ consiste en encontrar dos polinomios, $C(x)$ y $R(x)$, que cumplan $\mathbf{D(x) = d(x) \cdot C(x) + R(x)}$, es decir,

$$\frac{D(x)}{d(x)} = C(x) + \frac{R(x)}{d(x)}, \text{ con } \mathbf{grado(R(x)) < grado(d(x))}$$

Ten en cuenta

Si el resto de la división es 0, la división se llama **exacta** y se dice que:

- El polinomio $D(x)$ es **divisible** por $d(x)$, o **múltiplo** de $d(x)$.
- El polinomio $d(x)$ es un **factor** de $D(x)$, o **divisor** de $D(x)$.

Ejemplo ▸ Divide $P(x) = 2x^4 + x^3 - 2x^2 - 5$ entre $Q(x) = x^2 + x - 2$.

1.º Se escriben los polinomios ordenados y se dividen los términos de mayor grado del dividendo y el divisor.

$$\begin{array}{rrrrr|l}
2x^4 & +x^3 & -2x^2 & & -5 & x^2+x-2 \\ \cline{6-6}
-2x^4 & -2x^3 & +4x^2 & & & 2x^2-x+3 \\ \cline{1-3}
 & -x^3 & +2x^2 & & -5 & \\
 & x^3 & +x^2 & -2x & & \\ \cline{2-5}
 & & 3x^2 & -2x & -5 & \\
 & & -3x^2 & -3x & +6 & \\ \cline{3-5}
 & & & -5x & +1 &
\end{array}$$

2.º Se multiplica por el divisor y el resultado se resta al dividendo.

3.º Se repite el proceso hasta que el resto sea de grado inferior al divisor.

Para finalizar, se comprueba: $(x^2 + x - 2)(2x^2 - x + 3) + (-5x + 1) = 2x^4 + x^3 - 2x^2 - 5$.

ACTIVIDADES

18. Efectúa las siguientes divisiones.

a) $(3x^3 - 2x^2 - 14x + 15) : (3x - 5)$

b) $(x^5 - 3x^4 - 4x^3 + 17x^2 + 2) : (x^3 - 5x + 2)$

c) $(6x^4 - 2x^3 + 15x - 5) : (3x - 1)$

19. Encuentra un polinomio que al multiplicarlo por $3x - 1$ dé como resultado $6x^3 + x^2 - 7x + 2$.

ACTIVIDAD **RESUELTA**

20. Expresa el perímetro y el área de esta figura mediante dos polinomios.

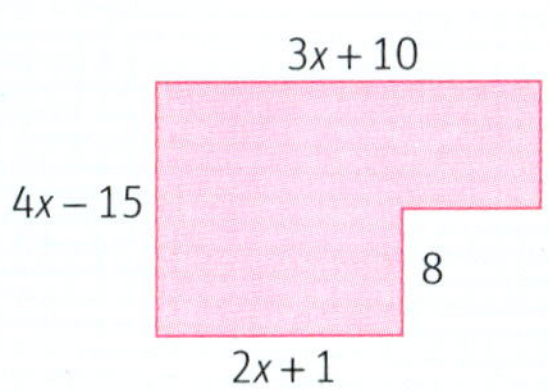

Perímetro:

$P(x) = 2(3x + 10) + 2(4x - 15) =$
$= 14x - 10$

Área:

$A(x) = (3x + 10)(4x - 15) - 8[3x + 10 - (2x + 1)] =$
$= 12x^2 - 13x - 222$

21. Expresa el perímetro y el área de estas figuras mediante dos polinomios.

a)

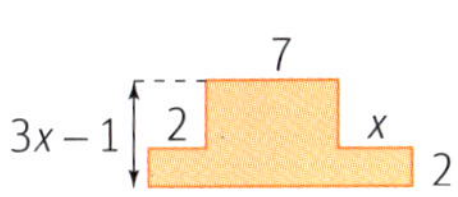

b)

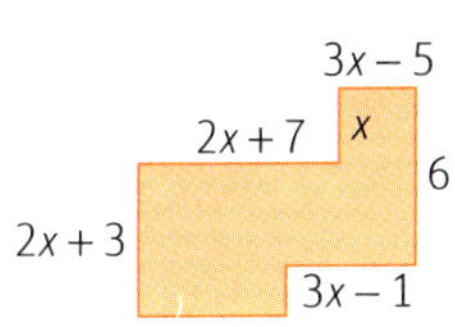

ACTIVIDAD **RESUELTA**

22. Escribe estos polinomios como potencias de binomios utilizando las identidades notables.

a) $9x^2 + 12x + 4$ b) $4x^2 - 20xy + 25y^2$ c) $4a^2 - b^4$

a) $9x^2 + 12x + 4 = (3x)^2 + 2 \cdot 3x \cdot 2 + 2^2 = (3x + 2)^2$

b) $4x^2 - 20xy + 25y^2 = (2x)^2 - 2 \cdot 2x \cdot 5y + (5y)^2 = (2x - 5y)^2$

c) $4a^2 - b^4 = (2a)^2 - (b^2)^2 = (2a - b^2)(2a + b^2)$

23. Copia y completa estas expresiones para que se correspondan con el cuadrado de un binomio.

a) $4 + 6b +$ ● ● ● c) $9x^6 - 18x^3y +$ ● ● ●

b) $x^2 + 25y^2 +$ ● ● ● d) $x^2 + 9x^4 +$ ● ● ●

24. Escribe estos polinomios como potencias de binomios utilizando las identidades notables.

a) $16x^2 - 8x + 1$ c) $-4a^2 + 36b^2$

b) $9x^2 - 42xy + 49y^2$ d) $3x^2 - 9y^2$

25. Descompón estas expresiones en factores.

a) $z^2 - 169$ c) $(2a - 7b)^2 - (2a + 7b)^2$

b) $25x^2 - 10xy + y^2$ d) $-x^2y^2 - 9y^2 - 6xy^2$

26. smSaviadigital.com

PRACTICA Realiza operaciones con polinomios.

3 Regla de Ruffini para dividir polinomios entre $x - a$

Cuando se divide un polinomio $P(x)$ entre un binomio de la forma $x - a$, se puede utilizar un algoritmo más sencillo: **la regla de Ruffini**.

Ejemplo ▶ Divide $P(x) = 2x^3 - 10x + 3$ entre $Q(x) = x - 2$.

1.º Se escriben los coeficientes del dividendo en la fila superior. Si falta un término, se completa con 0. A la izquierda se coloca el valor a, en este caso $a = 2$. Se baja el primer coeficiente.

	2	0	−10	3
2	↓			
	2			

2.º Se **multiplica** el valor de a por el primer coeficiente bajado, y el resultado se escribe debajo del segundo coeficiente.

	2	0	−10	3
2		4		
	2			

3.º Se **suma** el segundo coeficiente con el valor anotado debajo, y se escribe el resultado en la línea inferior ($0 + 4 = 4$).

	2	0	−10	3
		+	+	
2		4	8	
	2	4		

4.º Se repite el proceso hasta completar la fila inferior. El valor de la derecha es el resto, −1, y los valores a su izquierda son los coeficientes del cociente, $2x^2 + 4x - 2$.

	2	0	−10	3
2		4	8	−4
	2	4	−2	−1
		Cociente		Resto

> **Ten en cuenta**
> - La regla de Ruffini también sirve si el divisor es de la forma $x + a$. Basta con escribir $x - (-a)$.
> - El resto siempre es un número, ya que el grado del resto debe ser menor que el del divisor, que es 1.

> **MAT-TIC GeoGebra**
> Entra en **smSavia**digital.com y aplica la regla de Ruffini a más polinomios con GeoGebra.

Teorema del resto

Este teorema permite conocer el resto de la división de un polinomio entre $x - a$ sin necesidad de realizarla.

> El **resto R** de la división de un polinomio $P(x)$ entre $x - a$ es igual al valor numérico del polinomio en $x = a$, es decir, $\boldsymbol{R = P(a)}$.

Para probarlo, se observa que el resto debe ser un grado menor que el divisor, por tanto, un polinomio de grado 0, es decir, un número real R.

Se tiene que $P(x) = (x - a)C(x) + R$, y al sustituir x por a, obtenemos que:

$$P(a) = (a - a)C(a) + R \Rightarrow P(a) = R$$

Ejemplo ▶ ¿Cuál es el resto de dividir $P(x) = x^3 + 7x^2 + 12x + 10$ entre $x + 5$?

Utilizando el teorema del resto: $R = P(-5) = (-5)^3 + 7(-5)^2 + 12(-5) + 10 = 0$.

Por tanto, el resto es nulo y la división es exacta.

> **Ten en cuenta**
> - Dividendo: $P(x)$
> - Divisor: $(x - a)$
> - Resto: R
> - Cociente: $C(x)$

Teorema del factor

Este teorema es una consecuencia inmediata del teorema del resto y servirá para factorizar polinomios.

> Si el valor numérico del polinomio $P(x)$ en $x = a$ es 0, entonces $P(x)$ tiene como factor $x - a$ y, por tanto, $P(x)$ puede escribirse de la forma $P(x) = (x - a)C(x)$.

Si $P(a) = 0$, el teorema del resto dice que el resto de la división de $P(x)$ entre $x - a$ es $R = 0$ y, por tanto, $P(x) = (x - a)C(x) + R = (x - a)C(x)$.

Ejemplo ▸ ¿Son $(x + 3)$ y $(x - 2)$ factores del polinomio $P(x) = x^3 - 5x^2 + 9x - 6$?

Para comprobarlo se calculan los valores numéricos de $P(x)$ en $x = -3$ y $x = 2$:

- $P(-3) = (-3)^3 - 5(-3)^2 + 9(-3) - 6 = -105 \neq 0$
- $P(2) = (2)^3 - 5(2)^2 + 9(2) - 6 = 0$

Por tanto, $x + 3$ no es un factor de $P(x)$, pero $x - 2$ sí lo es.

MAT-TIC GeoGebra

Entra en smSaviadigital.com y descubre qué esconden los teoremas del resto y del factor.

smSaviadigital.com

PRACTICA Interpreta el método de Ruffini y utiliza mentalmente el teorema del factor.

ACTIVIDADES

27. Divide usando la regla de Ruffini.

a) $(3x^3 + 4x^2 - 8x) : (x + 3)$

b) $(x^4 + x^3 - 2x - 2) : (x + 1)$

c) $(x^4 - 2x^2 - x + 1) : (x + 2)$

d) $(3x^3 + 4x^2 - 3x - 7) : (x - 5)$

28. Realiza las siguientes divisiones aplicando la regla de Ruffini e indica el cociente y el resto.

a) $(3x^4 - 2x^2 + x - 3) : (x + 1)$

b) $(x^5 - 2x^3 - x + 1) : (x - 1)$

c) $(2x^3 - x^2 + 3x - 1) : (x + 2)$

d) $(x^4 + 3x^2 - 2x) : (x - 2)$

29. Estudia cuál es el resto de estas divisiones sin realizarlas e indica si son exactas.

a) $(2x^5 - 3x^4 + 2x^3 + x^2 + 3x - 3) : (x + 2)$

b) $(2x^4 - 7x^3 + x^2 - 5x + 9) : (x - 1)$

c) $(x^3 + x^2 - 17x + 15) : (x + 5)$

d) $(x^3 + x^2 - 12x + 7) : (x - 7)$

¿Qué teorema has utilizado?

30. ¿Cuáles de los siguientes binomios son factores del polinomio $P(x) = x^3 + 4x^2 - 25x - 100$? Justifica tu respuesta.

A. $(x + 1)$ C. $(x + 3)$ E. $(x + 5)$

B. $(x - 1)$ D. $(x - 3)$ F. $(x - 5)$

31. Indica si los binomios $(x - 2)$ y $(x - 1)$ son factores del polinomio $P(x) = x^5 + x^4 - 7x^3 + 7x - 6$.

¿Cuál es el resto de las divisiones $P(x) : (x - 2)$ y $P(x) : (x - 1)$?

32. ¿El polinomio $P(x) = x^3 - 6x^2 + 9x$ tiene como factor al binomio $(x - 3)$? Realiza la división $P(x) : (x - 3)$ y comprueba si el cociente es divisible por el mismo factor. ¿Qué puedes decir de $P(x)$?

33. Escribe un polinomio de tercer grado que cumpla las siguientes condiciones.

a) Que tenga como factor al binomio $x + 7$.

b) Que la división de $P(x)$ entre $x + 1$ sea exacta.

c) $P(1) = 0$

d) $P(3) = 80$

ACTIVIDAD **RESUELTA**

34. Halla m para que $P(x) = 3x^4 - x^3 + x^2 - 3x + m$ sea múltiplo de $Q(x) = x + 1$.

Para que $P(x)$ sea múltiplo de $Q(x)$ el resto de la división de $P(x)$ entre $Q(x)$ debe ser 0.

Como $Q(x)$ es de la forma $(x - a)$ se aplica el teorema del resto para $x = -1$, es decir, $P(-1) = 0$.

Se resuelve la ecuación:

$$P(-1) = 3(-1)^4 - (-1)^3 + (-1)^2 - 3(-1) + m = 0 \Rightarrow m = -8$$

Por tanto, m debe ser -8 para que $P(x)$ sea múltiplo de $Q(x)$.

35. Halla el valor de m para que:

a) La división entre $P(x) = x^3 - 5x^2 - 2x + m$ y $(x - 4)$ sea exacta.

b) La división entre $Q(x) = 5x^3 + 4x^2 - mx - 3$ y $(x + 2)$ tenga resto 3.

c) $(x + 1)$ sea divisor de $R(x) = x^5 - 5x^3 + 4x + m$.

d) $S(x) = x^4 - (mx)^2 + x + 10$ sea múltiplo de $(x - 2)$.

36. ¿Cuánto debe valer k para que $x - 2$ sea un factor del polinomio $P(x) = x^3 - 7x + k$?

37. smSaviadigital.com

PRACTICA Divide polinomios.

4 Raíz de un polinomio. Factorización

smSaviadigital.com

PRACTICA Busca tus raíces.

Ten en cuenta

El número de raíces de un polinomio es el número de veces que su gráfica corta al eje X.

smSaviadigital.com

AMPLÍA Cómo probar la relación entre el término independiente y las raíces enteras de un polinomio.

Ten en cuenta

Si $x = a$ es raíz de un polinomio $P(x)$, $P(a) = 0$ y $(x - a)$ es un factor de $P(x)$.

Sabías que...

Existen fórmulas para hallar las raíces de los polinomios de grados 2, 3 y 4, pero para los polinomios de grado mayor o igual que 5 no existe ninguna fórmula.

Évariste Galois (1811-1832).

Esto lo demostró el brillante matemático Galois antes de cumplir los 20 años. Poco después murió en un duelo.

Las raíces de un polinomio $P(x)$ son los valores de x que lo hacen cero, es decir, las soluciones de la ecuación $P(x) = 0$.

- Por tanto, hallar las raíces de un polinomio equivale a resolver una ecuación. Como no siempre es sencillo, es conveniente conocer los siguientes resultados.

- Un polinomio de grado n tiene, como máximo, n raíces reales.
- Si un polinomio de coeficientes enteros tiene **raíces enteras**, estas son divisores del término independiente.

Ejemplo ▸ Se considera el polinomio $P(x) = x^3 - 4x + 3$.

- Tiene como máximo 3 raíces reales por ser de grado 3.
- Las posibles raíces enteras de $P(x)$ son los divisores del término independiente, es decir, 1, −1, 3 y −3.

Factorización

Factorizar un polinomio es descomponerlo en producto de dos o más polinomios del menor grado posible.

Si un polinomio $P(x)$ de grado n tiene n raíces $r_1, r_2, r_3, ..., r_n$, y a es el coeficiente del término de mayor grado, $P(x)$ puede factorizarse como:

$$P(x) = a(x - r_1) \cdot (x - r_2) \cdot (x - r_3) \cdot ... \cdot (x - r_n)$$

Ejemplo ▸ Halla las raíces del polinomio $P(x) = x^3 - 6x^2 - 9x + 14$.

- Para resolver la ecuación $P(x) = 0$ se buscan las posibles raíces enteras entre los divisores del término independiente.
  Divisores de 14: 1, −1, 2, −2, 7, −7, 14 o −14.
- Se va comprobando si estos divisores son raíz:
  $P(1) = 1^3 - 6 \cdot 1^2 - 9 \cdot 1 + 14 = 0$, luego $x = 1$ es raíz de $P(x)$.
- Se divide $P(x)$ entre $x - 1$ y se tiene que $P(x) = (x - 1)(x^2 - 5x - 14)$.
- Para encontrar las raíces de $x^2 - 5x - 14$, se resuelve la ecuación de segundo grado $x^2 - 5x - 14 = 0$ y se obtienen las otras dos raíces, $x = 7$ y $x = -2$.

Por tanto, la factorización es $P(x) = (x - 1)(x - 7)(x + 2)$.

El problema de factorizar un polinomio es complejo y no existe un único método para resolverlo. Se suelen utilizar las siguientes técnicas.

- Extraer factor común.
- Utilizar las identidades notables.
- Buscar raíces enteras utilizando la regla de Ruffini y resolver ecuaciones de segundo grado.

Ejemplo ▸ Factoriza el polinomio $P(x) = 3x^5 - 12x^3 + 12x$.

- Se extrae $3x$ como factor común: $P(x) = 3x(x^4 - 4x^2 + 4)$.
- Para descomponer el factor $x^4 - 4x^2 + 4$ se observa que es el desarrollo del cuadrado del binomio $(x^2 - 2)$: $P(x) = 3x(x^2 - 2)^2$.
- Para descomponer el factor $x^2 - 2$ se resuelve la ecuación de segundo grado:

$$x^2 - 2 = 0 \Rightarrow x = \pm\sqrt{2}$$

Por tanto, el polinomio factorizado es: $P(x) = 3x\left(x-\sqrt{2}\right)^2\left(x+\sqrt{2}\right)^2$.

Polinomio irreducible

Un **polinomio es irreducible** si no se puede factorizar.

Ejemplo ▸ $x^2 + 1 = 0$ no tiene raíces reales y, al ser de grado 2, no se puede descomponer más. Por tanto, el polinomio $P(x) = x^2 + 1$ es irreducible.

Dos polinomios $P(x)$ y $Q(x)$ son **primos entre sí**, si no tienen ningún factor en común de grado mayor o igual que 1.

Ejemplo ▸ Los polinomios $P(x) = x^2 + 1$ y $Q(x) = x^2 + 2x + 1 = (x + 1)^2$ no tienen ningún factor en común porque $P(x)$ es irreducible y $Q(x)$ no es múltiplo de $P(x)$. Por tanto, $P(x)$ y $Q(x)$ son primos entre sí.

Ten en cuenta

Un polinomio siempre se puede factorizar como producto de binomios de primer grado y polinomios irreducibles de grado 2.

MAT-TIC GeoGebra

Entra en smSaviadigital.com y practica con todas las técnicas y factoriza polinomios.

ACTIVIDADES

38. ¿Es $x = 5$ raíz de $5x^{98} + 5x^{49} + 44$?

39. Determina las raíces enteras de estos polinomios.

a) $P(x) = x^4 - 100$
b) $Q(x) = x^4 - 1$
c) $R(x) = x^2 - 3x - 4$
d) $S(x) = 2x^2 - 8$

40. Factoriza los siguientes polinomios.

a) $A(x) = 4x^2 - 4x - 3$
b) $B(x) = x^4 + 2x^2 - 3$
c) $C(x) = 2x^3 + 8x^2 - 2x - 8$
d) $D(x) = x^3 + 7x^2 - 49x - 55$

41. Escribe un polinomio de grado 3 cuyas raíces sean $x_1 = -1$, $x_2 = 2$ y $x_3 = -4$. ¿Existen más polinomios que verifiquen esas condiciones? ¿Por qué?

42. Descompón en factores irreducibles estos polinomios e indica si son primos entre sí.

a) $A(x) = x^3 - 5x^2 + x - 5$
b) $B(x) = 3x^3 + 5x^2 - 2x$
c) $C(x) = x^3 + x^2 - 6x - 6$
d) $D(x) = x^4 - 4x^3 - 7x^2 + 22x + 24$

43. Factoriza estos polinomios.

a) $P(x) = x^4 - 9x^2$
b) $Q(x) = x^2 - 49$
c) $R(x) = 2x^3 - 2x$
d) $S(x) = x^8 - 16x^4$
e) $T(x) = 4x^{200} + 12x^{100} + 9$
f) $V(x) = x^{17} - 2x^{16}$

44. Expresa los siguientes polinomios como producto de factores irreducibles sin hacer ninguna división.

a) $P(x) = x(3x - 4) + 3x - 4$
b) $Q(x) = (x^2 - 4)(x^2 - 9)$
c) $R(x) = (x - 2)(x + 3) + x^2 + 6x + 9$
d) $S(x) = x^3 + 7x^2 + 12x$

45. Factoriza el polinomio $P(x) = 2x^3 + 7x^2 - 3x - 18$ sabiendo que $P\left(\frac{3}{2}\right) = 0$, $P(-2) = 0$ y $P(-3) = 0$.

ACTIVIDAD **RESUELTA**

46. Calcula el mínimo común múltiplo y el máximo común divisor de los siguientes polinomios.

$P(x) = x^3 + x^2 - 6x$ $\qquad$ $Q(x) = x^3 + 3x^2 - 4x - 12$

¿Son primos entre sí?

Factorizamos los polinomios $P(x)$ y $Q(x)$:

- $P(x) = x^3 + x^2 - 6x = x(x - 2)(x + 3)$
- $Q(x) = x^3 + 3x^2 - 4x - 12 = (x - 2)(x + 2)(x + 3)$

El menor de los múltiplos comunes es el producto de los factores comunes y no comunes elevados al mayor exponente, por tanto:

$$\text{m.c.m. }(P(x), Q(x)) = x(x + 2)(x - 2)(x + 3)$$

El mayor de los divisores comunes, es el producto de los factores comunes elevados al menor exponente, por tanto:

$$\text{m.c.d. }(P(x), Q(x)) = (x + 3)(x - 2)$$

No son primos entre sí, ya que el m.c.d. $(P(x), Q(x)) \neq 1$.

47. Calcula el mínimo común múltiplo y el máximo común divisor de los siguientes polinomios.

a) $P(x) = x^3 - 4x^2 + x + 6$ y $Q(x) = x^3 - 2x^2 - x + 2$
b) $P(x) = x^3 + x^2 - 10x + 8$ y $Q(x) = x^3 + 4x^2 + 16x + 24$

48. Averigua si $x = 3$ es raíz del polinomio $P(x) = x^3 - 4x^2 + 8x - 15$. ¿Tiene más raíces reales? ¿Por qué?

49. Sin multiplicar los binomios, halla el valor de k para que $P(x) = (x - 1)^2(x + 1)^2(x + k)(x - 2)$ sea la descomposición factorial de $P(x) = x^6 - 6x^4 + 9x^2 - 4$.

50. Factoriza el polinomio $P(x) = 4x^4 + 1$. Para ello, suma y resta $4x^2$ y luego aplica las identidades notables.

51. smSaviadigital.com

PRACTICA Repasa la factorización.

5 Fracciones algebraicas. Operaciones

Una **fracción algebraica** $F(x)$ es una fracción en la que el numerador y el denominador son polinomios, siempre que el denominador sea un polinomio no nulo, es decir, $\mathbf{F(x)=\dfrac{P(x)}{Q(x)}}$, donde $P(x)$ y $Q(x)$ son polinomios con $\mathbf{Q(x) \neq 0}$.

Ejemplo ▸ Se consideran dos rectángulos con estas características:

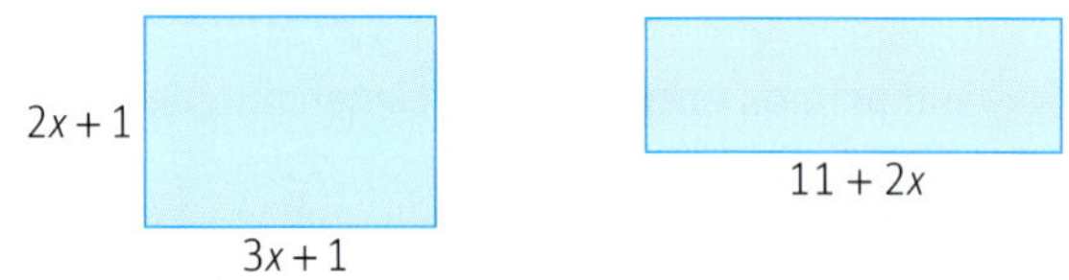

Encuentra la altura del segundo rectángulo para que ambos cuadriláteros tengan la misma área.

$$A_1(x) = A_2(x) \Rightarrow h_1(x)\cdot b_1(x) = h_2(x)\cdot b_2(x) \Rightarrow$$

$$\Rightarrow h_2(x) = \frac{h_1(x)\cdot b_1(x)}{b_2(x)} = \frac{(3x+1)(2x+1)}{11+2x} = \frac{6x^2+5x+1}{11+2x}$$

Dos fracciones algebraicas son **equivalentes** si tienen el mismo valor numérico para cualquier valor permitido en ambas fracciones.

Se puede comprobar utilizando productos cruzados:

Dadas $\mathbf{F(x)=\dfrac{P(x)}{Q(x)}}$ y $\mathbf{G(x)=\dfrac{R(x)}{S(x)}}$, $\mathbf{F(x)=G(x)}$ si $\mathbf{P(x)\cdot S(x)=Q(x)\cdot R(x)}$.

Ejemplo ▸ Comprueba que estas dos fracciones son equivalentes.

$$F(x)=\frac{x+3}{2x^2+5x-3} \qquad G(x)=\frac{x-3}{2x^2-7x+3}$$

Sus productos cruzados valen:

- $(x+3)(2x^2-7x+3) = 2x^3 - x^2 - 18x + 9$
- $(x-3)(2x^2+5x-3) = 2x^3 - x^2 - 18x + 9$

Por tanto $A(x) = B(x)$.

Fracciones algebraicas irreducibles

Al igual que con las fracciones numéricas, es más fácil trabajar con las fracciones algebraicas simplificándolas previamente. Para ello, se factoriza el numerador y el denominador y se eliminan los factores comunes distintos de cero.

Ejemplo ▸ Reduce, si es posible, las siguientes fracciones algebraicas.

$$F(x)=\frac{x+3}{2x^2+5x-3}=\frac{\cancel{x+3}}{(2x-1)\cancel{(x+3)}}=\frac{1}{2x-1}$$

$$G(x)=\frac{x-3}{2x^2-7x+3}=\frac{\cancel{x-3}}{(2x-1)\cancel{(x-3)}}=\frac{1}{2x-1}$$

Una **fracción algebraica es irreducible** cuando el polinomio del numerador y el polinomio del denominador no tienen ningún factor en común, es decir, cuando no se puede simplificar.

Operaciones con fracciones algebraicas

Para operar con fracciones algebraicas se procede de la misma manera que con las fracciones numéricas.

> Para **sumar o restar** fracciones algebraicas se calculan fracciones algebraicas equivalentes con igual denominador y después se opera el numerador manteniendo el mismo denominador.

Ejemplo ▸ Sean $A(x)=\dfrac{x^2-2x}{x^2-4}$ y $B(x)=\dfrac{x^2-5x+6}{x^2+x-2}$, calcula $A(x)-B(x)$.

$$A(x)-B(x)=\frac{x^2-2x}{x^2-4}-\frac{x^2-5x+6}{x^2+x-2}=\frac{x\cancel{(x-2)}}{(x+2)\cancel{(x-2)}}-\frac{(x-2)(x-3)}{(x+2)(x-1)}=$$

$$=\frac{x}{(x+2)}-\frac{(x-2)(x-3)}{(x+2)(x-1)}=\frac{x(x-1)}{(x+2)(x-1)}-\frac{(x-2)(x-3)}{(x+2)(x-1)}=\frac{4x-6}{x^2+x-2}$$

Ten en cuenta

Para operar con **fracciones algebraicas** siempre es conveniente **factorizar** los numeradores y denominadores para facilitar los cálculos.

> Dadas las fracciones algebraicas $F(x)=\dfrac{P(x)}{Q(x)}$ y $G(x)=\dfrac{R(x)}{S(x)}$:
>
> - **Multiplicación:**
>
> $$F(x)\cdot G(x)=\frac{P(x)}{Q(x)}\cdot\frac{R(x)}{S(x)}=\frac{P(x)\cdot R(x)}{Q(x)\cdot S(x)}$$
>
> - **División:**
>
> $$F(x):G(x)=\frac{P(x)}{Q(x)}:\frac{R(x)}{S(x)}=\frac{P(x)\cdot S(x)}{Q(x)\cdot R(x)}$$

Ejemplo ▸ Sean $F(x)=\dfrac{x^2-3x}{x^2-9}$ y $G(x)=\dfrac{x-2}{x^2-5x+6}$, calcula $F(x):G(x)$.

$$F(x):G(x)=\frac{x^2-3x}{x^2-9}:\frac{x-2}{x^2-5x+6}=\frac{x\cancel{(x-3)}}{(x+3)\cancel{(x-3)}}:\frac{\cancel{x-2}}{\cancel{(x-2)}(x-3)}=\frac{x(x-3)}{(x+3)\cdot 1}=\frac{x^2-3x}{x+3}$$

MAT-TIC GeoGebra

Entra en smSaviadigital.com y simplifica siempre antes de operar.

ACTIVIDADES

52. ¿Son equivalentes estos pares de fracciones algebraicas?

a) $A(x)=\dfrac{x+5}{x^2-3x-4}$ y $B(x)=\dfrac{x+1}{x^2+x-20}$

b) $C(x)=\dfrac{x^2-1}{2x+3}$ y $D(x)=\dfrac{2x^2+5x+3}{x+1}$

53. Factoriza el numerador y el denominador para simplificar la fracción algebraica $\dfrac{L(x)}{R(x)}$, si $L(x)=3x^3-16x^2+17x-4$ y $R(x)=2x^3-13x^2+23x-12$.

54. Simplifica las siguientes fracciones algebraicas y escríbelas como fracciones irreducibles.

a) $A(x)=\dfrac{x^2-9}{x^2-6x+9}$

b) $B(x)=\dfrac{x^2+3x+2}{x^2+x-2}$

c) $C(x)=\dfrac{x^5-x^3}{2x^3+4x^2-6x}$

d) $D(x)=\dfrac{x^4-4x^3+4x^2}{4x^3+16x^2}$

55. Realiza las operaciones y expresa el resultado en forma de fracción algebraica irreducible.

a) $\dfrac{3}{x^2-1}+\dfrac{x}{x+1}-\dfrac{x-2}{x-1}$

b) $\dfrac{1}{x^2-2x}+\dfrac{x-1}{x^2-4x+4}$

c) $\dfrac{1}{x-3}+\dfrac{x}{x-2}-\dfrac{x^2-6}{x^2-5x+6}$

d) $\dfrac{1}{x^2-9}+\dfrac{x}{x-3}-\dfrac{x-1}{x+3}$

56. Realiza estas operaciones y expresa el resultado como una fracción algebraica irreducible.

a) $\dfrac{x^2+6x}{x^2+3x}\cdot\dfrac{x^2-1}{x+1}$

b) $\dfrac{x^2-4}{x^2+2x}:\dfrac{x-2}{2x}$

57. Dadas las fracciones $A(x)=\dfrac{3x-6}{x^2-5x+6}$ y $B(x)=\dfrac{x^2-2x}{x^2+x-6}$, calcula:

a) $A(x)\cdot B(x)$

b) $[A(x)-B(x)]:[A(x)+B(x)]$

c) $A(x):B(x)$

d) $[A(x)]^2$

6 Descomposición de fracciones algebraicas

Las fracciones algebraicas pueden llegar a ser muy complejas, por lo que trabajar con ellas puede resultar muy complicado.

El siguiente procedimiento permite transformar fracciones algebraicas en suma de fracciones algebraicas más simples, facilitando así su manejo.

Ten en cuenta

Si el grado del numerador fuese igual o mayor que el denominador, dividimos y procedemos igual con la fracción resultante.

Ejemplo ▸ Descompón la fracción $F(x)=\dfrac{-x^2+18x-35}{x^3-2x^2-5x+6}$ en suma de fracciones cuyos denominadores sean polinomios de grado uno.

1.º Se factoriza el polinomio del denominador:

$$x^3-2x^2-5x+6=(x-1)(x-3)(x+2)$$

2.º Se escribe la fracción algebraica de la forma $\dfrac{-x^2+18x-35}{x^3-2x^2-5x+6}=\dfrac{A}{x-1}+\dfrac{B}{x-3}+\dfrac{C}{x+2}$

donde A, B, C son números reales que debemos calcular.

3.º Se opera en el segundo miembro:

$$\frac{-x^2+18x-35}{x^3-2x^2-5x+6}=\frac{A}{x-1}+\frac{B}{x-3}+\frac{C}{x+2}=\frac{A(x-3)(x+2)+B(x-1)(x+2)+C(x-1)(x-3)}{(x-1)(x-3)(x+2)}$$

4.º Se igualan los polinomios de los numeradores:

$$-x^2+18x-35=A(x-3)(x+2)+B(x-1)(x+2)+C(x-1)(x-3)$$

5.º Se calculan los números A, B, C sustituyendo la variable x en ambos polinomios por las raíces de cada factor:

- Si $x=3 \Rightarrow 10=10B \Rightarrow B=1$
- Si $x=1 \Rightarrow -18=-6A \Rightarrow A=3$
- Si $x=-2 \Rightarrow -75=15C \Rightarrow C=-5$

6.º La fracción se puede descomponer como:

$$F(x)=\frac{-x^2+18x-35}{x^3-2x^2-5x+6}=\frac{3}{x-1}+\frac{1}{x-3}-\frac{5}{x+2}$$

Ten en cuenta

Otra forma de resolverlo es operando el segundo miembro e igualando los coeficientes de los monomios semejantes de ambos miembros.

ACTIVIDADES

ACTIVIDAD **RESUELTA**

58. **Descompón $F(x)=\dfrac{x^2+15}{x^2-2x-15}$ en fracciones simples.**

Como el grado del numerador es igual que el grado del denominador se dividen: $F(x)=\dfrac{x^2+15}{x^2-2x-15}=1+\dfrac{2x+30}{x^2-2x-15}$.

Se factoriza el denominador y se descompone la fracción:

$$\frac{2x+30}{x^2-2x-15}=\frac{A}{x+3}+\frac{B}{x-5}=\frac{A(x-5)+B(x+3)}{x^2-2x-15}$$

Para obtener A y B se opera en el segundo miembro y se igualan los coeficientes de los numeradores:

$$\begin{cases}2=A+B \Rightarrow B=2-A\\ 30=-5A+3B \Rightarrow 30=-5A+6-3A \Rightarrow A=-3,\ B=5\end{cases}$$

Por tanto, $F(x)=\dfrac{x^2+15}{x^2-2x-15}=1-\dfrac{3}{x+3}+\dfrac{5}{x-5}$

59. Descompón en suma de fracciones simples las siguientes fracciones algebraicas.

a) $F(x)=\dfrac{5x+1}{x^2-5x+6}$

b) $G(x)=\dfrac{-2x+13}{x^2+x-2}$

c) $H(x)=\dfrac{9x+23}{x^2+4x+3}$

d) $I(x)=\dfrac{4x^2-2x}{2x^2+7x-4}$

60. Descompón en suma de fracciones simples las siguientes fracciones algebraicas.

a) $F(x)=\dfrac{-7x-23}{6x^2+11x+4}$

b) $G(x)=\dfrac{5x+1}{x^3+2x^2-x-2}$

c) $H(x)=\dfrac{x^2-3x-25}{x^2-x-6}$

d) $I(x)=\dfrac{6x^2+12x+16}{x^3+7x^2-x-7}$

e) $J(x)=\dfrac{3x^2-44x+17}{x^3-7x^2-x+7}$

f) $K(x)=\dfrac{2x^3-9x^2+8x+7}{x^3-5x^2-x+5}$

Organiza tus ideas

EXPRESIONES ALGEBRAICAS Y POLINOMIOS

- **Expresión algebraica:** combinación de números y letras relacionados entre sí por las operaciones aritméticas.
- **Valor numérico:** el que se obtiene al sustituir en la expresión las variables por números y realizar las operaciones indicadas.
- **Monomio:** expresión algebraica formada por el producto de un número real y una o más variables con exponentes naturales.
- **Polinomio:** suma indicada de varios monomios.

OPERACIONES CON POLINOMIOS

- **Suma y diferencia**

  Se suman o restan los monomios semejantes y se deja indicada la suma o resta de los no semejantes.

- **Producto**

  Se multiplica cada monomio del primer polinomio por cada uno del segundo y se simplifica.

- **Potencia de exponente natural**

  Se multiplica el polinomio por sí mismo tantas veces como indica el exponente.

- **Identidades notables**

  $(a+b)^2 = a^2 + b^2 + 2ab$

  $(a-b)^2 = a^2 + b^2 - 2ab$

  $(a+b)(a-b) = a^2 - b^2$

- **División**

$$\begin{array}{lrl}
\text{Dividendo} & 2x^4 + x^3 - 2x^2 \quad -5 & \underline{|\,x^2 + x - 2} \quad \text{Divisor} \\
 & \underline{-2x^4 - 2x^3 + 4x^2} & \;\; 2x^2 - x + 3 \quad \text{Cociente} \\
 & -x^3 + 2x^2 \quad -5 & \\
 & \underline{x^3 + x^2 - 2x} & \\
 & 3x^2 - 2x - 5 & \\
 & \underline{-3x^2 - 3x + 6} & \\
\text{Resto} & -5x + 1 &
\end{array}$$

Regla de Ruffini: Es un método abreviado para realizar divisiones cuando el divisor es del tipo $(x+a)$ o $(x-a)$.

$(2x^3 - 10x + 3) : (x - 2)$

$$\begin{array}{c|rrrr}
 & 2 & 0 & -10 & 3 \\
2 & & 4 & 8 & -4 \\
\hline
 & 2 & 4 & -2 & -1
\end{array}$$

Cociente: 2 4 −2 — Resto: −1

Teorema del resto

El resto de la división de un polinomio entre $x - a$ es igual al valor numérico del polinomio en $x = a$.

Teorema del factor

Si el valor numérico del polinomio $P(x)$ en $x = a$ es 0, entonces $P(x)$ tiene como factor a $x - a \Rightarrow P(x) = (x-a)C(x)$.

RAÍCES DE UN POLINOMIO. FACTORIZACIÓN

Las **raíces** de un polinomio $P(x)$ son los valores de x que lo hacen cero. Si $P(a) = 0 \Rightarrow x = a$ es raíz de $P(x)$

- Un polinomio de grado n tiene, como máximo, n raíces reales.
- Si un polinomio de coeficientes enteros tiene **raíces enteras**, estas son divisores del término independiente.

Factorizar un polinomio es descomponerlo en dos o más polinomios del menor grado posible cuyo producto sea el polinomio dado.

- Si un polinomio $P(x)$ de grado n tiene n raíces $r_1, r_2, r_3, \ldots, r_n$, y a es el coeficiente del término de mayor grado, $P(x)$ puede escribirse como:

$$P(x) = a(x - r_1)\cdot(x - r_2)\cdot(x - r_3)\cdot \ldots \cdot(x - r_n)$$

FRACCIONES ALGEBRAICAS

Una **fracción algebraica** es una fracción en la que numerador y denominador son polinomios, siempre que el denominador sea un polinomio no nulo.

$$A(x) = \frac{P(x)}{Q(x)}, \text{ donde } P(x) \text{ y } Q(x) \text{ polinomios con } Q(x) \neq 0.$$

- Para **sumar** o **restar** fracciones algebraicas se calculan fracciones algebraicas equivalentes con igual denominador y después se opera el numerador manteniendo el mismo denominador.
- Para **multiplicar** dos fracciones algebraicas se multiplican los numeradores y los denominadores.
- Para **dividir** dos fracciones algebraicas se multiplica la primera por la inversa de la segunda.

Actividades clave

1. Encuentra el valor de m para que $A(x) = x^4 - 3x^3 + 4x^2 - 9x + m$ sea múltiplo de $B(x) = x^2 + 3$.

Para que $A(x)$ sea múltiplo de $B(x)$, la división debe ser exacta.

$$\begin{array}{rrrrr|l} x^4 & -3x^3 & +4x^2 & -9x & +m & x^2+3 \\ \cline{6-6} -x^4 & & -3x^2 & & & x^2-3x+1 \\ \hline & -3x^3 & +x^2 & -9x & & \\ & 3x^3 & & +9x & & \\ \hline & & x^2 & & +m & \\ & & -x^2 & & -3 & \\ \hline & & & & m-3 & \end{array}$$

Como el resto debe ser 0, $m - 3 = 0 \Rightarrow m = 3$.

2. ¿Es divisible entre $(x + 3)$ el polinomio $P(x) = x^9 + 3^9$?

Un polinomio es divisible entre otro, si al efectuar la división el resto es 0.

Como el polinomio divisor es un binomio de primer grado, por el teorema del resto, se debe cumplir que $P(-3) = 0$:

$$P(-3) = (-3)^9 + 3^9 = -3^9 + 3^9 = 0$$

Por tanto, $P(x) = x^9 + 3^9$ es divisible entre $(x + 3)$.

3. ¿Qué binomios son factores del polinomio $P(x) = x^4 + 2x^3 - x^2 + 4x - 6$?

A. $(x + 1)$ C. $(x + 3)$

B. $(x - 1)$ D. $(x - 2)$

Por el teorema del factor, un binomio $x - a$ es factor de un polinomio $P(x)$ si $P(a) = 0$.

Se calcula el valor numérico de $P(x)$ para cada uno de los factores propuestos:

- $P(-1) = (-1)^4 + 2(-1)^3 - (-1)^2 + 4(-1) - 6 = -12$
- $P(1) = 1^4 + 2 \cdot 1^3 - 1^2 + 4 \cdot 1 - 6 = 0$
- $P(-3) = (-3)^4 + 2(-3)^3 - (-3)^2 + 4(-3) - 6 = 0$
- $P(2) = 2^4 + 2 \cdot 2^3 - 2^2 + 4 \cdot 2 - 6 = 30$

Por tanto, son factores de $P(x)$ los binomios $(x - 1)$ y $(x + 3)$.

4. Factoriza los siguientes polinomios.

a) $P(x) = x^3 - 3x^2 + 5x - 15$

b) $Q(x) = x^3 + x^2 - 3x - 3$

a) Las posibles raíces enteras de $P(x)$ son los divisores de -15, es decir, $\{\pm1, \pm3, \pm5, \pm15\}$.

Se comprueba con el teorema del resto que $P(3) = 0$, por tanto, es una raíz, y se divide por Ruffini:

$$\begin{array}{r|rrrr} & 1 & -3 & 5 & -15 \\ 3 & & 3 & 0 & 15 \\ \hline & 1 & 0 & 5 & 0 \end{array}$$

Se obtiene que $P(x) = (x - 3)(x^2 + 5)$.

Como $x^2 + 5$ no tiene raíces reales, no se puede factorizar, es decir, es irreducible.

Por tanto, la factorización de $P(x)$ es: $P(x) = (x - 3)(x^2 + 5)$.

b) Las posibles raíces enteras de $P(x)$ son los divisores de -3, es decir, $\{\pm1, \pm3\}$.

Se comprueba con el teorema del resto que $P(-1) = 0$ y se divide por Ruffini:

$$\begin{array}{r|rrrr} & 1 & 1 & -3 & -3 \\ -1 & & -1 & 0 & 3 \\ \hline & 1 & 0 & -3 & 0 \end{array}$$

Se obtiene que $Q(x) = (x + 1)(x^2 - 3)$.

El polinomio $x^2 - 3$ tiene dos raíces reales: $x = +\sqrt{3}$ y $x = -\sqrt{3}$

Por tanto, $Q(x) = (x+1)(x-\sqrt{3})(x+\sqrt{3})$

5. Realiza la siguiente operación entre fracciones algebraicas:

$$\frac{16a^2x-25x}{12a^3-7a^2-10a}+\frac{4a-5}{(3a+2)^2}$$

Antes de empezar a operar, se simplifica la fracción algebraica del primer sumando. Para ello, se extrae x y a como factor común en numerador y denominador, respectivamente, y se obtiene:

$$\frac{16a^2x-25x}{12a^3-7a^2-10a}=\frac{x(16a^2-25)}{a(12a^2-7a-10)}$$

Para factorizar el numerador se utiliza la igualdad notable suma por diferencia y para hacerlo con el denominador se resuelve la ecuación de segundo grado:

- $16a^2-25=(4a+5)(4a-5)$
- $12a^2-7a-10=12\left(a-\frac{5}{4}\right)\left(a+\frac{2}{3}\right)$

$$\frac{16a^2x-25x}{12a^3-7a^2-10a}=\frac{x(16a^2-25)}{a(12a^2-7a-10)}=\frac{x(4a+5)(4a-5)}{12a\left(a-\frac{5}{4}\right)\left(a+\frac{2}{3}\right)}=\frac{x(4a+5)(4a-5)}{\cancel{3}\cdot\cancel{4}\cdot a\left(\frac{4a-5}{\cancel{4}}\right)\cdot\left(\frac{3a+2}{\cancel{3}}\right)}=$$

$$=\frac{x(4a+5)\cancel{(4a-5)}}{a\cancel{(4a-5)}(3a+2)}=\frac{x(4a+5)}{a(3a+2)}$$

Ahora se operan las fracciones algebraicas, reduciéndolas primero a común denominador:

$$\frac{16a^2x-25x}{12a^3-7a^2-10a}+\frac{4a-5}{(3a+2)^2}=\frac{x(4a+5)}{a(3a+2)}+\frac{4a-5}{(3a+2)^2}=\frac{x(4a+5)(3a+2)+a(4a-5)}{a(3a+2)^2}=$$

$$=\frac{12a^2x+23ax+10x+4a^2-5a}{a(3a+2)^2}$$

6. Un Ayuntamiento quiere construir un depósito metálico para acumular agua.

El depósito tendrá forma de prisma de base cuadrada y carecerá de tapa.

Disponen de una pieza de metal de 20 m × 20 m. Cortan cuatro cuadrados de lado x en cada esquina y levantan los cuatro rectángulos resultantes para formar los laterales del depósito.

a) ¿Qué polinomio $V(x)$ expresa el volumen del depósito?

b) Halla los valores numéricos de $V(x)$ en $x = 0, 1, 2, 3, 4, 5$ y 6, y después dibuja los puntos $(x, V(x))$.

c) ¿Para qué valor de x el depósito tiene el máximo volumen?

a) El área de la base es $(20-2x)(20-2x)$, la altura es x, por lo que el volumen es

$$V(x)=(20-2x)^2x$$

b) Los valores numéricos son:

$V(0)=(20-2\cdot 0)^2\cdot 0=0$

$V(1)=(20-2\cdot 1)^2\cdot 1=324$

$V(2)=(20-2\cdot 2)^2\cdot 2=512$

$V(3)=(20-2\cdot 3)^2\cdot 3=588$

$V(4)=(20-2\cdot 4)^2\cdot 4=576$

$V(5)=(20-2\cdot 5)^2\cdot 5=500$

$V(6)=(20-2\cdot 6)^2\cdot 6=384$

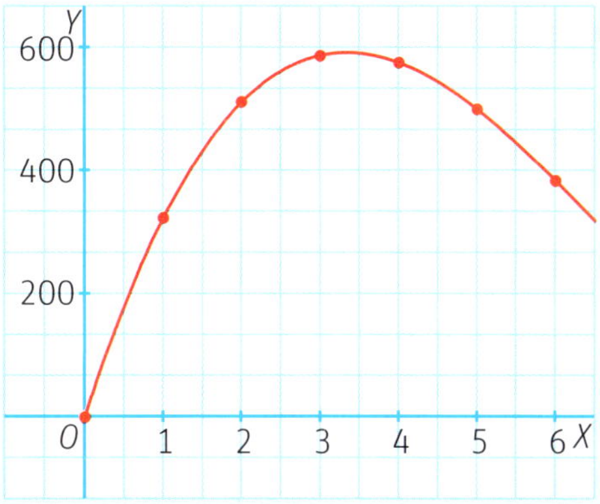

c) En la gráfica se puede observar que cerca de $x = 3$ el volumen del depósito es máximo.

Actividades

EJERCICIOS **PARA PRACTICAR**

Expresiones algebraicas

61. Expresa las siguientes cantidades en lenguaje algebraico.

a) El área de un rectángulo de base *b* y altura *h*.

b) El área de un cuadrado de lado *l*.

c) El espacio recorrido en un tiempo *t* por un móvil que lleva velocidad constante *v*.

d) El volumen de un cubo de arista *x*.

e) El volumen de un cilindro de radio *r* y altura *h*.

f) El perímetro de un triángulo isósceles de lados iguales *x* y lado desigual *y*.

62. En estas columnas están desordenados cuatro polinomios y sus respectivos valores numéricos para ciertos valores de *x*.

Polinomio
$x^4 - 2x^2 + x - 1$
$x^2 - 3(x+1)$
$\frac{x^3}{2} + 1$
$x^5 - 3x^4 - 2x^3 + x + 1$

x
$x = 2$
$x = 0$
$x = 1$
$x = -2$

Valor numérico
-1
-3
-5
1

Relaciona en tu cuaderno cada polinomio con su valor numérico para el valor de *x* correspondiente.

Polinomios. Identidades notables

63. Dados los monomios $A(x) = 6x^2$, $B(x) = 3x^4$, $C(x) = \frac{1}{2}x^4$ y $D(x) = -2x$, realiza estas operaciones.

a) $A(x) + D(x)$

b) $B(x) - C(x)$

c) $A(x) - B(x) + C(x)$

d) $A(x) \cdot D(x)$

e) $B(x) : C(x)$

f) $D(x) \cdot B(x)$

g) $A(x) \cdot B(x) \cdot C(x)$

h) $A(x) : [D(x) \cdot B(x)]$

64. Realiza las operaciones que se indican a continuación con los siguientes polinomios.

$$P(x) = 2x^4 - x^3 + \frac{1}{2}x^2 - 3x + 1 \qquad Q(x) = 3x^3 + x^2 - \frac{2}{3}x + 2$$

$$R(x) = -4x^4 + x^2 - 4$$

a) $P(x) + Q(x)$

b) $Q(x) - R(x)$

c) $R(x) - Q(x) + P(x)$

d) $P(x) + Q(x) + R(x)$

Indica el grado de los polinomios resultantes.

65. Realiza estas operaciones con los polinomios:

$P(x) = \frac{1}{2}x^4 + 2x^3 + 1$, $Q(x) = 3x^3 - 4x - 2$ y $R(x) = 4x^2 - 5x + 3$.

a) $P(x) \cdot [Q(x) + R(x)]$

b) $Q(x) \cdot [R(x) - P(x)]$

c) $P(x) \cdot [P(x) + Q(x)]$

66. Calcula estas potencias.

a) $(x + y - 2z)^2$

b) $(3a - 2b + c)^2$

67. Simplifica los siguientes polinomios.

a) $(x-2)(x+2) - (x-3)(x+3) - x(2x+1) - 4$

b) $(x^2 + 2x + 1)(x^4 - 2x^3 + 3x^2 + 1) - x^6 + 2x^3$

68. Completa en tu cuaderno con el coeficiente adecuado.

a) $(2x^2 + ●x - 1) - (-3x^2 - 5x + ●) = 5x^2 + 2x + 4$

b) $(5x^3 + ●x^2 + ●) + (●x^3 + x^2 - 2) = 2x^3 - 3x^2 - 3$

69. Calcula los valores de *a* y *b* necesarios para que se cumplan estas igualdades.

a) $x^5 - 5x^3 + 4x^2 - 3x - 2 = (x-2)(x^4 + ax^3 + bx^2 + 2x + 1)$

b) $x^6 - x^5 - 2x^4 - 4x^2 + 4x + 8 = (x^2 - x - 2)(x^4 + ax^3 + bx - 4)$

70. Efectúa estas operaciones.

a) $(2x^2 - 3y)^2$

b) $(3x - 2y)^3$

c) $(3x^3 - \sqrt{x})^2$

d) $(2x^4 + x^2)^2$

e) $(5a + 3b)(5a - 3b)$

f) $(2xy + 4zt)(2xy - 4zt)$

71. Completa las siguientes igualdades.

a) $9 + ●●● - 30x = (3 - ●●●)^2$

b) $b^2 + a^4 + ●●● = (b + ●●●)^2$

c) $x^2 + 4 - ●●● = (●●● - ●●●)^2$

72. Realiza las siguientes divisiones de polinomios.

a) $(6x^3 - 2x^2 - 1) : (x^2 + x + 2)$

b) $(-3x^4 + x^2 - 2x + 3) : (3x^2 - 2x + 1)$

c) $(x^6 - 2x^3 + 3x - 3) : (-2x^3 + x - 2)$

73. Expresa en forma $\frac{D(x)}{d(x)} = C(x) + \frac{R(x)}{d(x)}$.

a) $\frac{x^3 - 2x^2 + x - 2}{x^2 - x + 3}$

b) $\frac{3x^2 - 3x + 1}{x^2 + 2x - 1}$

c) $\frac{2x^3 + x^2 - x + 3}{x^3 + 2x - 1}$

d) $\frac{4x^2 - 1}{x^2 + 3}$

74. Un polinomio es de grado 7, y otro, de grado 6.

a) ¿De qué grado es el polinomio suma?

b) ¿De qué grado es el polinomio producto?

c) ¿De qué grado es el cubo del segundo?

75. ¿Puede la suma de dos polinomios de grado 3 ser de grado 2?

76. El divisor es $x^2 - 1$, el cociente es $x^3 + 2$ y el resto es $3x$. ¿Cuál es el dividendo?

77. Desarrolla estas expresiones.

a) $(4x^2y^3 - 5y^2t)^2$

b) $(-3 + 6b^3c^4)^2$

c) $(5x^3z + 7y^2t)(5x^3z - 7y^2t)$

d) $[(4x + y)^2 - x)][(4x + y)^2 + x)]$

78. Comprueba estas dos nuevas identidades.

a) $a^3 - b^3 = (a - b)(a^2 + ab + b^2)$

b) $a^3 + b^3 = (a + b)(a^2 - ab + b^2)$

79. Encuentra una fórmula para calcular el cubo de una suma y de una diferencia, $(a + b)^3$ y $(a - b)^3$.

Regla de Ruffini. Teoremas del resto y del factor

80. Divide usando la regla de Ruffini.

a) $(2x^2 - 3)^2 : (x - 1)$

b) $(x^5 + x^4 + x^3 + x^2 + x + 1) : (x + 1)$

c) $(5x^6 - 1) : (x - 1)$

81. Calcula el resto de las siguientes divisiones sin realizarlas.

a) $(x^7 - 3x^2 + 1) : (x - 1)$

b) $(x^{101} - 2) : (x + 1)$

c) $(x^5 - 2x^3 + 3) : (x - 3)$

¿Qué teorema has utilizado?

82. Calcula el resto de la división $M(x) : (x - 6)$ sabiendo que $M(6) = 3$.

83. Calcula el resto de las divisiones.

a) $(x^{157} - 49x^{38} + 17) : (x + 1)$

b) $(x^{30} + x^{29} + x^{28} + ... + x^2 + x + 1) : (x - 1)$

c) $(x^{2011} - 2012x^{2013} + 2014) : (x - 1)$

PROBLEMA **RESUELTO**

84. Sabiendo que el resto de dividir $P(x) = 2x^{100} - 5x^{50} + kx + 5$ entre $x - 1$ es 2, halla el valor de k.

El resto de la división $(2x^{100} - 5x^{50} + kx + 5) : (x - 1)$ coincide, por el teorema del resto, con el valor numérico del polinomio en $x = 1$, es decir:

$$P(1) = 2 \cdot 1^{100} - 5 \cdot 1^{50} + k \cdot 1 + 5 = 2 + k$$

Al igualar esta expresión a 2, se obtiene:

$$2 + k = 2 \Rightarrow k = 0$$

85. Halla el valor de k en los siguientes polinomios teniendo en cuenta los datos indicados.

a) $x^3 + (k + 2)x + 1$ es divisible entre $(x + 1)$.

b) $(x^4 + kx^2 + 2x + 1) : (x - 1)$ tiene de resto -4.

PROBLEMA **RESUELTO**

86. Halla los valores de a y b para que el resto de la división del producto $(ax^2 + bx)(x - 3)$ entre $(x - 1)$ sea -6 y entre $(x + 1)$ sea -2.

Sea $P(x) = (ax^2 + bx)(x - 3)$, entonces por el teorema del resto, se verifica que $P(1) = -6$ y $P(-1) = -2$, es decir:

- $P(1) = (a \cdot 1^2 + b \cdot 1)(1 - 3) = -6 \Rightarrow -2(a + b) = -6$
- $P(-1) = (a(-1)^2 + b(-1))(-1 - 3) = -2 \Rightarrow -4(a - b) = -2$

Resolviendo el sistema se obtiene: $a = \dfrac{7}{4}$ y $b = \dfrac{5}{4}$.

87. Halla los valores de a y b para que el resto de la división de $(ax^2 + bx - 3)$ entre $(x - 2)$ sea 5 y entre $(x + 1)$ sea 2.

88. Encuentra un polinomio de segundo grado, $R(x)$, que cumpla que $R(1) = 5$, $R(-1) = 9$ y $R(0) = 4$.

89. Comprueba que al dividir un polinomio de segundo grado, $A(x) = ax^2 + bx + c$, entre $B(x) = x - 1$, el resto es justamente la suma de los coeficientes del polinomio $A(x)$.

90. El resto de dividir un polinomio entre $x - 5$ es 2, y el resto de dividirlo entre $x - 2$ es 5. ¿Cuál será el resto de dividirlo entre $x^2 - 7x + 10$?

Raíces de un polinomio. Factorización

91. Indica razonadamente cuáles son las raíces de los polinomios que se indican a continuación.

a) $P(x) = (x - 1)(x + 2)(x - 3)$

b) $P(x) = (3x - 7)(x + 1)(x^2 - 5)$

c) $P(x) = (x + 1)(x^2 + 9)(4x^3 - 3)$

PROBLEMA **RESUELTO**

92. Calcula las raíces del polinomio $P(x) = x^3 - 7x - 6$.

Se busca una raíz entera. Las posibles son los divisores de 6, que son 1, -1, 2, -2, 3, -3, 6 y -6.

Al probar -1 se obtiene $P(-1) = 0$, luego $x = -1$ es raíz.

	1	0	-7	-6
-1		-1	1	6
	1	-1	-6	0

Los factores son: $P(x) = (x + 1)(x^2 - x - 6)$.

Se resuelve la ecuación: $x^2 - x - 6 = 0$. Sus soluciones son $x = -2$ y $x = 3$, que son también raíces de $P(x)$.

93. Calcula las raíces enteras de los siguientes polinomios.

a) $P(x) = 2x^3 + 6x^2 - 2x - 6$

b) $Q(x) = x^4 - 2x^3 - 7x^2 + 8x + 12$

c) $R(x) = x^4 + x^3 - 8x^2 - 9x - 9$

94. Halla las raíces de estos polinomios.

a) $A(x) = 3x^2 - 4x + 1$

b) $B(x) = x^3 - 5x^2 + 3x + 9$

c) $C(x) = 2x^3 - 9x^2 + 4x + 15$

d) $D(x) = x^3 - 4x^2 - 13x + 40$

95. Calcula las raíces de estos polinomios.

a) $A(x) = x^4 - 10x^2 + 9$

b) $B(x) = 2x^4 - 7x^3 + 2x^2 + 3x$

c) $C(x) = x^6 - 1$

96. Observa el siguiente esquema y escribe el polinomio inicial y su expresión factorizada.

Actividades

97. Expresa los siguientes polinomios como producto de factores irreducibles.

a) $R(x) = x^5 - x^4 - x^3 - 2x^2$

b) $S(x) = 6x^3 + 5x^2 - 3x - 2$

c) $T(x) = x^4 - 2x^3 - 8x^2 + 21x$

d) $U(x) = 2x^4 + 7x^3 + 8x^2 + 3x$

98. Halla el polinomio de cuarto grado cuyo coeficiente principal es 3 y que tiene por raíces $x_1 = 1$ (raíz doble), $x_2 = -2$ y $x_3 = 4$. Desarróllalo.

99. La suma de las raíces de un polinomio de grado 2 es 2, y su producto, −3. ¿Cuál es el polinomio sabiendo que su coeficiente de grado 2 es 1?

100. Halla el polinomio de tercer grado que cumple estas tres condiciones.

- Su coeficiente principal es 8.
- Es divisible por $2x^2 + 1$.
- El resto de su división entre $x + 2$ es 56.

101. Demuestra que un polinomio es divisible entre $x - 1$ si la suma de sus coeficientes es cero.

102. En el polinomio de coeficientes enteros $P(x) = ax^5 + bx^4 + cx^3 + dx^2 + ex + f$ comprueba que si g es una raíz entera, entonces $g + 1$ es un divisor de $P(-1)$ y $g - 1$ es un divisor de $P(1)$.

Fracciones algebraicas

103. Simplifica estas fracciones algebraicas.

a) $\dfrac{x^3+4x^2-5x}{x^3+7x^2+10x}$

b) $\dfrac{x^4-4x^2}{x^5+4x^4+4x^3}$

c) $\dfrac{x^3-x^2+4x-4}{x^3-x^2+x-1}$

d) $\dfrac{5x^2-20x+15}{10x^2-10x-60}$

e) $\dfrac{x^3-3x^2+3x-1}{x^3-2x^2+x}$

f) $\dfrac{4x^2-2x}{2x^2+7x-4}$

104. Realiza estas sumas y restas y expresa el resultado como una fracción algebraica irreducible.

a) $\dfrac{3}{x^2-3x+2}+\dfrac{2x-3}{x-2}-\dfrac{x}{x-1}$

b) $\dfrac{-2}{x-1}+\dfrac{3}{x-5}-\dfrac{7}{(x-1)^2}$

c) $\dfrac{5x}{x-1}-\dfrac{1}{x-5}-\dfrac{2x}{x^2-1}$

105. Realiza estas operaciones y simplifica el resultado.

a) $\dfrac{x+2}{4x^2-1}\cdot\dfrac{2x-1}{2x^2+5x+2}$

b) $\dfrac{x^2-4}{x^2-1}:\dfrac{x^3+3x^2-4}{x^2-x-2}$

c) $\dfrac{(x+2)^2-(x-2)^2}{8x}$

ACTIVIDAD **RESUELTA**

106. Descompón la siguiente fracción algebraica como suma de fracciones simples.

$$F(x)=\frac{3x^2+4x+5}{x^3-3x+2}$$

Se factoriza el denominador: $x^3 - 3x + 2 = (x + 2)\,(x - 1)^2$.

Como tiene una raíz doble, la descomposición es:

$$\frac{3x^2+4x+5}{x^3-3x+2}=\frac{A}{x+2}+\frac{B}{x-1}+\frac{C}{(x-1)^2}$$

Para obtener A, B, C, se opera en el segundo miembro.

$$\frac{3x^2+4x+5}{x^3-3x+2}=\frac{A}{x+2}+\frac{B}{x-1}+\frac{C}{(x-1)^2}=\frac{A(x-1)^2+B(x+2)(x-1)+C(x+2)}{(x+2)(x+1)^2}$$

Se igualan los polinomios de los numeradores:

$$3x^2+4x+5=A(x-1)^2+B(x+2)(x-1)+C(x+2)$$

Igualando coeficientes se obtiene el sistema y se resuelve:

$$\begin{cases}3=A+B & \Rightarrow B=3-A\\ 4=-2A+B+C & \Rightarrow C=4+2A-B=1+3A\\ 5=A-2B+2C & \end{cases}$$

$$5=A-2(3-A)+2(1+3A)\Rightarrow A=1\Rightarrow B=2 \text{ y } C=4$$

Por tanto, $F(x)=\dfrac{3x^2+4x+5}{x^3-3x+2}=\dfrac{1}{x+2}+\dfrac{2}{x-1}+\dfrac{4}{(x-1)^2}$

107. Descompón en fracciones simples estas fracciones.

a) $\dfrac{5x+2}{x^2+2x+1}$

b) $\dfrac{4x^2-5x+2}{x^3-x^2}$

c) $\dfrac{-x+3}{x^3-x}$

Actividades de síntesis

108. ¿Verdadero o falso? ¿Por qué?

a) Si $x + 6$ divide a $L(x)$, entonces 6 es una raíz de $L(x)$.

b) Si $G(-5) = 0$, $x + 5$ es un factor de $G(x)$.

c) Si $B(x)$ es irreducible, existe al menos un valor real $x = a$ para el que $B(a) = 0$.

d) Un polinomio de grado 5 no puede tener 6 raíces.

e) Un polinomio con término independiente 0 posee al menos una raíz real.

f) $x^n + 1$ es irreducible o tiene como única raíz real $x = -1$.

109. La representación adjunta demuestra geométricamente la identidad obtenida para el cuadrado de una suma. Justifica por qué.

Trata de encontrar otra representación gráfica para justificar el cuadrado de una diferencia.

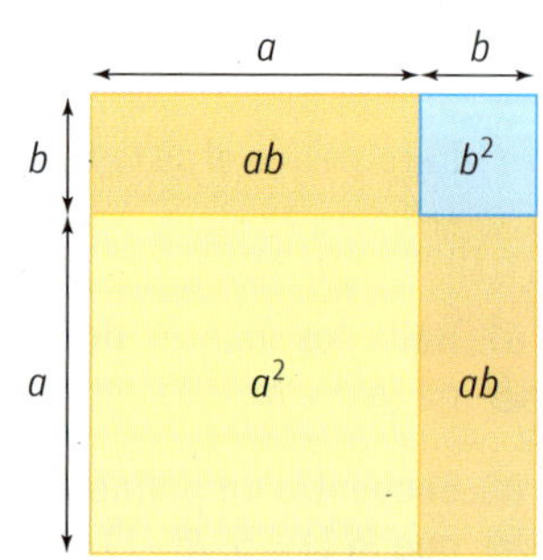

110. Realiza la división $\left(x^2+\frac{1}{2}x+1\right):\left(x+\frac{3}{2}\right)$.

111. Calcula a, b y c sabiendo que x^3-6x^2+ax+b es el cubo del binomio $x+c$.

112. Si el polinomio $P(x)=x^2-kx+t$ tiene una raíz doble en $x=2$, ¿cuánto valen k y t?

113. Realiza la división $(3x^3-4x+1):(x^2-1)$ utilizando la regla de Ruffini.

114. Estudia el signo de este polinomio por el procedimiento que se indica a continuación.

$$Q(x)=(x+2)(x-1)(x-3)$$

a) Encuentra sus raíces.

b) Divide la recta real en los intervalos que tienen por extremos dichas raíces.

c) Elige un punto en cada uno de esos intervalos y calcula el valor numérico de $Q(x)$ en ese punto. El signo de este valor numérico es el de $Q(x)$ en todo el intervalo.

PROBLEMAS PARA RESOLVER

115. Al caer en una casilla del Matempoly a Inés le ha tocado esta tarjeta:

a) Llama x al dinero que tenías al caer en esa casilla y encuentra un expresión algebraica que represente el dinero que tendrás después de cumplir con la tarjeta.

b) Si a Anita le tocó la misma tarjeta teniendo 200 €, ¿con cuánto dinero saldrá?

c) Al pobre Tomás también le tocó esa tarjeta y se quedó justo con 0 €. ¿Cuánto dinero tenía al llegar a esa casilla?

116. Encuentra los polinomios que nos dan el perímetro y el área de estas figuras.

a)

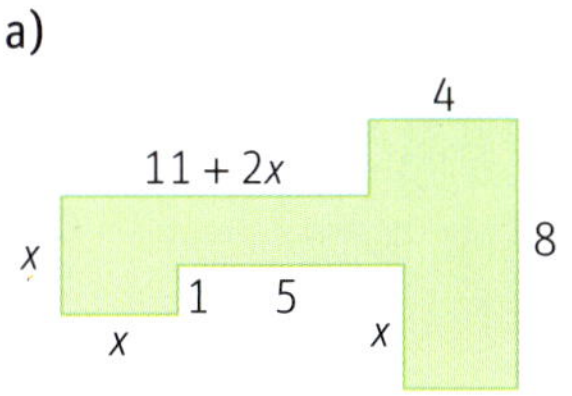

b)

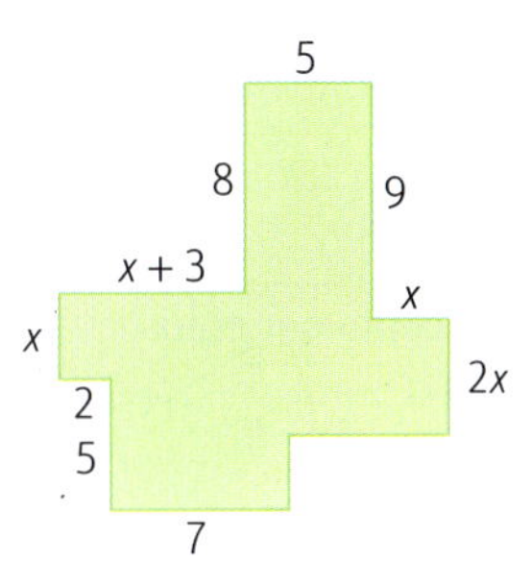

117. Demuestra que si n es un entero positivo, entonces se puede construir un triángulo rectángulo de catetos $a=2n+1$ y $b=2n^2+2n$ cuya hipotenusa es también un número entero.

118. La expresión que da la posición, s, de un objeto que sigue un movimiento uniformemente acelerado es $s(t)=\frac{1}{2}at^2+v_0t+s_0$ donde a es la aceleración; v_0, la velocidad inicial; s_0, la posición inicial, y t, el tiempo.

a) ¿Puede el polinomio $M(t)=5t^2+6t+3$ describir un movimiento uniformemente acelerado? Identifica en caso afirmativo los valores de a, v_0 y s_0.

b) ¿Puede el monomio $T(t)=4{,}9t^2$ corresponder a un cuerpo que se deja caer en el vacío? ¿Por qué? ¿Cuál es el valor de a en este caso?

ACTIVIDADES PARA PENSAR MÁS

119. Halla la suma de todas las raíces del siguiente polinomio:

$$(2x+3)(x-4)+(2x+3)(x-6)$$

A. 3,5 B 4 C. 5 D. 7

120. El polinomio $ax^3-60x^2+bx-125$ es el cubo de un binomio. El producto de a y b es. .

A. 150 B. 300 C. 750 D. 1200

121. Al dividir el polinomio $P(x)$ entre el binomio (x^2-1), el resto que se obtiene es $4x+4$. ¿Cuál es el resto de dividir $P(x)$ entre $(x-1)$?

A. 0 B. $-4x-4$ C. -4 D. 8

122. ¿Cuántos de los siguientes polinomios tienen al menos una raíz real?

$P(x)=x^4+x^2+16$ $Q(x)=x^8+x^4+16x$

$R(x)=x^2+10x+20$ $S(x)=(2x^2+6x+1)^2-(2x^2-x+1)^2$

A. 5 B. 3 C. 2 D. 1

123. EL polinomio $P(x)=x^3+ax^2+bx+c$ tiene la propiedad de que la media aritmética de sus raíces, el producto de sus raíces y la suma de sus coeficientes son iguales. Si $P(0)=2$, ¿cuál es el valor de b?

A. -11 B. -10 C. -9 D. 1

Encuentra el error

124. A un estudiante le han pedido que efectúe la división $(8x^3-22x^2-10):(2x-6)$ y él observa hábilmente que simplificando ambos términos entre 2, puede aplicar el algoritmo de Ruffini que tanto le gusta.

Divide entonces $(4x^3-11x^2-5):(x-3)$ y obtiene:

- Cociente $=4x^2+x+3$
- Resto $=4$

Otro estudiante no tan osado, divide directamente los polinomios iniciales y obtiene:

- Cociente $=4x^2+x+3$
- Resto $=8$

¿Cuál de los dos obtiene el resultado correcto? Convence al que se ha equivocado de su error.

Ponte a prueba

PROBLEMA **RESUELTO**

Decorando la pared

Para decorar la pared del instituto, los alumnos deben realizar un grafiti, para lo que la dirección del centro les da ciertas instrucciones.

El dibujo debe ubicarse en una pared cuadrada que hay en un patio del instituto, centrado en ella y dejando unos márgenes inferior y superior de 50 cm y laterales de 20 cm.

1. Escribe la expresión algebraica que determina el área de la zona pintada en función de la medida del lado de la pared.
2. Determina entre qué valores, en metros cuadrados, varía la mencionada área si la longitud del lado de la pared es mayor de 3 m y menor de 4.

SOLUCIÓN

1. Si el lado de la pared cuadrada mide x cm, el área de la zona en la que se encuentra el grafiti es: $A(x) = (x - 100)(x - 40)$
2. $A(300) = 200 \cdot 260 = 52\,000\ \text{cm}^2 = 5{,}2\ \text{m}^2$

   $A(400) = 300 \cdot 360 = 108\,000\ \text{cm}^2 = 10{,}8\ \text{m}^2$

   El grafiti tendrá una superficie entre $5{,}2\ \text{m}^2$ y $10{,}8\ \text{m}^2$.

Codifica y descodifica

El proceso de codificar un mensaje se llama "encriptación", y hay muchos sistemas para llevarlo a cabo. Vamos a utilizar los polinomios para encriptar mensajes.

En primer lugar, se establece una equivalencia para convertir cada letra en un número.

A	B	C	D	E	F	G	H	I	J	K	L	M	N	Ñ	O	P	Q	R	S	T	U	V	W	X	Y	Z	¿	?
0	1	2	3	4	5	6	7	8	9	10	11	12	13	14	15	16	17	18	19	20	21	22	23	24	25	26	27	28

Se emplea un sistema de sustitución cuya clave es el polinomio que asigna a cada letra del alfabeto otra letra.

1. El cifrado César consiste en sustituir cada letra por la que ocupa 3 posiciones más adelante en el alfabeto. Es decir, su clave es el polinomio $P(x) = x + 3$. Si al aplicar $P(x)$ al número asociado a una letra obtienes un número mayor que 28, continúa por el comienzo de la tabla; es decir, divide entre 29 y toma el resto.

   Utilizando el cifrado César:

   a) Encripta el mensaje "La suerte está echada".

   b) Desencripta "Glñh d wx dor txh hp Fhvdu vrñr odpgd Fhvdu".

2. Prueba con una clave más compleja, como el polinomio $P(x) = x^3 + 2$. Por ejemplo, para cifrar la letra E:
   - Como E equivale a 4, se calcula $P(4) = 4^3 + 2 = 66$
   - Como 66 es un número mayor que 28, se divide entre las 29 posiciones que tienen la tabla: $66 = 2 \cdot 29 + 8$.
   - Como 8, que es el resto de dividir 66 entre 29, equivale a la letra I, se sustituye la letra E por la I.

   a) Encripta la frase de Woody Allen: "El eco siempre dice la última palabra".

   b) Desencripta otra frase del mismo autor: "?nq snqñmu¿nq smifix ix¿fi cj?cmqnq".

3. Algunos polinomios sirven como claves para encriptar con este método, como por ejemplo $P(x) = 3x + 1$, y otros en cambio no, como $Q(x) = x^2 + 1$. ¿A qué se debe?

Máquina Enigma. Fue utilizada por el ejercito alemán durante la II Guerra Mundial para encriptar sus mensajes.

Máquina de Turing. Precursora del computador, fue diseñada por el matemático Alan Turing en 1936. Permitió decodificar los mensajes encriptados por la máquina Enigma.

Cuenta con los polinomios

Los sistemas de numeración utilizan distintos símbolos para representar diferentes cantidades. Hoy en día, en casi todo el mundo son posicionales, es decir, que el valor de cada símbolo depende de su posición dentro del número. Así, el 9 de 195 significa "noventa", o 9 decenas, pero el 9 de 9341 significa "nueve mil", o 9 millares.

En los sistemas de numeración posicional se utilizan diferentes bases. Las más comunes son:

Decimal: base 10	Consta de 10 cifras o guarismos: 0, 1, 2, 3, 4, 5, 6, 7, 8 y 9.
Binario: base 2	Solo hay dos cifras: 0 y 1.
Octal: base 8	Consta de 8 cifras: 0, 1, 2, 3, 4, 5, 6 y 7.
Hexadecimal: base 16	Consta de 16 cifras: 0, 1, 2, 3, 4, 5, 6, 7, 8, 9, A, B, C, D, E y F (donde A tiene el valor de 10, B el de 11, ..., y F el de 15).

Cualquier número natural *N* escrito en una base *k* se puede representar mediante una expresión polinómica.

Así, por ejemplo, el número 319 en las bases 10, 8 y 16 es:

- $319_{10} = 3 \cdot 10^2 + 1 \cdot 10 + 9$
- $477_8 = 4 \cdot 8^2 + 7 \cdot 8 + 7 = 319$
- $13F_{16} = 1 \cdot 16^2 + 3 \cdot 16 + 15 = 319$

1. El número 1110101_2 está escrito en base 2. ¿A qué número equivale en base 10?

A. 101 **B.** 113 **C.** 117 **D.** 121

2. ¿Y el número 13422_5, escrito en base 5?

A. 1212 **B.** 1221 **C.** 1112 **D.** 2122

3. Expresa el número 1348_{10} en las bases 5, 8 y 16.

4. El sistema decimal no siempre ha sido el más común en Europa. En francés, 99 todavía se dice *quatre-vingt-dix-neuf*, es decir, "cuatro veinte diecinueve". ¿Qué base utilizaban? Expresa este número en la base adecuada inventando los símbolos que necesites. ¿Cuántas cifras ocupa?

AUTOEVALUACIÓN

1. Calcula el valor numérico del polinomio $P(x) = \frac{x^3}{2} - 2(x^2 - 1)$ para $x_1 = 2$ y $x_2 = -1$.

2. Realiza las operaciones indicadas dados los polinomios:

- $P(x) = 3x^2 - 2x + 4$
- $Q(x) = -2x^3 - x^2 + 5x - 1$
- $R(x) = x^4 - x^3 + 4x^2 + 3x - 2$

a) $P(x) - Q(x) + R(x)$ b) $P(x) \cdot Q(x) + R(x)$

¿Qué grado tienen los polinomios resultantes?

3. Justifica cuáles de las siguientes expresiones son correctas.

a) $9a^2b^2 - c^2 = (3ab - c)^2$

b) $9a^2b^2 - 6abc + c^2 = (3ab - c)^2$

c) $4x^2y + 9y^2z = (2x^2y + 3y^2z)(2x^2y - 3y^2z)$

d) $4x^4y^2 - 9y^4z^2 = (2x^2y + 3y^2z)(2x^2y - 3y^2z)$

e) $16x^2y^2 - 8xy + 4x^2 = (4xy - 2x)^2$

Corrige en tu cuaderno las igualdades incorrectas.

4. Realiza las siguientes divisiones de polinomios.

a) $(5x^4 - 3x^2 + x - 1) : (x^3 - x - 1)$

b) $(4x^3 - 2x + 2) : (x^2 + x + 1)$

5. Realiza las siguientes divisiones aplicando la regla de Ruffini e indica el cociente y el resto.

a) $(2x^3 + 4x^2 - 5x - 3) : (x - 2)$

b) $(x^4 - 3x^2 + 4x - 2) : (x + 3)$

6. Calcula el valor que debe tener *k* para que el polinomio $P(x) = x^5 + kx^4 + x^3 - 4x^2 + x - 4$ sea divisible entre $x - 4$.

7. ¿Es $x + 1$ un factor del polinomio $x^{71} - 1$? Razona tu respuesta.

8. Factoriza los siguientes polinomios.

a) $P(x) = 6x^3 + 13x^2 - 13x - 20$

b) $Q(x) = x^5 + x^4 - 5x^2 - 11x - 6$

9. Opera y simplifica.

$$\frac{3x^2 - 4x - 15}{x^2 - 5x + 6} - \frac{5x + 1}{x - 2}$$

3 Ecuaciones y sistemas

¿Sabes resolver ecuaciones con polinomios? ¿Y si tienen radicales?

Si en un miembro la incógnita está en un logaritmo, ¿sabes encontrar la solución? ¿Y si está en el exponente?

¿Qué método utilizas para resolver sistemas de ecuaciones lineales? ¿Y si son no lineales?

Analiza y saca conclusiones

¿Qué modelizan las ecuaciones de *Lotka-Volterra*?

¿Bajo qué condiciones tienen sentido? ¿Por qué?

¿Cómo se pueden aplicar estas ecuaciones fuera del campo de la naturaleza? Pon un ejemplo.

Reflexiona y contesta

¿Qué otras ecuaciones conoces?

¿Qué modelizan?

¿Por qué crees que son importantes?

Lee y comprende

Predadores y presas

Estamos en el Sereguenti, el parque nacional emblema de Tanzania. La sabana africana más impresionante que podamos imaginar: miles de ñus, elefantes, rinocerontes, hienas y guepardos,...

Y cómo no, a lo lejos vemos una manada de leones que vigila a un grupo de cebras. Predadores y presas tratando de sobrevivir, unos atacando y las otras escapando. Todos siempre alerta, es la vida en la sabana.

Imaginemos que la población de leones aumenta porque debido a una bonanza climática muchas leonas han conseguido sacar adelante a sus cachorros; al haber más leones aumenta la caza de cebras; la población de cebras sufre un descenso; al haber menos cebras, los poderosos felinos tienen menos alimento y los individuos más débiles empiezan a morir; la población de leones disminuye; al haber menos predadores, las cebras se recuperan y su población aumenta; como hay más cebras, los leones tiene más posibilidades de cazar y otra vez su población comienza a crecer;...

Este comportamiento, predador y presa conviviendo en un medio cerrado, fue estudiado por dos matemáticos que encontraron un sencillo sistema de ecuaciones que explica cómo evolucionan esas poblaciones: las ecuaciones de Lotka–Volterra. Sirven para explicar muchísimos otros ejemplos del tipo predador–presa como zorros–liebres, orugas–pinos, tiburones–calamares, siempre que las condiciones sean más o menos de aislamiento, es decir sin la interferencia de otros predadores o migraciones.

Lo más sorprendente es que su aplicación se sale del campo de la naturaleza y entra de lleno en el comportamiento humano: situaciones de guerra entre dos países; epidemias; productos económicos; policías y ladrones; etc.

Esteban Serrano

Y tú, ¿qué opinas?

El impacto del ser humano afecta directamente a muchas especies animales y vegetales, alterando su entorno e interfiriendo en las relaciones entre especies.

Debate con tus compañeros que acciones se pueden llevar a cabo para tratar de minimizar ese impacto.

1 Ecuaciones polinómicas

Papiro de Berlín (1300 a.C.)

Las **ecuaciones** son igualdades entre dos expresiones algebraicas.

Las **ecuaciones polinómicas** son aquellas que se pueden escribir como $P(x) = 0$, donde $P(x)$ es un polinomio.

Las **soluciones** de una ecuación polinómica son las **raíces del polinomio**.

Ecuación polinómica de primer grado

Son las formadas por un polinomio de primer grado. Su forma general es $\mathbf{ax + b = 0}$ con $a \neq 0$. Su única solución es $x = -\dfrac{b}{a}$.

Ecuación polinómica de segundo grado

Son las formadas por un polinomio de segundo grado. Su forma general es $ax^2 + bx + c = 0$, con $a \neq 0$. Las soluciones vienen dadas por: $\mathbf{x = \dfrac{-b \pm \sqrt{b^2 - 4ac}}{2a}}$.

El número de soluciones se puede estudiar con el **discriminante $b^2 - 4ac$**.

- $b^2 - 4ac > 0 \Rightarrow$ **Dos** soluciones reales
- $b^2 - 4ac = 0 \Rightarrow$ **Una** solución real
- $b^2 - 4ac < 0 \Rightarrow$ **Ninguna** solución real

Ten en cuenta

Si el coeficiente a de x^2 no es 1, se puede dividir toda la ecuación entre él obteniendo así una ecuación con $a = 1$, en la que es fácil, aunque haya fracciones, completar cuadrados.

La fórmula se puede probar utilizando la técnica de **completar cuadrados**.

1.º Se parte de la ecuación general y se divide entre a.

$$ax^2 + bx + c = 0,\ a \neq 0 \Rightarrow x^2 + \frac{b}{a}x + \frac{c}{a} = 0$$

2.º Se suma y resta $\dfrac{b^2}{4a^2}$ para obtener un cuadrado perfecto.

$$x^2 + \frac{b}{a}x + \frac{b^2}{4a^2} - \frac{b^2}{4a^2} + \frac{c}{a} = 0$$

3.º Se escribe el cuadrado perfecto y se despeja.

$$\left(x + \frac{b}{2a}\right)^2 - \frac{b^2}{4a^2} + \frac{c}{a} = 0 \Rightarrow \left(x + \frac{b}{2a}\right)^2 = \frac{b^2 - 4ac}{4a^2}$$

4.º Al extraer la raíz cuadrada se obtienen dos ecuaciones.

$$x_1 + \frac{b}{2a} = +\sqrt{\frac{b^2 - 4ac}{4a^2}} \text{ y } x_2 + \frac{b}{2a} = -\sqrt{\frac{b^2 - 4ac}{4a^2}}$$

MAT-TIC GeoGebra

Entra en smSaviadigital.com y representa ecuaciones polinómicas.

5.º Se despeja la incógnita en ambas ecuaciones.

$$x_1 = \frac{-b + \sqrt{b^2 - 4ac}}{2a} \text{ y } x_2 = \frac{-b - \sqrt{b^2 - 4ac}}{2a}$$

6.º Para obtener la fórmula, se escriben las soluciones abreviadas.

$$x = \frac{-b \pm \sqrt{b^2 - 4ac}}{2a}$$

Las **ecuaciones incompletas de segundo grado ($b = 0$ o $c = 0$)** se pueden resolver sin necesidad de usar la fórmula.

Ejemplo ▸ Resuelve las siguientes ecuaciones incompletas.

- $5x^2 - 20x = 0$

  Se extrae factor común:

  $$x(5x - 20) = 0 \Rightarrow \begin{cases} x = 0 \\ 5x - 20 = 0 \Rightarrow x = 4 \end{cases}$$

- $9x^2 - 36 = 0$

  Se despeja x:

  $$9x^2 = 36 \Rightarrow x^2 = 4 \Rightarrow x = \pm 2$$

Ten en cuenta

Un producto de varios factores solo puede ser cero si al menos uno de los factores es cero.

Ecuación polinómica de grado mayor que dos

Formada por un **polinomio de grado mayor que dos**, su forma general es $a_nx^n + a_{n-1}x^{n-1} + ... + a_1x + a_0 = 0$, con $a_n \neq 0$ y $n \geq 3$, un número natural.

Ejemplo ▸ Resuelve la ecuación $x^4 - 2x^3 - 3x^2 + 6x = 0$.

1.º Se extrae x como factor común. $x(x^3 - 2x^2 - 3x + 6) = 0$

2.º Se buscan las posibles raíces enteras de $x^3 - 2x^2 - 3x + 6 = 0$ entre los divisores de su término independiente, 6.

La división entre $x - 2$ es exacta.

	1	−2	−3	6
2		2	0	−6
	1	0	−3	0

3.º Se buscan las raíces del cociente obtenido: $x^2 - 3 = (x - \sqrt{3})(x + \sqrt{3})$

4.º La ecuación factorizada es: $x(x-2)(x-\sqrt{3})(x+\sqrt{3}) = 0$

Las soluciones son las raíces del polinomio: $x = 0$, $x = 2$, $x = -\sqrt{3}$ y $x = \sqrt{3}$

Ten en cuenta

Si sumamos o restamos en ambos miembros una misma cantidad, o multiplicamos o dividimos ambos miembros por una misma cantidad distinta de cero, obtenemos **una ecuación equivalente**.

Ecuación bicuadrada

Formada por un polinomio de cuarto grado que no contiene potencias impares de x, su forma general es $ax^4 + bx^2 + c = 0$.

Se resuelven haciendo un **cambio de variable** para convertirla en una ecuación de segundo grado.

Ejemplo ▸ Resuelve la ecuación $x^4 - 15x^2 - 16 = 0$.

1.º Se realiza el cambio de variable $x^2 = z$ y se resuelve la ecuación.

$$z^2 - 15z - 16 = 0 \Rightarrow z = \frac{15 \pm \sqrt{225 + 64}}{2} = \frac{15 \pm 17}{2} \Rightarrow \begin{cases} z = 16 \\ z = -1 \end{cases}$$

2.º Se deshace el cambio de variable: $\begin{cases} x^2 = 16 \Rightarrow x = \pm 4 \\ x^2 = -1 \Rightarrow \text{No tiene solución real} \end{cases}$

La ecuación tiene dos soluciones: $x = 4$ y $x = -4$

smSaviadigital.com

AMPLÍA Encuentra la solución de las ecuaciones.

ACTIVIDADES

1. Resuelve estas ecuaciones.

a) $\frac{1-x}{3} = \frac{x}{2} - \frac{x+1}{6}$

b) $x(x+5) = x(x-1) + 2$

c) $3x(x+3) = 9x + 12$

d) $(x-1)\left(\frac{3-x}{2}\right) = 4$

e) $9x^2 + 9x - 10 = 0$

f) $3x^2 + 5x = 5(x + 135)$

2. Encuentra las soluciones de estas ecuaciones.

a) $x^2 - 6x - 7 = 0$

b) $x^2 - 6x + 9 = 0$

c) $-2x(x-1) = x^2 - 5x$

d) $x^2 - x(3x+1) = 3$

3. Halla las soluciones de las ecuaciones siguientes.

a) $x^3 - 5x^2 + 6x = 0$

b) $2x^4 - 6x^3 - 32x^2 + 96x = 0$

c) $2x^4 + 5x^3 = x^2 - 3x + 9$

d) $x^3 - 5x - 2 = 0$

4. Resuelve las siguientes ecuaciones bicuadradas.

a) $x^4 - 5x^2 + 4 = 0$

b) $x^4 + 10x^2 + 9 = 0$

c) $x^4 - 4x^2 - 12 = 0$

d) $2x^4 - 6x^2 - 20 = 0$

5. Halla la solución de las siguientes ecuaciones.

a) $x(x^2 - 4) = x^2 + 8x$

b) $(x-5)(2x+7)(x+3) = 0$

c) $x^{2012} - x^{2011} = 0$

d) $x^5 - 3x^3 - 4x = 0$

6. Averigua el tiempo máximo que tardarás en hacer este problema sabiendo que usarás $\frac{1}{18}$ del tiempo en leerlo; $\frac{1}{5}$ en plantearlo; $\frac{22}{90}$ en resolverlo; y 1' 30'' en comprobar que la solución es correcta.

2 Ecuaciones racionales

Las **ecuaciones racionales** son las formadas por fracciones algebraicas, es decir, aquellas en las que la incógnita aparece en los denominadores.

En la resolución pueden aparecer soluciones que anulen algún denominador y que, por tanto, no sean válidas.

Ten en cuenta

Al elevar al cuadrado no se obtiene, en general, una ecuación equivalente. Por ello es necesario comprobar las soluciones para evitar errores.

- $x = 3 \Rightarrow x^2 = 3^2 \Rightarrow$

$$\Rightarrow x^2 = 9 \Rightarrow \begin{cases} x = -3 \\ x = 3 \end{cases}$$

Ejemplos

▸ $\dfrac{3}{x} + 5 = \dfrac{4x+6}{x+2}$

1.º Se halla un denominador común y se simplifica la ecuación hasta obtener una más sencilla.

$$\frac{3(x+2)}{x(x+2)} + \frac{5x(x+2)}{x(x+2)} = \frac{x(4x+6)}{x(x+2)} \Rightarrow 3(x+2) + 5x(x+2) = x(4x+6)$$

2.º Se resuelve la ecuación polinómica obtenida.

$$3(x+2) + 5x(x+2) = x(4x+6) \Rightarrow x^2 + 7x + 6 = 0 \Rightarrow \begin{cases} x = -1 \\ x = -6 \end{cases}$$

3.º Ninguna de las soluciones anula los denominadores, por tanto, ambas son válidas.

▸ $\dfrac{3}{x-1} - 2 = \dfrac{6}{x^2-1}$

1.º Un denominador común es $x^2 - 1$.

$$\frac{3(x+1)}{x^2-1} - \frac{2(x^2-1)}{x^2-1} = \frac{6}{x^2-1} \Rightarrow 3(x+1) - 2(x^2-1) = 6$$

2.º Se resuelve la ecuación polinómica obtenida.

$$3(x+1) - 2(x^2-1) = 6 \Rightarrow 3x + 3 - 2x^2 + 2 = 6 \Rightarrow 2x^2 - 3x + 1 = 0 \Rightarrow \begin{cases} x = 1 \\ x = \dfrac{1}{2} \end{cases}$$

3.º La solución $x = 1$ se descarta porque anula los denominadores de la ecuación de partida. La única solución válida es $x = \dfrac{1}{2}$.

ACTIVIDADES

ACTIVIDAD **RESUELTA**

7. Se iban a repartir 400 € entre un número de personas, pero el día del reparto faltaron 5 y a cada uno de los presentes le correspondieron 4 € más de lo que en un principio iba a corresponderles. ¿Cuántas personas había al inicio?

Si x es el número inicial de personas, la ecuación es:

$$\frac{400}{x-5} = \frac{400}{x} + 4$$

Se reduce a común denominador: $x(x-5)$

$$400x = 400(x-5) + 4x(x-5) \Rightarrow x^2 - 5x - 500 = 0 \Rightarrow \begin{cases} x = 25 \\ x = -20 \end{cases}$$

Puesto que la solución del problema es un número de personas solo es posible considerar la solución $x = 25$.

Al principio, había 25 personas.

8. Resuelve estas ecuaciones racionales.

a) $\dfrac{3x}{4x-1} = 2$

b) $\dfrac{x-2}{x+3} = \dfrac{x+1}{x-1}$

c) $\dfrac{4+x}{2x+1} = \dfrac{x-2}{5-2x}$

d) $-\dfrac{4x+8}{x^2-9} = \dfrac{5x+1}{x+3}$

9. Halla las soluciones de las ecuaciones racionales siguientes.

a) $\dfrac{x-3}{x^2-4} + \dfrac{x}{x-2} = 3$

b) $\dfrac{x+1}{x-3} = 5 - \dfrac{x+9}{x+2}$

c) $x + \dfrac{4x}{x-4} = \dfrac{16}{x-4}$

d) $\dfrac{3x+2}{9-x^2} = \dfrac{5x+1}{x+3} - \dfrac{1}{3-x}$

10. El día que se iban a repartir 4000 € entre varios socios faltaron 9, con lo que los presentes tocaron a 90 € más cada uno. ¿Cuántos socios son?

3 Ecuaciones irracionales

Las **ecuaciones irracionales** son aquellas en las que la incógnita aparece en el radicando de una raíz.

En la resolución de ecuaciones irracionales pueden aparecer soluciones falsas. Por tanto, **siempre** hay que **comprobar** las soluciones obtenidas.

Ejemplos

- $x-\sqrt{x+3}=2x+1$

  1.º Se aísla la raíz en un miembro: $-\sqrt{x+3}=x+1$

  2.º Se elevan al cuadrado ambos miembros: $\left(-\sqrt{x+3}\right)^2=(x+1)^2$

  3.º Se opera esta expresión y se resuelve la ecuación polinómica obtenida:

  $$\left(-\sqrt{x+3}\right)^2=(x+1)^2 \Rightarrow x+3=x^2+1+2x \Rightarrow x^2+x-2=0 \Rightarrow \begin{cases} x=-2 \\ x=1 \end{cases}$$

  4.º Se comprueban las soluciones obtenidas en la ecuación original:

  $x=-2 \Rightarrow -2-\sqrt{-2+3}=2(-2)+1 \Rightarrow -3=-3 \Rightarrow x=-2$ es solución.

  $x=1 \Rightarrow 1-\sqrt{1+3}=2\cdot 1+1 \Rightarrow -1\neq 3 \Rightarrow x=1$ no es solución.

- $\sqrt{20+x}-\sqrt{2x-1}=2$

  1.º Se aísla una de las raíces en un miembro: $\sqrt{20+x}=2+\sqrt{2x-1}$

  2.º Se elevan al cuadrado ambos miembros y se simplifica:

  $$\left(\sqrt{20+x}\right)^2=\left(2+\sqrt{2x-1}\right)^2 \Rightarrow 20+x=4+4\sqrt{2x-1}+2x-1 \Rightarrow$$
  $$\Rightarrow 17-x=4\sqrt{2x-1}$$

  3.º Como sigue habiendo una raíz, se repite de nuevo el proceso y se resuelve la ecuación:

  $$(17-x)^2=\left(4\sqrt{2x-1}\right)^2 \Rightarrow 289+x^2-34x=16(2x-1) \Rightarrow x^2-66x+305=0 \Rightarrow \begin{cases} x=61 \\ x=5 \end{cases}$$

  4.º Se comprueban las soluciones obtenidas en la ecuación original:

  $x=61 \Rightarrow \sqrt{20+61}-\sqrt{2\cdot 61-1}=2 \Rightarrow -2\neq 2 \Rightarrow x=61$ no es solución.

  $x=5 \Rightarrow \sqrt{20+5}-\sqrt{2\cdot 5-1}=2 \Rightarrow 2=2 \Rightarrow x=5$ es solución.

MAT-TIC GeoGebra

Entra en **smSavia**digital.com y representa ecuaciones racionales e irracionales.

ACTIVIDADES

11. Comprueba en cada caso cuáles de los posibles resultados son validos para la ecuación original.

a) $\sqrt{x+2}+x=10 \Rightarrow x=7$ y $x=14$

b) $\sqrt{x+7}-\sqrt{13-x}=2 \Rightarrow x=-3$ y $x=9$

c) $\sqrt{2x-3}=2+\sqrt{x-5} \Rightarrow x=6$ y $x=14$

d) $\sqrt{30-3x}=1+\sqrt{2x-10} \Rightarrow x=1$ y $x=7$

12. Resuelve estas ecuaciones con un radical.

a) $\sqrt{x+3}+1=x-8$

b) $x+4+5\sqrt{x-2}=0$

c) $x=2-\sqrt{8-x}$

d) $\sqrt{12-x}-x=8$

13. Resuelve estas ecuaciones con radicales.

a) $\sqrt{7x+1}=2\sqrt{x+4}$

b) $\sqrt{5x+1}-\sqrt{x+1}=2$

c) $\sqrt{x+9}=1+\sqrt{x+2}$

d) $\sqrt{5-4x}-\sqrt{2x+7}+2=0$

14. Resuelve las siguientes ecuaciones irracionales.

a) $x+\sqrt{2x^2-7x+5}=1$

b) $4x-1=3\sqrt{x^2+9}$

c) $\sqrt{x^2-8x+22}=2(x-1)$

d) $\sqrt{2x^2+1}=2x+\sqrt{x+3}$

15. La diagonal de un marco de fotos rectangular mide 2 cm más que el lado mayor. Si el perímetro mide 46 cm, ¿cuánto miden los lados del marco?

4 Ecuaciones logarítmicas

Las **ecuaciones logarítmicas** son aquellas en las que la incógnita aparece formando parte de un logaritmo.

Para resolverlas se transforman en ecuaciones polinómicas mediante la definición o las propiedades de los logaritmos.

Hay que comprobar las soluciones y descartar las que hagan negativo o nulo el argumento de un logaritmo porque no está definido en $\mathbb{R}$.

Ejemplo ▶ Resuelve la ecuación logarítmica $2\log x - \log(x+4) = \log 2$

1.º Se aplican las propiedades de los logaritmos.

$$2\log x - \log(x+4) = \log 2 \Rightarrow \log x^2 - \log(x+4) = \log 2 \Rightarrow \log\frac{x^2}{x+4} = \log 2$$

2.º Como el logaritmo de un número, si existe, es único:

$$\log\frac{x^2}{x+4} = \log 2 \Rightarrow \frac{x^2}{x+4} = 2 \Rightarrow x^2 - 2x - 8 = 0 \Rightarrow \begin{cases} x = 4 \\ x = -2 \end{cases}$$

3.º Se comprueba si las soluciones son válidas en la ecuación original.

- $x = 4 \Rightarrow 2\log 4 - \log(4+4) = \log 2 \Rightarrow x = 4$ es solución.
- $x = -2 \Rightarrow 2\log(-2) - \log((-2)+4) = \log 2 \Rightarrow x = -2$ no es una solución válida puesto que $\log(-2)$ no está definido en $\mathbb{R}$.

Ten en cuenta

La propiedad de unicidad de los logaritmos dice:

Si $\log_a B = \log_a C$, entonces, $B = C$

ACTIVIDADES

16. Resuelve mentalmente estas ecuaciones en las que aparecen logaritmos.

a) $\log x = 6$

b) $\log_x 16 = 2$

c) $\log_x x = 1$

d) $\log(x + 300) = 3$

e) $\log(6 - x) = 0$

f) $\log_3 x^7 = 7$

ACTIVIDAD **RESUELTA**

17. Resuelve esta ecuación logarítmica.

$$\log_2 x + \log_2 (x+14) = 5$$

- Se expresa el segundo miembro como un único logaritmo, utilizando las propiedades:

$$5 = 5\log_2 2 \Rightarrow 5 = \log_2 2^5$$

- Se sustituye el segundo miembro en la ecuación, se transforma en una ecuación polinómica y se resuelve.

$$\log_2 x + \log_2(x+14) = \log_2 32 \Rightarrow \log_2 x(x+14) = \log_2 32 \Rightarrow$$
$$\Rightarrow x(x+14) = 32 \Rightarrow x^2 + 14x - 32 = 0 \Rightarrow \begin{cases} x = -16 \\ x = 2 \end{cases}$$

- Se comprueban las soluciones obtenidas:

$x = -16 \Rightarrow \log_2(-16) + \log_2((-16)+14) = 5 \Rightarrow x = -16$ no es válida ya que estos logaritmos no están definidos en $\mathbb{R}$.

$x = 2 \Rightarrow \log_2 2 + \log_2(2+14) = 5 \Rightarrow x = 2$ es solución.

18. Resuelve estas ecuaciones logarítmicas.

a) $\log x + \log(x+1) = \log 6$

b) $\log_2 x - 1 = \log_2(x - 16)$

19. Resuelve las ecuaciones logarítmicas siguientes.

a) $\log(x^2 - 15x) = 2$

b) $\log_5 x - 1 = \log_5(x - 64)$

c) $\log_9(x+1) - \log_9(1-x) = \log_9(2x+3)$

20. Halla la solución de las siguientes ecuaciones.

a) $\log x = \frac{1}{2}\log(x+2)$

b) $\log x - \log(x+3) = -1$

c) $\log\sqrt{x} = 1 - \log\sqrt{3x+5}$

d) $\log_9 \sqrt[5]{27} = 2x - 1$

ACTIVIDAD **RESUELTA**

21. ¿Qué relación debe existir entre A y B para que se cumpla la relación $\log A + \log B = 0$?

Se expresa el segundo miembro como un logaritmo, utilizando las propiedades.

$$\log A + \log B = \log 1 \Rightarrow \log A \cdot B = \log 1 \Rightarrow AB = 1 \Rightarrow A = \frac{1}{B}$$

22. ¿Qué relación debe existir entre A y B para que se cumpla la relación $\log A = \log B - \log 3$?

23. Despeja m en la siguiente igualdad.

$$\log m = b - \log n$$

5 Ecuaciones exponenciales

Las **ecuaciones exponenciales** son aquellas en las que la incógnita aparece en el exponente.

Para resolverlas se aplican las propiedades de las potencias y alguna de las siguientes técnicas, dependiendo de la ecuación:

1.º Se expresan todas las potencias de la ecuación como **potencias de la misma base**. Normalmente se elige la base menor y siempre es preferible dejar la **incógnita *x* sola en el exponente**.

Ejemplo ▸ Resuelve la ecuación $81^{2x} = \frac{1}{3}$.

Se expresan todas las potencias de la ecuación en la misma base.

$$81^{2x} = \frac{1}{3} \Rightarrow (3^4)^{2x} = 3^{-1} \Rightarrow 3^{8x} = 3^{-1} \Rightarrow 8x = -1 \Rightarrow x = -\frac{1}{8}$$

2.º Se puede realizar un **cambio de variable,** con el que se expresan todos los términos en función de la potencia a^x y se cambia por una incógnita, z. Así, se transforma en una ecuación polinómica y se resuelve. Al final, se deshace el cambio y se halla x.

Ejemplo ▸ Resuelve la ecuación $4^x + 3 \cdot 2^{x+1} - 16 = 0$.

1.º Se expresan todos los términos en función de 2^x:

$$4^x + 3 \cdot 2^{x+1} - 16 = 0 \Rightarrow (2^2)^x + 3 \cdot 2 \cdot 2^x - 16 = 0 \Rightarrow (2^x)^2 + 6 \cdot 2^x - 16 = 0$$

2.º Se hace el cambio de variable $2^x = z$, y se resuelve la ecuación obtenida:

$$z^2 + 6z - 16 = 0 \Rightarrow \begin{cases} z = 2 \\ z = -8 \end{cases}$$

3.º Se deshace el cambio de variable y se calcula x:

$z = 2 \Rightarrow 2^x = 2 \Rightarrow x = 1$

$z = -8 \Rightarrow 2^x = -8 \Rightarrow$ No tiene solución.

3.º Cuando no se puedan aplicar las técnicas anteriores, se **toman logaritmos**. Así los exponentes se convierten en factores.

Ejemplo ▸ Resuelve la ecuación $2^{2x-1} = 189$.

Como no se puede expresar en potencias de la misma base, se toman logaritmos en los dos miembros:

$$\log 2^{2x-1} = \log 189 \Rightarrow (2x-1)\log 2 = \log 189 \Rightarrow 2x - 1 = \frac{\log 189}{\log 2} = 7{,}562 \Rightarrow x = 4{,}281$$

PON EN VALOR

Para estudiar **la tasa de extinción de especies** se utilizan ecuaciones exponenciales, que han permitido determinar cómo el impacto del ser humano y la falta de **respeto a la naturaleza** han hecho que la tasa de extinción sea unas mil veces mayor que la que se daba en los 60 millones de años anteriores a nuestra existencia.

Entra en sm**Savia**digital.com y elabora un mural donde muestres las causas de este problema y posibles planes de acción para frenar este impacto.

ACTIVIDADES

24. Resuelve las ecuaciones exponenciales expresando las potencias en la misma base.

a) $2^{3x-4} = 64$ b) $2^{x+1} = 1024$

25. Resuelve estas ecuaciones exponenciales tomando logaritmos y usando la calculadora.

a) $5^{x+3} = 9999$ c) $5^x = 2^{x+3}$

b) $10^{3-x} = 2^x \cdot 128$ d) $2^{-x} = 10\,000$

26. Halla las soluciones de estas ecuaciones utilizando un cambio de variable.

a) $4^x - 9 \cdot 2^x + 8 = 0$ c) $2^{3+2x} - 3 \cdot 2^{x+1} + 1 = 0$

b) $4^x - 8 = 2^{x+1}$ d) $\frac{1}{2^{x-3}} = 5 - 2^{x-1}$

27. sm**Savia**digital.com

PRACTICA Resuelve ecuaciones de todos los tipos.

6 Sistemas de ecuaciones lineales

Un sistema de dos ecuaciones lineales con dos incógnitas tiene la expresión:

$$\begin{cases} \boldsymbol{ax+by=c} \\ \boldsymbol{a'x+b'y=c'} \end{cases}$$

Donde x e y son las **incógnitas**, a, b, a' y b' son los **coeficientes de las incógnitas** y c y c' son los **términos independientes**.

Ten en cuenta

El sistema $\begin{cases} ax+by=c \\ a'x+b'y=c' \end{cases}$ es:

Compatible determinado si: $\frac{a}{a'} \neq \frac{b}{b'}$

Compatible indeterminado si: $\frac{a}{a'} = \frac{b}{b'} = \frac{c}{c'}$

Incompatible si: $\frac{a}{a'} = \frac{b}{b'} \neq \frac{c}{c'}$

En estos sistemas, cada solución está formada por un par de valores, correspondientes a las dos incógnitas. Según el número de soluciones, un sistema de ecuaciones puede ser:

- **Compatible determinado**: el sistema tiene **una única solución**.
- **Compatible indeterminado**: el sistema tiene **infinitas soluciones**.
- **Incompatible**: el sistema **no tiene solución**.

Métodos de resolución de sistemas de ecuaciones lineales

Existen varios métodos para resolver este tipo de sistemas.

1.º Método de reducción. Consiste en multiplicar las ecuaciones por números adecuados para que al sumarlas se elimine una incógnita.

Ejemplo ▸ Resuelve el sistema $\begin{cases} x-2y=8 \\ 5x+3y=1 \end{cases}$ por el método de reducción.

$$\begin{cases} x-2y=8 \\ 5x+3y=1 \end{cases} \xrightarrow{-5\cdot E_1} \begin{cases} -5x+10y=-40 \\ 5x+3y=1 \end{cases} \xrightarrow{E_1+E_2} 13y=-39 \Rightarrow y=-3$$

Sustituyendo en la primera ecuación: $x - 2(-3) = 8 \Rightarrow x = 2$.

Este sistema es **compatible determinado** con solución ($x = 2$, $y = -3$).

2.º Método de sustitución. Consiste en despejar una de las incógnitas de una de las ecuaciones y sustituir la expresión obtenida en la otra ecuación.

Ejemplo ▸ Resuelve el sistema $\begin{cases} 2x+6y=7 \\ -x-3y=-5 \end{cases}$ por el método de sustitución.

$$\begin{cases} 2x+6y=7 \\ -x-3y=-5 \end{cases} \Rightarrow \begin{cases} 2x+6y=7 \\ x=5-3y \end{cases} \Rightarrow 2(5-3y)+6y=7 \Rightarrow 0y=-3$$

Esta igualdad es falsa y no se cumple para ningún valor de y. El sistema no tiene solución, por lo que es **incompatible**.

3.º Método de igualación. Se despeja la misma incógnita en ambas ecuaciones y se igualan las expresiones obtenidas.

Ejemplo ▸ Resuelve el sistema $\begin{cases} \frac{x-3y}{2}=3 \\ 2x-6y=12 \end{cases}$ por el método de igualación.

$$\begin{cases} \frac{x-3y}{2}=3 \\ 2x-6y=12 \end{cases} \Rightarrow \begin{cases} x=6+3y \\ x=\frac{12+6y}{2}=6+3y \end{cases} \Rightarrow 6+3y=6+3y$$

La igualdad es siempre cierta, es decir, se cumple para cualquier valor de y. Por tanto, el sistema tiene infinitas soluciones, es decir, es **compatible indeterminado**.

Para cada valor de y, hay un valor de x asociado. Por ejemplo: ($x = 9$, $y = 1$), ($x = 6$, $y = 0$)...

smSaviadigital.com

PRACTICA Encuentra la solución de los sistemas de ecuaciones.

4.º Método gráfico. Consiste en representar gráficamente sobre unos ejes cartesianos las ecuaciones del sistema. La intersección entre las dos gráficas indicará sus soluciones.

Ejemplo ▸ Resuelve el sistema $\begin{cases} 2x - y = 5 \\ -x + 3y = -5 \end{cases}$ por el método gráfico.

1.º Se construyen tablas de valores para las dos rectas.

$2x - y = 5$		
x	y	Punto
0	−5	(0, −5)
3	1	(3, 1)

$-x + 3y = -5$		
x	y	Punto
5	0	(5, 0)
−4	−3	(−4, −3)

2.º Se dibujan las dos rectas y se estudia cuál es la intersección.

En este caso, tienen un único punto de intersección que es (2, −1). Por tanto, el sistema tiene una única solución ($x = 2$, $y = -1$).

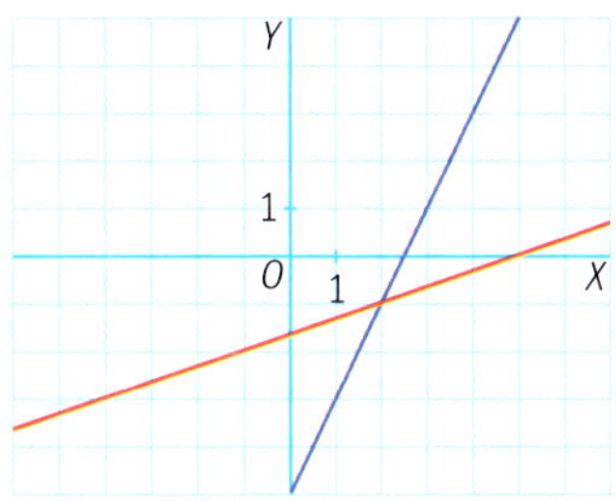

Un sistema de ecuaciones lineales se puede interpretar gráficamente como **un par de rectas**. La relación entre la posición relativa de las rectas y el número de soluciones del sistema viene dada en la siguiente tabla.

Rectas secantes	Rectas coincidentes	Rectas paralelas
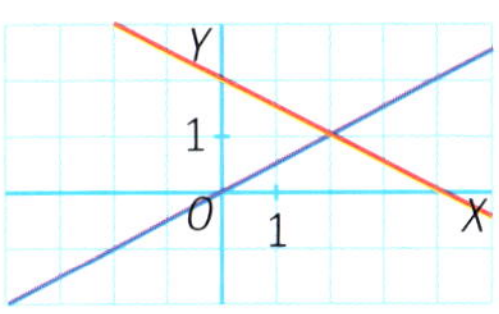 Un punto de corte. Solución única	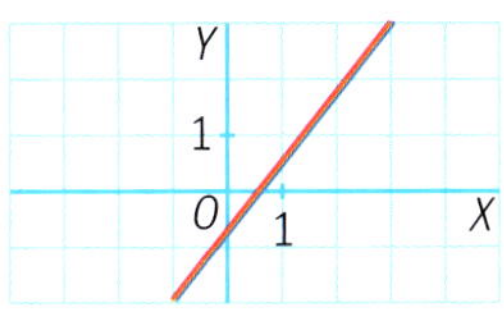 Infinitos puntos de corte. Infinitas soluciones	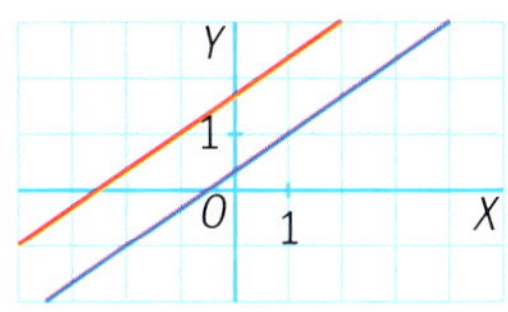 Sin puntos de corte. No hay solución
Sistema compatible determinado	Sistema compatible indeterminado	Sistema incompatible

Ten en cuenta

La representación gráfica de una ecuación del tipo $ax + by = c$ (donde x e y son variables), es **una recta**.

MAT-TIC GeoGebra

Entra en sm**Savia**digital.com y representa sistemas de ecuaciones lineales.

ACTIVIDADES

28. Resuelve estos sistemas por el método que consideres más adecuado en cada caso.

a) $\begin{cases} 5x + y = 13 \\ 3x + 4y = 1 \end{cases}$ c) $\begin{cases} x - 5y = 4 \\ 3x - y = 2 \end{cases}$

b) $\begin{cases} 2x - y = -1 \\ x + y = 6 \end{cases}$ d) $\begin{cases} x - 2y = 11 \\ 2x + 3y = -13 \end{cases}$

29. Sin resolver estos sistemas, indica su número de soluciones.

a) $\begin{cases} x - 3y = 15 \\ -\dfrac{x}{3} + y = 5 \end{cases}$ b) $\begin{cases} 5x - 2y = 0 \\ 3x - 4y = 1 \end{cases}$

30. Resuelve los sistemas de ecuaciones siguientes.

a) $\begin{cases} x - y = 4 \\ 2x + y = 2 \end{cases}$ c) $\begin{cases} 4x - 6y = 8 \\ 6x - 9y = 12 \end{cases}$

b) $\begin{cases} 2x + 5y = 20 \\ 2x - 5y = 0 \end{cases}$ d) $\begin{cases} x - y = 8 \\ 3y = 3x - 5 \end{cases}$

31. ¿Puede haber dos números que sumen 5 y cuyos dobles sumen 12? Razona tu respuesta.

32. Si me das 70 monedas tendré el triple de dinero que tú, pero si yo te doy las 70 monedas, entonces tú tendrás el quíntuple que yo. ¿Cuántas monedas tenemos cada uno?

7 Sistemas de ecuaciones no lineales

MAT-TIC GeoGebra

Entra en smSaviadigital.com y representa sistemas de ecuaciones no lineales.

Cuando alguna de las ecuaciones de un sistema no es de primer grado, se dice que es un **sistema de ecuaciones no lineal**.

Las ecuaciones pueden ser polinómicas de grado mayor o igual que 2, racionales, irracionales, logarítmicas, exponenciales, etc.

No hay un método único para resolver estos sistemas. Se suelen utilizar el método de sustitución, el método gráfico o realizar un cambio de variable.

smSaviadigital.com

PRACTICA Encuentra la solución de los sistemas no lineales.

Sistemas de ecuaciones de segundo grado

Estos sistemas de ecuaciones tienen, al menos, una ecuación de segundo grado. Normalmente, se resuelven utilizando el método de sustitución.

Ejemplo ▸ Encuentra dos números positivos cuya diferencia es 4 y la suma de los cuadrados es 58.

Llamando x e y a los dos números, respectivamente, el problema se traduce al siguiente sistema de dos ecuaciones:

$$\begin{cases} x-y=4 \\ x^2+y^2=58 \end{cases}$$

Se despeja x en la ecuación lineal y se sustituye en la ecuación de segundo grado:

$$\begin{cases} x-y=4 \\ x^2+y^2=58 \end{cases} \Rightarrow \begin{cases} x=y+4 \\ x^2+y^2=58 \end{cases} \Rightarrow (y+4)^2+y^2=58 \Rightarrow y^2+8y+16+y^2=58$$

$$\Rightarrow 2y^2+8y-42=0 \Rightarrow y^2+4y-21=0 \Rightarrow \begin{cases} y=-7<0 \\ y=3 \Rightarrow x=4+3 \Rightarrow x=7 \end{cases}$$

Se comprueban los dos pares de soluciones obtenidas:

- $y=-7$ no es una solución válida porque no es un número positivo.
- $y=3$ es una solución válida.

Por tanto, los números buscados son $x=7$ e $y=3$.

Ten en cuenta

Los sistemas no lineales se pueden resolver gráficamente. Las soluciones son los puntos de intersección entre las curvas definidas por las ecuaciones.

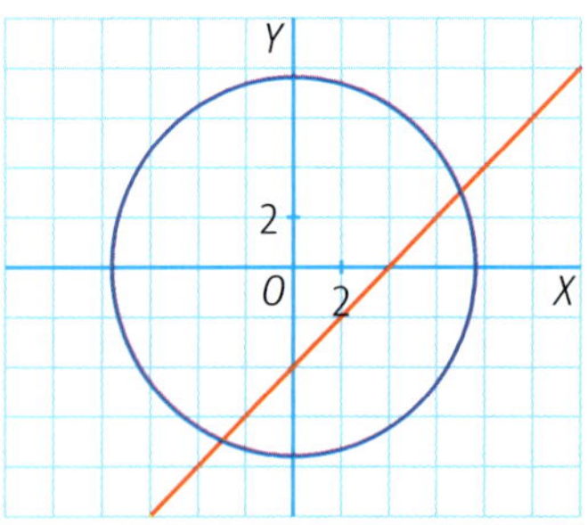

ACTIVIDADES

33. Resuelve estos sistemas de ecuaciones de segundo grado.

a) $\begin{cases} x^2-y^2=25 \\ x+y=25 \end{cases}$

b) $\begin{cases} x+y=7 \\ x^2-3y=7 \end{cases}$

c) $\begin{cases} 2x^2-3y^2=47 \\ x-2y=7 \end{cases}$

d) $\begin{cases} 2x-y=-1 \\ y^2-2x^2=7 \end{cases}$

34. Resuelve estos sistemas de ecuaciones de segundo grado.

a) $\begin{cases} x^2-xy=5 \\ 3x+y=1 \end{cases}$

b) $\begin{cases} x^2-xy+y^2=7 \\ x+y=5 \end{cases}$

35. Resuelve el sistema siguiendo los pasos que se indican.

$$\begin{cases} x-y=4 \\ x^2+y^2=58 \end{cases}$$

1.º Eleva al cuadrado la primera ecuación.

2.º Réstale la segunda ecuación.

36. La diferencia entre el triple de un número entero y la cuarta parte de otro es igual a 6. Además, la suma de los cuadrados de los dos números es igual a 145. ¿Cuáles son esos números?

37. La suma de las áreas de dos cuadrados es 90 m² y la suma de sus perímetros es 48 m. ¿Qué medida tiene el lado de cada cuadrado?

38. La hipotenusa de un triángulo rectángulo mide 100 cm y su perímetro, 224 cm. ¿Cuánto miden sus catetos?

39.

Sistemas de ecuaciones exponenciales y logarítmicas

Los sistemas de ecuaciones exponenciales y logarítmicas suelen resolverse mediante un **cambio de variable** adecuado.

Ejemplo ▸ Resuelve los siguientes sistemas.

- $\begin{cases} 5^x+2^y=33 \\ 5^{x-1}-2^{y-1}=1 \end{cases}$

1.º Se dejan los exponentes con una sola incógnita.

$$\begin{cases} 5^x+2^y=33 \\ 5^{x-1}-2^{y-1}=1 \end{cases} \Rightarrow \begin{cases} 5^x+2^y=33 \\ 5^x\cdot 5^{-1}-2^y\cdot 2^{-1}=1 \end{cases} \Rightarrow \begin{cases} 5^x+2^y=33 \\ \dfrac{1}{5}\cdot 5^x-\dfrac{1}{2}\cdot 2^y=1 \end{cases}$$

2.º Se realizan los cambios de variable $5x=s$, $2^y=t$ y se resuelve el sistema lineal obtenido.

$$\begin{cases} 5^x+2^y=33 \\ \dfrac{1}{5}\cdot 5^x-\dfrac{1}{2}\cdot 2^y=1 \end{cases} \overset{\substack{s=5^x \\ t=2^y}}{\Rightarrow} \begin{cases} s+t=33 \\ \dfrac{1}{5}s-\dfrac{1}{2}t=1 \end{cases} \Rightarrow \begin{cases} s+t=33 \\ 2s-5t=10 \end{cases} \Rightarrow \begin{cases} s=25 \\ t=8 \end{cases}$$

3.º Se deshacen los cambios de variable: $\begin{cases} s=25 \Rightarrow 5^x=25 \Rightarrow x=2 \\ t=8 \Rightarrow 2^y=8 \Rightarrow y=3 \end{cases}$

4.º La solución del sistema es $(x=2,\ y=3)$.

- $\begin{cases} \log(x^3)+\log(y^2)=9 \\ \log(xy)=4 \end{cases}$

1.º Se aplican las propiedades de los logaritmos para conseguir que en los argumentos de los logaritmos solo estén las incógnitas:

$$\begin{cases} \log(x^3)+\log(y^2)=9 \\ \log(xy)=4 \end{cases} \Rightarrow \begin{cases} 3\log x+2\log y=9 \\ \log x+\log y=4 \end{cases}$$

2.º Se realizan los cambios de variable $s=\log x$, $t=\log y$ y se resuelve el sistema lineal obtenido:

$$\begin{cases} 3\log x+2\log y=9 \\ \log x+\log y=4 \end{cases} \overset{\substack{s=\log x \\ t=\log y}}{\Rightarrow} \begin{cases} 3s+2t=9 \\ s+t=4 \end{cases} \Rightarrow \begin{cases} s=1 \\ t=3 \end{cases}$$

3.º Se deshacen los cambios de variable: $\begin{cases} s=1 \Rightarrow \log x=1 \Rightarrow x=10^1 \\ t=3 \Rightarrow \log y=3 \Rightarrow y=10^3 \end{cases}$

4.º La solución del sistema es $(x=10,\ y=1000)$.

ACTIVIDADES

40. Resuelve estos sistemas de ecuaciones exponenciales.

a) $\begin{cases} 3^{x+y}=3 \\ 3^{x-2y}=81 \end{cases}$

b) $\begin{cases} 5^{x+y}=125 \\ 2^{x-2y}=64 \end{cases}$

c) $\begin{cases} 2^x-3^{y-1}=23 \\ 2^{x+1}-3^{y+1}=-17 \end{cases}$

d) $\begin{cases} 2^{x-1}=3^{y+2} \\ \dfrac{2^{x-1}}{3^{2y+1}}=3 \end{cases}$

41. Resuelve estos dos sistemas logarítmicos:

a) $\begin{cases} x-y=9 \\ \log x-\log y=1 \end{cases}$

b) $\begin{cases} \log(2x-4)+\log y=2 \\ 4x-y=-9 \end{cases}$

42. smSaviadigital.com

PRACTICA Resuelve sistemas de ecuaciones.

Organiza tus ideas

ECUACIONES

Una **ecuación** es una igualdad entre dos expresiones algebraicas.

Sus soluciones son los valores de las letras que hacen que la igualdad sea cierta.

TIPOS DE ECUACIONES

Ecuación de primer grado

$$ax + b = 0,\ a \neq 0$$

Resolución: Se despeja la incógnita.

$$x = -\frac{b}{a}$$

Ecuación de segundo grado

$$ax^2 + bx + c = 0,\ a \neq 0$$

Resolución: Se completan cuadrados o se aplica la fórmula.

$$x = \frac{-b \pm \sqrt{b^2 - 4ac}}{2a}$$

Ecuación bicuadrada

$$ax^4 + bx^2 + c = 0,\ a \neq 0$$

Resolución: Se realiza el cambio de variable.

$$x^2 = z \Rightarrow x^4 = z^2$$

Polinómicas de grado mayor que 2

$$P(x) = a_n x^n + a_{n-1} x^{n-1} + \dots + a_1 x + a_0 = 0, \text{ con } a_n \neq 0 \text{ y } n \geq 3$$

Resolución: Se factoriza el polinomio $P(x)$.

OTROS TIPOS DE ECUACIONES

Racionales

$$\frac{3}{x} + 5 = \frac{4x + 6}{x + 2}$$

Resolución: Se opera para obtener una ecuación equivalente sin denominadores.

Irracionales

$$x - \sqrt{x + 3} = 2x + 1$$

Resolución: Se aísla un término que contenga la raíz de una expresión algebraica y se elevan al cuadrado ambos miembros. Hay que comprobar si las soluciones obtenidas son válidas.

Logarítmicas

$$2\log x - \log(x + 4) = \log 2$$

Resolución: Se aplican las propiedades de los logaritmos y se transforma en una ecuación algebraica. Hay que comprobar si las soluciones obtenidas son válidas o no.

Exponenciales

$$81^{2x} = \frac{1}{3}$$

Resolución: Se aplican las propiedades de las potencias o un cambio de incógnita hasta llegar a una ecuación de la forma $a^x = b$.

Si b es potencia de a, se resuelve directamente, si no lo es, se toman logaritmos.

SISTEMAS DE ECUACIONES

Sistemas de dos ecuaciones lineales con dos incógnitas

$$\begin{cases} ax + by = c \\ a'x + b'y = c' \end{cases}$$

Resolución:

- Método de reducción
- Método de sustitución
- Método de igualación
- Método gráfico

Sistemas de ecuaciones no lineales

Son los sistemas formados por, al menos, una ecuación no lineal. Pueden ser polinómicas, racionales, irracionales, exponenciales, logarítmicas...

- **De segundo grado:** Se suelen utilizar los métodos de sustitución o de reducción o realizar un cambio de variable.
- **Exponenciales y logarítmicas**: Suelen resolverse mediante un cambio de variable.

Las **soluciones de un sistema de ecuaciones** son pares de números que satisfacen ambas ecuaciones al mismo tiempo.

Un sistema de ecuaciones es **compatible determinado** si tiene una única solución, **compatible indeterminado** si tiene infinitas soluciones o **incompatible** si no tiene solución.

Actividades clave

1. La suma de los cuadrados de tres números consecutivos es 590. ¿Cuáles son esos números?

Sean $x-1$, x y $x+1$ tres números consecutivos, se plantea la ecuación y se resuelve:

$$(x-1)^2+x^2+(x+1)^2=590 \Rightarrow x^2-2x+1+x^2+x^2+2x+1=590$$

$$\Rightarrow 3x^2=588 \Rightarrow x^2=196 \Rightarrow x=\pm 14$$

Hay dos posibles soluciones, los números positivos 13, 14 y 15 y los números negativos –13, –14 y –15.

2. Mientras paseaba en barca, observé que un junco sobresalía 2 dm por encima de la superficie de un estanque. Vino una suave brisa que fue inclinando el junco hasta que se sumergió a una distancia de 10 dm del punto donde afloraba.

¿Qué profundidad tenía el estanque?

Se realiza un dibujo de la situación para comprender el enunciado:

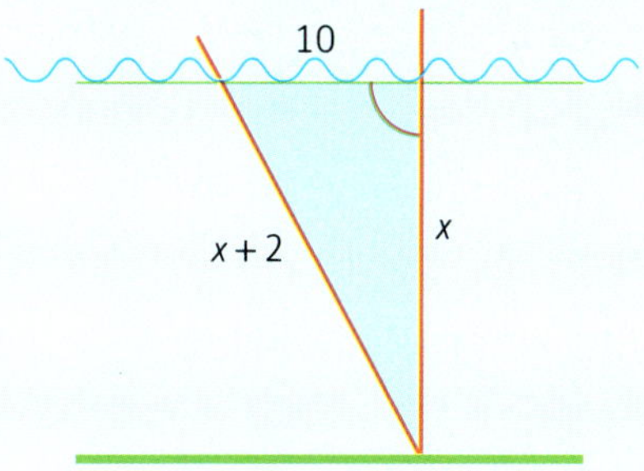

Se observa que las dos posiciones del junco y la superficie del agua forman un triángulo rectángulo.

Para hallar la profundidad del estanque, x, se aplica el teorema de Pitágoras y se resuelve la ecuación obtenida:

$$(x+2)^2=x^2+10^2 \Rightarrow x^2+4x+4=x^2+100 \Rightarrow 4x=96 \Rightarrow x=24$$

El estanque tiene una profundidad de 24 dm.

3. Resuelve la ecuación polinómica:

$$x^4-x^3-3x^2+3x=0$$

1.º Se extrae x como factor común, por tanto $x=0$ es una raíz:

$$x(x^3-x^2-3x+3)=0$$

2.º Se buscan raíces enteras entre los divisores del término independiente, 3, y se factoriza aplicando Ruffini:

	1	–1	–3	3
1		1	0	–3
	1	0	–3	0

Como $x=1$ es una raíz, se tiene que $x(x-1)(x^2-3)=0$.

3.º Se factoriza (x^2-3) usando la igualdad notable de suma por diferencia y se obtiene:

$$x(x-1)(x-\sqrt{3})(x+\sqrt{3})=0$$

4.º La ecuación tiene cuatro soluciones: $x=0$, $x=1$, $x=\sqrt{3}$ y $x=-\sqrt{3}$

4. ¿Para qué valor de P la ecuación $\frac{x-1}{x-2}=\frac{x-P}{x-6}$ no tiene solución?

Se resuelve la ecuación realizando los productos cruzados:

$$\frac{x-1}{x-2}=\frac{x-P}{x-6} \Rightarrow (x-1)(x-6)=(x-2)(x-P) \Rightarrow x^2-6x-x+6=x^2-Px-2x+2P \Rightarrow$$

$$\Rightarrow Px-5x=2P-6 \Rightarrow x(P-5)=2P-6 \Rightarrow x=\frac{2P-6}{P-5}$$

La ecuación inicial no tendrá solución si el denominador es igual a cero: $P-5=0 \Rightarrow P=5$

Actividades clave

5. Halla la solución de la siguiente ecuación.

$$1+\sqrt{x-1}=\frac{2}{\sqrt{x-1}}$$

1.º Para eliminar el denominador se utiliza la regla de los productos cruzados:

$$\left(\sqrt{x-1}\right)\left(1+\sqrt{x-1}\right)=2\cdot 1\Rightarrow\sqrt{x-1}+\sqrt{x-1}\cdot\sqrt{x-1}=2\Rightarrow\sqrt{x-1}+x-1=2$$

2.º Se aísla la raíz en un miembro:

$$\sqrt{x-1}+x-1=2\Rightarrow\sqrt{x-1}=2-x+1\Rightarrow\sqrt{x-1}=3-x$$

3.º Se elevan al cuadrado ambos miembros y se opera para obtener la solución:

$$\left(\sqrt{x-1}\right)^2=(3-x)^2\Rightarrow x-1=9+x^2-6x\Rightarrow x^2-7x+10=0$$

$$x=\frac{7\pm\sqrt{7^2-4\cdot 10}}{2}=\frac{7\pm 3}{2}\Rightarrow\begin{cases}x=5\\x=2\end{cases}$$

4.º Se comprueba si las soluciones obtenidas son válidas:

- Si $x=5\Rightarrow 1+\sqrt{5-1}=\frac{2}{\sqrt{5-1}}\Rightarrow 1+2=\frac{2}{2}\Rightarrow 3\neq 1\Rightarrow x=5$ no es una solución válida.
- Si $x=2\Rightarrow 1+\sqrt{2-1}=\frac{2}{\sqrt{2-1}}\Rightarrow 1+1=\frac{2}{1}\Rightarrow 2=2\Rightarrow x=2$ es una solución válida.

6. Obtén, en función de a, la solución de la ecuación:

$$a-\sqrt{x+4}=0$$

1.º Se aísla la raíz en un miembro de la ecuación: $\sqrt{x+4}=a$

2.º Se elevan al cuadrado ambos miembros y se opera para obtener la solución:

$$\left(\sqrt{x+4}\right)^2=a^2\Rightarrow x+4=a^2\Rightarrow x=a^2-4$$

3.º Se comprueba que la solución es correcta:

$$a-\sqrt{a^2-4+4}=a-\sqrt{a^2}=0\Rightarrow a=\sqrt{a^2}$$

Teniendo en cuenta que $\sqrt{a^2}=|a|=\begin{cases}-a & \text{si } a\leq 0\\ a & \text{si } a>0\end{cases}$, se tiene que:

- Si $a<0$ no hay solución.
- Si $a>0$, la solución es $x=a^2-4$.

7. Resuelve la siguiente ecuación logarítmica.

$$\log_2(x+1)+\log_4(x-2)=2$$

1.º Se escribe el logaritmo de base 4 como un logaritmo de base 2 aplicando un cambio de base:

$$\log_4(x-2)=\frac{\log_2(x-2)}{\log_2 4}\Rightarrow\log_2(x+1)+\frac{\log_2(x-2)}{\log_2 4}=2$$

2.º Como $2=\log_2 4$, se sustituye en la ecuación y se opera:

$$\log_2(x+1)+\frac{\log_2(x-2)}{2}=2\Rightarrow 2\log_2(x+1)+\log_2(x-2)=4$$

3.º Usando las propiedades de los logaritmos se transforma la ecuación en una polinómica:

$$2\log_2(x+1)+\log_2(x-2)=4\Rightarrow\log_2(x+1)^2+\log_2(x-2)=\log_2 16\Rightarrow\log_2(x+1)^2(x-2)=\log_2 16$$

Como el logaritmo de un número, si existe, es único:

$$(x+1)^2(x-2)=16\Rightarrow x^3-3x-18=0$$

4.º Se buscan soluciones enteras con Ruffini y se factoriza la ecuación:

$$x^3-3x-18=0\Rightarrow(x-3)(x^2+3x+6)=0$$

Como la ecuación $x^2+3x+6=0$ no tiene soluciones reales, la única solución posible es $x=3$.

5.º Se comprueba que $x=3$ es una solución válida en la ecuación original, ya que no anula ni hace negativos los argumentos de los logaritmos.

8. **Javier ha invertido 7000 € en dos fondos de inversión. Al cabo de un tiempo ha vuelto al banco y le han dicho:**

¿Cuánto dinero invirtió en cada fondo?

Si x es el dinero invertido en el fondo que ha obtenido ganancia e y el dinero invertido en el fondo que ha sufrido pérdidas, se puede formar este sistema:

$$\begin{cases} x+y=7000 \\ \frac{20}{100}x-\frac{20}{100}y=360 \end{cases} \Rightarrow \begin{cases} x+y=7000 \\ x-y=\frac{360\cdot 100}{20}=1800 \end{cases}$$

Se resuelve el sistema por el método de reducción, sumando las ecuaciones se obtiene:

$$2x=8800 \Rightarrow x=4400 \text{ e } y=2600.$$

La solución del sistema es ($x=4400$, $y=2600$), Javier invirtió en el primer fondo 4400 €, y en el segundo, 2600 €.

9. **La edad de mi nieto será, dentro de tres años, un cuadrado perfecto, mientras que hace tres años era exactamente la raíz cuadrada de ese cuadrado perfecto. ¿Cuántos años tiene ahora?**

Si x es la edad del nieto actualmente, dentro de tres años será $x+3$ y hace tres años era $x-3$. Se plantea el sistema de ecuaciones no lineal:

$$\begin{cases} x+3=y^2 \\ x-3=\sqrt{y^2} \end{cases} \Rightarrow \begin{cases} x+3=y^2 \\ x-3=y \end{cases}$$

Se restan las ecuaciones y se obtiene una ecuación de segundo grado:

$$y^2-y-6=0 \Rightarrow y=\frac{1\pm\sqrt{1-4\cdot(-6)}}{2}=\frac{1\pm 5}{2} \Rightarrow \begin{cases} y=3 \text{ y } x=6 \\ y=-2 \text{ y } x=1 \end{cases}$$

La solución $x=1$ no es válida, ya que hace tres años no habría nacido, por tanto, el nieto tiene 6 años.

10. **Resuelve el siguiente sistema de ecuaciones exponenciales.**

$$\begin{cases} 16^x-16^y=192 \\ 4^x-4^y=8 \end{cases}$$

1.º Se busca expresar las ecuaciones con una potencia de la misma base.

Como $16^x=(4^2)^x=4^{2x}=(4^x)^2$ y $16^y=(4^y)^2$, el sistema equivalente obtenido es:

$$\begin{cases} (4^x)^2-(4^y)^2=192 \\ 4^x-4^y=8 \end{cases}$$

2.º Se realiza el cambio de variable $4^x=a$ y $4^y=b$:

$$\begin{cases} a^2-b^2=192 \\ a-b=8 \end{cases} \Rightarrow \begin{cases} (a-b)(a+b)=192 \\ a-b=8 \end{cases}$$

3.º Se sustituye en la primera ecuación el factor $a-b$ por 8 y se resuelve el sistema obtenido por reducción:

$$\begin{cases} 8(a+b)=192 \\ a-b=8 \end{cases} \Rightarrow \begin{cases} a+b=\frac{192}{8} \\ a-b=8 \end{cases} \Rightarrow \begin{cases} a+b=24 \\ a-b=8 \end{cases}$$

$$2a=32 \Rightarrow a=16 \text{ y } b=8$$

4.º Se deshace el cambio y se obtienen las soluciones del sistema original:

- $a=4^x=16 \Rightarrow x=2$
- $b=4^y=8 \Rightarrow 2^{2y}=2^3 \Rightarrow y=\frac{3}{2}$

La solución del sistema es $\left(x=2,\ y=\frac{3}{2}\right)$.

Actividades

EJERCICIOS PARA PRACTICAR

Ecuaciones polinómicas

43. Resuelve estas ecuaciones de primer grado.

a) $-4x + 3 = 7x - 19$

b) $\frac{-3x}{4} + \frac{1}{2} = -5x + 26$

c) $-5(2x - 1) + 3x - 2 = -(6x - 4) + 7$

d) $\frac{4x-3}{5x+1} = \frac{9}{16}$

e) $\frac{x+3}{6} + \frac{2x-1}{3} + \frac{1}{4} = \frac{x-5}{12} - \frac{2}{3}$

44. Clasifica en tu cuaderno las siguientes ecuaciones según el número de soluciones distintas que tengan.

a) $5x^2 + 6x + 2 = 0$

b) $-3x^2 + 4x + 5 = 0$

c) $x^2 - 6x + 1 = 0$

d) $x^2 - 5 = 0$

I. Sin Solución

II. Una solución

III. Dos soluciones

45. Resuelve las siguientes ecuaciones de segundo grado.

a) $6x^2 - 11x + 3 = 0$

b) $-2x^2 + 2x + 24 = 0$

c) $3x^2 + x + 5 = 0$

d) $4x^2 + 4x + 1 = 0$

ACTIVIDAD **RESUELTA**

46. Resuelve la ecuación $x^2 - 6x + 8 = 0$ completando cuadrados.

Para convertir $x^2 - 6x + 8$ en el cuadrado de una diferencia, $(a - b)^2 = a^2 - 2ab + b^2$, se debe cumplir que:

$$\begin{cases} x^2 = a^2 \\ 2ab = 6x \end{cases}$$

Despejando, se obtiene que $a = x$ y $b = 3$.

Como $(x - 3)^2 = x^2 - 6x + 9$, se suma y resta 9:

$$x^2 - 6x + 9 - 9 + 8 = 0 \Rightarrow (x - 3)^2 = 9 - 8 \Rightarrow (x - 3)^2 = 1 \Rightarrow$$

$$\Rightarrow x - 3 = \pm 1 \Rightarrow \begin{cases} x - 3 = 1 \Rightarrow x = 4 \\ x - 3 = -1 \Rightarrow x = 2 \end{cases}$$

47. Resuelve las siguientes ecuaciones de segundo grado por métodos distintos a la fórmula general.

a) $3x^2 - 27 = 0$

b) $x^2 + 2x + 1 = 0$

c) $-7x^2 + \frac{5}{2}x = 0$

d) $(x - 2)^2 - 25 = 0$

48. Una de las soluciones de la ecuación $x^2 + bx - 14 = 0$ es 2. ¿Cuál es la otra solución de la ecuación?

49. Resuelve las siguientes ecuaciones factorizando previamente.

a) $-2x^3 + 4x^2 + 18x - 36 = 0$

b) $4x^3 - 24x^2 + 48x - 32 = 0$

c) $-3x^4 + 3x^3 + 12x^2 - 12x = 0$

d) $6x^4 - 5x^3 - 43x^2 + 70x - 24 = 0$

50. Resuelve las siguientes ecuaciones bicuadradas.

a) $x^4 - 13x^2 + 36 = 0$

b) $3x^4 - 15x^2 + 12 = 0$

c) $x^4 + 2x^2 - 8 = 0$

51. Halla las soluciones de estas ecuaciones de primer grado.

a) $\frac{x-4}{5} - 4(-2x+1) - \frac{(-4x+2)}{10} = 2(x-3) + \frac{5x+6}{2}$

b) $3(2x-5) + 8x - 6 = \frac{x}{2} - (5x+3)$

c) $\frac{3(x+3)}{2} - 2(2-3x) = 8x - 1 - 2(x+3)$

d) $\frac{6-2(x-3)}{7x} = -\frac{8}{4}$

e) $\frac{3(x-2)}{5} + 2(-3x+1) - \frac{2}{5} = \frac{-4x+3}{15} + \frac{16}{3}$

52. Resuelve estas ecuaciones de segundo grado.

a) $\frac{3x^2}{2} - \frac{4x-1}{4} = \frac{2x(x-3)}{6} + \frac{17}{12}$

b) $3x^2 - 4x + 5(x^2 - 2) = \frac{3x(x-2)}{2} + 14$

c) $6x^2 - 1 + \frac{2x(-x+3)}{3} = \frac{5x^2-2}{6} - 4x^2 + \frac{59}{6}$

d) $\frac{3(-x+2)}{5} + 4x\left(\frac{-2x+1}{3}\right) = x(-3x+1) - \frac{1}{2}$

e) $\frac{3x-1}{5} = \frac{13}{4x+5}$

53. Encuentra las soluciones de las siguientes ecuaciones aplicando un cambio de variable.

a) $x^6 - 2x^3 + 1 = 0$

b) $x^{10} - 31x^5 - 32 = 0$

54. Comprueba que en las ecuaciones de segundo grado de la forma $x^2 + bx + c = 0$, que tienen dos soluciones, b es la suma de las soluciones cambiada de signo y c es el producto de las soluciones. A continuación, resuelve mentalmente:

a) $x^2 - 7x + 12 = 0$

b) $x^2 + 3x - 10 = 0$

Ecuaciones racionales y con radicales

55. Resuelve las siguientes ecuaciones racionales.

a) $\frac{4}{x-2} - \frac{6}{x+3} = \frac{1}{3}$

b) $\frac{x+1}{3x-2} + \frac{2x+1}{x+5} = \frac{3}{2}$

c) $\frac{4x+2}{x^2+2x+1} + \frac{3}{2} = \frac{x+5}{x+1}$

d) $\frac{3}{x+1} - \frac{6}{x+4} = \frac{-2}{4x-8}$

56. Resuelve las ecuaciones con radicales siguientes.

a) $x - \sqrt{x} - 6 = 0$

b) $\sqrt{8-x} = 2 - x$

57. Resuelve, en función de a y b, esta ecuación.

$$\frac{b}{x-a} + \frac{a}{x-b} = 2$$

58. Resuelve las siguientes ecuaciones con radicales.

a) $2\sqrt{x-1}-5=\frac{3}{\sqrt{x-1}}$ c) $\sqrt{x}-\frac{2}{\sqrt{x}}=1$

b) $\sqrt{7x+1}=2\sqrt{x+4}$ d) $\sqrt{5x+1}-2=\sqrt{x+1}$

ACTIVIDAD **RESUELTA**

59. Se define en el conjunto de los números reales la operación $a\Theta b=a+\sqrt{2b+1}$. Resuelve la ecuación $(1-x)\Theta(x-2)=0$.

Se sustituye en la operación $a=1-x$ y $b=x-2$:

$$(1-x)\nabla(x-2)=1-x+\sqrt{2(x-2)+1}=1-x+\sqrt{2x-3}$$

Se plantea la ecuación y se resuelve:

$$1-x+\sqrt{2x-3}=0\Rightarrow(\sqrt{2x-3})^2=(x-1)^2\Rightarrow 2x-3=x^2-2x+1\Rightarrow$$
$$\Rightarrow x^2-4x+4=0\Rightarrow(x-2)^2=0\Rightarrow x=2$$

La solución $x=2$ es válida.

60. Se define en el conjunto de los números reales la siguiente operación: $a\nabla b=\sqrt{a+3}+\sqrt{b-7}$.

Resuelve la ecuación $(x+2)\nabla(x-8)=10$.

Ecuaciones logarítmicas y exponenciales

ACTIVIDAD **RESUELTA**

61. Resuelve la siguiente ecuación de tipo logarítmico.

$$\log_3\frac{\sqrt[3]{72}}{2}=x+5$$

Se aplica la definición de logaritmo:

$$\log_3\frac{\sqrt[3]{72}}{2}=x+5\Leftrightarrow 3^{x+5}=\frac{\sqrt[3]{72}}{2}$$

Se transforma el segundo miembro en potencia de 3 y se despeja:

$$3^{x+5}=\frac{\sqrt[3]{72}}{2}=\frac{\sqrt[3]{2^3 3^2}}{2}=\frac{\cancel{2}\sqrt[3]{3^2}}{\cancel{2}}=3^{\frac{2}{3}}$$

$$\Rightarrow x+5=\frac{2}{3}\Rightarrow x=-\frac{13}{3}$$

62. Resuelve las ecuaciones de tipo logarítmico siguientes.

a) $\log_x\frac{\sqrt[5]{8}}{2}=-0{,}4$ b) $\log_9\sqrt[5]{27}=2x-1$

63. Halla las soluciones de las siguientes ecuaciones.

a) $\log(x-1)+\log(x+1)=3\log 2+\log(x-2)$

b) $\log(x-2)-\frac{1}{2}\log(3x-6)=\log 2$

c) $\log_7(x-2)-\log_7(x+2)=1-\log_7(2x-7)$

d) $\ln(x-1)+\ln x^2=\ln(x^3-3x^2-8)$

e) $\frac{\ln(x-1)+\ln(3x)}{2}=\ln\left(2x-\frac{1}{2}\right)$

64. Resuelve las siguientes ecuaciones de tipo exponencial.

a) $6^{3-x}=216$ e) $\left(\frac{3}{7}\right)^{3x-7}=\left(\frac{7}{3}\right)^{7x-3}$

b) $5^{2x-3}=\frac{1}{25}$ f) $3^x\left(\frac{1}{3}\right)^{x-3}=\left(\frac{1}{27}\right)^x$

c) $2^{5x-3}=\left(\frac{1}{2}\right)^{2-x}$ g) $\left(\frac{2}{5}\right)^{3-5x}=\left(\frac{25}{4}\right)^{3x-1}$

d) $3^{2x-7}\cdot 27=3^{5x}$ h) $2^3\cdot 2^{x-5}=0{,}25$

ACTIVIDAD **RESUELTA**

65. Resuelve la ecuación $9^{x+1}-46\cdot 3^x+5=0$.

$$9^{x+1}-46\cdot 3^x+5=0\Rightarrow 9\cdot 9^x-46\cdot 3^x+5=0\Rightarrow$$
$$\Rightarrow 9\cdot(3^2)^x-46\cdot 3^x+5=0\Rightarrow 9\cdot(3^x)^2-46\cdot 3^x+5=0$$

Se hace el cambio de variable $3^x=z$ y se resuelve la ecuación obtenida:

$$9z^2-46z+5=0\Rightarrow z=\frac{46\pm\sqrt{2116-180}}{18}\Rightarrow\begin{cases}z=\frac{1}{9}\\ z=5\end{cases}$$

Se deshace el cambio de variable y se calculan las soluciones:

- $z=\frac{1}{9}\Rightarrow 3^x=\frac{1}{9}\Rightarrow x=-2$
- $z=5\Rightarrow 3^x=5\Rightarrow\log(3^x)=\log 5\Rightarrow x\cdot\log 3=\log 5\Rightarrow$
  $\Rightarrow x=\frac{\log 5}{\log 3}=1{,}46$

66. Resuelve las siguientes ecuaciones de tipo exponencial.

a) $3\cdot 4^{x+3}-4^{x+1}+4^{x+2}=62$

b) $13^{2x}-6\cdot 13^x+5=0$

c) $10^x-5^{x-1}\cdot 2^{x-2}=950$

67. ¿Qué relación debe existir entre A y B para que se cumpla la relación $\log A+\log B=\log(A+B)$?

68. Despeja m en la siguiente igualdad.

$$\log m=a-b\log c$$

69. Resuelve estas ecuaciones exponenciales.

a) $2^{x-1}+2^{x+2}=72$ b) $\sqrt[3]{128}=4^{2x}$

Sistemas de ecuaciones lineales

70. Halla la solución de los siguientes sistemas lineales.

a) $\begin{cases}4x-y=2\\ x+3y=7\end{cases}$ b) $\begin{cases}3x-7y=1\\ -5x+8y=9\end{cases}$

71. Añade una ecuación a $3x-2y=5$ para formar un sistema:

a) Que no tenga solución.

b) Que tenga infinitas soluciones.

c) Que tenga una única solución. ¿Puede ser esta solución $(x=3, y=1)$? ¿Y podría ser $(x=7, y=8)$?

Actividades

72. Resuelve los siguientes sistemas.

a) $\begin{cases} \frac{x}{5} - \frac{2y}{3} = 6 \\ \frac{-x}{10} + \frac{5y}{6} = -6 \end{cases}$

b) $\begin{cases} x - y = 1 \\ \frac{2}{5}x + \frac{3}{4}y = 5 \end{cases}$

c) $\begin{cases} \frac{x}{3} - \frac{y}{2} = 0 \\ \frac{x}{6} + \frac{y}{4} = 2 \end{cases}$

d) $\begin{cases} 3(-2x+1) - 4y = 1 \\ 4x - 2(3y+1) = 8 \end{cases}$

73. Observa la siguiente gráfica.

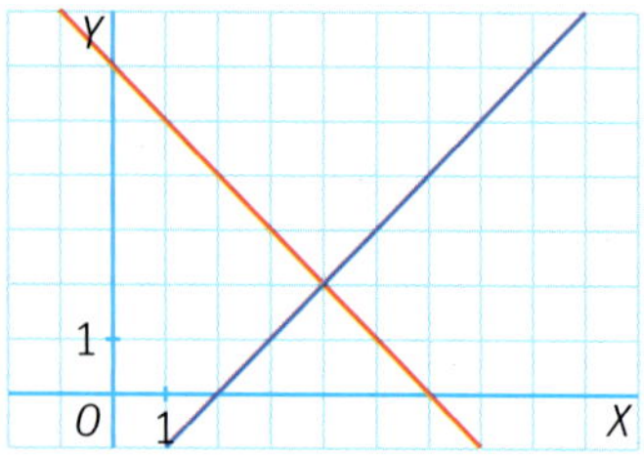

a) ¿Qué sistema representan las rectas?

b) ¿Cuál es la solución de dicho sistema?

ACTIVIDAD **RESUELTA**

74. **Estudia, sin resolverlo, si el sistema $\begin{cases} 3x - y = 5 \\ -6x + 2y = 8 \end{cases}$ tiene una, ninguna o infinitas soluciones.**

La recta $3x - y = 5$ se puede escribir como $y = 3x + 5$, cuya pendiente es 3.

La otra recta, $-6x + 2y = 8$, se puede escribir como $y = 3x + 4$, cuya pendiente es también 3.

Las dos rectas tienen la misma pendiente, por lo que serán paralelas o coincidentes. Como las ordenadas en el origen son diferentes, las rectas son paralelas. Al no tener puntos en común, el sistema no tiene solución.

75. Estudia el número de soluciones de estos sistemas sin resolverlos.

a) $\begin{cases} -6x + 2y = 10 \\ 3x - y = -5 \end{cases}$

b) $\begin{cases} 2x + y = 1 \\ x + 2y = -4 \end{cases}$

c) $\begin{cases} 3x + 2y = 2 \\ \frac{3}{2}x + y = 4 \end{cases}$

76. Calcula el valor de la x en el sistema, si a, b, c, d, p y q son números cualesquiera.

$$\begin{cases} ax + by = p \\ cx + dy = q \end{cases}$$

77. Se ha representado la gráfica de una recta y la de la parábola $y = \frac{-x^2 + 6x}{2}$. ¿Qué sistema representan? Resuelve analíticamente el sistema.

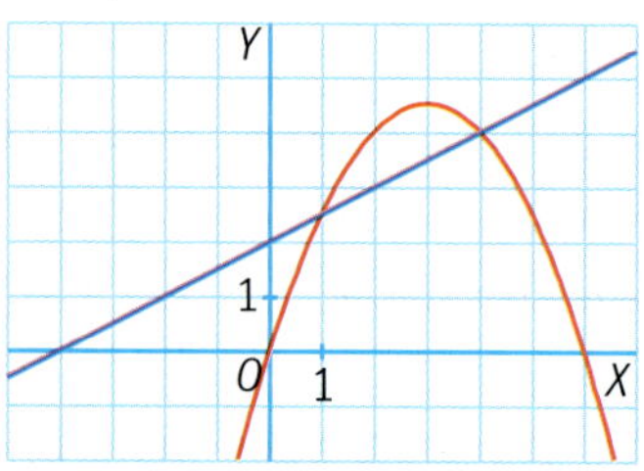

ACTIVIDAD **RESUELTA**

78. **Resuelve el sistema no lineal.**

$$\begin{cases} 4x^2 - y^2 = -20 \\ xy = -12 \end{cases}$$

Se despeja x en la segunda ecuación y se sustituye en la primera:

$$\begin{cases} 4x^2 - y^2 = -20 \\ xy = -12 \Rightarrow x = \frac{-12}{y} \end{cases} \Rightarrow 4\left(\frac{-12}{y}\right)^2 - y^2 = -20 \Rightarrow$$

$$\Rightarrow 4 \cdot \frac{144}{y^2} - y^2 = -20 \Rightarrow -y^4 + 20y^2 + 576 = 0$$

Con el cambio $z = y^2$ se resuelve la ecuación bicuadrada:

$$z^2 - 20z - 576 = 0 \Rightarrow \begin{cases} z = 36 \Rightarrow y = \pm 6 \\ z = -32 \Rightarrow \text{No hay solución.} \end{cases}$$

$y = 6 \Rightarrow x = -2$; $y = -6 \Rightarrow x = 2$

79. Resuelve los siguientes sistemas de ecuaciones no lineales.

a) $\begin{cases} 3x^2 + y^2 = 12 \\ xy = -3 \end{cases}$

b) $\begin{cases} (x-y)^2 = 49 \\ x^2 + 2xy + y^2 = 9 \end{cases}$

c) $\begin{cases} x^2 + 3xy + y^2 = 61 \\ xy = 12 \end{cases}$

d) $\begin{cases} x^2 - 2y^2 = 46 \\ xy = 84 \end{cases}$

e) $\begin{cases} 5x^2 + y^2 = 25 \\ 3x^2 - y^2 = -25 \end{cases}$

f) $\begin{cases} (x-y)^2 = 1 \\ x^2 - y^2 = 7 \end{cases}$

80. Resuelve los siguientes sistemas de ecuaciones exponenciales y logarítmicos.

a) $\begin{cases} 2^x + 5^y = 9 \\ 2^{x+2} + 5^{y+1} = 41 \end{cases}$

b) $\begin{cases} 2\log x + \log y = 5 \\ \log(xy) = 4 \end{cases}$

c) $\begin{cases} 5^{x+2} - 4^y = -3 \\ 3 \cdot 5^{x+1} - 4^{y-2} = -1 \end{cases}$

d) $\begin{cases} \log x + \log y = 2 \\ x - 6y = 1 \end{cases}$

Actividades de síntesis

81. El cuadrado siguiente es mágico porque sus filas, sus columnas y sus diagonales suman lo mismo.

$3x + 1$	$5x$	$11 - x$
a	$2x + 5$	d
b	$x + 4$	c

¿Qué número representa la letra d?

82. La impresora ha soltado una mancha de tinta en una ecuación. Si la solución es $x = 12$, ¿cuál es el número oculto?

$$\frac{x}{2} - \frac{x + \blacksquare}{4} = x - 10$$

83. Resuelve el sistema $\begin{cases} x^2 + y^2 = 221 \\ xy = 70 \end{cases}$ siguiendo los pasos:

1.º Multiplica por dos la segunda ecuación y suma las ecuaciones.

2.º Resta el doble de la segunda ecuación de la primera y resuelve el sistema obtenido.

3.º Escribe las soluciones que se obtienen.

PROBLEMAS PARA RESOLVER

84. El periodo de vida de una ballena es cuatro veces el de una cigüeña, que vive 85 años más que un conejillo de indias, que vive 6 años menos que un buey, el cual vive 9 años menos que un caballo, que vive 12 años más que un pollo, que vive 282 años menos que un elefante, que vive 283 años más que un perro, que vive 2 años más que un gato, que vive 135 años menos que una carpa, que vive el doble de un camello, que vive 1014 años menos que el total de los periodos de vida de estos once animales. ¿Cuánto vive un caballo?

85. Bhaskara, matemático hindú del s. XIII, escribió en el libro Lilavati, el siguiente problema.

> La raíz cuadrada de la mitad de un enjambre de abejas se esconde en la espesura de un jardín. Una abeja hembra con un macho quedan encerrados en una flor de loto, que los sedujo por su dulce perfume. Los $\frac{8}{9}$ del enjambre quedaron atrás. Dime el número de abejas.

86. Una empresa mezcla pasta de papel de baja calidad, que compra por 0,25 €/kg con pasta de papel de mayor calidad, de 0,40 €/kg, para conseguir 50 kg de pasta de 0,31 €/kg. ¿Cuántos kilogramos utiliza de cada tipo de pasta?

87. Emprende

En una reunión cada persona saluda al resto de asistentes. Si has contado 66 saludos. ¿Cuántas personas han asistido?

88.

¿Cuánto dinero tiene cada amiga?

89. Un ciclista ha calculado la velocidad idónea para hacer un viaje de 30 km. Pero se entretiene y sale 3 minutos más tarde, con lo que viaja 1 km/h más deprisa y llega a tiempo. Determina la velocidad prevista del ciclista.

90. Ana, Bea, Clara y Delia se pesan de dos en dos. Ana y Bea pesan 88 kg, Bea y Clara pesan 91 kg, Clara y Delia pesan 86 kg. En ese momento, Delia dice que no hace falta hacer más pesadas. ¿Cuánto pesan Ana y Delia juntas?

91. Calcula las dimensiones de un rectángulo sabiendo que su diagonal mide 15 cm, y su área, 108 cm^2.

92. El área de un rombo son 120 cm^2 y la proporción existente entre la diagonal mayor y la diagonal menor es 10:3. Calcula la medida de las diagonales.

93. Las edades actuales de una mujer y su hijo son 49 y 25 años, respectivamente. ¿Hace cuántos años el producto de sus edades era 640?

94. En unos laboratorios se ha comprobado que el número de células de una muestra se quintuplica cada minuto transcurrido. Si inicialmente había dos células, ¿cuántos minutos deben transcurrir para que el número de células sea de 19 531 250?

95. Una muestra radiactiva se va desintegrando de modo que, cada cinco años, su masa se reduce a la mitad. Si se tienen 800 g de sustancia radiactiva, ¿en cuánto tiempo su masa se reducirá a 50 g?

ACTIVIDADES PARA PENSAR MÁS

96. Si r y s son las soluciones de la ecuación. $ax^2 + bx + c = 0$, el valor de $\frac{1}{r^2} + \frac{1}{s^2}$ es:

A. $b^2 - 4ac$ B. $\frac{b^2-4ac}{2a}$ C. $\frac{b^2-2ac}{c^2}$ D. $\frac{b^2-2ac}{a^2c^2}$

97. Si la ecuación $\frac{x^2-bx}{ax+c} = \frac{m-1}{m+1}$ tiene soluciones opuestas, el valor de m debe ser:

A. $\frac{a-b}{a+b}$ B. $\frac{a+b}{a-b}$ C. $\frac{1}{c}$ D. $\frac{1}{a}$

98. La solución del sistema $\begin{cases} 3^{x+y} = 81 \\ 81^{x-y} = 3 \end{cases}$ verifica que:

A. No tiene solución.

B. $x = \frac{5}{2}$, $y = \frac{3}{2}$

C. x e y tienen distinto signo.

D. Nada de lo anterior es cierto.

Encuentra el error

99. Pablo se alegró al ver que la última pregunta del examen consistía en resolver una ecuación de primer grado. Y se confió y ni siquiera comprobó su solución. Observa cómo resolvió la ecuación y encuentra su error.

$$\frac{x+1}{3} - \frac{2x-4}{6} = \frac{x-3}{2} \Rightarrow \frac{2(x+1)}{3} - \frac{2x-4}{6} = \frac{3(x-3)}{2} \Rightarrow$$

$$\Rightarrow 2(x+1) - 2x - 4 = 3(x+3) \Rightarrow 2x + 2 - 2x - 4 = 3x - 9 \Rightarrow$$

$$\Rightarrow 7 = 3x \Rightarrow x = \frac{7}{3}$$

Ponte a prueba

PROBLEMA **RESUELTO**

La civilización del futuro

En 1964, el astrónomo soviético Nikolái Kardashov, desarrolló un método para determinar el grado de avance tecnológico de una civilización. Para ello, se fijó en la cantidad de potencia (en vatios) que aprovecha una civilización, y clasificó de forma teórica las civilizaciones, en la llamada escala de Kardashov.

Tipo	Descripción
1	La civilización es capaz de aprovechar toda la potencia de su planeta.
2	La civilización es capaz de aprovechar toda la potencia de una estrella.
3	La civilización es capaz de aprovechar toda la potencia de una galaxia.

Carl Sagan (1934 –1996)

El astrofísico Carl Sagan formuló una expresión matemática para la escala de Kardashov: $K = \frac{\log W - 6}{10}$, donde K es la puntuación de una civilización en la escala, y W es la potencia que es capaz de aprovechar.

1. **Analiza nuestra civilización con la fórmula de Sagan. Recuerda que 1 teravatio (TW) equivale a 10^{12} vatios (W).**

a) En el año 1900 se aprovechaban 0,67 teravatios (TW), ¿qué puntuación tenía la Tierra en la escala de Kardashov?

A. 0,583 **B.** 0,835 **C.** 0,853 **D.** 0,358

b) Actualmente, se aprovechan unos 16 TW. ¿Qué lugar ocupa ahora?

c) Se estima que en 2030 se aprovecharán unos 22 TW. ¿Qué lugar ocupará en la escala de Kardashov?

2. **Según las previsiones del físico teórico Michio Kaku, nuestra civilización alcanzará el tipo 1 dentro de unos 150 años, y el tipo 2, en unos 5000 años. El tipo 3 puede tardar medio millón de años. Utilizando la fórmula de Sagan, ¿cuánta potencia hará falta para alcanzar cada tipo?**

SOLUCIÓN

1. a) $K = \frac{\log(0{,}67 \cdot 10^{12}) - 6}{10} = \frac{\log 0{,}67 + 12 - 6}{10} \simeq 0{,}583$. La opción A.

b) La puntuación actual es $K = \frac{\log(16 \cdot 10^{12}) - 6}{10} = \frac{\log 16 + 12 - 6}{10} \simeq 0{,}72$.

c) En 2030, la puntuación será $K = \frac{\log(22 \cdot 10^{12}) - 6}{10} \simeq 0{,}734$.

2. Para ser tipo 1: $1 = \frac{\log W - 6}{10} \Rightarrow \log W = 16 \Rightarrow W = 10^{16} = 10^{4}$ TW.

Para ser tipo 2: $2 = \frac{\log W - 6}{10} \Rightarrow \log W = 26 \Rightarrow W = 10^{26} = 10^{14}$ TW.

Para ser tipo 3: $3 = \frac{\log W - 6}{10} \Rightarrow \log W = 36 \Rightarrow W = 10^{36} = 10^{24}$ TW.

La conducción del gas

El croquis muestra dos puntos, A y D, entre los que se quiere construir un canal para conducir el gas. Como se quiere aprovechar un trozo de un antiguo canal que unía los puntos B y D, hay que ubicar el punto C donde se unirán el tramo nuevo y el reformado. El coste del tramo nuevo AC es de 10 €/m, y el de reparar cada metro del tramo antiguo CD es de 2 €.

1. La tabla muestra las tres opciones que se consideran para ubicar el punto C.

Opción	I	II	III
Distancia BC	30 m	50 m	100 m

Indica cuál es la más económica.

2. Calcula la distancia x que debería tener BC para que el coste total fuera 1270 €.

La glotocronología

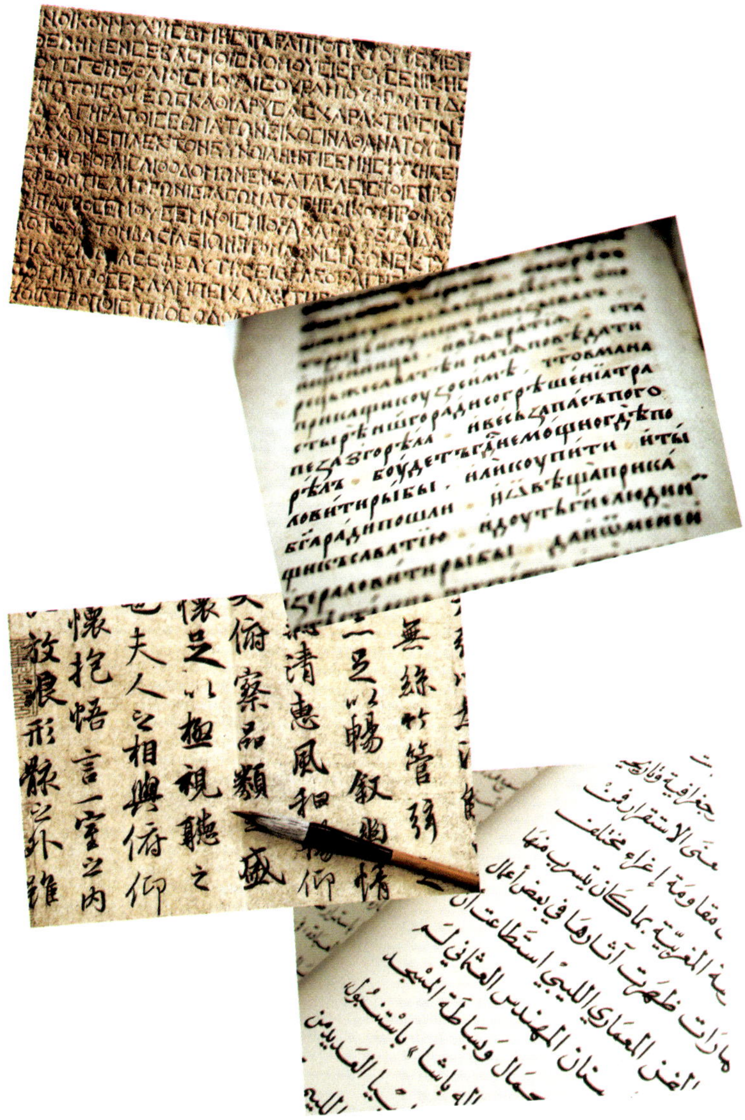

La glotocronología es una disciplina a caballo entre la lingüística y las matemáticas que se ocupa de la relación entre las lenguas a lo largo del tiempo. Fue desarrollada por el lingüista Morris Swadesh partiendo de dos principios:

- Existe un vocabulario básico en cada lengua, y es relativamente estable.
- Las palabras básicas desaparecen de forma constante a una tasa del 14 % cada milenio.

Según la teoría de Swadesh, si una lengua originariamente tenía N_0 palabras, el número N de palabras que se conservarán después de t milenios viene dado por la expresión $N = N_0(1 - 0{,}14)^t$.

1. ¿Cuál es la tasa de palabras básicas que se conservan? Justifica que no depende del número original de palabras.
2. Dos lenguas emparentadas comparten hoy el 90 % de sus palabras básicas. De acuerdo con el método de Swadesh, ¿hace cuánto tiempo fueron la misma?

   A. 7000 años C. 800 años

   B. 700 años D. 8000 años
3. La lengua indoeuropea, de la que entre otras muchas lenguas provienen el castellano, el hindi, el noruego o el yiddish, tuvo su origen aproximadamente en el 3000 a. C. Aplicando la teoría de Swadesh, ¿qué porcentaje de palabras básicas de tu lengua tiene su origen en la indoeuropea?

AUTOEVALUACIÓN

1. Resuelve las siguientes ecuaciones polinómicas.

   a) $\dfrac{3(-2x+1)}{2} - 5(x-3) = \dfrac{3x-1}{4} + \dfrac{1}{2}$

   b) $6x^4 + 7x^3 - 52x^2 - 63x - 18 = 0$

2. Resuelve estas ecuaciones racionales.

   a) $\dfrac{4x+5}{3} = \dfrac{1}{2x+3}$

   b) $\dfrac{x^2-3}{2} = \dfrac{-3}{2x^2+1}$

   c) $\dfrac{3}{x-2} + \dfrac{8}{x+5} = \dfrac{x+1}{x^2+3x-10}$

3. Resuelve las siguientes ecuaciones.

   a) $\sqrt{4x+13} + 2 = \sqrt{-2x+3}$

   b) $\log_3 \sqrt[5]{81} = 3x + 2$

   c) $9^x - 10 \cdot 3^x + 9 = 0$

4. Resuelve el siguiente sistema lineal.

$$\begin{cases} 2x + 5y = 19 \\ 3x - y = 3 \end{cases}$$

5. Resuelve el siguiente sistema no lineal.

$$\begin{cases} 3x^2 + 2y^2 = 29 \\ x^2 - 4y = 5 \end{cases}$$

6. ¿Cuánto mide la hipotenusa de este triángulo rectángulo?

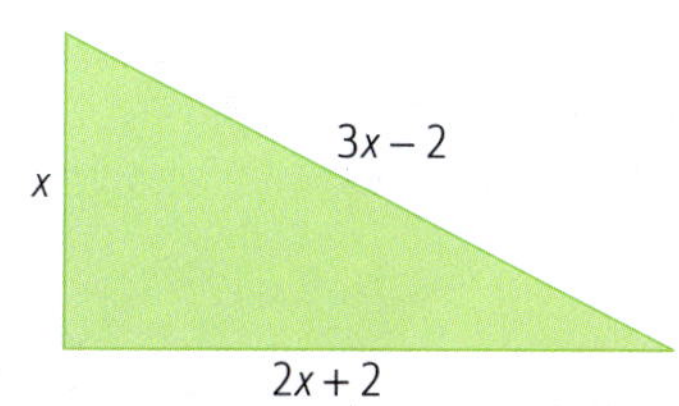

7. Un grupo de estudiantes decide contratar un autobús. Si cada uno paga 14 €, faltarán 4 € para poder pagar el autobús, pero si cada uno paga 16 €, sobrarán 6 €. ¿Cuántos euros debe pagar cada uno para recaudar el precio exacto?

smSaviadigital.com VALORA LO APRENDIDO > Autoevaluación.

4 Inecuaciones y sistemas

- ¿Qué pasa si una desigualdad está formada por expresiones algebraicas?
- ¿Cómo despejamos la incógnita? ¿Y si tiene 2?
- ¿Y si forman un sistema?

Piensa y contesta

¿Qué montaña rusa alcanza mayor altura? ¿Y mayor velocidad?

¿Qué más variables crees que se deben tener en cuenta?

¿Qué es una montaña rusa invertida?

Lee y comprende

Diseñando montañas

La *Formula Rossa* es la montaña rusa más rápida del mundo. Está en Abu Dabi (la capital de Emiratos Árabes Unidos) y alcanza una velocidad de 240 km/h.

La *Steel Dragon 2000* está en Japón y presume de ser la montaña rusa con el recorrido más largo, 2479 m durante los cuatro minutos que dura el viaje.

La *Kingda Ka* (está en el parque *Six Flags Great Adventure*, Nueva Jersey, USA) es la montaña rusa más alta del mundo: 139 m. "*Cuando el tren ha sido bloqueado y comprobado se dirige suavemente a la zona de lanzamiento. Una vez allí, se acopla al sistema de lanzamiento hidráulico que lo hará acelerar de 0 a 206 km/h en 3,5 segundos. Al final de la pista de lanzamiento, el tren inicia una lenta subida vertical hasta alcanzar la cima de la* Top Hat *a 139 m de altura. Se sueltan los sistemas de freno y el tren desciende estos 139 m haciendo tres giros. Por último, el tren recorre una colina de 39 m durante el que se vive un momento de ingravidez antes de ser frenado por los frenos magnéticos. El viaje dura medio minuto desde el lanzamiento hasta que llega a esta zona*".

La *Twister Wicked* (en Sandusky, Ohio, USA) es la montaña rusa invertida más alta y más rápida del mundo: 66 m de altura y una velocidad máxima de 116 km/h. Todo ello con los pies colgando.

Para diseñar montañas rusas es muy importante tener en cuenta los límites que no podemos sobrepasar: velocidad máxima, aceleración máxima, radios de curvas, altura de caídas verticales... Los ingenieros, los físicos y los matemáticos que diseñan estas atracciones colosales deben resolver complicadísimas inecuaciones para que, dentro de los límites de la seguridad, puedan ofrecer experiencias cada vez más y más arriesgadas.

Ya solo queda gritar

AAAAAAHHHHHHHHHH!!!!!!!!!

ESTEBAN SERRANO

Piensa en alguna montaña rusa que conozcas, ¿sabes qué velocidad máxima alcanza?

¿Y qué altura?

Estima cuánto tiempo puede transcurrir como máximo en cada zona de la Kingda Ka.

Analizad las respuestas en grupo y estableced una única conclusión.

Analiza y saca conclusiones

¿Qué velocidades puede alcanzar la Steel Dragon 2000? ¿Cómo lo expresarías?

1 Desigualdades e inecuaciones

En muchas ocasiones, para expresar en lenguaje matemático un enunciado debemos utilizar **desigualdades**.

Ejemplos

- Había más de mil espectadores (e): $e > 1000$
- El taxi costará (c) menos de 30 €: $c < 30$
- Este juguete está indicado para niños entre 5 y 10 años (a): $5 \le a \le 10$

Al operar con números relacionados mediante desigualdades se deben tener en cuenta las siguientes propiedades:

Si $a < b$	Si $a < b$ y $d > 0$	Si $a < b$ y $d < 0$
$a + c < b + c$ $a - c < b - c$	$a \cdot d < b \cdot d$ $\frac{a}{d} < \frac{b}{d}$	$a \cdot d > b \cdot d$ $\frac{a}{d} > \frac{b}{d}$
Al sumar o restar un número real c, la desigualdad **no varía**.	Al multiplicar o dividir por un número real $d > 0$, la desigualdad **no varía**.	Al multiplicar o dividir por un número real $d < 0$, la desigualdad **cambia de sentido**.

smSaviadigital.com

PRACTICA Juega al baloncesto con las inecuaciones.

Inecuaciones

Las relaciones algebraicas que se expresan mediante **desigualdades** se llaman **inecuaciones**.

Los valores de las incógnitas que hacen que la desigualdad sea **verdadera** son las **soluciones** de la inecuación.

Ejemplo ▸ Rafa tiene 50 € y no tiene suficiente dinero para comprar cinco camisetas; pero si compra tres camisetas y unos guantes que cuestan 5 €, si tiene suficiente dinero. ¿Qué se puede decir del precio de las camisetas?

Si x es el precio de las camisetas, se pueden escribir las inecuaciones:

$$5x > 50 \qquad\qquad 3x + 5 \le 50$$

- Se dividen entre 5 los dos miembros. Como $5 > 0$, el sentido de la inecuación no varía.

$$5x > 50 \Rightarrow \frac{5x}{5} > \frac{50}{5} \Rightarrow x > 10$$

- Se resta 5 a cada miembro:
$3x + 5 \le 50 \Rightarrow 3x + 5 - 5 \le 50 - 5 \Rightarrow$
$\Rightarrow 3x \le 45$
- Se divide entre 3. Como $3 > 0$, el sentido de la inecuación no varía.
$3x \le 45 \Rightarrow x \le 15$

Así, no puede deducirse el precio exacto de las camisetas, pero sí se puede asegurar que está entre 10 y 15 €.

$10 < x \le 15 \Leftrightarrow x \in (10, 15]$

Ten en cuenta

El símbolo $\in$ significa *pertenece a*.

El símbolo $\Leftrightarrow$ significa *ser equivalente a*.

Una inecuación puede **no tener solución**, tener **algunas soluciones** o tener **infinitas soluciones**.

Ejemplo ▸ Estudia las soluciones de las inecuaciones siguientes.

- $x^2 + 9 < 0 \Rightarrow$ No tiene solución.
- $-x^2 + 4x - 4 \ge 0 \Rightarrow$ Tiene una única solución, $x = 2$.
- $7x - 5 > 9 \Rightarrow$ Tiene infinitas soluciones que forman la semirrecta $(2, +\infty)$.

Ten en cuenta

Dos inecuaciones son **equivalentes** si tienen la misma solución.

Inecuaciones de primer grado con una incógnita

Una **inecuación de primer grado con una incógnita** es una desigualdad algebraica de polinomios de grado menor o igual que 1.

Se resuelven por el mismo procedimiento que las ecuaciones de primer grado, pero sin olvidar las propiedades de las desigualdades.

Ejemplo ▸ Resuelve la inecuación $\frac{x-3}{2}-2x \geq 1-\frac{2x-5}{3}$.

1.º Se eliminan los denominadores multiplicando por el m.c.m. (2, 3) = 6 y se simplifica. Como 6 > 0, no cambia el sentido de la desigualdad.

$$3(x-3)-6\cdot 2x \geq 6\cdot 1-2(2x-5)$$
$$3x-9-12x \geq 6-4x+10$$
$$-9-9x \geq 16-4x$$

2.º Se suman $9x$ y -16 en ambos miembros para dejar en un miembro los términos numéricos y en el otro, los términos con incógnita.

$$-9-9x+9x-16 \geq 16-4x+9x-16$$
$$-9-16 \geq -4x+9x$$
$$-25 \geq 5x$$

3.º Se divide entre 5 ambos miembros y se obtiene la solución. Como 5 > 0 no cambia el sentido de la desigualdad.

$$-5 \geq x \Leftrightarrow x \in (-\infty, -5]$$

Las soluciones de una inecuación de primer grado siempre forman una **semirrecta**.

El extremo de la semirrecta es la solución de la ecuación asociada a la inecuación.

Ten en cuenta

Las desigualdades se pueden leer siempre en dos direcciones:

$$x > 2 \Leftrightarrow 2 < x$$

MAT-TIC GeoGebra

Entra en smSaviadigital.com y representa inecuaciones lineales.

ACTIVIDADES

1. **Plantea ecuaciones o inecuaciones en cada caso.**

a) Tres cafés cuestan más de 4 €.

b) Cuatro vasos de agua son menos de un litro.

c) Un bollo cuesta 1,20 € y por tres cafés y un bollo he pagado 5,70 €.

d) El perímetro de un triángulo equilátero es mayor de 10 cm.

e) La medida del lado de un triángulo si los otros dos lados miden 5 y 7 cm.

2. **Partiendo siempre de la desigualdad $6x - 12 < 18$, copia en tu cuaderno y completa la tabla.**

Resta 6	$6x - 18 < 12$
●●●	$12x - 24$ ● 36
●●●	$3x - 6$ ● 9
●●●	$-2x + 4$ ● -6
●●●	$4x - 22$ ● $8 - 2x$

3. **Resuelve las inecuaciones siguientes.**

a) $3(x-5)-5 > 5(x+1)-1$

b) $x-2(x+3) > -5+19x$

c) $\frac{5x-2}{2}-3(x-1) \geq -\frac{x+6}{10}$

d) $\frac{3x-1}{2}-\frac{2x+3}{3} \leq \frac{x+5}{6}$

ACTIVIDAD **RESUELTA**

4. **Halla las soluciones de la inecuación $\frac{x-1}{2}-\frac{2x-1}{5} \leq 0$ si $x = 3$ es la solución de la ecuación asociada.**

El valor de x para el que $\frac{x-1}{2}-\frac{2x-1}{5}$ vale cero indica dónde esta expresión cambia de signo.

La solución $x = 3$ divide la recta real en dos intervalos $(-\infty, 3)$ y $(3, +\infty)$. Basta con ver qué signo tiene la inecuación para un valor cualquiera del intervalo para saber su signo en toda la semirrecta.

Si $x = 0 \Rightarrow \frac{-1}{2}+\frac{1}{5}=-\frac{3}{10} \leq 0 \Rightarrow \frac{x-1}{2}-\frac{2x-1}{5} \leq 0$ en $(-\infty, 3)$

Por tanto, el intervalo de soluciones es $(-\infty, 3]$. Está incluido $x = 3$ porque verifica la inecuación al no ser la desigualdad estricta.

5. **Resuelve $\frac{2x-3}{5}-\frac{x+1}{4} \geq \frac{x-1}{10}$ sabiendo que 15 es la solución de la ecuación asociada.**

2 Inecuaciones polinómicas de grado superior

MAT-TIC GeoGebra

Entra en smSaviadigital.com y representa inecuaciones de grado superior.

Una **inecuación polinómica de grado superior con una incógnita** es una desigualdad algebraica formada por polinomios de grado mayor o igual que 2.

Para **resolver inecuaciones polinómicas**, se siguen los siguientes pasos:

1.º Se **escribe** la inecuación de forma que uno de sus miembros sea nulo.

2.º Se **factoriza** el polinomio que ha quedado en la inecuación.

3.º Se **analiza el signo** de los factores que contiene y se obtiene la solución.

Ten en cuenta

La solución de una inecuación del tipo $P(x) < 0$ es el intervalo en el que la gráfica de $P(x)$ está por debajo del eje X.

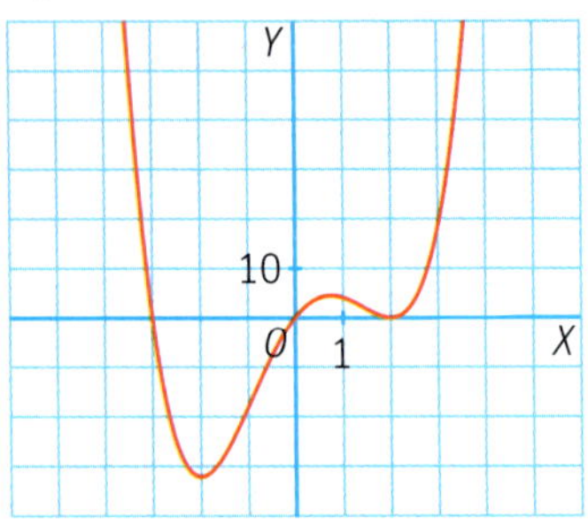

$P(x) = x^4 - x^3 - 8x^2 + 12x$

Ejemplo ▸ Resuelve la inecuación $x^4 + 12x < x^3 + 8x^2$.

1.º Se ordena la inecuación: $x^4 - x^3 - 8x^2 + 12x < 0$

2.º Se factoriza el polinomio: $x(x + 3)(x - 2)^2 = 0$

Las soluciones son −3, 0 y 2.

3.º Se analiza el signo de los factores, ya que el signo del polinomio solo puede cambiar en sus raíces, −3, 0 y 2, que dividen la recta real en cuatro tramos.

En cada tramo se elige un valor para x y se determina el signo de cada factor y del polinomio.

	$-\infty$ … -3	-3 … 0	0 … 2	2 … $+\infty$
	$x = -4$	$x = -2$	$x = 1$	$x = 3$
x	−	−	+	+
$x + 3$	−	+	+	+
$(x - 2)^2$	+	+	+	+
$x(x + 3)(x - 2)^2$	+	−	+	+

La solución corresponde a los tramos en los que el polinomio es negativo. Como la desigualdad es estricta, los extremos no verifican la desigualdad y la solución es el intervalo $(-3, 0)$.

Las soluciones de estas inecuaciones pueden ser la **unión de varios intervalos o semirrectas** o, **incluso, puntos aislados**.

ACTIVIDADES

6. Determina las soluciones de estas inecuaciones de segundo grado.

a) $2x^2 < 6$

b) $1 - x^2 \leq -3$

c) $x^2 + 1 < 2x$

d) $3x^2 - 2x \geq 2x^2 + 15$

e) $2x^2 + 5x > 8 - x$

f) $(3x - 1)(-5x + 2) \geq 0$

7. Halla las soluciones de estas inecuaciones.

a) $x^3 + 4x^2 \geq 6 - x$

b) $2x^3 - 4x^2 > 5x(1 + x)$

c) $x^4 - 5x^2 + 6 \leq 0$

d) $x^4 + 4 < 3x^2$

e) $x^4 - 3x^3 \leq 10x^2$

f) $x^4 + 6x^3 + 11x^2 < -6x$

g) $15x^2 + 8 \geq x^4 - 8$

h) $-2(x - 2)(x + 3)^2 < 0$

8. Utiliza la gráfica del polinomio $P(x) = x^3 + 6x^2 - x + 30$ para resolver las inecuaciones:

a) $x^3 + 6x^2 - x + 30 > 0$

b) $x^3 + 6x^2 - x + 30 \leq 50$

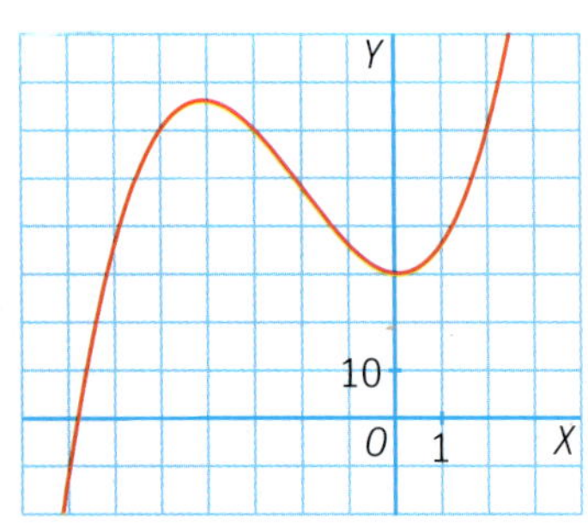

3 Inecuaciones racionales

> Una **inecuación racional** es una desigualdad entre fracciones algebraicas.

Para resolver inecuaciones racionales, se siguen los siguientes pasos.

1.º Se **escribe** la inecuación de forma que uno de sus miembros sea nulo.

2.º Se **factorizan** los polinomios del numerador y del denominador.

3.º Se **analiza el signo** de los factores y se obtiene la solución.

Ejemplo ▸ Resuelve la inecuación $\frac{x-3}{x+5} \geq 0$.

Como uno de los miembros es nulo, se analiza el signo de los factores. La inecuación se cumplirá si el numerador es cero o si tiene el mismo signo que el denominador.

El numerador cambia de signo en $x = 3$, y el denominador en $x = -5$, por lo que la recta queda dividida en tres tramos. En cada uno, se elige un valor para x y se determina el signo de la fracción algebraica.

$-\infty$ -5 3 $+\infty$

	$x=-6$	$x=0$	$x=4$
$x-3$	−	−	+
$x+5$	−	+	+
$\frac{x-3}{x+5}$	+	−	+

La solución corresponde a los tramos en los que la fracción algebraica es positiva. Como la desigualdad no es estricta, $x = 3$ verifica la desigualdad y la solución es:

$$x \in (-\infty, -5) \cup [3, +\infty).$$

> Los **números que anulan el denominador no son nunca soluciones** de la inecuación, ya que en ellos la expresión no está definida.

Ten en cuenta

Para resolver la inecuación $\frac{x-3}{x+5} \geq 0$ no se puede multiplicar por $x + 5$, ya que ese número podría ser negativo y cambiar el sentido de la desigualdad.

Ten en cuenta

La unión de intervalos se representa con el signo $\cup$.

La intersección de intervalos se representa con el signo $\cap$.

ACTIVIDADES

ACTIVIDAD **RESUELTA**

9. Resuelve la inecuación $\frac{3}{x} \leq \frac{4}{x+1}$.

Se ordena la inecuación y se operan las fracciones:

$$\frac{3}{x} \leq \frac{4}{x+1} \Rightarrow \frac{3}{x} - \frac{4}{x+1} \leq 0 \Rightarrow \frac{3(x+1)-4x}{x(x+1)} \leq 0 \Rightarrow \frac{-x+3}{x(x+1)} \leq 0$$

El numerador cambia de signo en $x = 3$ y el denominador en $x = 0$ y $x = -1$.

$-\infty$ -1 0 3 $+\infty$

	$x=-2$	$x=-0{,}8$	$x=1$	$x=4$
$-x+3$	+	+	+	−
$x(x+1)$	+	−	+	+
$\frac{-x+3}{x(x+1)}$	+	−	+	−

La solución es: $x \in (-1, 0) \cup [3, +\infty)$

10. Resuelve estas inecuaciones racionales.

a) $\frac{x-4}{x+5} > 0$

b) $\frac{x^2}{x+1} \geq 0$

c) $\frac{x+3}{x+2} < 6$

d) $\frac{x^2-9}{x^2-4x+4} \leq 0$

e) $\frac{x-2}{x^3-4x} \leq 0$

f) $\frac{x-2}{x+2} < \frac{3-2x}{2x-1}$

11. A medida que se aleja de la Tierra, el peso, P, de un astronauta de 736 Newton (N) varía según la siguiente fórmula:

$$P(h) = 736\left(\frac{6400}{6400+h}\right)^2,$$

donde h es la distancia a la Tierra, en kilómetros.

¿Cuánto se ha alejado de la Tierra si su peso es inferior a 30 N?

12. smSaviadigital.com

PRACTICA Resuelve distintos tipos de inecuaciones.

4 Inecuaciones de primer grado con dos incógnitas

Las **inecuaciones de primer grado con dos incógnitas** son de la forma:

- $ax + by > c$
- $ax + by < c$
- $ax + by \geq c$
- $ax + by \leq c$

Ten en cuenta

De los dos semiplanos determinados por la recta $ax + by = c$, uno de ellos corresponde a las soluciones de la inecuación $ax + by < c$, y el otro, a las de $ax + by > c$.

Para hallar las soluciones de este tipo de inecuaciones se siguen los siguientes pasos.

1.º Se representa la **recta asociada** $ax + by = c$, que divide el plano en dos semiplanos.

2.º Se toma un punto de uno de los semiplanos que no pertenezca a la recta y se sustituye para comprobar si sus coordenadas satisfacen o no la inecuación.

3.º Si la satisfacen, el semiplano que contiene al punto es la solución de la inecuación. Si no, es el otro semiplano.

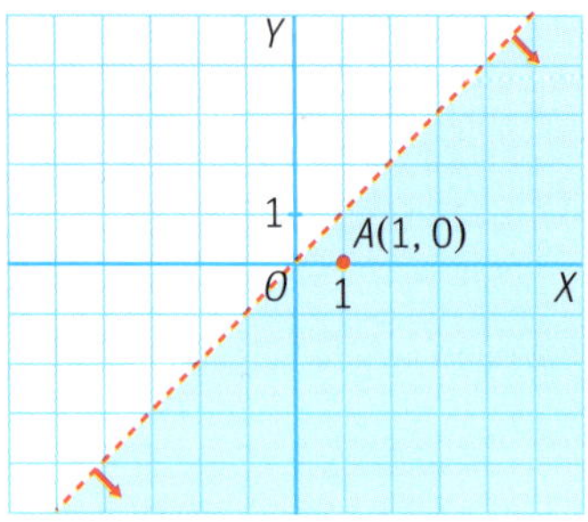

Ejemplo ▸ Determina las soluciones de la inecuación $x - y > 0$.

1.º Se representa la recta asociada $x - y = 0$.

2.º Se toma como punto de prueba, por ejemplo, el punto $A(1, 0)$. Sustituyendo en la inecuación se comprueba si el punto verifica la desigualdad:

$$1 - 0 > 0$$

3.º Las soluciones de la inecuación son todos los puntos del semiplano donde se encuentra A. Como la desigualdad es estricta, los puntos de la recta no son solución y se representa como una línea discontinua.

smSaviadigital.com

PRACTICA Identifica las soluciones gráficas de las inecuaciones.

Las soluciones de una inecuación con dos incógnitas se representan como **regiones en el plano**. Si la desigualdad es estricta, los puntos de la recta frontera $ax + by = c$ **no son soluciones**.

ACTIVIDADES

ACTIVIDAD **RESUELTA**

13. **En una tienda tienen pantalones a 25 €, y camisas, a 10 €. Si Ana tiene 60 €, ¿cuántas camisas y pantalones pudo comprar?**

Si x es la cantidad de pantalones e y la cantidad de camisas:

$$25x + 10y \leq 60 \Rightarrow 5x + 2y \leq 12$$

1.º Se representa la recta asociada:

$$5x + 2y = 12$$

Como la desigualdad no es estricta, los puntos de la recta son solución de la inecuación y se representa con trazo continuo.

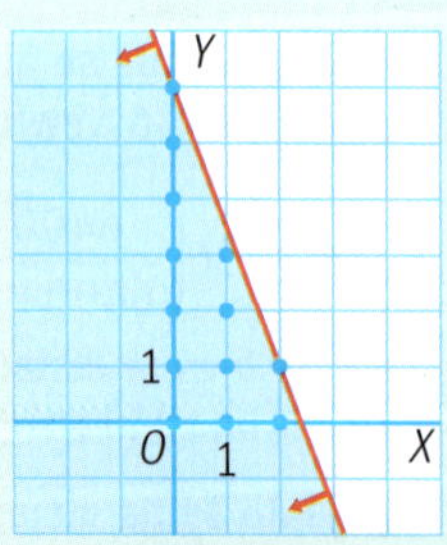

2.º Se toma el punto $A(0, 0)$, que no pertenece a la recta y se comprueba si el punto verifica la desigualdad: $0 + 0 \leq 12$.

3.º La solución de la inecuación son todos los puntos del semiplano en el que está A, pero la del problema son solo aquellos puntos cuyas coordenadas sean números naturales. Por ejemplo, $P(1, 3)$: un pantalón y tres camisas.

14. **Resuelve gráficamente estas inecuaciones y calcula tres soluciones de cada una.**

a) $2x + 3y > 8$

b) $5x - 6y \leq 0$

c) $x + 4y \geq 5$

d) $-2x + 7y < 14$

15. **El número de empleados, x, de una fábrica de fertilizantes y las toneladas de producto que se fabrican, y, se relacionan por la inecuación:**

$$30x + 12y \leq 200$$

a) Resuelve gráficamente la inecuación.

b) ¿Es aceptable la solución en la que $y = 16$?

16. **Juan tiene 50 € con los que va a comprar bolígrafos y cuadernos. Cada bolígrafo cuesta 3 €, y cada cuaderno, 5 €.**

a) ¿Cuántos bolígrafos y cuadernos puede comprar?

b) Si desea comprar más cuadernos que bolígrafos, ¿cómo puede hacerlo? ¿Y si el número de bolígrafos debe ser par?

5 Sistemas de inecuaciones con una incógnita

Un **sistema de inecuaciones** con una incógnita esta formado por dos o más inecuaciones con una única incógnita.

Para hallar las soluciones de un **sistema de inecuaciones con una incógnita**:

1.º Se resuelve cada una de las inecuaciones que forman el sistema.

2.º Se halla la intersección de las soluciones obtenidas.

Ejemplo

▸ Resuelve el sistema de inecuaciones: $\begin{cases} 2x-1>x+3 \\ 3x+2\leq 7+2x \end{cases}$

1.º Se resuelve cada inecuación:

$$\begin{cases} 2x-1>x+3 \Rightarrow x>4 \\ 3x+2\leq 7+2x \Rightarrow x\leq 5 \end{cases}$$

2.º Se halla la intersección de las soluciones de cada inecuación:

La solución es: $x\in(4, 5]$

▸ Resuelve el sistema de inecuaciones: $\begin{cases} x^2-2x-15<0 \\ 2x+3>5 \end{cases}$

1.º Se resuelve cada inecuación:

- $x^2 - 2x - 15 < 0 \Rightarrow (x+3)(x-5) < 0$

	$-\infty$ … -3	-3 … 5	5 … $+\infty$
	$x=-4$	$x=0$	$x=6$
$x+3$	−	+	+
$x-5$	−	−	+
$(x+3)(x-5)$	+	−	+

La solución es el intervalo $(-3, 5)$.

- $2x+3>5 \Rightarrow 2x>2 \Rightarrow x>1$

2.º Se halla la intersección de las soluciones de cada inecuación.

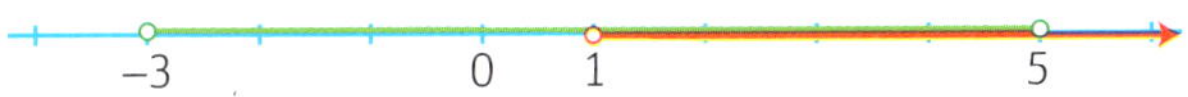

La solución es: $x\in(1, 5)$

La solución de estos sistemas está determinada por la **intersección** en la recta real de las soluciones de las inecuaciones que lo forman.

ACTIVIDADES

17. Copia en tu cuaderno y une cada sistema con su solución.

A. $\begin{cases} x+3\geq 0 \\ 2x+1>5 \end{cases}$ I. $-2\leq x<-1$

B. $\begin{cases} 3x+4<1 \\ x\geq -2 \end{cases}$ II. $(2, +\infty)$

C. $\begin{cases} -4x+3\leq -1 \\ 5x-2>6 \end{cases}$ III. 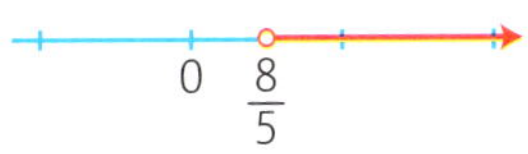

18. Resuelve los siguientes sistemas.

a) $\begin{cases} x+1>10 \\ x-2\leq 5 \end{cases}$

b) $\begin{cases} 8x-4>7 \\ x-2\leq 18 \end{cases}$

c) $\begin{cases} 3x-8>4x-15 \\ -x+5(x+1)\leq 8 \end{cases}$

d) $\begin{cases} 3\ \ (2x-1)<x \\ 4x-3(x-5)\leq 1-x \end{cases}$

e) $\begin{cases} 3x^2-5x-2\geq 0 \\ 4x+5>-3 \end{cases}$

f) $\begin{cases} (x+1)(x+5)<5 \\ 4x-2\geq 3(x-1)+1 \end{cases}$

6 Sistemas de inecuaciones con dos incógnitas

Para hallar las soluciones de un **sistema de inecuaciones de primer grado con dos incógnitas**:

1.º Se representan las rectas asociadas.

2.º Se determina el semiplano solución de cada inecuación.

3.º Se halla la intersección de las soluciones obtenidas.

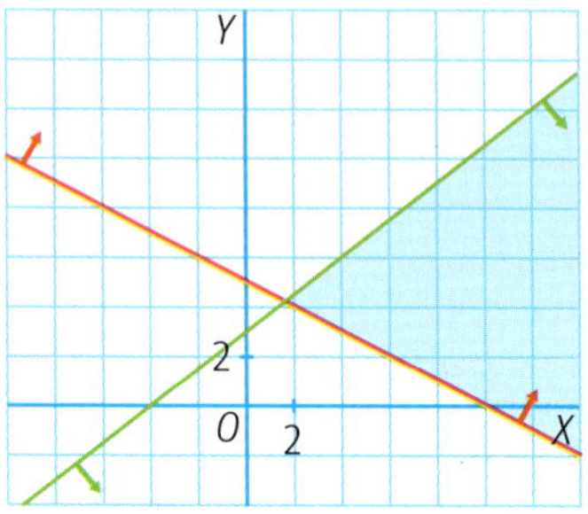

Ejemplo ▸ Resuelve el sistema: $\begin{cases} x+2y>10 \\ -3x+4y\leq 12 \end{cases}$

1.º Se representan las rectas asociadas, $x+2y=10$, $-3x+4y=12$.

2.º Se determinan los semiplanos solución de cada inecuación utilizando como punto de prueba el origen (0, 0).

La primera inecuación no se verifica: $0+2\cdot 0 \not> 10$. La solución es el semiplano que no contiene el origen.

La segunda sí se verifica: $-3\cdot 0+4\cdot 0\leq 12$. La solución es el semiplano que contiene al origen.

3.º La intersección de los dos semiplanos son todos los puntos solución del sistema.

Las soluciones de este tipo de sistemas forman una región del plano que es la **intersección** de los semiplanos solución de las inecuaciones individuales.

ACTIVIDADES

19. Resuelve los siguientes sistemas e indica, si existen, soluciones con $x=3$.

a) $\begin{cases} 3x-5y>15 \\ x+4y\leq 8 \end{cases}$ b) $\begin{cases} 6x+5y<30 \\ x-y\geq 0 \end{cases}$

20. Halla la solución de estos sistemas.

a) $\begin{cases} y\geq -6 \\ x<4 \end{cases}$ b) $\begin{cases} 2(x+2y)<3-x \\ y-x\leq 4 \end{cases}$

ACTIVIDAD **RESUELTA**

21. Resuelve el sistema $\begin{cases} 3x+y\geq 3 \\ y\leq -3x-5 \end{cases}$.

Se representan las rectas asociadas y se comprueba si el punto (0, 0) cumple las desigualdades:

$\begin{cases} 3\cdot 0+0 \not\geq 3 \\ 0\leq -3\cdot 0-5 \end{cases}$

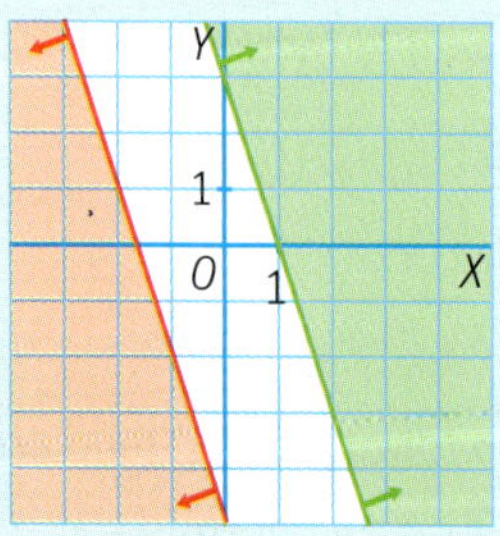

La intersección de las soluciones es el conjunto vacío, el sistema de inecuaciones no tiene solución.

22. Halla la solución de estos sistemas.

a) $\begin{cases} 2(x+3)\geq 2-3(y-4) \\ 2x+3y\leq -15 \end{cases}$ b) $\begin{cases} 2x-y\leq 3 \\ x\geq \dfrac{y+3}{2} \end{cases}$

ACTIVIDAD **RESUELTA**

23. Al inscribirse en una carrera, cada corredor recibe una bolsa, que puede ser de dos tipos. El tipo *A* contiene dos camisetas y dos sobres de glucosa, y el *B*, una camiseta y cinco sobres de glucosa. Si se dispone de 150 camisetas y 500 sobres de glucosa, ¿cuántas bolsas se pueden completar?

	Número	Camisetas	Glucosa
Tipo *A*	x	2	2
Tipo *B*	y	1	5

Se escribe el sistema de inecuaciones: $\begin{cases} 2x+y\leq 150 \\ 2x+5y\leq 500 \end{cases}$

El número de lotes no puede ser negativo, es decir:

$x\geq 0$ $y\geq 0$

Se representan las rectas y se comprueba el valor (0, 0).

Las soluciones son los puntos de coordenadas naturales que se encuentran en la intersección de las regiones.

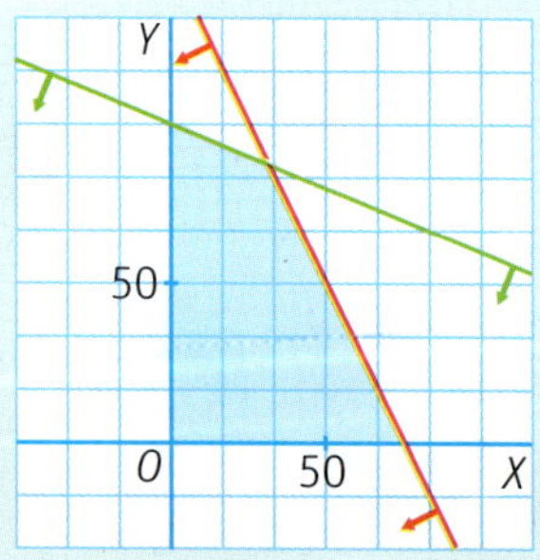

24. Un supermercado lanza una oferta con dos lotes: lote *A*, con dos latas de tomate y un paquete de pasta, y lote *B*, con tres latas de tomate y dos paquetes de pasta. Si dispone de 350 latas de tomate y 200 paquetes de pasta, ¿cuántos lotes de cada tipo puede hacer?

Organiza tus ideas

DESIGUALDADES E INECUACIONES

Propiedades de las desigualdades

Si $a<b$	Si $a<b$ y $d>0$	Si $a<b$ y $d<0$
$a+c<b+c$ $a-c<b-c$	$a\cdot d<b\cdot d$ $\frac{a}{d}<\frac{b}{d}$	$a\cdot d>b\cdot d$ $\frac{a}{d}>\frac{b}{d}$

Inecuación

Es una desigualdad entre dos expresiones algebraicas.

Soluciones

Ninguna	Un número finito	Infinitas
$x^2+9>0$	$(x-2)^2\geq 0$	$7x-5>9$

Se expresan como **uniones** de intervalos o semirrectas.

INECUACIONES DE PRIMER GRADO CON UNA INCÓGNITA

Resolución

Se resuelve por el **mismo procedimiento que las ecuaciones de primer grado**, pero sin olvidar las propiedades de las desigualdades.

Soluciones

Forman una semirrecta.

$x<a$	$x\leq a$	$x>a$	$x\geq a$
$x\in(-\infty, a)$	$x\in(-\infty, a]$	$x\in(a, +\infty)$	$x\in[a, +\infty)$

INECUACIONES POLINÓMICAS Y RACIONALES

Resolución

1.º Se **escribe** la inecuación de forma que uno de sus miembros sea nulo.

2.º Se **factorizan** los polinomios que han quedado en la inecuación.

3.º Se **analiza** el signo de los factores que contienen y se obtiene la solución.

Polinómicas

La solución puede ser la **unión de varios intervalos, semirrectas o puntos aislados.**

Racionales

Los **números que anulan el denominador nunca son soluciones** de la inecuación.

INECUACIONES DE PRIMER GRADO CON DOS INCÓGNITAS

Resolución

1.º Se representa la recta asociada $ax+by=c$, que divide el plano en dos semiplanos.

2.º Se toma un punto de uno de los semiplanos que no pertenezca a la recta y se evalúa si sus coordenadas satisfacen o no la inecuación.

3.º Si la satisfacen, el semiplano que contiene al punto es la solución de la inecuación. Si no, es el otro semiplano.

Los **puntos de la recta no son soluciones** si la desigualdad es estricta.

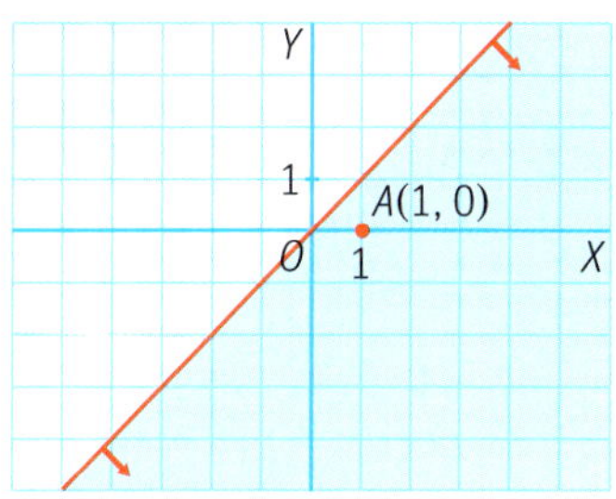

SISTEMA DE INECUACIONES

- La solución viene dada por la **intersección** en la recta real de las soluciones de las inecuaciones que lo forman.

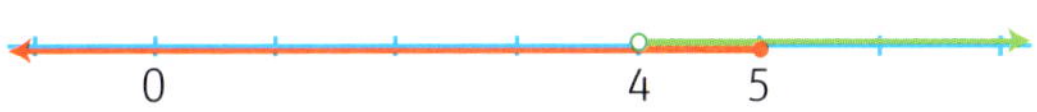

- Las soluciones forman una región del plano que es **intersección** de los semiplanos solución de las inecuaciones individuales.

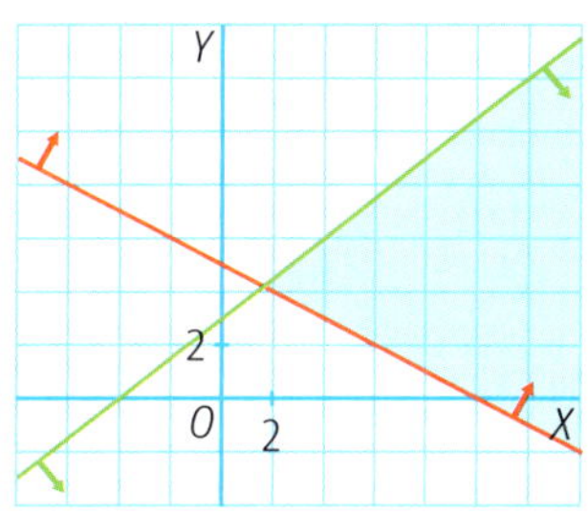

Actividades clave

1. En Estados Unidos para obtener una calificación *B*, un estudiante debe obtener una media mínima de 82 pero menor que 90. Si las calificaciones de un estudiante en los tres primeros exámenes fueron 84, 87 y 92, ¿qué nota en el cuarto examen le garantizará una calificación de *B*?

Llamando x a la nota del cuarto examen, se plantea la inecuación:

$$82 \le \frac{84+87+92+x}{4} < 90 \Rightarrow 82 \le \frac{263+x}{4} < 90$$

Se opera para resolver la inecuación.

- Se multiplica por 4, como $4 > 0$ no cambia el sentido: $328 \le 263 + x < 360$
- Se resta 263: $65 \le x < 97$

El estudiante deberá sacar una nota entre 65 y 97.

2. Las ofertas de dos compañías telefónicas son:

Compañía *A*
Fibra + llamadas a fijos: 40 €/mes
Llamadas a móviles: 0,30 €/min

Compañía *B*
Fibra + llamadas a fijos: 60 €/mes
Llamadas a móviles: 0,20 €/min

a) ¿Cuántos minutos al mes se debe llamar a móviles para que sea más económica la compañía *B*?

b) ¿Cuál es el coste de la factura en este caso?

a) Si se llama x a los minutos:

- Con la compañía *A*, se pagará: $40 + 0{,}3x$.
- Con la compañía *B*, se pagará: $60 + 0{,}2x$.

Para que resulte más económica la compañía *B*, se resuelve la inecuación:

$$40 + 0{,}3x > 60 + 0{,}2x \Rightarrow 0{,}1x > 20 \Rightarrow x > 200$$

La compañía *B* es más económica a partir de 200 minutos.

b) Si $x = 200$ minutos:

- Compañía *A*: $40 + 0{,}3 \cdot 200 = 100$ €
- Compañía *B*: $60 + 0{,}2 \cdot 200 = 100$ €

La factura será de 100 € en ambas compañías.

3. Resuelve estas inecuaciones.

a) $\dfrac{x^2}{x^2-2} < \dfrac{1}{3}$

b) $\dfrac{1}{x-1} \le \dfrac{4}{(1-x)(x-5)}$

a) Se rescriben las inecuaciones de forma que en un miembro haya un 0 y se calcula el común denominador para obtener una única expresión racional:

$$\frac{x^2}{x^2-2} < \frac{1}{3} \Rightarrow \frac{x^2}{x^2-2} - \frac{1}{3} < 0 \Rightarrow \frac{3x^2-(x^2-2)}{3(x^2-2)} < 0 \Rightarrow \frac{2x^2+2}{3(x^2-2)} < 0$$

Como el numerador es siempre positivo y no se anula, se busca cuándo el factor del denominador es negativo.

Factorizando, se obtiene: $(x-\sqrt{2})(x+\sqrt{2}) < 0$

Se estudian los intervalos obtenidos:

$-\infty$ … $-\sqrt{2}$ … $\sqrt{2}$ … $+\infty$

	$x=-3$	$x=0$	$x=3$
x^2-2	+	−	+
$\dfrac{2x^2+2}{3(x^2-2)}$	+	−	+

El intervalo de soluciones es $(-\sqrt{2}, \sqrt{2})$.

b) Se escribe la inecuación como una sola fracción algebraica en un miembro y en el otro un 0:

$$\frac{1}{x-1} - \frac{4}{(1-x)(x-5)} \le 0 \Rightarrow \frac{-(x-5)-4}{(1-x)(x-5)} \le 0 \Rightarrow \frac{1-x}{(1-x)(x-5)} \le 0$$

Se simplifica el factor $1 - x$, pero se debe tener en cuenta que $x = 1$ no puede ser solución porque anula el denominador de la inecuación original.

$$\frac{\cancel{1-x}}{\cancel{(1-x)}(x-5)} \le 0 \Rightarrow \frac{1}{x-5} \le 0 \Rightarrow x-5 < 0 \Rightarrow x < 5$$

De la semirrecta $x < 5$, se elimina $x = 1$. El conjunto de soluciones es $(-\infty, 1) \cup (1, 5)$.

4. Se quiere fabricar esta puerta, que tiene un área de 10 m². Si el ancho x mide entre 2 y 3 m, ¿entre qué valores estará el largo y?

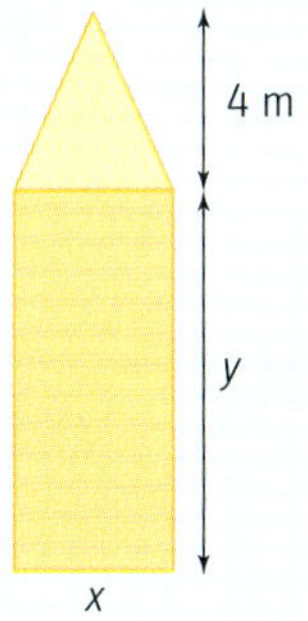

El área de la puerta es:

$$xy + \frac{x \cdot 4}{2} = 10 \Rightarrow xy + 2x = 10 \Rightarrow x(y+2) = 10 \Rightarrow y + 2 = \frac{10}{x}$$

$$\text{Si } 2 \le x \le 3 \Rightarrow \frac{2}{10} \le \frac{x}{10} \le \frac{3}{10} \Rightarrow \frac{10}{2} \ge \frac{10}{x} \ge \frac{10}{3}$$

Se sustituyen estos valores en la ecuación del área para obtener una inecuación:

$$\frac{10}{x} = y + 2 \Rightarrow \frac{10}{3} \le y + 2 \le \frac{10}{2} \Rightarrow \frac{10}{3} \le y + 2 \le 5 \Rightarrow \frac{4}{3} \le y \le 3$$

El largo de la puerta puede medir entre 1,3 m y 3 m.

5. Para financiar el viaje de fin de curso, los alumnos van a confeccionar y vender adornos de dos tipos. Cuentan con 1200 bolas blancas, 270 bolas negras y 28 m de hilo plateado.

- Para hacer un adorno de tipo *A* se necesitan 20 cm de hilo, 15 bolas blancas y 3 negras.
- Para cada adorno tipo *B*, 40 cm de hilo, 10 bolas blancas y 3 negras.

Representa gráficamente cuántos adornos de cada tipo podrán fabricar.

Sea x el número de adornos del tipo *A* e y los del tipo *B*, se debe cumplir que:

$x \ge 0$

$y \ge 0$

$20x + 40y \le 2800 \Rightarrow x + 2y \le 140$

$15x + 10y \le 1200 \Rightarrow 3x + 2y \le 240$

$3x + 3y \le 270 \Rightarrow x + y \le 90$

Se representan las rectas y se señala el semiplano válido para cada una de ellas:

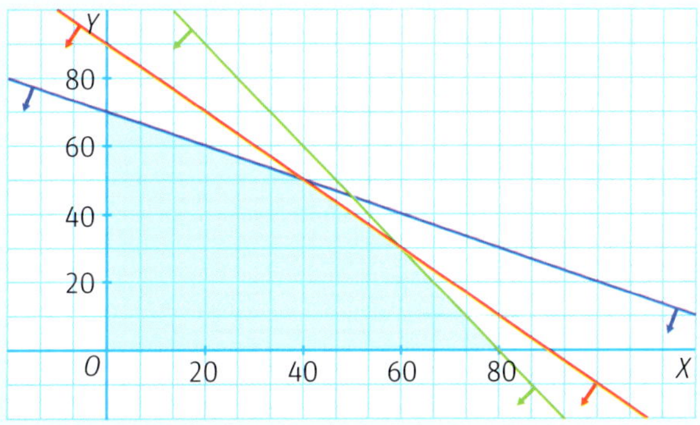

Se obtiene el pentágono de soluciones del sistema de inecuaciones. Las soluciones del problema son los puntos de dicho pentágono cuyas coordenadas son enteras.

6. Isabel desea construir un depósito de agua para regar su jardín que contenga al menos 1500 L. Para la base usará una plancha cuadrada, y para las paredes, planchas rectangulares 5 dm más altas que anchas. ¿Cuánto debe medir el lado de la base?

Si se llama x a la medida del lado de la base en decímetros, el volumen será: $x^2(x+5)$

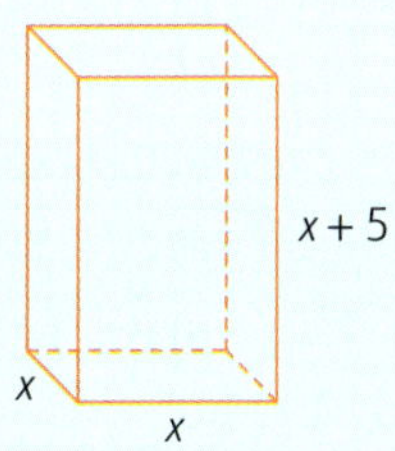

Por tanto, se debe resolver la inecuación:

$$x^2(x+5) \ge 1500 \Rightarrow x^3 + 5x^2 - 1500 \ge 0$$

Para factorizar el polinomio asociado se utiliza la regla de Ruffini y se obtiene que $x = 10$ es una raíz:

$$(x - 10)(x^2 + 15x + 150) \ge 0$$

El polinomio $x^2 + 15x + 150$ no tiene raíces reales, por lo que no se puede factorizar y siempre va a ser positivo o negativo. Para comprobarlo, se sustituye un valor de x: si $x = 0$ vale $150 > 0$, por tanto, siempre es positivo.

Entonces, para que se cumpla la inecuación:

$$x - 10 \ge 0 \Rightarrow x \ge 10$$

El lado de la base deberá medir al menos 10 dm.

Actividades

EJERCICIOS PARA PRACTICAR

Desigualdades e inecuaciones

25. Relaciona en tu cuaderno cada desigualdad con su equivalente y con la operación en los dos miembros que pasa de una a otra.

Desigualdad *A*	Operación	Desigualdad *B*
$-4 < 7$	Dividir entre -2	$-4 < 5$
$12 > -6$	Sumar -5	$-6 < 3$
$\frac{-4}{3} < \frac{10}{6}$	Multiplicar por 3	$-9 < 2$

26. Transforma en desigualdades estas frases.

a) Elena necesita correr por debajo de 16 s para clasificarse en una prueba.

b) En algunas atracciones del parque temático exigen una altura superior a 1,20 m.

c) He pasado el kilómetro 125 de la A-2, pero aún no he llegado al 145.

d) El juego está recomendado para niños entre 6 y 10 años.

e) Los automóviles, cuando circulan por autopista, deben llevar una velocidad de al menos 60 km/h y no más de 120 km/h.

27. Partiendo siempre de la desigualdad $4 - 5x > x$, copia en tu cuaderno y completa como en el ejemplo.

Suma $5x$	$4 > 6x$
● ● ●	$1 - 5x$ ● $x - 3$
● ● ●	$10x - 8$ ● $-2x$
● ● ●	0 ● $6x - 4$
● ● ●	$-6x$ ● -4

28. Comprueba en cada caso si los valores dados pertenecen a la solución de las inecuaciones.

a) $x = -1$ si $x^3 + x^2 + x - 6 \leq 0$

b) $x = 3$ si $3x^2 - 2x + 1 \leq (x + 1)^2$

c) $x = 0$ si $\frac{3x-6}{2} < \frac{9x+1}{6}$

29. Decide si son ciertas o falsas estas afirmaciones.

a) Una inecuación, o no tiene solución, o tiene una, o tiene infinitas soluciones.

b) La solución de $x + 5 \leq 3$ es una semirrecta.

c) Una inecuación del tipo $x + a > b$, con a y b números reales, a veces no tiene solución.

30. ¿Son equivalentes estas inecuaciones?

a) $-2x \leq 14$ y $x \leq 7$

b) $\frac{x}{2} > -5$ y $x > 10$

31. Si multiplicas por x ambos miembros, ¿qué puedes decir de la inecuación $2x^2 - 3x < 18$?

32. Si $a < b$ y $c \leq d$, copia y completa con los símbolos $<$, $>$, $\leq$ y $\geq$ en los casos en que sea posible. Si no lo es, explica por qué.

a) $b - 10$ ● $a - 10$

b) $a + c$ ● $b + d$

c) $a - d$ ● $b - c$

d) $2c + 3$ ● $2d + 5$

e) $-a + 3$ ● $3 - b$

f) $a \cdot c$ ● $b \cdot d$

Resolución de inecuaciones

33. Resuelve las siguientes inecuaciones y representa sus soluciones en una recta.

a) $7x - 2(1 - 3x) \leq 2x + 3$

b) $\frac{x}{3} - \frac{x+1}{2} \geq \frac{5}{6} - x$

c) $5 > \frac{3x+1}{2}$

d) $4x - 1 \geq \frac{8x-5}{2}$

34. Halla la solución de las siguientes inecuaciones y representa sus soluciones en una recta.

a) $\frac{2(5x+1)}{3} \leq -4(x-3) + \frac{5}{2}$

b) $2\left(\frac{x-1}{3}\right) - \frac{2(x-1)+7}{6} < 3(x+2)$

35. Resuelve estas inecuaciones.

a) $(5x - 2)^2 \leq 0$

b) $(2x + 4)^3 > 0$

36. Resuelve las inecuaciones siguientes.

a) $x^2 - 2x - 4 \leq 0$

b) $-10x^2 + 17x - 3 \leq 0$

c) $-7(4x + 1)(-x + 2) < 0$

d) $(2x^2 + 9x - 5)(x + 1) > 0$

37. Halla la solución de las siguientes inecuaciones racionales.

a) $\frac{x+5}{x+2} \leq 0$

b) $\frac{3-x}{x+2} < 0$

c) $\frac{x+4}{x-3} \leq 0$

d) $\frac{x^2-1}{x} \leq 0$

e) $\frac{x+3}{x^2} > 0$

f) $\frac{(x-2)(x+5)}{4x-6} \geq 0$

38. Resuelve las siguientes inecuaciones con dos incógnitas.

a) $x + 3y \leq 4$

b) $x - \frac{y}{2} > 1$

c) $5x - 4y < 0$

d) $\frac{x}{2} + \frac{y}{3} \geq -1$

39. Halla la solución de las siguientes inecuaciones polinómicas.

a) $2x^4 + 5x^3 + 5x > x^2 + 3$

b) $x^4 + 3x^3 - 7x < 3x^2 - 6$

c) $x^4 \leq 4x^2$

d) $-2(x - 2)(x + 3)^2 < 0$

40. Comprueba que, aunque las siguientes ecuaciones tienen las mismas soluciones, no ocurre lo mismo con las inecuaciones asociadas. ¿Por qué ocurre esto?

a) $\frac{2x-6}{x+5} = 0$ y $2x - 6 = 0$; $\frac{2x-6}{x+5} < 0$ y $2x - 6 < 0$

b) $\frac{3x-5}{2x+1} = 1$ y $3x - 5 = 2x + 1$; $\frac{3x-5}{2x+1} \geq 1$ y $3x - 5 \geq 2x + 1$

ACTIVIDAD **RESUELTA**

41. **Resuelve la siguiente inecuación racional.**

$$\frac{x-3}{x^2-1}<\frac{x}{x^2+2x+1}$$

Se opera para que uno de los miembros sea 0 y se factoriza el numerador y el denominador de la fracción algebraica obtenida.

$$\frac{x-3}{x^2-1}<\frac{x}{x^2+2x+1}\Rightarrow\frac{x-3}{(x+1)(x-1)}-\frac{x}{(x+1)^2}<0$$

$$\frac{(x-3)(x+1)-x(x-1)}{(x-1)(x+1)^2}<0\Rightarrow\frac{-x-3}{(x-1)(x+1)^2}<0$$

Los puntos en los que se anulan los polinomios son $x=-3$, $x=-1$ y $x=1$, que dividen la recta en 4 tramos: $(-\infty, -3)$, $(-3, -1)$, $(-1, 1)$ y $(1, +\infty)$.

Se elige un valor de cada tramo y se comprueba que la solución es: $(-\infty, -3) \cup (1, +\infty)$.

42. **Escribe como una única fracción algebraica y resuelve las inecuaciones.**

a) $\frac{x}{x-2}\geq\frac{1}{5}$

b) $\frac{x}{x+2}\geq\frac{1}{x}$

c) $\frac{1+x}{2x+7}-\frac{1}{x-1}\geq 0$

d) $\frac{x-2}{x}<\frac{x+4}{x+1}$

e) $\frac{x+1}{x}<\frac{x-2}{x+3}$

f) $\frac{2x-1}{x+1}-1>\frac{x-2}{3-x}$

g) $\frac{x^2+2x+3}{x^2-x+1}\leq\frac{2}{3}$

h) $\frac{-x^2-4}{x^2-x-6}\leq\frac{5}{6}$

43. **La inecuación $-\frac{3}{x+4}<-5$ da lugar a dos inecuaciones, según que el denominador sea mayor o menor que 0. Encuentra todas sus soluciones.**

ACTIVIDAD **RESUELTA**

44. **Resuelve las siguientes inecuaciones transformándolas previamente en inecuaciones polinómicas.**

a) $\sqrt{x-3}\leq 10$ **b)** $9^x-3^{x+2}\leq 10$

a) Se deben cumplir dos inecuaciones simultáneamente:

$x-3\geq 0$, para que exista la raíz.

$x-3\leq 100$, para que $\sqrt{x-3}\leq 10$.

Por tanto, $0\leq x-3\leq 100 \Rightarrow 3\leq x\leq 103$ y el intervalo de soluciones es: $[3, 103]$.

b) Se escribe la inecuación con potencias de la misma base:

$$3^{2x}-8\cdot 3^x-9\leq 0$$

Se hace el cambio $t=3^x$ y se factoriza:

$$t^2-8t-9\leq 0\Rightarrow(t-9)(t+1)\leq 0$$

Las soluciones son: $[-1, 9]$.

Se deshace el cambio de variable: $-1\leq 3^x\leq 9$. Como 3^x es siempre positivo, es equivalente a $3^x\leq 9$.

Las soluciones forman el intervalo $(-\infty, 2]$.

45. **Resuelve las siguientes inecuaciones transformándolas previamente en inecuaciones polinómicas.**

a) $\sqrt{x^2-6x+9}\geq -2$

b) $2\cdot 4^{-x}-7\cdot 2^{-x}-4\leq 0$

46. **Calcula los valores de m para que se cumpla la condición indicada en cada caso.**

a) Que $mx^2-mx+1\leq 0$ tenga una sola solución.

b) Que $x^4+4mx-8m$ sea menor o igual que 0.

Sistemas de inecuaciones

47. **Encuentra, si existen, las soluciones de estos sistemas de inecuaciones con una incógnita.**

a) $\begin{cases}2x-3>5x-6\\ x+2\leq 2(x+11)\end{cases}$

b) $\begin{cases}\frac{x}{2}\leq x+3\\ 1-x>4(x-1)\end{cases}$

c) $\begin{cases}5(1-3x)>8+3x\\ 3x-1\geq 1-(x+2)\end{cases}$

d) $\begin{cases}x\geq 15-2x\\ 10+2x\geq 6x-10\end{cases}$

48. **Dado el sistema $\begin{cases}y<-3x+3\\ y\leq -x+6\end{cases}$ y los puntos:**

$A=(3, 2)$ $C=(-2; 8{,}5)$ $E=(0, 0)$

$B=(5, 3)$ $D=(4, 2)$ $F=(-1{,}5; 7{,}5)$

a) Indica cuáles son solución del sistema.

b) ¿Cuáles satisfacen solo la primera inecuación?

c) ¿Cuáles satisfacen solo la segunda?

d) ¿Cuáles no son solución de ninguna?

49. **Resuelve gráficamente estos sistemas.**

a) $\begin{cases}x-2y\leq 1\\ 3x+y>2\end{cases}$

b) $\begin{cases}x+y\geq 4\\ x+y<2\end{cases}$

c) $\begin{cases}y\leq 3\\ x+y>4\end{cases}$

d) $\begin{cases}x\geq -21\\ y<1\end{cases}$

50. **Resuelve los siguientes sistemas.**

a) $\begin{cases}x^2-5x+6\leq 0\\ x>-3\end{cases}$

b) $\begin{cases}2(x-1)(x-3)>0\\ 4x-2\geq 3x+1\end{cases}$

51. **Sombrea sobre unos ejes de coordenadas el recinto encerrado entre la parábola $y=x^2$ y la recta $y=-2x+2$ y escribe el sistema de inecuaciones cuya solución sea dicho recinto.**

52. **Resuelve el siguiente sistema gráficamente dibujando las gráficas de las funciones que surgen de cada inecuación.**

$$\begin{cases}2x+10\leq 2y-10\\ 4y-6\geq x^2+6x+3y+8\end{cases}$$

53. **Para el sistema $\begin{cases}3x\leq a\\ bx>-8\end{cases}$, halla qué deben cumplir a y b para que su solución sea:**

a) $(-4, -2]$ b) $(-\infty, 2)$

Actividades

Actividades de síntesis

54. ¿Qué condiciones debe cumplir el tercer lado de un triángulo si los otros dos lados miden 2 y 5 cm, respectivamente?

55. Completa con <, >, ≤ o ≥ para que las semirrectas dadas sean las soluciones de las inecuaciones.

a) $\frac{2x-1}{3} - x \bullet 3x - 2$ $\qquad \left[\frac{1}{2}, +\infty\right)$

b) $\frac{x-4}{2} \bullet \frac{x}{2} + \frac{1}{6}(x+1)$ $\qquad (-\infty, -13)$

56. ¿En cuántas regiones divide al plano la recta $y = 3x - 5$? Descríbelas utilizando inecuaciones.

ACTIVIDAD **RESUELTA**

57. Escribe una inecuación para cada conjunto de soluciones.

a) $(-5, -3) \cup (0, 4)$ $\qquad$ b) $[3, 5)$

a) Se toma el producto de polinomios lineales que se anulan en los extremos de los intervalos:

$$(x+5)(x+3)x(x-4)$$

Se comprueban los signos para determinar el sentido de la inecuación:

$$(x+5)(x+3)x(x-4) < 0$$

b) Se toman las inecuaciones $x - 3 \geq 0$ y $x - 5 < 0$.

Para que en un extremo el intervalo sea abierto y en el otro cerrado, se puede tomar la inecuación racional $\frac{x-3}{x-5} \leq 0$.

58. Halla en cada caso una inecuación polinómica cuya solución se corresponda con la dada.

a) $[-3, +\infty)$

b) Sin solución

c) $(2, +\infty)$

d) $(-3, 5)$

e) $(-\infty, 2)$

f) $x = 3$

g) $(-\infty, -2] \cup [1, +\infty)$

h) $(-4, 0) \cup (3, 5)$

59. A partir de la gráfica de la función $f(x) = (x-5)(x+1)$, resuelve las inecuaciones.

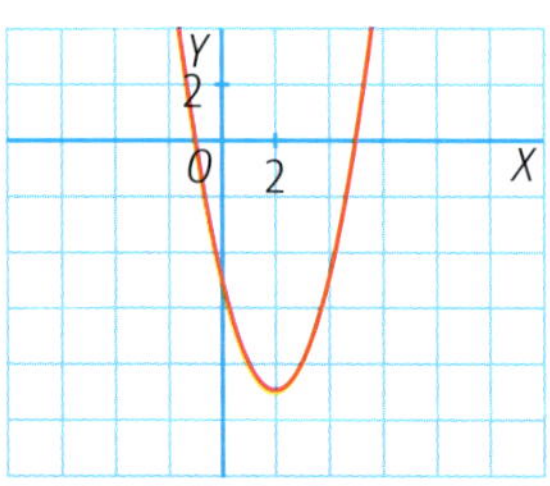

a) $f(x) > 0$

b) $f(x) < 0$

c) $f(x) \geq 0$

d) $f(x) \leq 0$

60. Escribe, en cada caso, un sistema de inecuaciones que tenga como solución.

a) El cuadrado de lado 2 centrado en el origen.

b) El intervalo $(-3, 7]$.

c) El tercer cuadrante del plano.

d) La semirrecta $[5, +\infty)$.

61. Investiga qué sistemas de inecuaciones tienen como solución estas regiones del plano.

a)

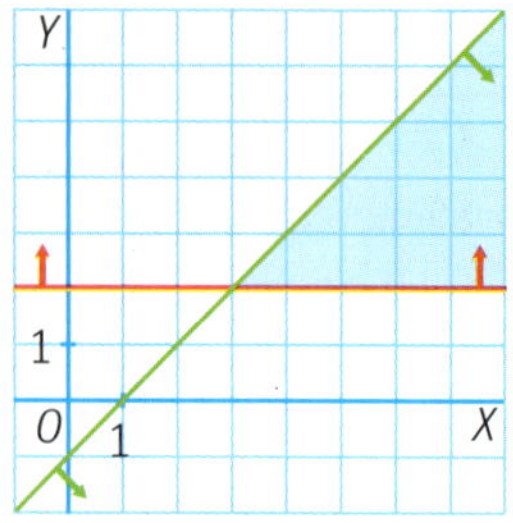

c)

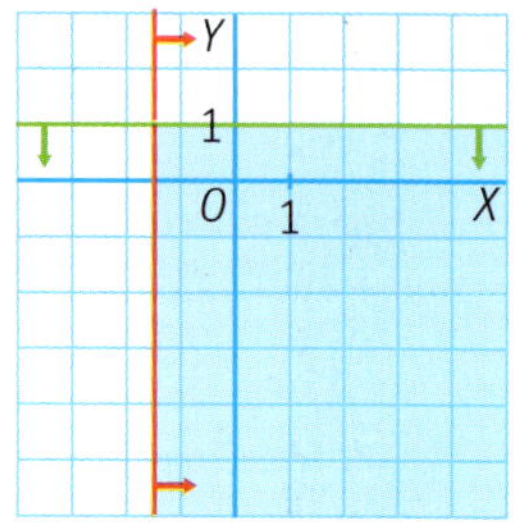

b)

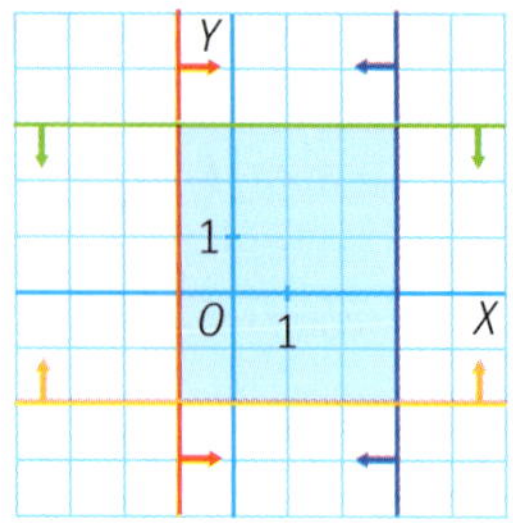

d)

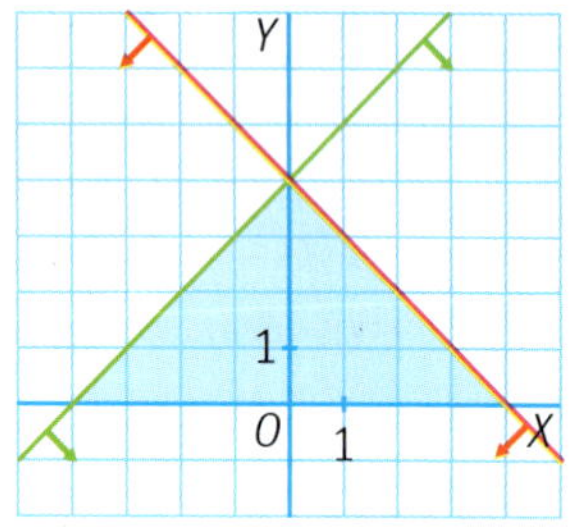

PROBLEMAS **PARA RESOLVER**

62. Observa la conversación y responde.

¿Entre qué valores tiene que estar la nota del tercer examen si quiere que su media sea al menos 7,5?

63. Un carpintero va a colocar un rodapié en una habitación rectangular de 6 m de ancho y con un perímetro menor de 30 m. ¿Cuánto puede valer el largo del cuarto?

64. Tengo un rebaño de cabras. Si añado siete cabras, tengo menos que el triple de la cantidad inicial, pero si solamente añado cinco cabras, tengo más que el doble de la cantidad inicial. ¿Cuántas cabras hay en mi rebaño inicial?

65. La tirada de una revista mensual tiene unos costes de edición de 30 000 € y 1,50 € de gastos de distribución por cada revista publicada. Si cada ejemplar se vende a 3,50 € y se obtienen unos ingresos de 12 000 € por publicidad, ¿cuántas revistas se deben vender para empezar a obtener beneficios?

66. Un ascensor soporta una tonelada. Luis quiere subir cajas y sacos. Las cajas pesan 35 kg más que los sacos. Tras cargar cinco de cada uno, mete otra caja y salta la alarma, así que la cambia por un saco y no hay problema.

¿Entre qué valores está el peso del saco?

67. Para confeccionar dos tipos de pantalones se dispone de 40 unidades de algodón cardado y de 100 de algodón peinado. El contenido en cada tipo de algodón de los dos modelos se indica en la siguiente tabla.

	Unidades de algodón cardado	Unidades de algodón peinado
Tipo I (extra)	1	5
Tipo II (medio)	3	3

a) ¿Es posible confeccionar 15 pantalones del tipo I y 10 del tipo II?

b) Representa la zona que incluye las distintas posibilidades de confeccionar x pantalones de tipo I e y de tipo II.

68. En una tienda de comercio justo venden cafés de Ecuador y de Colombia. El que procede de Ecuador cuesta 1,30 € por paquete, y el de Colombia, 1,65 €. Averigua el número de paquetes de cada tipo que puedo adquirir con 25 € si quiero comprar el doble de paquetes de Colombia que de Ecuador.

69. Indica para qué valores de x el área del triángulo equilátero es mayor que la del rectángulo.

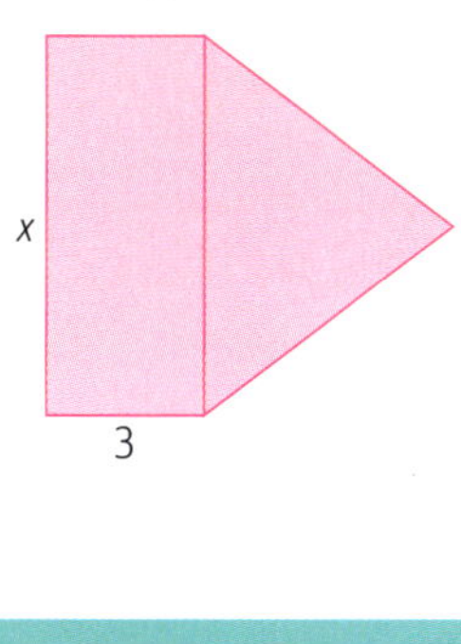

70. Si el área de un cuadrado es menor o igual que 64 cm², calcula los posibles valores de su diagonal.

71. Calcula para qué valores de x el área del triángulo ABC es menor que la del trapecio $ACDE$.

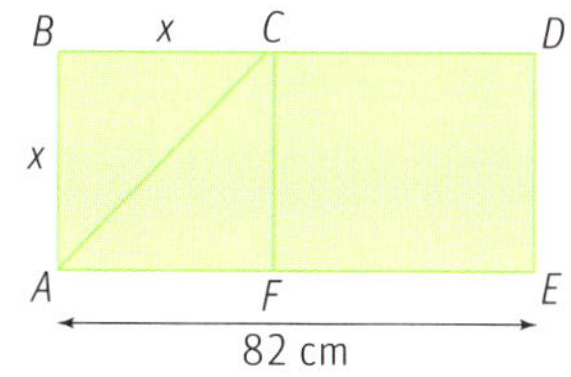

ACTIVIDADES **PARA PENSAR MÁS**

72. Un test tiene 25 preguntas. Se obtienen 5 puntos por cada respuesta correcta, 2 puntos por cada respuesta en blanco y 0 puntos por cada respuesta incorrecta. Si María tiene 3 respuestas incorrectas y algunas en blanco, ¿cuál es el mínimo de aciertos que necesita para obtener al menos 90 puntos?

A. 15 B. 16 C. 17 D. 18

73. Indica cuál es el conjunto de todas las soluciones de la inecuación:

$$|x-1|+|x+2|<5$$

A. $(-3, 2)$ B. $(-1, 2)$ C. $\left(-\frac{3}{2}, \frac{7}{2}\right)$ D. $(-2, 1)$

74. ¿Cuál es la única afirmación correcta?

A. Si $x<1$, entonces $x^2<x$

B. Si $x^2>x$, entonces $x<0$

C. Si $x^2>x$, entonces $x>0$

D. Si $x<0$, entonces $x^2>x$

75. Un número positivo x satisface la desigualdad $\sqrt{x}>2x$ si y solo si:

A. $x>\frac{1}{4}$ B. $x>2$ C. $x<\frac{1}{4}$ D. $x<4$

76. Los números x tales que $\frac{x^2-4}{x^2-1}>0$ son:

A. $\{x \mid x>2 \text{ o } x<-2 \text{ o } -1<x<1\}$

B. $\{x \mid x>2 \text{ o } x<-2\}$

C. $\{x \mid x>1 \text{ o } x<-2\}$

D. $\{x \mid x\neq 1 \text{ y } x\neq -1\}$

Encuentra el error

77. Joaquín ha resuelto la inecuación $\frac{x-1}{2x+3}\leq\frac{1}{3}$ de esta manera:

$$3(x-1)\leq 2x+3 \Rightarrow 3x-2x\leq 3+3 \Rightarrow x\leq 6.$$

Sin embargo, al sustituir $x=-10$ no se cumple la inecuación:

$$\frac{-10-1}{2\cdot(-10)+3}=\frac{11}{17}>\frac{1}{3}$$

¿Dónde está el error?

Ponte a prueba

PROBLEMA RESUELTO Una dieta matemática

El **problema de la dieta**, fue uno de los primeros problemas sobre optimización, para dar respuesta al ejército estadounidense que quería asegurar unos requerimientos nutricionales al menor coste. El problema fue resuelto por George Stigler usando la programación lineal en 1947.

Aunque la variedad de alimentos es muy grande y no todas las personas necesitan la misma cantidad de nutrientes, observa el ejemplo simplificado de este problema.

Las necesidades nutricionales mínimas semanales de Sofía son las que aparecen en la tabla de la izquierda. En la tabla de la derecha se muestran los contenidos y los costes por kilogramo de los productos *A* y *B*.

	Necesidades de Sofía		
	Proteínas	Hidratos	Grasas
Unidades	8	12	9

Producto	Proteínas	Hidratos	Grasas	Coste(kg)
A	2	6	1	6 €
B	1	2	3	4 €

1. Si Sofía consume semanalmente 5,5 kg del producto *A* y 1 kg del producto *B*, ¿es suficiente esa dieta para tener una alimentación completa? ¿Cuánto se gastaría semanalmente?
2. Si se designa por x la cantidad de producto *A*, en kg, y por y la cantidad de producto *B*, en kg, escribe mediante inecuaciones las condiciones que tiene que cumplir la dieta para que sea suficiente.
3. Escribe la expresión $P(x, y)$ que indica el gasto semanal en los productos *A* y *B* cuando se consumen x kg de *A* e y kg de *B* semanalmente. Esta expresión se llama función objetivo.

   A. $P(x, y) = 4x + 6y$ B. $P(x, y) = 9x + 6y$ C. $P(x, y) = 6x + 4y$ D. $P(x, y) = 54x + 24y$
4. El conjunto de puntos del plano (x, y) que verifican todas las condiciones del problema se llama región factible. Represéntala.
5. Determina cuál sería la dieta más económica satisfaciendo las cantidades mínimas de proteínas, hidratos de carbono y grasas de Sofía.

SOLUCIÓN

1. $5{,}5 \cdot 2 + 1 \cdot 1 = 12$ unidades de proteínas, son suficientes.

   $5{,}5 \cdot 6 + 1 \cdot 2 = 35$ unidades de hidratos, son suficientes.

   $5{,}5 \cdot 1 + 1 \cdot 3 = 8{,}5$ unidades de grasa, no son suficientes.

   La dieta no es completa. El gasto semanal sería de $5{,}5 \cdot 6 + 1 \cdot 4 = 37$ €.
2. $x \geq 0$; $y \geq 0$; $2x + y \geq 8$; $6x + 2y \geq 12$; $x + 3y \geq 9$
3. C. $P(x, y) = 6x + 4y$
4.

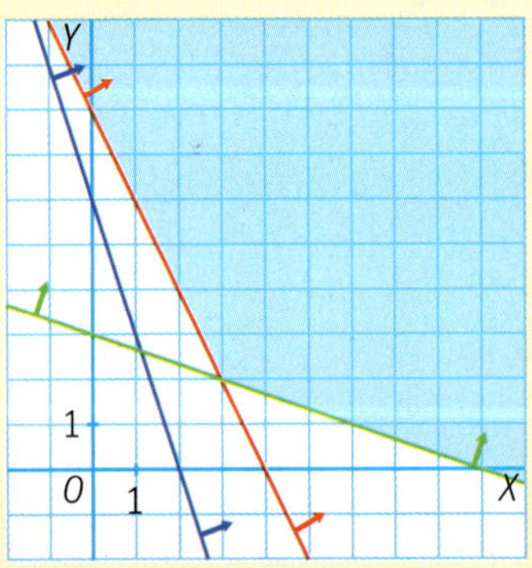

5. Los valores que minimizan el coste se encuentran entre los vértices de la región factible, es decir, en (0, 8), (3, 2) y (9, 0). Se calcula la función objetivo en estos puntos.

   $P(0, 8) = 4 \cdot 8 = 32$ $P(3, 2) = 6 \cdot 3 + 4 \cdot 2 = 26$ $P(9, 0) = 6 \cdot 9 = 54$

   La dieta más económica corresponde a 3 kg del producto *A* y 2 kg del *B*. El gasto sería de 26 €.

Geografía con inecuaciones

Para determinar un punto sobre la superficie terrestre se utilizan las coordenadas geográficas: **latitud y longitud**. Pero para delimitar una región o un país con un sistema de coordenadas geográficas, las fronteras corresponden a una curva de ecuaciones bastante complicadas. No obstante, se puede aproximar esa curva por una línea poligonal cuyos segmentos rectilíneos corresponden a ecuaciones de primer grado. La definición de una región convexa puede hacerse mediante un sistema de inecuaciones geográficas.

Se toma un sistema de coordenadas geográficas con dos ejes: el meridiano de Greenwich (X) y el Ecuador (Y). Se designa la latitud mediante la variable x y la longitud mediante y. Así, un punto de la superficie terrestre de coordenadas (+23°, −15°) corresponde a un lugar de latitud 23° N y una longitud de 15° O.

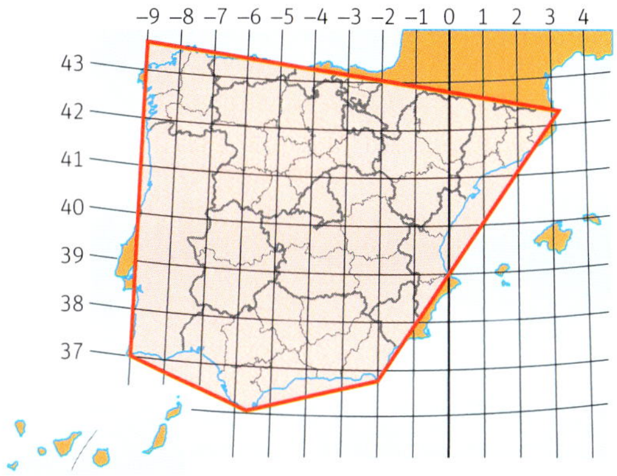

1. La península ibérica se asemeja a una forma pentagonal.

a) Dos de las rectas que determinan los lados del pentágono tienen por ecuación $4x - y = 150$; $8x + y + 339 = 0$ en el sistema de coordenadas geográficas. Identifica cuáles son y halla la ecuación de las otras.

b) Determina mediante inecuaciones la porción de la superficie terrestre representada por la península ibérica.

AUTOEVALUACIÓN

1. Indica cuál de los siguientes intervalos es la solución de la inecuación $-4x + 1 \leq -3$.

A. $[1, +\infty)$ C. $(-\infty, 1]$

B. $[-1, +\infty)$ D. $(-\infty, -1]$

2. ¿Cuáles de las siguientes inecuaciones son equivalentes a $x - 2 \leq 10$?

a) $x - 7 \leq 5$ c) $2 - x \geq -10$

b) $x + 1 \leq 7$ d) $3x - 6 \leq -30$

En los casos afirmativos, indica la transformación que permite pasar de una a otra inecuación.

3. Resuelve las siguientes inecuaciones:

a) $-2x^2 + 2x + 12 \leq 0$ c) $x^4 - 4 > 0$

b) $3x^3 + x^2 - 3x - 1 \geq 0$ d) $\dfrac{x^2 - x}{x+5} < 0$

4. Escribe la inecuación cuya solución es el siguiente semiplano.

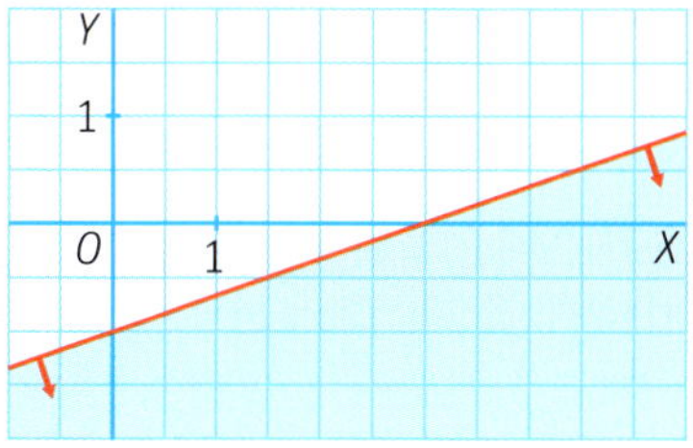

5. Resuelve estos sistemas de inecuaciones.

a) $\begin{cases} x+1 \leq 3 \\ 3x > -1 \end{cases}$ c) $\begin{cases} -x^2 - 3x + 10 > 0 \\ x < -1 \end{cases}$

b) $\begin{cases} x+2 > 6 \\ x-2 \leq 2x \end{cases}$ d) $\begin{cases} x+y \leq 3 \\ x+3y > 1 \end{cases}$

6. Marcos quiere encargar a un cristalero un espejo circular, aunque no tiene claro qué tamaño le conviene. Sabe que el radio puede variar entre 20 cm y 25 cm. ¿Entre qué valores oscilaría el área del cristal? ¿Y su perímetro?

7. Dos comerciantes disponen de 35 000 € para comprar ordenadores y de 40 m³ para almacenarlos. Dos proveedores les venden aparatos de 500 € y 700 €, que ocupan 0,3 m³ y 0,5 m³, respectivamente. ¿Cuántos ordenadores, como máximo, pueden comprar para optimizar el espacio y ajustarlo a su presupuesto?

smSaviadigital.com VALORA LO APRENDIDO > Autoevaluación.

MATES + MAGIA

EL LIBRO DE MAGIA MÁS ANTIGUO DEL MUNDO

DAVID BREYER SINGMASTER (1939-...)

Es un profesor de matemáticas jubilado estadounidense. Se describe a sí mismo como metagrobólogo, alguien que se dedica al estudio de los rompecabezas mecánicos.

Hace unos años, mientras consultaba un manuscrito del siglo XIX, encontró una referencia a un antiguo compendio de juegos de magia. La pista le llevó a los archivos de la universidad de Bolonia, donde halló el libro, que resultó ser el texto de magia más antiguo del mundo, *De viribus quantitatis* (Sobre el poder de los números), que contiene trucos de naipes y puzles numéricos, y que ha permanecido guardado durante 500 años.

Su autor fue Luca Pacioli, un monje franciscano, gran amigo de Leonardo da Vinci.

A continuación te proponemos un juego del libro de magia más antiguo del mundo.

1.º Elige tres espectadores y numéralos del 1 al 3.

2.º Dales una ficha roja, una amarilla y una verde y pídeles que, en secreto, se las repartan como quieran.

3.º Véndate los ojos o date la vuelta e indícales que realicen las siguientes operaciones.

- Él que tiene la ficha roja debe multiplicar su número por 2.
- Él que tiene la ficha amarilla debe multiplicar su número por 9.
- El portador de la verde debe multiplicar su número por 10.
- Por último, deben sumar los tres resultados y decirte el total.

4.º Finalmente, para averiguar el color de la ficha que tiene cada uno, lo único que tienes que hacer es restarle a 60 el total que te han indicado, y dividir entre 8 el resultado: el cociente será el número del espectador que tiene la ficha roja y el resto el número del que tiene la amarilla.

¿Cuál es el secreto?

Si se llama r al número del espectador que tiene la ficha roja, a al número del espectador que tiene la ficha amarilla y v al número del espectador que tiene la verde, se cumple que $r + a + v = 6$.

El total calculado por los espectadores será:

$$\text{Total} = 2r + 9a + 10v = 2r + 9a + 10(6 - r - a) = 2r + 9a + 60 - 10r - 10a = 60 - 8r - a$$

Al restar de 60 el número calculado, el resultado que se obtiene es $60 - (60 - 8r - a) = 8r + a$. Al dividir el resultado obtenido entre 8, el cociente será r, es decir, el número del espectador que tiene la ficha roja y el resto será a, es decir, el número del espectador que tiene la ficha amarilla.

LA FILA BINARIA

El código binario es considerado el lenguaje más universal y sencillo que solo utiliza dos dígitos: 1 y 0.

No solo es el lenguaje usado por los ordenadores sino que también es el lenguaje elegido para intentar comunicarnos con una posible vida extraterrestre. Fue utilizado por el astrofísico Carl Sagan para cifrar el mensaje que se envió en los años 70 al espacio desde el mayor telescopio del mundo en Arecibo, Puerto Rico, con el fin de poder comunicarnos con otras formas de vida inteligentes.

Vamos a hacer un juego de magia basado en un proceso que sirve para codificar y descodificar un número en base binaria, utilizando clips.

Pide a un espectador que piense un número al azar y siga los siguientes pasos.

- Si el número que ha pensado es impar, deberá colocar un clip de forma vertical encima de la mesa, mientras que si es par de forma horizontal.
- A continuación, debe dividir el número entre 2. Si la parte entera del número obtenido es impar deberá proceder como anteriormente, es decir colocando el clip de forma vertical, y si es par, de forma horizontal.

  (Para indicar la parte entera, se coloca el número o la operación entre corchetes).
- Debe continuar el proceso formando una cadena de clips hasta que el resultado entero de su división sea 0 (el dividendo sea menor que 2).

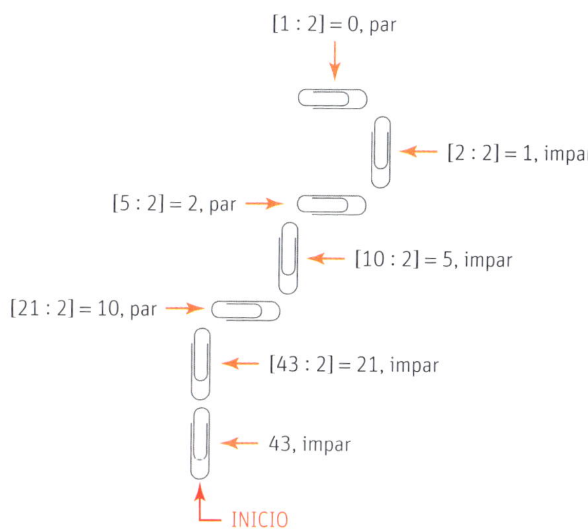

Para descodificar el número, cuando el espectador haya terminado, solo tienes que fijarte en los clips y hacer el siguiente proceso.

- Asigna a cada clip el número 2^n siendo n el número de clip, empezando por el 0. Por ejemplo:

  Clip 0: $2^0 = 1$ Clip 1: $2^1 = 2$

  Clip 2: $2^2 = 4$ Clip 3: $2^3 = 8$
- Y por último suma solo los valores de los clips que estén en vertical, descartando los horizontales.

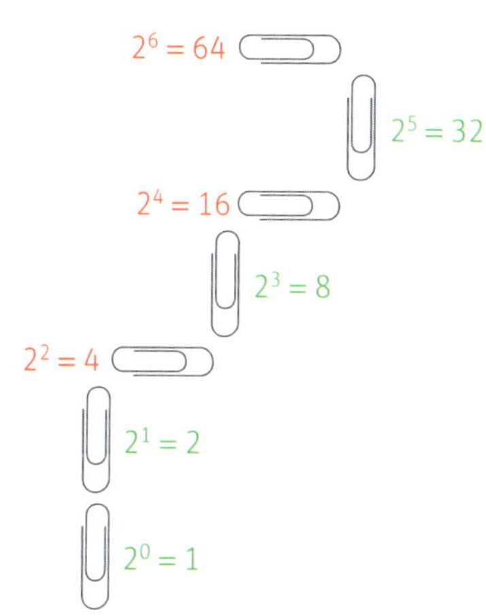

En este ejemplo, la operación sería:

$1 + 2 + 8 + 32 = 43$

5 Semejanza y trigonometría

- ¿Semejante y proporcional son sinónimos?
- ¿Cómo determinas si dos triángulos son semejantes?
- ¿Puedes establecer relaciones entre los ángulos y las longitudes de los lados de un triángulo rectángulo?
- ¿Y para cualquier ángulo representado en una circunferencia?

Piensa y contesta

¿Cómo respondió el alumno a la pregunta de examen? El alumno dice que hay muchas más formas de responder. ¿Cuántas se te ocurren?

¿Por qué el profesor se resistía a darle la nota máxima?

Analiza y reflexiona

¿Crees que sería válida esta respuesta?

Se lleva el barómetro y se llama a la puerta del conserje. Cuando el conserje responda, se le dice lo siguiente: "Sr. Conserje, aquí tengo un barómetro estupendo. Si me dice la altura de este edificio, se lo regalo".

Lee y comprende

Ángeles sobre la cabeza de un alfiler

Hace algún tiempo, recibí la llamada de un compañero del trabajo preguntándome si podría arbitrar en la evaluación de una pregunta de examen. Estaba a punto de poner un cero a un estudiante por la respuesta que había dado a un problema de física, mientras que dicho estudiante defendía que le correspondería la nota máxima si no fuera porque el sistema estaba diseñado contra el alumnado. [...]

Fui a la oficina de mi compañero y leí la pregunta del examen: «Muestre cómo se puede determinar la altura de un edificio alto con la ayuda de un barómetro».

El estudiante había respondido: «Lleve el barómetro a la azotea del edificio, átele una cuerda muy larga, descuelgue el barómetro hasta la calle y después vuelva a subirlo, midiendo la longitud de la cuerda. Dicha longitud será igual a la altura del edificio».

Señalé que, en realidad, el estudiante tenía bastante razón al pedir la nota máxima, ya que había respondido a la pregunta de forma completa y correcta. Por otro lado, si se le daba la nota máxima, esto podría contribuir a que el estudiante tuviera una nota alta en la asignatura de física. Una nota alta se supone que certifica un alto nivel en física, pero la respuesta dada no confirmaba que el estudiante tuviera ese nivel. Sugerí que se diera al alumno otra oportunidad de responder la pregunta. No me sorprendió que mi compañero accediera, pero sí me sorprendió que el estudiante lo hiciera.

Di al alumno seis minutos para que respondiera la misma pregunta, advirtiéndole que la respuesta debía incluir algún conocimiento de física. Habían pasado cinco minutos y no había escrito nada. Le pregunté si quería dejarlo, pero dijo que no. Que tenía muchas respuestas al problema y que solo estaba pensando cuál era la mejor. Me excusé por interrumpirle y le rogué que continuara.

En el minuto que le quedaba, escribió apresuradamente la siguiente respuesta: «Lleve el barómetro a la azotea del edificio y asómese por el borde. Tire el barómetro y mida el tiempo de caída con un cronómetro. Después, calcule la altura del edificio aplicando la fórmula: $S = \frac{1}{2}at^2$».

En este punto, le pregunté a mi compañero si estaría dispuesto a ceder. Aceptó y di al alumno una nota próxima a la más alta.

Alexander Calanda,
The teaching of Elementary Science and Mathematics
ACCE, 1969.

1 Figuras semejantes. Teorema de Tales

Ten en cuenta

Los ángulos, puntos, lados... que se corresponden en una semejanza se llaman **homólogos**.

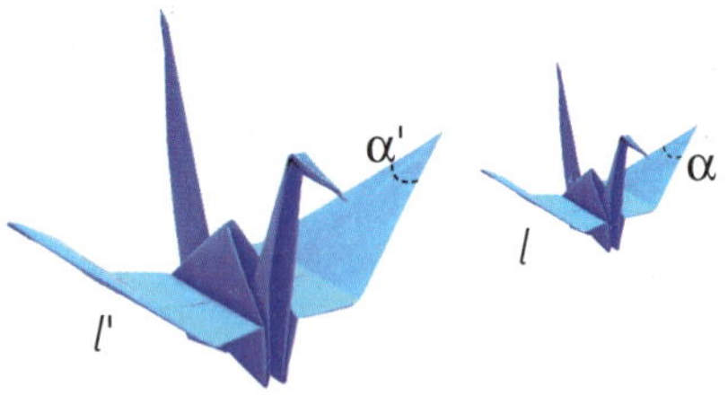

Dos **figuras geométricas** son **semejantes** si tienen la misma forma aunque diferentes dimensiones.

El cociente entre la distancia de dos puntos cualesquiera de una figura y la distancia entre los puntos homólogos en la otra es constante y se denomina **razón de semejanza, *k***.

Ejemplo ▸ Las figuras de la imagen son semejantes porque tienen la misma forma y distintas dimensiones. Los lados l y l', los ángulos α y α' son homólogos. Como $l' = 2l$, la razón de semejanza es 2.

Polígonos semejantes

Dos **polígonos** con el mismo número de lados son **semejantes** cuando sus ángulos homólogos son iguales y sus lados homólogos son proporcionales.

Ejemplo ▸ Los cuadriláteros de la figura son semejantes, ya que sus ángulos homólogos son iguales al ser paralelos los lados homólogos que los forman.

Observa, asimismo, que sus lados homólogos son proporcionales:

$\overline{AB} = 2\overline{A'B'}$ $\quad \overline{BC} = 2\overline{B'C'}$ $\quad \overline{CD} = 2\overline{C'D'}$ $\quad \overline{DA} = 2\overline{D'A'}$

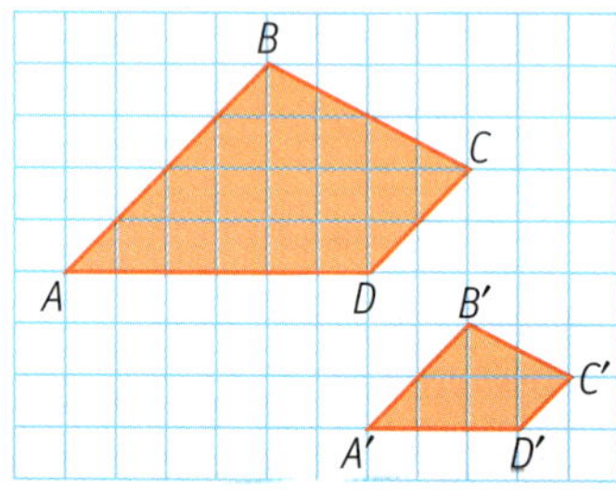

Razones de longitudes, áreas y volúmenes

Si dos **figuras** son **semejantes** con **razón de semejanza *k***:

- La razón de dos **longitudes** homólogas es también ***k***.
- La razón de las **áreas** es k^2.
- En el caso de cuerpos en el espacio, la razón de los **volúmenes** es k^3.

Ejemplo ▸ Halla las razones de semejanza que se indican.

- De los perímetros de estos rectángulos semejantes y de sus áreas.

$$\frac{l_1}{l_2} = \frac{3}{6} = \frac{1}{2} = k \Rightarrow \frac{p_1}{p_2} = \frac{3\cdot 2 + 2\cdot 2}{6\cdot 2 + 4\cdot 2} = \frac{10}{20} = \frac{1}{2} = k$$

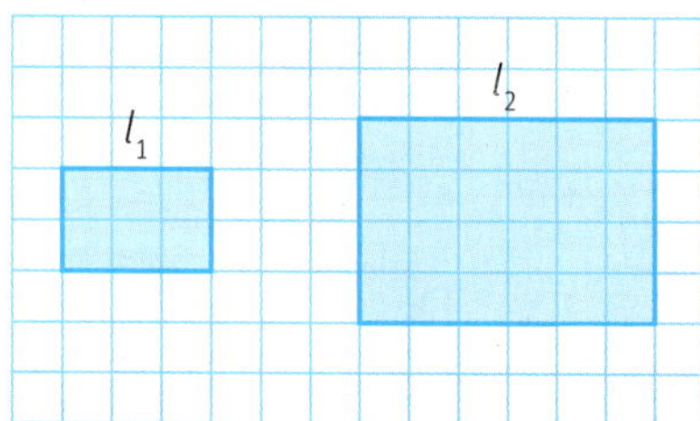

La razón entre los perímetros coincide con la razón entre los lados.

La razón entre las áreas es:

$$\frac{A_1}{A_2} = \frac{3\cdot 2}{6\cdot 4} = \frac{1}{4} = \left(\frac{1}{2}\right)^2 = k^2$$

La razón entre las áreas es igual a la razón entre los lados al cuadrado.

- De los volúmenes de los conos semejantes:

$$\frac{r_1}{r_2} = \frac{1}{2} = k \Rightarrow \frac{V_1}{V_2} = \frac{\cancel{\pi}\cdot 3}{\cancel{\pi}\cdot 2^2\cdot 6} = \frac{\cancel{3}}{2^3\cdot \cancel{3}} = \left(\frac{1}{2}\right)^3 = k^3$$

La razón entre los volúmenes es la razón entre los radios al cubo.

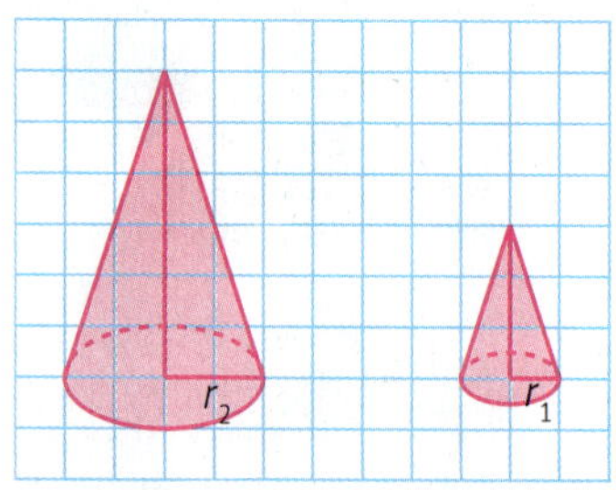

Teorema de Tales

Teorema de Tales. Si dos rectas r y r' son cortadas por varias rectas paralelas s_1, s_2, s_3, s_4, ..., los segmentos que éstas determinan sobre r y r' son proporcionales.

$$\frac{\overline{AB}}{\overline{A'B'}} = \frac{\overline{BC}}{\overline{B'C'}} = \frac{\overline{CD}}{\overline{C'D'}} = k$$

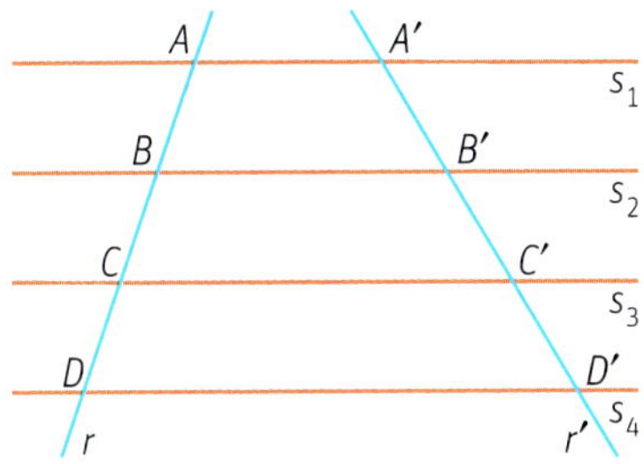

Ejemplo ▸ Observa la figura y comprueba el teorema de Tales.

Los segmentos AA', BB', y CC' son paralelos. Para comprobar el teorema de Tales se calculan las razones:

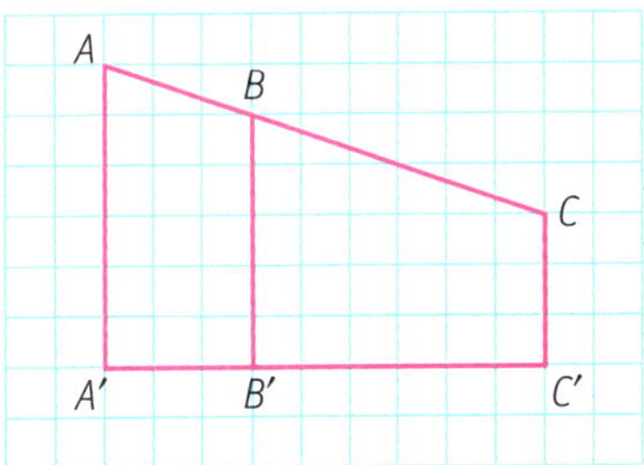

$$\frac{\overline{AB}}{\overline{A'B'}} = \frac{\sqrt{10}}{3}$$

$$\frac{\overline{BC}}{\overline{B'C'}} = \frac{\sqrt{40}}{6} = \frac{\not{2}\sqrt{10}}{\not{2}\cdot 3} = \frac{\sqrt{10}}{3}$$

$$\frac{\overline{AC}}{\overline{A'C'}} = \frac{\sqrt{90}}{9} = \frac{\not{3}\sqrt{10}}{\not{3}\cdot 3} = \frac{\sqrt{10}}{3}$$

MAT-TIC GeoGebra

Entra en sm**Savia**digital.com y aplica el teorema de Tales.

Triángulos en posición de Tales

Dos triángulos están en **posición de Tales** cuando comparten un vértice y los lados opuestos a este vértice son paralelos.

Los triángulos en posición de Tales son semejantes, por tanto:

$$\hat{A} = \widehat{A'}, \quad \hat{B} = \widehat{B'}, \quad \hat{C} = \widehat{C'}, \quad \frac{\overline{AB}}{\overline{AB'}} = \frac{\overline{AC}}{\overline{AC'}} = \frac{\overline{BC}}{\overline{B'C'}}$$

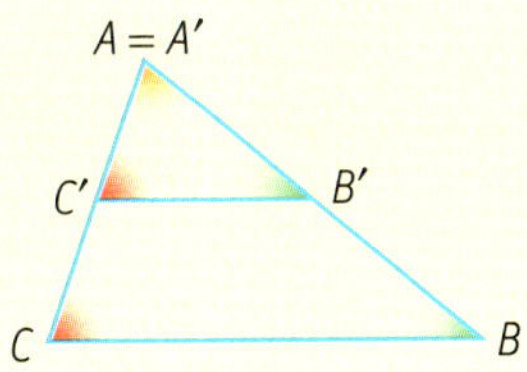

Ten en cuenta

Dos triángulos en posición de Tales también pueden tener invertida la orientación.

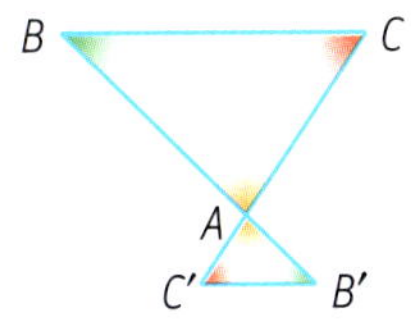

ACTIVIDADES

1. Calcula las longitudes de los lados de un triángulo semejante a otro que tiene por lados 3, 12 y 10 cm si la razón de semejanza es $k = \frac{16}{5}$.

ACTIVIDAD **RESUELTA**

2. Calcula la longitud de los lados desconocidos.

Aplicando el teorema de Pitágoras se obtiene $x = \sqrt{3^2 + 4^2} = 5$ cm.

Como el vértice A es compartido y los segmentos BC y $B'C'$ son paralelos, los triángulos están en posición de Tales y, por tanto:

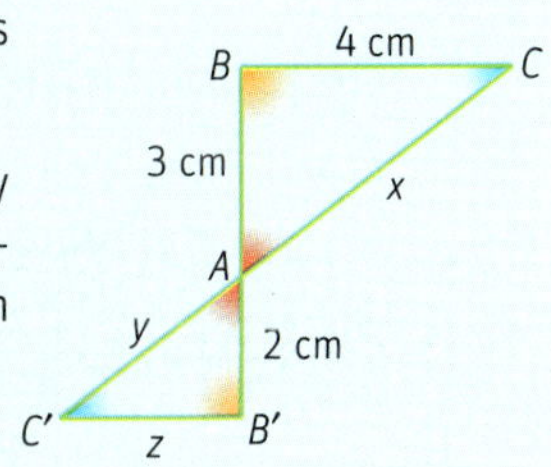

$$\frac{\overline{AB}}{\overline{AB'}} = \frac{\overline{BC}}{\overline{B'C'}} \Rightarrow \frac{3}{2} = \frac{4}{z} \Rightarrow z = \frac{8}{3} \text{ cm}$$

$$\frac{\overline{AB}}{\overline{AB'}} = \frac{\overline{AC}}{\overline{AC'}} \Rightarrow \frac{3}{2} = \frac{x}{y} \Rightarrow y = \frac{2x}{3} = \frac{10}{3} \text{ cm}$$

3. Calcula los lados desconocidos de las figuras.

a)

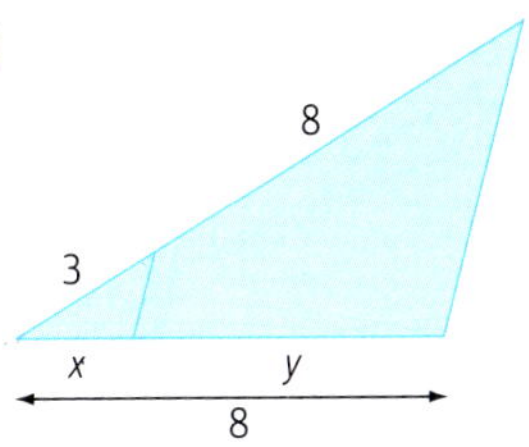

b)

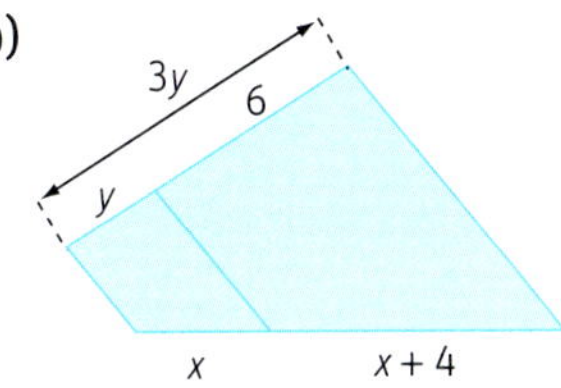

4. Juan mide 1,75 m y proyecta, en un momento dado, una sombra de 1,4 m. Calcula la sombra que proyecta en ese instante una farola de 4 m de altura.

5. Calcula la distancia que debe recorrer un pájaro que quiere volar desde la copa del árbol A a la del B.

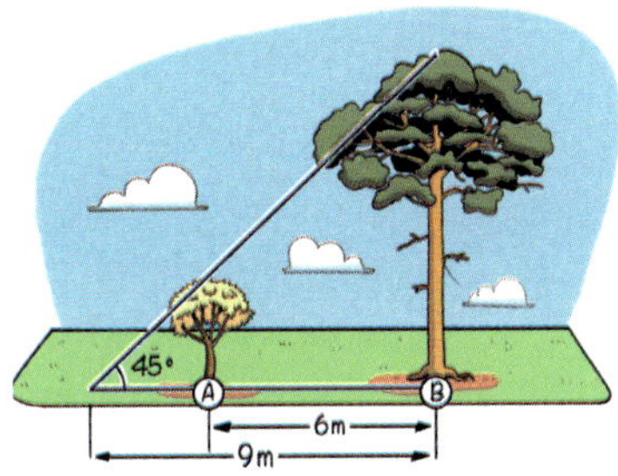

2 Criterios de semejanza de triángulos. Consecuencias

Sabías que...

El dibujante y pintor Crockett Johnson dedicó sus últimas obras a las matemáticas.

Entra en www.e-sm.net/sv4esomat2 y fíjate en su cuadro *Triángulos semejantes*.

¿Cuántos triángulos semejantes ves?

A partir del teorema de Tales y las características del triángulo, se definen tres criterios que permiten deducir si dos triángulos son semejantes.

- **Criterio 1.** Dos triángulos son semejantes si tienen dos ángulos iguales.
- **Criterio 2.** Dos triángulos son semejantes si tienen un ángulo igual y los lados que lo forman son proporcionales.
- **Criterio 3.** Dos triángulos son semejantes si tienen los tres lados proporcionales.

Para demostrar el criterio 1, se parte de dos triángulos con dos ángulos iguales $\hat{A}$ y $\hat{B}$ y se prueba que los tres ángulos son iguales y los tres lados homólogos son proporcionales.

- **Los tres ángulos son iguales.**

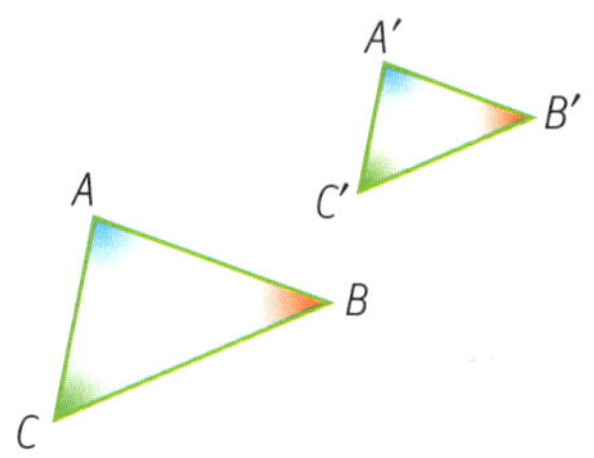

Como $\hat{A}=\hat{A}'$ y $\hat{B}=\hat{B}'$, se comprueba que $\hat{C}=\hat{C}'$:

$$\hat{C}=180°-\hat{A}-\hat{B}=180°-\hat{A}'-\hat{B}'=\hat{C}'\Rightarrow\hat{C}=\hat{C}'$$

- **Los tres lados homólogos son proporcionales.**

Sobre el lado AB del primer triángulo se lleva la medida $A'B'$ del segundo y se marca el vértice B''. Se traza el segmento $B''C''$, paralelo a BC.

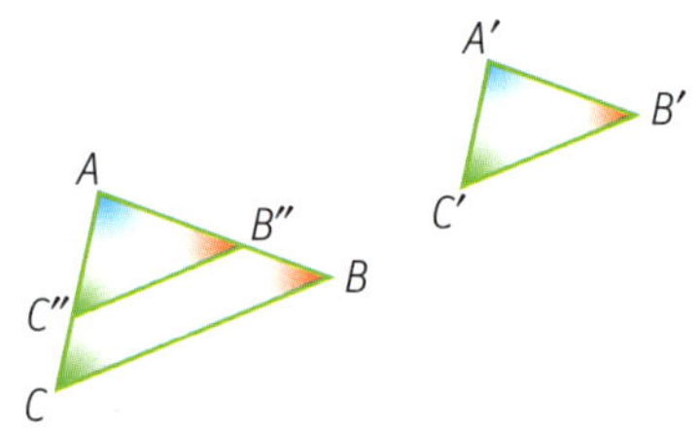

Los triángulos $AB''C''$ y $A'B'C'$ son iguales, ya que tienen dos de sus ángulos y un lado son iguales.

Los triángulos ABC y $AB''C''$ están en posición de Tales y, por tanto, son semejantes.

Por tanto, los triángulos ABC y $A'B'C'$ son semejantes y sus lados son proporcionales.

smSaviadigital.com

PRACTICA Más aplicaciones de la semejanza de triángulos.

Ejemplo ▸ ¿Son semejantes los triángulos de la figura?

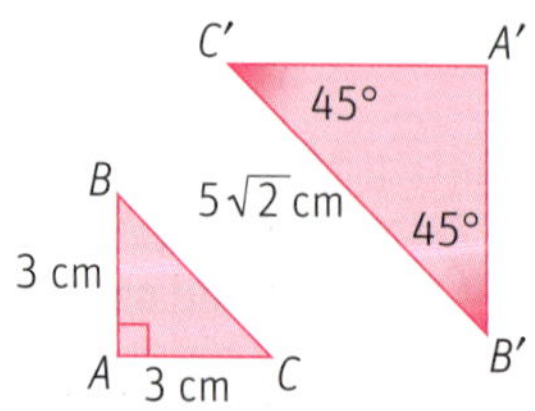

En el segundo triángulo se cumple:

$$\hat{A}'=180°-\hat{B}'-\hat{C}'=90°$$

Luego es un triángulo rectángulo de hipotenusa $5\sqrt{2}$.

Como tiene dos ángulos iguales, sus catetos son iguales, y por el teorema de Pitágoras se tiene:

$$\overline{A'C'}^2+\overline{A'B'}^2=\overline{B'C'}^2 \overset{\overline{A'C'}=\overline{A'B'}}{\Rightarrow} 2\cdot\overline{A'C'}^2=50\Rightarrow\overline{A'C'}=5$$

Los triángulos tienen dos lados proporcionales: $\dfrac{\overline{AC}}{\overline{A'C'}}=\dfrac{3}{5}=\dfrac{\overline{AB}}{\overline{A'B'}}$.

Como el ángulo comprendido entre ellos es igual ($\hat{A}=\hat{A}'$), se puede aplicar el segundo criterio y concluir que son triángulos semejantes.

Consecuencias: Teorema de la altura y teorema del cateto

A partir de los criterios de semejanza se pueden deducir otras propiedades que verifican los triángulos y, en general, las figuras geométricas.

Teorema de la altura. En un triángulo rectángulo, el cuadrado de la altura sobre la hipotenusa coincide con el producto de las proyecciones de los catetos sobre la hipotenusa.

Para demostrarlo, se observa que los triángulos *AHC* y *ABH* son semejantes, ya que tienen dos ángulos iguales: $\widehat{AHC} = \widehat{BHA} = 90°$, y $\widehat{ACH} = \widehat{HAB}$, por tener sus lados perpendiculares dos a dos. Por tanto, sus lados son proporcionales:

$$\frac{h}{n} = \frac{m}{h} \Rightarrow h^2 = m \cdot n$$

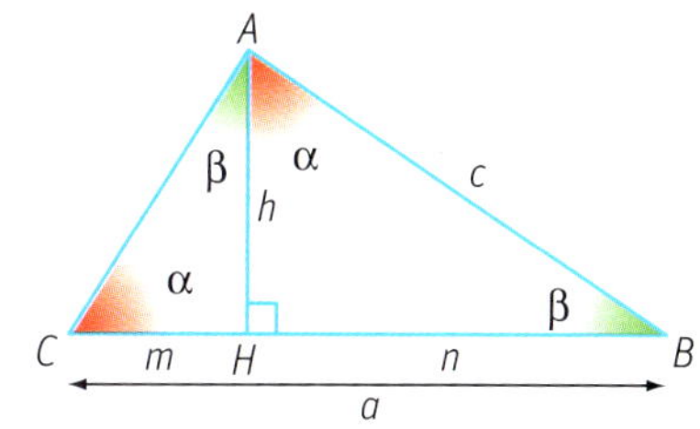

Teorema del cateto. En un triángulo rectángulo, el cuadrado de un cateto es igual al producto de la hipotenusa por la proyección de dicho cateto sobre la hipotenusa.

Para demostrarlo, se observa que los triángulos *ABC* y *HCA* también son semejantes, ya que tienen dos ángulos iguales: $\widehat{CAB} = \widehat{AHC} = 90°$, y $\widehat{BCA} = \widehat{HCA}$. Por tanto, sus lados son proporcionales: $\frac{b}{a} = \frac{m}{b} \Rightarrow b^2 = a \cdot m$.

Análogamente, se demuestra que: $c^2 = a \cdot n$.

Ejemplo ▸ Calcula la medida de la altura sobre la hipotenusa y de los catetos en el triángulo de la figura.

Por el teorema de la altura: $h^2 = m \cdot n = 12{,}8 \cdot 7{,}2 = 92{,}16 \Rightarrow h = \sqrt{92{,}16} = 9{,}6$ cm

La hipotenusa será la suma de las dos proyecciones: $a = m + n = 12{,}8 + 7{,}2 = 20$ cm

Y por el teorema del cateto: $c^2 = a \cdot m = 20 \cdot 12{,}8 = 256 \Rightarrow c = \sqrt{256} = 16$ cm

$$b^2 = a \cdot n = 20 \cdot 7{,}2 = 144 \Rightarrow c = \sqrt{144} = 12 \text{ cm}$$

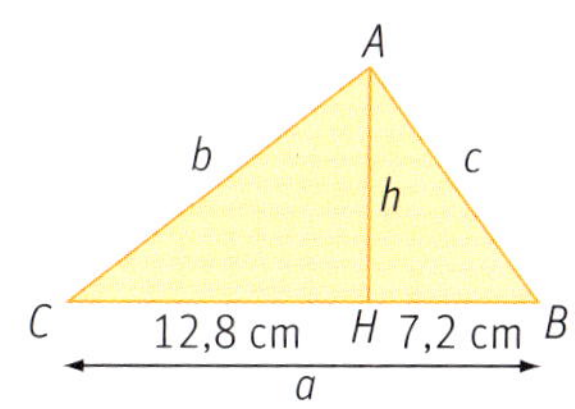

smSaviadigital.com

PRACTICA ¿Dominas los teoremas sobre semejanza?

MAT-TIC GeoGebra

Entra en smSaviadigital.com y aplica los teoremas de la altura y del cateto.

ACTIVIDADES

6. Razona si los triángulos siguientes son semejantes y calcula los lados desconocidos.

a)

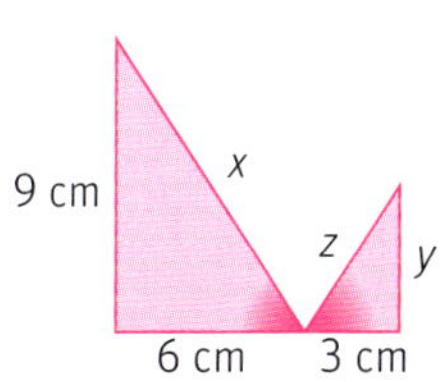

b)

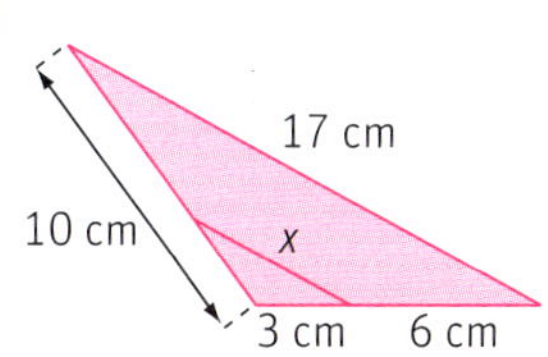

7. ¿Los triángulos interior y exterior de un cartabón son semejantes? Razona tu respuesta.

8. En un triángulo rectángulo, uno de los catetos mide 7,5 cm y su proyección sobre la hipotenusa tiene una longitud de 4,5 cm. ¿Cuánto mide la hipotenusa del triángulo?

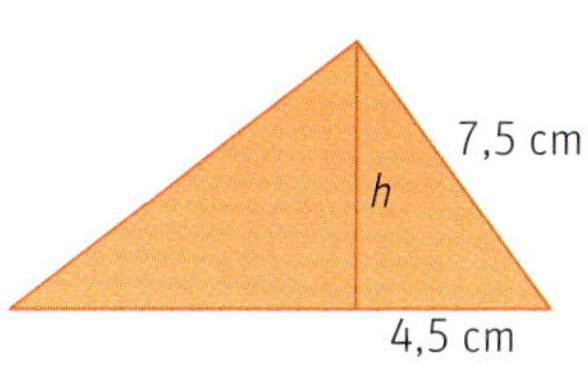

9. En un triángulo rectángulo, la hipotenusa y un cateto miden 40 y 24 cm, respectivamente.

a) Halla la medida del valor del otro cateto.

b) Halla la medida de las proyecciones de los catetos sobre la hipotenusa.

c) Halla la altura sobre la hipotenusa.

10. Demuestra los criterios 2 y 3 de semejanza de triángulos de forma análoga a la demostración del primer criterio.

11. Indica si son verdaderas o falsas las siguientes afirmaciones, justificando tu respuesta.

a) Dos triángulos isósceles siempre son semejantes.

b) Un triángulo rectángulo con un ángulo de 30° es semejante a otro con un ángulo de 60°.

12. Un cateto de un triángulo rectángulo mide 8 cm, y la altura sobre la hipotenusa, 4. Halla el área del triángulo.

3 Medida de ángulos: Aplicación de la semejanza

Sabías que...

El sistema de medida sexagesimal, que se utiliza para medir tanto los ángulos como el tiempo, fue ideado por los sumerios hace más de 4000 años.

Con calculadora

La calculadora científica trabaja tanto en grados sexagesimales:

Deg: MODE MODE MODE MODE 1

como en radianes:

Rad: MODE MODE MODE MODE 2

MAT-TIC GeoGebra

Entra en smSaviadigital.com y trabaja con radianes.

Ten en cuenta

La ventaja principal en la utilización de radianes es que se trata de una unidad natural: no depende de un número arbitrario de divisiones de la circunferencia.

El radián es la unidad de medida de ángulos planos en el Sistema Internacional.

Los ángulos se pueden medir en **grados sexagesimales** o en **radianes**.

Un **grado sexagesimal** (1°) es la medida del ángulo central correspondiente al arco de longitud $\frac{1}{360}$ de una circunferencia completa.

Cada grado sexagesimal se divide en 60 minutos (60'), y cada minuto, en 60 segundos (60'').

Un **radián** (1 rad) es la medida del ángulo central de una circunferencia cuyo arco coincide con la longitud del radio.

Los ángulos marcados en las circunferencias miden 1 rad, es decir, su radio y su arco coinciden.

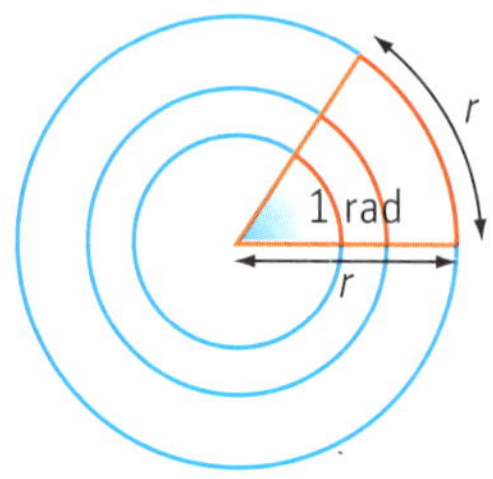

Para realizar la conversión entre grados y radianes se calcula cuántos radianes caben en una circunferencia de longitud $2\pi r$ mediante una proporción:

$$\frac{1 \text{ radián}}{r} = \frac{x \text{ radianes}}{2\pi r} \Rightarrow x = 2\pi \text{ rad} \Rightarrow 360° = 2\pi \text{ rad} \Rightarrow 180° = \pi \text{ rad}$$

- Para pasar de grados a radianes se multiplica por $\frac{\pi}{\mathbf{180°}}$.
- Para pasar de radianes a grados se multiplica por $\frac{\mathbf{180°}}{\pi}$.

Ejemplos

- La amplitud en radianes de un ángulo de 135° es: $135° \cdot \frac{\pi}{180°} = \frac{3\pi}{4}$ rad.
- La amplitud en grados de un ángulo de $\frac{5\pi}{6}$ radianes es: $\frac{5\pi}{6} \cdot \frac{180°}{\pi} = 150°$.

ACTIVIDADES

13. Pasa a radianes los siguientes ángulos expresados en grados sexagesimales.

a) 60° b) 120° c) 210° d) 135° e) 330°

14. Calcula, aproximando a los segundos, la medida de un radián en grados sexagesimales.

15. Convierte a grados sexagesimales los siguientes ángulos expresados en radianes.

a) $\frac{\pi}{4}$ b) $\frac{\pi}{5}$ c) $\frac{\pi}{6}$ d) $\frac{2\pi}{3}$ e) 4π

16. Las medidas de dos de los ángulos de un triángulo *ABC* son $\hat{A} = 40°$ y $\hat{B} = 1{,}54$ rad. Calcula en grados y en radianes la medida de $\hat{C}$.

17. La medida de un ángulo de un paralelogramo es $\hat{A} = 65°$. Halla los otros tres ángulos en grados y en radianes.

4 Razones trigonométricas de un ángulo agudo

La **trigonometría** es la rama de las matemáticas que estudia las medidas de ángulos. Se aplica a otras ramas como la geometría, la astronomía, etc.

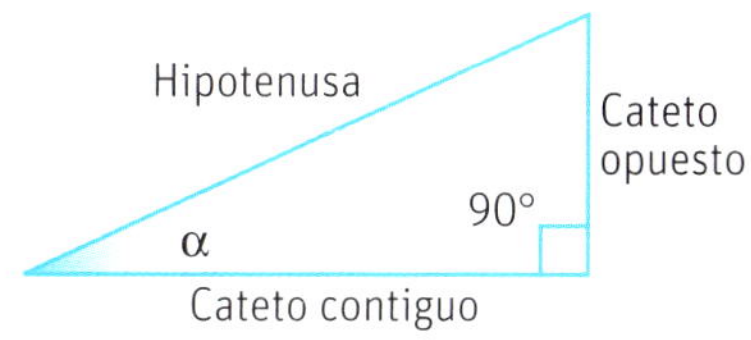

Las **razones trigonométricas** de un ángulo agudo α en un triángulo rectángulo se definen como:

$$\text{sen}\,\alpha = \frac{\text{cateto opuesto}}{\text{hipotenusa}} \qquad \text{cosec}\,\alpha = \frac{1}{\text{sen}\,\alpha} = \frac{\text{hipotenusa}}{\text{cateto opuesto}}$$

$$\cos\alpha = \frac{\text{cateto contiguo}}{\text{hipotenusa}} \qquad \sec\alpha = \frac{1}{\cos\alpha} = \frac{\text{hipotenusa}}{\text{cateto contiguo}}$$

$$\text{tg}\,\alpha = \frac{\text{sen}\,\alpha}{\cos\alpha} = \frac{\text{cateto opuesto}}{\text{cateto contiguo}} \qquad \text{cotg}\,\alpha = \frac{1}{\text{tg}\,\alpha} = \frac{\text{cateto contiguo}}{\text{cateto opuesto}}$$

MAT-TIC GeoGebra

Entra en smSaviadigital.com y practica con las razones trigonométricas.

Ejemplo ▸ Halla las razones trigonométricas del ángulo agudo $\hat{B}$ del siguiente triángulo rectángulo de catetos 12 y 5 cm.

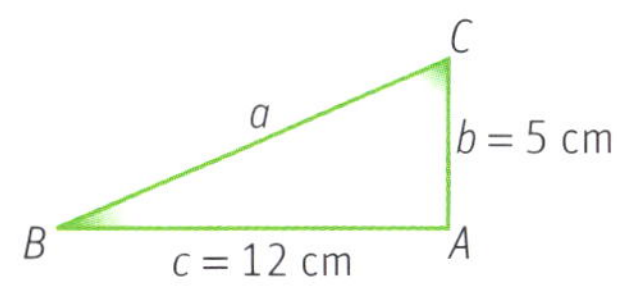

Para calcular las razones trigonométricas se necesita conocer la longitud de la hipotenusa. Se obtiene aplicando el teorema de Pitágoras: $a = \sqrt{12^2 + 5^2} = 13$ cm.

Por tanto:

$$\text{sen}\,\hat{B} = \frac{\text{cateto opuesto}}{\text{hipotenusa}} = \frac{b}{a} = \frac{5}{13} \qquad \text{cosec}\,\hat{B} = \frac{1}{\text{sen}\,\hat{B}} = \frac{13}{5}$$

$$\cos\hat{B} = \frac{\text{cateto contiguo}}{\text{hipotenusa}} = \frac{c}{a} = \frac{12}{13} \qquad \sec\hat{B} = \frac{1}{\cos\hat{B}} = \frac{13}{12}$$

$$\text{tg}\,\hat{B} = \frac{\text{sen}\,\hat{B}}{\cos\hat{B}} = \frac{\frac{5}{\cancel{13}}}{\frac{12}{\cancel{13}}} = \frac{5}{12} \qquad \text{cotg}\,\hat{B} = \frac{1}{\text{tg}\,\hat{B}} = \frac{12}{5}$$

Ten en cuenta

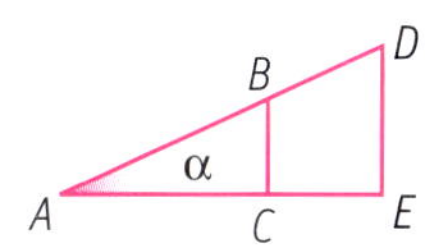

Como los triángulos de la figura son semejantes, se verifica que:

$$\frac{\overline{BC}}{\overline{AB}} = \frac{\overline{DE}}{\overline{AD}}$$

El seno de un ángulo solo depende de su amplitud.

Lo mismo ocurre con el coseno y con la tangente.

ACTIVIDADES

18. Indica las razones trigonométricas que relacionan el ángulo y los lados indicados en los siguientes triángulos rectángulos y calcúlalas.

a)

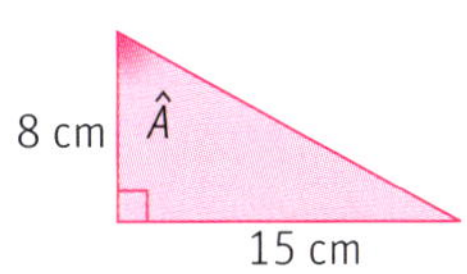

b)

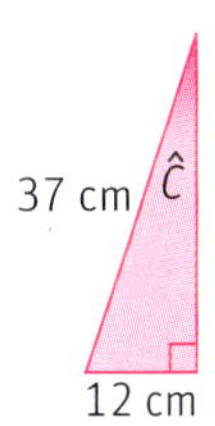

c)

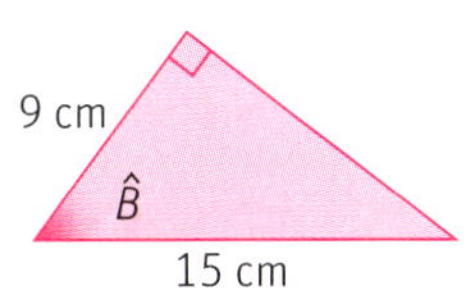

d)

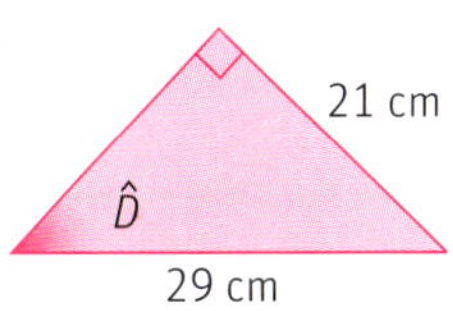

19. Calcula las razones trigonométricas inversas de las obtenidas en la actividad anterior.

20. Halla las razones trigonométricas de los ángulos agudos en el siguiente triángulo.

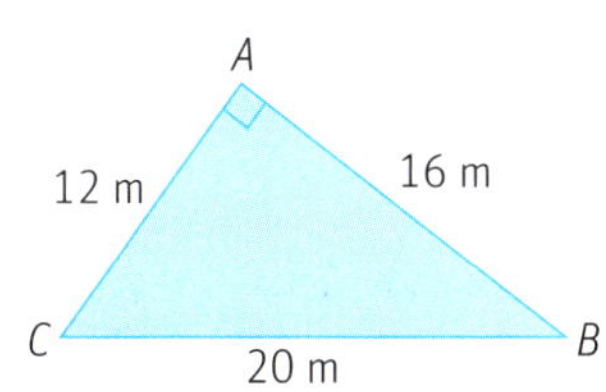

¿Qué relación hay entre las razones trigonométricas del ángulo *B* y el ángulo *C*?

21. Calcula las razones trigonométricas de los ángulos agudos en estos triángulos rectángulos.

a) Cateto $b = 28$ cm, cateto $c = 45$ cm

b) Hipotenusa $a = 73$ cm, cateto $b = 48$ cm

c) Hipotenusa $a = 15$ cm, cateto $c = 12$ cm

5 Razones trigonométricas de un ángulo cualquiera

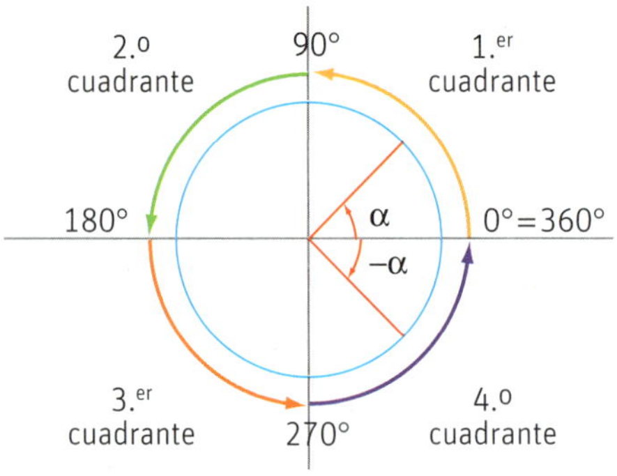

Para representar ángulos se puede utilizar la **circunferencia goniométrica**, de centro el origen y radio la unidad. El plano queda dividido en cuatro cuadrantes.

Los ángulos se miden desde el semieje X positivo y en el sentido contrario a las agujas del reloj. Si se miden en el sentido de las agujas del reloj, los ángulos son negativos.

Cada ángulo α determina un punto $A(x, y)$.

El radio y las coordenadas del punto forman un triángulo rectángulo donde:

$$\text{sen}\,\alpha = \frac{y}{1} = y \qquad \cos\alpha = \frac{x}{1} = x \qquad \text{tg}\,\alpha = \frac{\text{sen}\,\alpha}{\cos\alpha} = \frac{y}{x}$$

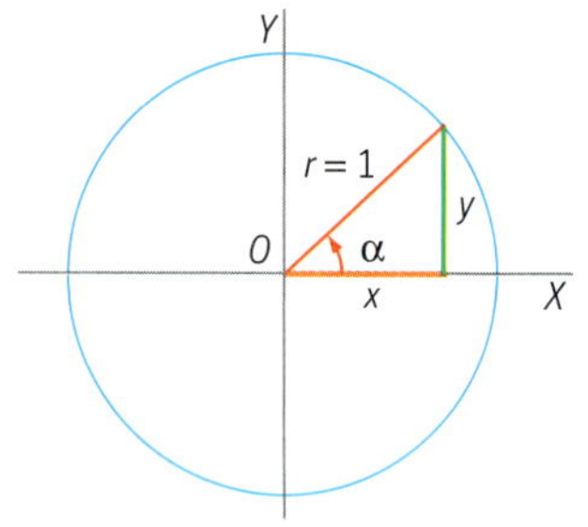

Ten en cuenta

Valores del seno, coseno y la tangente en las divisiones entre cuadrantes

α	sen α	cos α	tg α
0°	0	1	0
90°	1	0	–
180°	0	–1	0
270°	–1	0	–

A partir de esta representación se deduce el signo del seno, el coseno y la tangente en los cuatro cuadrantes.

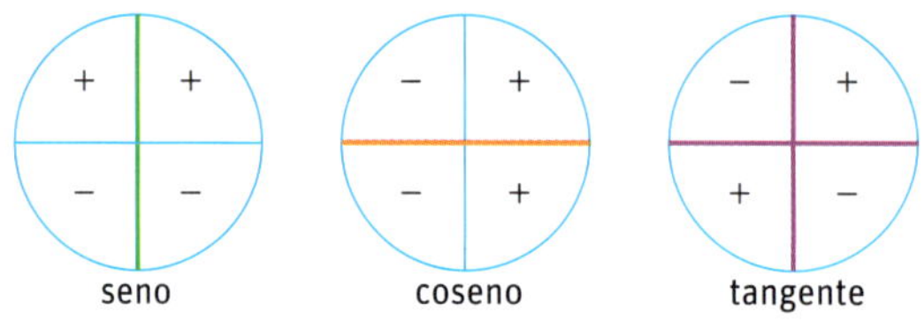

Razones trigonométricas de 30°, 45° y 60°

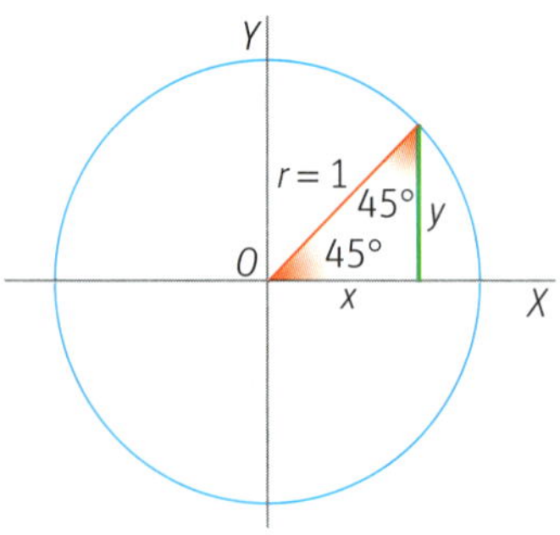

- Para deducir las **razones trigonométricas del ángulo de 45°**, se traza el ángulo sobre la circunferencia goniométrica. El triángulo que se forma es isósceles, con $x = y$. Aplicando el teorema de Pitágoras:

$$1 = x^2 + y^2 \overset{x=y}{=} 2x^2 \Rightarrow x^2 = \frac{1}{2} \Rightarrow x = \pm\frac{1}{\sqrt{2}} = \pm\frac{\sqrt{2}}{2}$$

En el primer cuadrante, las razones trigonométricas son positivas:

$$x = \cos 45° = \frac{\sqrt{2}}{2} \qquad \sec 45° = \frac{1}{\cos 45°} = \frac{2}{\sqrt{2}} = \sqrt{2}$$

$$y = \text{sen}\,45° = \frac{\sqrt{2}}{2} \qquad \text{cosec}\,45° = \frac{1}{\text{sen}\,45°} = \sqrt{2}$$

$$\text{tg}\,45° = \frac{\text{sen}\,45°}{\cos 45°} = \frac{x}{y} = 1 \qquad \text{cotg}\,45° = \frac{1}{\text{tg}\,45°} = 1$$

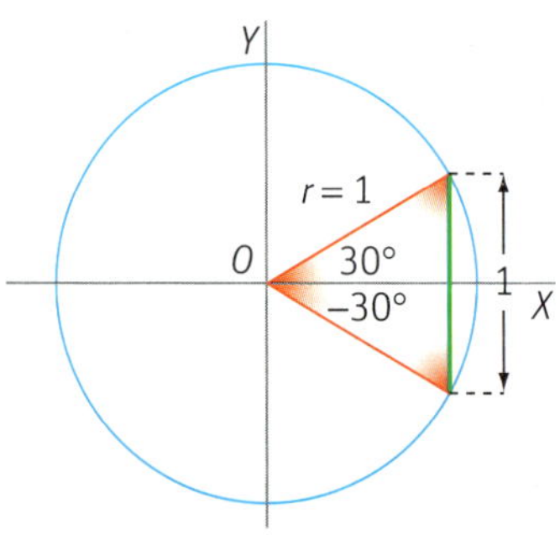

- Para calcular las **razones trigonométricas del ángulo de 30°**, se traza el ángulo y su opuesto. Los dos triángulos rectángulos que resultan forman un triángulo equilátero de lado 1, de donde se deduce que $y = \text{sen}\,30° = \frac{1}{2}$. Aplicando el teorema de Pitágoras al triángulo rectángulo superior se obtiene:

$$1 = x^2 + \left(\frac{1}{2}\right)^2 \Rightarrow 1 - \frac{1}{4} = x^2 \Rightarrow x = \pm\frac{\sqrt{3}}{2}$$

Como el ángulo está en el primer cuadrante, las razones son:

$$x = \cos 30° = \frac{\sqrt{3}}{2} \qquad y = \text{sen}\,30° = \frac{1}{2} \qquad \text{tg}\,30° = \frac{1}{2} : \frac{\sqrt{3}}{2} = \frac{\sqrt{3}}{3}$$

De forma análoga se deducen las **razones trigonométricas de 60°**:

$$x = \cos 60° = \frac{1}{2} \qquad y = \text{sen}\,60° = \frac{\sqrt{3}}{2} \qquad \text{tg}\,60° = \sqrt{3}$$

Relaciones entre las razones de ciertos ángulos

- Ángulos suplementarios: α y $180° - \alpha$

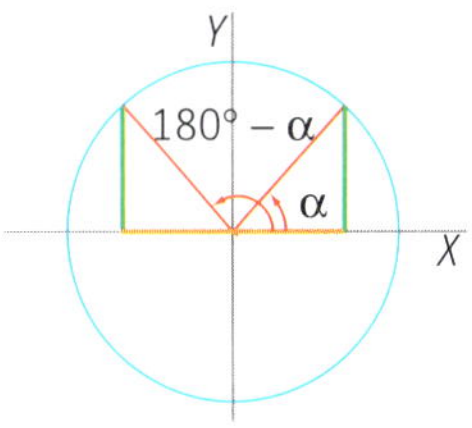

$$\text{sen}(180° - \alpha) = \text{sen}\,\alpha$$

$$\cos(180° - \alpha) = -\cos\alpha$$

$$\text{tg}(180° - \alpha) = \frac{\text{sen}(180° - \alpha)}{\cos(180° - \alpha)} = \frac{\text{sen}\,\alpha}{-\cos\alpha} = -\text{tg}\,\alpha$$

- Ángulos que se diferencian en 180°: α y $180° + \alpha$

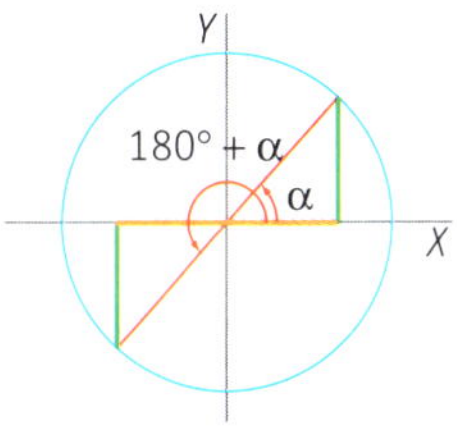

$$\text{sen}(180° + \alpha) = -\text{sen}\,\alpha$$

$$\cos(180° + \alpha) = -\cos\alpha$$

$$\text{tg}(180° + \alpha) = \frac{\text{sen}(180° + \alpha)}{\cos(180° + \alpha)} = \frac{-\text{sen}\,\alpha}{-\cos\alpha} = \text{tg}\,\alpha$$

- Ángulos complementarios: α y $90° - \alpha$

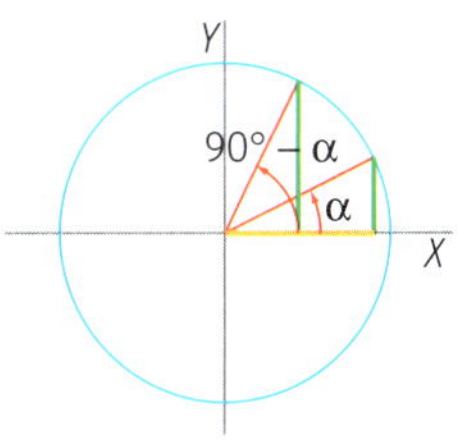

$$\text{sen}(90° - \alpha) = \cos\alpha$$

$$\cos(90° - \alpha) = \text{sen}\,\alpha$$

$$\text{tg}(90° - \alpha) = \frac{\text{sen}(90° - \alpha)}{\cos(90° - \alpha)} = \frac{\cos\alpha}{\text{sen}\,\alpha} = \text{cotg}\,\alpha$$

- Ángulos que suman 360°: α y $360° - \alpha$

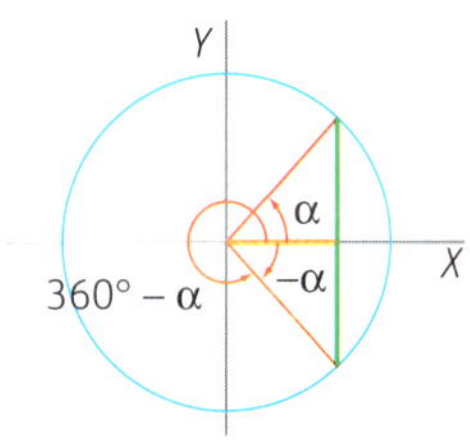

$$\text{sen}(360° - \alpha) = \text{sen}(-\alpha) = -\text{sen}\,\alpha$$

$$\cos(360° - \alpha) = \cos(-\alpha) = \cos\alpha$$

$$\text{tg}(360° - \alpha) = \frac{\text{sen}(360° - \alpha)}{\cos(360° - \alpha)} = \frac{-\text{sen}\,\alpha}{\cos\alpha} = -\text{tg}\,\alpha$$

Con calculadora

Para calcular:

- el seno de un ángulo: sin 3 2 = 0,5299
- el coseno de un ángulo: cos 5 0 = 0,6428
- la tangente de un ángulo: tan 2 4 = 0,4452

MAT-TIC GeoGebra

Entra en smSaviadigital.com y calcula las razones trigonométricas de cualquier ángulo.

Ten en cuenta

Recuerda que un ángulo mayor de 360° se expresa como un ángulo menor de 360° más un número de vueltas completas:

$4000° = 11 \cdot 360° + 40° =$
$= 40° + 11$ vueltas

smSaviadigital.com

PRACTICA Relaciona las razones de ángulos diferentes.

ACTIVIDADES

22. Define en radianes los cuatro cuadrantes del plano.

23. ¿En qué cuadrantes se puede encontrar cada uno de los siguientes ángulos?

a) α si $\text{sen}\,\alpha > 0$
b) γ si $\cos\gamma < 0$
c) φ si $\text{tg}\,\varphi < 0$
d) β si $\text{cosec}\,\beta > 0$
e) δ si $\sec\delta < 0$
f) λ si $\text{cotg}\,\lambda < 0$

24. Calcula la secante, cosecante y cotangente de los ángulos 30° y 60°.

25. Expresa los siguientes ángulos como la suma de un número de vueltas completas más un ángulo menor de 360°.

a) 400°
b) 540°
c) 2350°
d) 2880°
e) 4315°
f) 6000°

ACTIVIDAD **RESUELTA**

26. Calcula las razones trigonométricas de los siguientes ángulos:

a) sen 225°   b) cos 780°   c) tg (–210°)

a) $\text{sen}\,225° = \text{sen}(180° + 45°) = -\text{sen}\,45° = -\frac{\sqrt{2}}{2}$

b) $\cos 780° = \cos(2 \cdot 360° + 60°) = \cos 60° = \frac{1}{2}$

c) $\text{tg}(-210°) = -\text{tg}\,210° = -\text{tg}\,30° = -\frac{\sqrt{3}}{3}$

27. Calcula las razones trigonométricas de los siguientes ángulos.

a) sen 300°   b) cos (–330°)   c) tg (–480°)

6 Identidades trigonométricas

Ten en cuenta

Para indicar las potencias de razones trigonométricas se utiliza la siguiente notación:

$(\text{sen}\,\alpha)^2 = \text{sen}^2\alpha$

$(\cos\alpha)^2 = \cos^2\alpha$

$(\text{tg}\,\alpha)^2 = \text{tg}^2\alpha$

Las razones trigonométricas de cualquier ángulo α verifican las siguientes **identidades trigonométricas**.

- $\mathbf{sen^2\,\alpha + cos^2\,\alpha = 1}$, llamada ecuación fundamental de la trigonometría.
- $\mathbf{1 + tg^2\alpha = \dfrac{1}{cos^2\alpha} = sec^2\alpha}$
- $\mathbf{1 + cotg^2\alpha = \dfrac{1}{sen^2\alpha} = cosec^2\alpha}$

Para demostrar las identidades anteriores, basta aplicar las definiciones de las razones trigonométricas en un triángulo rectángulo y utilizar el teorema de Pitágoras.

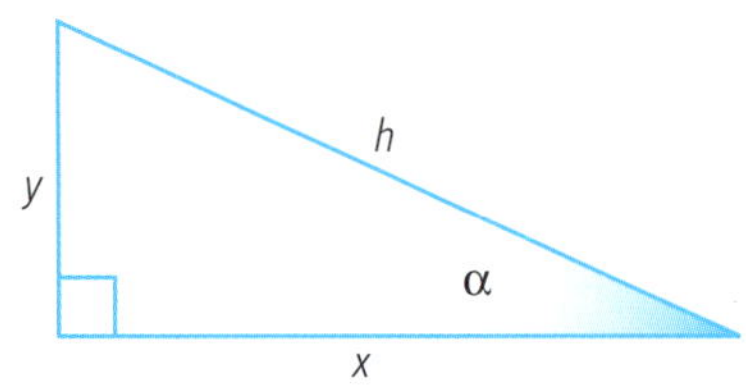

$\text{sen}\,\alpha = \dfrac{y}{h}$ $\quad\text{cosec}\,\alpha = \dfrac{h}{y}$

$\cos\alpha = \dfrac{x}{h}$ $\quad\sec\alpha = \dfrac{h}{x}$

$\text{tg}\,\alpha = \dfrac{y}{x}$ $\quad\text{cotg}\,\alpha = \dfrac{x}{y}$

- $\text{sen}^2\alpha + \cos^2\alpha = \dfrac{y^2}{h^2} + \dfrac{x^2}{h^2} = \dfrac{y^2 + x^2}{h^2} = \dfrac{h^2}{h^2} = 1$
- $1 + \text{tg}^2\alpha = 1 + \dfrac{y^2}{x^2} = \dfrac{x^2 + y^2}{x^2} = \dfrac{h^2}{x^2} = \sec^2\alpha = \dfrac{1}{\cos^2\alpha}$
- $1 + \text{cotg}^2\alpha = 1 + \dfrac{x^2}{y^2} = \dfrac{x^2 + y^2}{y^2} = \dfrac{h^2}{y^2} = \text{cosec}^2\alpha = \dfrac{1}{\text{sen}^2\alpha}$

Estas tres relaciones se utilizan para calcular todas las razones trigonométricas de un ángulo a partir del valor de una sola de ellas y para probar identidades trigonométricas.

Sabías que...

La ecuación fundamental de la trigonometría también se llama **identidad pitagórica** porque en un triángulo rectángulo de hipotenusa 1, es equivalente al teorema de Pitágoras.

Ejemplos

▶ Calcula las razones trigonométricas del ángulo α si $\text{sen}\,\alpha = \dfrac{1}{4}$, donde $0 < \alpha < 90°$.

Se utiliza la primera relación:

$$\text{sen}^2\alpha + \cos^2\alpha = 1 \Rightarrow \left(\frac{1}{4}\right)^2 + \cos^2\alpha = 1 \Rightarrow \cos^2\alpha = \frac{15}{16} \Rightarrow \cos\alpha = \pm\frac{\sqrt{15}}{4}$$

Al ser el ángulo del primer cuadrante, el coseno es positivo, $\cos\alpha = +\dfrac{\sqrt{15}}{4}$.

Por tanto, la tangente es: $\text{tg}\,\alpha = \dfrac{\text{sen}\,\alpha}{\cos\alpha} = \dfrac{\frac{1}{\not 4}}{\frac{\sqrt{15}}{\not 4}} = \dfrac{1}{\sqrt{15}} = \dfrac{\sqrt{15}}{15}$

El resto de las razones son: $\text{cosec}\,\alpha = 4$, $\sec\alpha = \dfrac{4\sqrt{15}}{15}$ y $\text{cotg}\,\alpha = \sqrt{15}$

▶ Demuestra la identidad trigonométrica $\text{tg}^2\alpha - \text{sen}^2\alpha = \text{sen}^2\alpha \cdot \text{tg}^2\alpha$.

Para demostrar una igualdad matemática, se puede partir de uno de los miembros y, mediante transformaciones llegar al otro.

$$\text{tg}^2\alpha - \text{sen}^2\alpha = \frac{\text{sen}^2\alpha}{\cos^2\alpha} - \text{sen}^2\alpha = \frac{\text{sen}^2\alpha - \text{sen}^2\alpha \cdot \cos^2\alpha}{\cos^2\alpha} = \frac{\text{sen}^2\alpha(1 - \cos^2\alpha)}{\cos^2\alpha} \overset{1 = \cos^2\alpha + \text{sen}^2\alpha}{=}$$

$$= \frac{\text{sen}^2\alpha \cdot \text{sen}^2\alpha}{\cos^2\alpha} = \text{sen}^2\alpha \cdot \frac{\text{sen}^2\alpha}{\cos^2\alpha} = \text{sen}^2\alpha \cdot \text{tg}^2\alpha$$

smSaviadigital.com

PRACTICA Comprueba lo que has aprendido sobre razones trigonométricas.

ACTIVIDADES

ACTIVIDAD **RESUELTA**

28. **Sabiendo que la tangente de un ángulo agudo vale 4, calcula el valor de su seno y su coseno.**

Como se conoce la tangente, se puede utilizar la segunda identidad para obtener el coseno.

$$1+\mathrm{tg}^2\alpha=\frac{1}{\cos^2\alpha}\Rightarrow 1+16=\frac{1}{\cos^2\alpha}\Rightarrow \cos^2\alpha=\frac{1}{17}\Rightarrow$$

$$\Rightarrow \cos\alpha=\pm\frac{1}{\sqrt{17}}=\pm\frac{\sqrt{17}}{17}$$

Para calcular el seno se puede utilizar la definición de la tangente o la ecuación $\mathrm{sen}^2\,\alpha+\cos^2\,\alpha=1$.

$$\mathrm{tg}\alpha=\frac{\mathrm{sen}\alpha}{\cos\alpha}\Rightarrow \mathrm{sen}\alpha=4\left(\pm\frac{\sqrt{17}}{17}\right)=\pm\frac{4\sqrt{17}}{17}$$

Al ser un ángulo agudo está en el primer cuadrante, por tanto:

$$\cos\alpha=+\frac{\sqrt{17}}{17} \qquad \mathrm{sen}\alpha=+\frac{4\sqrt{17}}{17}$$

29. Calcula $\mathrm{sen}\,\alpha$ y $\cos\alpha$ si α es un ángulo agudo y $\mathrm{tg}\,\alpha=0{,}75$.

30. Calcula el seno y la tangente de un ángulo agudo si su coseno vale 0,554.

31. Calcula la cosecante y la tangente de un ángulo agudo si su seno vale 0,2.

32. Calcula las razones trigonométricas de los dos ángulos agudos del triángulo aplicando solo la definición del seno.

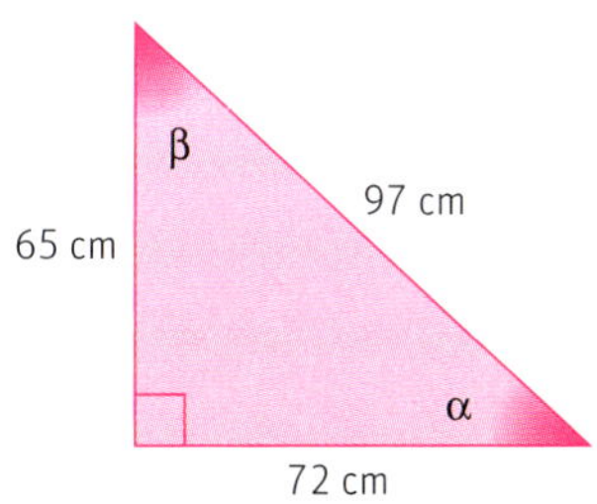

ACTIVIDAD **RESUELTA**

33. **Calcula las razones trigonométricas del ángulo α, sabiendo que $\sec\alpha=3$, si $\frac{3\pi}{2}<\alpha<2\pi$.**

El coseno es inmediato: $\cos\alpha=\frac{1}{3}$. Se utiliza la segunda relación para obtener la tangente:

$$1+\mathrm{tg}^2\alpha=\sec^2\alpha\Rightarrow \mathrm{tg}\alpha=\pm\sqrt{\sec^2\alpha-1}=\pm\sqrt{8}=\pm2\sqrt{2}$$

Como el ángulo está en el cuarto cuadrante: $\mathrm{tg}\alpha=-2\sqrt{2}$.

$$\mathrm{tg}\alpha=\frac{\mathrm{sen}\alpha}{\cos\alpha}\Rightarrow \mathrm{sen}\alpha=\cos\alpha\cdot\mathrm{tg}\alpha=\frac{1}{3}\cdot(-2\sqrt{2})=\frac{-2\sqrt{2}}{3}$$

Las razones restantes son $\mathrm{cosec}\alpha=\frac{-3\sqrt{2}}{4}$ y $\mathrm{cotg}\alpha=\frac{-\sqrt{2}}{2}$.

34. Si $\cos\alpha=\frac{-28}{53}$ y $\frac{\pi}{2}<\alpha<\pi$, halla $\mathrm{sen}\alpha$, $\sec\alpha$ y $\mathrm{tg}\alpha$.

35. Si $\mathrm{tg}\alpha=\frac{77}{36}$ y $\pi<\alpha<\frac{3\pi}{2}$, halla $\mathrm{cosec}\alpha$ y $\cos\alpha$.

ACTIVIDAD **RESUELTA**

36. **Demuestra esta identidad trigonométrica.**

$$1+\frac{1}{\mathrm{tg}^2\alpha}=\frac{1}{\mathrm{sen}^2\alpha}$$

Se debe partir de uno de los dos miembros de la igualdad y llegar al otro.

En la mayoría de los casos, es recomendable partir del miembro más complejo y operar para tratar de llegar al otro.

$$1+\frac{1}{\mathrm{tg}^2\alpha}=1+\frac{1}{\frac{\mathrm{sen}^2\alpha}{\cos^2\alpha}}=1+\frac{\cos^2\alpha}{\mathrm{sen}^2\alpha}=\frac{\mathrm{sen}^2\alpha}{\mathrm{sen}^2\alpha}+\frac{\cos^2\alpha}{\mathrm{sen}^2\alpha}=$$

$$=\frac{\mathrm{sen}^2\alpha+\cos^2\alpha}{\mathrm{sen}^2\alpha}=\frac{1}{\mathrm{sen}^2\alpha}$$

37. Demuestra las siguientes igualdades trigonométricas a partir de las relaciones fundamentales.

a) $\cos^2\alpha-\mathrm{sen}^2\alpha=1-2\mathrm{sen}^2\alpha$

b) $\frac{\mathrm{tg}^2\alpha+2\mathrm{sen}^2\alpha}{\mathrm{tg}^2\alpha}=1+2\cos^2\alpha$

38. Demuestra estas igualdades trigonométricas utilizando las relaciones fundamentales.

a) $\mathrm{tg}\alpha+\frac{1}{\mathrm{tg}\alpha}=\frac{1}{\mathrm{sen}\alpha\cos\alpha}$

b) $\frac{1}{\mathrm{tg}^2\alpha}=\cos^2\alpha+\left(\frac{\cos\alpha}{\mathrm{tg}\alpha}\right)^2$

c) $\frac{1}{\mathrm{tg}\alpha}\cdot\frac{1}{\cos\alpha}=\frac{1}{\mathrm{sen}\alpha}$

d) $\frac{1}{\cos^2\alpha}+\frac{1}{\mathrm{sen}^2\alpha}=\frac{1}{\mathrm{sen}^2\alpha\cos^2\alpha}$

e) $\cos^2\alpha=\mathrm{sen}^2\alpha\cos^2\alpha+\cos^4\alpha$

39. Demuestra las identidades trigonométricas:

a) $\frac{1+\mathrm{cotg}\,x}{\mathrm{sen}\,x+\cos x}=\frac{1}{\mathrm{sen}\,x}$

b) $\frac{(1-\cos x)(1+\cos x)}{(\mathrm{sen}\,x\cos x)^2}=\sec^2 x$

40. Calcula para qué valores de α es cierta la igualdad $\cos^2\alpha+\mathrm{tg}^2\alpha=1$.

7 Ecuaciones trigonométricas

Con calculadora

Para calcular:

- el arco seno de una razón:
  SHIFT $\sin^{-1}$ 0 · 3 5 =
  = 20,487°
- el arco coseno de una razón:
  SHIFT $\cos^{-1}$ 0 · 7 5 =
  = 41,41°
- el arco tangente de una razón:
  SHIFT $\tan^{-1}$ 1 · 5 =
  = 56,31°

MAT-TIC GeoGebra

Entra en smSaviadigital.com y practica con ecuaciones trigonométricas.

Para hallar un ángulo del que se conoce una razón trigonométrica se usan las razones trigonométricas inversas, llamadas **arco seno (arcsen)**, **arco coseno (arccos)**, y **arco tangente (arctg)**.

Ejemplo ▸ Observa el cálculo de los ángulos conocidas las razones.

$\operatorname{sen}\alpha = 0{,}35 \Rightarrow \alpha = \operatorname{arcsen} 0{,}35 = 20°\ 29'$

$\cos\alpha = 0{,}75 \Rightarrow \alpha = \arccos 0{,}75 = 41°\ 25'$

$\operatorname{tg}\alpha = 1{,}5 \Rightarrow \operatorname{arctg} 1{,}5 = 56°\ 19'$

Una **ecuación trigonométrica** es aquella en la que la incógnita forma parte de una razón trigonométrica.

Se resuelven hallando todos los ángulos positivos menores de 360° que la verifican. Para incluir los ángulos mayores de 360° se les suma el número de vueltas completas. Las soluciones son de la forma:

$$x = \alpha + 360°k,\ k \in \mathbb{Z}$$

Ejemplo ▸ Resuelve la ecuación trigonométrica $3\operatorname{tg} x = \sqrt{3}$.

Se despeja la razón trigonométrica: $\operatorname{tg} x = \dfrac{\sqrt{3}}{3}$

Se escriben todas las soluciones positivas menores que 360°.

Al ser la tangente positiva, el ángulo x puede estar en los cuadrantes 1.º o 3.º. Por tanto,

$$x = \operatorname{arctg}\frac{\sqrt{3}}{3} \Rightarrow \begin{cases} x = 30° \\ x = 30° + 180° = 210° \end{cases}$$

Las soluciones de la ecuación son las anteriores más cualquier número de vueltas completas. Con la ayuda de un parámetro se establecen dichas soluciones.

$$\begin{cases} x = 30° + 360°k \\ x = 210° + 360°k \end{cases} \quad \text{donde } k \in \mathbb{Z}$$

Como 210° = 30° + 180°, las dos familias de soluciones se pueden escribir como una sola: $x = 30° + 180°k$ donde $k \in \mathbb{Z}$.

ACTIVIDADES

41. Con ayuda de la calculadora, halla:

a) $\operatorname{sen} 43°$ d) $\cos(-54°)$ g) $\operatorname{arctg} 0{,}25$

b) $\cos 33°$ e) $\operatorname{arcsen} 0{,}16$ h) $\arccos(-0{,}23)$

c) $\operatorname{tg} 2{,}5$ rad f) $\arccos 0{,}99$ i) $\operatorname{arcsen} 1$

42. Con ayuda de la calculadora, halla las medidas en grados de los siguientes ángulos.

a) $\cos\alpha = 0{,}129$; $\dfrac{3\pi}{2} < \alpha < 2\pi$

b) $\operatorname{tg}\alpha = 2{,}310$; $180° < \alpha < 270°$

c) $\sec\alpha = 1{,}305$; $0° < \alpha < 90°$

d) $\operatorname{cosec}\alpha = 1{,}035$; $\dfrac{\pi}{2} < \alpha < \pi$

43. Resuelve estas ecuaciones trigonométricas. Expresa los resultados en radianes.

a) $\cos x = -\dfrac{1}{2}$ d) $\sec x = -1$

b) $\operatorname{sen} x = \dfrac{\sqrt{3}}{2}$ e) $\operatorname{cosec} x = -2$

c) $\operatorname{tg} x = \sqrt{3}$ f) $\operatorname{cotg} x = 1$

44. Resuelve estas ecuaciones trigonométricas. Expresa los resultados en grados.

a) $\operatorname{sen} x = 1$ c) $\operatorname{tg} x = -\sqrt{3}$ e) $\sec x = \sqrt{2}$

b) $\cos x = -1$ d) $\cos x + \dfrac{1}{\sqrt{2}} = 0$ f) $\operatorname{sen} x + \dfrac{1}{2} = 1$

Organiza tus ideas

FIGURAS SEMEJANTES

Dos **polígonos** con el mismo número de lados son **semejantes** cuando sus ángulos homólogos son iguales y sus lados homólogos son proporcionales.

La **razón de semejanza** k es el cociente de dos lados homólogos cualesquiera.

- La razón de longitudes es k
- La razón de las áreas es k^2
- La razón de los volúmenes es k^3

Teorema de Tales

Teorema de Tales

$$\frac{\overline{AB}}{\overline{A'B'}} = \frac{\overline{BC}}{\overline{B'C'}} = \frac{\overline{CD}}{\overline{C'D'}} = k$$

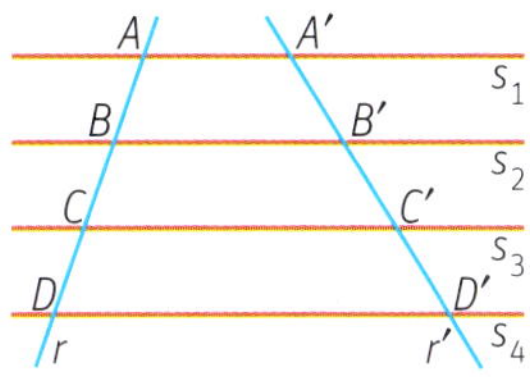

Dos triángulos en **posición de Tales** son semejantes.

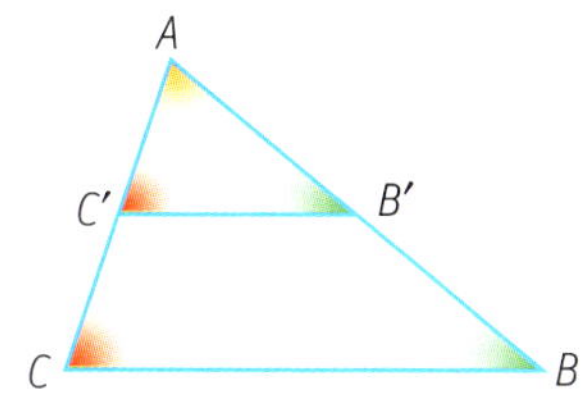

Criterios de semejanza de triángulos

- **Criterio 1**: Dos ángulos iguales.
- **Criterio 2**: Un ángulo igual y los lados que lo forman proporcionales.
- **Criterio 3**: Los tres lados proporcionales.

Teorema de la altura

$$h^2 = m \cdot n$$

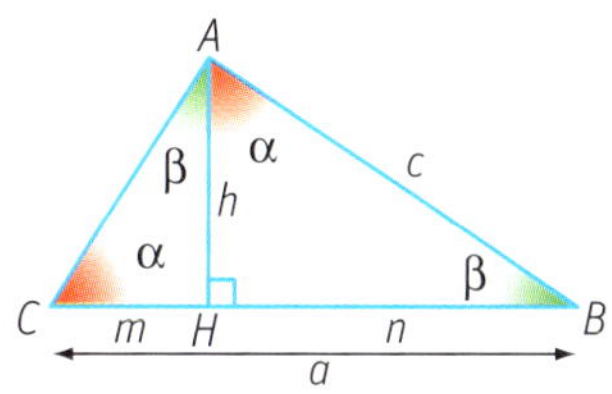

Teorema del cateto

$$b^2 = a \cdot m$$

$$c^2 = a \cdot n$$

TRIGONOMETRÍA

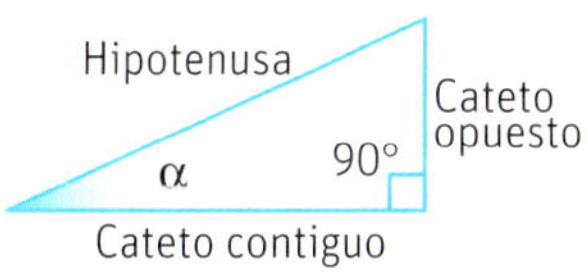

$$\operatorname{sen}\alpha = \frac{\text{cateto opuesto}}{\text{hipotenusa}} \qquad \cos\alpha = \frac{\text{cateto contiguo}}{\text{hipotenusa}} \qquad \operatorname{tg}\alpha = \frac{\text{cateto opuesto}}{\text{cateto contiguo}}$$

$$\sec\alpha = \frac{\text{hipotenusa}}{\text{cateto contiguo}} \qquad \operatorname{cosec}\alpha = \frac{\text{hipotenusa}}{\text{cateto opuesto}} \qquad \operatorname{cotg}\alpha = \frac{\text{cateto contiguo}}{\text{cateto opuesto}}$$

Relación entre las razones trigonométricas de distintos ángulos

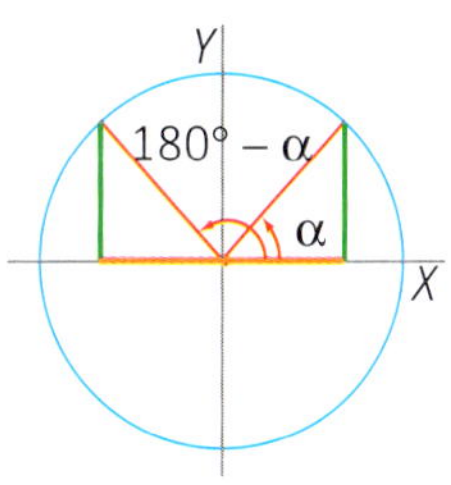

Ángulos suplementarios

$\operatorname{sen}(180° - \alpha) = \operatorname{sen}\alpha$

$\cos(180° - \alpha) = -\cos\alpha$

$\operatorname{tg}(180° - \alpha) = -\operatorname{tg}\alpha$

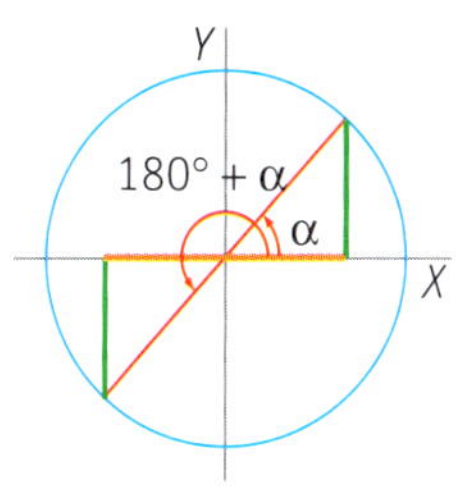

Ángulos que se diferencian en 180°

$\operatorname{sen}(180° + \alpha) = -\operatorname{sen}\alpha$

$\cos(180° + \alpha) = -\cos\alpha$

$\operatorname{tg}(180° + \alpha) = \operatorname{tg}\alpha$

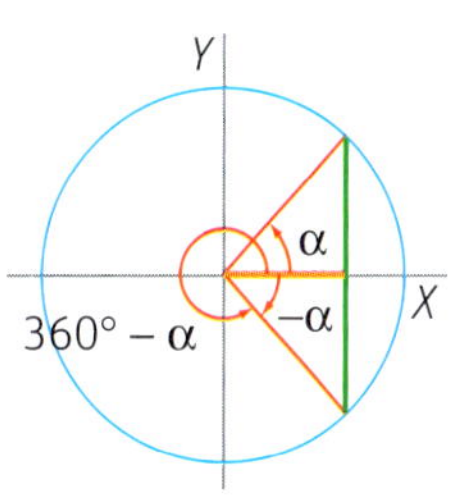

Ángulos que suman 360°

$\operatorname{sen}(360° - \alpha) = \operatorname{sen}(-\alpha) = -\operatorname{sen}\alpha$

$\cos(360° - \alpha) = \cos(-\alpha) = \cos\alpha$

$\operatorname{tg}(360° - \alpha) = \operatorname{tg}(-\alpha) = -\operatorname{tg}\alpha$

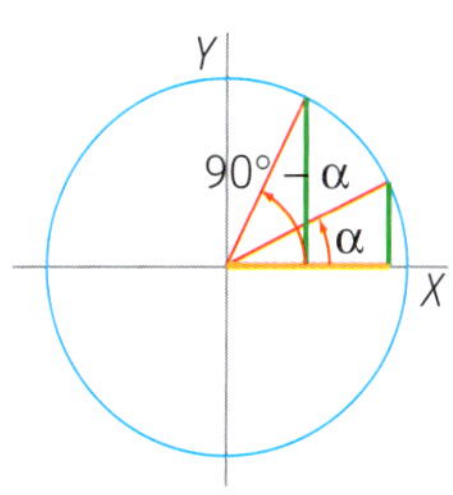

Ángulos complementarios

$\operatorname{sen}(90° - \alpha) = \cos\alpha$

$\cos(90° - \alpha) = \operatorname{sen}\alpha$

$\operatorname{tg}(90° - \alpha) = \operatorname{cotg}\alpha$

Identidades trigonométricas

- $\operatorname{sen}^2\alpha + \cos^2\alpha = 1$
- $1 + \operatorname{tg}^2\alpha = \sec^2\alpha$
- $1 + \operatorname{cotg}^2\alpha = \operatorname{cosec}^2\alpha$

Actividades clave

1. **Calcula la medida de los lados de otro cuadrilátero semejante al de la figura y que tenga por perímetro 54 cm.**

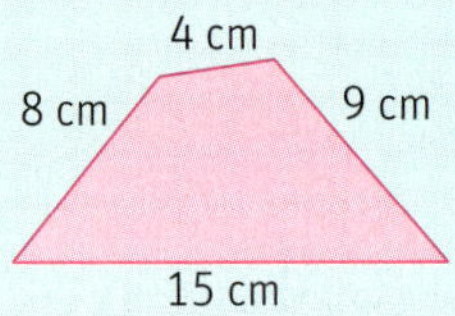

La razón de semejanza es igual a la razón de los perímetros:

$$p' = kp \Rightarrow k = \frac{54}{4+8+9+15} = \frac{54}{36} = 1{,}5$$

Se calculan los lados homólogos a cada lado:

$A = 4 \text{ cm} \Rightarrow A' = 4k = 4 \cdot 1{,}5 = 6 \text{ cm}$

$B = 8 \text{ cm} \Rightarrow B' = 8k = 8 \cdot 1{,}5 = 12 \text{ cm}$

$C = 9 \text{ cm} \Rightarrow C' = 9k = 9 \cdot 1{,}5 = 13{,}5 \text{ cm}$

$D = 15 \text{ cm} \Rightarrow D' = 15k = 15 \cdot 1{,}5 = 22{,}5 \text{ cm}$

2. **Calcula el valor de los lados desconocidos en las siguientes figuras.**

a)

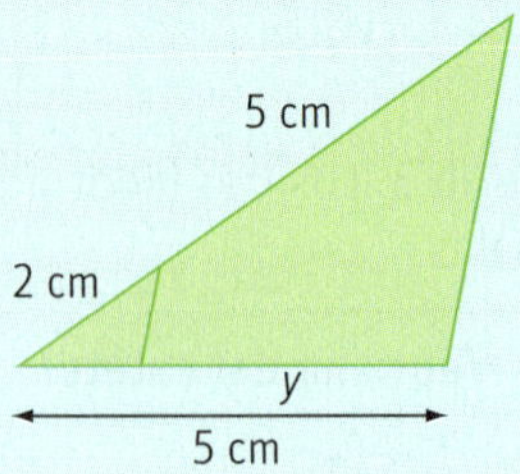

b)

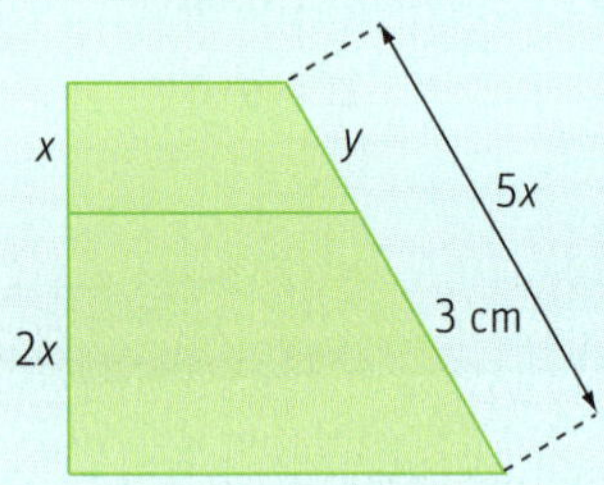

a) En la figura aparecen dos triángulos en posición de Tales. Como son semejantes, sus lados son proporcionales:

$$\frac{5+2}{5} = \frac{2}{5-y} \Rightarrow 5-y = \frac{10}{7} \Rightarrow y = 5 - \frac{10}{7} = \frac{25}{7} \text{ cm}$$

b) Aplicando el teorema de Tales:

$$\frac{x+2x}{5x} = \frac{2x}{3} \Rightarrow x = 0{,}9 \text{ cm}$$

Con el valor de x hallado, se puede calcular el valor de y:

$$y = 5x - 3 = 5 \cdot 0{,}9 - 3 = 1{,}5 \text{ cm}$$

3. **El triángulo ABC es rectángulo en $\hat{A}$. Calcula las razones trigonométricas del ángulo α.**

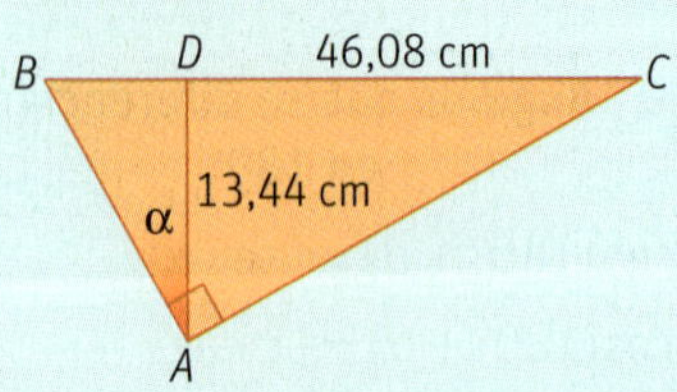

Calcula la medida de α en grados sexagesimales y en radianes.

Aplicando el teorema de la altura al triángulo ABC, se obtiene el valor de la longitud $\overline{BD}$.

$$\overline{AD}^2 = \overline{BD} \cdot \overline{DC} \Rightarrow \overline{BD} = \frac{\overline{AD}^2}{\overline{DC}} = \frac{13{,}44^2}{46{,}08} = 3{,}92 \text{ cm}$$

La hipotenusa del triángulo rectángulo ADB vale:

$$\overline{AB} = \sqrt{13{,}44^2 + 3{,}92^2} = 14 \text{ cm}$$

Por tanto:

$$\operatorname{sen}\alpha = \frac{\text{cateto opuesto}}{\text{hipotenusa}} = \frac{\overline{BD}}{\overline{AB}} = \frac{3{,}92}{14} = 0{,}28 \qquad \operatorname{cosec}\alpha = \frac{1}{\operatorname{sen}\alpha} = \frac{1}{0{,}28} = 0{,}0357$$

$$\cos\alpha = \frac{\text{cateto contiguo}}{\text{hipotenusa}} = \frac{\overline{AD}}{\overline{AB}} = \frac{13{,}44}{14} = 0{,}96 \qquad \sec\alpha = \frac{1}{\cos\alpha} = \frac{1}{0{,}96} = 1{,}0416$$

$$\operatorname{tg}\alpha = \frac{\text{cateto opuesto}}{\text{cateto contiguo}} = \frac{\overline{BD}}{\overline{AD}} = \frac{3{,}92}{13{,}44} = \frac{7}{24} \qquad \operatorname{cotg}\alpha = \frac{1}{\operatorname{tg}\alpha} = \frac{24}{7}$$

Con la ayuda de cualquiera de las razones trigonométricas de α, se obtiene su medida:

$$\operatorname{sen}\alpha = 0{,}28 \Rightarrow \alpha = \operatorname{arcsen} 0{,}28 = 16^\circ\, 15'\, 37''$$

$$16^\circ\, 15'\, 37'' = 16{,}260\,204 \cdot \frac{\pi}{180} = 0{,}2838 \text{ rad}$$

4. **Simplifica todo lo que puedas la expresión trigonométrica:**

$$\frac{\operatorname{sen} x - \cos x}{\operatorname{tg} x - 1}$$

Se expresan todas las razones trigonométricas en función del seno y del coseno y se opera.

$$\frac{\operatorname{sen} x - \cos x}{\operatorname{tg} x - 1} = \frac{\operatorname{sen} x - \cos x}{\frac{\operatorname{sen} x}{\cos x} - 1} = \frac{\operatorname{sen} x - \cos x}{\frac{\operatorname{sen} x - \cos x}{\cos x}} = \frac{(\operatorname{sen} x - \cos x)\cos x}{\operatorname{sen} x - \cos x} = \cos x$$

5. **Resuelve la siguiente ecuación trigonométrica.**

$$2\operatorname{sen}(3x - 60°) = 1$$

Se despeja la razón trigonométrica y se calculan todos los ángulos comprendidos entre 0° y 360° que verifican las igualdades obtenidas:

$$2\operatorname{sen}(3x-60°)=1 \Rightarrow \operatorname{sen}(3x-60°)=\frac{1}{2} \Rightarrow 3x-60°=\operatorname{arc\,sen}\frac{1}{2} \Rightarrow \begin{cases} 3x-60°=30° \\ 3x-60°=150° \end{cases}$$

Sumando o restando cualquier número de vueltas:

- $3x - 60° = 30° + 360°k$
- $3x - 60° = 150° + 360°k$

Despejando el valor de x en cada una de las expresiones, se obtienen todas las soluciones de la ecuación inicial:

- $x = \frac{30° + 60° + 360°k}{3} = 30° + 120°k$
- $x = \frac{150° + 60° + 360°k}{3} = 70° + 120°k$

6. **Un edificio de cinco plantas de igual altura proyecta, en un cierto instante, una sombra de 22 m. Calcula la altura de cada planta si se sabe que en ese mismo momento una farola de 3 m de altura proyecta una sombra de 4,5 m.**

En un mismo instante, los rayos del Sol tienen la misma inclinación y, por tanto, los triángulos rectángulos cuyos catetos son las alturas y las sombras son semejantes.

En consecuencia:

$$\frac{h}{3} = \frac{22}{4{,}5} \Rightarrow h = \frac{22 \cdot 3}{4{,}5} = 14{,}67 \text{ m}$$

Cada planta medirá:

$$\frac{14{,}67}{5} = 2{,}93 \text{ m}$$

7. **En la figura aparecen dos circunferencias de radios $\overline{AP} = 15$ cm y $\overline{BQ} = 3$ cm. Calcula la distancia $\overline{PQ}$ que separa a sus centros sabiendo que la distancia entre los puntos de tangencia A y B es $\overline{AB} = 20$ cm.**

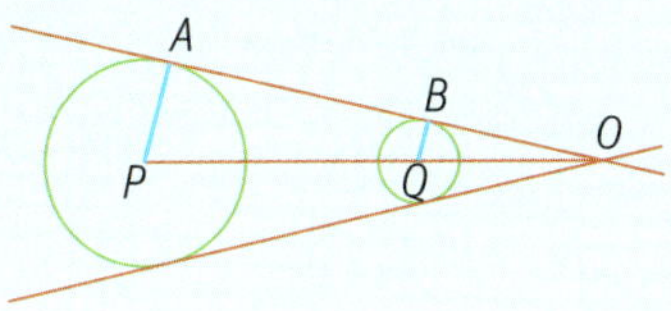

Los triángulos OPA y OQB son rectángulos por ser el radio perpendicular a la recta tangente y son semejantes por estar en posición de Tales. Por tanto:

$$\frac{\overline{OA}}{\overline{AP}} = \frac{\overline{OB}}{\overline{BQ}} \Rightarrow \frac{\overline{OB} + \overline{AB}}{\overline{AP}} = \frac{\overline{OB}}{\overline{BQ}} \Rightarrow \frac{\overline{OB} + 20}{15} = \frac{\overline{OB}}{3} \Rightarrow 3\overline{OB} + 60 = 15\overline{OB} \Rightarrow$$

$$\Rightarrow 12\overline{OB} = 60 \Rightarrow \overline{OB} = \frac{60}{12} = 5 \text{ cm}$$

Aplicando otra vez el teorema de Tales a los triángulos semejantes OPA y OQB:

$$\frac{\overline{AB}}{\overline{PQ}} = \frac{\overline{OB}}{\overline{OQ}} \Rightarrow \frac{20}{\overline{PQ}} = \frac{5}{\sqrt{\overline{OB}^2 + \overline{BQ}^2}} \Rightarrow \overline{PQ} = \frac{20\sqrt{5^2 + 3^2}}{5} = 4\sqrt{34} \text{ cm}$$

Actividades

EJERCICIOS **PARA PRACTICAR**

Figuras semejantes. Teorema de Tales

45. Comprueba que las siguientes figuras son semejantes y calcula la razón de semejanza.

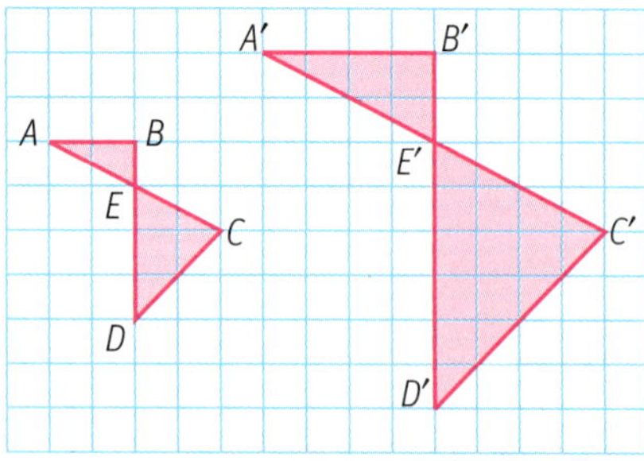

46. Calcula la razón de semejanza y los valores de los lados desconocidos de las siguientes parejas de triángulos semejantes cuyas medidas en centímetros son:

a) 3, 4, 6 y 4,5; x, y

b) x, 4, 3 y 2, 2, y

c) 2, x, 6 e y, $2x$, z

47. De dos triángulos se conocen las medidas de dos de sus ángulos. Indica en cada caso si son semejantes.

a) 50°, 40° y 90°, 40°

b) 50°, 40° y 40°, 30°

c) 40°, 40° y 100°, 40°

48. El perímetro de un triángulo equilátero mide 90 cm. Halla las medidas de los lados de un triángulo equilátero semejante a él si la razón de semejanza es $k = \frac{3}{4}$. ¿Cuál es la razón de sus áreas?

49. La arista de un cubo mide 12 m. Halla la medida de la arista de otro cubo semejante al anterior si la razón de sus volúmenes es $\frac{1}{8}$.

50. Las medidas de un rectángulo son 3 y 5 cm. Calcula las medidas de otro rectángulo semejante al anterior y tal que su perímetro mida 40 cm.

51. Calcula la longitud x.

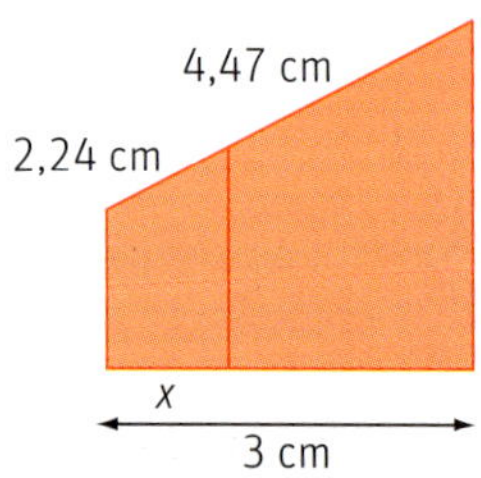

52. Las medidas de los lados de un pentágono son 3, 7, 8, 10 y 12 cm, respectivamente. Calcula las medidas de los lados de otro pentágono semejante al anterior y tal que:

a) Su lado mayor mida 18 cm.

b) Su perímetro sea de 60 cm.

53. Las medidas de un rectángulo son 3 y 5 cm. Calcula las medidas de otro rectángulo semejante al anterior y tal que su área mida 21,6 cm^2.

54. Si los segmentos AC y MN son paralelos, halla la medida del lado BC.

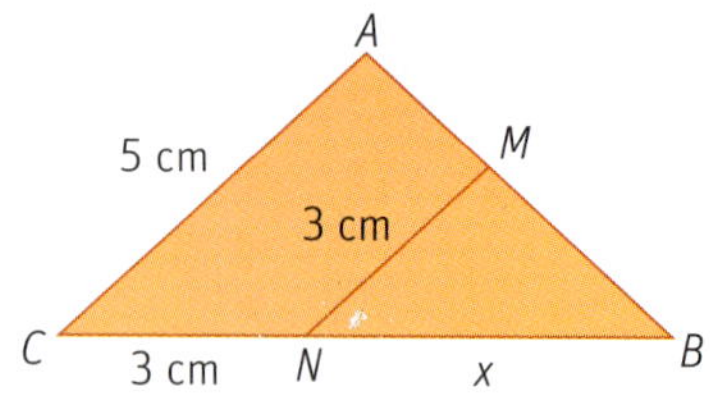

55. Calcula el valor de las variables en las siguientes figuras.

a)

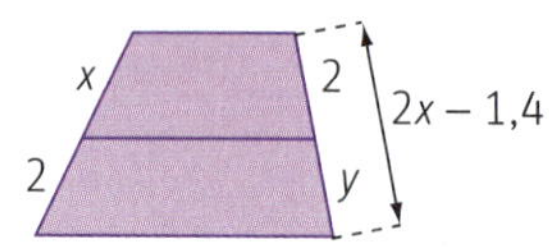

b)

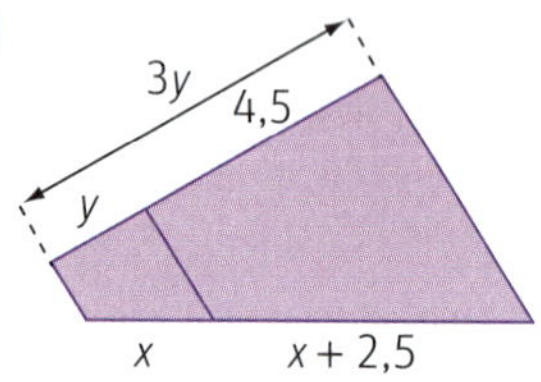

Criterios de semejanza de triángulos y consecuencias

56. Utilizando alguno de los criterios de semejanza, demuestra que las siguientes parejas de triángulos son semejantes.

a)

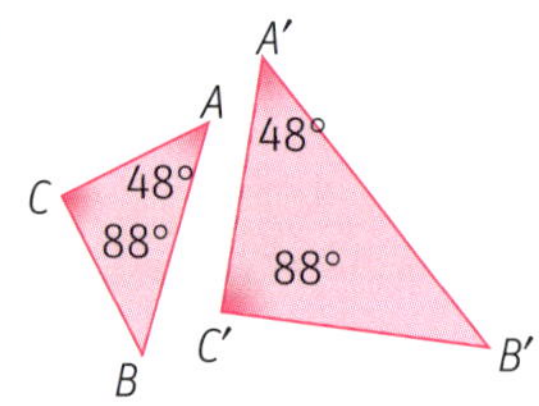

c)

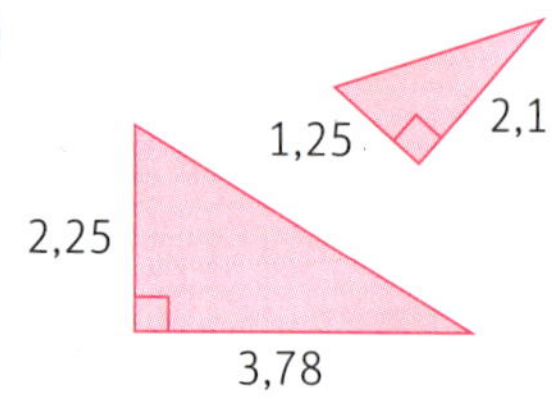

b)

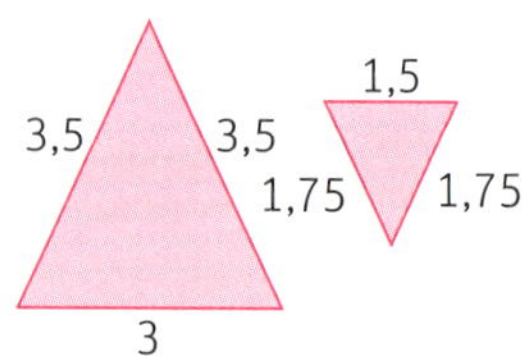

d)

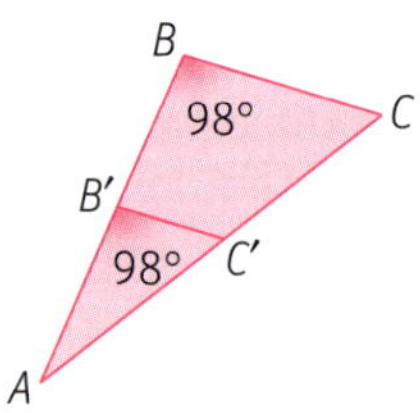

57. En un triángulo rectángulo, la hipotenusa mide 125 mm. Calcula el valor de uno de los catetos sabiendo que su proyección sobre la hipotenusa mide 45 mm.

58. En un triángulo rectángulo, uno de los catetos mide 54 dm, y su proyección sobre la hipotenusa, 32,4 dm. Calcula la medida de la hipotenusa.

59. En un triángulo rectángulo, los catetos miden 24 y 7 cm, respectivamente. Calcula el valor de la hipotenusa y las medidas de las proyecciones de los catetos sobre ella. Calcula también el valor de la altura sobre la hipotenusa.

60. En el siguiente triángulo rectángulo en A, calcula la medida de los segmentos desconocidos.

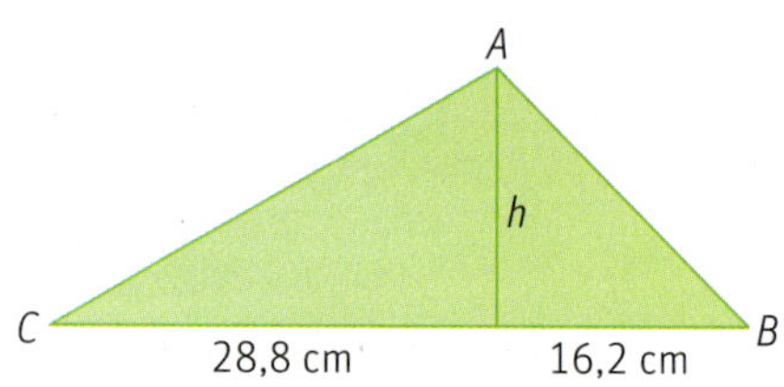

Medidas de ángulos

61. Expresa en radianes la medida de los siguientes ángulos.

a) 35° c) 125° e) 270°

b) 315° d) 225° f) 330°

62. Expresa en grados sexagesimales la medida de los siguientes ángulos dados en radianes.

a) 7π c) $\frac{\pi}{6}$ e) $\frac{5\pi}{4}$

b) $\frac{7\pi}{8}$ d) $\frac{4\pi}{3}$ f) $\frac{5\pi}{11}$

63. Expresa los siguientes ángulos como la suma de un ángulo positivo menor de 360° y un número entero de vueltas completas.

a) 650° c) 1520° e) 610°

b) 900° d) 3640° f) 1925°

64. Expresa los siguientes ángulos como suma de un número entero de vueltas y un ángulo menor de 2π radianes.

a) $\frac{23\pi}{4}$ b) $\frac{32\pi}{3}$ c) $\frac{51\pi}{2}$ d) 103π e) $\frac{175\pi}{6}$

Razones trigonométricas

65. Copia y completa la siguiente tabla.

Ángulo	$\frac{\pi}{6}$ rad	$\frac{\pi}{4}$ rad	$\frac{\pi}{3}$ rad
Seno	●●●	●●●	●●●
Coseno	●●●	●●●	●●●
Tangente	●●●	●●●	●●●

66. Calcula las medidas de los ángulos indicados en los siguientes triángulos rectángulos. Da los resultados aproximando a los minutos.

a)

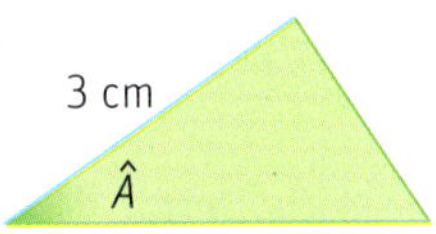

c)

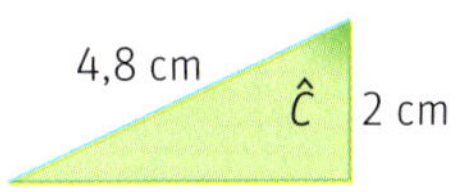

b)

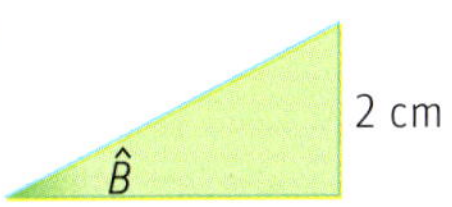

d)

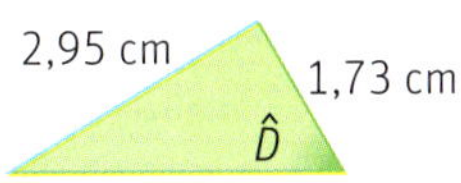

67. La hipotenusa y uno de los catetos de un triángulo rectángulo miden 20 y 16 dm, respectivamente. ¿Cuáles son las razones trigonométricas de su ángulo agudo de menor amplitud?

68. Con la ayuda de la calculadora, halla los valores de las siguientes razones trigonométricas.

a) sen 67° c) cos 77° e) tg 39°

b) sen $\frac{\pi}{7}$ rad d) cos $\frac{2\pi}{5}$ rad f) tg $\frac{3\pi}{8}$ rad

69. ¿En qué cuadrantes se puede encontrar cada uno de los siguientes ángulos?

a) α si $\cos\alpha > 0$ c) β si $\text{sen}\,\beta > 0$

b) γ si $\text{tg}\,\gamma < 0$ d) δ si $\text{cosec}\,\delta < 0$

70. Sin calcular su valor, indica el signo de las siguientes razones trigonométricas.

a) cos 123° d) cosec 256° g) tg 320°

b) sen 750° e) cotg 568° h) cos 130°

c) tg 2000° f) sec 580° i) sen 1221°

71. Expresa las razones trigonométricas de 70°, 160°, 200° y 340° en función de las de 20°.

72. Sin ayuda de la calculadora, indica los valores de las siguientes razones trigonométricas.

a) sen 120° e) cos 225° i) tg 330°

b) sen (−60°) f) cos (−150°) j) tg 150°

c) sen 510° g) cos 450° k) tg 420°

d) sen (−660°) h) cos (−390°) l) tg (−405°)

73. Con ayuda de la figura, indica las relaciones que se dan entre las razones trigonométricas de los ángulos α y $90° + \alpha$.

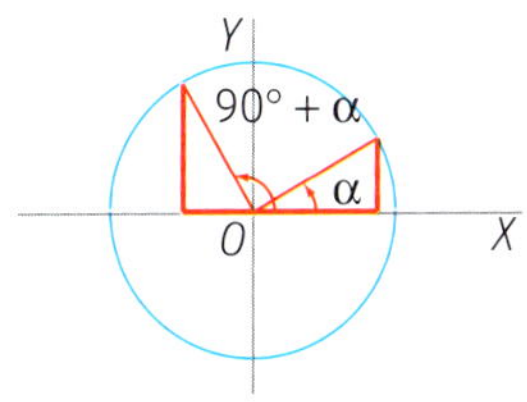

Identidades y ecuaciones trigonométricas

ACTIVIDAD **RESUELTA**

74. Sabiendo que $\text{sen}\,\alpha = \frac{12}{37}$ y que $\frac{\pi}{2} < \alpha < \pi$, calcula $\cos\alpha$ y $\text{tg}\,\alpha$.

Al ser un ángulo del segundo cuadrante, el seno es positivo, y el coseno y la tangente son negativos.

$$\text{sen}^2\alpha + \cos^2\alpha = 1 \Rightarrow \left(\frac{12}{37}\right)^2 + \cos^2\alpha = 1 \Rightarrow$$

$$\Rightarrow \cos^2\alpha = 1 - \frac{144}{1369} = \frac{1225}{1369} \Rightarrow \cos\alpha = -\sqrt{\frac{1225}{1369}} = -\frac{35}{37}$$

La tangente es:

$$\text{tg}\,\alpha = \frac{\text{sen}\,\alpha}{\cos\alpha} = \frac{12}{37} : \frac{-35}{37} = -\frac{12}{35}.$$

75. Calcula el coseno y la tangente de un ángulo agudo α si $\text{sen}\,\alpha = 0{,}6$.

76. Halla el seno y la tangente de un ángulo agudo α cuyo coseno vale 0,75.

77. Calcula el seno y el coseno de un ángulo agudo α cuya tangente es igual a $\sqrt{5}$.

Actividades

78. Con la ayuda de la calculadora, halla las medidas en grados sexagesimales de los siguientes ángulos agudos. Aproxima los resultados a los minutos.

a) $\text{sen}\hat{A} = 0{,}125$ b) $\cos\hat{B} = 0{,}245$ c) $\text{tg}\hat{C} = 1{,}25$

79. Con la ayuda de la calculadora, halla las medidas en radianes de los siguientes ángulos agudos. Expresa los resultados con tres cifras.

a) $\text{sen}\hat{A} = 0{,}85$ b) $\cos\hat{B} = 0{,}645$ c) $\text{tg}\hat{C} = 0{,}556$

80. Halla las razones trigonométricas restantes del ángulo α en cada caso.

a) $\cos\alpha = \frac{2}{3}$ $\quad \frac{3\pi}{2} < \alpha < 2\pi$

b) $\text{sen}\,\alpha = 0{,}75$ $\quad \frac{\pi}{2} < \alpha < \pi$

c) $\text{tg}\,\alpha = \sqrt{5}$ $\quad \pi < \alpha < \frac{3\pi}{2}$

81. Calcula las razones trigonométricas restantes del ángulo α en cada caso.

a) $\sec\alpha = -\frac{7}{4}$ $\quad 180° < \alpha < 270°$

b) $\text{cosec}\,\alpha = -1{,}11$ $\quad 270° < \alpha < 360°$

82. Comprueba si existe un ángulo α tal que:

a) $\text{sen}\,\alpha = 0{,}52$ y $\cos\alpha = 0{,}43$

b) $\text{tg}\,\alpha = 1{,}483$ y $\sec\alpha = 1{,}789$

c) $\text{sen}\,\alpha = 0{,}7071$ y $\text{tg}\,\alpha = -0{,}7002$

83. Si $\cos\alpha = \frac{5}{13}$, y α es un ángulo agudo halla:

a) $\text{sen}(\alpha + 180°)$ c) $\cos(180° - \alpha)$

b) $\text{tg}(90° - \alpha)$ d) $\text{sen}(-\alpha)$

ACTIVIDAD **RESUELTA**

84. Demuestra la identidad trigonométrica:

$$\frac{\cos\alpha - \sec\alpha}{\text{sen}\,\alpha - \text{cosec}\,\alpha} = \text{tg}^3\alpha$$

Se escriben todas las razones trigonométricas en función del seno y del coseno y se opera.

$$\frac{\cos\alpha - \sec\alpha}{\text{sen}\,\alpha - \text{cosec}\,\alpha} = \frac{\cos\alpha - \frac{1}{\cos\alpha}}{\text{sen}\,\alpha - \frac{1}{\text{sen}\,\alpha}} = \frac{\frac{\cos^2\alpha - 1}{\cos\alpha}}{\frac{\text{sen}^2\alpha - 1}{\text{sen}\,\alpha}} = \frac{\frac{-\text{sen}^2\alpha}{\cos\alpha}}{\frac{-\cos^2\alpha}{\text{sen}\,\alpha}}$$

$$= \frac{\text{sen}^2\alpha\,\text{sen}\,\alpha}{\cos^2\alpha\cos\alpha} = \frac{\text{sen}^3\alpha}{\cos^3\alpha} = \text{tg}^3\alpha$$

85. Demuestra esta igualdad trigonométrica.

$$\frac{1 + \frac{1}{\text{tg}^2\alpha} + \frac{2}{\text{tg}\,\alpha}}{1 + 2\,\text{sen}\,\alpha\cos\alpha} = \frac{1}{\text{sen}^2\alpha}$$

86. Demuestra las siguientes igualdades.

a) $\sqrt{\frac{1}{1 + \text{tg}^2 x}} = \cos x$

b) $\frac{\text{sen}\,\alpha\cos\alpha}{\text{tg}\,\alpha} = 1 - \text{sen}^2\alpha$

c) $(1 + \text{tg}^2\alpha)\cos^2\alpha = 1$

87. Demuestra las identidades siguientes.

a) $\text{tg}^2\alpha(1 - \text{sen}^2\alpha) = \text{sen}^2\alpha$

b) $\frac{\text{sen}^2 x - \cos^2 x + 1}{2} = \text{sen}^2 x$

c) $(\text{tg}\,x + \text{cotg}\,x)^2 = \sec^2 x + \text{cosec}^2 x$

88. Con ayuda de la calculadora, halla las medidas en radianes de los siguientes ángulos.

a) $\text{sen}\hat{A} = 0{,}559$ $\quad \frac{\pi}{2} < \hat{A} < \pi$

b) $\cos\hat{B} = 0{,}775$ $\quad \frac{3\pi}{2} < \hat{B} < 2\pi$

c) $\text{tg}\hat{C} = 1{,}5$ $\quad \pi < \hat{C} < \frac{3\pi}{2}$

89. Resuelve estas ecuaciones trigonométricas. Expresa los resultados en radianes.

a) $\text{tg}\,x = -2$ c) $\text{sen}\,x = 0{,}81$

b) $1 - 5\cos x = 6$ d) $4\,\text{sen}\,x + 1 = 0$

90. Resuelve estas ecuaciones trigonométricas. Expresa los resultados en grados.

a) $\cos(3x - 40°) = -\frac{\sqrt{3}}{2}$

b) $2\,\text{sen}(x + 100) = \sqrt{3}$

c) $\text{tg}(4x - 25°) = 1$

91. Simplifica las expresiones trigonométricas:

a) $\frac{2\,\text{sen}\,x\cos x}{1 + \cos^2 x - \text{sen}^2 x}$ b) $\frac{1 - \text{tg}^2 x}{1 + \text{tg}^2 x}$ c) $\frac{\text{sen}^2 x}{1 - \cos x}$

Actividades de síntesis

92. Utilizando los criterios de semejanza, encuentra triángulos semejantes en las siguientes figuras y calcula las medidas de los segmentos desconocidos.

a)

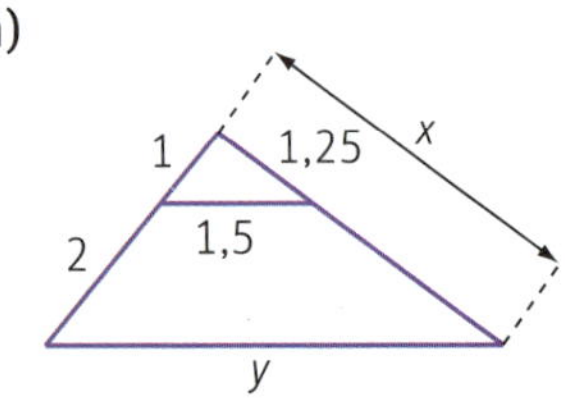

c)

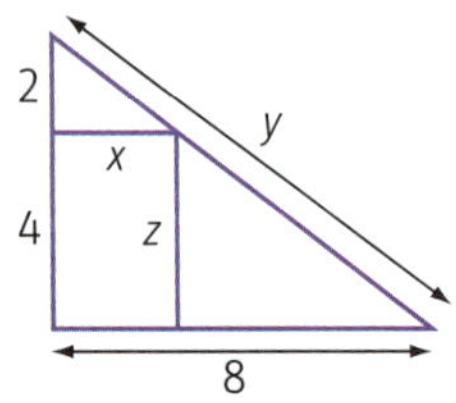

b)

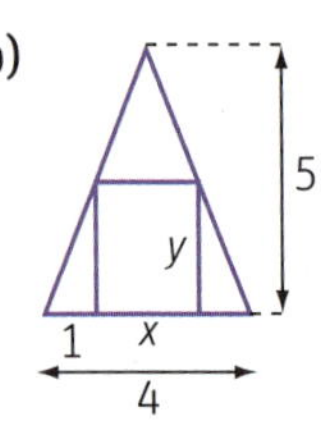

d)

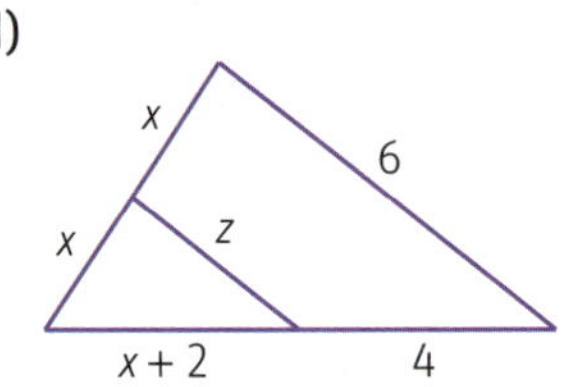

93. Halla las razones trigonométricas de 225° y −225°.

94. Si α es un ángulo agudo y sen $\alpha = \frac{4}{9}$, ¿cuáles son las razones del ángulo $\alpha + 180°$?

ACTIVIDAD **RESUELTA**

95. **¿Verdadero o falso? Razona tu respuesta.**

a) **Todos los cuadrados son semejantes.**

b) **Todos los triángulos rectángulos son semejantes.**

c) **Todos los pentágonos regulares son semejantes.**

d) **Si dos triángulos rectángulos tienen cada uno un ángulo de 66°, son semejantes.**

a) Verdadero. Los ángulos homólogos son iguales porque todos son rectos y el cociente entre dos lados homólogos es siempre el igual porque los lados son también son iguales.

b) Falso. Los tres ángulos de un triángulo rectángulo no son siempre los mismos. Solo se sabe que uno de ellos es de 90°.

c) Verdadero. La suma de los ángulos interiores de un polígono de n lados es $180°(n-2)$. Luego todos los ángulos son iguales a $\frac{180(5-2)}{5} = 108°$. Además, los lados correspondientes son proporcionales porque los lados de un pentágono regular son iguales y, por tanto, el cociente entre dos lados homólogos es siempre el mismo.

d) Verdadero. Porque tienen los tres ángulos iguales 90°, 66° y 22°.

96. ¿Verdadero o falso? Razona tu respuesta.

a) Todos los rectángulos son semejantes.

b) Todos los triángulos equiláteros son semejantes.

c) Todos los triángulos que son a la vez rectángulos e isósceles son semejantes.

d) Los ángulos de dos triángulos semejantes son proporcionales.

PROBLEMAS **PARA RESOLVER**

97. **Emprende**

Halla la altura del edificio donde estudias utilizando únicamente un lápiz, un papel y una cinta métrica. Expica el método que has utilizado.

98. Una plancha de hierro fundido tiene una masa de 8,5 kg. ¿Qué masa tendrá otra plancha semejante del mismo metal y grosor si sus dimensiones son el triple de las de la plancha original?

99. Se quieren fabricar losetas como las de la figura que estén formadas por un rombo de diagonales 18,10 y 8,36 cm, respectivamente, y un cuadrado inscrito en él. Calcula el área de la zona verde y la suma de las áreas de las zonas naranjas.

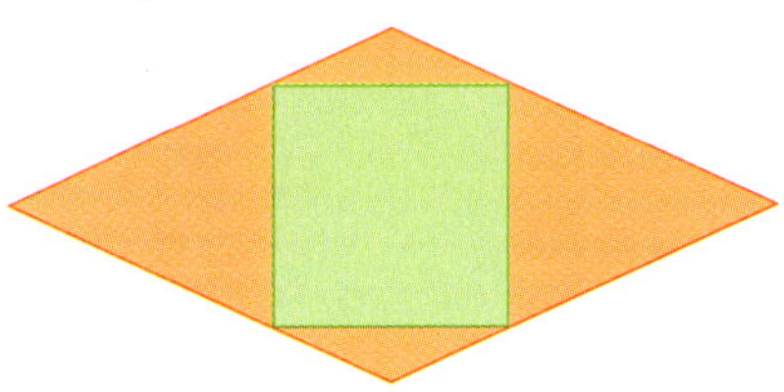

100. Observa el decágono regular y contesta.

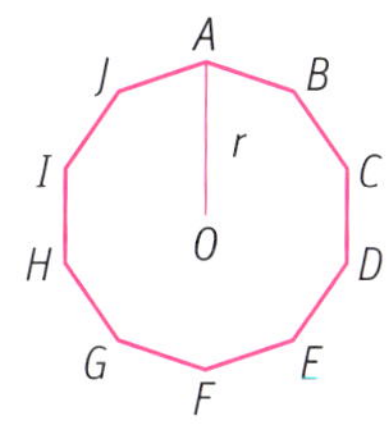

a) ¿Qué ángulo hay que recorrer para llevar el radio r desde el vértice A hasta B en el sentido contrario a las agujas del reloj?

b) ¿Adónde llegará r si se encuentra inicialmente en B y se le aplica un giro de 108°?

c) ¿Adónde llegará r si se encuentra inicialmente en G y se le aplica un giro de −144°?

101. El carnet del polideportivo tiene la propiedad de que el rectángulo $ABCD$ que lo forma es semejante al rectángulo $ECDF$. La zona $ABEF$ es un cuadrado de lado b. Calcula el cociente de las dos medidas a y b del carnet.

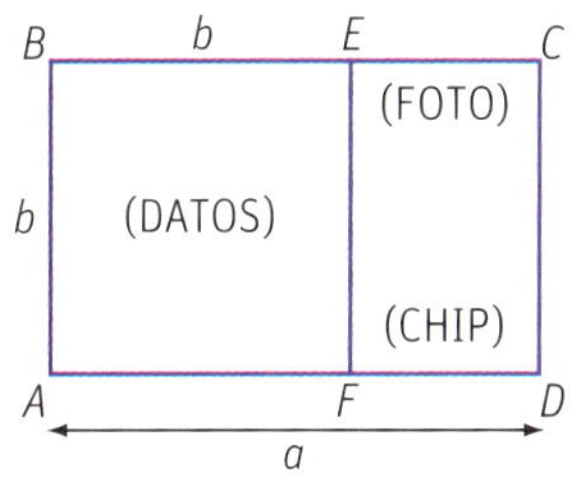

ACTIVIDADES **PARA PENSAR MÁS**

102. El valor de h en la siguiente figura es:

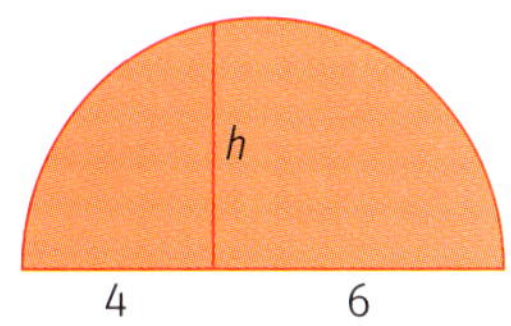

A. $h = 4$ **B.** $h = 6$ **C.** $h = \sqrt{24}$ **D.** $h = \sqrt{10}$

103. El seno del ángulo α de la figura vale:

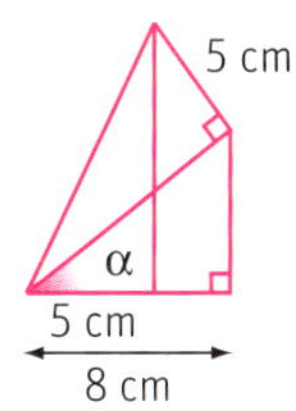

A. 0,3

B. 0,4

C. 0,5

D. 0,6

Encuentra el error

104. Halla la hipotenusa de un triángulo rectángulo de área 46,875 cm² semejante a otro cuyos catetos miden 5 y 12 cm.

El área del triángulo semejante es $\frac{12 \cdot 5}{2} = 30$ cm², y su hipotenusa, $\sqrt{5^2 + 12^2} = 13$ cm.

Luego, la razón de semejanza de los dos triángulos es:

$$\frac{46,875}{30} = 1,5625$$

La hipotenusa mide: $13 \cdot 1,5625 = 20,3125$ cm.

¿Dónde está el error?

Ponte a prueba

PROBLEMA **RESUELTO**

La profundidad del pozo

Andrés quiere medir la profundidad h del pozo de la figura. Se coloca en un punto P del suelo de forma que ve alineados el borde A del pozo y el fondo contrario F del mismo. Si sus ojos están a una altura de 157,5 cm del suelo y ha comprobado que la distancia entre los puntos P y A es de 1,05 m y que la anchura del pozo es de 1,65 m.

1. Calcula la profundidad del pozo en metros.

   A. 2,475 B. 4,275 C. 24,75 D. 42,75

2. ¿Cuántos centímetros deberá alejarse Andrés del punto P, para que su visual alinee la esquina A con el nivel del agua N si sabe que el pozo está lleno en un 75 % de su capacidad?

SOLUCIÓN

1. En primer lugar se realiza un esquema de la situación.

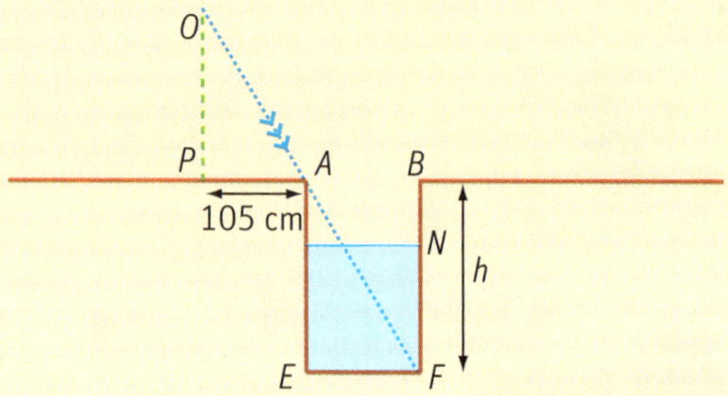

Los triángulos APO y AEF son semejantes ya que ambos son rectángulos y sus ángulos $\widehat{POA}$ y $\widehat{EAF}$ son iguales. Por tanto, sus lados son proporcionales. En particular:

$$\frac{\overline{OP}}{\overline{PA}}=\frac{\overline{AE}}{\overline{EF}} \Rightarrow \frac{157{,}5}{105}=\frac{h}{165} \Rightarrow h=\frac{157{,}5\cdot 165}{105}=247{,}5\text{ cm}$$

El pozo tiene una profundidad de A. 2,475 m.

2. El nivel del agua está a una profundidad de $0{,}25 \cdot 247{,}5 = 61{,}875$ cm.

   Aplicando otra vez el teorema de Tales para triángulos semejantes:

$$\frac{157{,}5}{x}=\frac{61{,}875}{165} \Rightarrow x=\frac{157{,}5\cdot 165}{61{,}875}=420\text{ cm}$$

   Andrés debe alejarse $420 - 105 = 315$ cm $= 3{,}15$ m.

El túnel de Eupalinos

Cuando Polícrates encargó a Eupalinos construir un túnel bajo la montaña que, partiendo simultáneamente de A y B, se encontrara en las profundidades de la roca, el sabio griego recurrió a los triángulos semejantes.

El siguiente método le permitió calcular la dirección con la que se debía horadar la montaña desde cada uno de los extremos.

1. Traza el triángulo imaginario ABC y, en la falda de la montaña, toma las medidas $AP = 100$ m, $PQ = 700$ m, $QR = 1060$ m y $RB = 300$ m, en las que todos los ángulos son rectos. Obtén las distancias AC y CB.
2. ¿Cuánto medirá el túnel?
3. ¿Cómo deben ser los segmentos PX y RY para que los triángulos ABC, XPA y BRY sean semejantes?
4. Halla las distancias PX y RY.

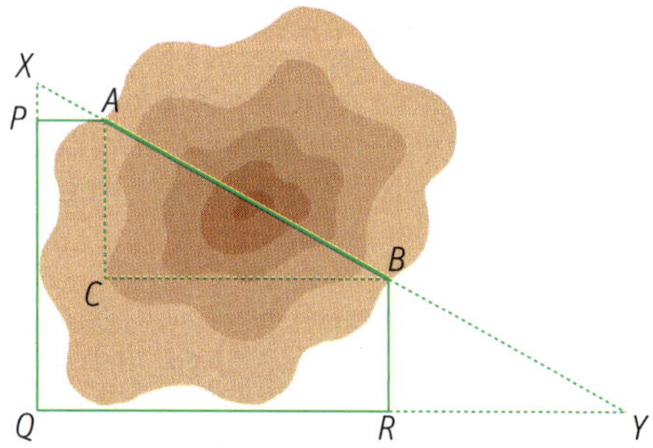

¿Son o no son segmentos paralelos?

Observa la figura y resuelve.

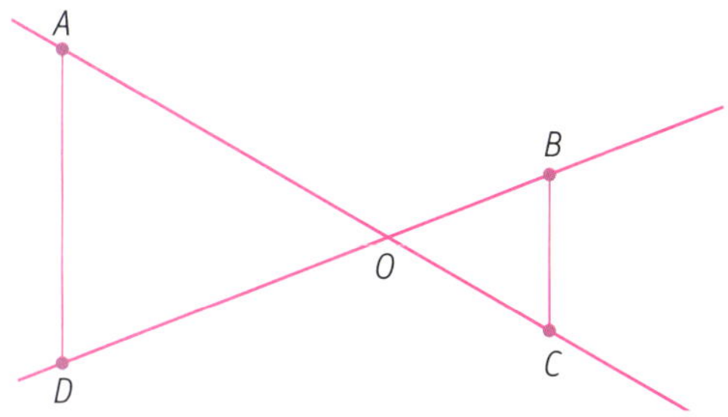

Si las medidas de los segmentos son:

$\overline{OA}$= 46,656 cm $\quad$ $\overline{OC}$ = 20,736 cm

$\overline{OB}$= 41,472 cm $\quad$ $\overline{OD}$ = 23,328 cm

1. Compara los productos de distancias $\overline{OA}\cdot\overline{OC}$ y $\overline{OB}\cdot\overline{OD}$.
2. Compara los productos de distancias $\overline{OA}\cdot\overline{OD}$ y $\overline{OB}\cdot\overline{OC}$.
3. Con los resultados obtenidos en los apartados anteriores, ¿puedes decidir si los segmentos *AB* y *CD* son o no paralelos?
4. ¿Y si se modifica únicamente la distancia $\overline{OD}$ por el valor $\overline{OD} = 18{,}432$ cm?

La altura del alcornoque

Cinthya ha encontrado un alcornoque con un nido de buitre negro en la copa. Se ha alejado unos 35 m del árbol para mirar con su catalejo y poder observar el nido con perspectiva. Sus ojos están a una altura de metro y medio y el catalejo forma un ángulo de 11° con el suelo.

1. ¿A qué altura está el nido?
   - A. Menos de 6 m
   - B. Entre 6 y 6,5 m
   - C. Entre 6,5 y 7 m
   - D. Más de 7 m
2. Si se aleja 100 m del pie del alcornoque, ¿aumenta o disminuye la inclinación del catalejo para seguir observando el nido? ¿Qué ángulo forma el catalejo con el suelo en este caso?

AUTOEVALUACIÓN

1. Calcula el valor de *x*, *y*, *z* en la siguiente figura.

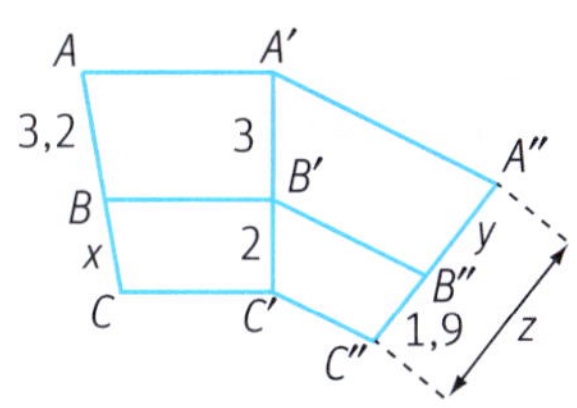

2. El perímetro de un triángulo es de 15 cm y es semejante a otro triángulo de lados 7,5; 6 y 9 cm. ¿Cuánto miden los lados de ese triángulo? ¿Cuál es la razón de semejanza?
3. Las áreas de dos hexágonos semejantes son 104 y 26 cm^2 respectivamente. ¿Cuánto mide el perímetro del mayor si el del menor es de 12 cm?
4. Considera los triángulos de la figura.

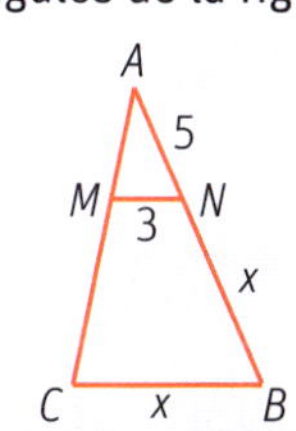

   a) ¿Cómo deben ser los segmentos *MN* y *BC* para que los triángulos *ABC* y *AMN* sean semejantes?

   b) Halla el valor de *x* suponiendo que se verifica la condición del apartado anterior e indica la razón de semejanza.

5. Expresa $\frac{7\pi}{12}$ rad en grados y 96° en radianes.
6. Halla el seno y el coseno del ángulo α del cuarto cuadrante y tal que $\operatorname{tg}\alpha = -\frac{4}{3}$.
7. Si $\operatorname{sen}\alpha = 0{,}2$, y α es un ángulo agudo halla:

   a) $\operatorname{sen}(180° - \alpha)$ $\quad$ b) $\cos(90° - \alpha)$ $\quad$ c) $\cos(-\alpha)$

8. Demuestra la siguiente igualdad.

$$\frac{\operatorname{sen}^2 x + \operatorname{sen} x \cos x}{1 + \frac{1}{\operatorname{tg} x}} = \operatorname{sen}^2 x$$

9. El triángulo de la figura es rectángulo en *A*.

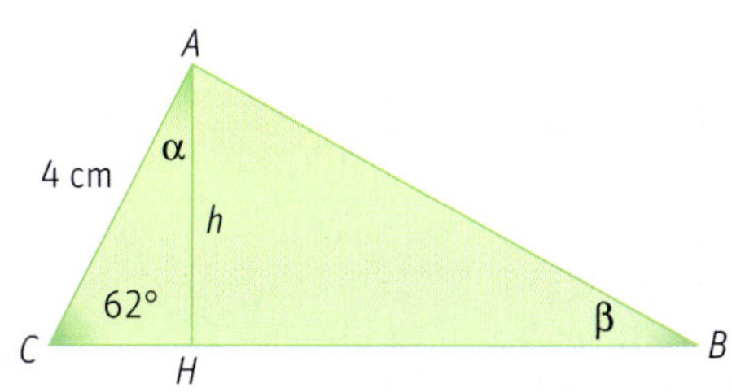

   a) Calcula las medidas de los lados desconocidos y de *h*.

   b) Calcula las razones trigonométricas del ángulo α.

   c) Calcula las amplitudes de los ángulos α y β.

smSaviadigital.com VALORA LO APRENDIDO > Autoevaluación.

6 Aplicaciones de la trigonometría

- ¿Sabes resolver un triángulo rectángulo?
- ¿Y si es un triángulo cualquiera?
- ¿Cómo puedes aplicarlo al cálculo de longitudes, áreas y volúmenes?

Lee y comprende

El relato narra cómo se calculó la medida de la Tierra para establecer una medida de longitud universal: **el metro**. ¿Cómo se llevó a cabo?

¿Qué es la triangulación? ¿En qué se basa?

Como ves, la base de todo el proceso es la resolución de triángulos.

¿Qué crees que es la geodesia?

Investiga y reflexiona

Las herramientas de medida de los ángulos tienen que ser muy precisas.

¿Qué instrumentos utilizan los topógrafos en la actualidad para hacer este tipo de medidas?

¿Qué popular herramienta tecnológica nos proporciona en la actualidad la distancia entre lugares?

Lee y comprende

El astrónomo de la ruta Norte

Delambre aprendía rápido, era un humanista que, con treinta y tantos años, se había convertido en el transcurso de una década, en uno de los astrónomos más destacados del país , y el método básico de la geodesia era en principio muy simple[...]. El método se conocía como triangulación y los cartógrafos llevaban doscientos años utilizándolo para medir terrenos y seguirían haciéndolo hasta la llegada de los satélites.

La triangulación se basaba en un teorema elemental de la geometría: si se conocen los tres ángulos de un triángulo, más la longitud de uno cualquiera de los lados, se puede calcular la longitud de los otros dos lados. Por tanto, si se conocen todos los ángulos de una serie de triángulos conectados en cadena por uno de sus lados, más la longitud de un lado cualquiera, se puede calcular la longitud de todos sus lados (ya que cada dos triángulos conectados comparten un lado).

El geodesta se limitaba a aprovecharse de eso. Identificaba primero una serie de estaciones de observación que podrían servir de nodos, los vértices de los triángulos (agujas de iglesias, torres de fortalezas, cumbres de cerros despejados, plataformas construidas para ese fin). Cada nodo debía ser visible desde las otras tres estaciones como mínimo, de manera que pudiese formarse una cadena de triángulos que fuese cubriendo el meridiano. Luego había que ir de estación en estación midiendo los ángulos horizontales. Después había que determinar sobre el terreno la longitud concreta de un lado de uno de los triángulos ("una línea base"), [...] para calcular la longitud de todos los lados de todos los triángulos interconectados. [...]. Finalmente se determinaban las latitudes respectivas de las dos estaciones situadas más al norte y más al sur valiéndose de observaciones astronómicas, de modo que se pudiese extrapolar de la longitud de ese arco el cuadrante de todo el meridiano. Y eso permitía calcular el tamaño de la Tierra.

KEN ALDER,
La medida de todas las cosas.
Ed. Taurus. 2003

Y tú, ¿qué opinas?

Todas las herramientas que utilizamos en la actualidad para calcular distancias son posibles gracias a la creatividad de personas como Hipatia, Tales, Eratóstenes, Delambre…

¿Crees que es imprescindible la creatividad para realizar descubrimientos científicos que ayuden a la evolución de la sociedad? ¿Qué otras cualidades crees que son necesarias?

1 Resolución de triángulos: Triángulos rectángulos

Ten en cuenta

En los triángulos, un lado y su ángulo opuesto suelen nombrase con la misma letra, mayúscula para el ángulo y minúscula para el lado.

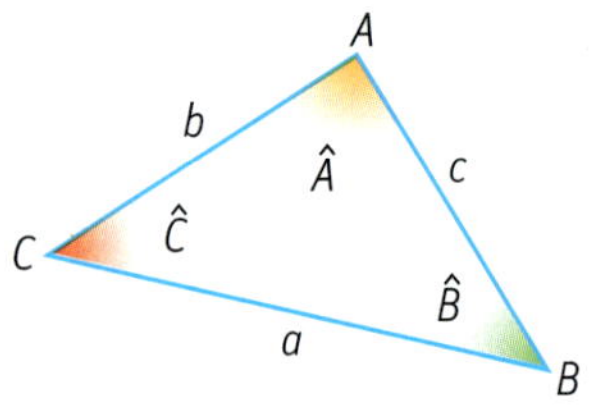

MAT-TIC GeoGebra

Entra en **smSavia**digital.com y resuelve triángulos rectángulos.

PON EN VALOR

La resolución de triángulos ha permitido desarrollar diversos métodos e instrumentos para medir distancias. Pero no hubiesen sido posibles sin la **creatividad** y tenacidad de personas que dedicaron su vida a ello.

En la actualidad, gracias a las plataformas de *crowdfunding*, muchas personas pueden difundir sus conocimentos o incluso buscar financiación para sus investigaciones.

Entra en **smSavia**digital.com y elabora un mural donde analices las causas que han promovido la aparición de este tipo de plataformas y sus posibles efectos.

smSaviadigital.com

PRACTICA Calcula distancias utilizando triángulos rectángulos.

Para poder determinar los tres lados y los tres ángulos de un triángulo es suficiente con conocer tres de ellos, si al menos uno es un lado.

> **Resolver un triángulo** es calcular sus elementos desconocidos utilizando los tres conocidos.

Triángulos rectángulos

En el caso de triángulos rectángulos se sabe que uno de los ángulos es de 90°. Para calcular el resto de elementos se puede utilizar el teorema de Pitágoras, las razones trigonométricas y la propiedad de la suma de los ángulos de un triángulo.

Se pueden conocer los siguientes elementos:

- **Se conocen el ángulo de 90° y dos lados**

Ejemplo ▸ Resuelve el triángulo si se conocen $\hat{A}=90°$, $a=15$ cm, y $b=9$ cm.

- El tercer lado se calcula mediante el teorema de Pitágoras:

  $c=\sqrt{a^2-b^2}=\sqrt{225-81}=12$ cm

- El ángulo $\hat{B}$ se calcula utilizando trigonometría:

  $\operatorname{sen}\hat{B}=\dfrac{9}{15}=0{,}6 \Rightarrow \hat{B}=\operatorname{arc\,sen}0{,}6=36°\ 52'$

- El ángulo $\hat{C}$ se calcula directamente: $\hat{C}=180°-90°-36°\ 52'=53°\ 8'$

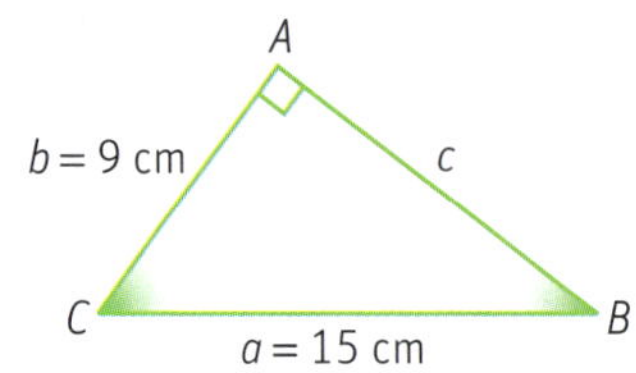

- **Se conocen el ángulo de 90°, otro ángulo y un lado**

Ejemplo ▸ Resuelve el triángulo si se conocen $\hat{A}=90°$, $\hat{B}=40°$ y $b=9$ cm.

- El tercer ángulo se calcula directamente:

  $\hat{C}=180°-90°-40°=50°$

- Los lados a y c se calculan utilizando las razones trigonométricas:

  $\operatorname{tg}40°=\dfrac{9}{c} \Rightarrow c=\dfrac{9}{\operatorname{tg}40°}=\dfrac{9}{0{,}839}=10{,}7$ cm

  $\operatorname{sen}40°=\dfrac{9}{a} \Rightarrow a=\dfrac{9}{\operatorname{sen}40°}=\dfrac{9}{0{,}643}=14$ cm

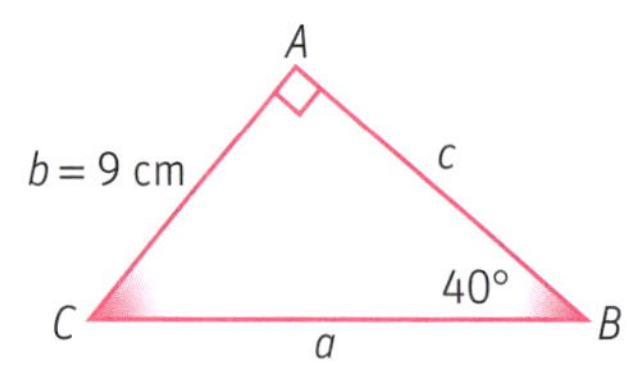

Muchas situaciones cotidianas se pueden modelizar mediante un triángulo rectángulo del que se desconoce alguno de sus elementos.

Ejemplo ▸ En el momento en que los rayos del sol forman un ángulo de 60° con la horizontal, la sombra que proyecta un árbol es de 2,6 m. ¿Cuánto mide el árbol?

Se representa un esquema de la situación.

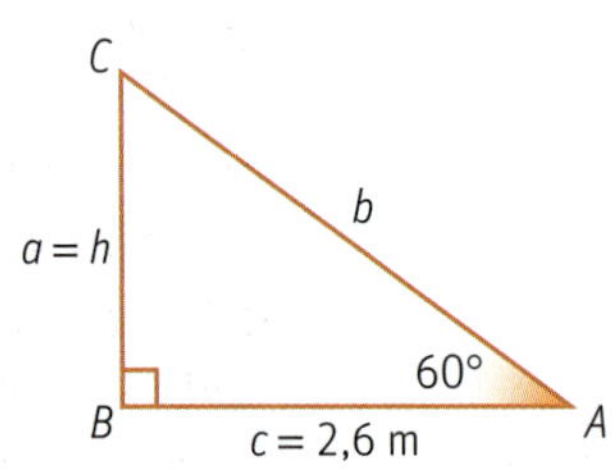

Para obtener la altura del árbol se busca la razón trigonométrica que relaciona la incógnita con los datos que se conocen:

$$\operatorname{tg}60°=\frac{h}{2{,}6} \Rightarrow h=2{,}6\cdot\operatorname{tg}60°=4{,}5$$

El árbol mide aproximadamente 4,5 m.

ACTIVIDADES

1. Resuelve estos triángulos rectángulos.

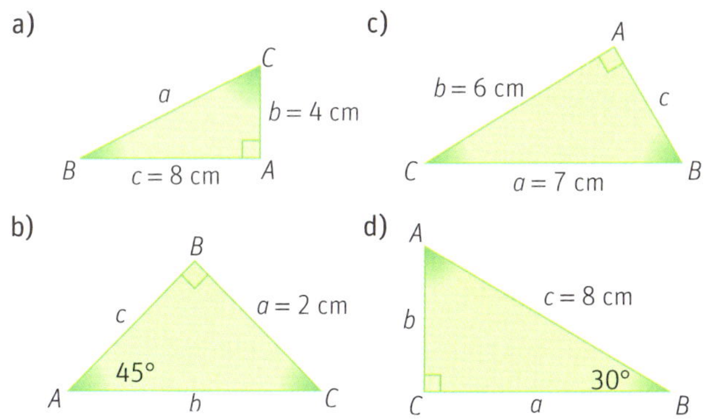

2. Resuelve estos triángulos rectángulos.

a) $\hat{A} = 90°$, $\hat{C} = 43°$, $a = 5$ cm

b) $\hat{B} = 90°$, $a = 8$ cm, $c = 6$ cm

c) $\hat{A} = 90°$, $\hat{B} = 52°$, $a = 10$ cm

d) $\hat{C} = 90°$, $a = 5$ cm, $c = 13$ cm

3. Calcula la altura h en estos triángulos.

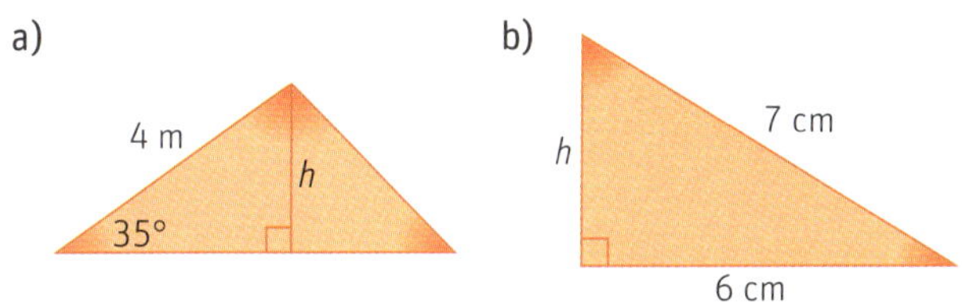

4. Desde un punto situado a 200 m del pie del edificio se ve la antena de la azotea bajo un ángulo de 60°. ¿A qué altura se encuentra el extremo de la antena?

5. ¿Qué altura alcanza la cometa?

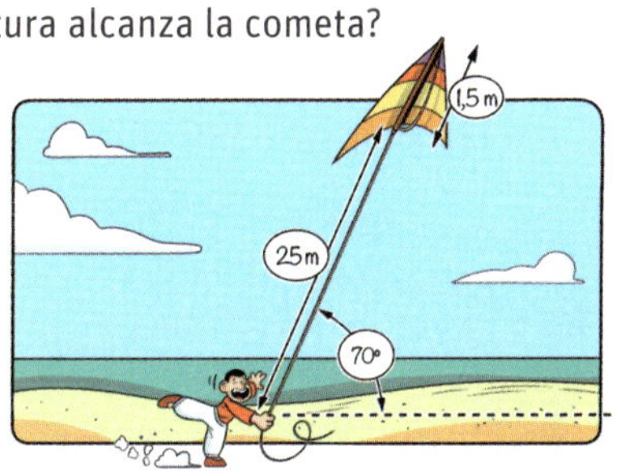

6. Se ha colocado un proyector sobre un trípode de 1,2 m y a una distancia de 5 m de la pantalla medida en la horizontal. La imagen proyectada está a 3 m del suelo.

¿Qué inclinación sobre la horizontal tiene el foco del proyector?

ACTIVIDAD RESUELTA

7. **Desde un punto del suelo se ve la altura de una torre con un ángulo de elevación de 48°. Si se retrocede 30 m se ve la torre bajo un ángulo de 24°. Calcula la altura de la torre.**

El ángulo de elevación es el formado por la visual y la horizontal, por tanto, la situación es la siguiente:

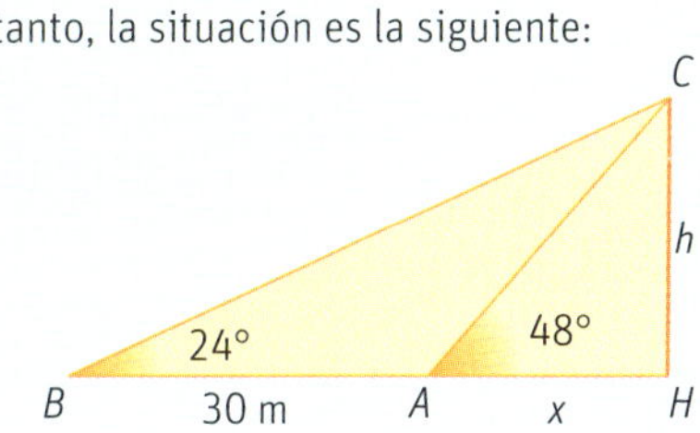

$$\text{tg } 48° = \frac{h}{x} \Rightarrow h = x \text{ tg } 48° = 1{,}1106x$$

$$\text{tg } 24° = \frac{h}{x+30} \Rightarrow h = \text{tg } 24°(x+30) = $$
$$= 0{,}4452(x+30) = 0{,}4452x + 13{,}356$$

Igualando: $1{,}1106x = 0{,}4452x + 13{,}356 \Rightarrow$
$\Rightarrow 0{,}6654x = 13{,}356 \Rightarrow x = 20{,}07 \Rightarrow h = 22{,}3$ m.

8. Desde la orilla de un río se ve un árbol en la otra orilla bajo un ángulo de 40°, y si se retrocede 4 m, se ve bajo un ángulo de 28°.

Calcula la altura del árbol y la anchura del río.

9. Una escalera de 6 m de longitud está apoyada sobre la ventana de un edificio situada a 4,5 m del suelo. Si bascula sobre su base, se apoya en una farola de 3,20 m situada en la misma acera.

a) ¿Con qué ángulo de inclinación está apoyada la escalera sobre la ventana? ¿Y si se apoya sobre la farola?

b) Calcula la distancia entre la fachada del edificio y la farola.

2 Teoremas del seno y del coseno

Para resolver triángulos en general, se utilizan dos teoremas fundamentales: el teorema del seno y el teorema del coseno.

Teorema del seno

Sabías que...

El teorema del seno fue demostrado por Ibn Muadh al-Jayyani, un matemático andalusí de Jaén, en el siglo XI.

En un triángulo de lados ***a***, ***b*** y ***c*** y de ángulos $\hat{A}$, $\hat{B}$ y $\hat{C}$ se verifica:

$$\frac{a}{\operatorname{sen}\hat{A}}=\frac{b}{\operatorname{sen}\hat{B}}=\frac{c}{\operatorname{sen}\hat{C}}$$

Para demostrarlo, se traza la altura h sobre el lado BC en el triángulo ABC.

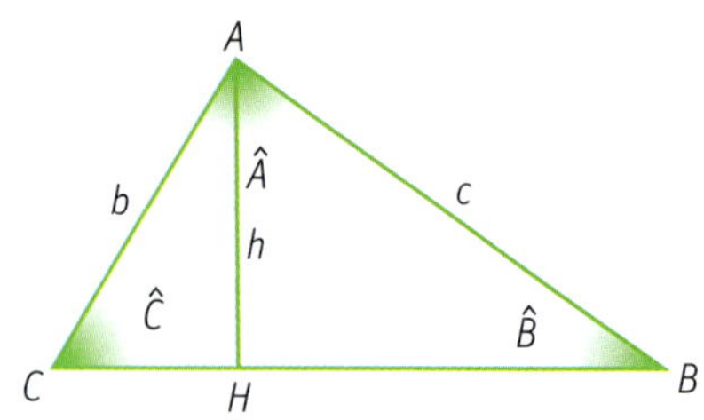

El triángulo BHA es rectángulo en H:

$$\operatorname{sen}\hat{B}=\frac{h}{c}\Rightarrow h=c\operatorname{sen}\hat{B}$$

El triángulo AHC es rectángulo en H:

$$\operatorname{sen}\hat{C}=\frac{h}{b}\Rightarrow h=b\operatorname{sen}\hat{C}$$

Igualando: $h=c\operatorname{sen}\hat{B}=b\operatorname{sen}\hat{C}\Rightarrow\dfrac{c}{\operatorname{sen}\hat{C}}=\dfrac{b}{\operatorname{sen}\hat{B}}$

La otra igualdad se obtiene de forma análoga trazando la altura sobre el lado AC.

Ejemplo ▸ Calcula el lado c y el lado a de un triángulo si $\hat{B}=40°$, $\hat{C}=60°$ y $b=5$ cm.

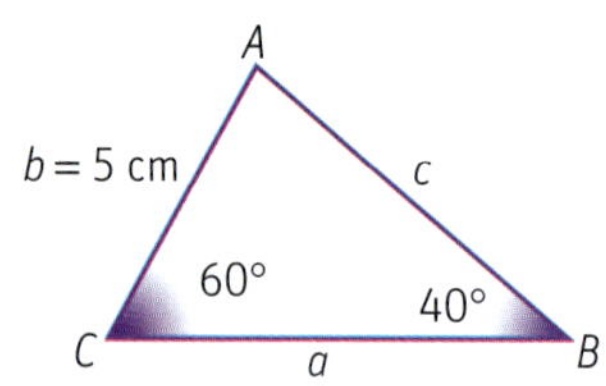

Para calcular el lado c se aplica directamente el teorema del seno:

$$\frac{c}{\operatorname{sen}\hat{C}}=\frac{b}{\operatorname{sen}\hat{B}}\Rightarrow c=\frac{5\operatorname{sen}60°}{\operatorname{sen}40°}=6{,}74\text{ cm}$$

Para calcular el lado a, se obtiene primero el valor del ángulo $\hat{A}$:

$$\hat{A}=180°-\hat{B}-\hat{C}=180°-40°-60°=80°$$

Y se aplica el teorema del seno:

$$\frac{a}{\operatorname{sen}\hat{A}}=\frac{b}{\operatorname{sen}\hat{B}}\Rightarrow a=\frac{5\operatorname{sen}80°}{\operatorname{sen}40°}=7{,}66\text{ cm}$$

ACTIVIDADES

10. Calcula el lado desconocido en los siguientes triángulos.

a)

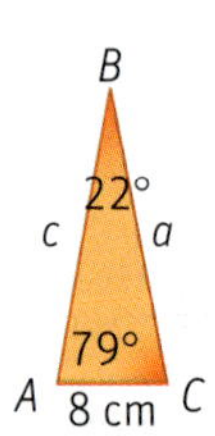

c)

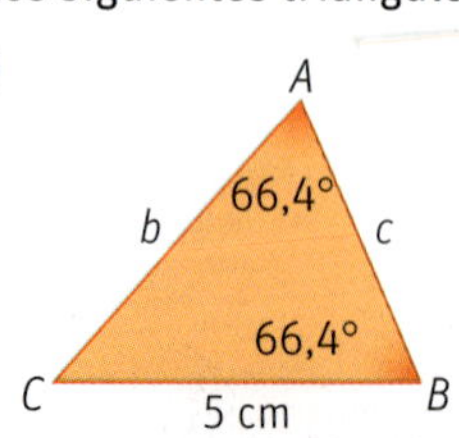

b)

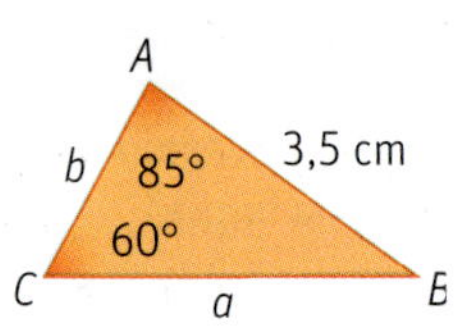

d)

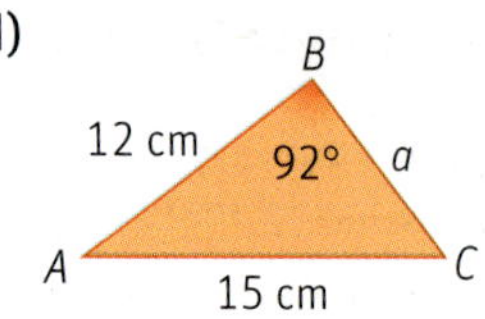

11. Halla el lado a de los triángulos en cada caso.

a) $\hat{A}=38°$; $\hat{B}=80°$; $b=5$ cm

b) $\hat{C}=110°$; $b=6{,}5$ cm ; $c=10{,}25$ cm

c) $\hat{C}=51°$; $\hat{B}=70°$; $c=4{,}96$ cm

12. Calcula los ángulos restantes de los siguientes triángulos.

a) $\hat{A}=65°$; $b=10$ cm; $c=15$ cm

b) $\hat{A}=32°$; $b=6$ cm; $c=6$ cm

13. Encuentra el tercer lado de un recinto triangular si dos de sus lados miden 100 m y 120 m y forman un ángulo de 60°.

Teorema del coseno

En un triángulo de lados $\boldsymbol{a}$, $\boldsymbol{b}$ y $\boldsymbol{c}$ y de ángulos $\hat{A}$, $\hat{B}$ y $\hat{C}$ se verifica:

$$a^2 = b^2 + c^2 - 2bc\cos\hat{A}$$

$$b^2 = a^2 + c^2 - 2ac\cos\hat{B}$$

$$c^2 = a^2 + b^2 - 2ab\cos\hat{C}$$

Para demostrarlo, se traza la altura h sobre el lado AC en el triángulo ABC.

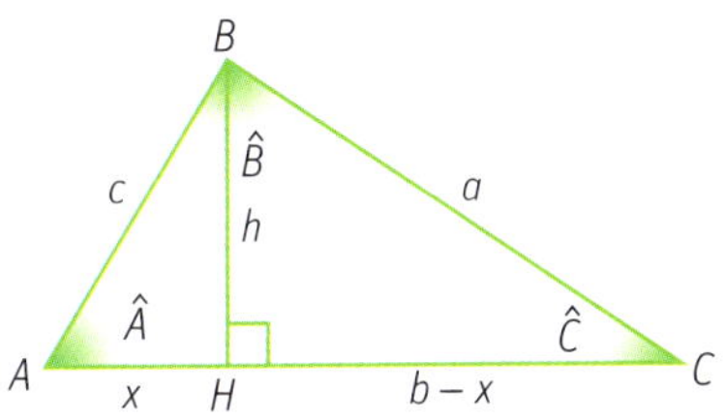

Se observa que el triángulo AHB es rectángulo en H:
$c^2 = x^2 + h^2$

El triángulo CHB es rectángulo en H:
$a^2 = (b - x)^2 + h^2$

De las dos igualdades se deduce:
$a^2 = b^2 + x^2 - 2bx + h^2 = b^2 + c^2 - 2bx$

Como $\cos\hat{A} = \dfrac{x}{c} \Rightarrow x = c\cos\hat{A}$, sustituyendo en la igualdad anterior:

$$a^2 = b^2 + c^2 - 2bc\cos\hat{A}$$

Las otras igualdades se demuestran de forma análoga con los triángulos correspondientes.

Ejemplo ▸ Calcula el ángulo $\hat{A}$ en el triángulo $a = 7$ cm, $b = 4$ cm, $c = 6$ cm:

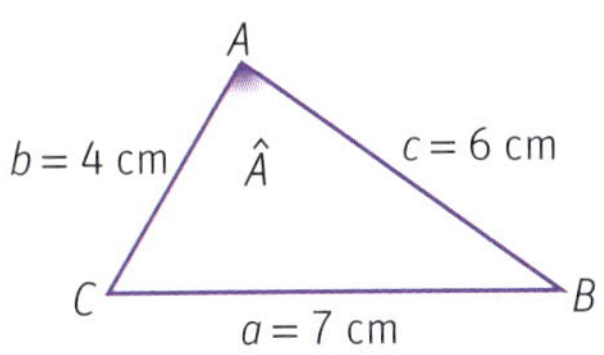

Se aplica el teorema del coseno al lado a y se despeja $\cos\hat{A}$:

$$a^2 = b^2 + c^2 - 2bc\cos\hat{A} \Rightarrow 2bc\cos\hat{A} = b^2 + c^2 - a^2 \Rightarrow$$

$$\Rightarrow \cos\hat{A} = \frac{b^2 + c^2 - a^2}{2bc}$$

Sustituyendo los valores del triángulo se obtiene:

$$\cos\hat{A} = \frac{b^2 + c^2 - a^2}{2bc} = \frac{16 + 36 - 49}{48} = 0{,}0625$$

Se resuelve la ecuación trigonométrica para hallar $\hat{A}$: $\hat{A} = \arccos 0{,}0625 = 86° \; 25'$

MAT-TIC GeoGebra

Entra en smSaviadigital.com y utiliza el teorema del seno y del coseno.

ACTIVIDADES

14. Calcula el valor desconocido.

a)

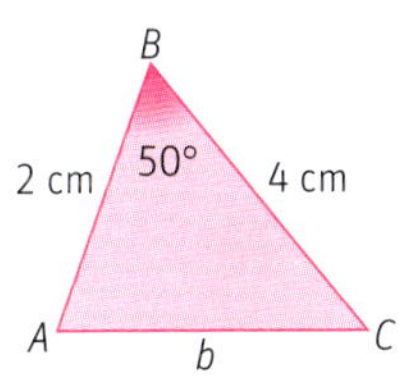

b)

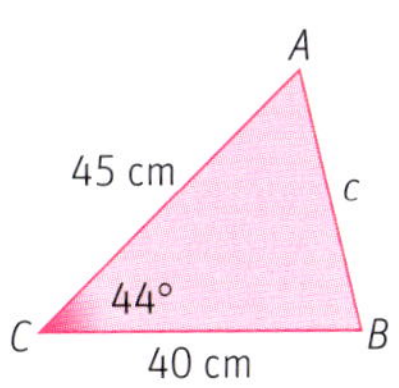

c)

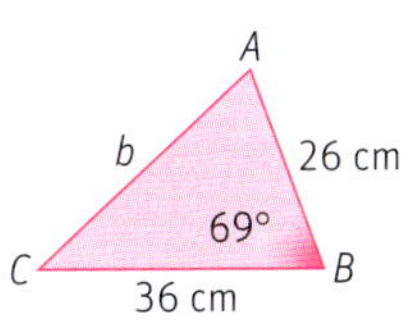

d)

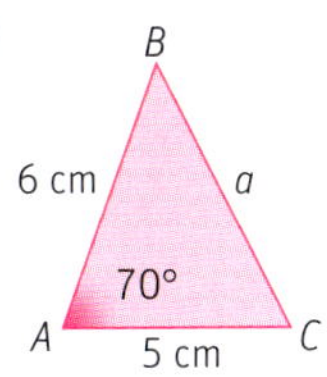

15. Halla el ángulo $\hat{A}$ en los siguientes triángulos.

a) $a = 9{,}85$ cm, $b = 6$ cm, $c = 5$ cm

b) $a = 4$ cm, $b = 7$ cm, $c = 9{,}5$ cm

16. Dos coches que se desplazan con velocidades constantes de 90 y 100 km/h, respectivamente, toman dos carreteras que se bifurcan con un ángulo de 75°. ¿Qué distancia habrá entre ellos cuando lleven 10 minutos de viaje?

17. Si las piernas de un patinador miden 130 cm de largo cada una, ¿qué ángulo forman si este traza una circunferencia de diámetro 90 cm al girar?

3 Resolución de triángulos cualesquiera

Para resolver triángulos de cualquier tipo se utilizan los teoremas del seno y del coseno, la propiedad de que la suma de los tres ángulos es siempre 180° y ecuaciones trigonométricas sencillas.

Según los datos que se conozcan puede haber más de un triángulo solución. Los casos que se pueden dar son los siguientes.

- **Se conocen dos ángulos $\hat{B}$ y $\hat{C}$ y un lado a.**

  1.º Se calcula el tercer ángulo $\hat{A}=180°-\hat{B}-\hat{C}$.

  2.º Utilizando el teorema del seno, se calculan los otros dos lados:

$$\frac{b}{\text{sen}\hat{B}}=\frac{a}{\text{sen}\hat{A}}\Rightarrow b=\frac{a\cdot\text{sen}\,\hat{B}}{\text{sen}\,\hat{A}}$$

$$\frac{c}{\text{sen}\hat{C}}=\frac{a}{\text{sen}\,\hat{A}}\Rightarrow c=\frac{a\cdot\text{sen}\,\hat{C}}{\text{sen}\hat{A}}$$

  En este caso, el triángulo solución **siempre es único**.

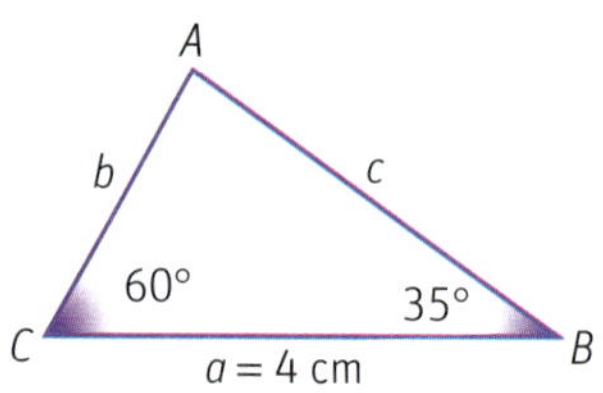

Ejemplo ▸ Resuelve el triángulo $a=4$ cm, $\hat{B}=35°, \hat{C}=60°$.

1.º $\hat{A}+\hat{B}+\hat{C}=180°\Rightarrow\hat{A}=180°-35°-60°\Rightarrow\hat{A}=85°$

2.º Aplicando el teorema del seno:

$$\frac{a}{\text{sen}\,\hat{A}}=\frac{b}{\text{sen}\,\hat{B}}\Rightarrow b=\frac{a\,\text{sen}\,\hat{B}}{\text{sen}\,\hat{A}}=\frac{4\,\text{sen}\,35°}{\text{sen}\,85°}\Rightarrow b=2{,}3\text{ cm}$$

$$\frac{a}{\text{sen}\,\hat{A}}=\frac{c}{\text{sen}\hat{C}}\Rightarrow c=\frac{a\,\text{sen}\hat{C}}{\text{sen}\hat{A}}=\frac{4\,\text{sen}\,60°}{\text{sen}\,85°}\Rightarrow c=3{,}48\text{ cm}$$

- **Se conocen dos lados a, b y el ángulo comprendido entre ellos $\hat{C}$.**

  1.º Se calcula el tercer lado con el teorema del coseno:

$$c=\sqrt{a^2+b^2-2ab\cos\hat{C}}$$

  2.º Utilizando también el teorema del coseno, se calcula uno de los dos ángulos desconocidos:

$$\cos\hat{A}=\frac{b^2+c^2-a^2}{2bc}\Rightarrow\hat{A}=\arccos\left(\frac{b^2+c^2-a^2}{2bc}\right)$$

  3.º Se calcula el tercer ángulo: $\hat{B}=180°-\hat{A}-\hat{C}$.

  En este caso, el triángulo solución **siempre es único**.

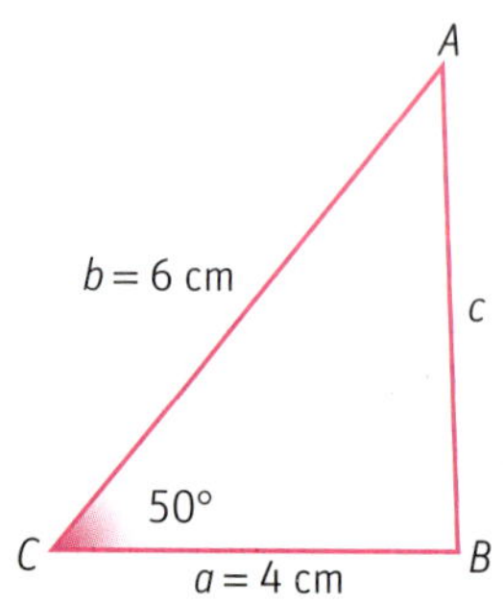

Ejemplo ▸ Resuelve el triángulo $a=4$ cm, $b=6$ cm y $\hat{C}=50°$.

1.º Aplicando el teorema del coseno se obtiene el lado c:

$$c^2=a^2+b^2-2ab\cos\hat{C}=16+36-2\cdot4\cdot6\cdot\cos50°=21{,}146\Rightarrow c=\sqrt{21{,}146}=4{,}6\text{ cm}$$

2.º Aplicando de nuevo el teorema del coseno y resolviendo la ecuación trigonométrica, se calcula $\hat{A}$.

$$\cos\hat{A}=\frac{b^2+c^2-a^2}{2bc}=\frac{6^2+4{,}6^2-4^2}{2\cdot6\cdot4{,}6}=0{,}746\Rightarrow$$
$$\Rightarrow\hat{A}=\arccos0{,}746=41°\,45'$$

3.º $\hat{A}+\hat{B}+\hat{C}=180°\Rightarrow\hat{B}=180°-50°-41°\,45'\Rightarrow\hat{B}=88°\,15'$

- Se conocen dos lados a, b y uno de los ángulos no comprendido $\hat{A}$.

1.º Se calcula el otro ángulo no comprendido con el teorema del seno:

$$\frac{a}{\text{sen } \hat{A}} = \frac{b}{\text{sen } \hat{B}} \Rightarrow \text{sen}\hat{B} = \frac{b \cdot \text{sen}\hat{A}}{a} \Rightarrow \hat{B} = \text{arcsen}\left(\frac{b \cdot \text{sen } \hat{A}}{a}\right)$$

Puede haber más de un ángulo $\hat{B}$ que sea solución de la ecuación.

2.º Se calcula el tercer ángulo: $\hat{C} = 180° - \hat{A} - \hat{B}$

3.º Se calcula el tercer lado con el teorema del seno: $\frac{a}{\text{sen } \hat{A}} = \frac{c}{\text{sen}\hat{C}} \Rightarrow c = \frac{a \cdot \text{sen } \hat{C}}{\text{sen } \hat{A}}$

En este caso, **puede haber ninguno, uno o dos triángulos solución.**

Ejemplo ▸ Resuelve el triángulo $a = 20$ cm, $b = 15$ cm, $\hat{A} = 40°$.

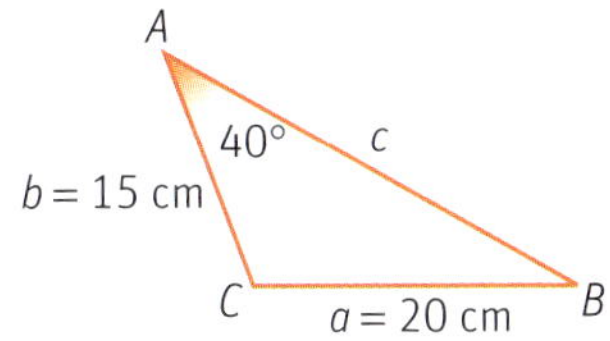

1.º Aplicando el teorema del seno:

$$\frac{a}{\text{sen } \hat{A}} = \frac{b}{\text{sen } \hat{B}} \Rightarrow \frac{20}{\text{sen } 40°} = \frac{15}{\text{sen } \hat{B}} \Rightarrow \text{sen } \hat{B} = \frac{15 \cdot \text{sen } 40°}{20} = 0{,}482 \Rightarrow$$

$\Rightarrow \hat{B} = \text{arcsen } 0{,}482 = 28°49'$. En este caso sólo hay una solución.

2.º Se calcula el tercer ángulo: $\hat{C} = 180° - \hat{A} - \hat{B} \Rightarrow \hat{C} = 111°\ 11'$

3.º Aplicando otra vez el teorema del seno se calcula el tercer lado:

$$\frac{a}{\text{sen}\hat{A}} = \frac{c}{\text{sen } \hat{C}} \Rightarrow c = \frac{20 \cdot \text{sen } 111°11'}{\text{sen } 40°} = 29{,}01 \text{ cm}$$

- Se conocen los tres lados a, b y c.

1.º Aplicando el teorema del coseno, se calculan dos ángulos:

$$\cos \hat{A} = \frac{b^2 + c^2 - a^2}{2bc} \Rightarrow \hat{A} = \arccos\left(\frac{b^2 + c^2 - a^2}{2bc}\right)$$

$$\cos \hat{B} = \frac{a^2 + c^2 - b^2}{2ac} \Rightarrow \hat{B} = \arccos\left(\frac{a^2 + c^2 - b^2}{2ac}\right)$$

2.º Se calcula el tercer ángulo $\hat{C} = 180° - \hat{A} - \hat{B}$

Este caso, puede haber **uno o ningún triángulo solución.**

MAT-TIC GeoGebra

Entra en **smSavia**digital.com y resuelve cualquier tipo de triángulo.

Ejemplo ▸ Resuelve el triángulo $a = 50$ cm, $b = 65$ cm, $c = 80$ cm.

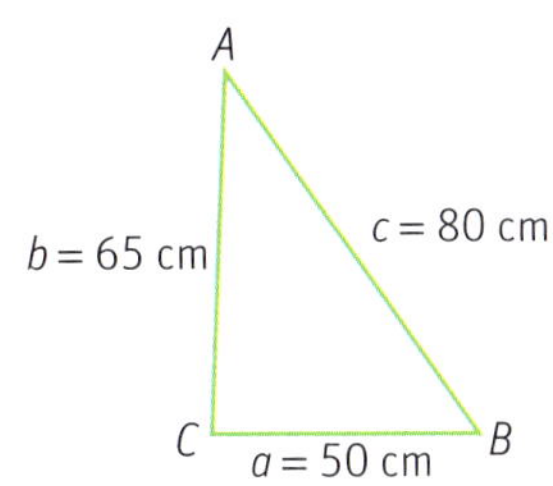

1.º Aplicando el teorema del coseno:

$$\cos\hat{A} = \frac{b^2 + c^2 - a^2}{2bc} = 0{,}781 \Rightarrow \hat{A} = 38°37' \quad \cos\hat{B} = \frac{a^2 + c^2 - b^2}{2ac} = 0{,}584 \Rightarrow \hat{B} = 54°14'$$

2.º Se calcula el tercer ángulo: $\hat{C} = 180° - \hat{A} - \hat{B} \Rightarrow \hat{C} = 87°9'$

ACTIVIDADES

18. Resuelve los siguientes triángulos.

a)

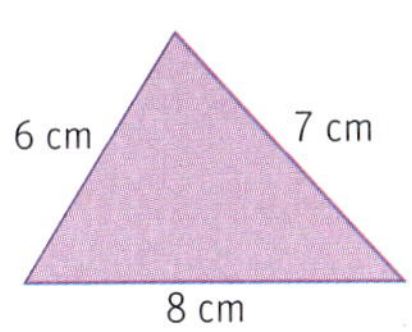

b)

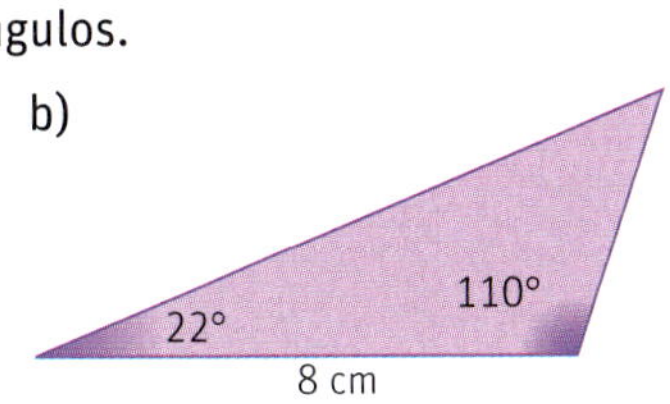

19. Resuelve los siguientes triángulos y clasifícalos.

a) $a = 25$ cm, $b = 30$ cm, y $\hat{B} = 38°$

b) $a = 15$ cm, $b = 55$ cm y $c = 45$ cm

20. Calcula el perímetro de un triángulo cuyos lados miden 40 y 45 cm y el ángulo comprendido entre ellos, 44°.

4 Aplicaciones de la trigonometría: Longitudes, áreas y volúmenes

Elementos de un polígono regular

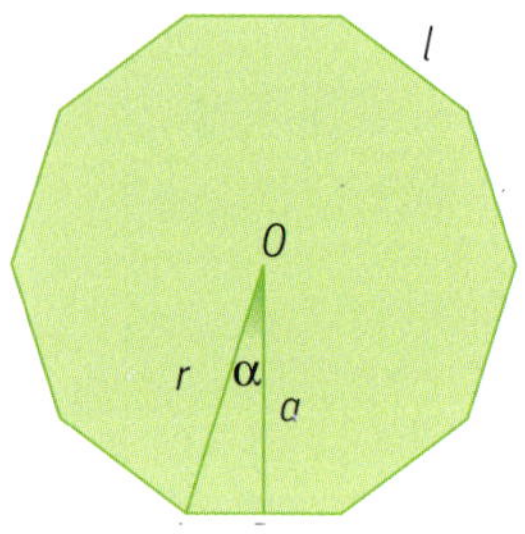

Un polígono es regular cuando sus lados son iguales y sus ángulos internos son iguales.

Dependiendo del número de lados, n, el ángulo α vale $\alpha = \frac{360°}{2n} = \frac{180°}{n}$.

Los elementos que determinan un polígono regular son su lado l, su apotema a y su radio r. Se relacionan mediante el triángulo ABO rectángulo en B:

$$\text{sen}\,\alpha = \frac{\frac{l}{2}}{r} \Rightarrow r = \frac{l}{2\,\text{sen}\,\alpha} \Rightarrow r = \frac{l}{2\,\text{sen}\left(\frac{180°}{n}\right)} \qquad \text{tg}\,\alpha = \frac{\frac{l}{2}}{a} \Rightarrow a = \frac{l}{2\,\text{tg}\,\alpha} \Rightarrow a = \frac{l}{2\,\text{tg}\left(\frac{180°}{n}\right)}$$

El **radio**, ***r***, y la **apotema**, ***a***, de un polígono regular se pueden expresar en función del número de lados, n y de la longitud de cada lado, l, como

$$\mathbf{r = \frac{l}{2\,sen\left(\frac{180°}{n}\right)}} \qquad \mathbf{a = \frac{l}{2\,tg\left(\frac{180°}{n}\right)}}$$

MAT-TIC GeoGebra

Entra en sm**Savia**digital.com y calcula longitudes, áreas y volúmenes de figuras y cuerpos geométricos.

Ejemplo ▸ Calcula el radio y la apotema de un octógono regular de 40 cm de lado.

Se calcula el ángulo que forman el radio y la apotema: $\frac{360°}{2n} = \frac{180°}{n} = \frac{180°}{8} = 22{,}5°$.

Sustituyendo se obtiene:

- $a = \frac{l}{2\,\text{tg}\left(\frac{180°}{n}\right)} = \frac{40}{2\,\text{tg}\,22{,}5°} = \frac{20}{\text{tg}\,22{,}5°} = 48{,}28$ cm
- $r = \frac{l}{2\,\text{sen}\left(\frac{180°}{n}\right)} = \frac{20}{2\,\text{sen}\,22{,}5°} = \frac{10}{0{,}383} = 26{,}13$ cm

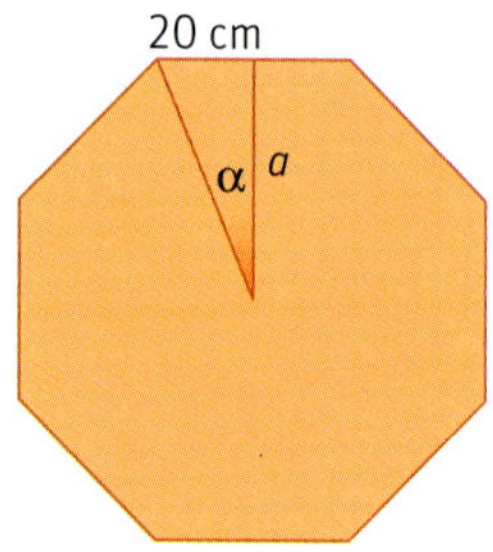

Área de un triángulo

El **área de un triángulo** de lados a y b y ángulo comprendido $\hat{C}$ es:

$$\mathbf{A = \frac{1}{2}ab\,sen\,\hat{C}}$$

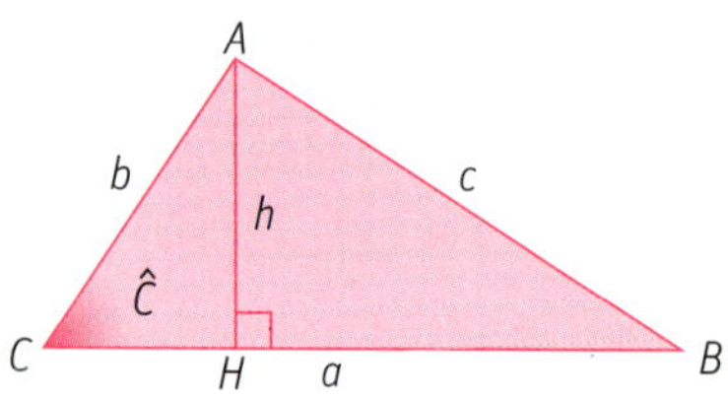

Para demostrarlo se considera el triángulo CHA que es rectángulo en $H \Rightarrow \text{sen}\,\hat{C} = \frac{h}{b}$.

El área del triángulo es: $A = \frac{\text{base}\cdot\text{altura}}{2} = \frac{a\cdot h}{2} = \frac{a\cdot b\,\text{sen}\,\hat{C}}{2} = \frac{1}{2}ab\,\text{sen}\,\hat{C}$

Ejemplo ▸ Calcula el área de un triángulo cuyos lados miden 10, 15 y 20 cm.

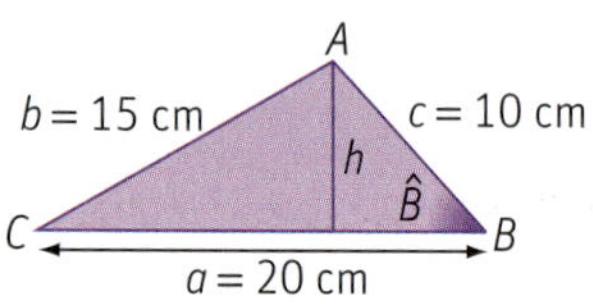

Aplicando el teorema del coseno:

$$\cos\hat{B} = \frac{a^2 + c^2 - b^2}{2ac} = \frac{20^2 + 10^2 - 15^2}{2\cdot 20\cdot 10} = 0{,}6875 \text{ y } \text{sen}\,\hat{B} = \sqrt{1 - \cos^2\hat{B}} = 0{,}7262$$

La superficie del triángulo será: $A = \frac{1}{2}ac\,\text{sen}\,\hat{B} = \frac{1}{2}\cdot 20\cdot 10\cdot 0{,}7262 = 72{,}62$ cm²

Cálculo de áreas y volúmenes

Ejemplo ▸ Calcula el área de la zona sombreada de la figura:

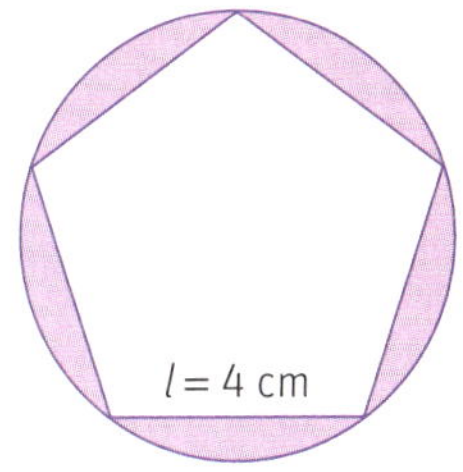

El área de la zona sombreada es la diferencia entre el área del círculo y el pentágono regular de lado 4 cm.

Se calcula el ángulo $\alpha = \frac{360°}{2n} = \frac{180°}{n} = \frac{180°}{5} = 36°$ para obtener el radio y la apotema:

$$a = \frac{l}{2\text{tg}\left(\frac{180°}{n}\right)} = \frac{4}{2\text{tg}\,36°} = 2{,}753 \text{ y } r = \frac{l}{2\text{sen}\left(\frac{180°}{n}\right)} = \frac{4}{2\,\text{sen}\,36°} = 3{,}403$$

Por tanto, el área del pentágono es: $A_p = \frac{p \cdot a}{2} = \frac{4 \cdot 5 \cdot 2{,}753}{2} = 27{,}53$ cm^2 y el área del círculo: $A_c = \pi \cdot r^2 = \pi \cdot 3{,}403^2 = 36{,}381$ cm^2

El área de la zona sombreada es $A_c - A_p = 8{,}851$ cm^2.

Ejemplo ▸ Un molino está formado por un cilindro de 6 m de alto y 2,5 m de radio, y un cono cuya generatriz forma un ángulo de $\alpha = 40°$ con la horizontal. Calcula el volumen del molino.

El volumen del molino es la suma del volumen del cilindro y del cono que lo forman.

- El volumen del cilindro es: $V_{cilindro} = \pi \cdot r^2 \cdot h = \pi \cdot 2{,}52 \cdot 6 = 117{,}8$ m^3
- El volumen del cono es: $V_{cono} = \frac{\pi \cdot r^2 \cdot h}{3}$

La altura del cono se puede obtener a partir de la tangente del ángulo α:

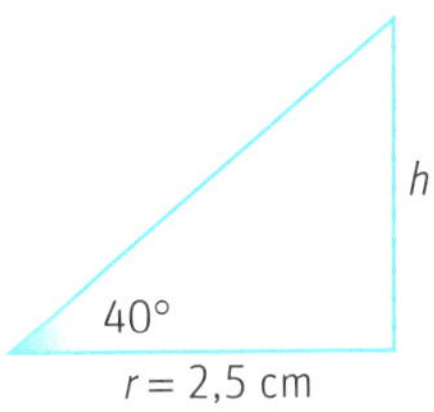

$$\text{tg}\,\alpha = \frac{h}{r} \Rightarrow \text{tg}\,40° = \frac{h}{2{,}5} \Rightarrow h = 2{,}5\,\text{tg}\,40° = 2{,}1 \text{ m}$$

$$V_{cono} = \frac{\pi \cdot r^2 \cdot h}{3} = \frac{\pi \cdot 2{,}5^2 \cdot 2{,}1}{3} = 13{,}74 \text{ m}^3$$

Por tanto, $V = V_{cilindro} + V_{cono} = 117{,}8 + 13{,}7 = 131{,}5$ m^3

ACTIVIDADES

21. El lado de un polígono regular de 15 lados mide 50 cm. Calcula el radio y la apotema.

22. Indica el número de lados de un polígono regular cuyo radio vale 24,27 cm y cuyo lado mide 15 cm.

23. Halla el área de los siguientes triángulos.

a) $a = 15$ cm, $b = 24$ cm, $c = 15$ cm

b) $\hat{A} = 75°$, $b = 15$ cm, $c = 18$ cm

24. Calcula el perímetro y el área de un trapecio rectángulo cuyas bases miden 8 y 4 cm y cuya altura mide 3 cm.

25. Halla el área de un tetraedro de lado 5 cm.

26. Calcula el área de un sector circular de radio 4 cm y cuyo arco mide 8 cm.

27. Halla el área de un eneágono regular de perímetro 63 cm.

28. Calcula la superficie de un prisma de altura 5 cm y cuya base es un triángulo rectángulo isósceles de catetos 2 cm.

29. El volumen de una pirámide es de 1000 m^3, su base es un cuadrado y el ángulo de las alturas laterales con la base es de 30°. ¿Cuál es la longitud del lado de la base? ¿Y la altura de la pirámide?

30. Calcula el volumen de los siguientes cuerpos.

a)

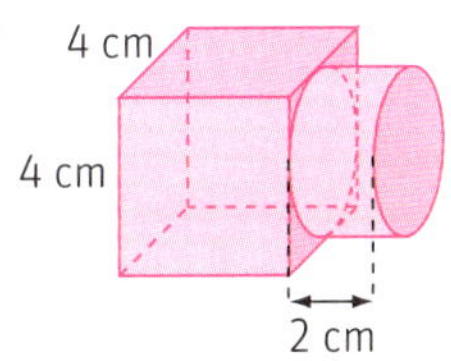

b)

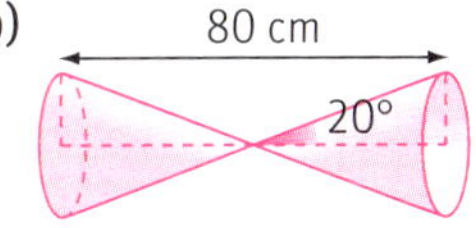

31. smSaviadigital.com

PRACTICA Aplica trigonometría al cálculo de longitudes, áreas y volúmenes.

Organiza tus ideas

RESOLUCIÓN DE TRIÁNGULOS RECTÁNGULOS

$$\operatorname{sen}\hat{B}=\frac{\text{cateto opuesto}}{\text{hipotenusa}}=\frac{b}{a}$$

$$\cos\hat{B}=\frac{\text{cateto contiguo}}{\text{hipotenusa}}=\frac{c}{a}$$

$$\operatorname{tg}\hat{B}=\frac{\text{cateto opuesto}}{\text{cateto contiguo}}=\frac{b}{c}$$

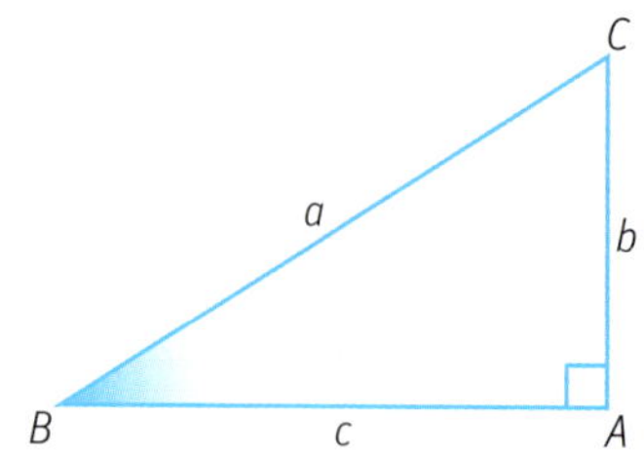

TEOREMAS DEL SENO Y DEL COSENO

Teorema del seno

$$\frac{a}{\operatorname{sen}\hat{A}}=\frac{b}{\operatorname{sen}\hat{B}}=\frac{c}{\operatorname{sen}\hat{C}}$$

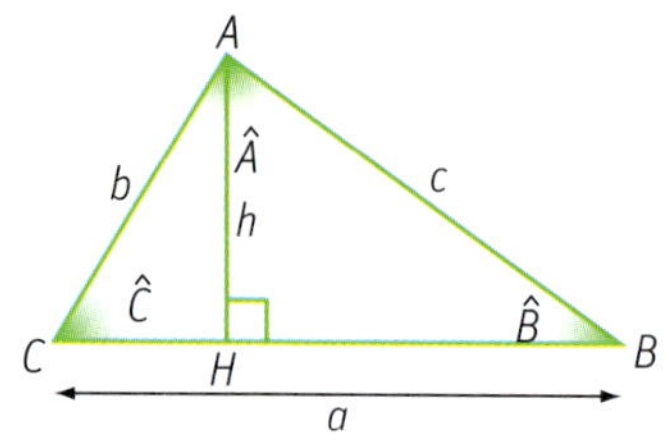

Teorema del coseno

$$a^2=b^2+c^2-2bc\cos\hat{A}$$

$$b^2=a^2+c^2-2ac\cos\hat{B}$$

$$c^2=a^2+b^2-2ab\cos\hat{C}$$

RESOLUCIÓN DE TRIÁNGULOS CUALESQUIERA

- Se conocen dos ángulos $\hat{A}$, $\hat{B}$ y un lado a:

  1.º $\hat{C}=180°-\hat{A}-\hat{B}$

  2.º Teorema del seno: $b=\dfrac{a\cdot\operatorname{sen}\hat{B}}{\operatorname{sen}\hat{A}}$

  3.º Teorema del seno: $c=\dfrac{a\cdot\operatorname{sen}\hat{C}}{\operatorname{sen}\hat{A}}$

  Solo hay una solución.

- Se conocen dos lados a, b y el ángulo $\hat{C}$ comprendido:

  1.º Teorema del coseno: $c=\sqrt{a^2+b^2-2ab\cos\hat{C}}$

  2.º Teorema del coseno: $\cos\hat{A}=\dfrac{b^2+c^2-a^2}{2bc}$

  3.º $\hat{B}=180°-\hat{A}-\hat{C}$

  Solo hay una solución.

- Se conocen dos lados a, b y uno de los ángulos no comprendido $\hat{A}$:

  1.º Teorema del seno: $\operatorname{sen}\hat{B}=\dfrac{b\cdot\operatorname{sen}\hat{A}}{a}$

  2.º $\hat{C}=180°-\hat{A}-\hat{B}$

  3.º Teorema del seno: $c=\dfrac{a\cdot\operatorname{sen}\hat{C}}{\operatorname{sen}\hat{A}}$

  Puede haber una, dos o ninguna soluciones.

- Se conocen tres lados a, b, c:

  1.º Teorema del coseno: $\cos\hat{A}=\dfrac{b^2+c^2-a^2}{2bc}$

  2.º Teorema del coseno: $\cos\hat{B}=\dfrac{a^2+c^2-b^2}{2ac}$

  3.º $\hat{C}=180°-\hat{A}-\hat{B}$

  Tiene una o ninguna solución.

APLICACIONES A LONGITUDES, ÁREAS Y VOLÚMENES

Área del triángulo conocidos dos lados y el ángulo comprendido:

$$A=\frac{1}{2}\cdot a\cdot b\cdot\operatorname{sen}\hat{C}$$

Polígono regular de *n* lados

lado: l radio: r apotema: a

$$r=\frac{l}{2\operatorname{sen}\left(\frac{180°}{n}\right)}\qquad a=\frac{l}{2\operatorname{tg}\left(\frac{180°}{n}\right)}$$

Actividades clave

1. Desde un punto de un malecón, un pescador lanza su caña de forma que el hilo queda tenso y la caña perpendicular al suelo. El hilo mide 12 m y el pescador ve la boya con un ángulo de depresión de 36°. ¿A qué distancia se encuentra la boya de la pared del malecón?

El ángulo de depresión es el ángulo formado por la visual del pescador y la línea del hilo.

Por tanto:

$$\text{sen } 54° = \frac{x}{12} \Rightarrow x = 12 \cdot \text{sen } 54° = 9{,}7 \text{ m}$$

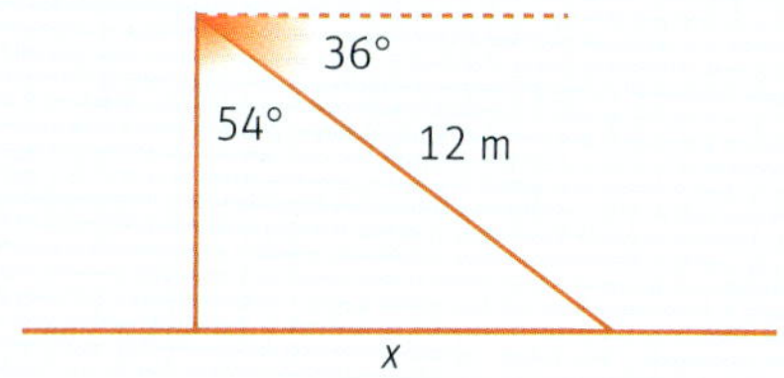

2. Resuelve el triángulo: $a = 38$ cm, $b = 30$ y $\hat{B} = 38°$.

Comprueba que, en este caso, hay dos soluciones.

Aplicando el teorema del seno:

$$\frac{a}{\text{sen}\hat{A}} = \frac{b}{\text{sen}\hat{B}} \Rightarrow \text{sen}\hat{A} = \frac{a \cdot \text{sen}\hat{B}}{b} = \frac{38 \cdot \text{sen}\,38°}{30} = 0{,}7798 \Rightarrow \hat{A} = \text{arcsen}\,0{,}7798$$

En este caso, hay dos soluciones posibles:

$$\begin{cases} A = 51°\,15' \Rightarrow C = 90°\,45' \Rightarrow c = \dfrac{a\,\text{sen}\hat{C}}{\text{sen}\hat{A}} = 48{,}7 \text{ cm} \\ A = 128°\,45' \Rightarrow C = 13°\,15' \Rightarrow c = \dfrac{a\,\text{sen}\hat{C}}{\text{sen}\hat{A}} = 11{,}2 \text{ cm} \end{cases}$$

Los posibles triángulos son:

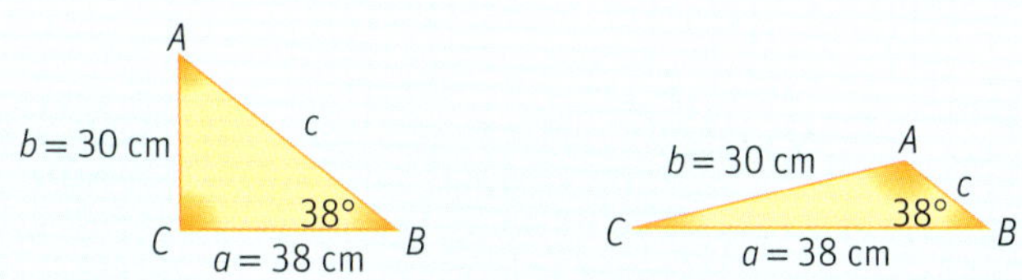

3. Dado el ortoedro de dimensiones 3 cm, 4 cm y 8 cm, calcula el ángulo que forma su diagonal con la diagonal de la base formada por los lados de 8 cm y 3 cm.

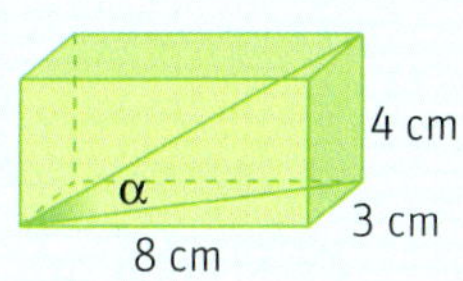

La diagonal de la cara inferior mide:

$$d = \sqrt{8^2 + 3^2} = \sqrt{73}$$

$$\text{tg}\,\alpha = \frac{4}{\sqrt{73}} \Rightarrow \alpha = \text{arctg}\left(\frac{4}{\sqrt{73}}\right) = 25°5' \Rightarrow \alpha = 25°\,5'$$

4. Calcula la superficie de la planta del Panteón de Agripa, en Roma.

Para hallar su superficie se puede descomponer en la rotonda y el pronaos.

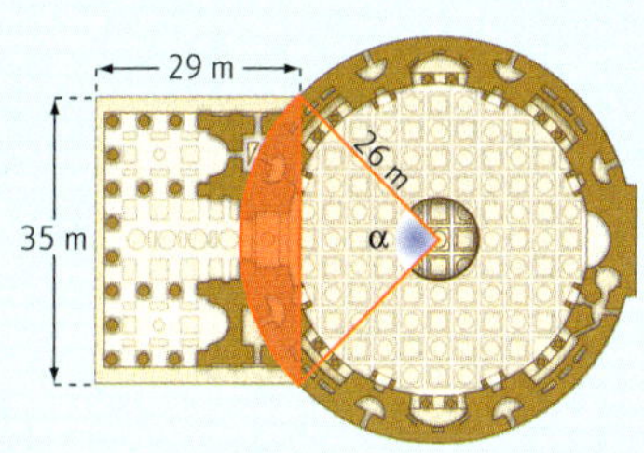

El área de la planta del Panteón de Agripa será la suma de las áreas de la rotonda y el pronaos menos el área de la intersección que se suma dos veces.

- Área de la rotonda: $A_R = \pi \cdot r^2 = \pi \cdot 26^2 = 2124 \text{ m}^2$
- Área del pronaos: $A_P = a \cdot b = 35 \cdot 29 = 1015 \text{ m}^2$

La intersección es un sector circular al que se resta un triángulo de lados 26, 26 y 35 m. Por el teorema del coseno, $35^2 = 26^2 + 26^2 - 2 \cdot 26 \cdot 26 \cos\alpha$, luego:

$$\cos\alpha = \frac{127}{1352} \Rightarrow \alpha = \arccos\frac{127}{1352} = 84°\,36' \Rightarrow \text{sen}\,\alpha = 0{,}996$$

Su área es:

$$A_I = \frac{\pi \cdot r^2 \cdot n°}{360°} - \frac{1}{2} \cdot r \cdot r \cdot \text{sen}\,\alpha = \pi \cdot 26^2 \cdot \frac{84°\,36'}{360°} - \frac{1}{2} \cdot 26 \cdot 26 \cdot 0{,}996 = 162 \text{ m}^2$$

Área total: $A = A_R - A_P - A_I = 2124 + 1015 - 162 = 2977 \text{ m}^2$

Actividades

EJERCICIOS **PARA PRACTICAR**

Resolución de triángulos rectángulos

32. Calcula la medida de los ángulos y lados desconocidos.

a)

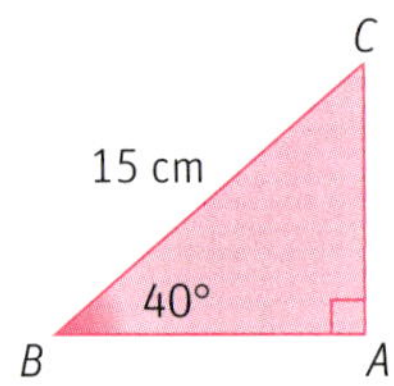

b)

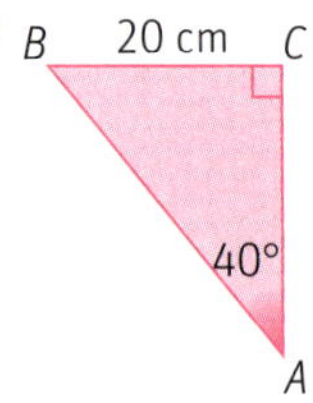

33. Resuelve los triángulos sabiendo que $\hat{B}$ es un ángulo recto.

a) $\hat{C} = 65°$, $a = 22$ cm

b) $c = 15$ cm, $b = 18$ cm

c) $a = 20$ cm, $c = 20$ cm

34. Un trapecio rectángulo tiene por bases 15 y 25 cm. El lado que no es perpendicular a las bases mide 12 cm. Calcula los ángulos del trapecio.

ACTIVIDAD **RESUELTA**

35. Las proyecciones de los catetos de un triángulo rectángulo sobre su hipotenusa valen $m = 15$ cm y $n = 25$ cm, respectivamente. Resuelve el triángulo.

Se representan los datos.

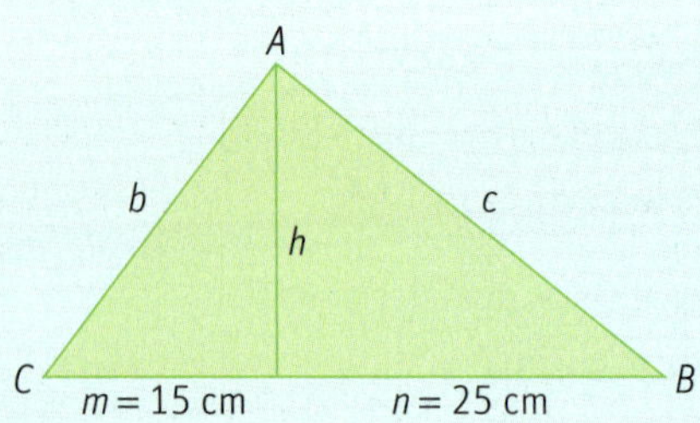

Se calcula el lado a: 25 cm + 15 cm = 40 cm

Al trazar la altura, h, se han formado dos triángulos rectángulos. Para calcular la longitud de la altura, se aplica el teorema de la altura:

$$h^2 = m \cdot n = 15 \cdot 25 = 375 \Rightarrow h = \sqrt{375} = 19{,}36 \text{ cm}$$

Se calculan los ángulos $\hat{B}$ y $\hat{C}$:

$$\text{tg}\,\hat{B} = \frac{h}{n} = \frac{19{,}36}{25} = 0{,}774 \Rightarrow \hat{B} = \text{arctg}\,0{,}774 = 37°44'$$

$$\text{tg}\,\hat{C} = \frac{h}{m} = \frac{19{,}36}{15} = 1{,}291 \Rightarrow \hat{C} = 52°14'$$

Se calculan los lados b y c:

$$\cos\hat{C} = \frac{m}{b} \Rightarrow b = \frac{15}{\cos 52°14'} = 24{,}5 \text{ cm}$$

$$\cos\hat{B} = \frac{n}{c} \Rightarrow c = \frac{25}{\cos 37°44'} = 31{,}61 \text{ cm}$$

36. Las proyecciones de los catetos de un triángulo rectángulo sobre su hipotenusa valen $m = 3{,}6$ cm y $n = 10$ cm, respectivamente. Resuelve el triángulo.

Resolución de triángulos cualesquiera

37. Resuelve los siguientes triángulos.

a)

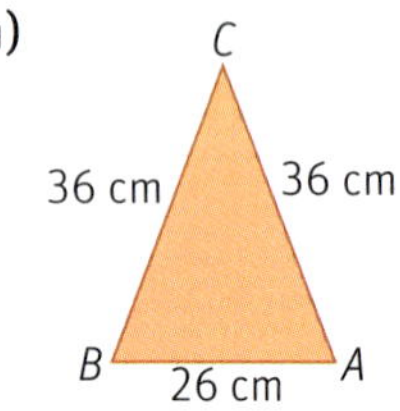

b)

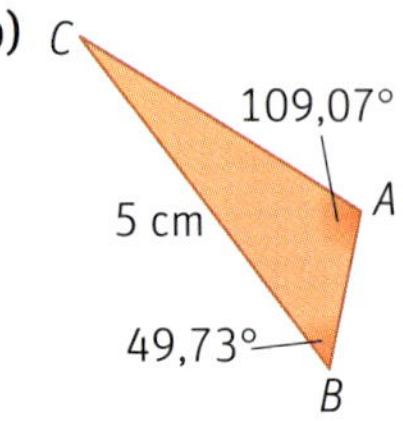

38. Resuelve el triángulo. ¿De qué tipo es?

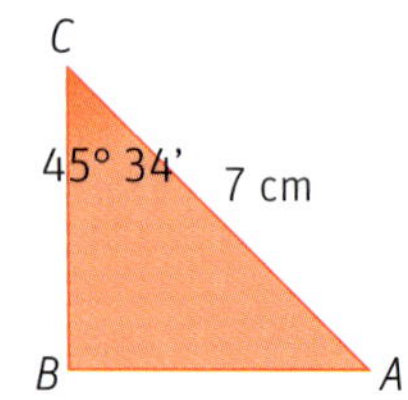

39. Resuelve estos triángulos y clasifícalos.

a) $a = 5$ cm	$c = 12$ cm	$\hat{C} = 120°$
b) $a = 20$ cm	$b = 12$ cm	$\hat{C} = 100°$
c) $a = 20$ cm	$b = 40$ cm	$c = 25$ cm
d) $\hat{B} = 65°$	$a = 23$ cm	$c = 32$ cm
e) $\hat{B} = 32°$	$\hat{A} = 65°$	$b = 12$ cm
f) $\hat{A} = 38°$	$b = 12$ cm	$a = 16$ cm

Longitudes, áreas y volúmenes

40. La diagonal de un rectángulo mide 25 m y forma con la base un ángulo de 43° 40'. Halla su perímetro y su área.

41. Un trapecio isósceles tiene por bases 30 y 45 cm. Los lados iguales miden 12 cm cada uno. Calcula los ángulos del trapecio.

42. El radio de un octógono regular mide 45 cm. Calcula la medida del lado y de la apotema y el área del octógono.

43. Calcula el área total y volumen de los cuerpos.

a)

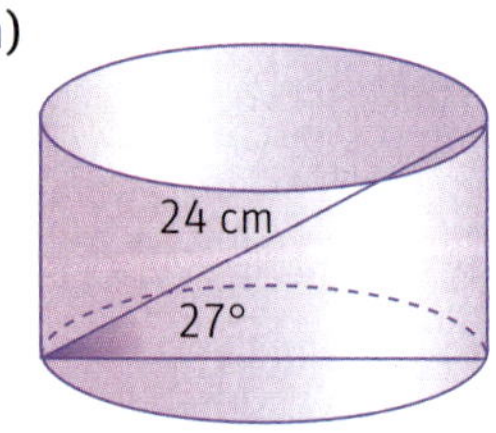

c)

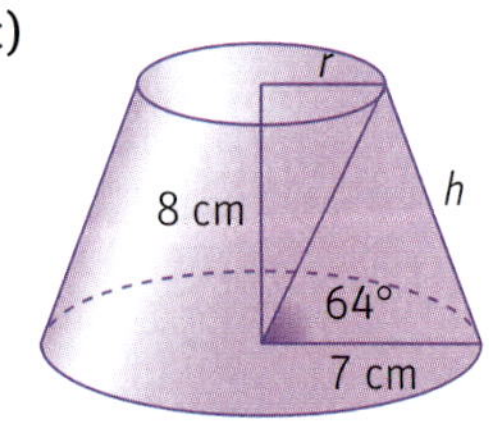

b)

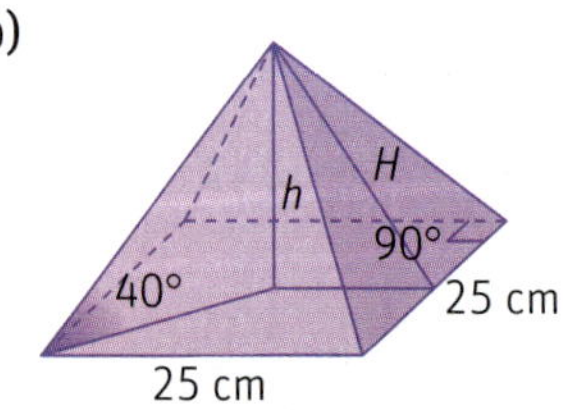

d)

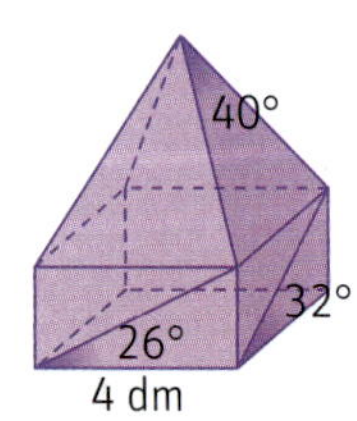

44. La generatriz de un cono mide 10 dm y el ángulo que forma esta con la altura del cono es de 36°. Calcula:

a) El área total.

b) El volumen del cono.

Actividades de síntesis

45. Calcula las dimensiones del paralelogramo y sus dos alturas h_1 y h_2.

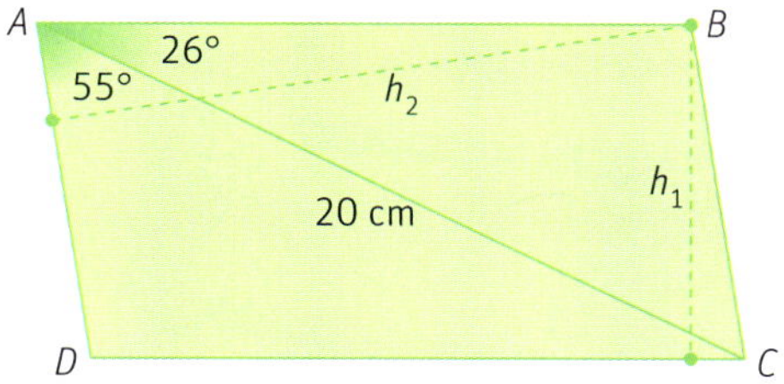

46. Emprende

Junto a un compañero, encontrad una fórmula que proporcione el área de un polígono regular en función del número de lados, *n*, y de la medida de su lado *a*. Aplícala para obtener las áreas de cuatro polígonos regulares.

47. En una esfera de 10 cm de radio se inscribe un cono, tal y como aparece en la figura. Halla el volumen del cono si el área de su base es de 50 cm².

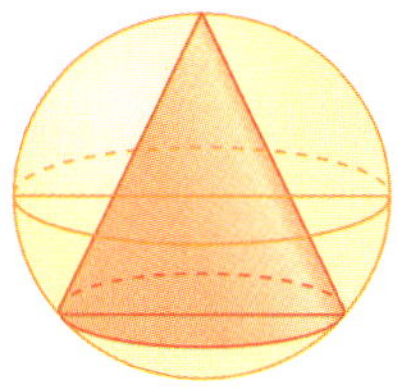

PROBLEMAS PARA RESOLVER

48. Desde un lugar situado cerca de una montaña se observa su cumbre con un ángulo de elevación de 45°. Si se retroceden 1061 m, el ángulo es de 30°. Calcula la altura de la montaña.

49. Se quiere calcular la distancia que separa las cimas de dos montañas. Para ello, se fijan dos puntos *P* y *Q* distantes entre sí 50 m y los ángulos que aparecen en la figura.

¿Cuál es la distancia entre las dos cimas?

50. Calcula la distancia *PQ* sabiendo que:

$\overline{AB} = 16\,m \quad \alpha_1 = 84^\circ 30' \quad \alpha_2 = 36^\circ \quad \alpha_3 = 40^\circ 30' \quad \alpha_4 = 76^\circ$

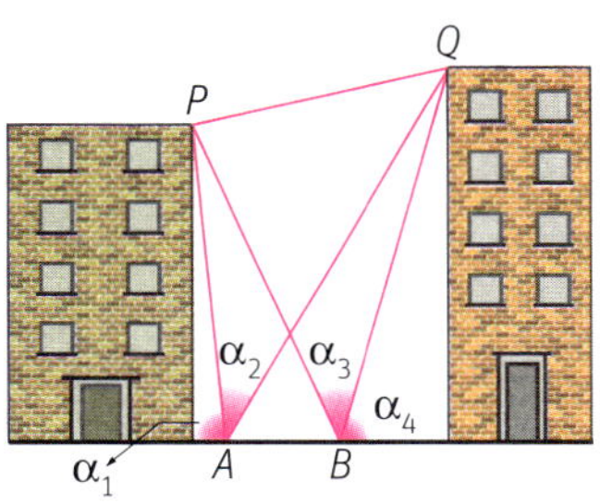

ACTIVIDAD RESUELTA

51. La latitud α de un punto *A* del globo terráqueo es de 50° N.

a) Calcula la medida del radio *r* del paralelo del punto *A*.

b) Si el punto *B* es el punto del ecuador que está en el mismo meridiano de *A*, calcula la distancia que separa a *A* de *B*. Radio de la Tierra *R* = 6371 km

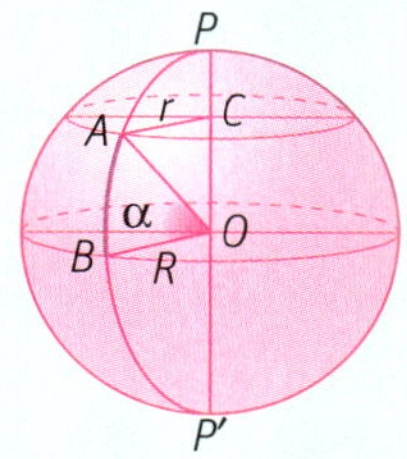

a) Se considera el triángulo *ACO* rectángulo en *C*:

$$\text{sen}(90^\circ - \alpha) = \cos\alpha = \frac{r}{R} \Rightarrow r = R\cos\alpha$$

$$\Rightarrow r = 6371 \cdot \cos 50^\circ = 4095{,}2 \text{ km}$$

b) La longitud del arco $\widehat{AB}$ es:

$$L = \frac{\pi \cdot R \cdot \alpha}{180^\circ} = \frac{\pi \cdot 6371 \cdot 50^\circ}{180^\circ} = 5560 \text{ km}$$

52. Dos puntos *A* y *B* de la esfera terrestre están situados en un mismo paralelo de latitud 48° N y sus longitudes respectivas son de 160° E y 80° E. Calcula las distancias que los separan medidas sobre el paralelo común y sobre el círculo máximo de la esfera que pasa por los dos puntos.
Radio de la Tierra *R* = 6371 km

ACTIVIDADES PARA PENSAR MÁS

53. En el cuadrilátero *ABCD*, el ángulo $\hat{A}$ mide 120°; los ángulos $\hat{B}$ y $\hat{D}$ son ángulos rectos, $\overline{AB} = 13$ y $\overline{AD} = 46$. La longitud *AC* es:

A. 60 **B.** 62 **C.** 64 **D.** 65

54. ¿Cuántos triángulos de área 10 tienen por vértices los puntos (5 cos α, 5 sen α), (–5, 0) y (5, 0)?

A. 0 **B.** 2 **C.** 4 **D.** 6

Encuentra el error

55. Los lados de un triángulo miden $a = 12$ cm, $b = 15$ cm y $c = 25$ cm. Calcula la medida del ángulo $\hat{A}$ y la medida del ángulo $\hat{C}$.

Aplicando el teorema del coseno:

$$a^2 = b^2 + c^2 - 2bc\cos\hat{A} \Rightarrow 12^2 = 15^2 + 25^2 - 2 \cdot 15 \cdot 25\cos\hat{A} \Rightarrow$$

$$\Rightarrow 144 = 225 + 625 - 750\cos\hat{A} \Rightarrow 144 = 100\cos\hat{A}$$

$$\Rightarrow \cos\hat{A} = \frac{144}{100} = 1{,}44$$

Como el coseno ha salido mayor que 1, no se puede calcular *A* y, por tanto, los datos no se corresponden con ningún triángulo.

Aplicando el teorema del coseno:

$$c^2 = a^2 + b^2 - 2ab\cos\hat{C} \Rightarrow 25^2 = 12^2 + 15^2 - 2 \cdot 12 \cdot 15 \cdot \cos\hat{C} \Rightarrow$$

$$\Rightarrow 625 = 144 + 225 - 360 \cdot \cos\hat{C} \Rightarrow 360 \cdot \cos\hat{C} = -256 \Rightarrow$$

$$\Rightarrow \cos\hat{C} = -\frac{256}{360} < 0$$

Como el coseno ha salido negativo, no se puede calcular *C* y, por tanto, los datos no se corresponden con ningún triángulo.

¿Dónde está el error?

Ponte a prueba

PROBLEMA **RESUELTO** **El cuadro**

Elena ha ido a una exposición de pintura abstracta que se ha inaugurado en la pinacoteca de su ciudad.

Un cuadro le llama la atención por dos circunstancias: el color de sus extrañas formas y el hecho de que la altura de su extremo inferior coincide exactamente con la altura de sus ojos.

Elena se coloca en un cierto punto y ve el cuadro bajo un ángulo de 15° pero quiere saber cuánto mide de alto.

Para ello, se aleja dos pasos, aproximadamente de un metro cada uno, en dirección perpendicular al cuadro.

En este momento, lo ve bajo un ángulo de 10°.

1. Traza un esquema de la situación.
2. Calcula la altura del cuadro.
3. ¿Cuántos metros debería alejarse Elena del cuadro, desde su primer punto de observación, para que viera el cuadro con un ángulo de 5°?

SOLUCIÓN

1. El esquema de la situación:

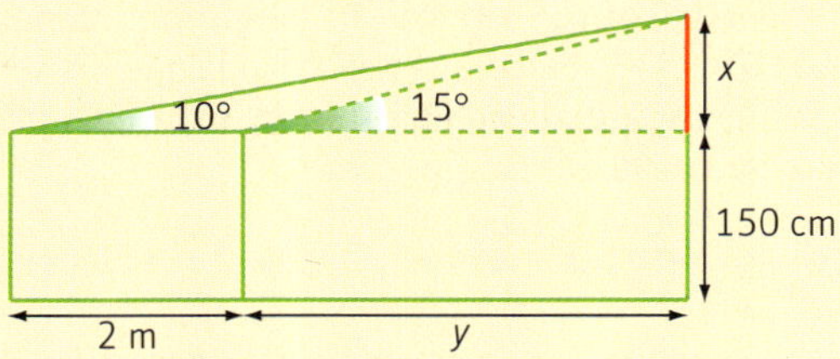

2. Si x es el largo del cuadro e y es la distancia al primer punto de observación, para calcular la altura del cuadro, se plantea un sistema que relaciona la altura y los datos conocidos del problema:

$$\begin{cases} \text{tg } 15° = \dfrac{x}{y} \\ \text{tg} 10° = \dfrac{x}{y+2} \end{cases}$$

Resolviendo: $x = y \cdot \text{tg } 15° = (y+2) \cdot \text{tg } 10° \Rightarrow y \cdot \text{tg } 15° = y \cdot \text{tg } 10° + 2\text{tg } 10° \Rightarrow y(\text{tg}15° - \text{tg}10°) = 2\text{tg}10° \Rightarrow y = \dfrac{2\text{tg } 10°}{\text{tg } 15° - \text{tg } 10°} = 3{,}85\text{m}$

$x = y \cdot \text{tg } 15° = \dfrac{2\text{tg } 10° \cdot \text{tg } 15°}{\text{tg } 15° - \text{tg } 10°} = 1{,}03\text{m}$. La altura del cuadro es 1,03 m.

3. $\text{tg } 5° = \dfrac{x}{y+z} \Rightarrow z = \dfrac{x}{\text{tg } 5°} - y = \dfrac{2\text{tg } 10° \text{tg } 15°}{\text{tg } 5°(\text{tg } 15° - \text{tg } 10°)} - \dfrac{2\text{tg } 10°}{\text{tg } 15° - \text{tg } 10°} = 7{,}94 \text{ m}$

Tiro a gol

Olga entrena para la competición provincial de fútbol femenino. El campo donde entrena es un rectángulo de dimensiones 40 m × 25 m y el ancho de la portería es de 3 m.

El entrenador le ha pedido que se coloque justo en P, que es el punto medio de la banda. Olga quiere saber qué ángulo α de tiro a gol tiene en este punto.

1. Busca dos triángulos rectángulos en los que intervenga, de alguna forma, el ángulo α e indica el valor de sus catetos.
2. Con la ayuda de estos triángulos, calcula el valor de α como diferencia de dos ángulos agudos de ellos.
3. Si se coloca en otro punto Q situado a 10 m del córner, ¿tiene mayor o menor ángulo de tiro que en P?

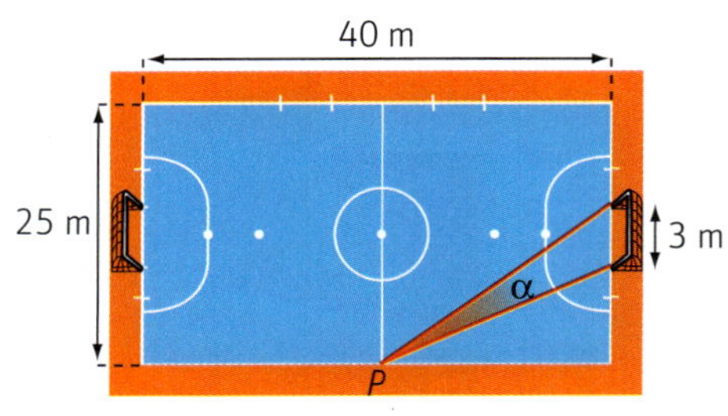

Las agujas del reloj

Las agujas del reloj de la estación de trenes miden 30 y 25 cm, respectivamente. Se considera el triángulo que tiene los vértices en el centro del reloj y en los extremos de las agujas.

1. Expresa el área del triángulo en función del ángulo α que forman las agujas.
2. ¿Cuál es el área del triángulo a las 3 en punto? ¿Y a las 8?
3. ¿Cuál es el área del triángulo a las doce y media?
4. Si a una hora entre las 12.00 y 12.30 el área del triángulo es 375 cm^2, ¿qué hora es?

La pirámide

La pirámide del Museo del Louvre, en París, tiene una base cuadrada de lado 35 m y caras laterales que son triángulos isósceles cuyos ángulos iguales miden 57,8°.

1. El tercer ángulo de cada cara lateral es...

   A. 14,5° B. 64,4° C. 72,2° D. 122,2°

2. ¿Cuánto mide una arista lateral?

   A. 27,8 m B. 32,8 m C. 35 m D. 37,3 m

3. Halla el área de cada cara lateral y del total de la pirámide.
4. Calcula la altura y el volumen de la pirámide.

AUTOEVALUACIÓN

1. Resuelve los siguientes triángulos.

a)

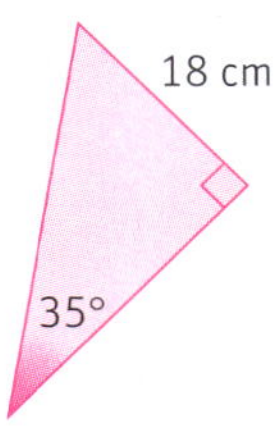

c)

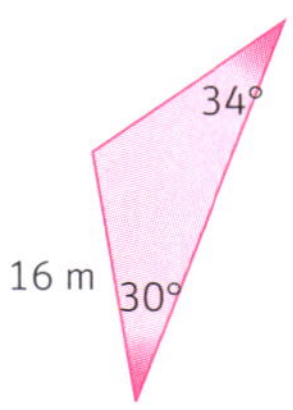

b)

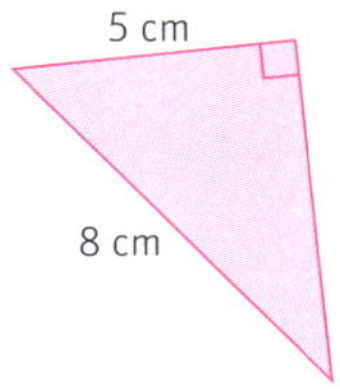

d)

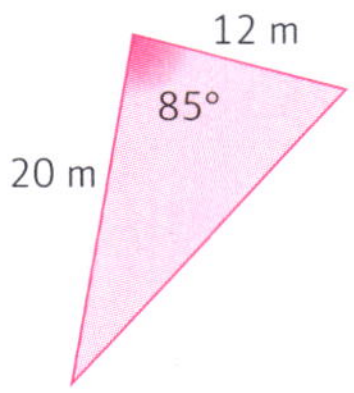

2. Calcula el área del triángulo de lados 15, 25 y 30 cm, respectivamente.

3. Halla la medida de los lados desconocidos de este trapecio rectángulo.

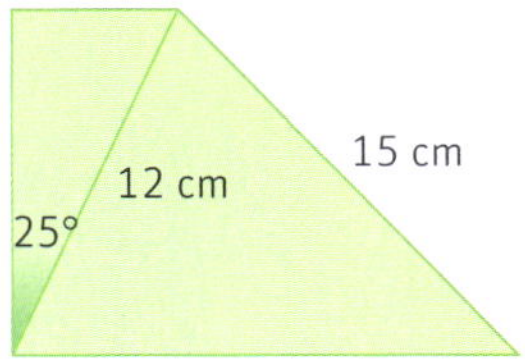

Calcula el área del trapecio.

4. Para que una antena permanezca vertical se le han colocado dos anclajes en el suelo a ambos lados y alineados con su base. La distancia entre los anclajes es de 40 m y si se observa la parte más alta de la antena desde cada uno de ellos, los ángulos de elevación son de 30° y 60°, respectivamente.

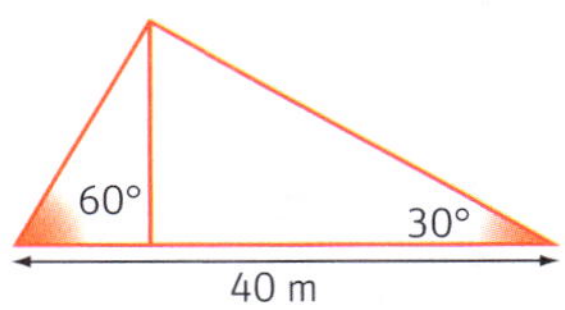

Halla la altura de la antena.

5. Calcula el área y el volumen del cuerpo geométrico:

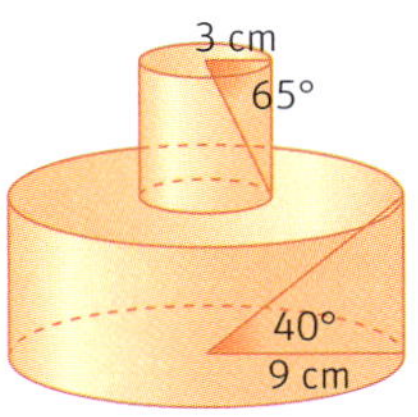

6. La Luna tiene una superficie de 38000000 km^2 y se encuentra a 380000 km de la Tierra. ¿Qué ángulo ocupa en el cielo?

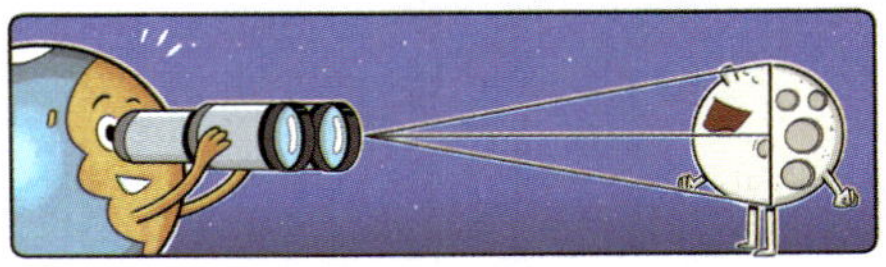

7 Geometría analítica

¿Cómo representas matemáticamente magnitudes como la fuerza, la aceleración…?

¿Sabes operar con vectores? ¿Y hallar el ángulo que forman?

¿Cuántas formas de expresar una recta conoces?

¿Diferencias rectas paralelas, secantes o coincidentes?

Analiza y calcula

¿Qué ángulo formarán las direcciones de las bolas si ambas siguen en la misma línea recta?

¿Qué crees que quiere decir ecuación vectorial? ¿Y ecuación escalar?

¿Qué es un choque elástico?

Lee y comprend

Los vectores y el billar

Estás ante una mesa de billar. Has golpeado con el taco la bola blanca, sin efecto, un golpe seco en el centro. La bola choca con otra bola de igual masa y tamaño. Una posibilidad, muy remota por cierto, es que lo hayas hecho tan bien que las dos bolas continúen tras el choque en la misma línea recta que llevaba la bola blanca. ¡Demasiada suerte! Lo más probable es que tras chocar cada bola salga en una dirección. ¿Te has preguntado qué ángulo formarán las direcciones de las bolas? Parece que dependerá de muchos factores: la fuerza de impulso de la bola blanca, su velocidad en el momento de chocar, el punto de impacto...

Si lo pruebas unas cuantas veces te llevarás una auténtica ¡sorpresa matemática! Y habrás descubierto, de paso, la regla de oro del billar. Si dos bolas de la misma masa chocan, tras el impacto seguirán trayectorias que forman un ángulo recto... ¡Siempre!

La explicación nos la dan dos leyes físicas que, probablemente, aprendas en este curso: la conservación del momento lineal y la conservación de la energía cinética. Para poder aplicar estas leyes necesitamos un nuevo objeto matemático: los vectores.

Si m es la masa de las bolas, $\vec{v}$ es el vector velocidad de la bola blanca antes del choque y $\vec{v}_1$ y $\vec{v}_2$ son los vectores velocidad de cada bola tras el choque, por la conservación del momento lineal tendremos esta ecuación vectorial:

$$m\vec{v} = m\vec{v}_1 + m\vec{v}_2$$

Pero, si suponemos que el choque es totalmente elástico, también se conserva la energía cinética y se cumple la siguiente ecuación escalar:

$$\frac{m|\vec{v}|^2}{2} = \frac{m|\vec{v}_1|^2}{2} + \frac{m|\vec{v}_2|^2}{2}$$

Simplificando, tendremos que $\vec{v} = \vec{v}_1 + \vec{v}_2$, es decir, los tres vectores forman un triángulo. Y además sus lados cumplen:

$$|\vec{v}|^2 = |\vec{v}_1|^2 + |\vec{v}_2|^2$$

Es decir, el cuadrado de uno de ellos es igual a la suma de los cuadrados de los otros dos. ¿Te suena verdad? Es el recíproco del teorema de Pitágoras, luego el triángulo que forman los tres vectores es rectángulo. Lo que viene a demostrar que los vectores $\vec{v}_1$ y $\vec{v}_2$, que son los catetos, forman un ángulo de 90°.

Ya sabes: con buen pulso, un poco de Pitágoras y algunos vectores, puedes acabar convertido en un maestro del billar.

ANTONIO PÉREZ SANZ

En el billar francés a tres bandas, una bola ha de golpear a las otras dos y tocar en tres de las bandas de la mesa. En las bandas largas hay dibujados 7 rombos o diamantes y en las cortas hay 3. Investiga cómo utilizan los jugadores profesionales los rombos para conseguir carambolas.

Reflexiona y saca conclusiones

Una bola de billar al golpear en una banda lateral sigue las leyes de reflexión, es decir, el ángulo que forma la trayectoria de la bola con la banda antes de golpear y el ángulo después del choque miden lo mismo. ¿En qué otros fenómenos se producen las leyes de reflexión?

1 Vectores fijos y libres en el plano

Sabías que...

Los vectores son esenciales en física y otras ciencias. Se utilizan para representar cualquier magnitud que, además de un valor, tiene dirección y sentido, como la velocidad, la aceleración o la fuerza.

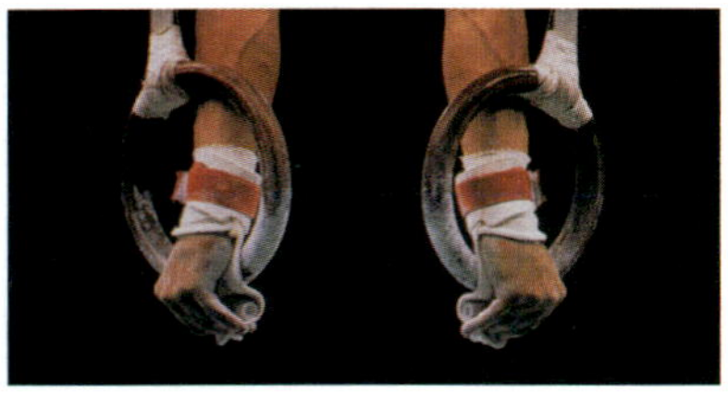

Un **vector fijo** del plano, $\overrightarrow{AB}$, es un segmento orientado con **origen** en el punto ***A*** y **extremo** en el punto ***B***.

Ejemplo ▸ Representa el vector de origen $A(3, -1)$ y de extremo $B(-1, 2)$.

Las coordenadas del vector $\overrightarrow{AB}$ son $(-4, 3)$, ya que, como se observa en el dibujo, para ir desde el origen A hasta el extremo B se necesita avanzar 4 unidades hacia la izquierda y 3 hacia arriba.

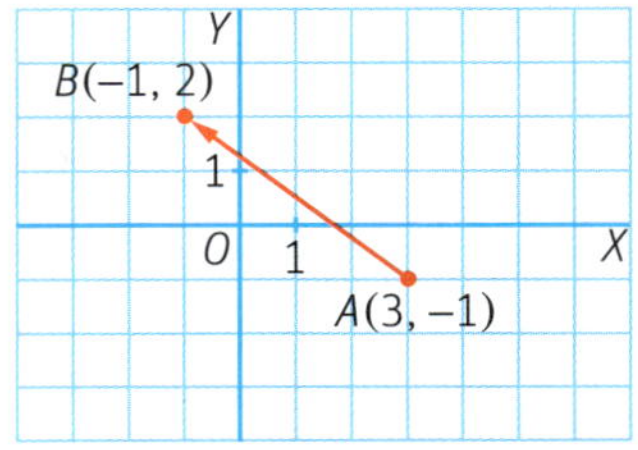

Los elementos de un vector fijo son:

- **Módulo** de un vector es la distancia que separa a su origen de su extremo. Se representa por $|\overrightarrow{AB}|$.
- **Dirección** de un vector es la dirección de la recta que pasa por su origen y por su extremo y la de todas sus paralelas.
- **Sentido** de un vector es el que queda determinado al ir desde el origen al extremo.

MAT-TIC GeoGebra

Entra en smSaviadigital.com y recuerda vectores fijos y libres.

Coordenadas de un vector dado por dos puntos

Las **coordenadas** del vector de origen el punto $A(a_1, a_2)$ y de extremo el punto $B(b_1, b_2)$ son las del extremo menos las del origen. Es decir:

$$\overrightarrow{AB} = (b_1 - a_1, b_2 - a_2)$$

Ejemplo ▸ Calcula las coordenadas del vector $\overrightarrow{AB}$ de origen $A(3, -1)$ y de extremo $B(-1, 2)$.

El vector $\overrightarrow{AB}$ tiene como coordenadas: $\overrightarrow{AB} = (-1 - 3, 2 - (-1)) = (-4, 3)$.

Ten en cuenta

La distancia entre dos puntos cualesquiera P y Q se puede calcular como el módulo del vector que forman.

$$d(P, Q) = |\overrightarrow{PQ}|$$

Módulo de un vector

El **módulo** de un vector $\overrightarrow{AB}$ calculado a partir de las coordenadas de su origen y de su extremo es $|\overrightarrow{AB}| = \sqrt{(b_1 - a_1)^2 + (b_2 - a_2)^2}$.

Para demostrarlo, se representa $\overrightarrow{AB}$.

El módulo de $\overrightarrow{AB}$ es la longitud de la hipotenusa del triángulo rectángulo que tiene por catetos $b_1 - a_1$ y $b_2 - a_2$.

Aplicando el teorema de Pitágoras:

$$|\overrightarrow{AB}| = \sqrt{(b_1 - a_1)^2 + (b_2 - a_2)^2}$$

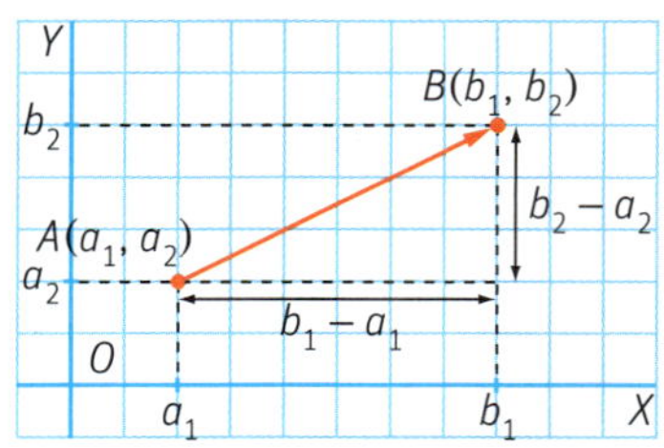

Ten en cuenta

Si $|\overrightarrow{AB}| = 1$, el vector $\overrightarrow{AB}$ es unitario.

Ejemplo ▸ Calcula el módulo del vector de origen $A(3, -1)$ y de extremo $B(-1, 2)$.

$$|\overrightarrow{AB}| = \sqrt{(-1-3)^2 + (2-(-1))^2} = \sqrt{(-4)^2 + 3^2} = \sqrt{25} = 5$$

Como el módulo es 5, la distancia entre los puntos A y B es también 5.

Vector de posición

Un **vector de posición** es cualquier vector fijo que tenga como origen el origen de coordenadas. Las coordenadas de un vector de posición coinciden con las coordenadas de su extremo.

Ejemplo ▸ El vector de posición de origen $O(0, 0)$ y extremo el punto $A(3, 4)$ tiene las mismas coordenadas que su extremo: $\overrightarrow{OA} = (3, 4)$.

Ten en cuenta

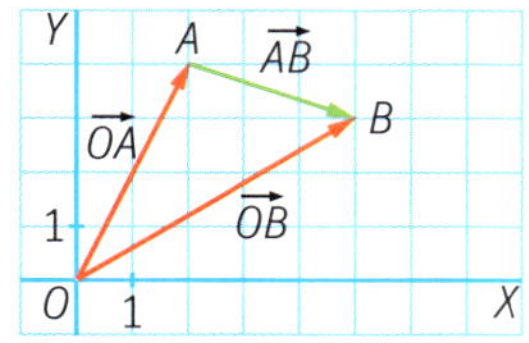

$$\overrightarrow{OA} + \overrightarrow{AB} = \overrightarrow{OB} \Rightarrow \overrightarrow{AB} = \overrightarrow{OB} - \overrightarrow{OA}$$

Vectores equipolentes

Dos vectores fijos no nulos $\overrightarrow{AB}$ y $\overrightarrow{CD}$ son **equipolentes** cuando tienen el mismo módulo, la misma dirección y el mismo sentido.

Dos vectores equipolentes **tienen las mismas coordenadas**.

Ejemplo ▸ Los vectores $\overrightarrow{AB}$ y $\overrightarrow{CD}$ son equipolentes, ya que tienen el mismo módulo, la misma dirección y el mismo sentido.

Las coordenadas de ambos vectores son iguales:

$\overrightarrow{AB} = (-2 - 1, 0 - 2) = (-3, -2)$

$\overrightarrow{CD} = (-1 - 2, -3 - (-1)) = (-3, -2)$

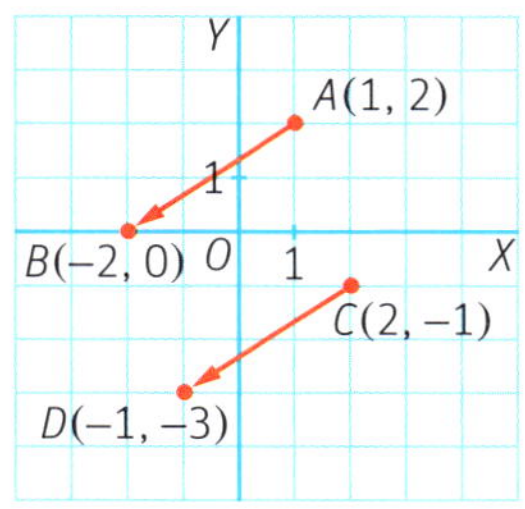

Vectores libres del plano

El conjunto formado por todos los vectores equipolentes a un vector fijo dado se denomina **vector libre**. Se representa por $\vec{u}$.

- Cada vector fijo que pertenece a un vector libre es un representante del vector libre.
- El módulo, dirección y sentido de un vector libre son el módulo, dirección y sentido de cualquiera de sus representantes.

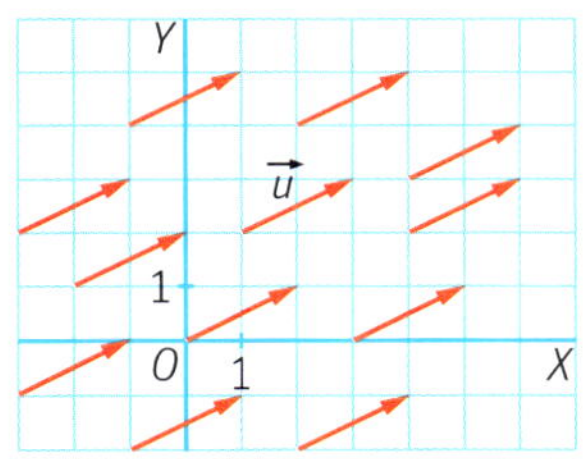

ACTIVIDADES

1. Calcula las coordenadas de los vectores $\overrightarrow{AB}$, $\overrightarrow{BC}$ y $\overrightarrow{CA}$.

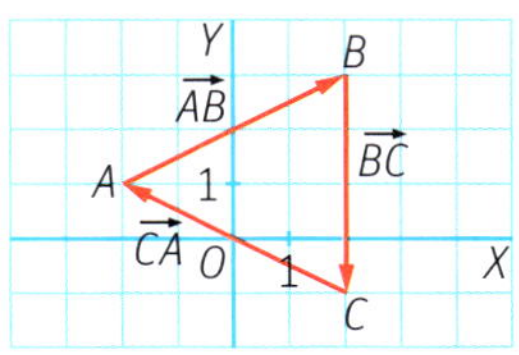

ACTIVIDAD **RESUELTA**

2. Las coordenadas del vector libre $\vec{u}$ son $(-5, 4)$, y las del origen A de uno de sus representantes, $(4, -6)$. Calcula las coordenadas del extremo B de ese representante.

$\overrightarrow{OB} = \overrightarrow{OA} + \overrightarrow{AB} \Rightarrow \overrightarrow{OB} = (4, -6) + (-5, 4) = (-1, -2)$

Por tanto, las coordenadas de B son $(-1, -2)$.

3. Las coordenadas de un punto P son $(1, 3)$, y las del vector $\overrightarrow{PQ}$, $(-2, -2)$. Calcula las coordenadas de Q y de $\overrightarrow{QP}$.

4. Calcula el módulo del vector $\overrightarrow{AB}$ en cada caso.

a) Origen $A(-1, 0)$ y extremo $B(3, 5)$

b) Origen $A(7, -4)$ y extremo $B(-2, 3)$

5. Identifica los vectores equipolentes de la imagen y los vectores libres que determinan.

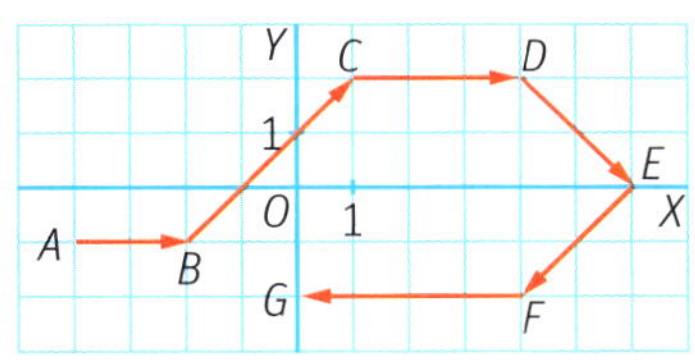

6. Calcula la distancia entre los puntos:

a) $A(5, -3)$ y $B(1, -1)$

b) $C(-2, 3)$ y $D(-1, -4)$

7. Los vértices de un triángulo son $A(3, 5)$, $B(10, 0)$ y $C(4, -1)$.

a) Calcula los vectores que forman cada lado.

b) Halla la longitud de cada lado.

2 Operaciones con vectores. Combinación lineal

Sabías que...

Sir William Rowan Hamilton
(1805-1865)

Los términos "vector" y "escalar" los acuñó en 1846 Hamilton, un brillante matemático irlandés que a los 13 años ya hablaba 13 idiomas.

Suma de dos vectores libres

Para sumar gráficamente dos vectores libres $\vec{u}$ y $\vec{v}$ del plano se pueden utilizar dos procedimientos:

1.º

- Se toma un representante $\overrightarrow{AB}$ de $\vec{u}$ y otro $\overrightarrow{AC}$ de $\vec{v}$, que tengan el mismo origen A.
- Se construye el paralelogramo determinado por los vectores $\overrightarrow{AB}$ y $\overrightarrow{AC}$. El cuarto vértice del paralelogramo es el punto D.
- La suma de vectores $\vec{u}+\vec{v}$ es el vector libre que tiene como representante al vector de origen A y extremo D: $\overrightarrow{AD}$.

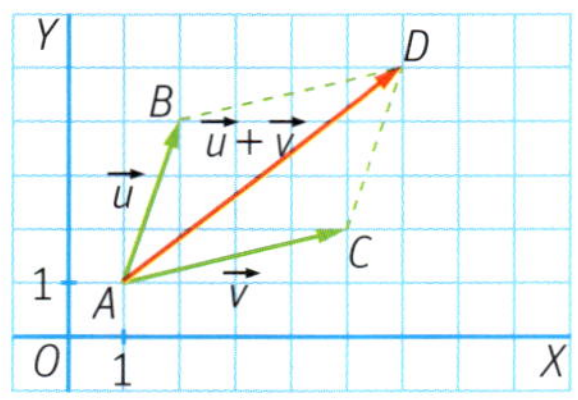

2.º

- Se toma un representante $\overrightarrow{AB}$ de $\vec{u}$ y otro $\overrightarrow{BC}$ de $\vec{v}$ de forma que el extremo del representante de $\vec{u}$ coincida con el origen del representante de $\vec{v}$.
- La suma de vectores $\vec{u}+\vec{v}$ es el vector libre que tiene como representante al vector de origen A y extremo C: $\overrightarrow{AC}$.

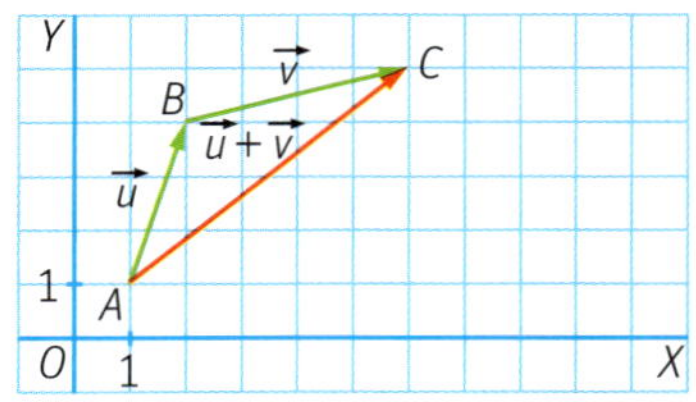

Para hallar las coordenadas del vector suma $\vec{u}+\vec{v}$ se suman las coordenadas de $\vec{u}=(u_1, u_2)$ con las de $\vec{v}=(v_1, v_2)$.

$$\vec{u}+\vec{v}=(u_1+v_1, u_2+v_2)$$

Ejemplo ▸ Se considera el triángulo de vértices $A(-4, 3)$, $B(5, 6)$ y $C(-1, -3)$. Comprueba que la suma $\overrightarrow{AB}+\overrightarrow{BC}$ coincide con el vector $\overrightarrow{AC}$.

Se calculan las coordenadas de cada vector:

$\overrightarrow{AB}=(5-(-4), 6-3)=(9, 3)$

$\overrightarrow{BC}=(-1-5, -3-6)=(-6, -9)$

$\overrightarrow{AC}=(-1-(-4), -3-3)=(3, -6)$

Se comprueba que $\overrightarrow{AB}+\overrightarrow{BC}=\overrightarrow{AC}$:

$\overrightarrow{AB}+\overrightarrow{BC}=(9, 3)+(-6, -9)=(3, -6)=\overrightarrow{AC}$

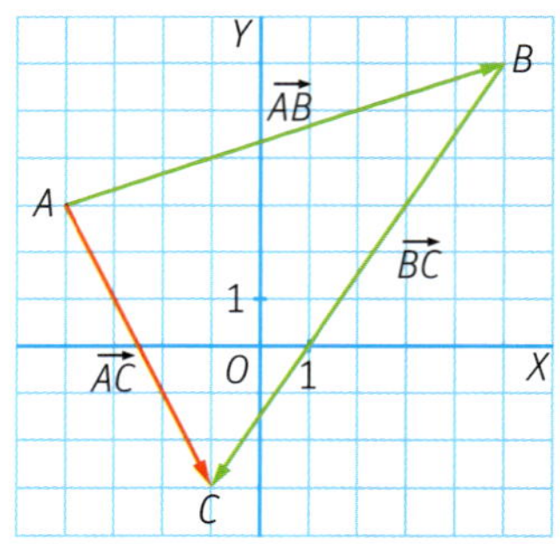

Producto de un número por un vector

El producto de un número real k por un vector libre $\vec{u}$ es otro vector $k\vec{u}$ con los siguientes elementos:

- El **módulo** es el producto del valor absoluto de k por el módulo de $\vec{u}$:

$$|k\vec{u}|=|k||\vec{u}|$$

- La **dirección** es la dirección de $\vec{u}$.
- El **sentido** coincide con el sentido de $\vec{u}$ si $k>0$ y es contrario si $k<0$.

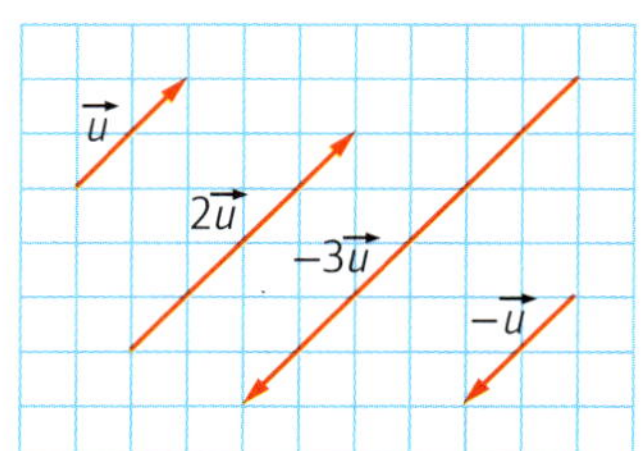

Para hallar las coordenadas del vector $k\vec{u}$ se multiplican las dos coordenadas de $\vec{u}$ por k:

$$k\vec{u}=k(u_1, u_2)=(ku_1, ku_2)$$

MAT-TIC GeoGebra

Entra en smSaviadigital.com y recuerda suma y resta de vectores.

Combinación lineal de vectores

Dos vectores $\vec{u}$ y $\vec{v}$ son linealmente dependientes si tienen la misma dirección. En este caso, sus coordenadas son proporcionales:

$$\vec{u} = k\vec{v}$$

Ejemplo ▸ ¿Son linealmente dependientes $\vec{u} = (4, 2)$ y $\vec{v} = (2, 1)$?

Sus coordenadas son proporcionales, $\vec{u} = 2\vec{v}$, por tanto, son linealmente dependientes.

En la gráfica se observa que son paralelos, es decir, tienen la misma dirección.

MAT-TIC GeoGebra

Entra en smSaviadigital.com y recuerda combinación lineal.

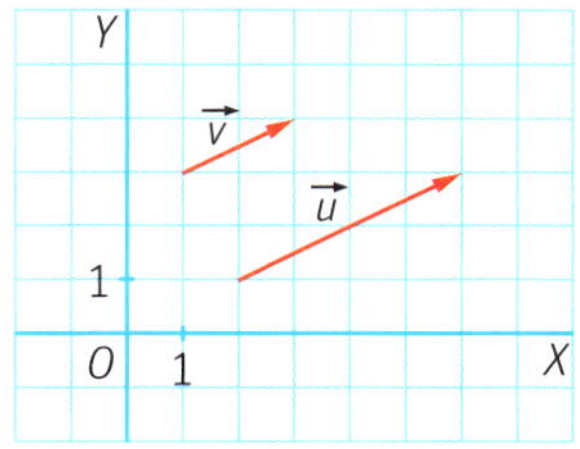

El vector $\vec{w}$ es **combinación lineal** de los vectores $\vec{u}$ y $\vec{v}$ si se pueden encontrar dos números reales a y b, tales que:

$$\vec{w} = a\vec{u} + b\vec{v}$$

Se dice que los vectores $\vec{u}$, $\vec{v}$ y $\vec{w}$ son **linealmente dependientes**.

Ejemplo ▸ ¿Es el vector (−3, 4) combinación lineal de los vectores (1, 0) y (0, 1)?

Es combinación lineal pues existen dos números reales $a = -3$ y $b = 4$ que cumplen que

$$(-3, -4) = (-3)(1, 0) + 4(0, 1)$$

Punto medio de un segmento

Las coordenadas del **punto medio *M*** de un segmento AB son combinación lineal de las coordenadas de sus extremos. Si $A(a_1, a_2)$ y $B(b_1, b_2)$:

$$M\left(\frac{a_1 + b_1}{2}, \frac{a_2 + b_2}{2}\right)$$

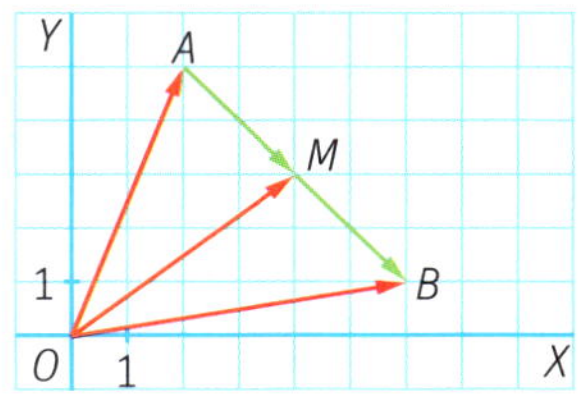

$$\overrightarrow{AB} = 2\overrightarrow{AM} \Rightarrow \overrightarrow{OB} - \overrightarrow{OA} = 2\overrightarrow{OM} - 2\overrightarrow{OA} \Rightarrow$$
$$\Rightarrow \overrightarrow{OM} = \frac{1}{2}(\overrightarrow{OA} + \overrightarrow{OB})$$

ACTIVIDADES

8. Si $\vec{u} = (-3, 2)$, $\vec{v} = (1, 2)$ y $\vec{w} = (0, 3)$, realiza las operaciones.

a) $\vec{u} + \vec{v}$ b) $5\vec{u} + \vec{w}$ c) $\vec{v} + \vec{w}$ d) $3\vec{w} + 2\vec{v}$

9. Dados los vectores $\vec{u} = (4, 2)$, $\vec{v} = (-6, 3)$ y $\vec{w} = (2, 0)$, indica si son linealmente dependientes:

a) $\vec{u}$ y $\vec{v}$ b) $\vec{u}$ y $\vec{w}$ c) $\vec{v}$ y $\vec{w}$

ACTIVIDAD **RESUELTA**

10. Estudia si $A(-2, 3)$, $B(1, -4)$ y $C(4, -11)$ están alineados.

A, B y C estarán alineados si $\overrightarrow{AB}$ y $\overrightarrow{AC}$ son proporcionales.

$$\left.\begin{array}{l}\overrightarrow{AB} = (1+2, -4-3) = (3, -7)\\ \overrightarrow{AC} = (4+2, -11-3) = (6, -14)\end{array}\right\} \Rightarrow \overrightarrow{AC} = 2\overrightarrow{AB}$$

Por tanto, los puntos A, B y C están alineados.

11. Comprueba si los puntos $A(-2, 3)$, $B(-2, 1)$ y $C(-5, 5)$ están alineados.

ACTIVIDAD **RESUELTA**

12. Halla los puntos P y Q, que dividen el segmento de extremos $A(1, -1)$ y $B(7, -4)$ en tres partes iguales.

Si se considera el vector:

$\overrightarrow{AB} = (7-1, -4-(-1)) = (6, -3)$

se observa que:

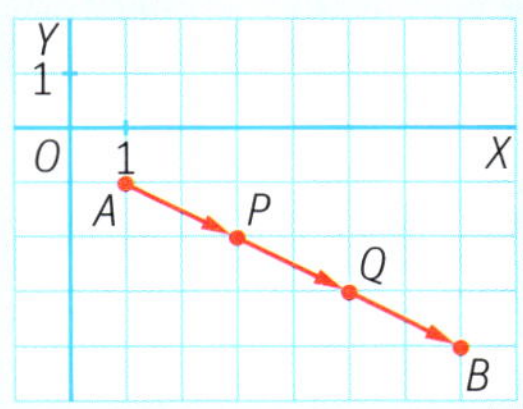

$$\overrightarrow{AP} = \frac{1}{3}\overrightarrow{AB} = \left(\frac{6}{3}, -\frac{3}{3}\right) = (2, -1) \Rightarrow$$
$$\Rightarrow \overrightarrow{OP} = \overrightarrow{OA} + \overrightarrow{AP} = (1, -1) + (2, -1) = (3, -2)$$

Por tanto, el punto P es $P(3, -2)$.

Siguiendo el mismo procedimiento:

$$\overrightarrow{OQ} = \overrightarrow{OA} + 2\overrightarrow{AP} = (1, -1) + 2(2, -1) = (5, -3) \Rightarrow Q(5, -3)$$

13. Dado el segmento de extremos $A(2, -5)$ y $B(10, -1)$, halla los puntos P, Q y R que dividen AB en cuatro partes iguales.

3 Producto escalar de dos vectores. Aplicaciones

Ten en cuenta

La suma de dos vectores es otro vector. Sin embargo, el producto escalar de dos vectores es un número.

El **producto escalar** de dos vectores libres es el número que resulta de multiplicar los módulos de ambos vectores por el coseno del ángulo que forman, es decir:

$$\vec{u}\cdot\vec{v}=|\vec{u}|\,|\vec{v}|\cos(\vec{u},\,\vec{v})$$

Ejemplo ▸ Calcula el producto escalar de los vectores $\vec{u}=(4,4)$ y $\vec{v}=(0,3)$.

Se calculan sus módulos:

$|\vec{u}|=\sqrt{u_1^2+u_2^2}=\sqrt{4^2+4^2}=\sqrt{32}$ $\quad|\vec{v}|=\sqrt{v_1^2+v_2^2}=\sqrt{0^2+3^2}=3$

Y su producto escalar es: $\vec{u}\cdot\vec{v}=\sqrt{32}\cdot 3\cdot\cos 45°=4\sqrt{2}\cdot 3\cdot\dfrac{\sqrt{2}}{2}=12$

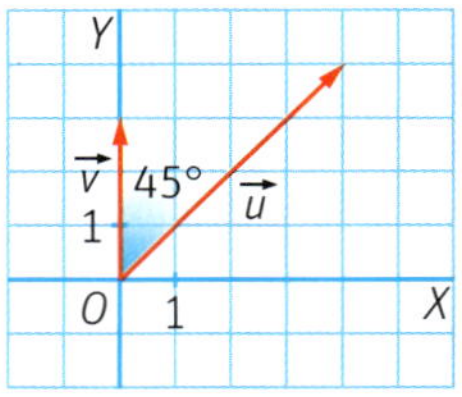

smSaviadigital.com

PRACTICA Utiliza el producto escalar para construir tu cometa.

Si se calcula el producto escalar de un vector $\vec{u}$ por sí mismo, se obtiene:

$$\vec{u}\cdot\vec{u}=|\vec{u}||\vec{u}|\cos 0°=|\vec{u}|^2$$

El **módulo** de un vector también se puede definir como $|\vec{u}|=\sqrt{\vec{u}\cdot\vec{u}}$.

Producto escalar conocidas las coordenadas

El **producto escalar** de los vectores $\vec{u}=(u_1,\,u_2)$ y $\vec{v}=(v_1,\,v_2)$ es:

$$\vec{u}\cdot\vec{v}=u_1\cdot v_1+u_2\cdot v_2$$

Ten en cuenta

El sistema de referencia formado por $\{O;\,\vec{i},\,\vec{j}\}$ con $|\vec{i}|=1=|\vec{j}|$ y $(\widehat{\vec{i},\vec{j}})=90°$ se denomina sistema de referencia ortonormal.

Para probarlo, como los vectores $\vec{i}=(1,0)$ y $\vec{j}=(0,1)$ son unitarios, porque su módulo es 1 y son perpendiculares entre sí, se cumple que:

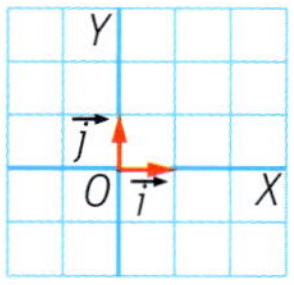

- $\vec{i}\cdot\vec{i}=|\vec{i}||\vec{i}|\cos 0°=1\cdot 1\cdot 1=1$
- $\vec{j}\cdot\vec{j}=|\vec{j}||\vec{j}|\cos 0°=1\cdot 1\cdot 1=1$
- $\vec{i}\cdot\vec{j}=|\vec{i}||\vec{j}|\cos 90°=1\cdot 1\cdot 0=0$

Cualquier vector del plano se puede escribir como combinación lineal de los vectores $\vec{i}$ y $\vec{j}$. Así, los vectores $\vec{u}=(u_1,\,u_2)$ y $\vec{v}=(v_1,\,v_2)$ se pueden expresar como:

$$\vec{u}=u_1\vec{i}+u_2\vec{j} \qquad \vec{v}=v_1\vec{i}+v_2\vec{j}$$

Por tanto:

$$\vec{u}\cdot\vec{v}=(u_1\vec{i}+u_2\vec{j})\cdot(v_1\vec{i}+v_2\vec{j})=$$
$$=u_1v_1\underbrace{\vec{i}\cdot\vec{i}}_{1}+u_1v_2\underbrace{\vec{i}\cdot\vec{j}}_{0}+u_2v_1\underbrace{\vec{j}\cdot\vec{i}}_{0}+u_2v_2\underbrace{\vec{j}\cdot\vec{j}}_{1}=u_1v_1+u_2v_2$$

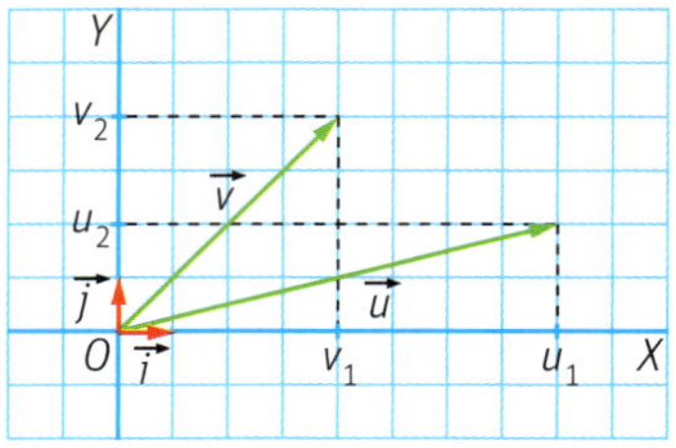

Ten en cuenta

El producto escalar es una operación que verifica las propiedades conmutativa y distributiva respecto de la suma:

$\vec{u}\cdot\vec{v}=\vec{v}\cdot\vec{u}$

$\vec{u}\cdot(\vec{v}+\vec{w})=\vec{u}\cdot\vec{v}+\vec{u}\cdot\vec{w}$

Ejemplo ▸ Calcula el producto escalar de los vectores $\vec{u}=(2,-3)$ y $\vec{v}=(-1,4)$.

$\vec{u}\cdot\vec{v}=2(-1)+(-3)4=-2-12=-14$

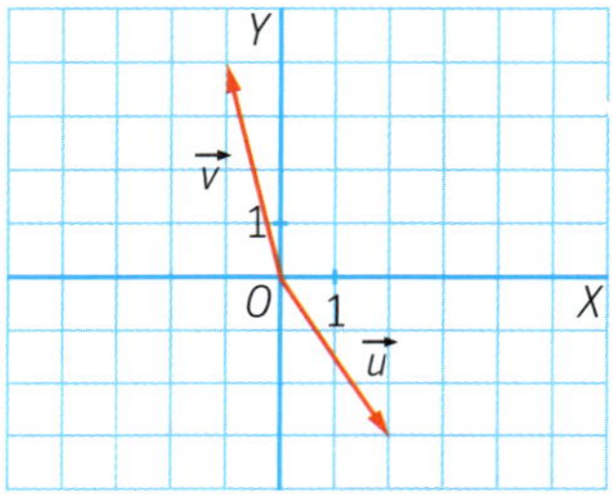

Ángulo entre dos vectores

A partir del producto escalar de $\vec{u}$ y $\vec{v}$ se puede calcular el coseno del ángulo que forman.

El **coseno del ángulo** que forman los vectores $\vec{u}=(u_1, u_2)$ y $\vec{v}=(v_1, v_2)$ es:

$$\cos(\vec{u}, \vec{v})=\frac{\vec{u}\cdot\vec{v}}{|\vec{u}||\vec{v}|}=\frac{u_1v_1+u_2v_2}{\sqrt{u_1^2+u_2^2}\sqrt{v_1^2+v_2^2}}$$

MAT-TIC GeoGebra

Entra en sm**Savia**digital.com y practica el producto escalar y calcula el ángulo entre dos vectores.

Ejemplo ▸ Halla el ángulo que forman los vectores $\vec{u}=(4, 3)$ y $\vec{v}=(3, 4)$.

$$\cos(\vec{u}, \vec{v})=\frac{u_1v_1+u_2v_2}{\sqrt{u_1^2+u_2^2}\sqrt{v_1^2+v_2^2}}=\frac{12+12}{\sqrt{16+9}\sqrt{9+16}}=\frac{24}{25}$$

$$\alpha=\arccos\frac{24}{25}=\arccos 0{,}96=16°\ 16'$$

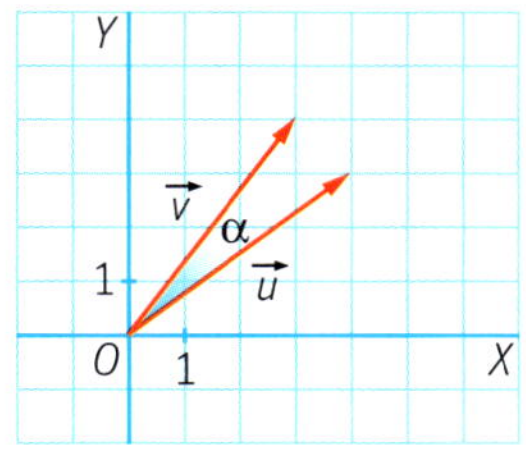

Dos vectores **no nulos son perpendiculares** cuando su producto escalar vale cero.

Ejemplo ▸ Comprueba si los vectores $\vec{u}=(3, 2)$ y $\vec{v}=(-4, 6)$ son perpendiculares.

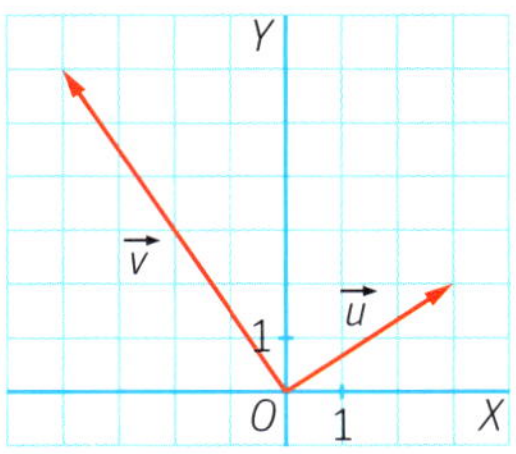

Para comprobar que forman un ángulo de 90° se calcula el producto escalar.

$\vec{u}\cdot\vec{v}=3(-4)+2\cdot 6=-12+12=0$

ACTIVIDADES

ACTIVIDAD **RESUELTA**

14. **Dado el triángulo de vértices $A(-3, 0)$, $B(3, 4)$ y $C(4, -2)$ calcula el ángulo del vértice A y la medida del lado BC.**

Se representa el triángulo:

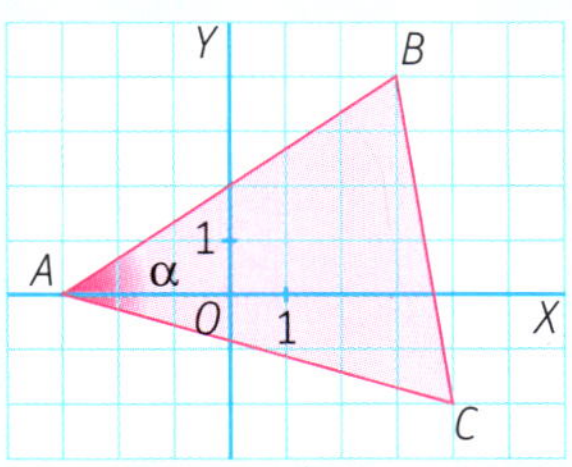

Para hallar el ángulo α se consideran los vectores:

$\overrightarrow{AB}=(6, 4)$ $\overrightarrow{AC}=(7, -2)$

$$\cos\alpha=\cos(\overrightarrow{AB}, \overrightarrow{AC})=\frac{\overrightarrow{AB}\cdot\overrightarrow{AC}}{|\overrightarrow{AB}||\overrightarrow{AC}|}=\frac{42-8}{\sqrt{52}\sqrt{53}}\Rightarrow$$

$$\Rightarrow\cos\alpha=0{,}6476\Rightarrow\alpha=\arccos 0{,}6476=49°\ 38'$$

La medida del lado BC es el módulo del vector $\overrightarrow{BC}$:

$$|\overrightarrow{BC}|=\sqrt{(4-3)^2+(-2-4)^2}=\sqrt{1+36}=\sqrt{37}$$

15. **Dados los vectores $\vec{u}=(-2, 2)$ y $\vec{v}=(-1, 3)$, calcula su producto escalar, sus módulos y el ángulo que forman.**

ACTIVIDAD **RESUELTA**

16. **Calcula el valor de m para que los vectores $\vec{u}=(-2, 2m)$ y $\vec{v}=(m-1, 3)$ sean perpendiculares.**

Para que sean perpendiculares su producto escalar debe ser 0.

$$\vec{u}\cdot\vec{v}=-2m+2+6m=0\Rightarrow 4m+2=0\Rightarrow m=-\frac{1}{2}$$

17. **Calcula el valor de m para que los vectores $\vec{u}=(m, 2m-1)$ y $\vec{v}=(1-m, m)$:**

a) Sean perpendiculares.

b) Su módulo sea 1.

18. **Comprueba que el triángulo de vértices $A(8, 9)$, $B(2, 1)$ y $C(1, 8)$ es rectángulo e indica el vértice correspondiente al ángulo recto.**

19. **Calcula los ángulos del triángulo $A(-1, 0)$, $B(2, -1)$ y $C(4, 2)$. ¿Suman 180°?**

4 Ecuaciones de la recta

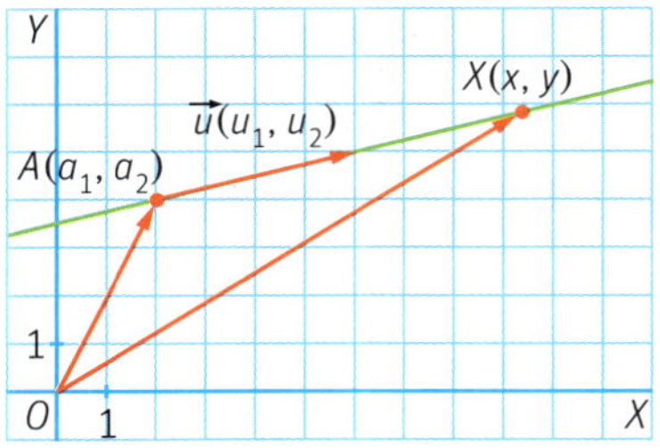

Ecuación vectorial de la recta

Una recta del plano queda determinada si se conoce un punto $A(a_1, a_2)$ y su vector director, es decir, un vector libre $\vec{u} = (u_1, u_2)$ que lleva su dirección.

Un punto $X(x, y)$ pertenece a una recta r si los vectores $\overrightarrow{AX}$ y $\vec{u}$ son proporcionales, es decir, existe t tal que $\overrightarrow{AX} = t \cdot \vec{u}$.

Utilizando vectores de posición, se cumple: $\overrightarrow{AX} = \overrightarrow{OX} - \overrightarrow{OA} \Rightarrow \overrightarrow{OX} - \overrightarrow{OA} = t\vec{u} \Rightarrow \overrightarrow{OX} = \overrightarrow{OA} + t\vec{u}$

La **ecuación vectorial** de una recta que pasa por $A(a_1, a_2)$ y tiene por vector director $\vec{u} = (u_1, u_2)$ es el conjunto de puntos $X(x, y)$ que cumplen:

$$(x, y) = (a_1, a_2) + t(u_1, u_2), \text{ con } t \in \mathbb{R}$$

Ejemplo ▸ Halla la ecuación vectorial de la recta que pasa por $A(2, -1)$ y tiene como dirección la del vector $\vec{u} = (3, -2)$.

Sustituyendo: $(x, y) = (2, -1) + t(3, -2)$

Ecuaciones paramétricas de la recta

Al operar en la ecuación vectorial e igualar, se obtienen las ecuaciones paramétricas.

Las **ecuaciones paramétricas** de la recta que pasa por $A(a_1, a_2)$ y tiene como dirección $\vec{u} = (u_1, u_2)$ son: $\begin{cases} x = a_1 + tu_1 \\ y = a_2 + tu_2 \end{cases}$ donde $t \in \mathbb{R}$

Ejemplo ▸ Halla las ecuaciones paramétricas de la recta r que pasa por $A(-1, 5)$ y lleva la dirección del vector $\vec{u} = (-2, 3)$.

Se sustituyen las coordenadas del punto y del vector director: $\begin{cases} x = -1 - 2t \\ y = 5 + 3t \end{cases}$, $t \in \mathbb{R}$

MAT-TIC GeoGebra

Entra en **smSavia**digital.com y encuentra las ecuaciones de la recta vectorial, paramétricas, continua y general.

Ecuación continua de la recta y ecuación general

Al despejar e igualar el parámetro t en las paramétricas se obtiene la ecuación continua.

La **ecuación continua** de la recta que pasa por $A(a_1, a_2)$ y tiene como dirección $\vec{u} = (u_1, u_2)$ es: $\dfrac{x - a_1}{u_1} = \dfrac{y - a_2}{u_2}$

smSaviadigital.com

PRACTICA Encuentra el tesoro utilizando el mapa y todo lo que has aprendido sobre geometría.

Transformando la ecuación continua para escribir todos los términos en el primer miembro, se obtiene la ecuación general.

$$\frac{x - a_1}{u_1} = \frac{y - a_2}{u_2} \Rightarrow u_2(x - a_1) = u_1(y - a_2) \Rightarrow \underbrace{u_2}_{A} x \underbrace{- u_1}_{B} y \underbrace{- u_2 a_1 + u_1 a_2}_{C} = 0 \Rightarrow Ax + By + C = 0$$

La **ecuación general** de la recta es de la forma: $Ax + By + C = 0$

El vector $\vec{n} = (A, B)$ se llama **vector normal** y es perpendicular al vector director de la recta.

Ten en cuenta

El vector normal $\vec{n} = (A, B) = (u_2, -u_1)$ y el vector director $\vec{u} = (u_1, u_2)$ son perpendiculares por ser su producto escalar nulo:

$$\vec{u} \cdot \vec{n} = (u_1, u_2) \cdot (u_2, -u_1) = = u_1 u_2 - u_2 u_1 = 0$$

Ejemplo ▸ Halla las ecuaciones continua y general de la recta r que pasa por $A(3, -2)$ y lleva la dirección del vector $\vec{u} = (-2, 3)$.

- Continua: $\dfrac{x - 3}{-2} = \dfrac{y + 2}{3}$
- General: $3x - 9 = -2y - 4 \Rightarrow 3x + 2y - 5 = 0$

Ecuación explícita. Pendiente y ordenada en el origen

Al despejar ***y*** en la ecuación general se obtiene la **ecuación explícita**:

$$y = mx + n$$

- m es la **pendiente** de la recta y representa la tangente del ángulo α que forma la recta con la parte positiva del eje X: $m = \text{tg}\,\alpha = \dfrac{u_2}{u_1}$
- n es la **ordenada en el origen** y representa el punto de corte de la recta con el eje de ordenadas $x = 0$.

MAT-TIC GeoGebra

Entra en smSaviadigital.com y calcula la ecuación explícita.

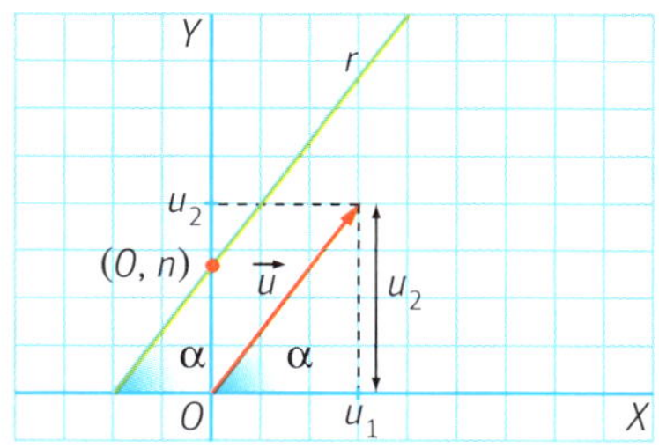

Ecuación punto-pendiente

La **ecuación punto-pendiente** de la recta que pasa por el punto $A(a_1, a_2)$ y tiene por pendiente m es $\boldsymbol{y - a_2 = m(x - a_1)}$.

Si (u_1, u_2) es el vector director, se deduce de la ecuación continua:

$$\frac{x - a_1}{u_1} = \frac{y - a_2}{u_2} \Rightarrow y - a_2 = \frac{u_2}{u_1}(x - a_1) \Rightarrow y - a_2 = m(x - a_1)$$

Ejemplo ▸ Halla la ecuación de la recta punto-pendiente si el vector director es (3, 1) y pasa por el punto (0, 2).

La pendiente es $m = \dfrac{u_2}{u_1} = \dfrac{1}{3}$, por tanto la ecuación es $y - 2 = \dfrac{1}{3}(x - 0)$.

Ten en cuenta

Las rectas verticales tienen pendiente infinita y no se pueden expresar con las ecuaciones habituales.

Son de la forma $x = k$.

ACTIVIDADES

ACTIVIDAD **RESUELTA**

20. Comprueba si el punto $A(3, -1)$ pertenece a $r: \begin{cases} x = -1 - 2t \\ y = 5 + 3t \end{cases}$.

Se sustituyen sus coordenadas:

$$\begin{cases} x = -1 - 2t \\ y = 5 + 3t \end{cases} \Rightarrow \begin{cases} 3 = -1 - 2t \\ -1 = 5 + 3t \end{cases} \Rightarrow \begin{cases} t = -2 \\ t = -2 \end{cases}$$

Como el valor de t en las ecuaciones coincide, se deduce que A sí pertenece a la recta.

21. Indica si $A(0, -1)$ y $B(6, -1)$ pertenecen o no a las rectas.

a) $r: \begin{cases} x = 3 + 3t \\ y = -2 - t \end{cases}$ b) $s: 2x - 3y = 15$

22. Halla un punto, un vector director y un vector normal de cada una de las siguientes rectas.

a) $4x - 3y - 1 = 0$ b) $y = x$ c) $(x, y) = (-3, 2) + t(-1, 4)$

23. Halla dos puntos de cada una de las siguientes rectas y el vector director.

a) $(x, y) = (1, 1) + t(0, -3)$

b) $\begin{cases} x = 2t \\ y = 3 - 5t \end{cases}$

c) $y - 3 = -2(x + 5)$

d) $x = \dfrac{y + 4}{5}$

ACTIVIDAD **RESUELTA**

24. Calcula la ecuación continua de la recta que pasa por los puntos $P(-3, -1)$ y $Q(0, 0)$.

Si P y Q están en la recta, el vector $\overrightarrow{PQ}$ es un vector director de la recta.

$\overrightarrow{PQ} = (0 - (-3), 0 - (-1)) = (3, 1)$. Por tanto, la ecuación continua es: $\dfrac{x - 0}{3} = \dfrac{y - 0}{1} \Rightarrow \dfrac{x}{3} = y$

25. Calcula la ecuación continua de la recta que pasa por los puntos:

a) $P(-2, 3)$ y $Q(1, 2)$ b) $P(0, 3)$ y $Q(-2, -3)$

26. Calcula la ecuación general de la recta que pasa por $P(-2, 3)$ y tiene pendiente $m = -4$.

27. Calcula, en todas sus formas posibles, la ecuación de la recta en los siguientes casos.

a) Pasa por el punto $A(5, -2)$ y lleva la dirección de $\vec{u} = (1, -3)$.

b) Pasa por el punto $A(-5, 4)$ y tiene pendiente $m = -2$.

c) Pasa por los puntos $A(-1, 3)$ y $B(5, -2)$.

Calcula la pendiente y la ordenada en el origen de cada una.

5 Problemas de incidencia

smSaviadigital.com

PRACTICA Comprueba lo que has aprendido a lo largo de la unidad.

Posición relativa de dos rectas en el plano

Dos rectas en el plano pueden ser:

- **Secantes** cuando tienen un único punto en común. Sus vectores directores no son proporcionales, es decir, las rectas tienen distinta dirección y, por tanto, distinta pendiente.

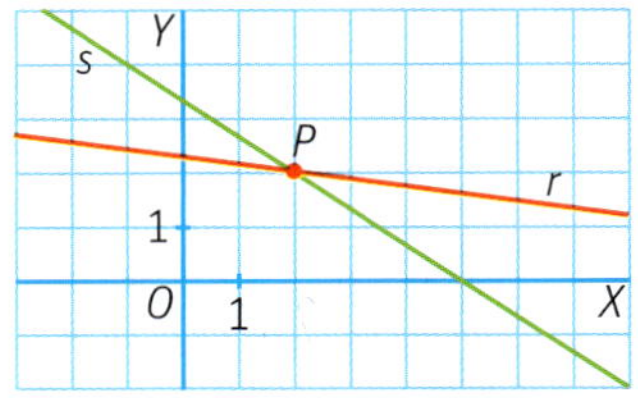

- **Paralelas** cuando no tienen ningún punto en común. Sus vectores directores son proporcionales. Las rectas tienen la misma pendiente y diferente ordenada en el origen.

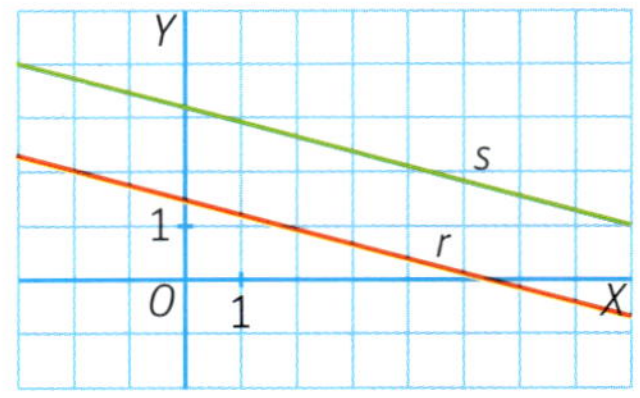

- **Coincidentes** cuando tienen infinitos puntos en común. Sus vectores directores son proporcionales y las rectas pasan por un mismo punto, es decir, tienen la misma pendiente y la misma ordenada en el origen.

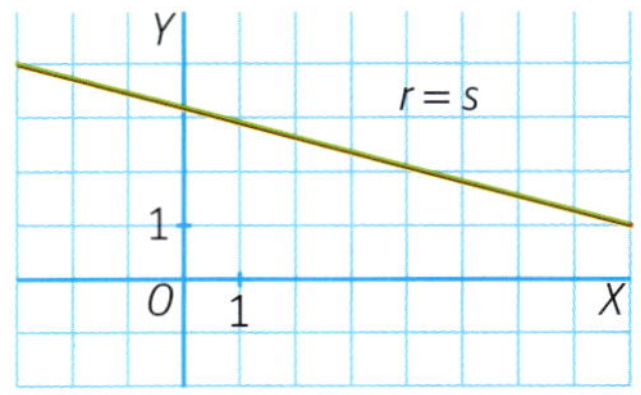

MAT-TIC GeoGebra

Entra en smSaviadigital.com y estudia las posiciones relativas de las rectas.

Al expresar en forma general dos rectas, $r: Ax + By + C = 0$ y $s: A'x + B'y + C' = 0$, sus pendientes y ordenadas en el origen son:

$$m = -\frac{A}{B} \qquad m' = -\frac{A'}{B'} \qquad n = -\frac{C}{B} \qquad n' = -\frac{C'}{B'}$$

Por tanto, para determinar su posición relativa se puede utilizar el siguiente criterio:

- Son **secantes** si $\boldsymbol{m \neq m'}$, es decir, si $\boldsymbol{\frac{A}{A'} \neq \frac{B}{B'}}$.
- Son **paralelas** si $\boldsymbol{m = m'}$, pero $\boldsymbol{n \neq n'}$, es decir, si $\boldsymbol{\frac{A}{A'} = \frac{B}{B'} \neq \frac{C}{C'}}$.
- Son **coincidentes** si $\boldsymbol{m = m'}$ y $\boldsymbol{n = n'}$, es decir, si $\boldsymbol{\frac{A}{A'} = \frac{B}{B'} = \frac{C}{C'}}$.

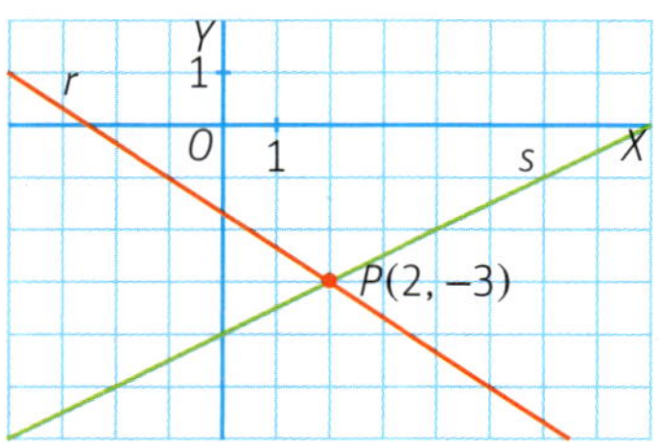

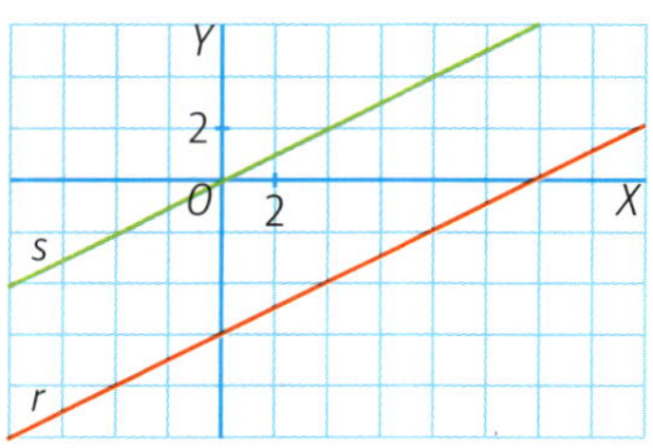

Ejemplo ▸ Estudia la posición relativa de las rectas y halla, en su caso, el punto de corte:

- $r: 2x + 3y + 5 = 0$ y $s: x - 2y - 8 = 0$

  Se estudian los coeficientes de x e y:

  $\frac{2}{1} \neq \frac{3}{-2} \Rightarrow$ Las rectas son secantes, es decir, se cortan en un punto P. Para calcularlo, se resuelve el sistema:

  $$\begin{cases} 2x + 3y + 5 = 0 \\ x - 2y - 8 = 0 \end{cases} \Rightarrow \begin{cases} 2x + 3y + 5 = 0 \\ -2x + 4y + 16 = 0 \end{cases} \Rightarrow 7y + 21 = 0 \Rightarrow y = -3,\ x = 2$$

  El punto de corte es $P(2, -3)$.

- $r: -x + 2y + 12 = 0$ y $s: 2x - 4y = 0$

  $\frac{-1}{2} = \frac{2}{-4} \neq \frac{12}{0} \Rightarrow$ Las rectas son paralelas y, por tanto, no se cortan en ningún punto.

Rectas paralelas a una dada

Dada la recta de ecuación general $\boldsymbol{Ax + By + C = 0}$, todas las rectas **paralelas** a ella tienen por ecuación:

$\boldsymbol{Ax + By + k = 0}$, donde $\boldsymbol{k}$ es cualquier número real.

Ejemplo ▸ Halla la recta s que es paralela a la recta r: $2x - 3y - 5 = 0$ y que pasa por el punto $P(-1, 3)$:

Se escriben todas las rectas paralelas a r: $2x - 3y + k = 0$

- Como pasa por P, el punto debe verificar la ecuación. Resolviendo la ecuación se obtiene el valor de k: $2 \cdot (-1) - 3 \cdot 3 + k = 0 \Rightarrow k = 11$
- La ecuación de s es: $2x - 3y + 11 = 0$

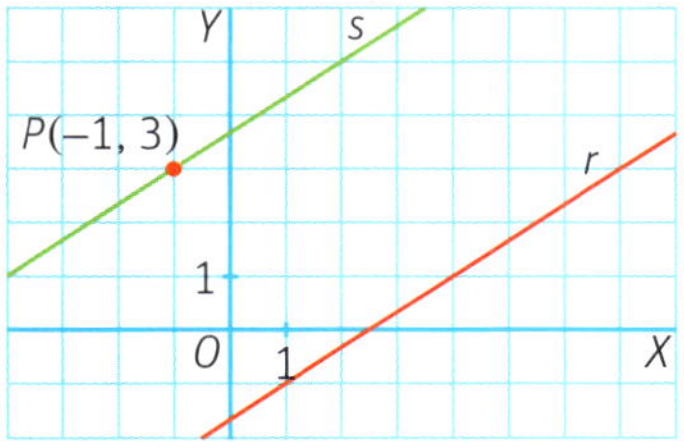

Rectas perpendiculares a una dada

Dada la recta de ecuación general $\boldsymbol{Ax + By + C = 0}$, todas las rectas **perpendiculares** a ella tienen por ecuación:

$\boldsymbol{Bx - Ay + k = 0}$, donde $\boldsymbol{k}$ es cualquier número real.

Ejemplo ▸ Halla la recta s que es perpendicular a la recta r: $x + 2y = 5$ y que pasa por el punto $P(5, 3)$.

- Se escriben todas las rectas perpendiculares a r: $2x - y + k = 0$
- Se calcula k, obligando a que pase por P: $2 \cdot 5 - 3 + k = 0 \Rightarrow k = -7$
- La ecuación de s es: $2x - y - 7 = 0$

Ten en cuenta

Los vectores (A, B) y $(B, -A)$ son perpendiculares, ya que su producto escalar es 0.

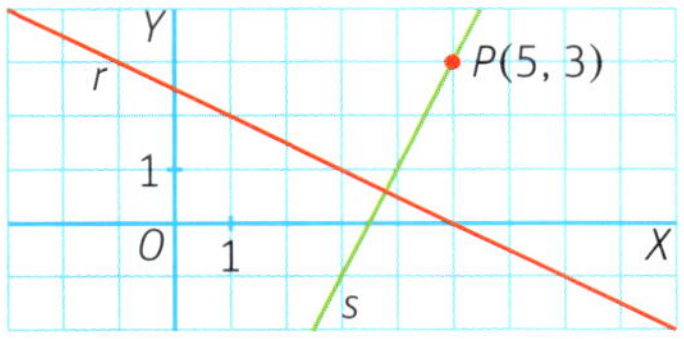

ACTIVIDADES

28. Estudia la posición relativa de las rectas:

a) r: $2x + y - 5 = 0$ y s: $4x + 3y = 11$

b) $r: -\frac{1}{2}x + \frac{3}{4}y + \frac{5}{4} = 0$ y s: $2x - 3y - 5 = 0$

ACTIVIDAD **RESUELTA**

29. Estudia, a partir de m y n, las posiciones relativas de:

r: $3x - my + 2 = 0$ y s: $-6x - y + n = 0$

$$\frac{3}{-6} = \frac{-m}{-1} \Rightarrow -3 = 6m \Rightarrow m = -\frac{1}{2}$$

$$\frac{3}{-6} = \frac{2}{n} \Rightarrow 3n = -12 \Rightarrow n = -4$$

Para $m = -\frac{1}{2}$ y $n = -4$, las rectas son coincidentes.

Para $m = -\frac{1}{2}$ y $n \neq -4$, las rectas son paralelas.

Para $m \neq -\frac{1}{2}$, las rectas son secantes.

30. Calcula el valor de m para que las rectas r: $5x + my + 1 = 0$ y s: $-x - y + 3 = 0$ sean paralelas. ¿Hay algún valor de m que las haga coincidentes? ¿Y secantes?

31. Halla la ecuación de la recta paralela a r: $3x - 4y = 12$ y que pasa por el punto $P(5, -5)$.

32. Halla la ecuación de la recta perpendicular a r: $-2x - 4y = 5$ y que pasa por el origen de coordenadas.

33. Dada la recta de ecuaciones paramétricas $r: \begin{cases} x = 2 - 2t \\ y = -1 + 3t \end{cases}$:

a) Calcula su ecuación general.

b) Halla la recta paralela a r que pasa por $A(-1, 4)$.

c) Halla la recta perpendicular a r que pasa por $(-2, 2)$.

34. Halla la ecuación explícita de la recta que pasa por el punto $A(-2, 4)$ y es paralela a la que tiene por ecuación $7x - 14y + 3 = 0$.

35. Comprueba si las rectas r y s son perpendiculares.

a) $r: \frac{1}{2}x - \frac{3}{5}y = -6$ y $s: \frac{5}{6}x - \frac{3}{5}y = -8$

b) $r: \frac{2}{3}x + \frac{1}{4}y = 0$ y $s: \begin{cases} x = 2 - 3t \\ y = 3 - \frac{9}{8}t \end{cases}$

c) $r: \begin{cases} x = 2 + 5t \\ y = 3 - \frac{1}{2}t \end{cases}$ y $s: \begin{cases} x = -2 + t \\ y = -4 + 10t \end{cases}$

Organiza tus ideas

VECTORES DEL PLANO

Vector fijo del plano

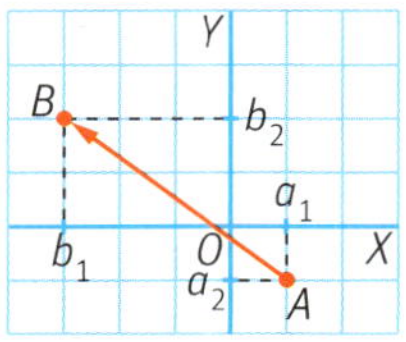

Origen: $A(a_1, a_2)$

Extremo: $B(b_1, b_2)$

Coordenadas: $\overrightarrow{AB} = (b_1 - a_1, b_2 - a_2)$

Elementos de un vector

- **Módulo**: $|\overrightarrow{AB}| = \sqrt{(b_1 - a_1)^2 + (b_2 - a_2)^2}$
- **Dirección**: la de la recta que pasa por su origen y por su extremo.
- **Sentido**: el correspondiente a ir de su origen a su extremo.

Vector libre

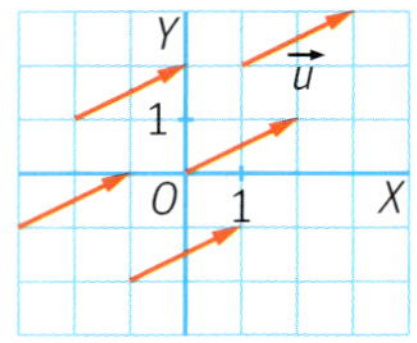

Todos los vectores equipolentes a un vector fijo.

OPERACIONES CON VECTORES

Suma de vectores

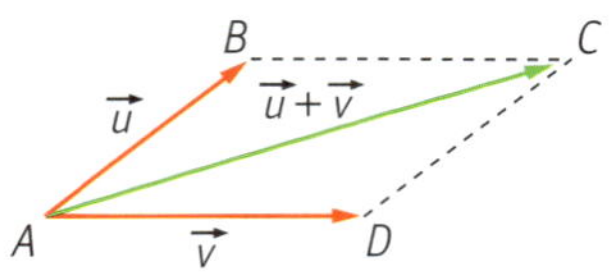

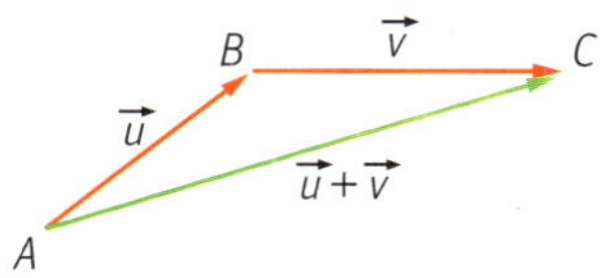

$$\begin{cases} \vec{u} = (u_1, u_2) \\ \vec{v} = (v_1, v_2) \end{cases} \Rightarrow \vec{u} + \vec{v} = (u_1 + v_1,\ u_2 + v_2)$$

Producto de un número por un vector

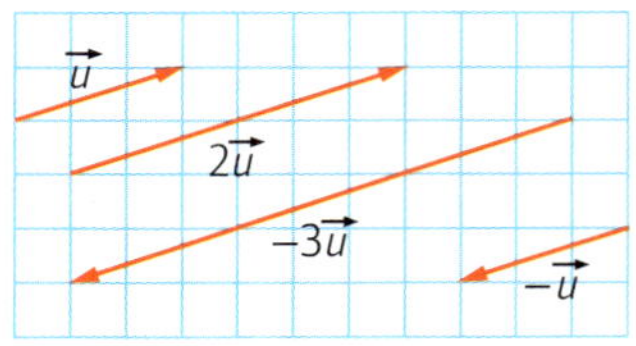

$$k \cdot (u_1, u_2) = (ku_1, ku_2)$$

PRODUCTO ESCALAR DE VECTORES

Producto escalar

$$\vec{u} \cdot \vec{v} = |\vec{u}|\,|\vec{v}| \cos(\vec{u}, \vec{v}) \qquad \begin{cases} \vec{u} = (u_1, u_2) \\ \vec{v} = (v_1, v_2) \end{cases} \Rightarrow \vec{u} \cdot \vec{v} = u_1 v_1 + u_2 v_2$$

Ángulo entre dos vectores

$$\cos(\vec{u}, \vec{v}) = \frac{\vec{u} \cdot \vec{v}}{|\vec{u}||\vec{v}|} = \frac{u_1 v_1 + u_2 v_2}{\sqrt{u_1^2 + u_2^2}\sqrt{v_1^2 + v_2^2}}$$

ECUACIONES DE LA RECTA

Vectorial

$$\overrightarrow{OX} = \overrightarrow{OA} + t\vec{u} \Rightarrow (x, y) = (a_1, a_2) + t(u_1, u_2)$$

Paramétricas

$$\begin{cases} x = a_1 + t u_1 \\ y = a_2 + t u_2 \end{cases}$$

Continua

$$\frac{x - a_1}{u_1} = \frac{y - a_2}{u_2}$$

General

$$Ax + By + C = 0$$

Punto-pendiente

$$y - a_2 = m(x - a_1)$$

Explícita

$$y = mx + n$$

Donde $A(a_1, a_2)$: punto de la recta, $\vec{u} = (u_1, u_2)$: vector director, $m = \frac{u_2}{u_1}$: pendiente y n: ordenada en el origen.

POSICIONES RELATIVAS DE DOS RECTAS

$r: Ax + By + C = 0 \qquad s: A'x + B'y + C' = 0$

Secantes

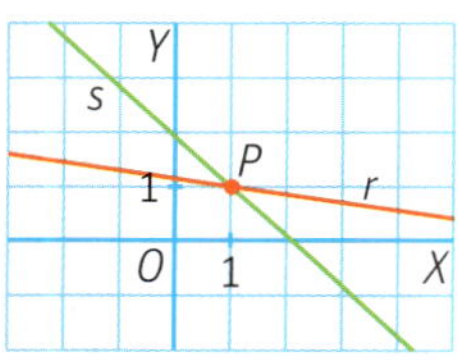

$$\frac{A}{A'} \neq \frac{B}{B'}$$

Paralelas

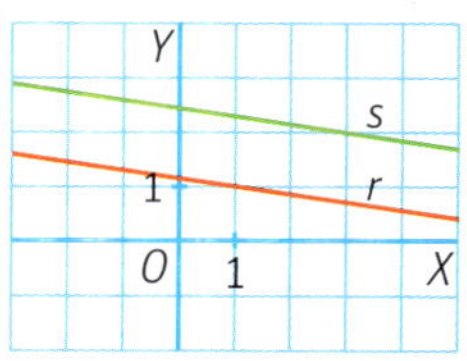

$$\frac{A}{A'} = \frac{B}{B'} \neq \frac{C}{C'}$$

Coincidentes

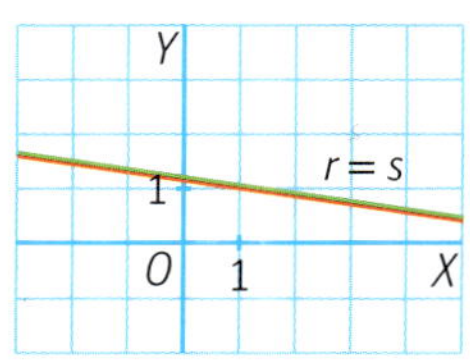

$$\frac{A}{A'} = \frac{B}{B'} = \frac{C}{C'}$$

Actividades clave

1. Escribe el vector $\vec{a} = (-13,\ 17)$ como combinación lineal de los vectores:

$\vec{u} = (-1,\ 3)$

$\vec{v} = (4,\ -1)$

Para que sea combinación lineal deben existir dos números reales, λ y μ, tales que $\vec{a} = \lambda\vec{u} + \mu\vec{v}$.

$$\vec{a} = \lambda\vec{u} + \mu\vec{v} \Rightarrow (-13,\ 17) = \lambda(-1,\ 3) + \mu(4,\ -1) \Rightarrow (-13,\ 17) = (-\lambda + 4\mu,\ 3\lambda - \mu)$$

$$\begin{cases} -\lambda + 4\mu = -13 \\ 3\lambda - \mu = 17 \end{cases} \Rightarrow \begin{cases} -\lambda + 4\mu = -13 \\ 12\lambda - 4\mu = 68 \end{cases} \Rightarrow 11\lambda = 55 \Rightarrow \lambda = 5,\ \mu = -2$$

Por tanto: $\vec{a} = 5\vec{u} - 2\vec{v}$

2. Clasifica el triángulo de vértices $A(0,\ 6)$, $B(12,\ 0)$ y $C(-6,\ -4)$:

a) Según sus lados.

b) Según sus ángulos.

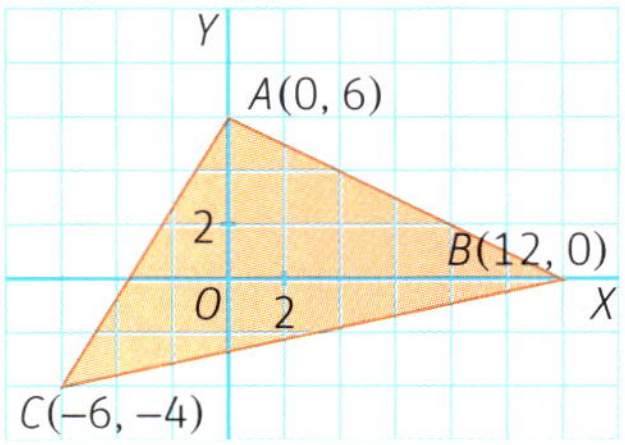

a) Para estudiar si es equilátero, isósceles o escaleno, se calculan las medidas de los lados:

- $|\overrightarrow{AB}| = \sqrt{12^2 + (-6)^2} = \sqrt{180} = 6\sqrt{5}$
- $|\overrightarrow{AC}| = \sqrt{(-6)^2 + (-10)^2} = \sqrt{136} = 2\sqrt{34}$
- $|\overrightarrow{BC}| = \sqrt{(-18)^2 + (-4)^2} = \sqrt{340} = 2\sqrt{85}$

Al ser medidas diferentes, el triángulo es escaleno.

b) Para estudiar si es acutángulo, rectángulo u obtusángulo, se calculan los ángulos del triángulo:

$$\cos\hat{A} = \frac{\overrightarrow{AB}\cdot\overrightarrow{AC}}{|\overrightarrow{AB}||\overrightarrow{AC}|} = \frac{(12,-6)\cdot(-6,-10)}{\sqrt{180}\cdot\sqrt{136}} = \frac{-72+60}{\sqrt{180}\cdot\sqrt{136}} = -0{,}0767 \Rightarrow \hat{A} = 94°\ 24'$$

Como el triángulo tiene un ángulo mayor de 90°, es obtusángulo.

3. Calcula la mediatriz del segmento de extremos $A(-2,\ 2)$ y $B(6,\ 4)$.

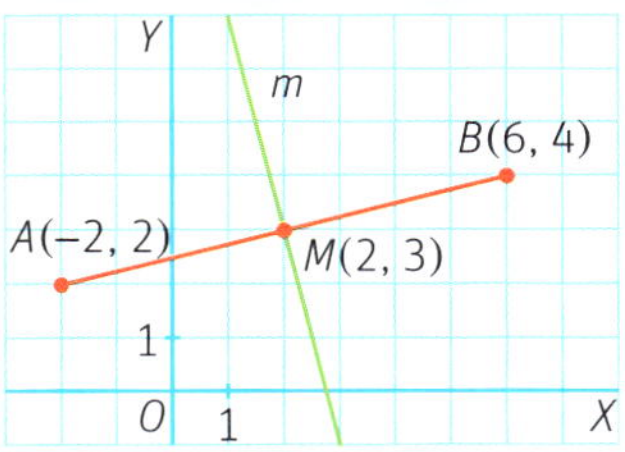

La mediatriz del segmento de extremos A y B es la recta m que pasa por el punto medio M del segmento y que es perpendicular a la recta r que pasa por A y B.

- Ecuación de la recta r que pasa por A y B:

$$\frac{x+2}{6-(-2)} = \frac{y-2}{4-2} \Rightarrow \frac{x+2}{8} = \frac{y-2}{2} \Rightarrow \frac{x+2}{4} = y-2 \Rightarrow x+2 = 4y-8 \Rightarrow x-4y = -10$$

- Todas la rectas perpendiculares a la recta r son de la forma: $4x + y + k = 0$
- Se calcula el punto medio, M, del segmento de extremos A y B: $M\left(\frac{-2+6}{2},\ \frac{2+4}{2}\right) = M(2,\ 3)$
- De todas las perpendiculares, se elige la que pasa por el punto M:

$$4\cdot 2 + 3 + k = 0 \Rightarrow k = -11 \Rightarrow m\text{: } 4x + y - 11 = 0$$

4. Calcula las ecuaciones de las medianas y el baricentro del triángulo de vértices $A(1,\ 3)$, $B(3,\ -1)$ y $C(-3,\ -2)$.

Las medianas de un triángulo son las rectas que pasan por un vértice y por el punto medio del lado opuesto. El baricentro es el punto donde se cortan las medianas.

- Se calculan los puntos medios de los lados del triángulo:

$$M\left(\frac{1+3}{2},\ \frac{3-1}{2}\right) = M(2,\ 1),\ N\left(\frac{3-3}{2},\ \frac{-1-2}{2}\right) = N\left(0,\ -\frac{3}{2}\right) \text{ y } P\left(\frac{1-3}{2},\ \frac{3-2}{2}\right) = P\left(-1,\ \frac{1}{2}\right)$$

- Se calculan las ecuaciones de las medianas:

$$m_{AN}: \frac{x-1}{-1} = \frac{y-3}{-\frac{9}{2}} \Rightarrow -\frac{9}{2}x + \frac{9}{2} = -y + 3 \Rightarrow 9x - 2y - 3 = 0$$

$$m_{CM}: \frac{x+3}{5} = \frac{y+2}{3} \Rightarrow 3x + 9 = 5y + 10 \Rightarrow 3x - 5y - 1 = 0$$

$$m_{BP}: \frac{x-3}{-4} = \frac{y+1}{\frac{3}{2}} \Rightarrow \frac{3}{2}x - \frac{9}{2} = -4y - 4 \Rightarrow 3x + 8y - 1 = 0$$

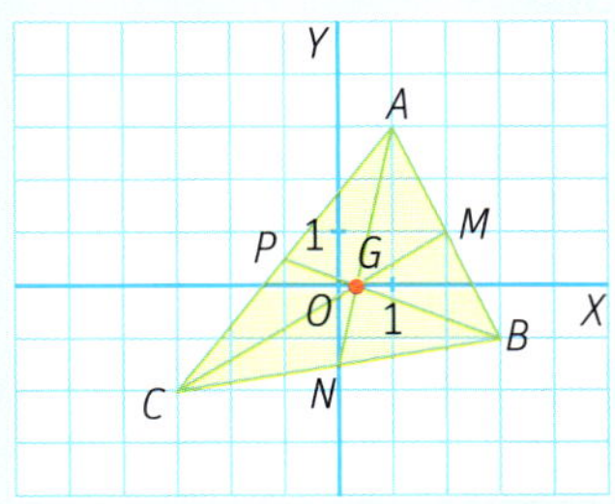

- Se calcula el baricentro resolviendo el sistema formado por las ecuaciones de dos medianas:

$$\begin{cases} 3x - 5y = 1 \\ 3x + 8y = 1 \end{cases} \Rightarrow -13y = 0 \Rightarrow y = 0,\ x = \frac{1}{3} \Rightarrow G\left(\frac{1}{3},\ 0\right)$$

Actividades

EJERCICIOS **PARA PRACTICAR**

Coordenadas de vectores y equipolencia

36. Decide en cuáles de los siguientes casos los puntos A, B y C están alineados y en cuáles forman un triángulo.

a) $A(-1, -5)$, $B(0, -3)$, $C(-2, -7)$

b) $A(1, -2)$, $B(0, 1)$, $C(-2, 7)$

c) $A(1, 2)$, $B(2, 7)$, $C(-1, 3)$

ACTIVIDAD **RESUELTA**

37. Identifica los vectores equipolentes y los vectores libres que determinan.

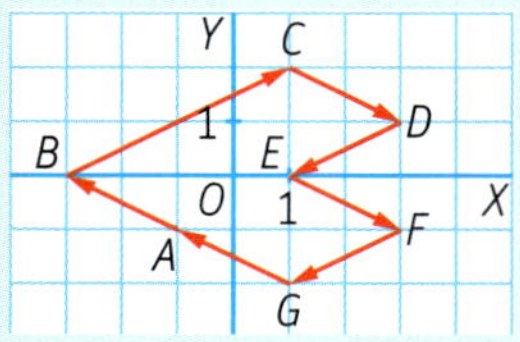

Son equipolentes:

$\overrightarrow{AB}$ y $\overrightarrow{GA}$, que determinan $\vec{u}=(-2, 1)$.

$\overrightarrow{CD}$ y $\overrightarrow{EF}$, que determinan $\vec{v}=(2, -1)$.

$\overrightarrow{DE}$ y $\overrightarrow{FG}$, que determinan $\vec{w}=(-2, -1)$.

38. Dados los puntos A, B, C y D, calcula las coordenadas de los vectores $\overrightarrow{BA}$, $\overrightarrow{CD}$, $\overrightarrow{BC}$ y $\overrightarrow{AD}$. ¿Cuáles de ellos son equipolentes?

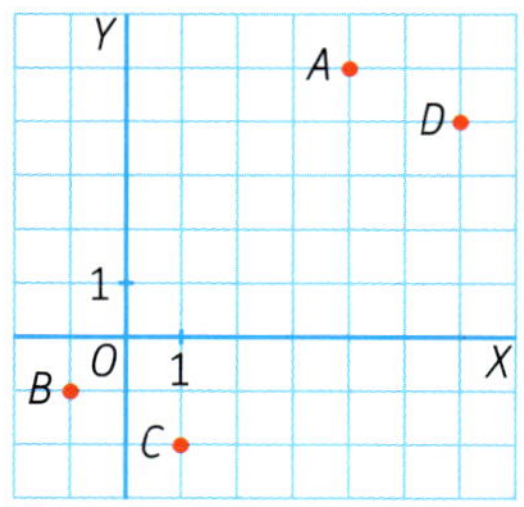

39. Calcula las coordenadas del punto A y el módulo del vector $\overrightarrow{AB}=(5, 3)$, si el punto B es $(-1, 4)$.

40. Calcula la distancia entre los puntos:

a) $A(4, -2)$ y $B(0, 9)$ b) $C(-1, 10)$ y $D(8, -5)$

41. Calcula los puntos P, Q, R y S que dividen el segmento de extremos $A(-2, 6)$ y $B(13, -4)$ en cinco partes iguales.

ACTIVIDAD **RESUELTA**

42. Calcula el valor de m para que los puntos $A(1, 2)$, $B(-2, m-2)$ y $C(3, -m)$ estén alineados.

Para que A, B y C estén alineados debe verificarse que los vectores $\overrightarrow{AB}$ y $\overrightarrow{AC}$ sean proporcionales. Por tanto:

$$\left.\begin{array}{l}\overrightarrow{AB}=(-3, m-4)\\ \overrightarrow{AC}=(2, -m-2)\end{array}\right\} \Rightarrow \frac{-3}{2}=\frac{m-4}{-m-2} \Rightarrow$$

$$\Rightarrow 3m+6=2m-8 \Rightarrow m=-14$$

43. Calcula el valor o los valores de m para que los puntos A, B y C estén alineados:

a) $A(5, 0)$, $B(2, 4)$, $C(m, 8)$

b) $A(-2, 2)$, $B(m, m-1)$, $C(0, -6)$

c) $A(4, -5)$, $B(m, -4)$, $C(2, -m)$

Operaciones con vectores y dependencia lineal

44. Realiza estas operaciones con vectores.

a) $(2, -1)-(4, 3)$

b) $6(-3, 1)+(10, -2)$

c) $2(-4, 0)-3(-1, 2)$

d) $4(1, -1)+2(3, 0)$

e) $(3, -1)-5(1, -2)$

f) $(9, 6)-2(4, 1)$

45. Dados los vectores $\vec{u}=(5, -3)$, $\vec{v}=(-1, 4)$ y $\vec{w}=(2, 2)$, calcula:

a) $\vec{u}-(\vec{v}+\vec{w})$

b) $3\vec{u}-2(\vec{w}-\vec{v})$

c) $\frac{1}{2}(\vec{v}-\vec{u})$

d) $5\vec{w}-3\vec{v}+\vec{u}$

e) $2(\vec{w}+\vec{v})-\vec{u}$

f) $\frac{3}{4}\vec{u}-2\vec{v}+\vec{w}$

46. Calcula el valor de x e y en cada caso.

a) $(5, -9)=3(x, y)-2(x, 0)$

b) $(x, -4)=2(y, 5)+(3, x)$

c) $(2y, 0)=(x, y)-2(x, 5)$

d) $(3x, -y)=2(1, -x)+(y, 9)$

47. Halla las coordenadas de los puntos medios de los lados del triángulo de vértices $A(2, 1)$, $B(2, 5)$ y $C(-2, 3)$.

48. Estudia si los vectores $\vec{u}=(2, -4)$, $\vec{v}=(3, 1)$ y $\vec{w}=(11, -15)$ son linealmente dependientes.

49. Escribe $\vec{a}=(-7, -9)$ como combinación lineal de los vectores $\vec{u}=(4, -3)$ y $\vec{v}=(5, 1)$.

50. Expresa los vectores $\vec{c}$ y $\vec{d}$ como combinación lineal de $\vec{a}$ y $\vec{b}$.

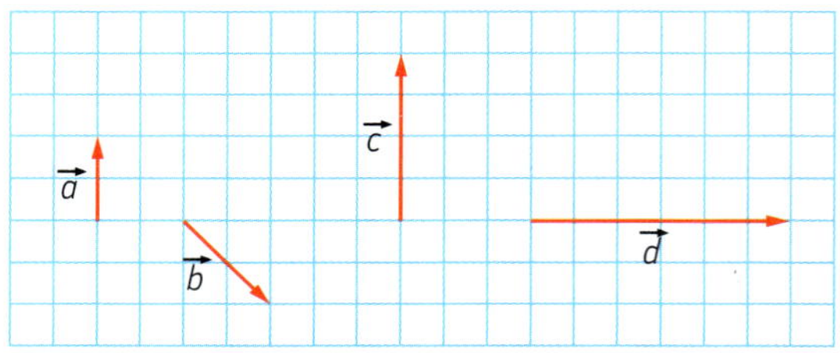

ACTIVIDAD **RESUELTA**

51. Calcula el punto simétrico de $A(2, -4)$ respecto de $P(-1, 3)$.

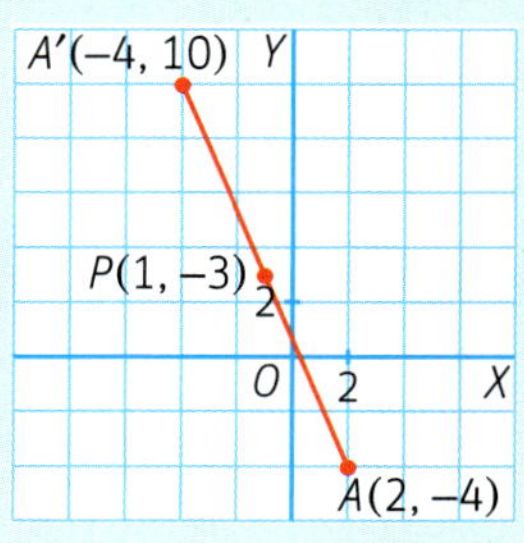

Para que A' sea el simétrico de A respecto de P, se debe verificar que P sea el punto medio del segmento de extremos A y A':

$$\left.\begin{array}{l}A(2, -4)\\ P(-1, 3)\\ A'(a, b)\end{array}\right\} \Rightarrow -1=\frac{2+a}{2},\ 3=\frac{-4+b}{2} \Rightarrow$$

$$\Rightarrow a=-4,\ b=10 \Rightarrow A'(-4, 10)$$

52. Calcula el punto simétrico de:

a) $A(-3, 7)$ respecto del punto $P(0, -3)$

b) $A(3, 1)$ respecto del punto $P(2, 2)$

c) $A\left(\frac{3}{2}, 1\right)$ respecto del punto $P\left(-\frac{2}{3}, \frac{1}{2}\right)$

Producto escalar. Aplicaciones

53. Dados $\vec{u} = (5, 8)$, $\vec{v} = (-2, 6)$, y $\vec{w} = (-1, -3)$, calcula:

a) $\vec{u}\cdot\vec{v}$ b) $\vec{u}\cdot\vec{w}$ c) $\vec{v}\cdot\vec{w}$ d) $\vec{u}\cdot(\vec{v}+\vec{w})$

54. Conocidos los vectores $\vec{u} = (-6, 8)$ y $\vec{v} = (1, 7)$, realiza las siguientes operaciones.

a) $\vec{u}\cdot\vec{v}$ b) $(-2\vec{u})\cdot\vec{v}$ c) $|\vec{u}-3\vec{v}|$ d) $|2\vec{v}-3\vec{u}|$

55. Estudia si las siguientes parejas de vectores son perpendiculares entre sí.

a) $\vec{u} = (6, 9)$ y $\vec{v} = (-3, 2)$

b) $\vec{u} = (2, 4)$ y $\vec{v} = (-8, -4)$

c) $\vec{u} = (-3, 6)$ y $\vec{v} = (10, 5)$

d) $\vec{u} = (-1, -2)$ y $\vec{v} = (4, 2)$

56. Calcula el ángulo que forman los vectores:

a) $\vec{u} = (-2, -4)$ y $\vec{v} = (2, -1)$

b) $\vec{a} = (3, 9)$ y $\vec{b} = (2, -1)$

c) $\vec{u} = (2, \sqrt{3})$ y $\vec{v} = (\sqrt{3}, 1)$

57. Calcula el ángulo que forman los vectores $\vec{u}$ y $\vec{v}$ sabiendo que $|\vec{u}| = 2$, $|\vec{v}| = 1$, $\vec{u}\cdot\vec{v} = \sqrt{3}$.

58. Comprueba si son perpendiculares los vectores $\vec{u} = (6, 15)$ y $\vec{v} = (5, -2)$.

59. Halla el valor de a para que los vectores $\vec{u} = (a, 3)$ y $\vec{v} = (-1, 5)$ sean perpendiculares.

60. Calcula el valor de a para que los vectores $\vec{u} = (4, 3)$ y $\vec{v} = (a, 1)$ formen un ángulo de 45°.

61. Determina mediante vectores si el triángulo de vértices $A(-4, -2)$, $B(0, 1)$ y $C(3, 2)$ es rectángulo.

62. Clasifica los siguientes triángulos según sus lados y según sus ángulos.

a) $A(3, 4)$, $B(4, -1)$, $C(-1, -2)$

b) $A(-1, -2)$, $B(3, 4)$, $C(6, -2)$

Ecuaciones de la recta. Posiciones relativas

63. Comprueba si el punto $B(4, -6)$ pertenece a alguna de las rectas siguientes.

a) $y = 9 - 3x$ b) $5x + 3y - 2 = 0$

64. Determina el vector director, un vector normal y un punto de las siguientes rectas.

a) $\frac{x-3}{-2} = \frac{y+4}{5}$ c) $\begin{cases} x = 2-t \\ y = 5+3t \end{cases}$

b) $(x, y) = (4, 0) + t\,(2, -6)$ d) $4x - y = 0$

65. Obtén un punto, un vector director y la pendiente de la recta de ecuaciones paramétricas:

$$r: \begin{cases} x = -1+2t \\ y = 5t \end{cases}$$

66. Escribe de todas las formas posibles la ecuación de las siguientes rectas.

a) Pasa por el punto $A(3, 1)$ y tiene la dirección del vector $\vec{u} = (5, -2)$.

b) Pasa por el punto $A(-2, 2)$ y su pendiente es $m = -3$.

67. Escribe de todas las formas posibles la ecuación de las rectas:

a) r: $3x - 2y = -10$ c) r: $y = -2x + 3$

b) $r: \frac{x-3}{4} = \frac{y+1}{2}$ d) $r: \begin{cases} x = 2+2t \\ y = -1-3t \end{cases}$

68. Halla la pendiente y un punto por el que pasa cada una de las siguientes rectas y represéntalas gráficamente.

a) $\frac{x+1}{2} = y$ c) $5x - 2y + 3 = 0$

b) $\frac{x-3}{5} = \frac{y-2}{-4}$ d) $\frac{x}{8} - \frac{y}{5} = 1$

69. ¿Son secantes las rectas r: $4x - 5y - 2 = 0$ y s: $y = 2x - 4$? En caso afirmativo, calcula su punto de corte.

70. Estudia la posición relativa de los siguientes pares de rectas.

a) r: $4x - 6y + 10 = 0$ y s: $2x - 3y + 4 = 0$

b) r: $2x + 3y + 6 = 0$ y s: $6x + 9y + 18 = 0$

71. Estudia la posición relativa de estos pares de rectas y, si son secantes, halla su punto de corte.

a) r: $2x - 5y + 7 = 0$ y s: $x - 2y - 2 = 0$

b) r: $6x + 4y - 12 = 0$ y s: $3x + 2y - 6 = 0$

c) r: $x - 5y + 3 = 0$ y s: $3x - 15y + 8 = 0$

72. Calcula la ecuación general de las rectas que contienen a los lados del triángulo de vértices $A(-2, 3)$, $B(1, -1)$ y $C(2, -2)$.

ACTIVIDAD **RESUELTA**

73. **Calcula la ecuación general de la recta que pasa por el punto $P(5, -4)$ y forma un ángulo de 30° con la parte positiva del eje de abscisas.**

Como la recta forma un ángulo de 30° con la parte positiva del eje X, su pendiente valdrá:

$$m = \text{tg}\,30° = \frac{\sqrt{3}}{3}$$

Utilizando la ecuación punto-pendiente:

$$y+4 = \frac{\sqrt{3}}{3}(x-5) \Rightarrow 3y+12 = \sqrt{3}x - 5\sqrt{3} \Rightarrow$$
$$\Rightarrow \sqrt{3}x - 3y - 12 - 5\sqrt{3} = 0$$

74. Calcula la ecuación general de la recta r si cumple las siguientes condiciones.

a) Pasa por $A(-2, -4)$ y forma un ángulo de 45° con la parte positiva del eje X.

b) Pasa por el origen de coordenadas y forma un ángulo de 60° con la parte positiva del eje X.

Actividades

ACTIVIDAD **RESUELTA**

75. **Dados los puntos $A(-1, 3)$, $B(4, 0)$ y $C(-1, 2)$:**

a) Halla la ecuación de la recta que pasa por A y es paralela a la que pasa por B y C.

b) Halla la ecuación de la recta perpendicular a la recta que pasa por A y C y que pasa por B.

a) Se calcula la recta que pasa por B y C:

$$\frac{x-4}{-1-4}=\frac{y}{2-0}\Rightarrow 2x-8=-5y\Rightarrow 2x+5y=8$$

Las paralelas a esta recta son: $2x+5y+k=0$

Como debe pasar por A, se sustituyen sus coordenadas y se obtiene el término k:

$$2(-1)+5\cdot 3+k=0\Rightarrow k=-13$$

La recta buscada es: $2x+5y-13=0$

b) Se calcula la recta que pasa por A y C:

$$\frac{x+1}{0}=\frac{y-3}{2-3}\Rightarrow x+1=0$$

Es una recta vertical. Por tanto, todas las perpendiculares a ella serán horizontales y tendrán por ecuación $y+k=0$.

Como pasa por B: $0+k=0\Rightarrow k=0$

La recta buscada es: $y=0$ (Eje de abscisas)

76. **Dados los puntos $A(2, 3)$, $B(-4, -1)$ y $C(0, 2)$:**

a) Calcula las ecuaciones de todas las rectas que pasan por dos de los puntos anteriores.

b) Calcula la paralela a la que contiene a A y a B y que pasa por C.

c) Calcula la perpendicular a la que contiene a A y a B y que pasa por C.

77. **Halla la ecuación de la recta perpendicular a la que pasa por los puntos $A(-2, 3)$ y $B(-1, -1)$ y que pasa por el origen de coordenadas.**

78. **Calcula la ecuación de la recta que pasa por el punto $A(0, 3)$ y por el punto de corte de r: $8x-5y+2=0$ y s: $2x+y-4=0$.**

79. **Halla la mediatriz del segmento de extremos A y B en los siguientes casos.**

a) $A(-2, 4)$ y $B(2, -4)$

b) $A(1, 4)$ y $B(-2, 3)$

80. **Halla las medianas y el baricentro del triángulo de vértices $A(-3, 2)$, $B(1, 6)$ y $C(5, 0)$.**

81. **Se consideran las rectas r: $y=x-3$ y s, determinada por los puntos $A(7, 5)$ y $B(-4, 1)$. ¿Cuál es su posición relativa?**

82. **Los lados de un triángulo vienen dados por las rectas $3x-y-6=0$, $3x+y-18=0$ e $y=0$.**

a) Halla las coordenadas de los vértices.

b) Clasifica el triángulo en función de sus lados.

c) Halla las ecuaciones de las medianas.

d) Halla el baricentro del triángulo.

Actividades de síntesis

83. **Un triángulo tiene dos vértices en $A(0, 0)$ y $B(2, 0)$. Halla las coordenadas del tercer vértice y sabiendo que es un triángulo equilátero.**

84. **Siendo $\vec{u}=(4, x)$, halla el valor de x en cada una de las siguientes situaciones.**

a) El módulo de $\vec{u}$ vale $\sqrt{20}$ unidades.

b) Si $\vec{v}=(3, -5)$ es tal que el producto escalar de $\vec{u}$ por $\vec{v}$ es igual a 2.

85. **Determina un vector cuyo módulo valga $\sqrt{10}$ unidades lineales y que forme un ángulo de 30° con la horizontal.**

86. **Las rectas r: $x-y+1=0$, s: $x+y-7=0$, t: $x-y-5=0$ y u: $x+y-5=0$ determinan un cuadrilátero.**

a) Calcula las medidas de los lados y de los ángulos interiores.

b) ¿Qué tipo de cuadrilátero es?

ACTIVIDAD **RESUELTA**

87. **Calcula el punto simétrico de $A(-2, 6)$ respecto de la recta r: $x-3y=-5$**

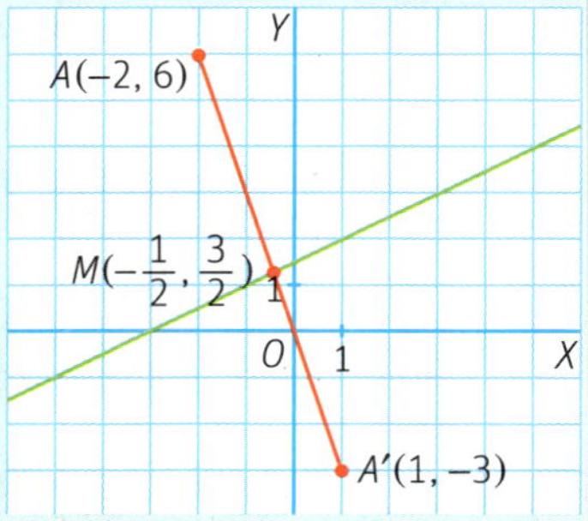

Para que A' sea el simétrico de A respecto de r, se debe verificar que r sea la mediatriz del segmento de extremos A y A'.

Se calcula la recta perpendicular a r y que pasa por A:

$3x+y+k=0\Rightarrow$
$\Rightarrow -6+6+k=0\Rightarrow k=0$

La recta que pasa por A y A' es s: $3x+y=0$.

Se calcula el punto M intersección de r y de s:

$$\begin{cases}x-3y=-5\\3x+y=0\end{cases}\Rightarrow\begin{cases}3x-9y=-15\\3x+y=0\end{cases}\Rightarrow -10y=-15\Rightarrow$$

$$\Rightarrow y=\frac{3}{2},\ x=-\frac{1}{2}\Rightarrow M\left(-\frac{1}{2}, \frac{3}{2}\right)$$

Como M debe ser el punto medio del segmento de extremos A y A', despejando:

$$\left.\begin{array}{l}A(-2, 6)\\M\left(-\frac{1}{2}, \frac{3}{2}\right)\\A'(a, b)\end{array}\right\}\Rightarrow -\frac{1}{2}=\frac{-2+a}{2},\ \frac{3}{2}=\frac{6+b}{2}\Rightarrow$$

$$\Rightarrow a=1,\ b=-3\Rightarrow A'(1, -3)$$

88. **Calcula el punto simétrico de:**

a) $A(3, -4)$ respecto de la recta r: $2x+y=3$

b) $A\left(\frac{1}{2}, \frac{3}{4}\right)$ respecto de la recta $r: \frac{1}{2}x+y=0$

89. **Calcula el triángulo simétrico del que tiene como vértices $A(-2, 0)$, $B(1, 4)$ y $C(2, -2)$ respecto de la bisectriz del primer y tercer cuadrante.**

PROBLEMAS **PARA RESOLVER**

90. Se va a implantar un sistema de riego automático en una rosaleda. Si dos rosales están situados en los puntos $A(4, 6)$ y $B(9, 8)$, y un tercero, en el punto $C(0, 6)$, ¿es posible que una tubería recta pase por los tres a la vez?

91. Un barco lanza un mensaje de socorro indicando su posición: $A(1460, 765)$. Dos barcos situados en $B(3525, 2490)$ y $C(585, 3500)$ acuden en su ayuda. Si los dos navegan a la misma velocidad y en línea recta hacia A, ¿cuál llegará primero?

92. Con un solo golpe sobre la bola A, debe golpear primero a la bola B y después a la bola C. Si se consideran dos lados de la mesa como ejes de coordenadas, las coordenadas de las bolas son $A(20, 28)$, $B(5, 10)$ y $C(12, 36)$.

¿Con qué ángulo, respecto de la trayectoria seguida por A cuando golpea a B, debe salir la bola para golpear a la bola C?

93. Un rayo de luz incide en el espejo con una trayectoria rectilínea determinada por los puntos $A(-2, 4)$ y $B(2, 3)$, siendo B el punto de contacto con el espejo y A el punto de origen. Al reflejarse, la pendiente de la recta que describe su trayectoria es $\frac{2}{5}$.

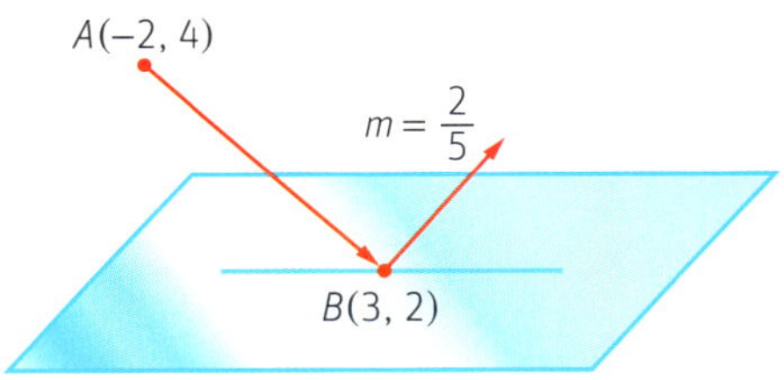

a) Escribe las ecuaciones de las rectas que determinan los rayos incidente y reflejado.

b) Halla un vector director de cada una de ellas y el ángulo que forman.

c) La posición del espejo forma el mismo ángulo con el rayo incidente y el reflejado. Encuentra la ecuación de la recta que la define.

94. Una altura de un triángulo es el segmento que tiene por extremo uno de los vértices y es perpendicular al lado opuesto. El ortocentro de un triángulo es el punto donde se cortan las tres alturas.

Dado el triángulo de vértices $A(3, 1)$, $B(2, -2)$ y $C(-2, 2)$:

a) Halla las ecuaciones de sus tres alturas.

b) Calcula el ortocentro H resolviendo el sistema formado por dos de sus alturas.

c) Comprueba que H pertenece a las tres alturas.

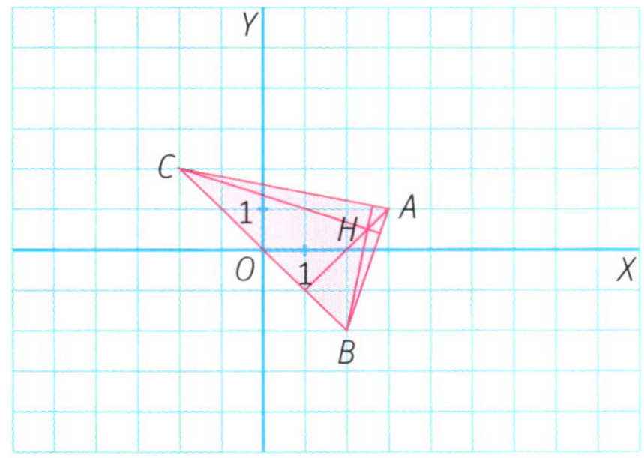

ACTIVIDADES **PARA PENSAR MÁS**

95. Considera dos puntos B y C en un plano. Sea S el conjunto de todos los puntos A de ese plano para los que el área del triángulo ABC es 1. ¿Qué es S?

A. Dos rectas paralelas
C. Un segmento
B. Una circunferencia
D. Dos puntos

96. Si m y b son números reales y $mb > 0$, la recta de ecuación $y = mx + b$ no puede contener al punto:

A. (0, 2011)
C. (20, −10)
B. (20, 10)
D. (2011, 0)

97. El área del triángulo limitado por las rectas $y = x$, $y = -x$ e $y = 6$ es:

A. 48 B. 36 C. 24 D. 18

98. Una recta r divide en dos trozos de igual área al rectángulo de vértices $(-2, 0)$, $(0, 0)$, $(0, 4)$ y $(-2, 4)$ y al rectángulo de vértices $(1, 0)$, $(5, 0)$, $(1, 12)$ y $(5, 12)$.

¿Cuál es la pendiente de esta recta?

A. −4 B. −1 C. 0 D. 1

Encuentra el error

99. Andrea ha realizado uno de los ejercicios propuestos por su profesor:

Calcula la recta que tiene como vector normal $\vec{u} = (5, -2)$ y que pasa por el punto $A(-2, 4)$. Esta es su respuesta:

$2x + 5y + k = 0 \Rightarrow -4 + 20 + k = 0 \Rightarrow k = -16$
La recta es $2x + 5y = 16$.

¿Dónde está el error?

Ponte a prueba

PROBLEMA **RESUELTO**

Situación del punto limpio

Se ha decidido construir un punto limpio para que los habitantes de las cuatro localidades *A*, *B*, *C* y *D*, puedan llevar sus residuos que, posteriormente, se enviarán a una planta de reciclaje.

El criterio para construir la instalación es que debe ser un lugar situado a igual distancia de las localidades *A*, *B* y *C* ya que son las que, con mucha diferencia, tienen mayor población.

1. Dibuja un sistema de referencia de ejes perpendiculares que sitúe su origen en el punto *A* y de forma que el punto *C* pertenezca a uno de los ejes. Escribe las coordenadas de las cuatro localidades en este sistema de referencia.
2. Encuentra gráficamente el punto elegido para construir el punto limpio según el criterio dado y calcula sus coordenadas en el sistema de referencia anterior.
3. Si finalmente se construye la instalación en este punto, ¿a qué distancia estará la localidad *D*?

   A. 2 km **B.** 3 km **C.** 4 km **D.** 5 km

SOLUCIÓN

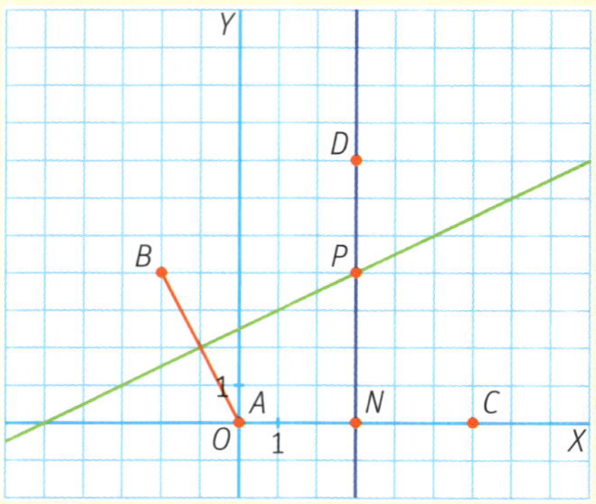

1. Las coordenadas de las localidades son:

   $A(0, 0)$, $B(-2, 4)$, $C(6, 0)$, $D(3, 7)$

2. El punto donde hay que construir el punto limpio es el circuncentro del triángulo de vértices A, B y C, es decir, el punto que equidista de los tres puntos. Para calcular sus coordenadas, se halla la intersección de las mediatrices del triángulo.

   - Se calcula la ecuación de la mediatriz del segmento de extremos *A* y *B*.

     Para ello, se halla el punto medio de los extremos *A* y *B*, $M(-1, 2)$. Todas las rectas perpendiculares al segmento *AB* son de la forma:

     $\overrightarrow{AB} = (-2, 4) \Rightarrow -2x + 4y + k = 0$

     Entre ellas, la que pasa por *M* es:

     $-2(-1) + 4 \cdot 2 + k = 0 \Rightarrow k = -10 \Rightarrow -2x + 4y - 10 = 0 \Rightarrow x - 2y + 5 = 0$

   - La mediatriz del segmento *AC* será la recta vertical que pasa por el punto $N(3, 0)$. Por tanto, su ecuación es $x = 3$.
   - Se resuelve el sistema formado por las mediatrices:

     $\begin{cases} x - 2y + 5 = 0 \\ x = 3 \end{cases} \Rightarrow x = 3,\ y = 4 \Rightarrow$ El punto $P(3, 4)$ equidista de *A*, *B* y *C*.

     En este punto se colocará el punto limpio.

   - Se puede comprobar que *P* equidista de *A*, *B* y *C*.

     $d(P,A) = \sqrt{(3-0)^2 + (4-0)^2} = d(P,B) = \sqrt{(3+2)^2 + (4-4)^2} = d(P,C) = \sqrt{(3-6)^2 + (4-0)^2} = \sqrt{25} = 5$ km

3. $d(P,D) = \sqrt{(3-3)^2 + (4-7)^2} = \sqrt{9} = 3$ km. El punto limpio quedará más cerca de la localidad *D* que de las otras tres *A*, *B* y *C*.

Superficie de un huerto

Un huerto de hortalizas tiene forma de triángulo y quiere conocerse su área. Los vértices están situados en los puntos $O(0, 0)$, $A(5, 0)$ y $B(6, 5)$.

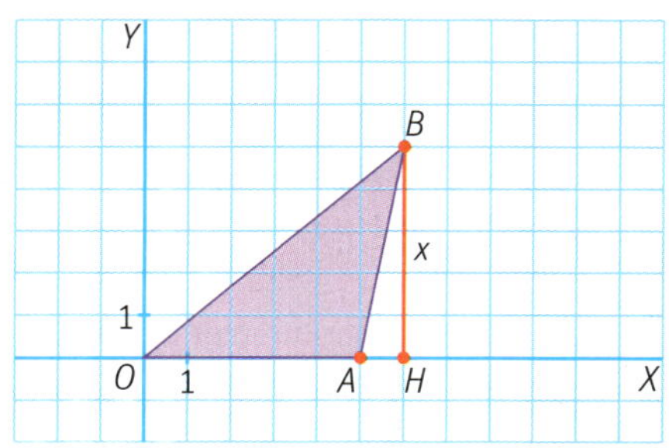

1. La distancia menor entre los vértices es:

   A. $d(O, A)$ **B.** $d(O, B)$ **C.** $d(A, B)$ **D.** Ninguna

2. Halla la ecuación de la perpendicular *r* al eje *X* y que pasa por *B*.
3. ¿Cuáles son las coordenadas del punto *H* donde *r* corta al eje *X*?
4. ¿Cuál es la distancia que separa a *B* de *H*?

   A. 3 u **B.** 4 u **C.** 5 u **D.** 6 u

5. Calcula el área del huerto.

La trayectoria adecuada

Cualquier jugador de billar debe recordar el principio de reflexión: cuando una bola golpea un lado de la mesa, el ángulo que forma su trayectoria con el lado al llegar es igual al ángulo que forma con él al rebotar.

Observa estas dos situaciones:

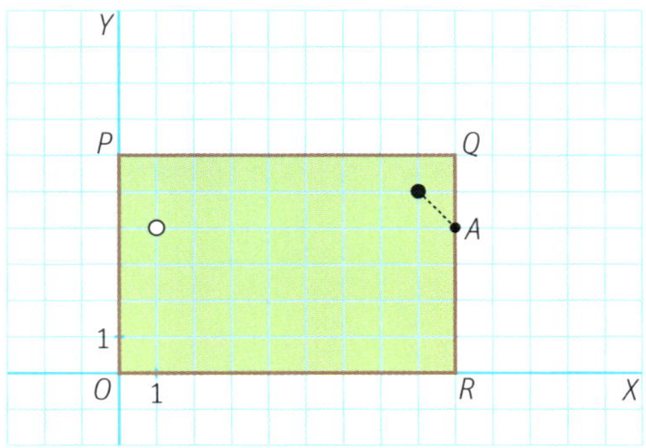

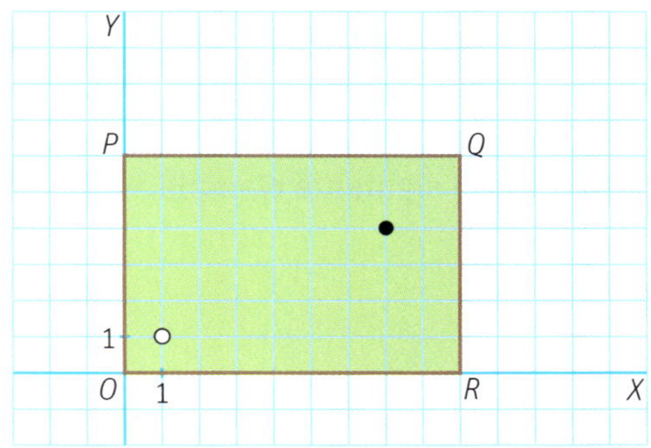

El objetivo es golpear la bola negra y lograr que choque con la bola blanca pero rebotando previamente en los lados *QR* y *RO* de la mesa de billar. Por ejemplo, en el primer caso, se ha marcado el punto *A* que es donde la bola negra debe rebotar en el lado *QR*.

1. Utiliza el sistema de referencia para calcular la trayectoria adecuada en cada situación.
2. Indica las coordenadas de los dos puntos de rebote y los ángulos correspondientes en cada caso.

AUTOEVALUACIÓN

1. Calcula el vector resultante en cada caso.
   a) $3(6, 2) + (5, -4) - 6(2, 1)$
   b) $5[(7, -2) + (-8, 1)]$
   c) $(2, 3) - [(6, 1) - 4(-3, -2)]$

2. Calcula las coordenadas del extremo *Q* en los siguientes casos:
   a) El vector $\overrightarrow{PQ}$ es $(5, 3)$ y $P(-1, 2)$.
   b) El vector $\overrightarrow{PQ}$ es $(-2, 6)$ y $Q(-2, -4)$.

3. Estudia si son perpendiculares los vectores e indica el ángulo que forman.
   a) $\vec{u} = (-2, 8)$ y $\vec{v} = (4, 1)$
   b) $\vec{u} = (-3, 7)$ y $\vec{v} = (2, -1)$
   c) $\vec{u} = (-1, 6)$ y $\vec{v} = (3, 1)$

4. Comprueba si las siguientes rectas pasan por el punto $(3, -3)$.
   a) $6x - 4y = 6$
   b) $\begin{cases} x = 9 + 2t \\ y = -4 - \frac{1}{3}t \end{cases}$

   Escribe un vector de dirección y otro normal de cada una de las dos rectas.

5. Escribe todas las formas posibles de la ecuación de la recta que pasa por los puntos $A(9, 4)$ y $B(8, 1)$.

6. Calcula la ecuación general de la recta que pasa por el origen de coordenadas y:
   a) Es paralela a la recta r: $\begin{cases} x = -1 + t \\ y = 3 + 5t \end{cases}$
   b) Es perpendicular a la recta s: $-2x + 4y - \frac{3}{5} = 0$

7. Estudia la posición relativa de las rectas:
   a) r: $3x - y + 6 = 0$ y s: $3x - 4y + 2 = 0$
   b) r: $4x + 6y + 12 = 0$ y s: $2x + 3y + 9 = 0$

   En el caso de que sean secantes, indica las coordenadas de su punto de intersección.

8. Dado el triángulo de vértices conocidos $A(5, -9)$ $B(-2, -1)$ y $C(7, 2)$:
   a) Calcula las coordenadas de los puntos medios de sus lados.
   b) Halla la medida de sus lados y del ángulo $\hat{A}$.
   c) Calcula la ecuación de la mediana que parte del vértice *A*.

MATES + MAGIA

LA PIRÁMIDE NUMÉRICA

Vamos a hacer un juego de magia utilizando una pirámide numérica. Las pirámides numéricas están formadas por ladrillos, cada uno con un número. El número de cada ladrillo es igual a la suma de los dos ladrillos sobre los que se apoya, con la particularidad de que si la suma da un resultado de dos cifras, has de sumar las cifras entre sí.

Pídele a un espectador que piense 10 números de una cifra y construya una pirámide numérica colocándolos en la base. ¿Serías capaz de calcular el valor del zenit de la pirámide antes que el espectador?

Inténtalo siguiendo el siguiente ejemplo.

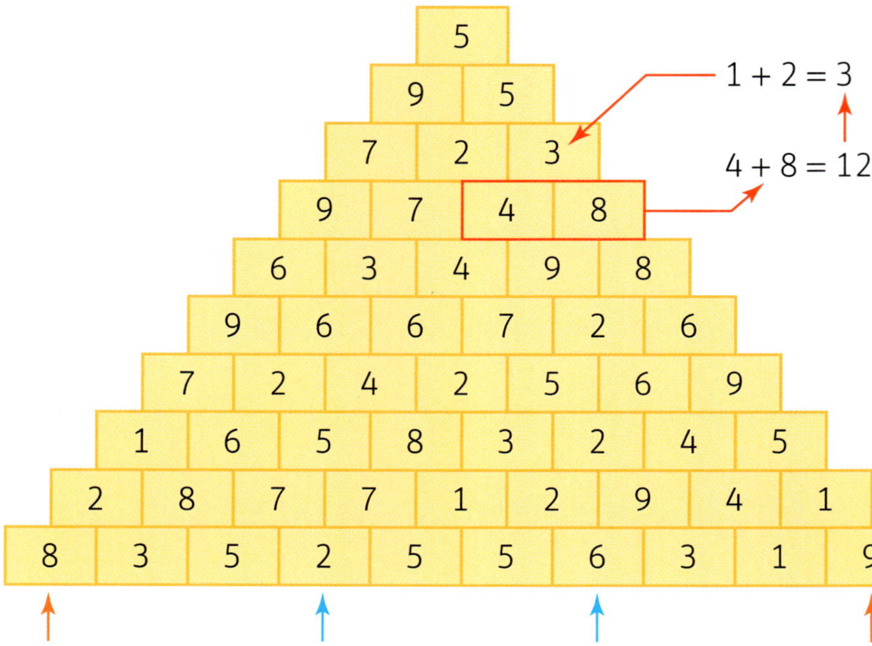

Para calcular el resultado final mucho antes que el espectador debes seguir los siguientes pasos:

- Multiplica por 3 los números señalados con la flecha azul (posiciones 4.ª y 7.ª) y súmalos.
- Suma al resultado los números señalados con la flecha naranja (posiciones 1.ª y 10.ª).
- Por último para obtener el valor del zenit, suma las cifras del total entre sí hasta obtener un número de una sola cifra.

¿Cuál es el secreto?

Cuando sumamos las cifras de un número, el resultado nos da el valor que tendría el resto de dividir ese número entre 9.

Si cambiamos por letras los valores de la base de la pirámide, el resultado final de la cima será:

$$a+9b+36c+84d+126e+126f+84g+36h+9i+j$$

Donde los términos: $9b+36c+126e+126f+36h+9i$ son múltiplos de 9, y por tanto se cancelan. Quedando solo los términos $a+84d+84g+j$, y como $84d=81d+3d$, se puede simplificar obteniendo la expresión:

$$a+3d+3g+j$$

CARA ARRIBA Y CARA ABAJO

Se va realizar un juego de magia con cartas. Para ello, solo necesitas una baraja de cartas y seguir los siguientes pasos:

1 **Cara arriba y cara abajo:** Pide a un espectador que corte las cartas de la baraja formando dos montones de cartas iguales y que coloque uno de los dos cara abajo y otro cara arriba. Es importante que cada montón tenga el mismo número de cartas.

2 **El intercambio:** Debe tomar algunas cartas del montón que está cara abajo y el mismo número de cartas del montón cara arriba e intercambiarlas de forma que finalmente tenga dos montones de cartas mezcladas.

El espectador debe repetir el intercambio dos o tres veces más hasta tener una situación totalmente caótica.

Como hemos intercambiado el mismo número de cartas de un montón a otro, los dos mazos seguirán siendo iguales aunque no tendrán el mismo número de cartas cara arriba y cara abajo, después de tantos intercambios al azar.

3 **La elección:** En este momento, el espectador debe elegir uno de los dos montones y tú te quedarás con el otro.

4 **Magia:** Por último llévate tu montón a la espalda y cuando vuelvas a depositar el paquete en la mesa colócalo dado la vuelta, de esta forma habrá la misma cantidad de cartas boca arriba y boca abajo en los dos paquetes.

¿Cuál es el secreto?

Después de todo el proceso, la cantidad de cartas cara arriba en uno de los montones es la misma que la de cartas cara abajo en el otro, y viceversa.

Si lo piensas es totalmente lógico: supón que cada montón tiene 10 cartas en él inicialmente. Después del primer intercambio, si el montón *A* tiene x cartas cara arriba, en el *B* quedan $10 - x$ cara arriba. Si en el montón *B* hay $10 - x$ cartas cara arriba, quedaran x cartas cara abajo. Por tanto hay tantas cartas cara arriba en *A* como cartas cara abajo en *B* y viceversa. Por eso el mago debe dar la vuelta al montón para que coincidan.

8 Funciones

- ¿Sabes distinguir una correspondencia de una función?
- ¿Qué operaciones puedes hacer con funciones?
- ¿Qué características de una función conoces?
- ¿Qué estudias para representar una función?

Analiza y contesta

¿Qué magnitudes relaciona la función representada en un cardiograma?

¿Cuál es la variable independiente? ¿Y la dependiente?

¿Qué es la bradicardia fisiológica? ¿Y la taquicardia?

Observa y saca conclusiones

Observa la gráfica de un electrocardiograma y señala dos características matemáticas de la gráfica que dan información al cardiólogo del estado del corazón.

Lee y comprende

El mundo de las gráficas

Unidad de cardiología de un hospital. Un enfermo acaba de ingresar con todos los síntomas de haber sufrido un infarto. Para realizar un diagnóstico preciso del estado del corazón de este paciente se le realiza inmediatamente un electrocardiograma.

El resultado es una tira de papel o una imagen en la pantalla de un monitor en la que aparece dibujada una compleja gráfica. Cualquier especialista, aunque no haya visto al enfermo, es capaz, solo leyendo la gráfica del electrocardiograma, de detectar los problemas que tiene el corazón del enfermo. La cantidad de información contenida en ella es realmente increíble. De hecho permite salvar un buen número de vidas. Solo hace falta alguien capaz de traducir la información de una simple gráfica cartesiana a términos médicos. Para ello es preciso conocer y dominar el lenguaje de las gráficas.

Efectivamente, un electrocardiograma es una gráfica de ejes cartesianos. En el eje vertical se representa la diferencia de potencial de los impulsos eléctricos del corazón, medidos en milivoltios, y en el eje horizontal el tiempo medido en segundos.

Mirando uno solo de los múltiples aspectos de estas gráficas, la periodicidad, podemos determinar si una persona tiene una frecuencia cardíaca normal, si tiene bradicardia fisiológica, como muchos atletas debido al entrenamiento, es decir, un número bajo de pulsaciones por minuto (menos de 50 sístoles por minuto), o si tiene taquicardia, un número elevado de pulsaciones (por encima de 100 sístoles por minuto).

La ruptura de la periodicidad en los electrocardiogramas puede ser el indicador de problemas serios como las arritmias.

La forma de la gráfica nos informa del origen, de la localización del problema y de su gravedad y permiten al cardiólogo realizar diagnósticos precisos. Estudiando la amplitud de las ondas, los máximos y los mínimos, la concavidad y la convexidad un especialista puede diagnosticar patologías cardíacas como hipertrofias ventriculares, situaciones de isquemia o bloqueos de la conducción del impulso cardíaco.

Las gráficas, aliadas con la medicina en este caso, contribuyen a salvar muchas vidas.

ANTONIO PÉREZ SANZ
Más por menos. Entiende las matemáticas
Ed. Espasa 2011

Y tú, ¿qué opinas?

El electrocardiograma permite conocer el estado del corazón y realizar diagnósticos sobre nuestra salud. Pero es nuestra responsabilidad llevar unos hábitos de vida saludables.

¿Crees que eres responsable con tu salud? ¿Qué comportamientos favorecen una vida saludable?

1 Correspondencias y funciones

Una **correspondencia** entre dos conjuntos *A* y *B* es cualquier relación que se establece entre los elementos del conjunto *A* y los del conjunto *B*.

Ejemplo ▸ La correspondencia que asocia los elementos del conjunto inicial $A = \{6, 10, 27\}$ con sus divisores del conjunto final $B = \{2, 6, 5, 9\}$ podemos representarla de estas formas:

A	*B*
6	2
6	6
10	2
10	5
27	9

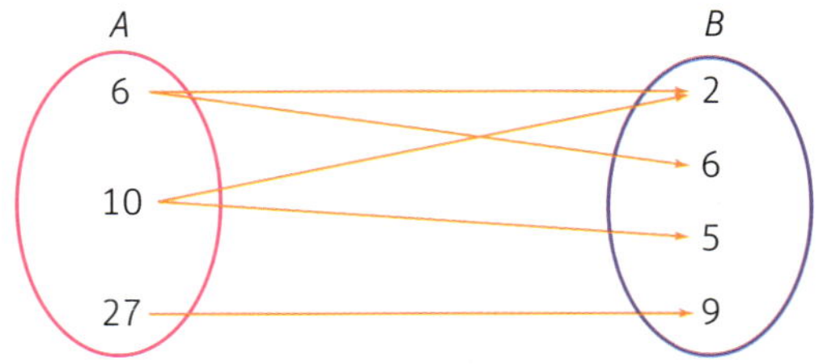

Ten en cuenta

Cualquier recta paralela al eje *Y* solo puede cortar una vez la gráfica de una función.

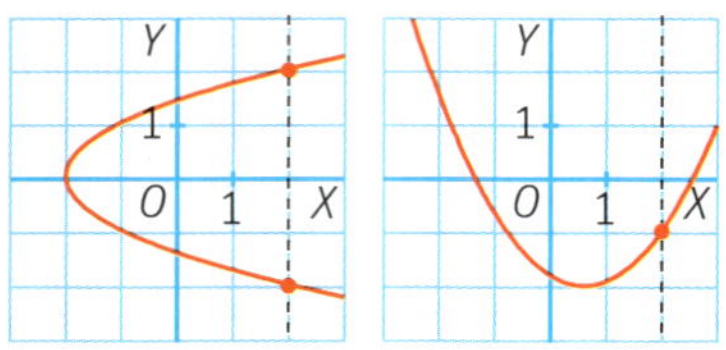

Una **función** es una correspondencia entre dos conjuntos tal que a cada elemento del conjunto inicial le corresponde como máximo **un único valor** del conjunto final.

- La **variable independiente**, ***x***, la forman los valores del conjunto inicial que se fijan previamente.
- La **variable dependiente**, ***y***, la forman los valores del conjunto final que se obtienen al aplicar la función a la variable independiente.

Las funciones se expresan como $\boldsymbol{y = f(x)}$.

Cuando los conjuntos inicial y final son números reales, se dice que es **una función real de variable real**.

Ejemplo ▸ La función que expresa la longitud del lado de un cuadrado en función de su área, $l = f(A) = \sqrt{A}$ es una función de variable real.

- El área del cuadrado, *A*, es la variable independiente.
- La longitud del lado, *l*, es la variable dependiente.

Ten en cuenta

Una función es inyectiva si cualquier recta paralela al eje *X* corta una sola vez su gráfica.

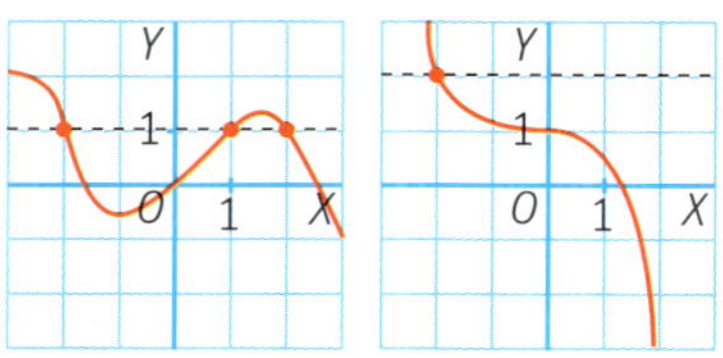

Una **función** es **inyectiva** cuando a elementos distintos del conjunto inicial les corresponden elementos diferentes en el conjunto final.

Ejemplo ▸ La función que asocia a cada número real su cuadrado, $f(x) = x^2$, no es inyectiva, ya que hay distintos valores de *x* que tienen la misma imagen.

- $f(2) = 4$ y $f(-2) = 4$
- $f(3) = 9$ y $f(-3) = 9$

Formas de expresar una función

Una función se puede describir mediante una **tabla de valores**, con un **enunciado**, con una **fórmula**, con una **gráfica** o con un **diagrama de Venn**.

Ejemplo ▸ El capital final que se obtienen al colocar 500 € a un interés compuesto del 5 % anual vienen dados por la fórmula: $C = 500 \cdot 1{,}05^t$.

- El tiempo en años, *t*, es la variable independiente.
- El capital final, *C*, es la variable dependiente.

t (años)	*C* (€)
0	0
1	525
2	551,25
3	578,81
...	...

MAT-TIC GeoGebra

Entra en **smSavia**digital.com y representa gráficamente un enunciado y construye una tabla a partir de una gráfica.

Funciones definidas a trozos

Existen funciones en las que su expresión varía según los intervalos que se consideren. A estas funciones se las conoce con el nombre de **funciones definidas a trozos**.

Ejemplo ▶ La velocidad que adquiere, en metros por segundo, un coche al iniciar la marcha viene dada por la siguiente función:

$$v(t)=\begin{cases}1{,}5t & \text{si } 0\le t<12\\ t+6 & \text{si } 12\le t<20\\ 26 & \text{si } t\ge 20\end{cases}$$

Para representar la función, se toman valores dentro de cada intervalo y en los extremos.

$v(0) = 1{,}5 \cdot 0 = 0$ m/s

$v(4) = 1{,}5 \cdot 4 = 6$ m/s

$v(12) = 12 + 6 = 18$ m/s

$v(20) = 26$ m/s

Ten en cuenta

La función valor absoluto de un número real se define a trozos como:

$$|x|=\begin{cases}-x & \text{si } x<0\\ x & \text{si } x\ge 0\end{cases}$$

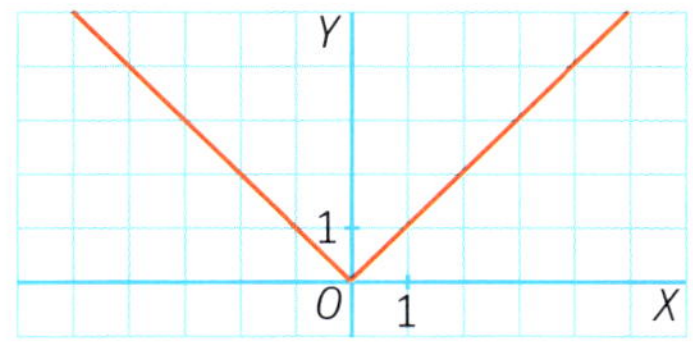

MAT-TIC GeoGebra

Entra en smSaviadigital.com y dibuja funciones a trozos.

ACTIVIDADES

1. Observa las gráficas de las siguientes correspondencias entre dos conjuntos.

I)

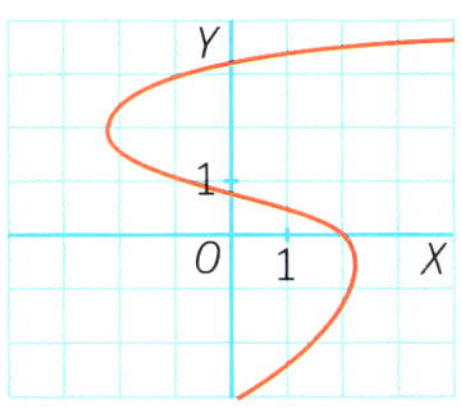

II)

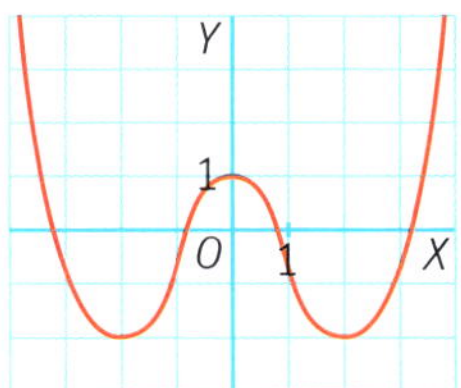

a) ¿Las correspondencias son funciones?

b) ¿Las correspondencias son inyectivas?

ACTIVIDAD **RESUELTA**

2. Indica si las siguientes correspondencias son funciones y si son inyectivas.

a) A cada estudiante de mi clase se le asigna la inicial de su apellido.

b) $f(x) = x^2 + 3$

a) Es una función, ya que a cada alumno le corresponde una única inicial.
No es inyectiva, ya que varios alumnos pueden tener la misma inicial.

b) Es una función, ya que para cada valor de x hay un único valor de y.
No es inyectiva, ya que si sustituimos el valor de x por 2 y por −2, se obtiene el mismo valor de y.

$$\begin{cases}f(2)=2^2+3=7\\ f(-2)=(-2)^2+3=7\end{cases}\Rightarrow f(2)=f(-2)$$

Sucede lo mismo con cualquier número entero y su opuesto.

3. De las siguientes correspondencias, indica cuáles son funciones. En caso afirmativo, indica la variable dependiente e independiente.

a) Cada estudiante de una clase anota el deporte que practica.

b) A cada número natural le corresponde su cubo.

c) $y = x^2 - 2x$

4. De las correspondencias del ejercicio anterior, señala las que son inyectivas. Justifica tu respuesta.

5. Representa gráficamente la función a trozos:

$$f(x)=\begin{cases}x+1 & \text{si } -5\le x\le -1\\ -x+2 & \text{si } -1<x<3\\ 2 & \text{si } 4<x\le 6\end{cases}$$

ACTIVIDAD **RESUELTA**

6. Expresa la función $f(x)=|x+1|+1$ como una función definida a trozos y represéntala gráficamente.

Se expresa el valor absoluto como:

$$|x+1|=\begin{cases}-(x+1) & \text{si } x<-1\\ x+1 & \text{si } x\ge -1\end{cases}$$

Por lo tanto, la función definida a trozos es:

$$f(x)=\begin{cases}-(x+1)+1 & \text{si } x<-1\\ x+1+1 & \text{si } x\ge -1\end{cases}\Rightarrow f(x)=\begin{cases}-x & \text{si } x<-1\\ x+2 & \text{si } x\ge -1\end{cases}$$

7. Se considera la función $f(x)=|4-2x|$ definida en el intervalo [−3, 3]. Exprésala como una función a trozos.

2 Dominio y recorrido

- El **dominio** de una función es el conjunto de todos los valores que puede tomar la variable independiente. Se representa por ***D(f)***.
- El **recorrido** o **imagen** de una función es el conjunto de todos los valores que toma la variable dependiente. Se representa por ***R(f)*** o ***Im(f)***.

En la representación gráfica de la función, el dominio se observa sobre el eje *X* mientras que el recorrido se observa sobre el eje *Y*.

Ejemplo ▸ La gráfica de la función $f(x)=\dfrac{2x+1}{x-3}$ es:

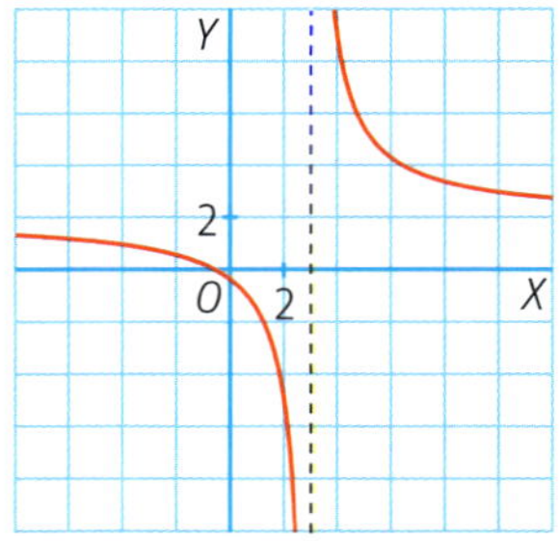

- El dominio lo constituyen todos los números reales excepto el 3, ya que para $x = 3$ el denominador se anula.

$$D(f) = \mathbb{R} - \{3\} = (-\infty, 3) \cup (3, +\infty)$$

- El recorrido lo constituyen todos los números reales excepto el 2.

$$R(f) = \mathbb{R} - \{2\} = (-\infty, 2) \cup (2, +\infty)$$

Se puede comprobar que $f(x) = 2$ no puede formar parte del recorrido sustituyendo este valor en la fórmula de la función:

$$2=\frac{2x+1}{x-3} \Rightarrow 2x-6=2x+1 \Rightarrow 0x=7$$

Se obtiene una ecuación sin solución, no existe ningún valor de *x* que la verifique.

Ten en cuenta

Para calcular el dominio de algunas funciones:

- El denominador de una función no puede ser cero.
- El radicando de una raíz de índice par no puede ser negativo.

smSaviadigital.com

PRACTICA ¿Son funciones?

MAT-TIC GeoGebra

Entra en smSaviadigital.com y averigua cuál es el dominio y el recorrido de diversas funciones.

ACTIVIDADES

ACTIVIDAD **RESUELTA**

8. **Indica el dominio y el recorrido de las funciones correspondientes a las siguientes gráficas.**

a)

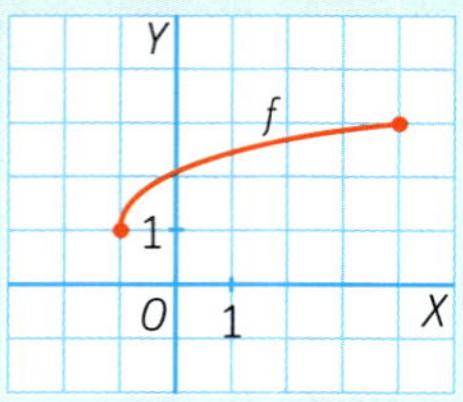

b)

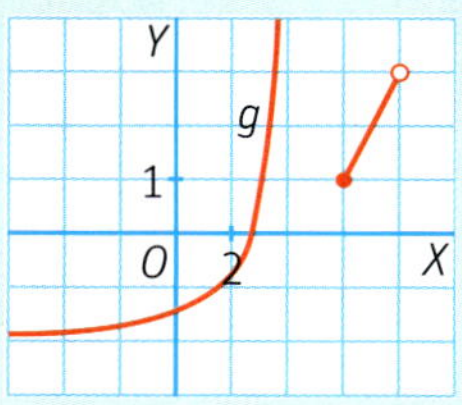

a) $D(f) = [-1, 4]$
$R(f) = [1, 3]$

b) $D(g) = (-\infty, 4) \cup [6, 8)$
$R(g) = (-2, +\infty)$

9. **Indica el dominio y el recorrido de las funciones correspondientes a las siguientes gráficas.**

a)

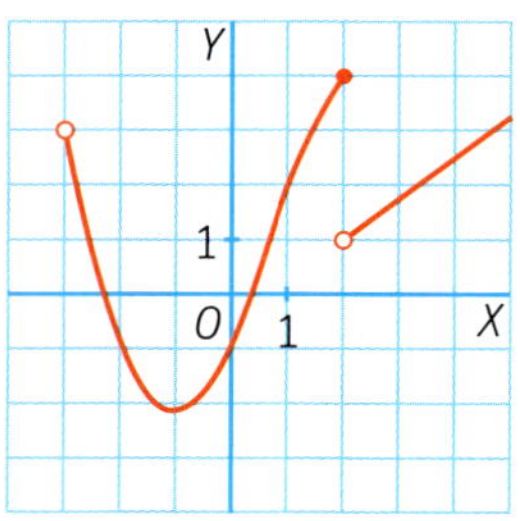

b)

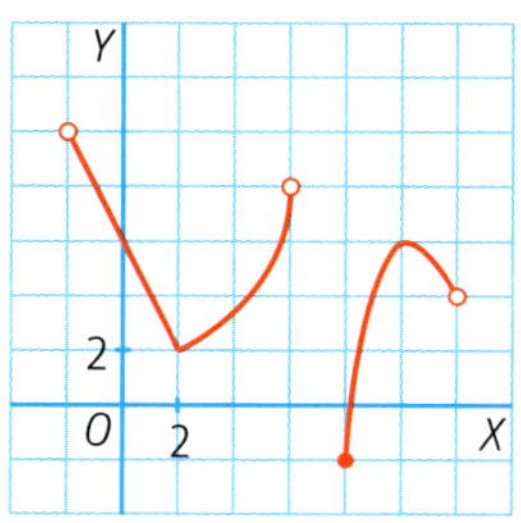

10. **Representa la función $f(x) = 3x - 5$ en el intervalo $[-5, 8]$. ¿Cuál es su recorrido? ¿Es inyectiva?**

ACTIVIDAD **RESUELTA**

11. **Halla el dominio de la función $f(x)=\dfrac{1}{x^2-1}$.**

Esta función está definida para todos los valores de *x* que no anulen el denominador.

$$x^2-1=0 \Rightarrow x=\pm1$$

$$D(f) = \mathbb{R} - \{-1, 1\} = (-\infty, -1) \cup (-1, 1) \cup (1, +\infty)$$

12. **Halla el dominio de estas funciones.**

a) $f(x)=\dfrac{3}{2x-6}$

b) $h(x)=\dfrac{3}{x^2-9}$

c) $g(x)=\dfrac{1}{x^2+1}$

d) $i(x)=\dfrac{-2}{|x-4|}$

ACTIVIDAD **RESUELTA**

13. **Halla el dominio de la función $g(x)=\sqrt{x+1}$.**

La raíz cuadrada existe si el radicando es 0 o positivo.

$$x+1 \geq 0 \Rightarrow x \geq -1$$

$$D(g) = [-1, +\infty)$$

14. **Halla el dominio y el recorrido de estas funciones.**

a) $f(x)=\sqrt{2x-6}$

b) $h(x)=\sqrt{3-x}$

c) $g(x)=\sqrt{x^2+1}$

d) $i(x)=\sqrt{x}+2$

3 Operaciones con funciones

Suma y diferencia de funciones

- **La suma o diferencia de dos funciones *f* y *g*** es otra función que a cada elemento x del dominio común a ambas funciones le hace corresponder la suma o diferencia de $f(x)$ y $g(x)$.

$$(f \pm g)(x) = f(x) \pm g(x) \text{ con } x \in D(f) \cap D(g)$$

Ejemplo ▸ Dadas las funciones $f(x)=\frac{1}{x}$ y $g(x)=x-1$, calcula la función suma y la función resta.

$(f+g)(x)=\frac{1}{x}+x-1=\frac{1+x^2-x}{x}$, con $x \in D(f) \cap D(g) = \mathbb{R}-\{0\}$

$(f-g)(x)=\frac{1}{x}-(x-1)=\frac{1-x^2+x}{x}$, con $x \in D(f) \cap D(g) = \mathbb{R}-\{0\}$

Ten en cuenta

$\cap$: La **intersección** de dos conjuntos, está formada por los elementos comunes de los conjuntos.

$\cup$: La **unión** de dos conjuntos, está formada por todos los elementos de los dos conjuntos.

Producto y cociente de funciones

- **El producto de dos funciones *f* y *g*** es otra función que a cada elemento x del dominio común a ambas funciones le hace corresponder el producto de $f(x)$ y $g(x)$.

$$(f \cdot g)(x) = f(x) \cdot g(x) \text{ con } x \in D(f) \cap D(g)$$

- **El cociente de dos funciones *f* y *g*** es otra función que a cada elemento x del dominio común a ambas funciones le hace corresponder el cociente de $f(x)$ y $g(x)$ siempre que $g(x) \neq 0$.

$$(f : g)(x) = f(x) : g(x) = \frac{f(x)}{g(x)} \text{ con } x \in D(f) \cap D(g) \text{ y } g(x) \neq 0$$

Ten en cuenta

Un caso particular del producto de dos funciones se da cuando una de las dos funciones es constante.

$(k \cdot f)(x) = k \cdot f(x)$ con $x \in D(f)$

Ejemplo ▸ Halla $(f \cdot g)(x)$ y $(f : g)(x)$ si $f(x)=\frac{1}{x}$ y $g(x)=x-1$ e indica sus dominios.

$(f \cdot g)(x)=\frac{1}{x}\cdot(x-1)=\frac{x-1}{x}$, con $x \in D(f) \cap D(g) \Rightarrow D(f \cdot g) = \mathbb{R}-\{0\}$

$(f : g)(x)=\frac{1}{x}:(x-1)=\frac{1}{x(x-1)}$, con $x \in D(f) \cap D(g)$ y $g(x) \neq 0 \Rightarrow D(f : g) = \mathbb{R}-\{0, 1\}$

Se pueden comprobar los resultados obtenidos construyendo una tabla de valores.

x	f(x)	g(x)	(f · g)(x)	(f : g)(x)
−1	−1	−2	2	$\frac{1}{2}$
0	No existe	−1	No existe	No existe
1	1	0	0	No existe

MAT-TIC GeoGebra

Entra en smSaviadigital.com e interpreta las operaciones con funciones.

ACTIVIDADES

15. Dadas las funciones $f(x)=x^2+3$, $g(x)=2x-5$ y $h(x)=\frac{3}{x+4}$, calcula:

a) $(f+g)(5)$

b) $(g-h)(7)$

c) $(f \cdot h)(1)$

d) $(-g)(11)$

e) $\left(\frac{1}{f}\right)(-3)$

f) $[(f+g)\cdot h](2)$

16. Si $f(x)=\frac{5}{x-1}$ y $g(x)=x^2-1$, calcula la expresión algebraica y el dominio de las funciones:

a) $(f+g)$ b) $(f \cdot g)$ c) $\frac{f}{g}$ d) $\frac{g}{f}$

17. Encuentra dos funciones f y g, ninguna de ellas constante, de manera que la función $h = f \cdot g$ sea $h(x) = x^2 - 8x + 12$.

4 Composición de funciones

A partir de dos funciones y las operaciones de suma, resta, producto y cociente se pueden obtener nuevas funciones. También al aplicar de manera sucesiva las funciones f y g sobre un elemento x del dominio de f. Esta nueva función se llama **f compuesta con g** y se representa como **$g \circ f$**.

$$x \xrightarrow{f} f(x) \xrightarrow{g} g[f(x)] \qquad (x \xrightarrow{g \circ f} g[f(x)])$$

Dadas dos funciones f y g, se define la función **f compuesta con g** como:

$$(g \circ f)(x) = g[f(x)]$$

Ejemplo ▸ Si $f(x) = 2x - 1$ y $g(x) = x^2$:

- La función f compuesta con g será:
  $(g \circ f)(x) = g[f(x)] = g(2x - 1) = (2x - 1)^2 = 4x^2 - 4x + 1$
- De igual manera, la función g compuesta con f será:
  $(f \circ g)(x) = f[g(x)] = f(x^2) = 2x^2 - 1$

Al escribir $g \circ f$ se lee f compuesta con g, y al escribir $f \circ g$ se lee g compuesta con f.

Como $(g \circ f)(x) \neq (f \circ g)(x)$, **la composición de funciones no es conmutativa**.

Ten en cuenta

La lectura de la expresión $g \cdot f$ se hace de derecha a izquierda porque la primera función que transforma al número x es la que está a la derecha.

El **dominio de $g \circ f$** está formado por todos los valores x que pertenecen al dominio de f, tales que $f(x)$ pertenece al dominio de g.

MAT-TIC GeoGebra

Entra en smSaviadigital.com y trabaja composición de funciones y el cálculo de la inversa.

Ejemplo ▸ Si $f(x) = 2x - 1$ y $g(x) = \dfrac{2}{x-3}$, calcula el dominio de $g \circ f$.

$D(f) = \mathbb{R}$ y $D(g) = \mathbb{R} - \{3\}$. Se buscan valores x del dominio de f tales que $f(x) = 3$.

En este caso, $f(x) = 2x - 1 = 3 \Rightarrow x = 2$, por lo que: $D(g \circ f) = \mathbb{R} - \{2\}$

ACTIVIDADES

ACTIVIDAD **RESUELTA**

18. **Si $f(x) = \sqrt{x-1}$ y $g(x) = \dfrac{x^2+2}{x^2-3}$, calcula la función $h(x) = (g \circ f)(x)$ y su dominio.**

$$h(x) = (g \circ f)(x) = g[f(x)] = \frac{\left(\sqrt{x-1}\right)^2 + 2}{\left(\sqrt{x-1}\right)^2 - 3} = \frac{x-1+2}{x-1-3} = \frac{x+1}{x-4}$$

Para calcular el dominio de $h(x)$ hay que tener en cuenta el dominio de $f(x)$ y los valores de $f(x)$ que anulan el denominador de $g(x)$.

- $D(f) = [1, +\infty)$
- El denominador de $g(x)$ se anula para $x = \pm\sqrt{3}$. Solo está definida $f(x) = \sqrt{3}$, para $x = 4$.

Por tanto, $D(h) = [1, 4) \cup (4, +\infty)$.

19. Dadas las funciones $f(x) = \dfrac{x+2}{x-1}$, $g(x) = 3x + 1$ y $h(x) = \sqrt{x}$, calcula:

a) $(f \circ g)(x)$ b) $(f \circ h)(x)$ c) $(h \circ g)(x)$ d) $(g \circ f)(x)$

20. Calcula, aplicando la definición, los valores de $(g \circ f)(-2)$, $(g \circ f)(3)$, $(f \circ g)(0)$, si $f(x) = x^2 - 3x + 5$ y $g(x) = \dfrac{10}{x-5}$.

21. ¿Cuál es el dominio de las funciones $g \circ f$, $f \circ g$, $f \circ f$ y $g \circ g$ si $f(x) = \dfrac{2x+1}{x+2}$ y $g(x) = \dfrac{3x-1}{x-4}$?

ACTIVIDAD **RESUELTA**

22. **Si $f(x) = \dfrac{x+2}{x-1}$, $g(x) = 3x + 1$ y $h(x) = \sqrt[3]{x}$ halla la expresión de $(h \circ g \circ f)(x)$.**

$$(h \circ g \circ f)(x) = h[g[f(x)]] = h\left[3\left(\frac{x+2}{x-1}\right) + 1\right] = \sqrt[3]{\frac{4x+5}{x-1}}$$

$D(h \circ g \circ f) = \mathbb{R} - \{1\}$

23. Dadas las funciones $f(x) = x + 3$, $g(x) = \dfrac{2}{x}$ y $h(x) = x^2 - 1$. Calcula $(h \circ g) \circ f$ y $h \circ (g \circ f)$. ¿Qué observas?

5 Función inversa

Si A es el conjunto formado por unos jugadores de fútbol y B es el conjunto de los números de las camisetas, se puede establecer entre A y B una correspondencia entre cada jugador y su dorsal.

La correspondencia inversa será la que relaciona cada dorsal del conjunto B con el jugador que lo lleva habitualmente del conjunto A.

Análogamente, se puede definir el concepto de función inversa de una función.

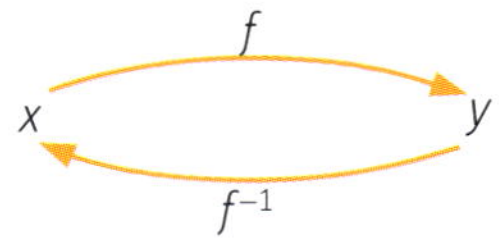

Si f es una función inyectiva definida en $\mathbb{R}$, tal que a cada valor de x le hace corresponder un valor único de y, la **función inversa f^{-1}** transforma cada valor de y en x, para todo $y \in R(f)$.

La composición de una función con su inversa es igual a la función identidad:

$$(f^{-1} \circ f)(x) = (f \circ f^{-1})(x) = x$$

Ten en cuenta

Para que una función tenga función inversa es necesario que sea inyectiva, es decir, que a cada valor de x le corresponda un único valor de y.

Si la función no es inyectiva se puede calcular la **correspondencia inversa**.

De la definición se deducen inmediatamente las siguientes consecuencias:

- $D(f) = R(f^{-1})$ y $D(f^{-1}) = R(f)$
- Si f^{-1} es la inversa de f entonces también se cumple que f es la inversa de f^{-1}.
- Las gráficas de las funciones f y f^{-1} son simétricas respecto de la bisectriz del primer cuadrante.
- Si $A(x, y)$ es un punto de la gráfica de f, el punto $A'(y, x)$ lo es de la de f^{-1}.

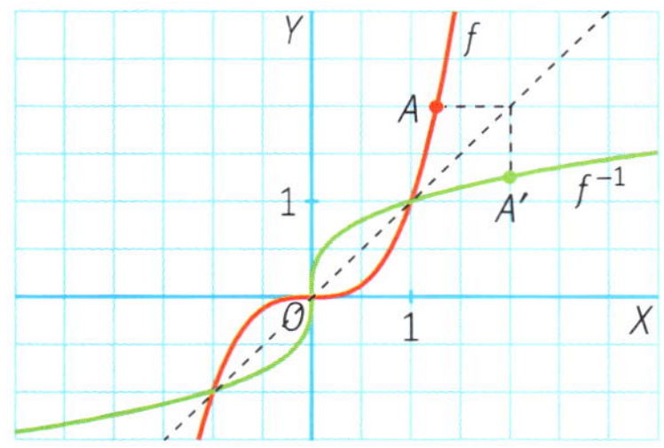

Para **hallar** la **función inversa** de $f(x)$:

1.º Se despeja x en la igualdad $y = f(x)$.

2.º Para expresarla de la forma habitual, se intercambian los nombres de las variables.

Ejemplo ▸ Si $f(x) = x^3 + 3$, hallar su inversa:

1.º Se comprueba que $f(x)$ es inyectiva, ya que no se puede obtener el mismo valor de $f(x)$ para dos valores distintos x_1 y x_2:

$$f(x_1) = f(x_2) \Rightarrow x_1^3 + \cancel{3} = x_2^3 + \cancel{3} \Rightarrow x_1^3 = x_2^3 \Rightarrow x_1 = x_2$$

2.º Se despeja x de la función: $y = x^3 + 3 \Rightarrow x = \sqrt[3]{y-3}$

3.º Se cambia el nombre a las variables: $y = f^{-1}(x) = \sqrt[3]{x-3}$

En la gráfica se observa como las dos funciones son simétricas respecto a la recta $y = x$.

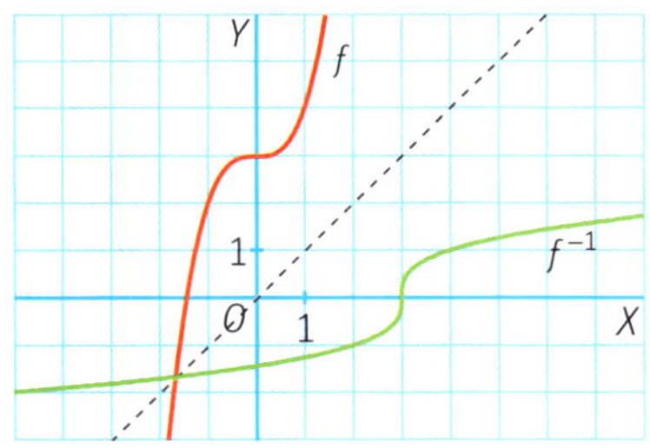

ACTIVIDADES

ACTIVIDAD **RESUELTA**

24. Comprueba que $f(x) = 3x - 5$ y $g(x) = \dfrac{x+5}{3}$ son inversas.

Se comprueba que $(g \circ f)(x) = x$.

$$(g \circ f)(x) = g[f(x)] = \frac{3x - 5 + 5}{3} = \frac{3x}{3} = x$$

Por tanto, $f(x)$ y $g(x)$ son una la inversa de la otra.

25. Verifica que $f(x) = 4x + 8$ y $g(x) = \dfrac{x}{4} - 2$ son inversas.

26. Calcula la función inversa de $f(x) = 2x + 3$ y confirma gráficamente que las dos funciones son simétricas respecto de la bisectriz del primer cuadrante.

27. Halla la función inversa de cada una de las funciones inyectivas siguientes.

a) $f(x) = 5x - 2$

b) $g(x) = \dfrac{4+x}{3}$

c) $h(x) = \sqrt[3]{2x+1}$

d) $i(x) = \dfrac{2x+3}{4-3x}$

28. Comprueba que la inversa de la función $f(x) = \dfrac{2x+1}{x-2}$ es ella misma. ¿Cuál será el recorrido de $f(x)$?

6 Puntos de corte con los ejes. Signo de la función

Para poder esbozar la gráfica de una función a partir de su fórmula, resulta útil estudiar algunas características de la función como los puntos de corte, el signo, la simetría, la continuidad o el crecimiento.

Ten en cuenta

Si $x = 0$ pertenece al dominio de la función, hay un único punto de corte con el eje Y. En caso contrario la función no corta al eje de ordenadas.

- Los **puntos de corte con el eje *Y*** son de la forma $(x = 0, y = f(0))$.
- Los **puntos de corte con el eje *X*** son de la forma $(x, y = 0)$.

Ejemplo ▸ Halla los puntos de corte con los ejes de la función $f(x) = x^2 + 2x - 3$.

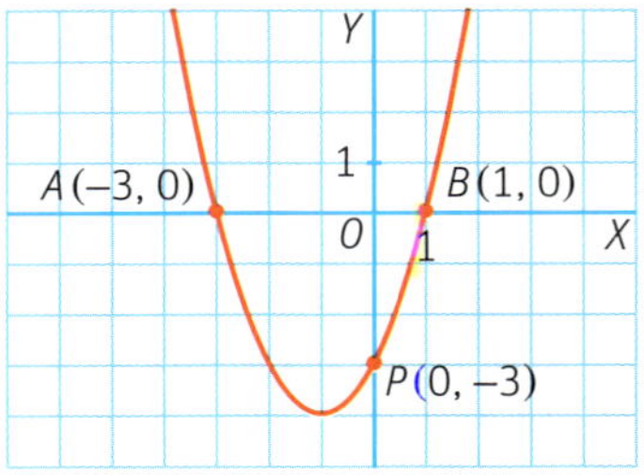

- Con el eje Y: Como $x = 0$, se sustituye en la función:

$$f(0) = 0 + 2 \cdot 0 - 3 = -3$$

El punto de corte es $P(0, -3)$.

- Con el eje X: Como $y = 0$, se resuelve la ecuación $y = f(x) = 0$:

$$x^2 + 2x - 3 = 0 \Rightarrow x = \frac{-2 \pm \sqrt{2^2 - 4 \cdot (-3)}}{2} = \frac{-2 \pm \sqrt{16}}{2} \Rightarrow \begin{cases} x_1 = -3 \\ x_2 = 1 \end{cases}$$

Los puntos de corte son $A(-3, 0)$ y $B(1, 0)$.

Ten en cuenta

Al calcular los puntos de corte de una función con los ejes, se están buscando las soluciones de los sistemas:

$$\begin{cases} y = f(x) \\ y = 0 \end{cases} \text{ y } \begin{cases} y = f(x) \\ x = 0 \end{cases}$$

Signo de la función

La gráfica de una función **positiva** está por encima del eje X, y por debajo, si la función es **negativa**.

En los puntos de corte con el eje X la función puede pasar de ser positiva a negativa, o viceversa.

Ejemplo ▸ La función $f(x) = x^2 + 2x - 3$ es positiva en $(-\infty, -3) \cup (1, +\infty)$ y negativa en el intervalo $(-3, 1)$.

- Una **función *f*** es **positiva** en un intervalo (a, b) si $\mathbf{f(x) > 0}$ para todos los valores de $x \in (a, b)$.
- Una **función *f*** es **negativa** en un intervalo (a, b) si $\mathbf{f(x) < 0}$ para todos los valores de $x \in (a, b)$.

Para estudiar el signo de una función hay que resolver las inecuaciones $f(x) < 0$ y $f(x) > 0$, teniendo en cuenta los puntos que no están definidos en el dominio.

Ejemplo ▸ La función $f(x) = \frac{x - 4}{x}$ con dominio $D(f) = (-\infty, 0) \cup (0, +\infty)$ corta al eje X en el punto $(4, 0)$.

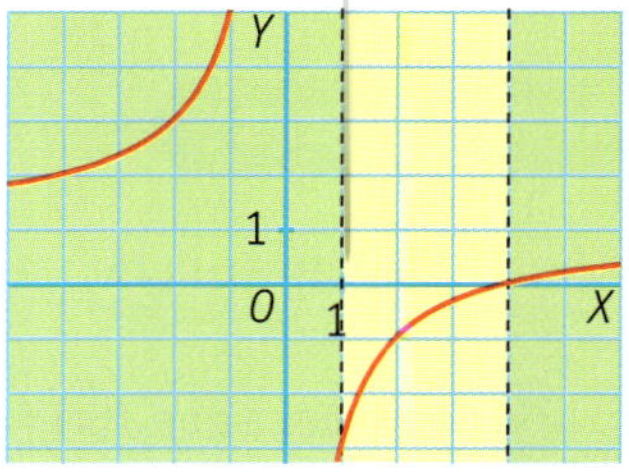

Los intervalos a estudiar son:

- En $(-\infty, 0)$: $f(-1) = 5 > 0 \Rightarrow$ Positiva
- En $(0, 4)$: $f(1) = -3 < 0 \Rightarrow$ Negativa
- En $(4, +\infty)$: $f(5) = \frac{1}{5} > 0 \Rightarrow$ Positiva

ACTIVIDADES

29. Calcula los puntos de corte con los ejes de las siguientes funciones.

a) $f(x) = 3 - 2x$ b) $g(x) = 3x - x^2$ c) $h(x) = \frac{x^2 - 4}{x}$

30. Estudia el signo de las siguientes funciones.

a) $f(x) = x^4 - 1$ b) $h(x) = \frac{1}{x - 2}$ c) $i(x) = \frac{x}{x^2 - 4}$

7 Simetría de una función

Las gráficas de las funciones siguientes presentan algún tipo de simetría.

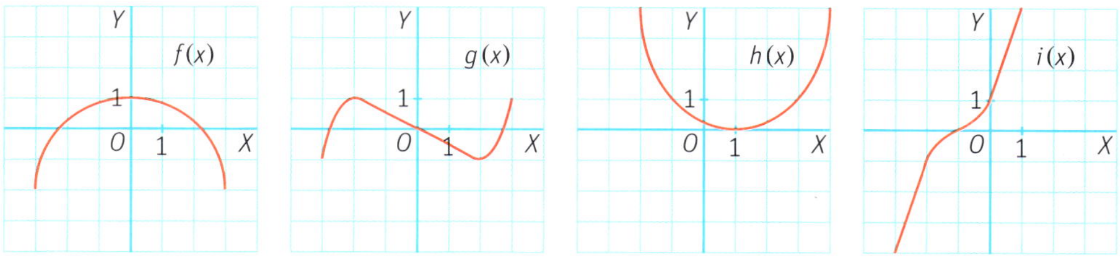

- Las funciones $f(x)$ y $h(x)$ presentan simetría respecto de una recta o eje de simetría.
- Las gráficas $g(x)$ e $i(x)$ presentan simetría respecto de un punto que es el centro de simetría.

Las simetrías que tienen más interés y son más útiles para la representación gráfica de una función son: la simetría axial respecto del eje Y y la simetría central respecto del origen de coordenadas O.

- Una **función f** es **simétrica respecto del eje de ordenadas, Y,** cuando **$f(-x) = f(x)$** para todo x del dominio.
- A estas funciones se las llama **funciones pares**.
- Una **función f** es **simétrica respecto del origen de coordenadas, O,** cuando **$f(-x) = -f(x)$** para todo x del dominio.
- A estas funciones se las llama **funciones impares**.

Ten en cuenta

En las funciones que presentan estas simetrías basta conocer cómo son en el intervalo $(0, +\infty)$ para deducir cómo son en el $(-\infty, 0)$.

Ejemplo ▸ Observa las gráficas de las siguientes funciones:

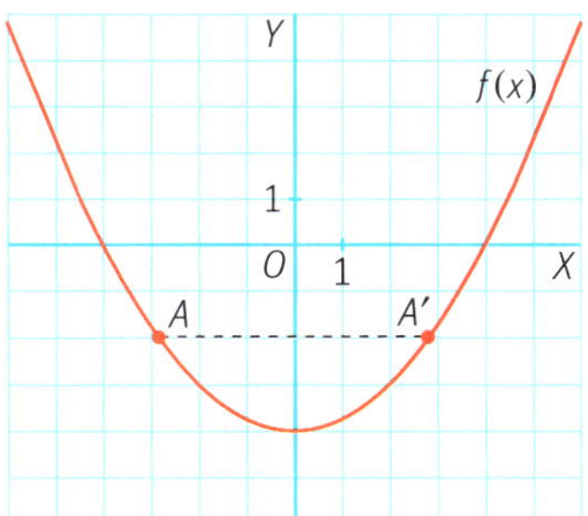

La función $f(x) = x^2 - 4$ es par porque $f(-x) = (-x)^2 - 4 = x^2 - 4 = f(x)$.

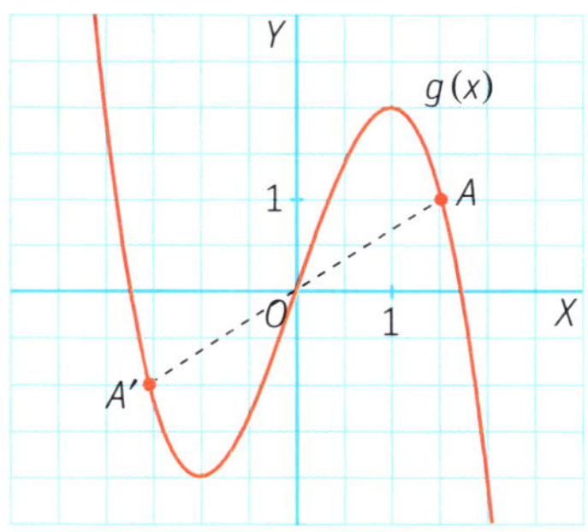

La función $g(x) = 3x - x^3$ verifica que $g(-x) = 3(-x) - (-x)^3 = -3x + x^3 = -g(x)$, luego es una función impar.

MAT-TIC GeoGebra

Entra en smSaviadigital.com y estudia las simetrías respecto de los ejes y del origen.

ACTIVIDADES

31. Completa estas gráficas en tu cuaderno para valores negativos de x, sabiendo que la función f es impar y la g es par.

a)

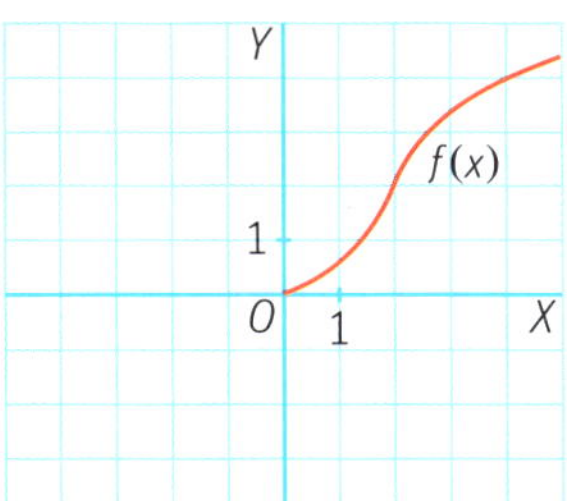

b)

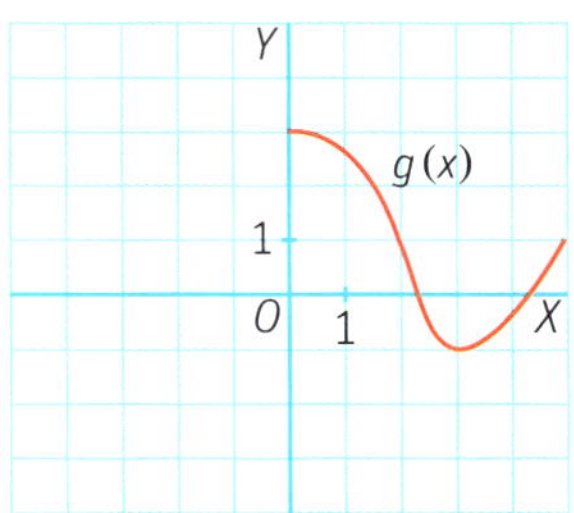

32. Estudia la simetría de las funciones:

a) $f(x) = \dfrac{3}{x-1}$

b) $g(x) = 5x^2 - 3x$

c) $h(x) = \sqrt{4 + x^2}$

d) $i(x) = 5x$

e) $j(x) = \dfrac{2}{x^3}$

f) $k(x) = x^3 + 27$

33. smSaviadigital.com

PRACTICA ¿Sabes reconocer la simetría de una función?

8 Periodicidad de una función

Si se mide la distancia desde el extremo de la aguja de un cronómetro hasta el eje X cada segundo y se representan los datos obtenidos sobre unos ejes de coordenadas se obtiene una gráfica como la siguiente:

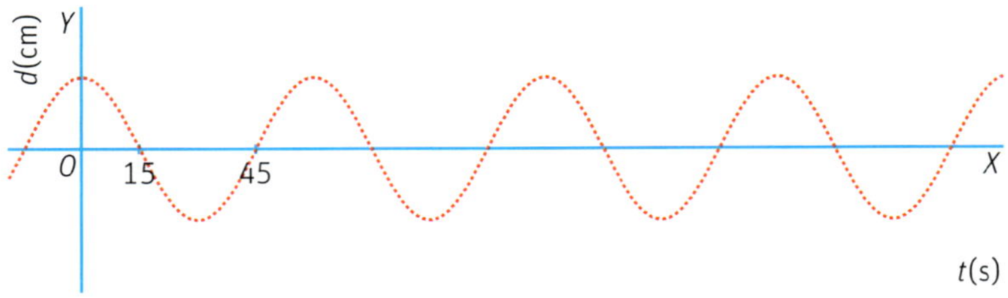

Se observa que $f(0) = f(60) = f(120) = ...$, es decir, cada 60 segundos la altura del extremo de la aguja es la misma: $f(t) = f(t + 60) = f(t + 120) = ...$

A este tipo de funciones, en las que los valores se van repitiendo, se las llama funciones **periódicas**.

> Una **función** f es **periódica** de periodo T, si para todo x del dominio se verifica que:
> $$f(x) = f(x + T)$$

Ejemplo ▸ La gráfica siguiente corresponde a una función periódica.

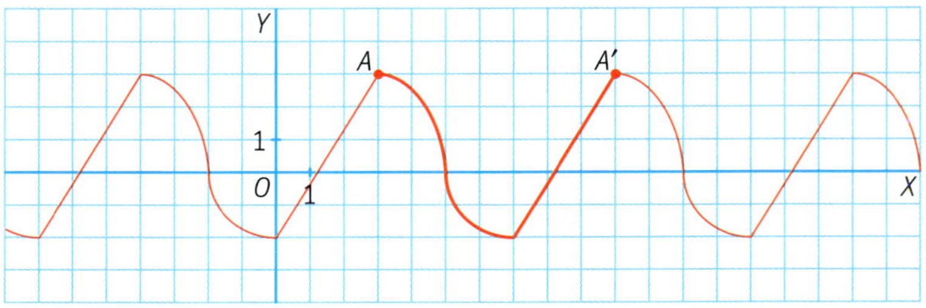

Si se fijan dos puntos característicos como el A y el A', se observa que la gráfica de la función en el intervalo $[A, A']$, de amplitud 7, es la que se repite.

Así $f(-5) = f(-5 + 7) = 2$, $f(-3) = f(-3 + 7) = 4$.

El período es $T = 7$ y se cumple que $f(x) = f(x + 7)$.

MAT-TIC GeoGebra

Entra en smSaviadigital.com y estudia un electrocardiograma.

ACTIVIDADES

ACTIVIDAD **RESUELTA**

34. **La siguiente gráfica corresponde a una función periódica de período 11.**

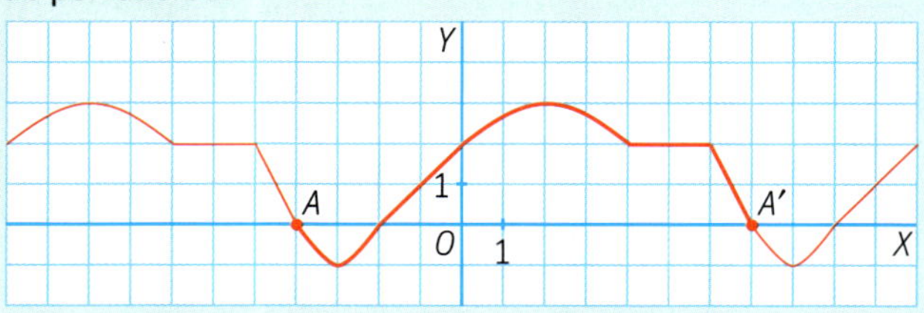

¿Cuál es el valor de la función para $x = 2015$?

Para hallar el valor de $f(2015)$ basta quitar a 2015 un múltiplo de 11 hasta obtener un número comprendido entre –4 y 7.

$$f(2015) = f(2015 - 183 \cdot 11) = f(2) = 3$$

35. **La siguiente gráfica corresponde a una función periódica cuyo período es $T = 6$.**

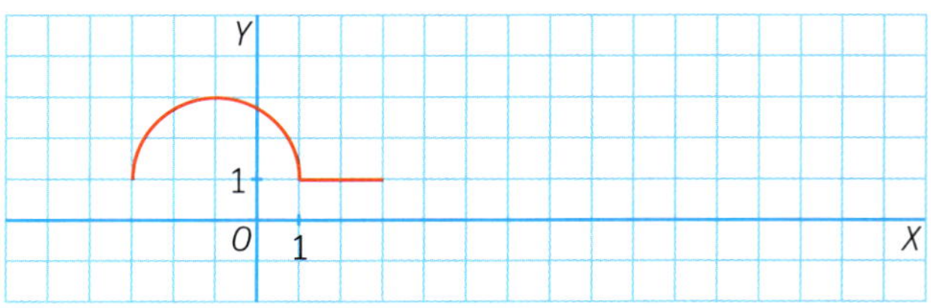

a) Cópiala en tu cuaderno y complétala en el intervalo [–6, 18].

b) Halla los siguientes valores de la función:

$f(9)$ $\quad$ $f(31)$ $\quad$ $f(-13)$ $\quad$ $f(2015)$

36. **Justifica que si se suman dos funciones periódicas del mismo período T resulta otra función periódica. ¿Cuál será el período de la función suma?**

9 Continuidad

Algunas funciones verifican que a pequeñas variaciones de la variable independiente le corresponden también pequeñas variaciones de la variable dependiente.

Ejemplos

- La función que determina la altura de un paracaidista dependiendo del tiempo que ha transcurrido desde su salto del avión, se puede dibujar de manera continua, sin levantar el lápiz del papel.

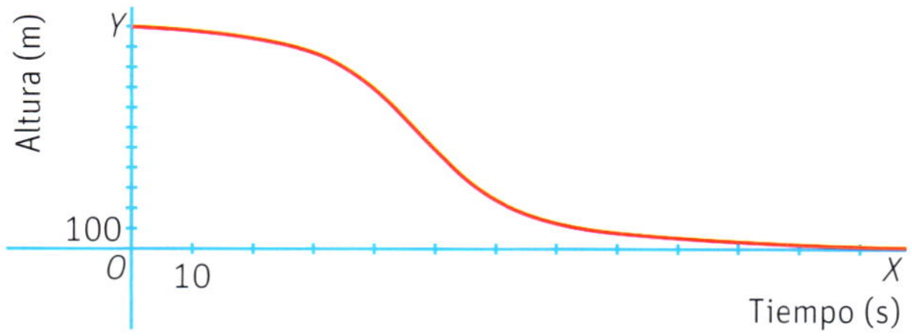

- Por el contrario, la función que representa la parte decimal de un número real, experimenta un salto brusco al acercarse a un número entero. Su gráfica no se puede dibujar sin levantar el lápiz del papel.

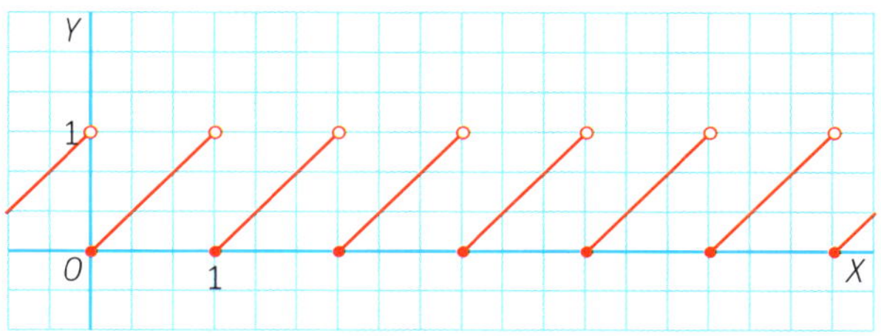

En todos los números enteros presenta "saltos".

- Una **función** es **continua** en un punto si en ese punto la gráfica de la función no presenta saltos o interrupciones.
- Una **función** es **discontinua** en un punto si en ese punto la gráfica de la función presenta saltos o interrupciones.
- Una función es continua en un intervalo (a, b) si es continua en todos los puntos del intervalo.

MAT-TIC GeoGebra

Entra en **smSaviadigital.com** y estudia la continuidad y discontinuidad de una función.

Ten en cuenta

Una función solo puede ser continua en los puntos de su dominio.

ACTIVIDADES

37. Indica los puntos de discontinuidad y los intervalos de continuidad de las funciones representadas.

a)

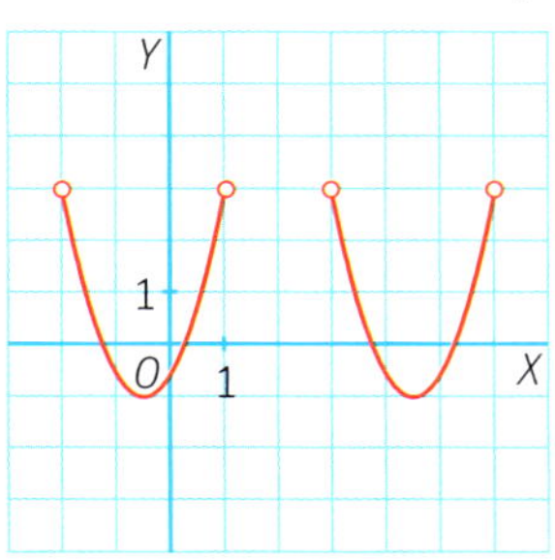

b)

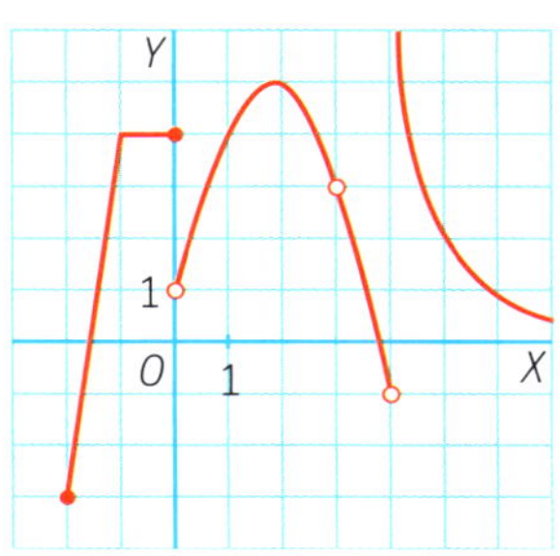

38. Dibuja en tu cuaderno la gráfica de una función que presente discontinuidades en los puntos $x = -2$ y $x = 5$. ¿En qué intervalos es continua la función que has representado?

39. Representa las siguientes funciones en tu cuaderno. Indica los puntos de discontinuidad si los hubiera.

a) $f(x) = \begin{cases} -x+3 & \text{si } x < -1 \\ 4 & \text{si } -1 \leq x \leq 3 \\ 2x-5 & \text{si } x > 3 \end{cases}$

b) $g(x) = |x-1| + 3$

40. La función parte entera, $f(x) = [x]$, asocia cada número real con su parte entera.

a) Construye una tabla de valores para la función $f(x) = [x]$, en el intervalo $[-3, 5]$. Conviene tomar algunos valores de x no enteros.

b) Representa gráficamente la función.

c) ¿Es continua? Indica sus discontinuidades si existen.

10 Crecimiento y decrecimiento. Máximos y mínimos

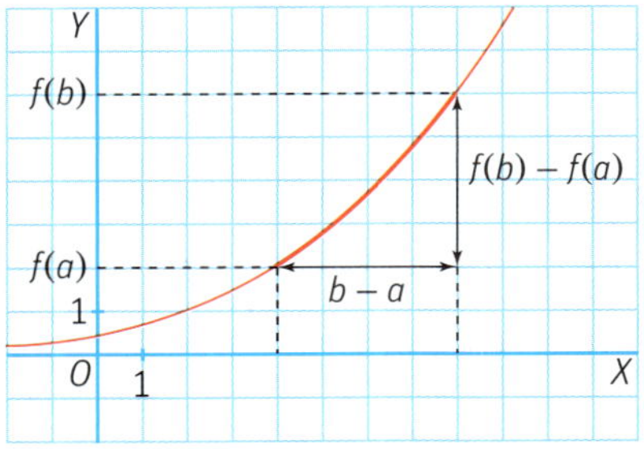

Excepto las funciones constantes, las demás funciones varían cuando la variable independiente toma diferentes valores. Para analizar cómo varía la función en cada intervalo, se utiliza la tasa de variación media.

Tasa de variación media

Se llama **tasa de variación** de la función *f* definida en el intervalo $[a, b]$ a la diferencia:

$$TV\,f[a, b] = f(b) - f(a)$$

Se llama **tasa de variación** media de *f* definida en el intervalo $[a, b]$ al cociente:

$$TVM\,f[a, b] = \frac{f(b) - f(a)}{b - a}$$

Ejemplo ▸ La tasa de variación media de la función $f(x) = 2x - x^2 + 3$ en los intervalos $[-2, 0]$, $[-1, 4]$ y $[-1, 3]$ es:

$$TVM\,f[-2, 0] = \frac{f(0) - f(-2)}{0 - (-2)} = \frac{3 - (-5)}{0 - (-2)} = \frac{8}{2} = 4 > 0$$

$$TVM\,f[-1, 4] = \frac{f(4) - f(-1)}{4 - (-1)} = \frac{(-5) - 0}{4 - (-1)} = \frac{-5}{5} = -1 < 0$$

$$TVM\,f[-1, 3] = \frac{f(3) - f(-1)}{3 - (-1)} = \frac{0 - 0}{3 - (-1)} = \frac{0}{4} = 0$$

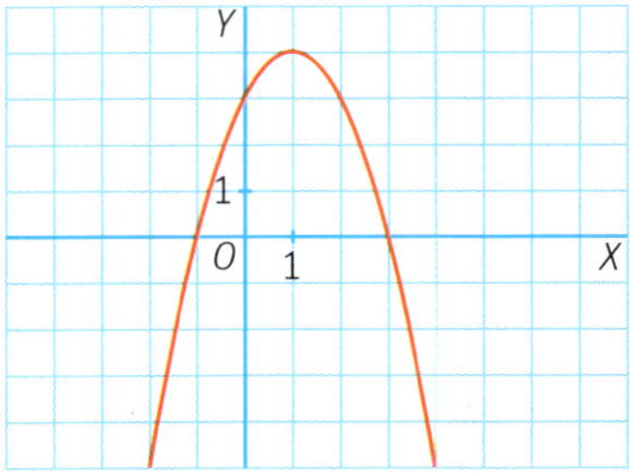

Ten en cuenta

La tasa de variación media puede ser positiva, negativa o incluso nula aunque la función no sea constante en ese intervalo.

Crecimiento y decrecimiento

Estudiando la tasa de variación media en algunos intervalos de la función, se puede determinar si la función es creciente, decreciente o constante.

- Una **función *f*** es **creciente** en un intervalo de su dominio, si para cualquier par de valores a y b, con $a < b$, la $\boldsymbol{TVM\,f[a, b] > 0}$.
- Una **función *f*** es **decreciente** en un intervalo de su dominio, si para cualquier par de valores a y b, con $a < b$, la $\boldsymbol{TVM\,f[a, b] < 0}$.

Puede haber intervalos pertenecientes a la gráfica de una función en que la tasa de variación media sea cero. En estos intervalos, la función no crece ni decrece.

Ejemplos

▸ La función $f(x) = 3x - 5$ es creciente en todo su dominio, porque si tomamos dos valores cualesquiera a y b, con $a < b$, siempre se cumple que $f(a) < f(b)$.
Por tanto, la $TVM\,f[a, b] > 0$.

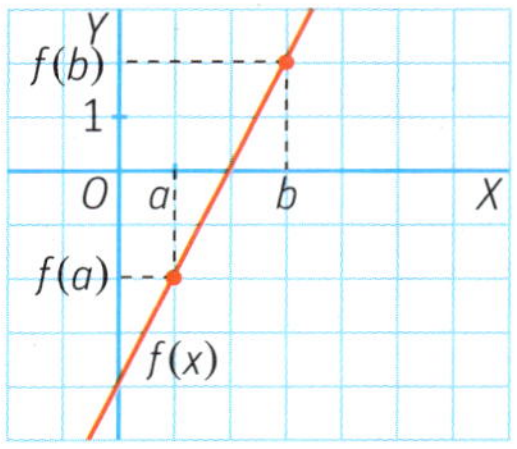

▸ La función $g(x) = 4 - 2x$ es decreciente en todo su dominio, porque si tomamos dos valores cualesquiera a y b, con $a < b$, siempre se cumple que $g(a) > g(b)$.
Por tanto, la $TVM\,g[a, b] < 0$.

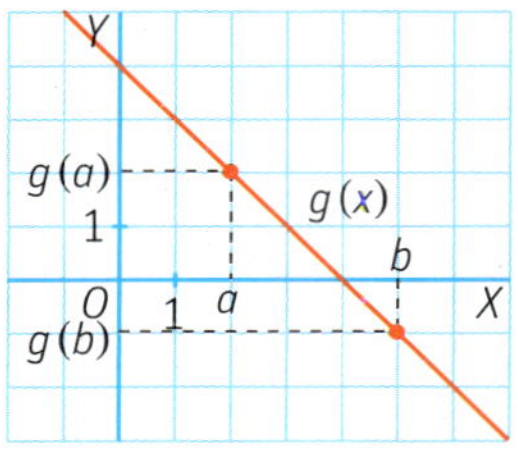

PON EN VALOR

Al analizar la evolución de las zonas de bosque en los últimos años, se puede observar que su superficie ha decrecido de forma alarmante, lo que ha llevado a desarrollar políticas de protección de bosques y zonas de interés natural. Además, es preciso que cada uno tomemos conciencia del problema y actuemos con **responsabilidad.**

Entra en sm**Savia**digital.com y elabora un mural donde muestres, las causas propias y ajenas, que han llevado a esta situación y qué se puede hacer para favorecer un **desarrollo sostenible**.

Máximos y mínimos

Ejemplo ▸ Observa la gráfica de esta función:

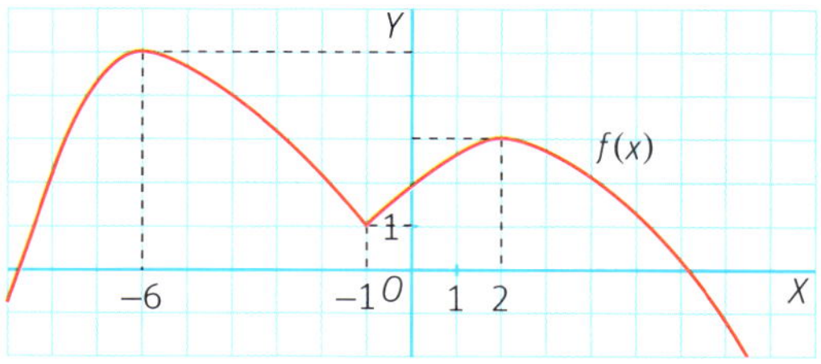

- En $x = -1$ la función pasa de ser decreciente a creciente.
  $f(-1) = 1$ es el menor valor que toma la función en los puntos próximos, pero no en su dominio, por tanto se trata de un **mínimo relativo**.
- En $x = 2$ la función pasa de creciente a decreciente.
  $f(2) = 3$ es el mayor valor que toma la función en los puntos próximos, pero no en su dominio, por tanto se trata de un **máximo relativo**.
- En $x = -6$ la función pasa de creciente a decreciente.
  $f(-6) = 5$ es el mayor valor que toma la función en todo su dominio, por tanto, es un **máximo absoluto**.

MAT-TIC GeoGebra

Entra en smSaviadigital.com y representa funciones a partir de sus características.

- Una función tiene un **mínimo relativo** en $x = a$ si para todos los valores x de un entorno de a, se cumple $f(x) > f(a)$. Si $f(a)$ es el menor valor que toma la función en todo su dominio, $x = a$ es un **mínimo absoluto**.
- Una función tiene un **máximo relativo** en $x = a$ si para todos los valores x de un entorno de a, se verifica $f(x) < f(a)$. Si $f(a)$ es el mayor valor que toma la función en todo su dominio, $x = a$ es un **máximo absoluto**.

Ten en cuenta

En los tramos en los que la función es constante, no se habla ni de máximos ni de mínimos.

ACTIVIDADES

41. Calcula la tasa de variación media de las funciones en los intervalos indicados.

a) $f(x) = x^2 + 2x - 3$ en $[0, 2]$

b) $h(x) = \dfrac{3}{4-x}$ en $[-2, 1]$

c) $g(x) = -x^3 + 2$ en $[-2, 1]$

d) $i(x) = \sqrt{x-2}$ en $[3, 6]$

42. ¿Se puede calcular la tasa de variación media de la siguiente función en el intervalo pedido? Razona tu respuesta.

$$f(x) = \frac{1}{x-1}, \text{ en } [0, 2]$$

43. Indica los intervalos de crecimiento y decrecimiento y los máximos y los mínimos de la siguiente función. Calcula la tasa de variación media para probar tus resultados.

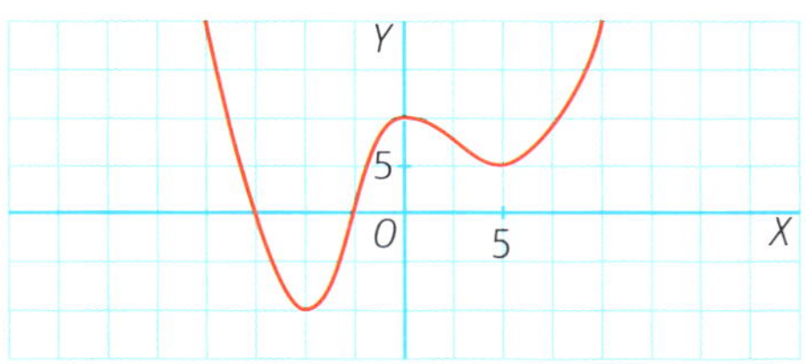

44. ¿Cómo son los máximos y mínimos de una función creciente en $(-\infty, 1) \cup (2, 5)$ y decreciente en $(1, 2) \cup (5, +\infty)$?

45. Dibuja la gráfica de una función que presente simetría par, con dominio $(-\infty, 0) \cup (0, +\infty)$, creciente en $(0, 4)$ y decreciente en $(4, +\infty)$. Indica cuáles son los máximos y los mínimos de la función que has dibujado.

ACTIVIDAD **RESUELTA**

46. **Indica los intervalos de crecimiento y decrecimiento de $f(x) = x^3 + 3$.**

El dominio de la función $f(x)$ es $D(f) = (-\infty, +\infty)$.

Si se toman dos valores del dominio cualesquiera x_1 y x_2, tales que $x_1 < x_2$, se cumple:

$$x_1^3 < x_2^3$$
$$x_1^3 + 3 < x_2^3 + 3$$
$$f(x_1) < f(x_2)$$

$TVM\, f\,[x_1, x_2] > 0$ y la función es creciente en todo su dominio.

47. Estudia el crecimiento y el decrecimiento de las funciones:

a) $f(x) = 2x + 7$, $D(f) = [-5, 4]$

b) $g(x) = 4 - x^2$, $D(g) = [-10, 0]$

11 Acotación y asíntotas

La acotación y las asíntotas nos ayudan a limitar la gráfica de las funciones y a conocer su comportamiento para valores en los que son discontinuas.

Ten en cuenta

k no tiene por que ser un valor de la función.

- Una **función *f*** está **acotada superiormente** si existe un número real k que verifica $f(x) \leq k$ para todo x del dominio de f. El número $\boldsymbol{k}$ es una **cota superior**.
- Una **función *f*** está **acotada inferiormente** si existe un número real k' que verifica $f(x) \geq k'$ para todo x del dominio de f. El número $\boldsymbol{k'}$ es una **cota inferior**.

Cuando una función está acotada superior e inferiormente se dice que está **acotada**.

Ejemplo ▸ La siguiente gráfica corresponde a la función parte decimal. Esta función asigna a cada número real su parte decimal. ¿Es una función acotada?

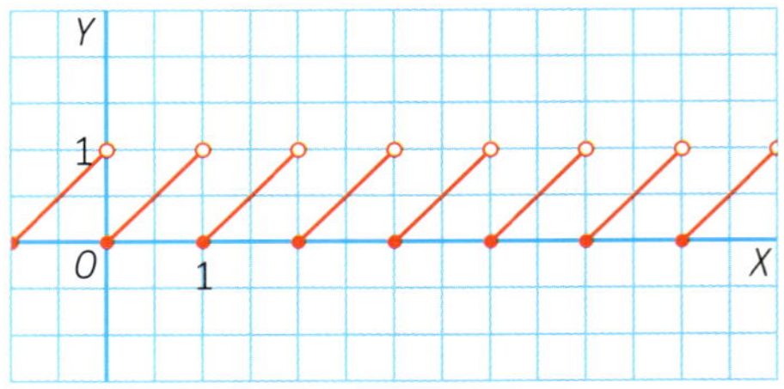

- Está **acotada superiormente**, ya que $f(x) < 1$ para todo x del dominio de f.
- Está **acotada inferiormente**, ya que $f(x) \geq 0$ para todo x del dominio de f.

Por tanto 1 es una cota superior y 0 es una cota inferior de la función parte decimal.

Asíntotas

Una **asíntota** es una recta hacia la que se va aproximando la función, cuando la variable independiente se va acercando a determinados valores.

Las funciones pueden presentar asíntotas verticales, horizontales u oblicuas.

Ejemplo ▸ La función $f(x) = \dfrac{1}{x-2}$ no está definida para el valor $x = 2$, ya que para este valor se anula el denominador. Estudia el comportamiento de la función en los valores próximos a 2.

Se dan valores tan cercanos a 2 como se quiera, para ver cómo son las imágenes de esos valores.

x	1	1,5	1,9	1,95	1,99
y	−1	−2	−10	−20	−100

x	3	2,5	2,1	2,05	2,01
y	1	2	10	20	100

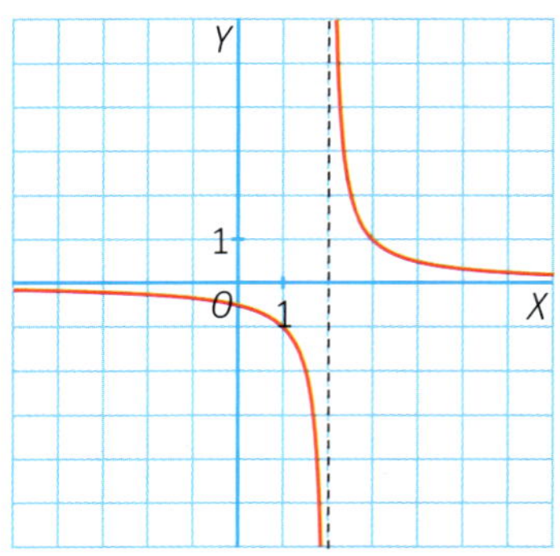

Según se van tomando valores cada vez más cercanos a $x = 2$, la función se va acercando a una recta vertical.

Se dice que la función tiene una asíntota vertical en $x = 2$.

- Las **asíntotas verticales** son rectas de la forma $\boldsymbol{x = a}$.

Ejemplo ▸ La función $f(x)=\dfrac{4}{x^2+1}$ está definida en todo $\mathbb{R}$. Para estudiar el comportamiento de la función, se pueden dar valores muy grandes, en valor absoluto, a la x.

x	10	20	50	100
y	0,04	0,01	0,0016	0,0004

x	–10	–20	–50	–100
y	1	2	0,0016	0,0004

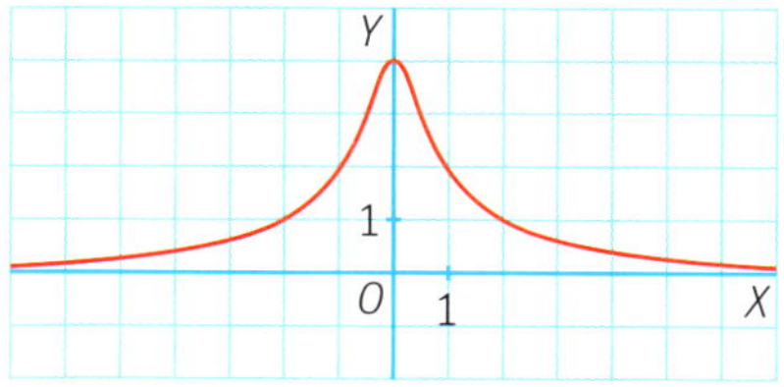

Según se van tomando valores cada vez más grandes, en valor absoluto, de la variable independiente, la función se va acercando a la recta horizontal $y=0$.

Se dice que la función tiene una asíntota horizontal en $y=0$.

- Las **asíntotas horizontales** son rectas de la forma $\boldsymbol{y=a}$.

Ejemplo ▸ La función $f(x)=\dfrac{x^2+1}{x}$ no está definida para el valor $x=0$, ya que para este valor se anula el denominador. Por tanto, presentará una asíntota vertical en $x=0$.

Además, dividiendo el numerador entre el denominador, se puede escribir la función como $f(x)=\dfrac{x^2+1}{x}=x+\dfrac{1}{x}$. Al tomar valores muy grandes de x, el término $\dfrac{1}{x}$ se hace cada vez más pequeño y la función $f(x)$ se aproxima cada vez más a la recta $y=x$.

Se dice que la función tiene una asíntota oblicua en $y=x$.

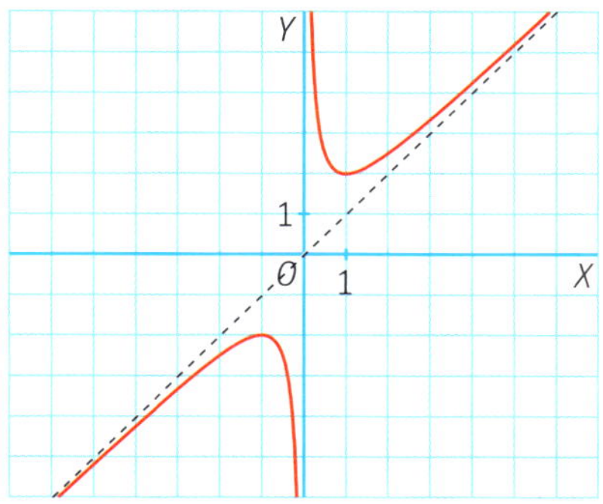

- Las **asíntotas oblicuas** son rectas de la forma $\boldsymbol{y=ax+b}$.

MAT-TIC GeoGebra

Entra en smSaviadigital.com y deduce la expresión de una función a partir de su gráfica.

Ten en cuenta

Si una función racional tiene asíntota horizontal no tiene asíntota oblicua.

ACTIVIDADES

48. Indica si las siguientes funciones están acotadas superior o inferiormente y, en caso afirmativo, señala cuál es su cota.

a)

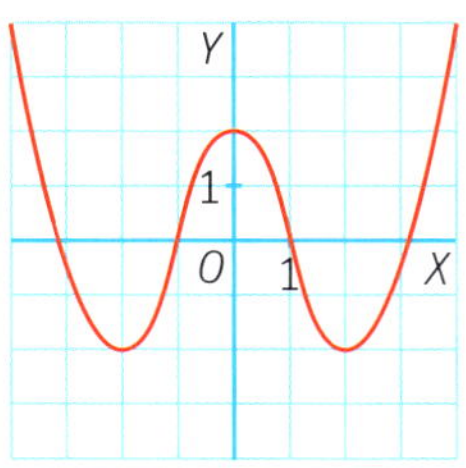

b)

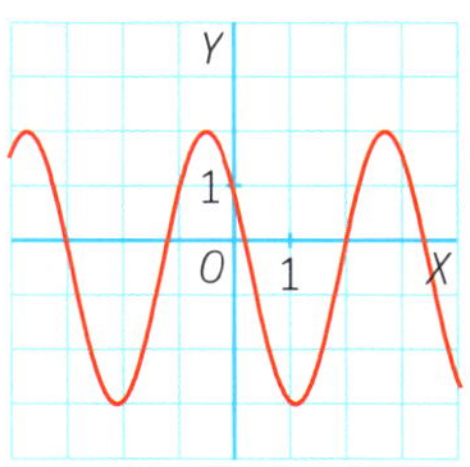

49. Analiza si las siguientes funciones están acotadas o no. En caso de estarlo indica alguna de sus cotas.

a) $f(x)=2+\dfrac{1}{x}$ con dominio $(0,+\infty)$

b) $g(x)=\sqrt{x^2+1}$

c) $h(x)=x^2-2x$

50. Indica si las funciones tiene asíntotas y en caso afirmativo, escribe su ecuación.

a)

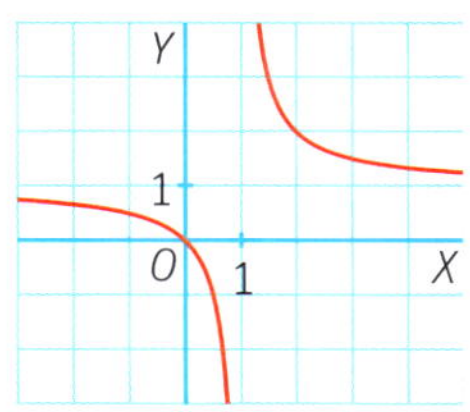

b)

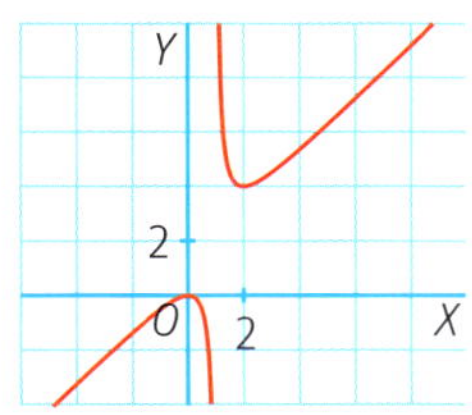

51. Halla las asíntotas verticales y horizontales de las siguientes funciones, si las hay.

a) $f(x)=\dfrac{5}{x-3}$ b) $g(x)=\dfrac{1}{16-x^2}$

52. Calcula las asíntotas oblicuas de las siguientes funciones.

a) $f(x)=\dfrac{x^2}{x+1}$ b) $f(x)=\dfrac{2x^3+3}{x^2}$

Organiza tus ideas

FUNCIONES

Una **función** $f(x)$ es una correspondencia entre dos conjuntos tal que a cada valor de la variable independiente x, le corresponde como máximo, un único valor de la variable dependiente y.

Una correspondencia, o **función**, entre dos conjuntos se dice que es **inyectiva** cuando a elementos distintos del conjunto inicial les corresponden elementos diferentes en el conjunto final.

- El **dominio** de una función, $D(f)$, está formado por todos los valores que puede tomar la variable independiente.
- El **recorrido** de una función, $R(f)$, está formado por todos los valores que toma la variable dependiente.

Las **funciones definidas a trozos** son aquellas en las que el criterio a aplicar es diferente según los intervalos que se consideren.

$$f(x)=\begin{cases}-2x+1 & \text{si} \quad x<-1\\ 3 & \text{si} \quad -1\le x<2\\ 2x-1 & \text{si} \quad 2\le x\end{cases}$$

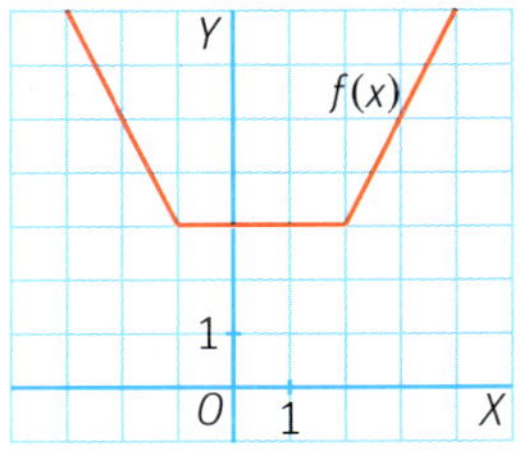

OPERACIONES CON FUNCIONES

- **Suma y resta** $(f\pm g)(x)=f(x)\pm g(x)$ con $x\in D(f)\cap D(g)$
- **Producto** $(f\cdot g)(x)=f(x)\cdot g(x)$ con $x\in D(f)\cap D(g)$
- **Cociente** $(f:g)(x)=f(x):g(x)=\dfrac{f(x)}{g(x)}$ con $x\in D(f)\cap D(g)$ y $g(x)\neq 0$
- **Composición** $(g\circ f)(x)=g[f(x)]$ con $D(g\circ f)=\{x\in D(f)\ /\ f(x)\in D(g)\}$

Función inversa

Si f es una función inyectiva definida en $\mathbb{R}$ tal que $y=f(x)$, la **función inversa** f^{-1} verifica que $f^{-1}(y)=x$ para todo $y\in R(f)$.

La composición de una función con su inversa es igual a la función identidad: $(f^{-1}\circ f)(x)=(f\circ f^{-1})(x)=x$

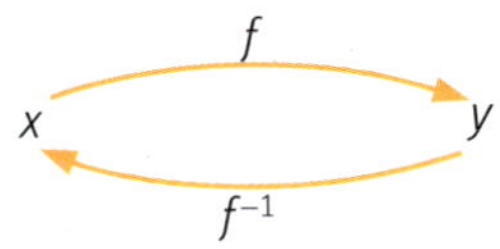

CARACTERÍSTICAS DE LAS FUNCIONES

Puntos de corte

- **Con el eje Y**: son de la forma $(x=0,\ y=f(0))$
- **Con el eje X**: son de la forma $(x,\ y=0)$

Simetría

- **Funciones pares**: simétricas respecto del eje Y.

  $f(-x)=f(x)$ para todo $x\in D(f)$
- **Funciones impares**: simétricas respecto del origen.

  $f(-x)=-f(x)$ para todo $x\in D(f)$

Periodicidad

- Una **función f** es **periódica** de período T, si para todo x del dominio se verifica que $f(x)=f(x+T)$.

Continuidad

- Una **función** es **continua** en un intervalo (a,b) si es continua en todos los puntos del intervalo.

Crecimiento y decrecimiento

- **Función creciente**: $TVM\ f[a,b]>0$
- **Función decreciente**: $TVM\ f[a,b]<0$
- **Extremos de una función**

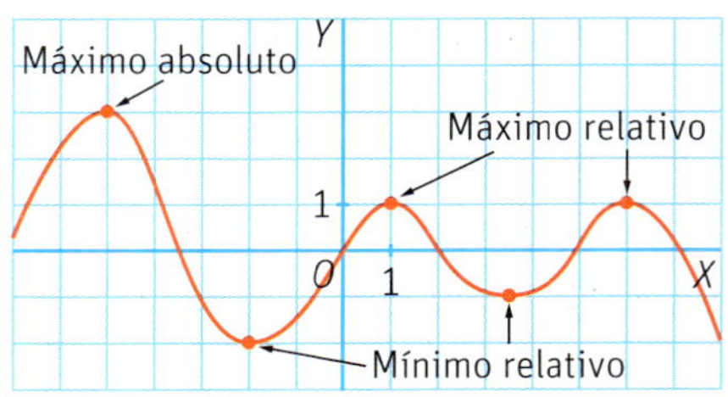

Asíntotas

Rectas hacia las que se va aproximando la función, cuando la x toma determinados valores.

- Horizontales
- Verticales
- Oblicuas

Actividades clave

1. ¿Cuáles de las siguientes gráficas corresponden a una función?

a)

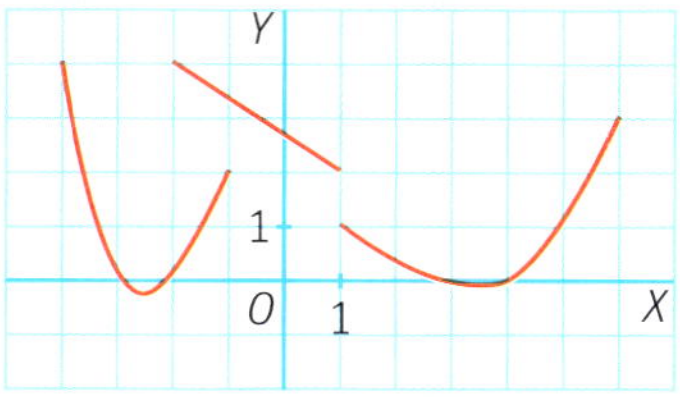

b)

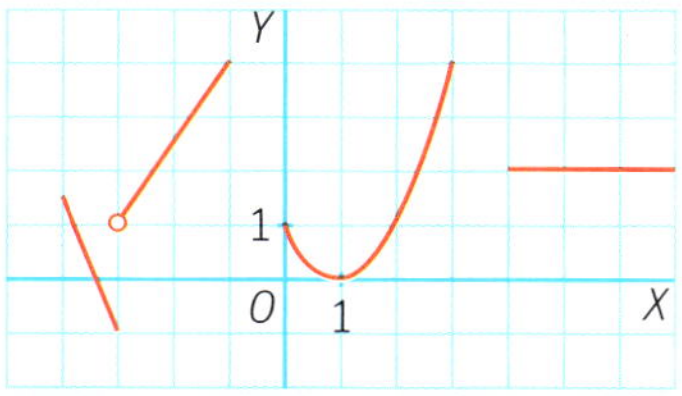

Indica en esos casos si son funciones inyectivas, su dominio y su recorrido.

a) No es la gráfica de una función, porque hay valores de la variable independiente x a los que les corresponden dos valores de la variable dependiente y:
Para $x = -2 \Rightarrow y = 0$ e $y = 4$

b) Corresponde a una función.

- No es inyectiva, porque para un valor de la variable dependiente y hay más de un valor de la variable independiente x. Se comprueba trazando una línea horizontal y viendo que corta la gráfica en más de un punto.
- El dominio es: $D(f) = [-4, -1] \cup [0, 3] \cup [4, +\infty)$
- El recorrido es: $R(f) = [-1, 4]$

2. Dadas las funciones:

$f(x) = x - 3$

$h(x) = \dfrac{x}{1-x}$

Calcula y halla el dominio en cada caso:

a) Las funciones $f + h$ y $f \cdot h$

b) Las funciones $f : h$ y $h : f$

c) Las funciones $f \circ h$ y $h \circ f$. ¿Es conmutativa la composición de funciones?

Los dominios de las funciones dadas son: $D(f) = \mathbb{R}$ $\quad D(h) = \mathbb{R} - \{1\}$

a) $(f+h)(x) = f(x) + h(x) = x - 3 + \dfrac{x}{1-x} = \dfrac{(x-3)(1-x)+x}{1-x} = \dfrac{-x^2-3+5x}{1-x}$; $D(f+h) = \mathbb{R} - \{1\}$

$(f \cdot h)(x) = f(x) \cdot h(x) = (x-3) \cdot \dfrac{x}{1-x} = \dfrac{(x-3)x}{1-x} = \dfrac{x^2-3x}{1-x}$; $D(f+h) = \mathbb{R} - \{1\}$

b) $(f:h)(x) = f(x) : h(x) = \dfrac{x-3}{\dfrac{x}{1-x}} = \dfrac{(x-3)(1-x)}{x} = \dfrac{-x^2+4x-3}{x}$

$D(f:h) = \mathbb{R} - \{0, 1\}$, ya que $x = 1$ no está en el dominio de $h(x)$ y $x = 0$ anula el denominador de la función resultante.

$$(h:f)(x) = h(x) : f(x) = \dfrac{\dfrac{x}{1-x}}{x-3} = \dfrac{x}{(x-3)(1-x)} = \dfrac{x}{-x^2+4x-3}$$

$D(f+h) = \mathbb{R} - \{1, 3\}$, ya que $x = 1$ no está en el dominio de $h(x)$ y $x = 3$ anula el denominador de la función resultante.

c) $(f \circ h)(x) = f[h(x)] = \dfrac{x}{1-x} - 3 = \dfrac{x-3(1-x)}{1-x} = \dfrac{x-3+3x}{1-x} = \dfrac{-3+4x}{1-x}$

$D(f \circ h) = \mathbb{R} - \{1\}$, ya que $x = 1$ no está en el dominio de $h(x)$, ni de la función resultante. El resto de valores de $h(x)$ están definidos dentro del dominio de $f(x)$.

$$(h \circ f)(x) = h[f(x)] = \dfrac{x-3}{1-(x-3)} = \dfrac{x-3}{4-x}$$

$D(h \circ f) = \mathbb{R} - \{4\}$, ya que $x = 1$ no está en el dominio de $h(x)$, y se busca el valor de x que debe tomar la función $f(x)$ para no estar definida en el dominio de $h(x) : f(x) = 1$, es decir $x = 4$.

El resto de valores de $f(x)$ están definidos dentro del dominio de $h(x)$.

La composición de funciones no es una operación conmutativa, ya que:

$$(f \circ h)(x) \neq (h \circ f)(x)$$

$$\dfrac{-3-2x}{1-x} \neq \dfrac{x-3}{4-x}$$

3. Comprueba si la función $f(x)=\dfrac{-3}{x+2}$ es inyectiva. En caso afirmativo, halla su función inversa.

El dominio de $f(x)=\mathbb{R}$.

Para que una función sea inyectiva, si dos valores de la variable dependiente son iguales, los valores de la variable independiente también deben ser iguales.

$$f(x_1)=f(x_2)$$
$$\frac{-3}{x_1+2}=\frac{-3}{x_2+2}$$
$$-3(x_2+2)=-3(x_1+2)$$
$$x_2+2=x_1+2$$
$$x_1=x_2$$

Como $f(x_1)=f(x_2)\Rightarrow x_1=x_2$, la función es inyectiva.

Para calcular la función inversa, se despeja la variable independiente x en la función:

$$y=\frac{-3}{x+2}\Rightarrow x+2=\frac{-3}{y}\Rightarrow x=\frac{-3}{y}-2\Rightarrow x=\frac{-3-2y}{y}$$

Luego, se intercambia el nombre de las variables: $x=\dfrac{-3-2y}{y}\Rightarrow y=\dfrac{-3-2x}{x}$

La función inversa de $f(x)$ es: $f^{-1}(x)=\dfrac{-3-2x}{x}$.

4. Se considera la función $k(x)=\sqrt{x^2+4}$ definida en $[0,+\infty)$.

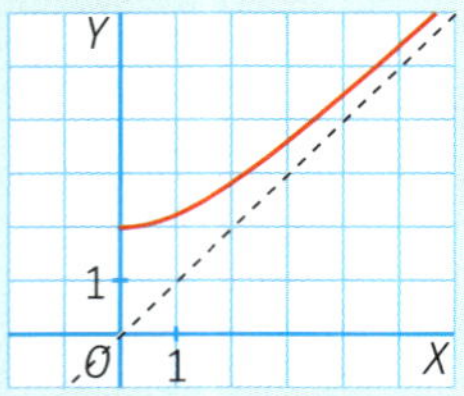

a) Indica su recorrido.

b) ¿Es una función inyectiva? En caso afirmativo, calcula su función inversa.

c) A partir de la gráfica de $k(x)$, dibuja la gráfica de $k^{-1}(x)$.

d) ¿Cuál es el dominio y el recorrido de $k^{-1}(x)$?

a) El recorrido de la función es $R(f)=[2,+\infty)$.

b) Es inyectiva, ya que para cada valor de la variable y hay un único valor de la variable x.

Para calcular la función inversa, se despeja la x en la fórmula de la función:

$$y=\sqrt{x^2+4}\Rightarrow y^2=\left(\sqrt{x^2+4}\right)^2\Rightarrow y^2=x^2+4\Rightarrow x^2=y^2-4\Rightarrow x=\sqrt{y^2-4}$$

Luego, se intercambia el nombre de las variables:

$$y=\sqrt{x^2-4}\Rightarrow k^{-1}(x)=\sqrt{x^2-4}$$

c) Las gráficas de una función y de su inversa son simétricas respecto a la recta $y=x$.

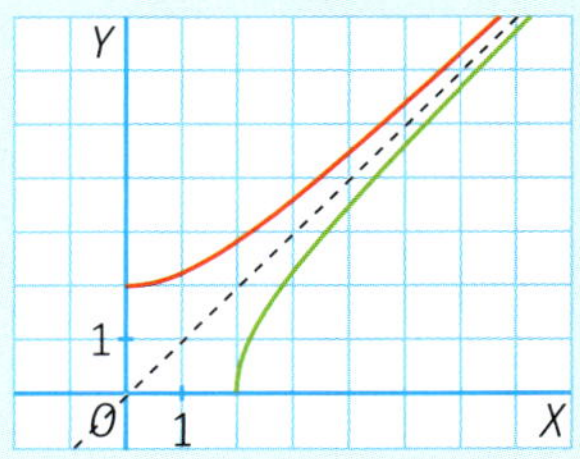

d) El dominio es: $D(k^{-1})=[2,+\infty)$

El recorrido es: $R(k^{-1})=[-0,+\infty)$

Se puede observar que $D(k)=R(k^{-1})$ y $R(k)=D(k^{-1})$.

5. Estudia los puntos de discontinuidad de la siguiente función definida a trozos.

$$f(x)=\begin{cases}\dfrac{1}{x-2} & \text{si } x<1\\ 2x-3 & \text{si } 1\le x<4\\ x^2-9 & \text{si } x\ge 4\end{cases}$$

Las tres expresiones son continuas dentro de los intervalos donde están definidas, por lo que se estudian los puntos donde la función cambia de una expresión a otra. Para que sea continua en estos puntos debe coincidir el valor de la función en los dos intervalos y que en uno de ellos exista el valor de la función.

Para $x=1$: $\Rightarrow\begin{cases}\dfrac{1}{1-2}=-1\\ f(1)=2\cdot 1-3=-1\end{cases}$ y el valor está definido en el 2.º trozo, $f(1)=-1$, por lo que la función es continua en $x=1$.

Para $x=4$: $\Rightarrow\begin{cases}2\cdot 4-3=5\\ 4^2-9=7\end{cases}$, como no coinciden, la función es discontinua en $x=4$.

6. Se considera la función $f(x)=\dfrac{2x+4}{x-2}$.

a) ¿Cuál es su dominio?

b) Calcula los puntos de corte y el signo de la función.

c) ¿Tiene simetría par o impar?

d) Estudia si es creciente o decreciente en los intervalos que determina el dominio.

e) Calcula las ecuaciones de sus asíntotas verticales y horizontales.

a) La función no está definida para aquellos valores de x que anulen al denominador. Como $x-2=0$ para $x=2$, $D(f)=\mathbb{R}-\{2\}=(-\infty, 2)\cup(2, +\infty)$.

b) Para hallar el punto de corte con el eje Y, se calcula $f(0)$: $f(0)=\dfrac{4}{-2}=-2$

El punto de corte con el eje Y es $(0, -2)$.

Para hallar el punto de corte con el eje X, se resuelve la ecuación $f(x)=0$:

$\dfrac{2x+4}{x-2}=0 \Rightarrow 2x+4=0 \Rightarrow x=-2$. El punto de corte con el eje X es $(-2, 0)$.

Se estudia el signo en los intervalos formados con los puntos del dominio y los puntos de corte con el eje X:

$(-\infty, -2)$: $f(-3)=\dfrac{-6+4}{-3-2}=\dfrac{-2}{-5}>0 \Rightarrow$ La función es positiva en $(-\infty, -2)$.

$(-2, 2)$: $f(0)=\dfrac{4}{-2}=-2<0 \Rightarrow$ La función es negativa en $(-2, 2)$.

$(2, +\infty)$: $f(3)=\dfrac{6+4}{3-2}=\dfrac{10}{1}>0 \Rightarrow$ La función es positiva en $(2, +\infty)$.

c) Se comprueba si es simétrica: $f(-x)=\dfrac{2(-x)+4}{(-x)-2}=\dfrac{-2x+4}{-x-2} \Rightarrow \begin{cases} f(-x)\neq f(x) \\ f(-x)\neq -f(x) \end{cases}$. No tiene simetría ni par ni impar.

d) Se calcula la tasa de variación media entre dos valores cualesquiera de cada uno de los intervalos.

$(-\infty, 2)$: $TVM\ f[-6, 0]=\dfrac{f(0)-f(-6)}{0-(-6)}=\dfrac{-2-1}{6}=\dfrac{-3}{6}<0 \Rightarrow$ La función decrece en $(-\infty, -2)$.

$(2, +\infty)$: $TVM\ f[3, 10]=\dfrac{f(10)-f(3)}{10-3}=\dfrac{3-10}{7}=-1<0 \Rightarrow$ La función decrece en $(2, +\infty)$.

e) La asíntota vertical es una recta de ecuación: $x=a$, donde a son los puntos que anulan al denominador: $x=2$.

La asíntota horizontal es una recta de ecuación: $y=b$. Para calcular el valor de b, se dan valores muy grandes en valor absoluto a la x, para ver si se van acercando a algún valor.

x	10	100	1000	10 000
y	3	2,08	2,008	2,0008

x	−10	−100	−1000	−10 000
y	1,33	1,92	1,992	1,9992

Como los valores se van acercando a 2, la función tiene una asíntota horizontal en $y=2$.

7. Halla la expresión de la función que determina el perímetro y el área del cuadrado inscrito en una circunferencia de radio x, en función del radio.

a) Halla el dominio de las dos funciones.

b) Demuestra que ambas funciones son crecientes.

Aplicando el teorema de Pitágoras, se obtiene el lado del cuadrado inscrito en función del radio x:

$$(2x)^2=l^2+l^2 \Rightarrow 4x^2=2l^2 \Rightarrow l^2=2x^2 \Rightarrow$$
$$\Rightarrow l(x)=+\sqrt{2x^2}$$

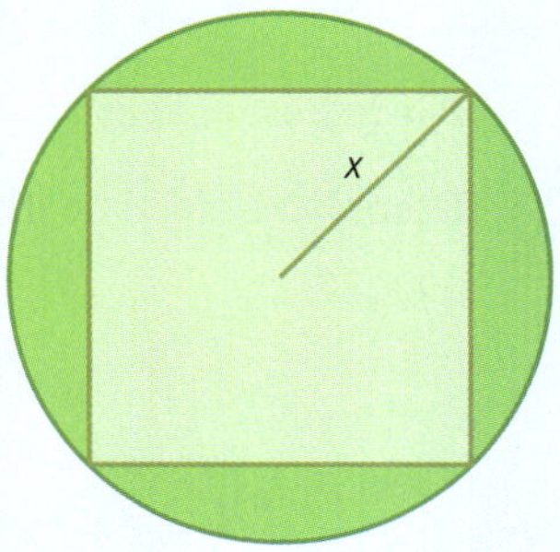

Por tanto, las funciones pedidas son:

- Perímetro: $P(x)=+4\sqrt{2x^2}$
- Área: $A(x)=2x^2$

a) $D(P)=[0, +\infty)$ $D(A)=[0, +\infty)$

b) Para comprobar que son funciones crecientes en el dominio, se calcula la tasa de variación media para dos valores cualesquiera del dominio.

Si $x_1<x_2 \Rightarrow x_2-x_1>0$

$$TVM\ P[x_1, x_2]=\frac{P(x_2)-P(x_1)}{x_2-x_1}=\frac{4\sqrt{2x_2^2}-4\sqrt{2x_1^2}}{x_2-x_1}=\frac{4x_2\sqrt{2}-4x_1\sqrt{2}}{x_2-x_1}=\frac{4\sqrt{2}(x_2-x_1)}{x_2-x_1}>0 \Rightarrow \text{Creciente}$$

$$TVM\ A[x_1, x_2]=\frac{A(x_2)-A(x_1)}{x_2-x_1}=\frac{2x_2^2-2x_1^2}{x_2-x_1}=\frac{2(x_2^2-x_1^2)}{x_2-x_1}=\frac{2(x_2-x_1)(x_2+x_1)}{x_2-x_1}>0 \Rightarrow \text{Creciente}$$

Actividades

EJERCICIOS PARA PRACTICAR

Correspondencia y funciones

53. **De las siguientes correspondencias entre dos conjuntos indica cuáles son funciones y los conjuntos inicial y final.**

a) A cada coche su matrícula.

b) A cada alumno de una clase, el año en que nació.

c) A cada cuadrado perfecto, su raíz cuadrada.

d) A cada triángulo rectángulo, el valor de su hipotenusa.

54. **De las correspondencias del ejercicio anterior señala las que son inyectivas y justifícalo.**

55. **Expresa mediante una expresión o fórmula las correspondencias siguientes.**

a) A cada número real positivo x, la longitud de la diagonal del cuadrado de lado x.

b) A cada número x, su distancia al número 5.

c) A cada número x, el inverso de $x + 1$.

56. **Relaciona en tu cuaderno las tablas de valores con la función a la que corresponden.**

A.

x	0	1	2
y	0	1	2

B.

x	0	1	2
y	0	1	4

C.

x	0	1	3
y	0	1	9

I. $f(x) = x$

II. $g(x) = x^2$

III. $h(x) = x^3 - 3x^2 + 3x$

¿Alguna de las tablas corresponde a más de una función?

57. **Completa la tabla correspondiente a la función:**

$$f(x) = \begin{cases} 4x - x^2 & \text{si } x < 3 \\ 2x - 1 & \text{si } x \geq 3 \end{cases}$$

x	−3	−1	3	4,5	6	●
y	●	●	●	●	●	4

¿Puedes justificar que la función no es inyectiva?

58. **Determina el dominio de las siguientes funciones.**

a) $f(x) = x + 3$

b) $g(x) = 4x - x^2$

c) $h(x) = 3 - \sqrt{x+1}$

d) $i(x) = \dfrac{3}{x+1}$

e) $j(x) = \dfrac{5}{x^2+9}$

f) $k(x) = \dfrac{2x}{x-2}$

59. **Halla el dominio de las funciones:**

a) $y = \dfrac{2x+3}{x^2+4x-3}$

b) $y = \sqrt[3]{x+1}$

c) $y = \dfrac{x+1}{x^3+8}$

d) $y = \sqrt{(3-x)(x+4)}$

e) $y = \dfrac{1}{\sqrt{2x+5}}$

f) $y = \sqrt{3-|x|}$

ACTIVIDAD **RESUELTA**

60. **Halla el recorrido de las siguientes funciones.**

a) $f(x) = \dfrac{1}{x^2-1}$

b) $g(x) = \sqrt{x+1}$

a) La variable dependiente puede tomar cualquier valor salvo el cero, ya que el numerador de la fracción no puede anularse. Para comprobarlo, se sustituye $f(x) = 0$:

$$0 = \frac{1}{x^2-1} \Rightarrow 0 \cdot (x^2-1) = 1 \Rightarrow 0 \neq 1$$

$$R(f) = \mathbb{R} - \{0\} = (-\infty, 0) \cup (0, +\infty)$$

b) Solo se considera la raíz positiva, por lo que el recorrido es:

$$R(g) = [0, +\infty)$$

61. **Halla el recorrido de las funciones:**

a) $y = 5 - 2x \quad \text{con } -2 \leq x < 3$

b) $y = 6x - x^2 \quad \text{con } -1 < x \leq 3$

c) $y = 8 - \sqrt{9 - x^2}$

d) $y = \dfrac{3}{x^2+3}$

62. **Se considera la función $f(x) = |4 - x^2|$ definida en el intervalo [−3, 3]. Exprésala a trozos.**

63. **La función parte decimal de un número real x, asigna a cada número real su parte decimal. Se define como: $f(x) = x - [x]$, donde $[x]$ representa la parte entera de x.**

a) Indica los valores de $f(2, 34)$, $f(5)$, $f(-2, 3)$.

b) Representa gráficamente la función en el intervalo [−4, 4].

Operaciones con funciones. Composición

64. **Dadas las funciones $f(x) = x^2$ y $g(x) = \dfrac{5}{x-4}$ calcula:**

a) $(f + g)(1)$

b) $(f \cdot g)(1)$

c) $(f - 2g)(-5)$

d) $(f \circ g)(-1)$

e) $[(f+g) \circ f]\left(\dfrac{2}{3}\right)$

f) $(g \circ f)(2)$

65. **Sean las funciones $f(x) = x + 3$, $g(x) = x^2 - 2$ y $h(x) = \dfrac{1}{x}$. Calcula:**

a) $(g \circ h)$

b) $[f \circ (g \circ h)]$

c) $(f \circ g)$

d) $[(f \circ g) \circ h]$

e) $(h \circ g)$

f) $[(h \circ g) \circ f]$

g) $(g \circ f)$

h) $[h \circ (g \circ f)]$

¿A la vista de los resultados anteriores se puede afirmar que la composición de funciones tiene la propiedad asociativa?

66. **Expresa la función $h(x) = 2x^2 - 3x + 1$ como producto de dos funciones polinómicas de primer grado $f(x)$ y $g(x)$.**

¿Puedes encontrar más de una solución para estas funciones?

67. **Calcula la expresión algebraica de la función $(f \cdot g)$ en donde $f(x) = \dfrac{5}{x-1}$ y $g(x) = x^2 - 1$. ¿Cuál es su dominio?**

68. Si $D(f) = (-\infty, 2) \cup (2, 4]$ y $g(x) = x^2 - 5x$, determina el dominio de:

a) $(f + g)$ b) $(f \cdot g)$ c) $\frac{f}{g}$ d) $\frac{g}{f}$

69. Con las funciones $f(x) = x$, $g(x) = 3$ y $h(x) = \frac{1}{x}$ obtén la expresión de las siguientes funciones:

a) $(f \cdot h)(x)$ d) $(g \circ h)(x)$

b) $[(f + g) \cdot h](x)$ e) $(h \circ h)(x)$

c) $(f \cdot f + g)(x)$ f) $(h \circ g)(x)$

70. Se consideran las funciones $f(x) = \frac{4x-3}{x+1}$ y $g(x) = \frac{x+3}{4-x}$. Calcula, si es posible:

a) $f(0)$ e) $f(-1)$ i) $f(-5)$

b) $g[f(0)]$ f) $g[f(-1)]$ j) $g[f(-5)]$

c) $f(2)$ g) $f(5)$ k) $f(4)$

d) $g[f(2)]$ h) $g[f(5)]$ l) $g[f(4)]$

71. Con los datos y los resultados obtenidos en los apartados del ejercicio anterior, ¿qué puedes afirmar de las funciones f y g?

¿Cuál es el dominio de la función $g \circ f$?

¿Cuál es el dominio de la función $f \circ g$?

ACTIVIDAD **RESUELTA**

72. La función $k(x) = \sqrt{x^2+4}$ se obtiene mediante la composición de dos funciones, es decir, $k(x) = (f \circ g)(x)$. Indica cuáles pueden ser esas funciones y calcula $(g \circ f)(x)$

Para que al componer dos funciones se obtenga $k(x)$, una posibilidad es que una función sea la raíz y la otra el radicando:

$$\begin{cases} f(x) = \sqrt{x} \\ g(x) = x^2 + 4 \end{cases} \Rightarrow k(x) = f[g(x)] = \sqrt{x^2+4}$$

Se calcula $(g \circ f)(x)$:

$$\begin{cases} f(x) = \sqrt{x} \\ g(x) = x^2 + 4 \end{cases} \Rightarrow g[f(x)] = \left(\sqrt{x}\right)^2 + 4 = x + 4$$

73. Si $h(x) = \sqrt{2x+3}$ es la función compuesta $(f \circ g)(x)$ de $f(x)$ y $g(x)$, ¿cuáles pueden ser esas funciones?

Calcula en ese caso la función $(g \circ f)(x)$.

74. Las gráficas siguientes corresponden a dos funciones $f(x)$ y $g(x)$.

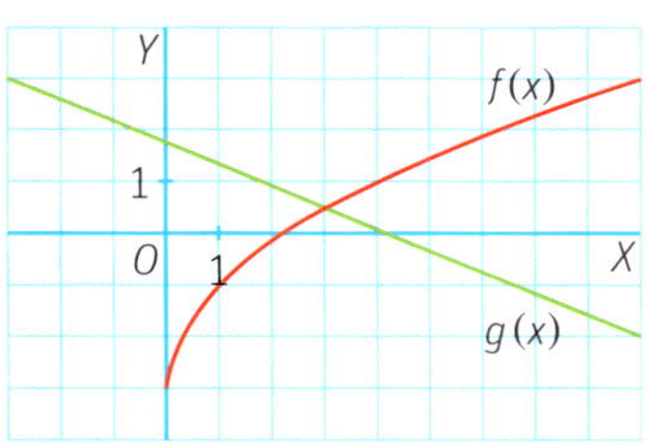

Representa de forma aproximada en tu cuaderno las gráficas de las funciones:

a) $(-f)$ b) $2g$ c) $f + g$

Función inversa

75. Las siguientes tablas de valores corresponden a dos funciones cuyo dominio es [0, 10]. Una de ellas tiene función inversa, y la otra, no.

I.

x	1	3	4	4,5	6	10
y	10	5	1	0	−3	−10

II.

x	1	3	4	4,5	6	10
y	1	5	6	6,2	7	6

a) Indica, justificando la respuesta, cuál de ellas no tiene función inversa.

b) Escribe una tabla de valores correspondiente a la función inversa de la otra función.

76. Comprueba, mediante una tabla de valores, que las funciones $f(x) = \frac{3}{4}x - \frac{1}{2}$ y $g(x) = \frac{4x+2}{3}$ son una inversa de la otra.

a) Represéntalas gráficamente en los mismos ejes de coordenadas.

b) ¿Qué simetría observas entre ambas gráficas?

c) ¿En qué punto se cortan las gráficas?

d) ¿Por qué crees que ese punto de corte tiene sus dos coordenadas iguales?

ACTIVIDAD **RESUELTA**

77. Determina de manera intuitiva y razonada cuál es la función inversa de $f(x) = \frac{x-2}{3}$.

Al aplicar f a un valor de x primero se resta 2 y luego se divide el resultado por 3.

Al aplicar la función inversa se deshace lo hecho por f, es decir:

- En primer lugar se multiplica por 3.
- En segundo lugar se suma 2.

De esta forma se obtiene la función inversa.

$$f^{-1}(x) = 3x + 2$$

Este método solamente es aplicable para funciones sencillas.

78. En los ejercicios siguientes determina la función inversa de $f(x)$ de manera intuitiva e informal. Confirma después que $f(f^{-1}(x)) = f^{-1}(f(x)) = x$.

a) $f(x) = 5x$ d) $f(x) = \sqrt[3]{x}$

b) $f(x) = x - 7$ e) $f(x) = \frac{x-5}{3}$

c) $f(x) = 6 - 3x$ f) $f(x) = x^3 + 7$

79. Verifica en cada caso que f y g son funciones inversas la una de la otra.

a) $f(x) = \frac{5x+1}{x-1}$ $g(x) = \frac{x-1}{x+5}$

b) $f(x) = \sqrt{x-4}$ $g(x) = x^2 + 4,\ x \geq 0$

c) $f(x) = \frac{1}{x+1},\ x \geq 0$ $g(x) = \frac{1-x}{x},\ 0 < x \leq 1$

Actividades

80. Halla la correspondencia inversa en cada caso y comprueba si son funciones.

a) $f(x)=5-2x$

b) $g(x)=\sqrt{x-2}$

c) $h(x)=4-(x+2)^2$, con $-2\le x\le 3$

d) $i(x)=x^2-2x+2$, con $-2\le x\le 3$

81. En las siguientes gráficas identifica las que corresponden a funciones inversas entre sí.

a)
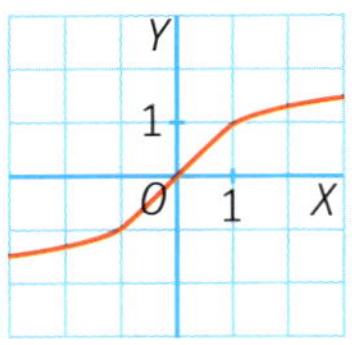

d)
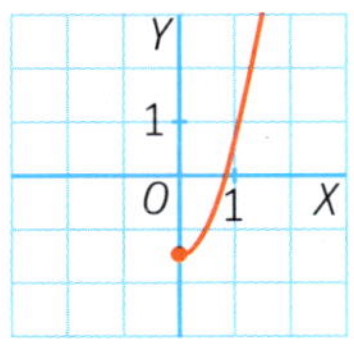

b)
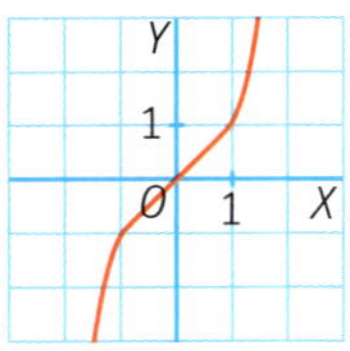

e)
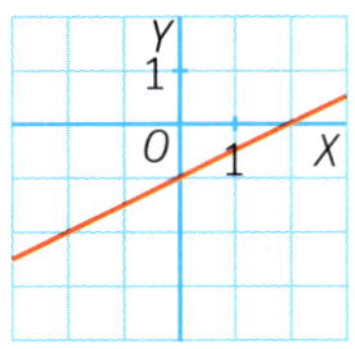

c)
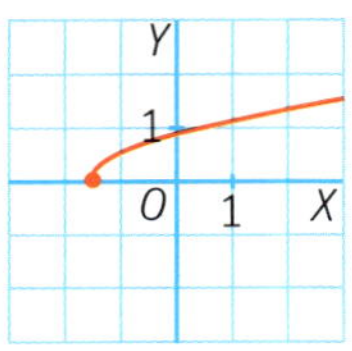

f)
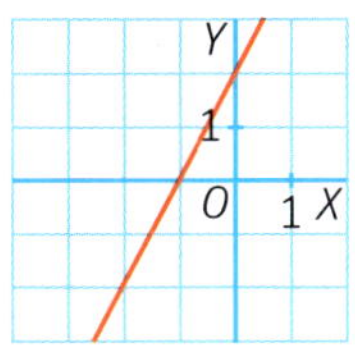

82. Halla la función inversa de $f(x)=\dfrac{x+2}{2x-1}$.

a) ¿Cuál es el dominio de $f(x)$? ¿Y de $f^{-1}(x)$?

b) ¿Cuáles serán los recorridos de las dos funciones?

Características de las funciones

ACTIVIDAD **RESUELTA**

83. Estudia el signo de la función $f(x)=\dfrac{x-2}{\sqrt{6x-x^2}}$.

Es necesario hallar su dominio y los puntos de corte con el eje X.

- Para que la función este definida debe cumplirse que: $6x-x^2=x(6-x)>0 \Rightarrow x>0$ y $x<6 \Rightarrow D(f)=(0,6)$
- El punto de corte con el eje X es:

$$0=\frac{x-2}{\sqrt{6x-x^2}} \Rightarrow x-2=0 \Rightarrow x=2$$

Se estudia el signo en los intervalos (0, 2) y (2, 6), tomando valores de x de esos intervalos y hallando $f(x)$ o mediante una tabla como la siguiente:

	(0, 2)	(2, 6)
$x-2$	−	+
$\sqrt{6x-x^2}$	+	+
$f(x)$	−	+

En el intervalo (0, 2), $f(x)<0$, es negativa.

En el intervalo (2, 6), $f(x)>0$, es positiva.

84. Estudia el signo de las siguientes funciones.

a) $f(x)=2-\dfrac{1}{x}$

b) $g(x)=\dfrac{3x-6}{x+1}$

c) $h(x)=\dfrac{x}{\sqrt{1-x^2}}$

d) $i(x)=(x-2)(x^2-25)$

e) $j(x)=\dfrac{x^2-9x+14}{x-5}$

f) $k(x)=9x^4-25x^2$

85. La siguiente gráfica corresponde a una función periódica de período T = 6.

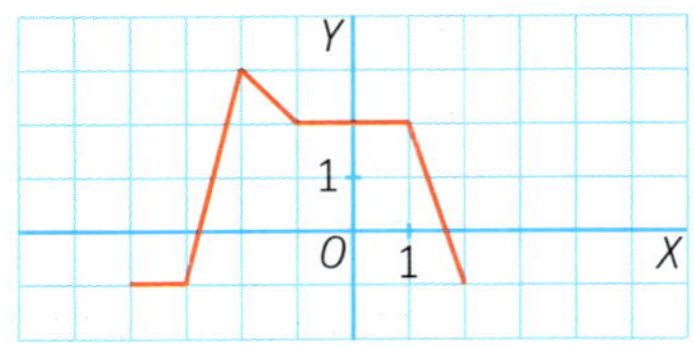

a) Representa en tu cuaderno otros dos períodos de la gráfica de la función, uno a la izquierda y otro a la derecha.

b) ¿Cuál es el recorrido de la función?

c) ¿Está acotada? ¿Cuáles son sus cotas?

d) Halla los valores de la función $f(1)$, $f(-2)$, $f(0)$, $f(27)$, $f(-31)$ y $f(2016)$.

e) ¿En qué puntos del intervalo [60, 70] la función es igual a −2?

86. Halla la tasa de variación media de la función $f(x)=\dfrac{4}{x}$ en los intervalos siguientes.

a) [1, 3] b) [2, 4] c) [−5, −1] d) [−2, −1]

¿Tendría sentido hallar la *TVM f* [−2, 1]? ¿Por qué?

Con los resultados obtenidos, ¿qué puedes decir acerca del crecimiento de la función?

87. Representa una función continua que cumpla las siguientes condiciones:

1. Su dominio es $(-2,1)\cup(1,+\infty)$.
2. Es continua en su dominio.
3. Tiene como asíntotas las rectas $x=-2$, $x=1$, $y=3$.
4. Corta a los ejes de coordenadas en los puntos $A(-1,0)$, $B(0,5)$, $C(3,0)$.
5. Es creciente en $(-2,1)\cup(1,5)$ y decreciente en $(5,+\infty)$.
6. Solo tiene un máximo relativo en (5, 5).

Actividades de síntesis

88. Se define la siguiente función para valores de x pertenecientes al intervalo $[n, n+1)$ en donde n representa un número entero.

$$f(x)=\begin{cases}1 & \text{si } n \text{ es par}\\ -1 & \text{si } n \text{ es impar}\end{cases}$$

Así por ejemplo $f(4,3)=1$ porque 4, 3 pertenece al intervalo [4, 5) y el 4 es par.

a) Halla los valores $f(1)$, $f(1,25)$, $f(-4,2)$, $f(\pi)$.

b) Representa la función en el intervalo [−5, 5)

c) La función es periódica. ¿Cuál es su período? ¿Por qué?

89. Si f y g son funciones pares, h y k son funciones impares, y ninguna de ellas es la función nula, ¿qué se puede asegurar sobre la simetría de las siguientes funciones?

a) $f+g$ c) $f\cdot g$ e) $h+k$ g) $f\cdot(h+k)$

b) $f-g$ d) $\dfrac{h}{g}$ f) $(f+g)\cdot k$ h) $\dfrac{f+g}{h\cdot k}$

90. Halla $g\circ f$ y $f\circ g$, siendo:

$$f(x)=\begin{cases}3x & \text{si } x<2\\ 1-x & \text{si } x\geq 2\end{cases} \text{ y } g(x)=\begin{cases}2x+1 & \text{si } x<0\\ x+5 & \text{si } x\geq 0\end{cases}$$

PROBLEMAS PARA RESOLVER

91. Para grupos de 50 o más personas una empresa de transportes ofrece, para una excursión, un precio por persona, en euros, según la fórmula:

$P(n) = 40 - 0{,}5(n - 50)$, $n > 50$, donde n es el número de excursionistas.

a) Escribe cuál será el ingreso, $G(n)$, para la empresa en función del número n de excursionistas.

b) Copia y completa la tabla en tu cuaderno.

n	60	70	90	110	120	140	160
G	●	●	●	●	●	●	●

c) A la vista de los resultados, ¿cuál parece ser el número de personas más conveniente para la empresa?

d) Determina de manera exacta y razonada cuál es ese número de personas y cuánto ingresaría la empresa.

92. El coste de producir n palas de pádel viene dado por la expresión: $P(n)=40+16\sqrt{n-1}$, con $n\leq 50$.

Si la empresa pretende ganar un 50 % en la venta de cada pala, determina:

a) El precio $U(n)$ de producción de cada una de las palas al producir n.

b) ¿A qué precio deberá vender cada pala si producen 17?

c) ¿Cuánto dinero ganará si producen 30 palas pero solo logran vender 25?

d) La ganancia, $G(n)$, al producir y vender n palas.

e) Analiza si cada una de las funciones $P(n)$, $U(n)$ y $G(n)$ son crecientes o decrecientes.

93. Un jugador de béisbol golpea a la pelota y esta sigue la trayectoria $y=0{,}9+0{,}2x-0{,}0012x^2$, donde x e y están en metros.

a) ¿Pasará por encima de una valla que tiene 5 m de altura y está a 155 m del jugador?

b) Si no existiera la valla y el suelo fuera totalmente horizontal, ¿qué distancia alcanzaría la pelota antes de caer al suelo?

94. Con un cartón rectangular de 40 × 60 cm se construye una caja, sin tapa, recortando en las esquinas unos cuadraditos de lado x cm y doblando el material.

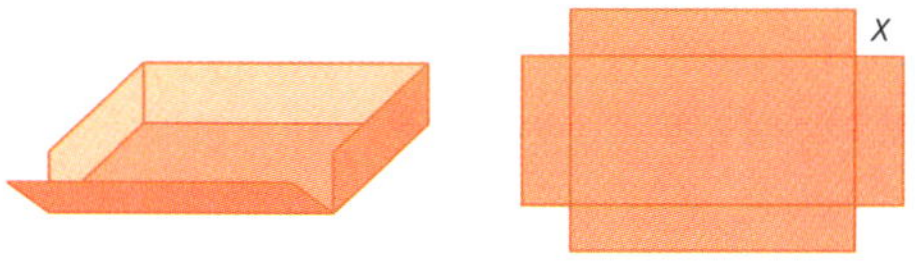

a) Determina el volumen de la caja y la superficie del cartón que forma la caja en función de x.

b) ¿Cuál es el dominio de ambas funciones?

c) ¿Cuál es el volumen de la caja y la superficie del cartón cuando $x = 10$ cm?

ACTIVIDADES PARA PENSAR MÁS

95. ¿Cuál de estas funciones expresa que el número y es el 30 % menos que el número x?

A. $y=0{,}7x$ B. $y=0{,}3x$ C. $y=\dfrac{x}{0{,}3}$ D. $y=x-0{,}3$

96. Las gráficas de $y=-|x-a|+b$ e $y=|x-c|+d$ se cortan en los puntos (2, 5) y (8, 3). El valor de $a+c$ es:

A. 7 B. 8 C. 10 D. 13

97. Sea f la función definida por $f(x) = ax^2 - \sqrt{2}$ con $a > 0$. Si $f\left(f\left(\sqrt{2}\right)\right)=-\sqrt{2}$, el valor de a es:

A. $\dfrac{2-\sqrt{2}}{2}$ B. $\dfrac{1}{2}$ C. $2-\sqrt{2}$ D. $\dfrac{\sqrt{2}}{2}$

98. Si $f\left(\dfrac{x}{3}\right)=x^2+x+1$, ¿cuál es la suma de todos los valores z para los que $f(3z)=7$?

A. $-\dfrac{1}{3}$ B. $-\dfrac{1}{9}$ C. 0 D. $\dfrac{5}{9}$

Encuentra el error

99. Antonio ha obtenido un 6 en el último examen de Matemáticas y quiere convencer a su profesor para que le ponga un notable en la evaluación.

Para ello, hace el siguiente razonamiento:

Mi nota ha sido $x = 6$, luego

$$13x = 78 \text{ y } x^2 = 36$$

Como 36 = 78 − 42 puedo escribir que

$$x^2 = 78 - 42 = 13x - 42$$

Si resto $6x$ a ambos miembros de la igualdad obtengo

$$x^2 - 6x = 7x - 42$$

es decir, $x(x - 6) = 7(x - 6)$ y de aquí se obtiene que evidentemente x tiene que ser 7.

Muy bueno tu intento, le dice el profesor, pero algo has hecho mal para concluir que un 6 es igual que un 7.

¿Cuál es el error en el razonamiento de Antonio?

Ponte a prueba

PROBLEMA **RESUELTO** ## ¿Cómo invertir dinero?

Luis es un empresario que dispone de cierta cantidad dinero para invertir. Después de un riguroso estudio del mercado de valores se ha decidido por dos inversiones.

- La primera, al parecer más segura, se ajustaría a la función $f(x)=\begin{cases} C(1-0{,}15x) & \text{si } 0\le x<2 \\ C(0{,}15x+0{,}4) & \text{si } 2\le x\le 10 \end{cases}$, donde C es el capital invertido y x es el número de años de la inversión.
- La segunda, más arriesgada pero mejor a corto plazo, vendría representada por la función $g(x)=D(1+4x-x^2)$, donde D es el capital invertido y x el número de años de la inversión.

Decide invertir 100 000 € en la primera de ellas y a partir del primer año que tenga ganancias invertirá las ganancias que tiene en ese momento en la segunda inversión. Al cabo de los 10 años retira su dinero.

1. Justifica en qué intervalo es creciente la función $f(x)$.

A. [0, 2] B. [–1, 1] C. [2, 10] D. [6, 12]

2. ¿Podrá iniciar la segunda inversión al cabo de 4 años? ¿Por qué?

3. Si al quinto año inicia la segunda inversión, ¿con qué capital comienza?

4. Completa una tabla de valores en la que calcules el capital de la segunda inversión hasta el final de los 10 años. ¿Durante cuántos años la segunda inversión es rentable?

5. ¿En qué momento sería aconsejable que invirtiera las ganancias de la primera inversión en la segunda?

6. En ese caso, ¿cuál sería la ganancia total de las dos inversiones?

SOLUCIÓN

1. Se calcula la tasa de variación media de $f(x)$ para cada intervalo dado.

A. $TVM\ f[0,2]=\dfrac{f(2)-f(0)}{2-0}=\dfrac{0{,}7C-C}{2}=-0{,}15C<0\Rightarrow$ Decreciente

B. El intervalo no está definido dentro del dominio de la función.

C. $TVM\ f[2,10]=\dfrac{f(10)-f(2)}{10-2}=\dfrac{1{,}9C-0{,}7C}{8}=0{,}15C>0\Rightarrow$ Creciente

D. El intervalo no está definido dentro del dominio de la función.

2. Si se sustituye el valor $x = 4$ en la expresión de la primera función $f(x)$, para comprobar si ese año ya obtiene beneficios: $f(4)=C(0{,}15\cdot 4+0{,}4)=C(0{,}6+0{,}4)=C$. Como la función es creciente en el intervalo [2, 10], si en el cuarto año todavía no obtiene beneficio, en los anteriores tampoco, por lo que todavía no puede cambiar el tipo de inversión de su dinero.

3. Para calcular con qué capital empieza la segunda inversión el 6.º año, hay que calcular el capital que ha obtenido con la primera inversión en el 5.º año: $f(5)=C(0{,}15\cdot 5+0{,}4)=C(0{,}75+0{,}4)=100\,000\cdot 1{,}15=115\,000$ €.

Por tanto, los beneficios obtenidos al cabo de 5 años son: $D = 115\,000 - 100\,000 = 15\,000$ €.

4.

Año	6.º	7.º	8.º	9.º	10.º
x	1	2	3	4	5
g	60 000	75 000	60 000	15 000	–60 000

La segunda inversión genera beneficios hasta el noveno año. A partir de ese momento no se obtienen ganancias y se producen pérdidas.

5. Como la rentabilidad máxima de la segunda inversión se alcanza al cabo de 2 años, lo más conveniente es retirar las ganancias de la primera inversión a los 8 años y seguir con la segunda inversión los dos últimos años.

6. En la primera inversión, el capital obtenido después de 8 años de inversión es:

$f(8)=C(0{,}15\cdot 8+0{,}4)=100\,000\cdot 1{,}6=160\,000$ €

Lo que supone una ganancia de: $160\,000 - 100\,000 = 60\,000$ €

Este es el capital que invierte en la segunda inversión, por lo que al cabo de dos años, tendrá un capital:

$g(2)=60000\cdot(1+4\cdot 2-2^2)=300\,000$ €

La gravedad

Son muchas y variadas las actividades de la vida en las que es preciso tener en cuenta y conocer adecuadamente las consecuencias de la fuerza de gravedad en nuestro planeta. Por citar algunas de ellas basta fijarse en actividades deportivas como el parapente, el ala delta, los lanzamientos de jabalina, el tiro con arco... En todas ellas, para determinar su trayectoria, influyen muchos otros factores como son: la resistencia del aire, la velocidad y el ángulo de salida, la fuerza del viento..., cuyos efectos se suman para dar lugar a la trayectoria final.

Se plantea, mediante el manejo de funciones elementales, estudiar y obtener la trayectoria que seguirá un objeto lanzado con cierta velocidad desde un punto elevado y despreciando la resistencia del aire.

Desde una plataforma horizontal y situada a 20 m de altura se lanza una bola, que rueda sobre la plataforma, con una velocidad de 2 m/s. El espacio que recorre horizontalmente será $x = 2t$ (velocidad por el tiempo) y verticalmente $y = \frac{1}{2}g \cdot t^2$, donde g es la aceleración de la gravedad, $g \cong -10$ m/s^2. En este caso, como se lanza desde una altura de 20 m, la posición vertical de la bola en cada instante será $y = 20 - 5t^2$.

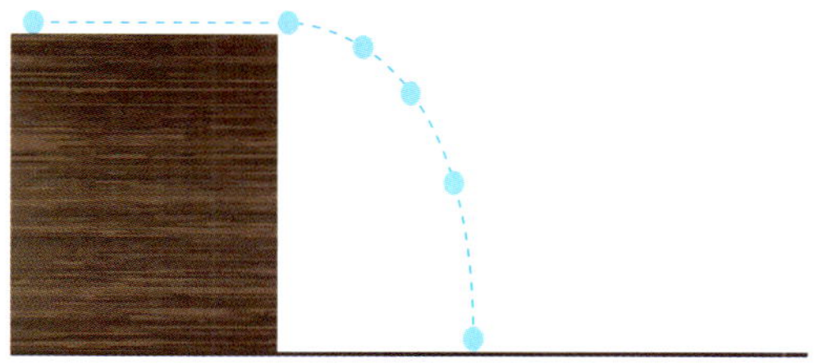

1. ¿Cuánto tiempo tardará en caer al suelo?
2. ¿Qué desplazamiento horizontal habrá tenido la bola en ese tiempo?
3. ¿En qué punto caerá la bola?
4. Halla las posiciones de la bola cada 0,2 segundos y represéntalas sobre unos ejes de coordenadas.
5. La gráfica que obtienes, ¿a que tipo de función corresponde? Halla la expresión de esa función en la forma habitual $y = f(x)$ eliminando el tiempo t entre las dos expresiones que has utilizado.

AUTOEVALUACIÓN

1. Entre el conjunto $C = \{1, 2, 3, ..., 100\}$ formado por los 100 primeros números naturales y el conjunto B formado por los 20 primeros, establecemos la siguiente correspondencia:

   A cada elemento de C le corresponde la suma de sus cifras.

   a) ¿Es esta correspondencia, f, una función?

   b) ¿Es inyectiva? ¿Por qué?

   c) ¿Cuál es su recorrido?

   d) ¿Cuántos elementos x de C verifican que $f(x) = 9$?

2. Dadas las funciones $f(x) = \frac{1}{x+3}$ y $g(x) = x^2 - 4$, determina:

   a) El dominio de $f + g$, de $f \cdot g$ y $\frac{f}{g}$

   b) El valor de $(f \circ g)(2)$

   c) El dominio de $(f \circ g)$

3. Observa la siguiente gráfica:

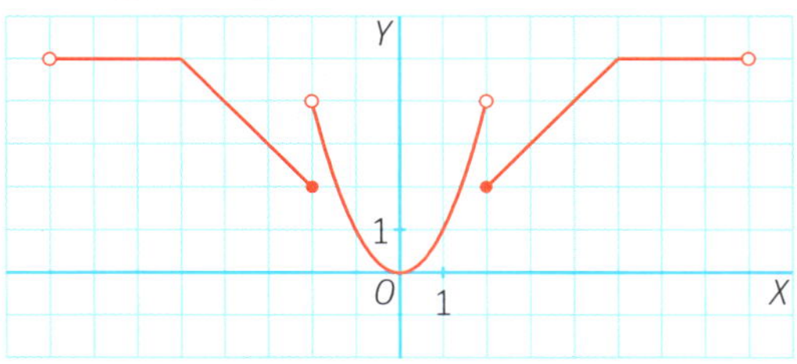

   a) Indica su dominio y recorrido.

   b) ¿Es par o impar?

   c) Calcula $f[4 + f(2)]$.

4. La gráfica que aparece a continuación se corresponde con una función periódica.

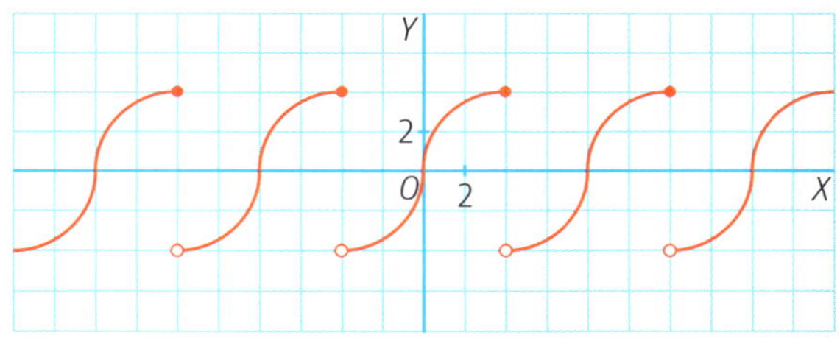

   a) ¿Cuál es su recorrido? ¿Está acotada? ¿Es simétrica?

   b) Calcula $f(2016)$ y $f(-2020)$.

   c) ¿Cuál es el período de $f(2x)$?

5. Las gráficas siguientes corresponden a dos funciones f y g.

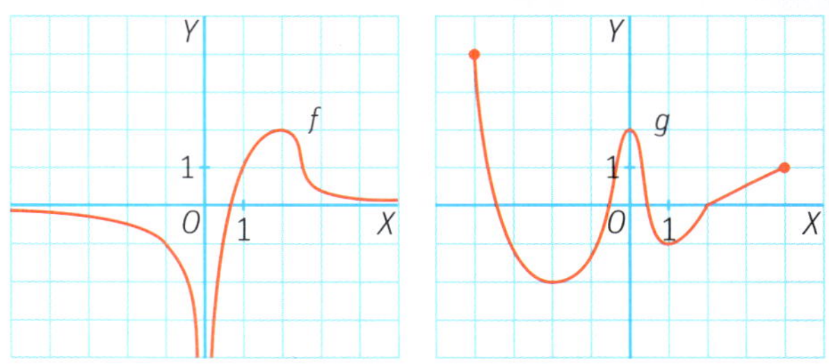

   a) ¿Están acotadas?

   b) Indica sus intervalos de crecimiento y decrecimiento. ¿Cuáles son sus máximos y mínimos?

   c) ¿Cuáles pueden ser las asíntotas de la función f?

smSaviadigital.com VALORA LO APRENDIDO > Autoevaluación.

9 Funciones elementales

- ¿Qué función representa el movimiento de una pelota de golf?
- Si la función de proporcionalidad directa se representa mediante una recta, ¿cómo se representa la función de proporcionalidad inversa?
- ¿Cómo crece una población de nenúfares en un estanque?

Analiza y decide

¿Qué tipo de curva no se utiliza en los ramales de entrada y salida de las autopistas? ¿Cuál es más adecuada?

¿Conoces otro tipo de espirales que se den en la naturaleza o en obras construidas por el hombre? Compara tu respuesta con tus compañeros.

Lee y comprende

La clotoide, la curva de la seguridad

Para evitar accidentes, ¿cuál es la curva más segura para enlazar un tramo recto con uno circular?, ¿qué curva elegir para trazar los ramales de entrada y salida de las autopistas o las vías de tren?

Al contrario de lo que muchos puedan pensar, esa curva no es un arco de circunferencia. Si así fuese, al pasar de golpe de un tramo recto a un arco de circunferencia de radio r, la aceleración del vehículo que se desplaza a una velocidad constante pasaría bruscamente de una aceleración nula a una equivalente a $\frac{v^2}{r}$.

Los pasajeros sufrirían fuertes sacudidas, la carrocería estaría sometida a peligrosos esfuerzos y el número de accidentes aumentaría notablemente.

En el trazado ideal, cuando un vehículo aborda una curva, debería poder seguir desplazándose a la misma velocidad sin que el conductor tenga que luchar con el volante. Lo ideal es que este gire a una velocidad constante y la única trayectoria que proporciona esa constancia es una espiral, la espiral de Cornu o clotoide. La transición más suave y más segura entre una recta y una circunferencia es siempre un arco de clotoide.

Pero no sólo se usa en el trazado de autopistas; en la actualidad los bucles circulares de las montañas rusas han sido sustituidos por bucles de clotoide. En un bucle circular la velocidad del vagón disminuye mucho en el punto más alto, y por tanto se requiere una velocidad de entrada muy grande para poder completar el bucle, un bucle clotoidal con un radio grande en la base y pequeño en la cima es la mejor alternativa a esa situación.

Antonio Pérez Sanz

Observa y contesta

Dibuja una espiral en tu cuaderno. ¿Es igual que la parte de la espiral que se ve en la fotografía?

¿Cuántas dimensiones tienen cada una? ¿Por qué?

- ¿Qué funciones periódicas conoces?
- ¿Puedes trazar gráficas de funciones a partir de otras más sencillas?

1 Funciones polinómicas

MAT-TIC GeoGebra
Entra en smSaviadigital.com y representa funciones polinómicas.

Las funciones $f(x) = 2x + 3$, $g(x) = 5x^5 - 2x + \frac{1}{4}$, $h(t) = 3x^2 - \sqrt{5}x + 5$ tienen en común que están definidas por polinomios de una variable.

Las funciones cuya expresión es $\boldsymbol{f(x) = a_0 + a_1x + a_2x^2 + ... + a_nx^n}$, se llaman **funciones polinómicas**, con $n \in \mathbb{N}$ y los coeficientes $a_0, a_1, ..., a_n \in \mathbb{R}$.

- Las funciones polinómicas son continuas y su dominio son los números reales.
- $a_0, a_1, a_2, ..., a_n$ son los coeficientes de la función polinómica.
- El grado del polinomio coincide con el grado de la función polinómica.
- La variable del polinomio es la variable independiente de la función.

Ejemplos

- La función $f(x) = 5 - 3x + x^3 - 2x^4$ es una función polinómica de cuarto grado, su variable independiente es x, y sus coeficientes, 5, −3, 0, 1 y −2.
- La función $h(x) = 4 - 2x^{-1} + 3x^{\frac{3}{2}}$ **no** es una función polinómica, ya que los exponentes de su variable independiente no son números naturales.

No siempre es sencillo representar funciones polinómicas. Para ello se pueden estudiar los puntos de corte, la simetría, construir una tabla de valores...

Ejemplo ▸ Representa aproximadamente la función $f(x) = x^4 - 4$.

Es una función polinómica de cuarto grado.

- Dominio: $D(f) = \mathbb{R}$
- Punto de corte con el eje Y: $x = 0 \Rightarrow f(0) = -4 \Rightarrow (0, -4)$
- Puntos de corte con el eje X: $y = 0$

  $f(x) = x^4 - 4 = 0 \Rightarrow x = \pm\sqrt{2} \Rightarrow (\sqrt{2}, 0)$ y $(-\sqrt{2}, 0)$
- Simetría: $f(-x) = (-x)^4 - 4 = x^4 - 4 = f(x) \Rightarrow$ Par

x	0	$\sqrt{2}$	1	2
y	−4	0	−3	12

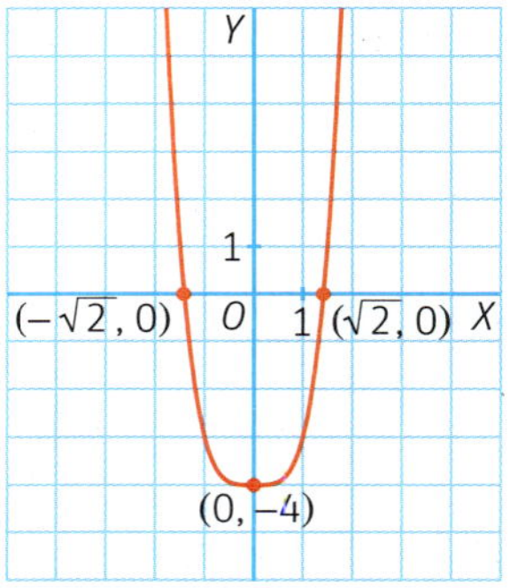

Ten en cuenta

- Si $b = 0$, la función lineal es de la forma $f(x) = ax$ y se llama función de proporcionalidad directa ya que $\frac{y_1}{x_1} = \frac{y_2}{x_2} = \frac{y_3}{x_3} = ... = a$. Su gráfica pasa por el origen de coordenadas.
- Si el termino $a = 0$, la función lineal es constante y su gráfica es una recta horizontal.

Funciones lineales

Las **funciones lineales** son funciones polinómicas de grado menor o igual que 1, es decir, de la forma $\boldsymbol{f(x) = ax + b}$, con $a, b \in \mathbb{R}$. Su gráfica es una **recta**.

- El termino a es la **pendiente** de la recta. Si $a < 0$, la función es decreciente. Si $a > 0$ la función es creciente.
- El coeficiente b, o término independiente del polinomio, es la **ordenada en el origen**, puesto que la gráfica de la función corta al eje Y en el punto $(0, b)$

Ejemplo ▸ Representa las funciones lineales $f(x) = 2x$ y $g(x) = 2x - 2$.

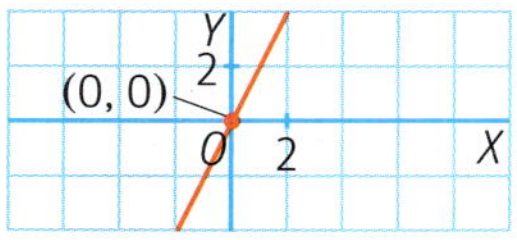

Función de proporcionalidad directa, de pendiente $a = 2$ y pasa por el $O(0, 0)$.

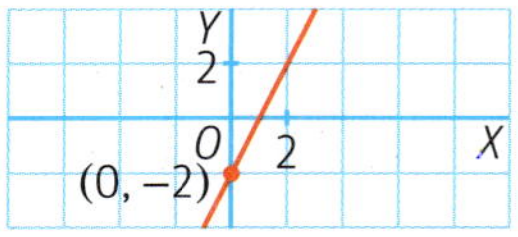

Función lineal de pendiente $a = 2$ y ordenada en el origen −2.

Funciones cuadráticas

Las **funciones cuadráticas** son funciones polinómicas de grado 2, es decir, de la forma $\boldsymbol{f(x) = ax^2 + bx + c}$, con $a, b, c \in \mathbb{R}$ y $a \neq 0$. Su gráfica es una **parábola**.

El estudio analítico permite determinar sus características y así esbozar su gráfica.

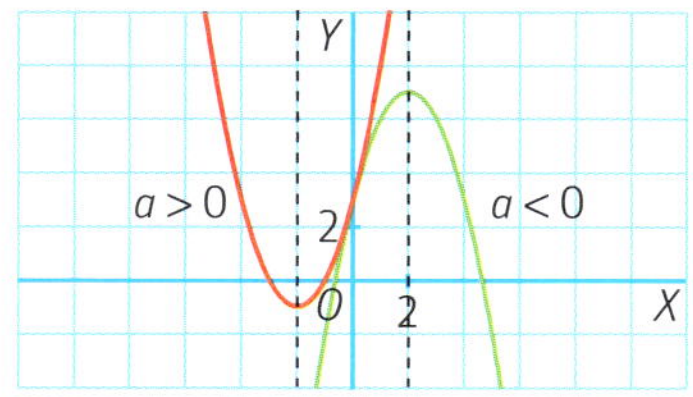

- Si $a < 0$, las ramas de la parábola se abren hacia abajo y la función es creciente hasta alcanzar la abscisa del vértice y decreciente a partir de él.

  Si $a > 0$, las ramas se abren hacia arriba y la función es decreciente hasta alcanzar la abscisa del vértice y creciente a partir de él.
- Tiene un eje de simetría que contiene al vértice de la parábola.
- El vértice de la parábola está en el punto $V\left(\frac{-b}{2a}, f\left(\frac{-b}{2a}\right)\right)$.

  Para encontrar la coordenada horizontal del vértice, x_V, se sigue el siguiente proceso:

  1.° Se traza la recta horizontal $y = c$, que corta a la parábola en los puntos, A y B, cuya ordenada es c.

  2.° Se calculan las abscisas de los puntos A y B:

$$ax^2 + bx + c = c \Rightarrow ax^2 + bx = 0 \Rightarrow \begin{cases} x = 0 \\ ax + b = 0 \end{cases} \Rightarrow \begin{cases} x_A = 0 \\ x_B = -\dfrac{b}{a} \end{cases}$$

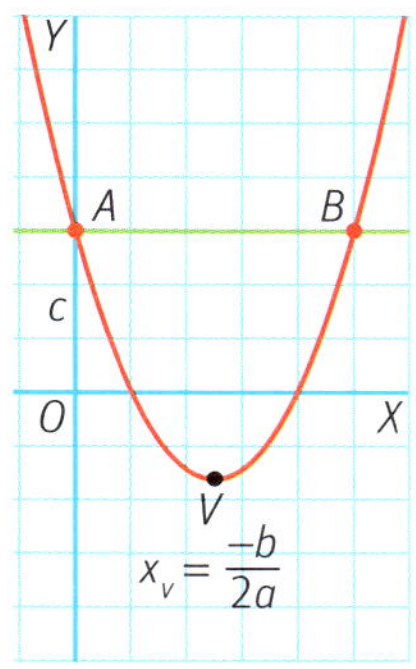

  3.° Como el vértice está en el eje de simetría de la parábola, la abscisa del vértice, x_V, es la media entre x_A y x_B:

$$x_v = \frac{x_A + x_B}{2} = -\frac{b}{2a}.$$

  Por tanto, la ecuación del ejes de simetría es: $x = -\dfrac{b}{2a}$

Ten en cuenta

Para representar la gráfica de una función cuadrática es aconsejable hallar los puntos de corte con los ejes.

ACTIVIDADES

1. Señala cuáles de las siguientes funciones son polinómicas. En caso afirmativo, indica el grado y la variable independiente.

a) $f(x) = 2$

b) $f(z) = -5 - 2z^2$

c) $f(x) = -2\sqrt{x} - 2x^2$

d) $f(t) = -3t^3 - 4t$

e) $f(x) = x + \dfrac{1}{2x}$

f) $f(v) = \dfrac{v^3}{2}$

2. Representa estas funciones lineales e indica su pendiente y su ordenada en el origen.

a) $f(x) = 2$

b) $f(x) = -2x$

c) $f(x) = x - 3$

d) $f(x) = -2x + 2$

3. La gráfica de la función polinómica de primer grado $y = f(x)$ pasa por el punto (3, 5) y su pendiente es 2. Determina:

a) $f(4)$

b) La expresión de la función $f(x)$

c) La ordenada en el origen

4. Determina el sentido de las ramas, las coordenadas del vértice y la ecuación del eje de simetría de las siguientes parábolas.

a) $f(x) = x^2 + 4x$

b) $f(x) = -x^2 + 4x - 1$

c) $f(x) = x^2 - 2x + 1$

d) $f(x) = 2x^2 - 5x$

ACTIVIDAD **RESUELTA**

5. **Estudia la función polinómica $f(x) = x^2 - 2x - 3$ y represéntala gráficamente.**

Es una función polinómica de segundo grado. Sus coeficientes son 1, −2 y −3. Su gráfica es una parábola con las ramas abiertas hacia arriba ya que $a > 0$.

- Punto de corte con el eje Y: $f(0) = -3 \Rightarrow (0, -3)$
- Puntos de corte con el eje X: $f(x) = 0$

$$0 = x^2 - 2x - 3 \Rightarrow \begin{cases} x_1 = -1 \\ x_2 = 3 \end{cases} \Rightarrow (-1, 0) \text{ y } (3, 0).$$

- Eje de simetría: $x = \dfrac{-b}{2a} = \dfrac{2}{2} = 1$
- Vértice: $V(1, f(1)) \Rightarrow V(1, -4)$

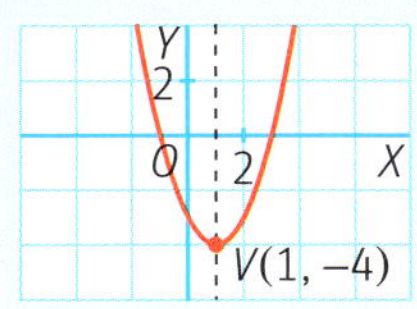

6. Representa las siguientes funciones cuadráticas.

a) $f(x) = x^2 - 1$

b) $f(x) = (x - 3)^2$

7. Estudia y representa de forma aproximada la gráfica de la función $f(x) = x^3 - 1$.

2 Funciones racionales

MAT-TIC GeoGebra

Entra en smSaviadigital.com y construye funciones racionales.

Los números racionales son aquellos números que se pueden escribir de la forma $\frac{a}{b}$, con a y $b \in \mathbb{Z}$ y $b \neq 0$. Así, las funciones que tienen una expresión de la forma $f(x) = \frac{A(x)}{B(x)}$, donde $A(x)$ y $B(x)$ son polinomios con $B(x) \neq 0$, se llaman **funciones racionales**.

Las **funciones racionales** son el cociente de dos polinomios y su expresión es de la forma $\boldsymbol{f(x) = \frac{A(x)}{B(x)} = \frac{a_0 + a_1x + a_2x^2 + \ldots + a_nx^n}{b_0 + b_1x + b_2x^2 + \ldots + b_mx^m}}$, con grado$(B(x)) \geq 1$.

Ejemplos

- La función $f(x) = \frac{2x-1}{x^2+x+1}$ es una función racional, puesto que es un cociente de dos polinomios, $A(x) = 2x - 1$ y $B(x) = x^2 + x + 1$.
- La función $f(x) = \frac{3\sqrt{x}+2}{x+1}$ no es racional, porque el numerador, $P(x) = 3\sqrt{x} + 2$, no es un polinomio.

El **dominio** de las funciones racionales está formado por todos los números reales excepto los que anulan el polinomio del denominador.

Ten en cuenta

Las funciones como $g(x) = \frac{x^2-1}{x-1}$ se pueden simplificar como $f(x) = x+1$, pero teniendo en cuenta el dominio de la función de partida, es decir, $D(g) = \mathbb{R} - \{1\}$

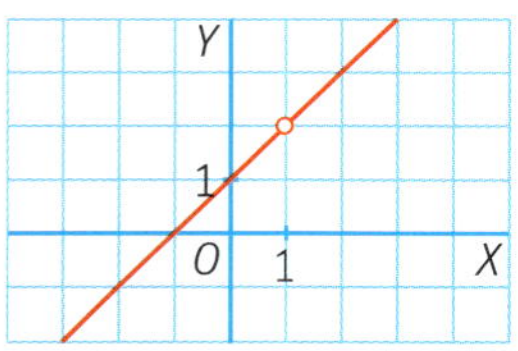

Ejemplo ▸ Halla el dominio de la función $f(x) = \frac{2x-1}{2x^2-x-3}$.

Se factoriza el polinomio del denominador para encontrar los valores de la variable independiente que lo anulan: $f(x) = \frac{2x-1}{2x^2-x-3} = \frac{2x-1}{(x+1)(2x-3)}$

Por tanto, el dominio de la función racional es: $D(f) = \mathbb{R} - \left\{-1, \frac{3}{2}\right\}$

Para estudiar las funciones racionales, se pueden hallar los puntos de corte con los ejes, la simetría o el signo de la función.

Ejemplo ▸ Estudia las características de la función racional $f(x) = \frac{x^2}{x^2-4}$

- Dominio: Se buscan los valores que anulan el denominador: $x^2 - 4 = 0 \Rightarrow x = \pm 2$

$$D(f) = \mathbb{R} - \{-2, 2\} = (-\infty, -2) \cup (-2, 2) \cup (2, +\infty)$$

- Punto de corte con el eje Y: $x = 0 \Rightarrow f(0) = 0 \Rightarrow (0, 0)$

  Puntos de corte con el eje X: $y = 0 \Rightarrow f(x) = \frac{x^2}{x^2-4} = 0 \Rightarrow x^2 = 0 \Rightarrow (0, 0)$

- Simetría: $f(-x) = \frac{(-x)^2}{(-x)^2-4} = \frac{x^2}{x^2-4} = f(x) \Rightarrow$ Es una función par.
- Signo de la función:

	$-\infty$ a -2	-2 a 0	0 a 2	2 a $+\infty$
x^2	+	+	+	+
$x^2 - 4$	+	−	−	+
$f(x)$	+	−	−	+

Funciones de proporcionalidad inversa

Las funciones racionales más elementales son las que resultan del cociente entre una constante y la variable independiente, es decir, $f(x) = \frac{k}{x}$.

Las **funciones de proporcionalidad inversa** son funciones racionales de la forma $f(x) = \frac{k}{x}$, con $k \neq 0$. Su gráfica es una curva llamada **hipérbola**.

- El dominio de las funciones de proporcionalidad directa es: $D = \mathbb{R} - \{0\}$
- Si $k > 0$, las ramas de la hipérbola están en el 1.er y 3.er cuadrante y es decreciente en todo su dominio.
  Si $k < 0$, las ramas de la hipérbola están en el 2.º y 4.º cuadrante y es creciente en todo su dominio.
- Presentan simetría impar: $f(x) = f(-x)$.

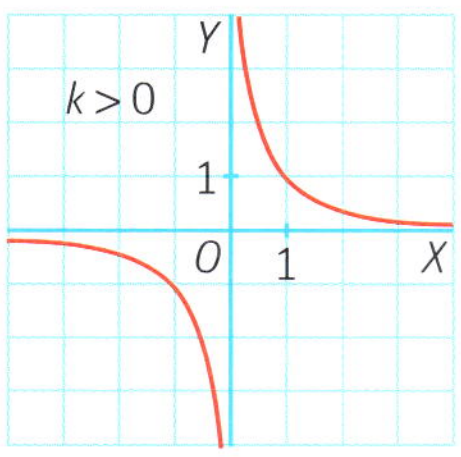

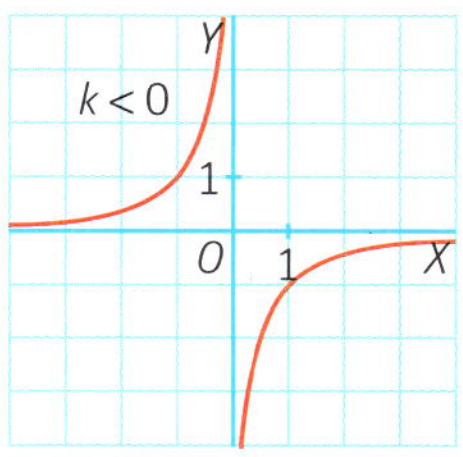

Ten en cuenta

Las funciones de proporcionalidad inversa también se pueden escribir como $x \cdot y = k$, es decir, el producto de dos valores correspondientes de x e y es una cantidad constante.

$$x_1 \cdot y_1 = x_2 \cdot y_2 = x_3 \cdot y_3 = ... = k$$

ACTIVIDADES

ACTIVIDAD **RESUELTA**

8. Justifica si la función $f(x) = 2x + 1 + \frac{3}{x+1}$ es una función racional.

Operando, se puede escribir $f(x)$ de la forma: $f(x) = \frac{2x^2 + 3x + 4}{x+1}$, por tanto, es una función racional.

9. Indica cuáles de las funciones son racionales. Justifícalo.

a) $f(x) = \frac{3}{x} + x^2 - 2x$

b) $f(x) = \frac{(x+3)(x-1)}{(x-1)}$

c) $f(x) = \frac{x^2 - x - 1}{5}$

d) $f(x) = \frac{x^3 - \sqrt{2x}}{x+1}$

10. Halla el dominio de estas funciones.

a) $f(x) = \frac{2x+3}{x^2+1}$

b) $f(x) = \frac{5}{x(3x+1)}$

c) $f(x) = \frac{x^2+1}{2x+3}$

d) $f(x) = \frac{4x+8}{x^2 - 8x + 7}$

11. Indica el dominio y el crecimiento de las funciones:

a) $y = \frac{3}{x}$

b) $y = \frac{-2}{x}$

c) $y = \frac{1}{-x}$

d) $y = \frac{1}{\frac{x}{2}}$

12. Determina los puntos de corte con los ejes y el signo de las siguientes funciones racionales.

a) $y = \frac{2x+3}{x^2-1}$

b) $y = \frac{(x+3)(x-1)}{(x-1)}$

13. El dominio de la función $y = \frac{x+5}{x^2+bx+c}$ es $D(f) = (-\infty, -2) \cup (-2, 4) \cup (4, +\infty)$. Calcula b y c.

ACTIVIDAD **RESUELTA**

14. ¿Cuál es la expresión que permite obtener la altura de un triángulo de 45 cm² de superficie en función de su base?

De la expresión del área del triángulo, se despeja su altura:

$$A = \frac{b \cdot h}{2} \Rightarrow h = \frac{2A}{b} = \frac{2 \cdot 45}{b}$$

Por tanto, se puede escribir como $h = f(b)$, donde b expresa la longitud de la base y h la longitud de la altura:

$h = f(b) = \frac{90}{b}$, que es una función de proporcionalidad inversa.

15. ¿Cuál es la expresión que permite obtener la base de un rectángulo de 12 cm² de área en función de su altura?

16. smSaviadigital.com

PRACTICA ¿Son polinómicas o racionales?

3 Asíntotas de las funciones racionales

Como se puede observar en las gráficas de las funciones de proporcionalidad inversa, sus ramas se van aproximando cada vez más a diferentes rectas.

Las rectas a las que se aproximan las ramas de una curva son las **asíntotas**.
- Si estas rectas son paralelas al eje X se llaman asíntotas **horizontales**.
- Si son paralelas al eje Y se llaman asíntotas **verticales**.
- Si no son paralelas ni al eje X ni al Y se llaman asíntotas **oblicuas**.

Ejemplos

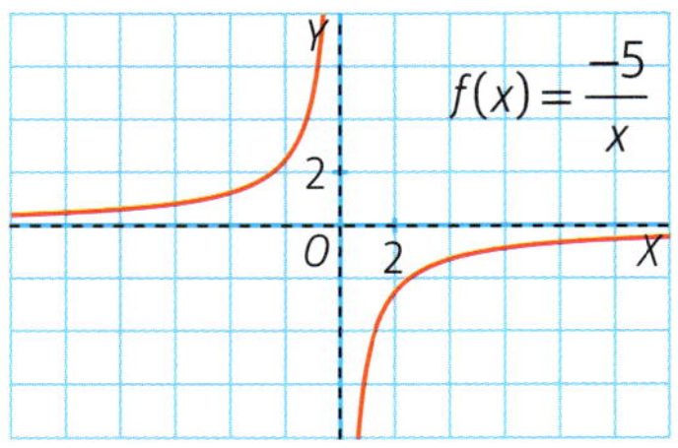

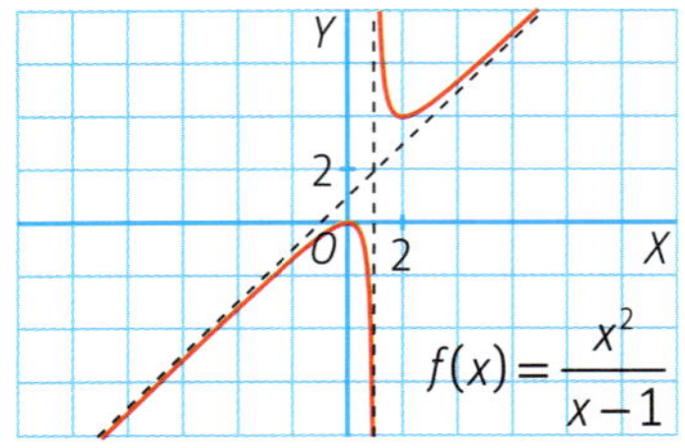

▸ La función de proporcionalidad inversa $f(x)=\frac{-5}{x}$ tiene una asíntota horizontal, $y=0$, y una vertical, $x=0$.

▸ La función racional $f(x)=\frac{x^2}{x-1}$ tiene una asíntota vertical, $x=1$ y una asíntota oblicua, $y=x+1$.

Asíntotas horizontales

Cualquier función racional $f(x)=\frac{A(x)}{B(x)}$ en la que el grado de $A(x)$ es menor o igual que el grado de $B(x)$ tiene una **asíntota horizontal** de ecuación $\boldsymbol{y = c}$.

Ejemplos

▸ La función $y=\frac{2x-1}{x^2+2x-3}$ tiene una asíntota horizontal, ya que el grado del polinomio del numerador es menor que el del denominador.

Para encontrar esta asíntota, se construye una tabla de valores, con valores muy grandes de x en valor absoluto.

x	−10000	−1000	−100	100	1000	10000
y	−0,0002	−0,002	−0,02	0,02	0,002	0,0002

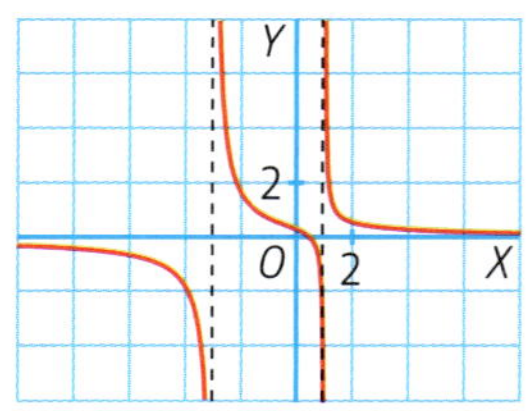

Se obtienen valores cada vez más próximos a cero, por tanto, la recta $y=0$ es una asíntota horizontal.

▸ La función $f(x)=\frac{2x^2-1}{x^2+2x-3}$ tiene una asíntota horizontal, ya que el grado del polinomio del numerador es igual que el del denominador.

Se construye una tabla de valores, con valores muy grandes de x en valor absoluto.

x	−10000	−1000	−100	100	1000	10000
y	2,0004	2,004	2,041	1,961	1,996	1,999

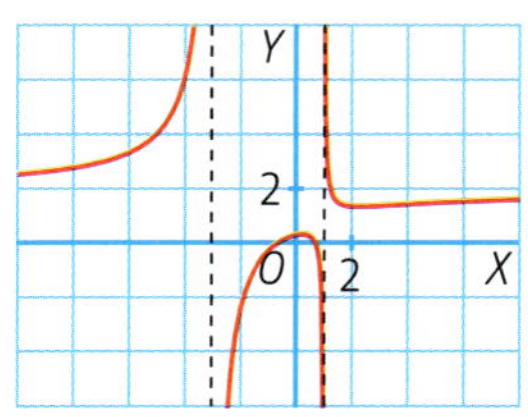

Se obtienen valores cada vez más próximos a 2, por tanto, la recta $y=2$ es una asíntota horizontal.

Ten en cuenta

Si la función racional es $f(x)=\frac{A(x)}{B(x)}$:
- Si el grado de $A(x) < B(x)$, la asíntota horizontal es $y=0$.
- Si el grado de $A(x) = B(x)$, la asíntota horizontal es $y=\frac{a_n}{b_n}$, donde a_n y b_n son los coeficientes principales.

Asíntotas verticales

Una función racional $f(x)$ tiene como **asíntota vertical** la recta $\boldsymbol{x = d}$ si al tomar valores de x cada vez más próximos a d los valores $f(x)$ se hacen cada vez más grandes, en valor absoluto.

Las funciones racionales tienen asíntotas verticales en los valores de x que anulan el denominador. Si también anulan el numerador se debe comprobar tomando valores de x próximos a ese punto de discontinuidad.

Ejemplo ▸ La función $y = \dfrac{x^2 - 9}{x(x-3)}$ con dominio $\mathbb{R} - \{0, 3\}$ tiene una asíntota vertical que es $x = 0$, que anula el denominador, pero no el numerador.

Se dan valores a x cada vez más cercanos a 0 para comprobar que es una asíntota:

x	−1	−0,5	−0,1	−0,01	0,01	0,1	1
y	−2	−5	−29	−299	301	31	4

Para $x = 3$ se anula también el numerador. Para comprobar si es una asíntota, se estudia la función en las proximidades de $x = 3$:

x	2	2,5	2,9	2,99	3,01	3,1	3,5	4
y	2,5	2,2	2,03	2,003	1,996	1,967	1,85	1,75

Se observa que cuando la variable independiente se va acercando a 3, la función se aproxima a 2, por tanto, la recta $x = 3$ no es una asíntota vertical.

MAT-TIC GeoGebra

Entra en sm**Savia**digital.com y estudia las asíntotas de las funciones racionales.

Ten en cuenta

Para buscar asíntotas verticales se estudian los valores que no pertenecen al dominio.

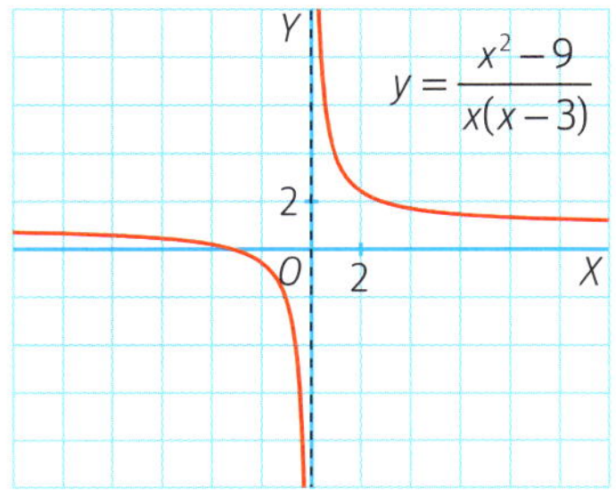

Asíntotas oblicuas

Cualquier función racional $f(x)$ en la que el grado del numerador es una unidad mayor que el grado del denominador tiene una **asíntota oblicua**. Para calcularla, se puede expresar la función de la forma: $\boldsymbol{f(x) = \dfrac{A(x)}{B(x)} = ax + b + \dfrac{r(x)}{B(x)}}$

Donde $\boldsymbol{y = ax + b}$ es la ecuación de la **asíntota oblicua** y el grado de $r(x)$ es menor que el grado de $B(x)$.

Ejemplo ▸ Halla la asíntota oblicua de la función racional $f(x) = \dfrac{x^2 + 3}{x - 1}$.

Para hallarla se divide el polinomio del numerador entre el del denominador:

$$f(x) = \frac{x^2 + 3}{x - 1} = x + 1 + \frac{4}{x - 1}$$

Cuando x toma valores muy grandes, el término $\dfrac{4}{x-1}$ toma valores cada vez más cercanos a 0, por tanto, la ecuación de la asíntota es $y = x + 1$.

Ten en cuenta

$$\begin{array}{rr|l} x^2 + & 3 & x-1 \\ \cline{3-3} -x^2 + x & & x+1 \\ \hline x + 3 & & \\ -x + 1 & & \\ \hline 4 & & \end{array}$$

ACTIVIDADES

17. Determina las asíntotas verticales, horizontales y oblicuas de las siguientes funciones racionales.

a) $y = \dfrac{x}{x^2 - 1}$ b) $y = \dfrac{2x^2 + x + 1}{x - 1}$ c) $y = \dfrac{3x - 2}{x^2 - 5x + 6}$

18. Determina el dominio, los puntos de corte y las asíntotas de las siguientes funciones. Luego, trata de esbozar sus gráficas.

a) $y = x + 1 + \dfrac{x^2}{x - 4}$ b) $y = \dfrac{2x}{x + 1}$

4 Funciones exponenciales y logarítmicas

MAT-TIC GeoGebra

Entra en sm**Savia**digital.com y deduce qué relación hay entre las funciones exponenciales y logarítmicas.

En la función $y = x^2$ la variable independiente es la base de una potencia. Sin embargo en la función $y = 2^x$ está en el exponente, es una **función exponencial**.

> Las funciones del tipo $\boldsymbol{f(x) = a^x}$, en la que a es un número real positivo y $a \neq 1$, se llaman **funciones exponenciales**.

Las funciones exponenciales presentan las siguientes características:

- Su dominio es $(-\infty, +\infty)$ y su recorrido $(0, +\infty)$. Son continuas en su dominio.
- Su gráfica pasa por los puntos $(0, 1)$ y $(1, a)$ ya que $f(0) = a^0 = 1$ y $f(1) = a^1 = a$.
- Si $\boldsymbol{a > 1}$ la función es creciente y la recta $y = 0$ es una asíntota horizontal cuando x va tomando valores cada vez menores.
- Si $\boldsymbol{0 < a < 1}$ la función es decreciente y la recta $y = 0$ es una asíntota horizontal cuando x va tomando valores cada vez mayores.
- La función $y = \left(\frac{1}{a}\right)^x$ es simétrica de $y = a^x$ respecto del eje Y.

Ten en cuenta

En la naturaleza existen numerosos fenómenos que se rigen por las leyes del crecimiento o decrecimiento exponencial, como el crecimiento de la población de nenúfares en un estanque.

Ejemplo ▸ Las gráficas de las funciones $f(x) = 2^x$ e $g(x) = 2^{-x} = \left(\frac{1}{2}\right)^x = 0{,}5^x$ son:

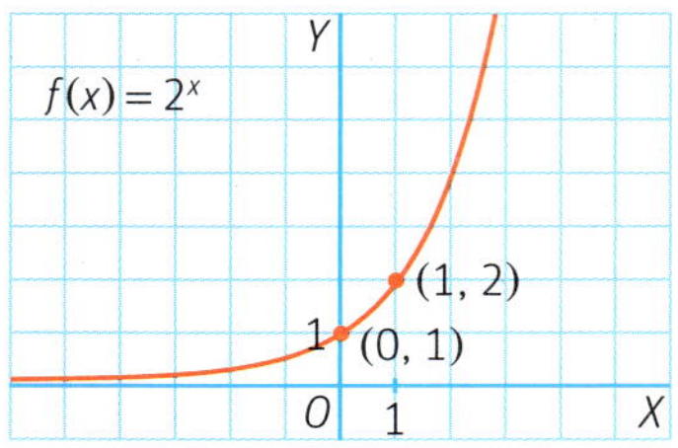

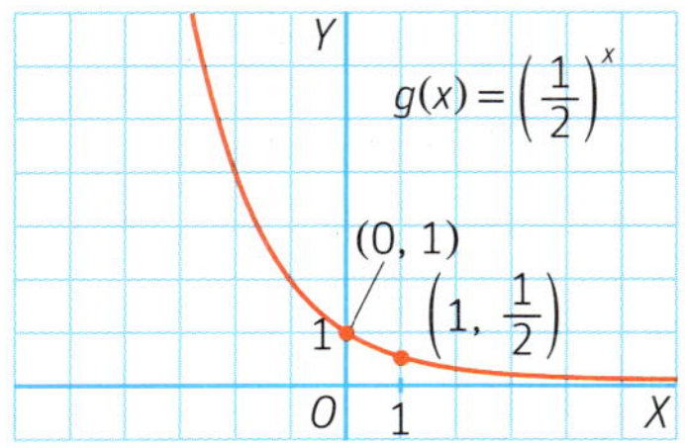

Las funciones exponenciales $f(x) = 10^x$ y $g(x) = e^x$

Las dos funciones exponenciales más utilizadas son las que tienen por base 10 y el número e.

- Como nuestro sistema de numeración es decimal, la función exponencial $f(x) = 10^x$ se utiliza para expresar números muy grandes o muy pequeños.
- La función $g(x) = e^x$ aparece en multitud de fenómenos naturales, como el crecimiento de poblaciones o las emisiones radiactivas.

  Para representar esta función se pueden utilizar sus características y elaborar una tabla de valores.

x	−3	−2	−1	0	1	1,5	2
e^x	0,05	0,14	0,37	1	2,72	4,48	7,39

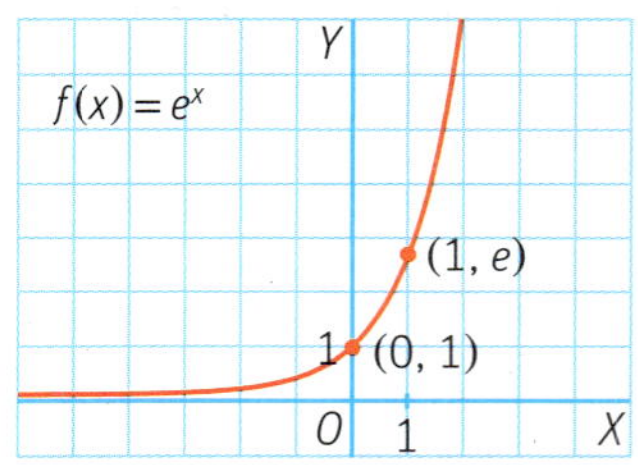

Con calculadora

Para hallar e^2, teclea:

shift e^x 2

Para hallar 10^5, teclea:

shift 10^x 5

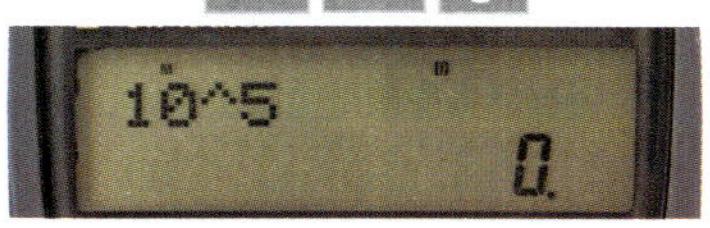

ACTIVIDADES

19. La siguiente gráfica corresponde a la función $f(x) = 3^x$.

a) Comprueba que verifica todas las propiedades de las funciones exponenciales.

b) Dibuja en tu cuaderno la gráfica de la función $g(x) = 3^{-x}$.

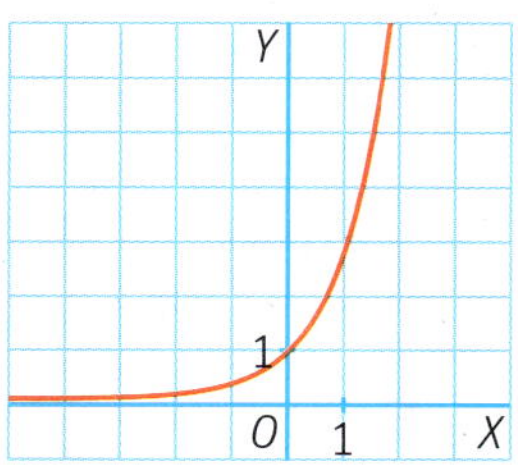

20. Representa en tu cuaderno la gráfica de la función $f(x) = e^{-x}$. Compárala con la gráfica de la función $g(x) = e^x$, ¿Qué observas?

21. Representa en tu cuaderno las siguientes funciones de base 10 y compáralas. ¿Qué tienen en común? ¿Qué relación hay entre ellas?

$f(x) = 10^x$ $g(x) = 10^{-x}$ $h(x) = -10^x$

Función logarítmica

Como la función exponencial es inyectiva, es decir, que a cada valor de la variable independiente le corresponde un único valor de la variable dependiente, tiene una función inversa que se llama **función logarítmica**, basada en la definición de logaritmo:

$$a^y = x \Leftrightarrow \log_a x = y$$

> La función $y = f(x) = \log_a(x)$ en la que $a > 0$, $a \neq 1$ se llama **función logarítmica de base *a*.**

Las características de estas funciones son:

- Como el logaritmo solo está definido si su argumento es positivo, su dominio es $(0, +\infty)$ y su recorrido $(-\infty, +\infty)$. Son continuas en su dominio.
- Su gráfica pasa por los puntos (1, 0) y (*a*, 1). ya que $f(1) = \log_a 1 = 0$ y $f(a) = \log_a a = 1$
- Si $a > 1$ la función es creciente y si $0 < a < 1$ la función es decreciente.
- La recta $x = 0$ es una asíntota vertical.
- La función $y = \log_{\frac{1}{a}}(x)$ es simétrica de $y = \log_a(x)$ respecto del eje *X*.
- La función $y = \log_a(x)$ es simétrica de $y = a^x$ respecto de la bisectriz del 1.er cuadrante.

Las funciones logarítmicas más utilizadas son las que tienen como base 10 y el número *e*. Son las inversas de las funciones exponenciales $f(x) = 10^x$ y $g(x) = e^x$.

- La función $f(x) = \log_{10} x$, se llama **logaritmo decimal** y se escribe $f(x) = \log x$.
- La función $g(x) = \log_e x$, se llama **logaritmo neperiano** y se escribe $g(x) = \ln x$.

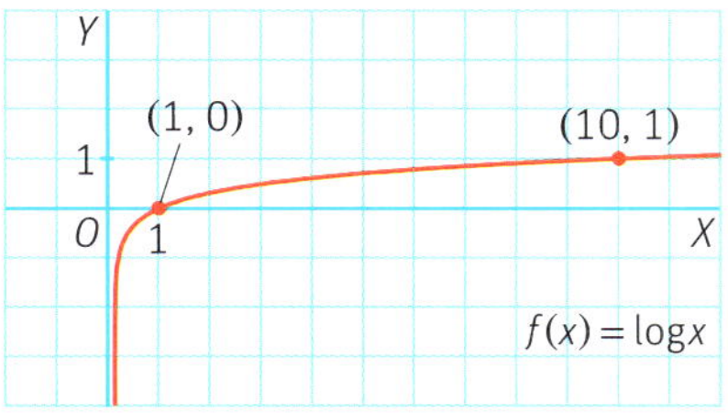

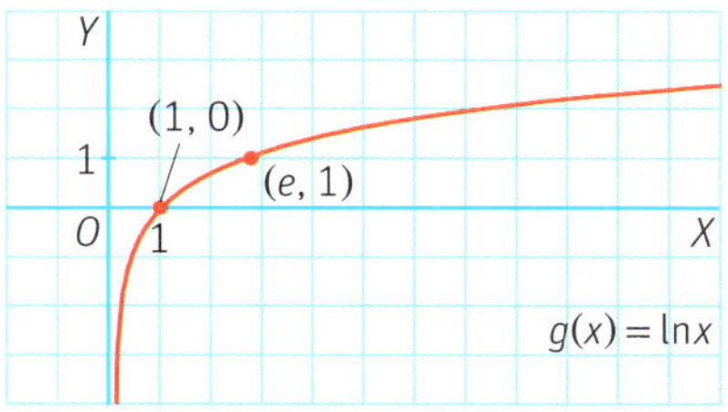

Sabías que...

Hace menos de 50 años, cuando aún no había calculadoras, para hacer cálculos complejos se utilizaban las tablas de logaritmos decimales.

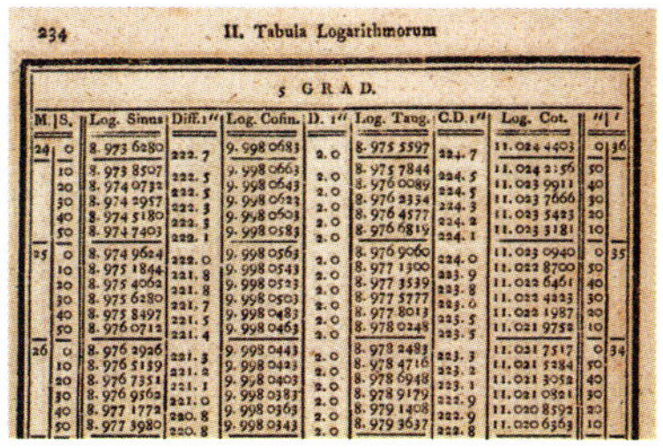

Con calculadora

Para hallar $\log 10_{30}$, teclea:

log **3**

Para hallar $\log_e 30$, teclea:

ln **30**

ACTIVIDADES

ACTIVIDAD **RESUELTA**

22. Se considera la función $y = \log(2x + 4)$. Calcula:

a) El dominio y los puntos de corte con los ejes.

b) La tasa de variación media en el intervalo [4, 10].

c) La función inversa.

a) $2x + 4 > 0 \Rightarrow x > -2 \Rightarrow D(f) = (-2, +\infty)$

Corte con el eje *Y*: $x = 0 \Rightarrow f(0) = \log 4 = 0{,}6 \Rightarrow P\,(0; 0{,}6)$

Corte con el eje *X*: $y = 0 \Rightarrow 0 = \log(2x + 4) \Rightarrow$

$\Rightarrow \log 1 = \log(2x+4) \Rightarrow 1 = 2x + 4 \Rightarrow x = -\dfrac{3}{2} \Rightarrow A\left(-\dfrac{3}{2}, 0\right)$

b) $TV f[4, 10] = \dfrac{f(10) - f(4)}{10 - 4} = \dfrac{\log 24 - \log 4}{6} = \dfrac{\log 6}{6} = 0{,}13$

c) $y = \log(2x + 4) \Leftrightarrow 2x + 4 = 10^y \Leftrightarrow x = -2 + \dfrac{10^y}{2} \Leftrightarrow$

$\Leftrightarrow f^{-1}(x) = -2 + \dfrac{10^x}{2}$

23. Halla el dominio y los puntos de corte de estas funciones.

a) $y = \log x^2$

b) $y = 3\log(4 - x^2)$

c) $y = 2\log x$

d) $y = \ln(e + x)$

24. Halla y compara la tasa de variación de los siguientes pares de funciones en los intervalos indicados.

I. [1, 2] II. [10, 20] III. [100, 120]

a) $f(x) = x^5$ y $g(x) = 2^x$

b) $f(x) = \log x$ y $g(x) = \sqrt{x}$

25. Halla la función inversa de estas funciones.

a) $y = 2\log x$

b) $y = \ln(e \cdot x)$

26. A partir de la gráfica de la función $f(x) = \ln(x - 2)$, halla la fórmula de la función $g(x)$.

Demuestra que es correcta dando algunos valores y comprobándolos en la gráfica.

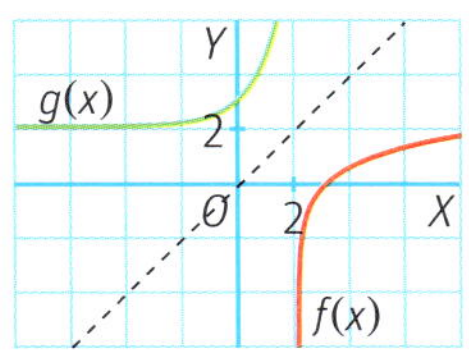

5 Funciones trigonométricas

Sabías que...

En el estudio de las "ondas", ya sean sonoras, electromagnéticas o producidas en fluidos, es imprescindible el conocimiento y utilización de funciones trigonométricas.

A partir de las razones trigonométricas de un ángulo α, se pueden definir las **funciones trigonométricas**.

Funciones seno y coseno

Si x es la medida, en radianes, de un ángulo α, se definen las **funciones seno y coseno** como:

$$f(x) = \operatorname{sen} x \qquad g(x) = \cos x$$

Las funciones seno y coseno tienen las siguientes características:

- Su dominio es todo el conjunto de los números reales.
- Son continuas en su dominio.
- Están acotadas ya que para cualquier ángulo α se verifica que $-1 \le \operatorname{sen}\alpha \le 1$ y $-1 \le \cos\alpha \le 1$, por tanto, su recorrido es $[-1, 1]$
- Son funciones periódicas con periodo $T = 2\pi$ porque $\operatorname{sen}(x+2\pi) = \operatorname{sen} x$ y $\cos(x+2\pi) = \cos x$. Por ese motivo, se estudian en el intervalo $[0, 2\pi)$.
- Signo:

	0 – $\frac{\pi}{2}$	$\frac{\pi}{2}$ – π	π – $\frac{3\pi}{2}$	$\frac{3\pi}{2}$ – 2π
sen x	+	+	–	–
cos x	+	–	–	+

- Intervalos de crecimiento y decrecimiento:

	0 – $\frac{\pi}{2}$	$\frac{\pi}{2}$ – π	π – $\frac{3\pi}{2}$	$\frac{3\pi}{2}$ – 2π
sen x	↗	↘	↘	↗
cos x	↘	↘	↗	↗

- Como $\operatorname{sen}(-x) = -\operatorname{sen} x$, la función $y = \operatorname{sen} x$ es impar, simétrica respecto del origen O.
- Como $\cos(-x) = \cos x$, la función $y = \cos x$ es par, simétrica respecto del eje Y.

Con estos datos y con la ayuda de una tabla de valores se pueden trazar las gráficas de estas funciones.

x	0	$\frac{\pi}{6}$	$\frac{\pi}{4}$	$\frac{\pi}{3}$	$\frac{\pi}{2}$	$\frac{2\pi}{3}$	$\frac{3\pi}{4}$	$\frac{5\pi}{6}$	π	$\frac{7\pi}{6}$	$\frac{5\pi}{4}$
sen$x$	0	$\frac{1}{2}$	$\frac{\sqrt{2}}{2}$	$\frac{\sqrt{3}}{2}$	1	$\frac{\sqrt{3}}{2}$	$\frac{\sqrt{2}}{2}$	$\frac{1}{2}$	0	$-\frac{1}{2}$	$-\frac{\sqrt{2}}{2}$
cos$x$	1	$\frac{\sqrt{3}}{2}$	$\frac{\sqrt{2}}{2}$	$\frac{1}{2}$	0	$-\frac{1}{2}$	$-\frac{\sqrt{2}}{2}$	$-\frac{\sqrt{3}}{2}$	-1	$-\frac{\sqrt{3}}{2}$	$-\frac{\sqrt{2}}{2}$

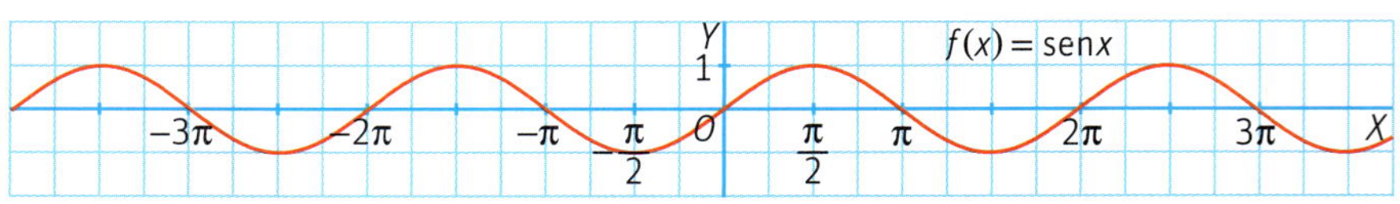

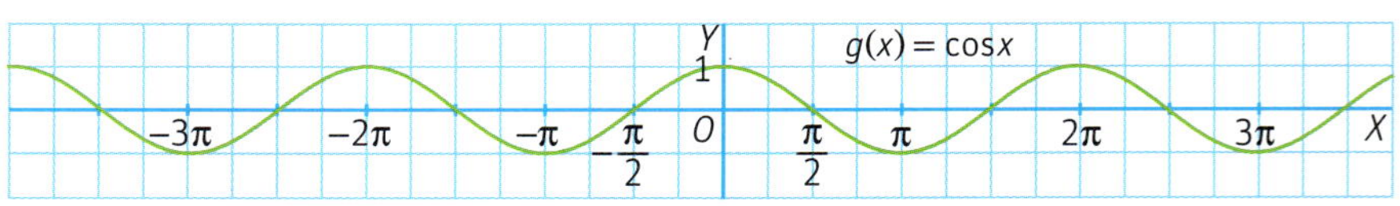

MAT-TIC GeoGebra

Entra en sm**Savia**digital.com y estudia las funciones trigonométricas.

Función tangente

Si x es la medida, en radianes, de un ángulo α, se define la **función tangente** como:

$$h(x) = \operatorname{tg} x = \frac{\operatorname{sen} x}{\cos x}$$

La función tangente presenta las siguientes características:

- Por ser un cociente de dos funciones cuyo dominio es $\mathbb{R}$, su dominio serán todos los números reales excepto los valores que anulan el denominador, es decir:

$$D(h) = \mathbb{R} - \left\{\frac{\pi}{2} + k\pi\right\},\ \text{con } k \in \mathbb{Z}$$

- Son continuas en su dominio.
- Su recorrido es $(-\infty, +\infty)$ y, por tanto, no son acotadas.
- Como $\operatorname{tg}(x+\pi) = \operatorname{tg} x$, es una función periódica con período $T = \pi$. Por ese motivo, se estudian en un intervalo de amplitud π.
- Como se anula su denominador en algunos valores como por ejemplo $\frac{\pi}{2}$ y es periódica con período $T = \pi$, tiene asíntotas verticales de ecuación: $x = \frac{\pi}{2} + k\pi$, $k \in \mathbb{Z}$
- Es creciente en cada uno de los intervalos de su dominio.
- Es una función impar, simétrica respecto del origen, ya que $\operatorname{tg}(-x) = -\operatorname{tg}(x)$.

Con estos datos y con la ayuda de una tabla de valores se obtiene la gráfica de la función.

x	$-\frac{\pi}{2}$	$-\frac{\pi}{3}$	$-\frac{\pi}{4}$	0	$\frac{\pi}{4}$	$\frac{\pi}{3}$	$\frac{\pi}{2}$
$\operatorname{tg} x$	No existe	$-\sqrt{3}$	-1	0	1	$\sqrt{3}$	No existe

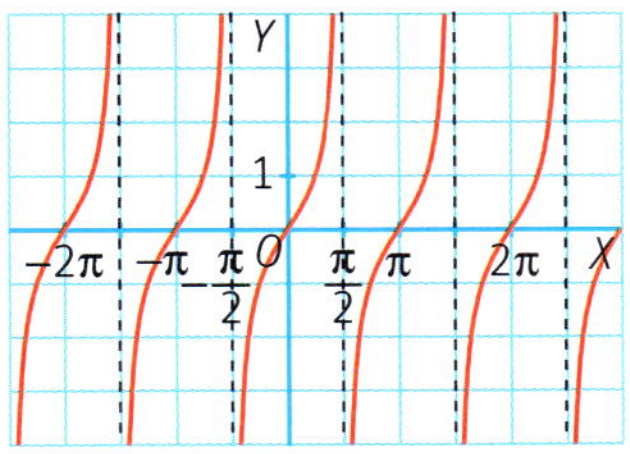

Ten en cuenta

Es conveniente estudiar el intervalo $\left(-\frac{\pi}{2}, \frac{\pi}{2}\right)$, ya que se encuentra entre dos asíntotas verticales.

ACTIVIDADES

27. **Indica si las siguientes funciones crecen o decrecen en los intervalos indicados.**

a) $f(x) = \operatorname{sen} x$, en $\left(\frac{\pi}{6}, \frac{\pi}{4}\right)$ y $\left(\frac{2\pi}{3}, \frac{5\pi}{6}\right)$

b) $g(x) = \cos x$, en $\left(\frac{\pi}{2}, \frac{3\pi}{4}\right)$ y $\left(\frac{3\pi}{2}, 2\pi\right)$

c) $h(x) = \operatorname{tg} x$, en $\left(-\frac{\pi}{3}, 0\right)$ y $\left(0, \frac{\pi}{3}\right)$

Calcula la tasa de variación media en cada caso.

28. **Representa estas funciones trigonométricas en tu cuaderno.**

a) $f(x) = \operatorname{sen}(2x)$

b) $g(x) = 2\cos x$

c) $h(x) = \operatorname{sen}^2 x$

d) $i(x) = 2 + \cos x$

e) $j(x) = \operatorname{tg} \frac{x}{2}$

f) $k(x) = 2 - \cos x$

ACTIVIDAD **RESUELTA**

29. **Determina el dominio, la simetría y el período de la función** $f(x) = \operatorname{cosec} x = \frac{1}{\operatorname{sen} x}$.

- El dominio son todos los números reales excepto los valores que anulan el denominador: $D(f) = \mathbb{R} - \{k\pi\}$, $k \in \mathbb{Z}$.
- El período es $T = 2\pi$, ya que:

$$\operatorname{cosec}(x+2\pi) = \frac{1}{\operatorname{sen}(x+2\pi)} = \frac{1}{\operatorname{sen} x} = \operatorname{cosec} x$$

- Es simétrica impar, porque:

$$\operatorname{cosec}(-x) = \frac{1}{\operatorname{sen}(-x)} = \frac{1}{-\operatorname{sen} x} = -\operatorname{cosec} x$$

30. **Determina el dominio, la simetría y el período de las funciones:** $f(x) = \sec x$ y $g(x) = \operatorname{tg} x$.

6 Construcción de funciones con traslaciones, dilataciones y simetrías

Se pueden construir gráficas de funciones a partir de otras más sencillas desplazándolas, contrayéndolas o dilatándolas.

Traslaciones

- **En sentido vertical.** La gráfica de la función $y = f(x) + k$ se obtiene trasladando la gráfica $y = f(x)$, k unidades hacia arriba, si $k > 0$, o hacia abajo, si $k < 0$.
- **En sentido horizontal.** La gráfica de la función $y = f(x + k)$ se obtiene trasladando la gráfica $y = f(x)$, k unidades hacia izquierda, si $k > 0$, o hacia la derecha, si $k < 0$.

MAT-TIC GeoGebra

Entra en smSaviadigital.com y realiza traslaciones, dilataciones y contracciones.

Ejemplo ▸ A partir de la gráfica de la función $f(x) = x^2$, representa las funciones:

$g(x) = x^2 + 2$ $\quad$ $h(x) = (x-2)^2$ $\quad$ $j(x) = (x+3)^2$

$g(x) = x^2 + 2 = f(x) + 2 \Rightarrow$ Traslación hacia arriba de 2 unidades.

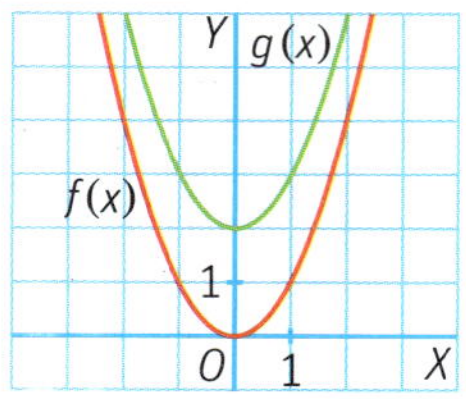

$h(x) = (x-2)^2 = f(x-2) \Rightarrow$ Traslación hacia la derecha de 2 unidades.

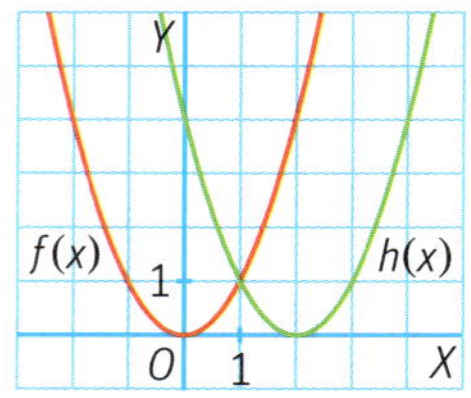

$j(x) = (x+3)^2 = f(x+3) \Rightarrow$ Traslación hacia la izquierda de 3 unidades.

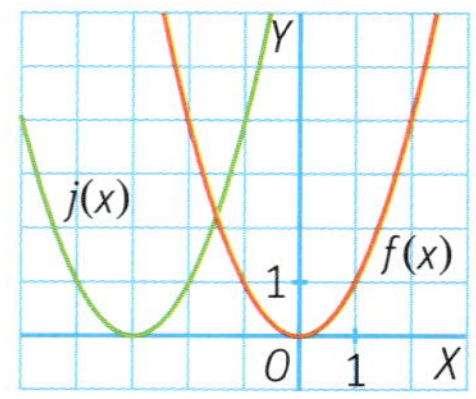

Dilataciones y contracciones

- **En sentido vertical.** Los puntos de la gráfica de la función $y = k \cdot f(x)$ se obtienen multiplicando por k las ordenadas de los puntos de la gráfica de $y = f(x)$.
  - Si $|k| > 1$ se produce una dilatación.
  - Si $|k| < 1$ se produce una contracción.
- **En sentido horizontal.** Los puntos de la gráfica de la función $y = f(k \cdot x)$ se obtienen multiplicando por k las abscisas de los puntos de la gráfica de $y = f(x)$.
  - Si $|k| > 1$ se produce una contracción.
  - Si $|k| < 1$ se produce una dilatación.

Ten en cuenta

Si $k = -1$, se obtienen gráficas simétricas a las originales.

Ejemplo ▸ A partir la gráfica de la función $f(x) = \operatorname{sen} x$, representa las funciones:

$g(x) = 2 \operatorname{sen} x$ $\quad$ $h(x) = \frac{1}{2} \operatorname{sen} x$ $\quad$ $j(x) = \operatorname{sen}(2x)$ $\quad$ $k(x) = \operatorname{sen}\left(\frac{x}{2}\right)$

$g(x) = 2 \operatorname{sen} x = 2 \cdot f(x) \Rightarrow$ Dilatación vertical de razón 2.

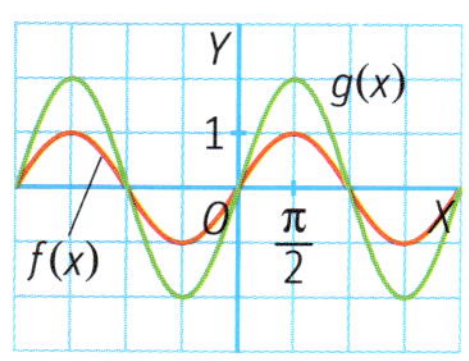

$j(x) = \operatorname{sen}(2x) = f(2x) \Rightarrow$ Contracción horizontal de razón 2.

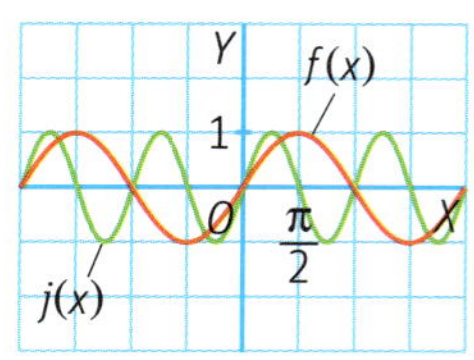

$h(x) = \frac{1}{2} \operatorname{sen} x = \frac{1}{2} f(x) \Rightarrow$ Contracción vertical de razón 0,5.

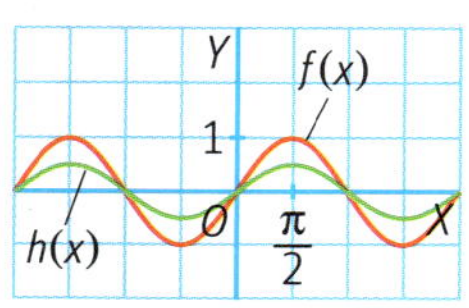

$k(x) = \operatorname{sen}\left(\frac{x}{2}\right) = f\left(\frac{x}{2}\right) \Rightarrow$ Dilatación horizontal de razón 0,5.

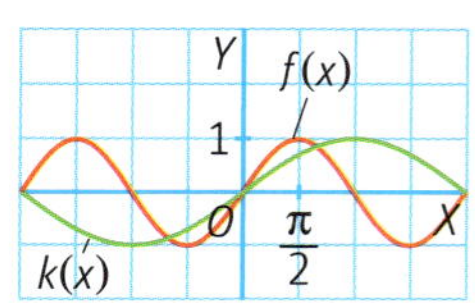

Simetrías

- **Respecto del eje X.** La gráfica de la función $y = -f(x)$ es la simétrica respecto del eje X de la gráfica de la función $y = f(x)$.
- **Respecto del eje Y.** La gráfica de la función $y = f(-x)$ es la simétrica respecto del eje Y de la gráfica de la función $y = f(x)$.
- **Respecto de la bisectriz del primer cuadrante.** La gráfica de la función $y = f^{-1}(x)$ es la simétrica respecto de la recta $y = x$ de la gráfica de la función $y = f(x)$.

Ejemplo ▸ Dada la gráfica de la función $f(x) = e^{2x}$, representa la gráfica de las funciones:

$g(x) = -e^{2x}$ $\quad h(x) = e^{-2x}$ $\quad j(x) = \ln\sqrt{x}$

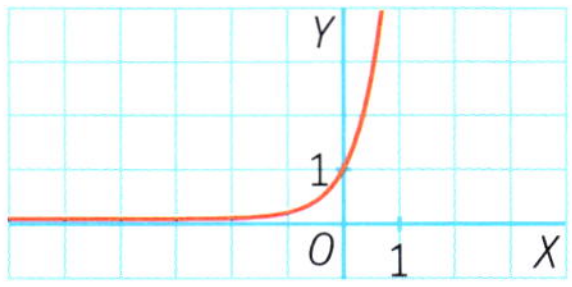

$g(x) = -e^{2x} = -f(x) \Rightarrow$ La gráfica es simétrica respecto del eje X.

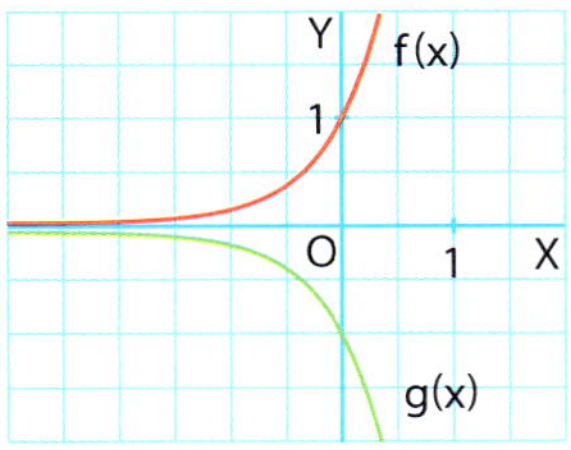

$g(x) = e^{-2x} = f(-x) \Rightarrow$ La gráfica es simétrica respecto del eje Y.

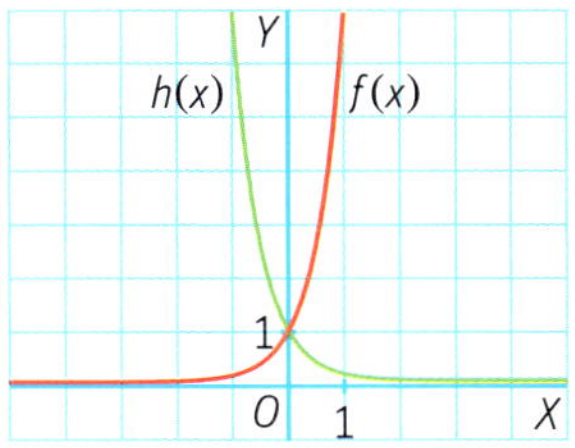

Como la función $f(x) = e^{2x}$ es inyectiva, se puede calcular su función inversa:

- Se despeja la x en la función $y = e^{2x}$:

$$\ln y = \ln e^{2x} \Rightarrow \ln y = 2x\underbrace{\ln e}_{1} = 2x \Rightarrow x = \frac{1}{2}\ln y = \ln y^{\frac{1}{2}} = \ln\sqrt{y}$$

- Se intercambia el nombre de las variables:

$$y = \ln\sqrt{x} \Rightarrow f^{-1}(x) = \ln\sqrt{x} = j(x)$$

La gráfica de la función $j(x)$ será la simétrica respecto de la bisectriz del primer cuadrante de la función $f(x)$.

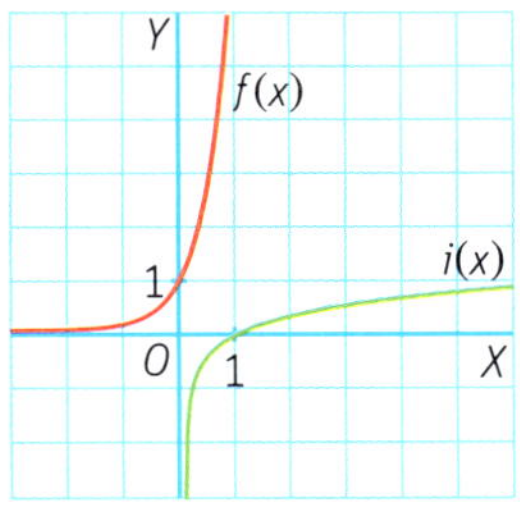

ACTIVIDADES

31. A partir de la gráfica de la función $f(x) = x^4 - x^2$, representa en tu cuaderno las gráficas de las siguientes funciones.

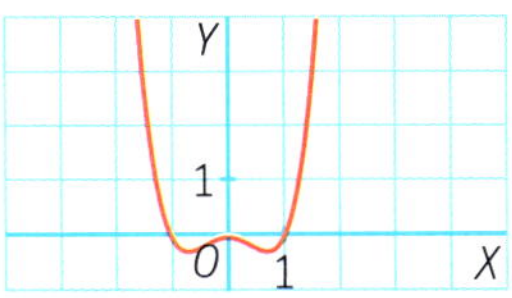

a) $g(x) = x^4 - x^2 - 3$

b) $h(x) = (x+1)^4 - (x+1)^2$

c) $j(x) = 2x^4 - 2x^2$

d) $k(x) = -x^4 + x^2$

32. A partir de la gráfica de la función $f(x) = \dfrac{1}{x^3}$, representa en tu cuaderno las gráficas de las siguientes funciones.

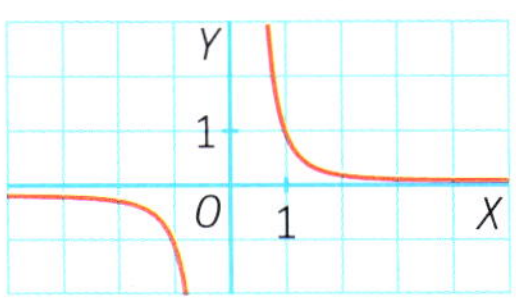

a) $g(x) = \dfrac{1}{(x+2)^3}$

b) $h(x) = \dfrac{2x^3+1}{x^3}$

33. A partir de la gráfica de la función $g(x) = 2^x$, representa en tu cuaderno las gráficas de las siguientes funciones.

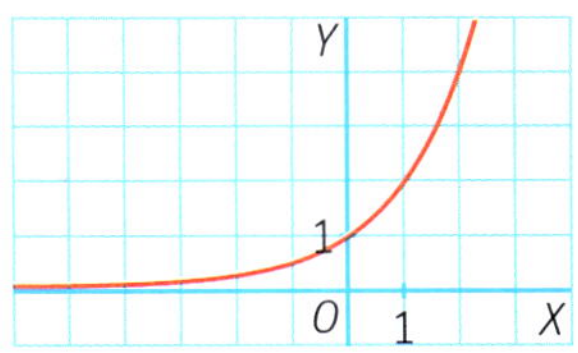

a) $g(x) = 1 + 2^x$

b) $h(x) = 2^{\frac{x}{2}}$

c) $j(x) = 2^{-x}$

d) $k(x) = \dfrac{2^x}{4}$

Halla la función inversa de $y = 2^x$ y represéntala.

34. Se considera la función $f(x) = \cos x$ definida en el intervalo $[0, 2\pi]$. A partir de su gráfica, representa las funciones:

a) $g(x) = 1 + \cos x$

b) $h(x) = \cos\left(x - \dfrac{\pi}{2}\right)$

c) $j(x) = \cos(2x)$

d) $k(x) = 3\cos(2x)$

Organiza tus ideas

FUNCIONES POLINÓMICAS

$$f(x) = a_0 + a_1x + a_2x^2 + \ldots + a_nx^n$$

Función lineal: $f(x) = ax + b$

Su representación gráfica es una **recta**.

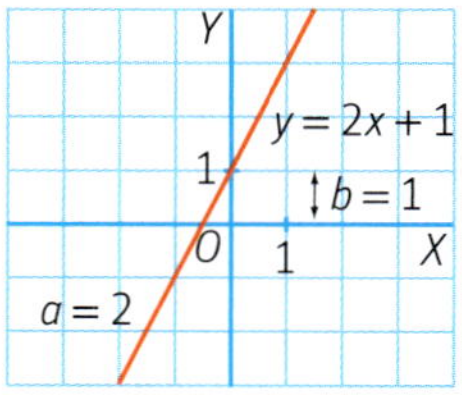

Función cuadrática: $f(x) = ax^2 + bx + c$

Su representación gráfica es una **parábola**.

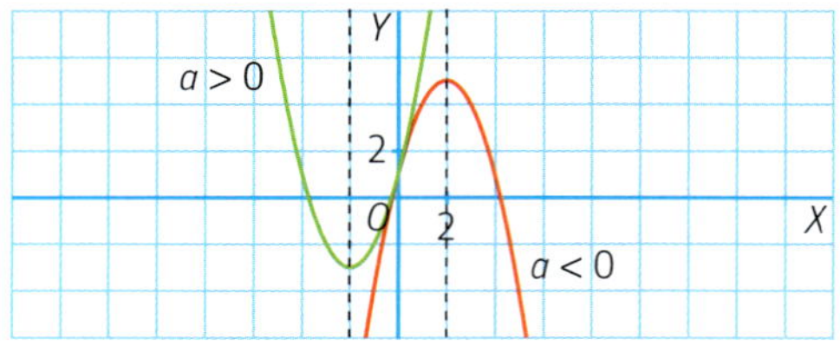

FUNCIONES RACIONALES

$$f(x) = \frac{A(x)}{B(x)} = \frac{a_0 + a_1x + a_2x^2 + \ldots + a_nx^n}{b_0 + b_1x + b_2x^2 + \ldots + b_mx^m}$$

- Dominio: Todo $\mathbb{R}$, excepto los valores que anulan el denominador.

Asíntotas

- Asíntota horizontal: $y = c$
- Asíntota vertical: $x = d$

Asíntota oblicua: $y = ax + b$

Función de proporcionalidad inversa $f(x) = \frac{k}{x}$

Su gráfica es una curva llamada **hipérbola**.

- Dominio: $\mathbb{R} - \{0\} = (-\infty, 0) \cup (0, +\infty)$.

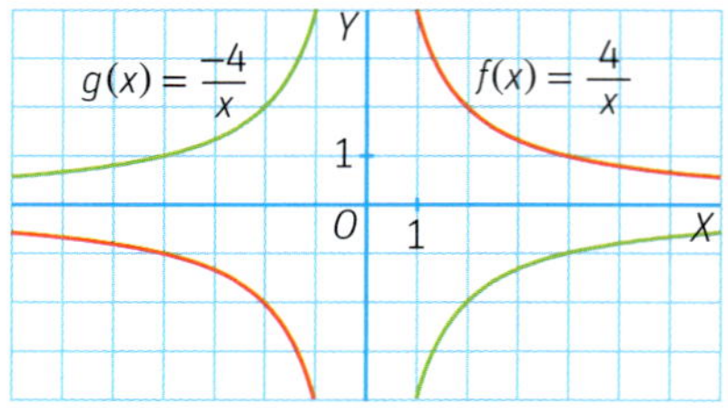

FUNCIONES EXPONENCIALES Y LOGARÍTMICAS

Funciones exponenciales: $f(x) = a^x$, $a > 0, a \neq 1$

- Dominio: $\mathbb{R}$ y recorrido: $(0, +\infty)$
- Continua en su dominio
- Creciente si $a > 1$
- Decreciente si $0 < a < 1$
- Asíntota horizontal: $y = 0$
- Corte con el eje Y (0, 1)

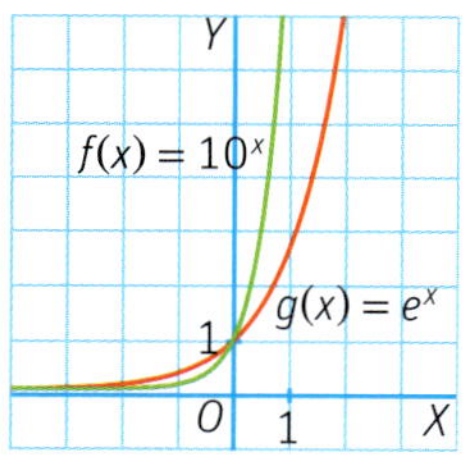

Funciones logarítmicas: $f(x) = \log_a x$ $a > 0, a \neq 1$

- Dominio. $(0, +\infty)$ y recorrido $\mathbb{R}$
- Continua en su dominio
- Creciente si $a > 1$
- Decreciente si $0 < a < 1$
- Inversa de la exponencial
- Asíntota vertical: $x = 0$
- Corte con el eje X (0, 1)

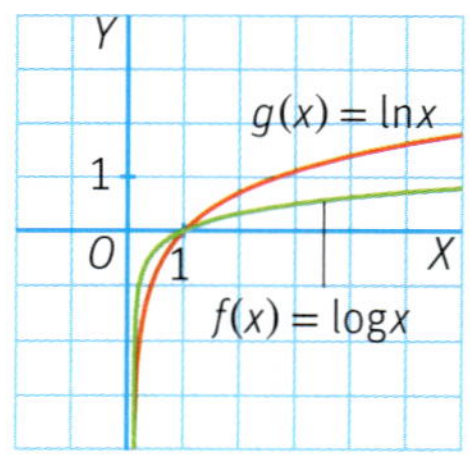

FUNCIONES TRIGONOMÉTRICAS

Funciones seno y coseno: $f(x) = \text{sen}\, x$ **y** $g(x) = \cos x$

- Dominio. $(-\infty, +\infty)$
- Recorrido. $(-1, 1)$
- Continua
- Periódicas de períodos $T = 2\pi$

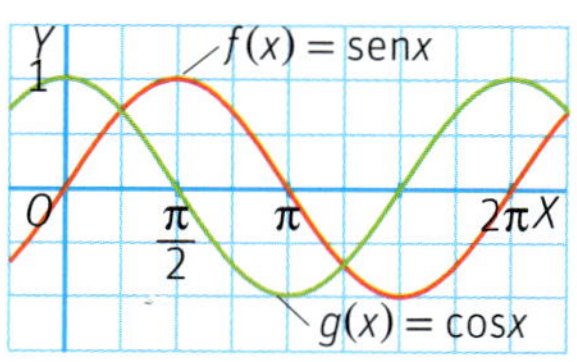

Función tangente: $f(x) = \text{tg}\, x = \frac{\text{sen}\, x}{\cos x}$

- Dominio: $\mathbb{R} - \left\{\frac{\pi}{2} + k\pi, k \in \mathbb{Z}\right\}$
- Recorrido. $(-\infty, +\infty)$
- Continua en su dominio
- Periódica de período: $T = \pi$
- Asíntota vertical: $x = \frac{\pi}{2} + k\pi,\ k \in \mathbb{Z}$

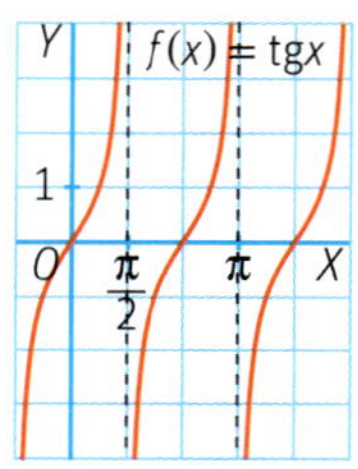

Actividades clave

1. Dada la función racional $f(x)=\dfrac{x^2+3}{x-1}$, determina:

a) El dominio

b) Los puntos de corte con los ejes

c) El signo

d) Las asíntotas

e) Su gráfica de forma aproximada

a) Se hallan los valores de x que anulan al denominador: $x-1=0 \Rightarrow x=1$.

$$D(f)=\mathbb{R}-\{1\}=(-\infty,1)\cup(1,+\infty).$$

b) Con el eje Y: $x=0 \Rightarrow f(0)=\dfrac{0+3}{0-1}=-3 \Rightarrow P(0,-3)$

Con el eje X: $y=0$ $f(x)=0=\dfrac{x^2+3}{x-1} \Rightarrow 0=x^2+3 \Rightarrow x^2 \neq -3 \Rightarrow$ No tiene puntos de corte con el eje X.

c) Para determinar el signo se tienen en cuenta los puntos de corte con el eje X y el dominio.

- $f(x)>0$ para todo x perteneciente a $(1,+\infty)$.
- $f(x)<0$ para todo x perteneciente a $(-\infty,1)$.

	$-\infty$ … 1	1 … $+\infty$
x^2+3	+	+
$x-1$	−	+
$f(x)$	−	+

d) Asíntotas verticales: $x=1$, ya que este valor anula el denominador y no anula el numerador.

Como el grado del numerador es una unidad mayor que el grado del denominador, se buscan asíntotas oblicuas.

$$\begin{array}{rl} x^2+\;3 & \underline{|x-1} \\ \underline{-x^2+x} & x+1 \\ x+3 & \\ \underline{-x+1} & \\ 4 & \end{array} \Rightarrow f(x)=x+1+\frac{4}{x-1}$$

Asíntota oblicua: $y=x-1$

e) Se representa la función de forma aproximada trazando primero las asíntotas y teniendo en cuenta el signo y los puntos de corte.

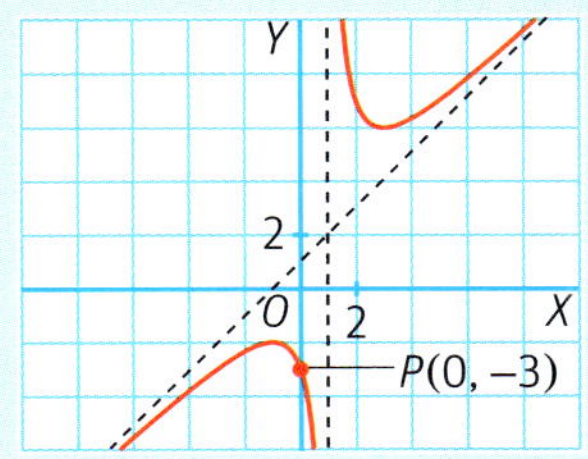

2. Observa la función $f(x)=\log_3(x+3)$

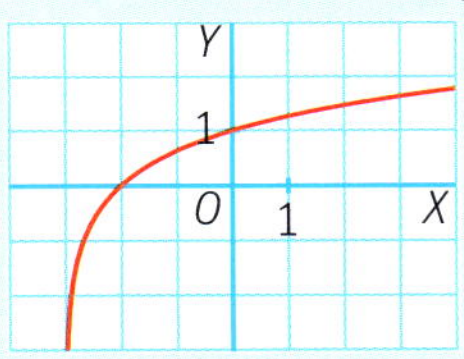

a) ¿Cuál es su dominio?

b) Halla su función inversa y represéntala.

a) El argumento del logaritmo debe ser mayor que 0: $x+3>0 \Rightarrow x>-3$

$$D(f)=(-3,+\infty)$$

b) $y=\log_3(x+3) \Rightarrow 3^y=x+3 \Rightarrow x=-3+3^y$.

La función inversa es $y=f^{-1}(x)=-3+3^x$

Como una función y su inversa son simétricas respecto de la bisectriz del primer cuadrante, se puede dibujar su gráfica a partir de la gráfica del logaritmo.

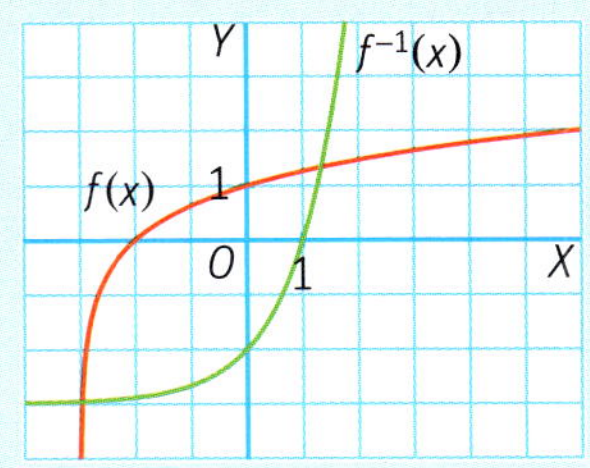

3. Dada la función $f(x)=3\operatorname{sen}(2x)$, determina:

a) El dominio y el recorrido

b) El período

c) Su gráfica de forma aproximada en $[-\pi,\pi]$

a) El dominio de $f(x)$ es $\mathbb{R}$ al ser una dilatación y una contracción de la función seno, cuyo dominio es $\mathbb{R}$.

Como $f(x)$ es una dilatación en sentido vertical de razón 3, su recorrido es $[-3, 3]$.

b) Como la función es de la forma $y=f(kx)$ presenta una contracción en sentido horizontal de razón 2. Como el período de la función seno es 2π, el período de esta función es la mitad, $T=\pi$.

c) A partir de la gráfica de la función seno, se realiza una dilatación en sentido vertical de razón 3 y una contracción en sentido horizontal de razón 2.

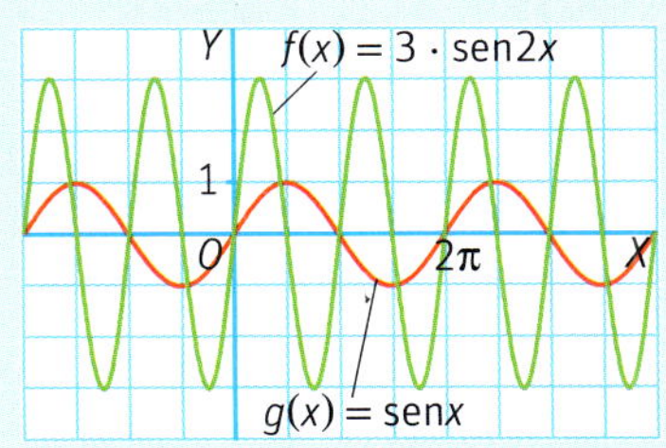

Actividades

EJERCICIOS PARA PRACTICAR

Funciones polinómicas

35. **Clasifica las siguientes funciones polinómicas.**

a) $f(x) = 5$
b) $f(x) = 3x - x^2 + 1$
c) $f(x) = x(2 - x)$
d) $f(x) = -2x$
e) $f(x) = 3x - 1$
f) $f(x) = 5(2 - x)$

36. **¿Qué tipo de función es $f(x) = ax + b$ según los valores de a y b?**

a) Si $a \neq 0, b = 0$
b) Si $a \neq 0, b \neq 0$
c) Si $a = 0, b = 0$
d) Si $a = 0, b \neq 0$

37. **Representa estas funciones en tu cuaderno e indica la pendiente de cada una.**

a) $f(x) = 3 - 2x$
b) $f(x) = x$
c) $f(x) = -2$
d) $f(x) = x + 2$

38. **Escribe la expresión de la función polinómica de primer grado que cumpla las condiciones de cada apartado.**

a) Pendiente 2 y ordenada en el origen 0
b) Pendiente -2 y ordenada en el origen 1
c) Pendiente 1 y ordenada en el origen 1
d) Pendiente -3 y ordenada en el origen -1

39. **De la función $f(x)$, se sabe que es polinómica de primer grado y que su gráfica pasa por los puntos $(0, -2)$ y $(3, 4)$.**

a) Dibuja su gráfica.
b) Halla su ecuación.
c) ¿Cuál es su pendiente?
d) ¿Cuál es la ordenada en el origen?

40. **Determina el eje y el vértice de las parábolas cuya ecuación es:**

a) $f(x) = 1 - x^2$
b) $f(x) = 6x - x^2$
c) $f(x) = (x - 2)^2$
d) $f(x) = x^2 + 3x - 1$

41. **Representa la gráfica de las siguientes funciones e indica: el sentido de las ramas, los puntos de corte con los ejes, las coordenadas del vértice y la ecuación del eje.**

a) $y = 2 - x^2$
b) $y = 6x + x^2$
c) $y = (x - 1)^2 + 3$
d) $y = x^2 - 3x - 4$

42. **¿Puede haber una función polinómica de primer grado con pendiente cero? ¿Por qué?**

43. **Representa en tu cuaderno la función definida a trozos.**

$$f(x) = \begin{cases} -4 - 2x & \text{si} \quad x < 0 \\ 2x - x^2 - 4 & \text{si} \quad x \geq 0 \end{cases}$$

a) A partir de la gráfica, indica los intervalos de crecimiento y decrecimiento y comprueba tu respuesta calculando la tasa de variación media en cada intervalo.
b) ¿Presenta algún máximo o mínimo relativo? ¿Dónde?
c) Estudia el signo de la función.

ACTIVIDAD **RESUELTA**

44. **De una parábola de ecuación $y = ax^2 + bx + c$, se sabe que su vértice es el punto $V(1, -3)$ y que pasa por el punto $A(0, -1)$. ¿Qué función cuadrática representa?**

El valor de la abscisa del vértice es igual a 1, por lo que:

$$1 = \frac{-b}{2a} \Rightarrow b = -2a$$

Se sustituyen las coordenadas del vértice y del punto A en la ecuación de la parábola:

$$V(1, -3) \Rightarrow -3 = a + b + c \overset{b=-2a}{\Rightarrow} -3 = a - 2a + c$$
$$A(0, -1) \Rightarrow -1 = 0 + 0 + c \Rightarrow c = -1$$

Se sustituye el valor de c y se despeja a:

$$-3 = a - 2a - 1 \Rightarrow a = 2 \text{ y } b = -4$$

Por tanto, la función cuadrática que representa es:

$$y = 2x^2 - 4x - 1$$

45. **De una parábola de ecuación $y = ax^2 + bx + c$, se sabe que su vértice es el punto $V(-1, 4)$ y que pasa por el punto $A(-2, 3)$. ¿Qué función cuadrática representa?**

46. **El vértice de la parábola $y = x^2 + bx + c$ es el punto $V(-3, -4)$. Calcula los valores de b y c y representa la función.**

ACTIVIDAD **RESUELTA**

47. **Representa las funciones $f(x) = 2x - 3$ y $g(x) = x^2 - 2x$. Halla las coordenadas de los puntos en los que se cortan sus gráficas.**

Para representar la parábola:

- Se tiene en cuenta que las ramas son abiertas hacia arriba, ya que $a > 0$.
- Se hallan las coordenadas de su vértice:

$$x_v = \frac{-(-2)}{2} = 1 \Rightarrow V(1, f(1)) = V(1, -1)$$

- Y los puntos de corte con los ejes:
  - Eje X: $y = 0$
    $0 = x(x - 2) \Rightarrow x = 0$ y $x = 2 \Rightarrow A(0, 0)$ y $B(2, 0)$
  - Eje Y: $x = 0 \Rightarrow y = 0 \Rightarrow A(0, 0)$

x	-1	0	1	2
$f(x)$	3	0	-1	0

x	0	2
$g(x)$	-3	1

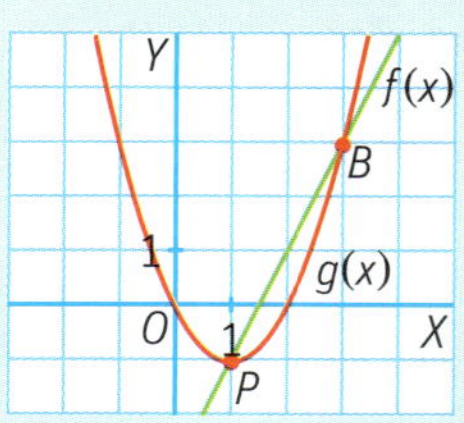

Para calcular los puntos de intersección, se resuelve el sistema de ecuaciones formado por las dos funciones:

$$\begin{cases} y = x^2 - 2x \\ y = 2x - 3 \end{cases} \Rightarrow x^2 - 2x = 2x - 3 \Rightarrow x^2 - 4x + 3 = 0$$
$$\Rightarrow x = 1 \text{ y } x = 3 \Rightarrow P(1, -1) \text{ y } B(3, 3)$$

48. Representa las funciones $f(x) = 2x + 3$ y $g(x) = x^2$. Halla las coordenadas de los puntos en los que se cortan sus gráficas.

49. Representa las funciones $f(x) = 9 - x^2$ y $g(x) = 5$ y determina los valores de x que verifican que $9 - x^2 \geq 5$.

Funciones racionales

50. Halla el dominio de las siguientes funciones racionales.

a) $y = \dfrac{3x-1}{x+2}$

b) $y = \dfrac{x^2-1}{x(x-3)}$

c) $y = \dfrac{x-3}{x^2+2}$

d) $y = \dfrac{x+7}{(x+2)x(x^2-1)}$

51. Determina los puntos de corte con los ejes y el signo de las siguientes funciones racionales.

a) $y = \dfrac{x^2+1}{2x-3}$

b) $y = \dfrac{x^3-3x+2}{x(x-5)}$

52. ¿Cuáles de las siguientes funciones son de proporcionalidad inversa? Indica en esos casos la constante de proporcionalidad.

a) $y = \dfrac{x}{4}$

b) $y = \dfrac{x+3}{x} - 1$

c) $y = -\dfrac{4}{x}$

d) $y = \dfrac{2}{3x}$

53. Identifica cada gráfica con la función a la que corresponde.

A. $y = -\dfrac{4}{x}$

B. $y = \dfrac{x+3}{x+1}$

C. $y = \dfrac{2x+1}{x-3}$

D. $y = \dfrac{x-1}{-x-1}$

I.

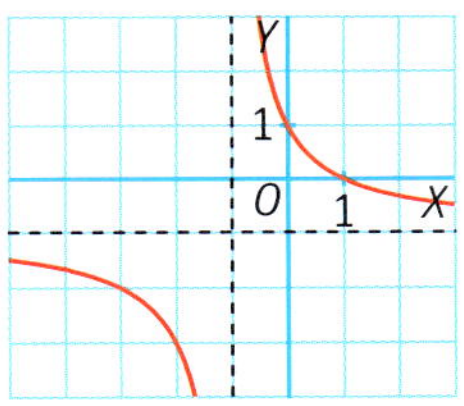

III.

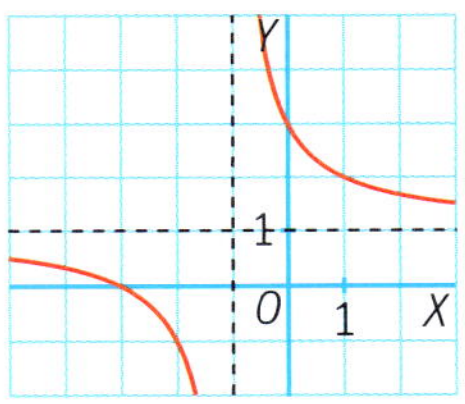

II.

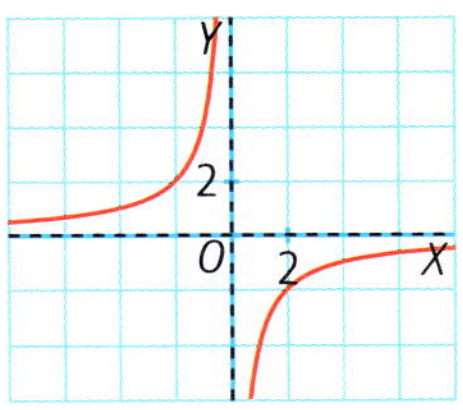

IV.

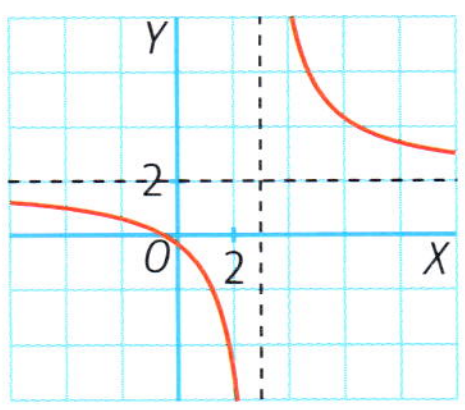

54. Indica cuáles son las asíntotas de las funciones racionales siguientes y efectúa su representación gráfica después.

a) $y = \dfrac{3x-1}{x+2}$

b) $y = \dfrac{x-3}{x}$

c) $y = \dfrac{x+1}{x-3}$

d) $y = \dfrac{4x+8}{x-4}$

55. Halla las asíntotas de estas funciones racionales.

a) $y = \dfrac{x^2+2x}{x+1}$

b) $y = \dfrac{x^3+x^2}{x^2+1}$

c) $y = \dfrac{x^2-4x+1}{2x^2+x-3}$

d) $y = \dfrac{2x+3}{(x+1)^2(x-3)}$

56. Los siguientes puntos pertenecen a la gráfica de una función de proporcionalidad inversa:

$$A(a, 8) \quad B(b, -2) \quad C(-6, 4) \quad D(1, d)$$

a) Halla la constante de proporcionalidad.

b) Halla los valores de a, b, d.

c) Escribe la fórmula de la función.

d) Representa su gráfica de forma aproximada.

57. La función racional $f(x) = \dfrac{ax^2+bx+4}{cx+4}$ tiene dos asíntotas: una vertical, $x = -2$, y otra oblicua, $y = x - 5$.

a) Halla los valores de a, b y c.

b) Calcula los puntos de corte con el eje X.

c) Determina el signo de la función.

Funciones exponenciales y logarítmicas

58. ¿Cuáles de las siguientes expresiones corresponden a una función exponencial? Justifica tu respuesta.

a) $y = (-2)^x$ b) $y = 82^x$ c) $y = 1^x$ d) $y = (2{,}5)^x$

59. Indica cuáles de las siguientes funciones exponenciales son crecientes y cuáles son decrecientes.

a) $y = \left(\dfrac{3}{5}\right)^x$ b) $y = (\sqrt{2})^x$ c) $y = \pi^x$ d) $y = (0{,}88)^x$

60. Completa la siguiente tabla de valores correspondiente a las funciones $f(x) = \left(\dfrac{3}{2}\right)^x$ y $g(x) = \left(\dfrac{2}{3}\right)^x$.

x	−3	−2	−1	0	1	2	3
$f(x)$	●	●	●	●	●	●	●
$g(x)$	●	●	●	●	●	●	●

a) Representa en tu cuaderno de forma aproximada ambas funciones en los mismos ejes de coordenadas.

b) ¿Qué relación observas entre sus gráficas?

61. Indica cuál es el dominio de las siguientes funciones.

a) $y = \ln(x^2 - 9)$ b) $y = \log\sqrt{x}$

62. Indica cuáles son las funciones inversas de las siguientes funciones inyectivas.

a) $y = 2^x$

b) $y = \left(\dfrac{2}{3}\right)^x$

c) $y = \log_3 x$

d) $y = \log_{\frac{1}{2}} x$

63. Halla las funciones inversas de las funciones si es posible. En caso afirmativo, represéntalas en tu cuaderno.

a) $f(x) = 3\ln(x^2 - 2)$

b) $h(x) = \dfrac{1}{2}\log(3x)$

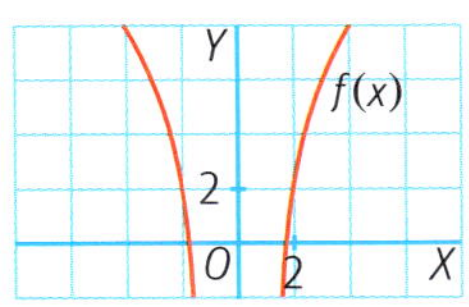

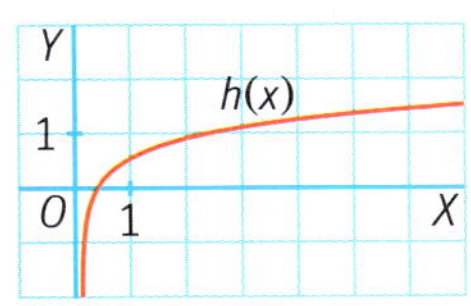

Actividades

Funciones trigonométricas

64. Relaciona las siguientes funciones con sus gráficas.

A. $y = \text{sen } x$ C. $y = \cos x$

B. $y = \cos (2x)$ D. $y = 2 \text{ sen } x$

I.

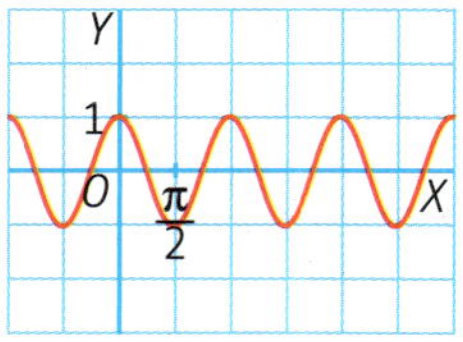

III.

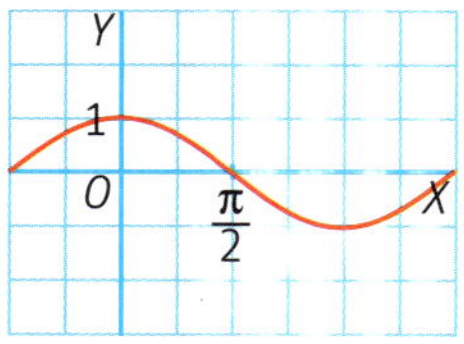

II.

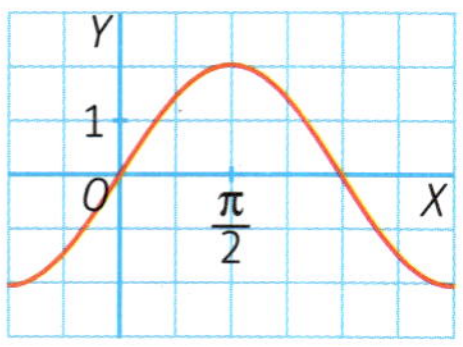

IV.

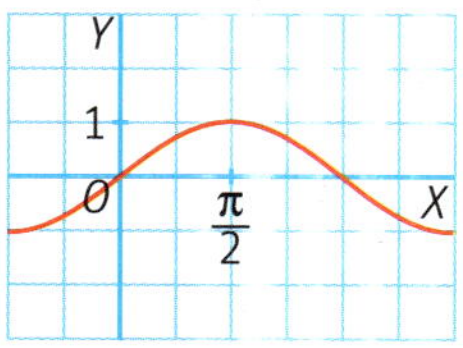

65. Justifica si la función $f(x) = \cos x$ es creciente o decreciente en el intervalo $(23\pi, 24\pi)$, teniendo en cuenta el período.

66. Averigua el período de las funciones:

a) $y = \text{sen } 2x$ c) $y = 2 + \text{sen } x$

b) $y = \cos\left(\dfrac{x}{4}\right)$ d) $y = 3 \cdot \cos(\pi x)$

Traslaciones, dilataciones y simetrías

67. A partir de la gráfica de $f(x) = x$, representa las siguientes funciones mediante traslaciones y dilataciones.

a) $g(x) = 2x$ c) $i(x) = x - 2$

b) $h(x) = \dfrac{1}{2}x + 3$ d) $j(x) = -x + 2$

ACTIVIDAD **RESUELTA**

68. Representa la gráfica de la función $g(x) = 2x^2 + 3$ a partir de la gráfica de $f(x) = x^2$ mediante traslaciones y dilataciones.

La función se obtiene a partir de la función $f(x) = x^2$ mediante:

- Una dilatación vertical de razón 2.
- Una traslación vertical hacia arriba de 3 unidades.

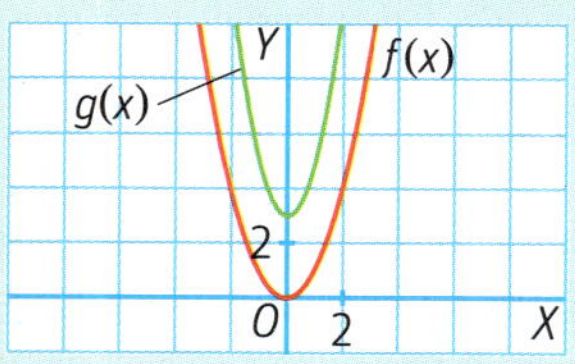

69. A partir de la gráfica de $f(x) = x^2$, representa las siguientes funciones mediante traslaciones y dilataciones.

a) $g(x) = 2(x+1)^2$ b) $h(x) = \dfrac{1}{2}x^2 - 2$

70. Dada la función exponencial $f(x) = 2^x$, representa en los mismos ejes de coordenadas las funciones:

a) $f(x)$, $f(x+1)$, $f(x+2)$ y $f(x+3)$

b) $f(x)$, $2f(x)$, $4f(x)$ y $8f(x)$

c) ¿Qué relaciónhay entre las funciones de los dos apartados?

71. Teniendo en cuenta cómo es la gráfica de la función $y = \ln x$, representa las funciones:

a) $y = -\ln x$ b) $y = \ln(-x)$

72. A partir de la gráfica de $y = \text{sen } x$, representa por traslación y simetría las funciones:

a) $y = 2 + \text{sen} x$ c) $y = -\text{sen}(2x)$

b) $y = \dfrac{1}{2} \text{sen} x$ d) $y = -3 \text{ sen } x$

73. A partir de la gráfica de $y = \cos x$, representa por traslación y simetría las funciones:

a) $y = \cos(x+2)$ b) $y = \cos(2-x)$

Actividades de síntesis

ACTIVIDAD **RESUELTA**

74. Representa la gráfica de la función $f(x) = |x^2 - 4|$.

Como se trata de un valor absoluto, $f(x)$ se puede escribir como una función a trozos:

$$f(x) = |x^2 - 4| = \begin{cases} x^2 - 4 & \text{si } x < -2 \\ -x^2 + 4 & \text{si } -2 \le x < 2 \\ x^2 - 4 & \text{si } x \ge 2 \end{cases}$$

Se representa la parábola correspondiente al primer y tercer trozo.

La expresión del segundo trozo corresponde con el de la función simétrica a la parábola anterior respecto del eje X.

$$-(-x^2 + 4) = x^2 - 4$$

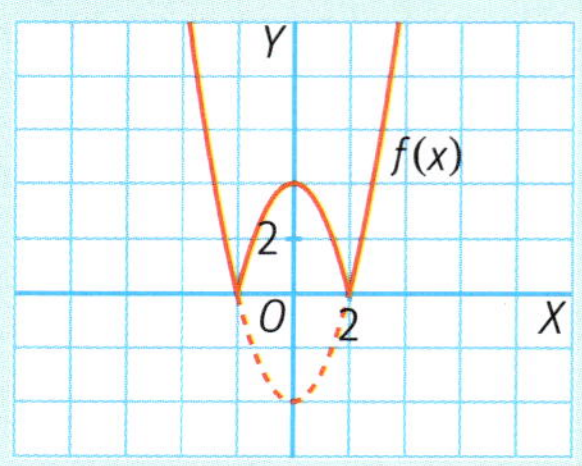

75. Expresa como funciones definidas a trozos y representa las gráficas de estas funciones.

a) $f(x) = |-2x^2 + 2|$ b) $g(x) = |\ln x|$

76. Dada la función a trozos $f(x) = \begin{cases} \dfrac{2}{x^2} & \text{si } x < 0 \\ x^2 & \text{si } x > 0 \end{cases}$:

a) Halla su dominio.

b) Represéntala gráficamente.

c) Estudia el crecimiento o decrecimiento de la función a partir de la gráfica y comprueba los resultados utilizando la tasa de variación media.

77. La función $f(x)=\left(\frac{1}{2}\right)^x = 2^{-x}$ es una función decreciente y no simétrica y la función $g(x) = 2^x$ es creciente y tampoco es simétrica.

Justifica que $h(x) = f(x) + g(x)$ y $k(x) = g(x) - f(x)$ son funciones simétricas e indica el tipo de simetría que presentan.

PROBLEMAS PARA RESOLVER

78. La factura de la energía eléctrica de una empresa suministradora se puede resumir en tres conceptos:

- Cuota fija por potencia contratada: 38 €
- Consumo: 0,14 € cada kilovatio hora (kWh)
- IVA: 21 %

a) Escribe la función $f(x)$, que determina el importe de la factura durante un período en el que se han consumido x kWh.

b) ¿Cuál es el importe de la factura si se han consumido 324 kWh?

c) Determina la función, $g(x)$ que indica el coste de kilovatio hora consumido.

79. Un taller de planchas de aluminio tiene que fabricar canaletas para conducciones de agua. Las planchas de aluminio que va a utilizar son rectangulares de 40 cm de ancho y las doblan mediante una prensa.

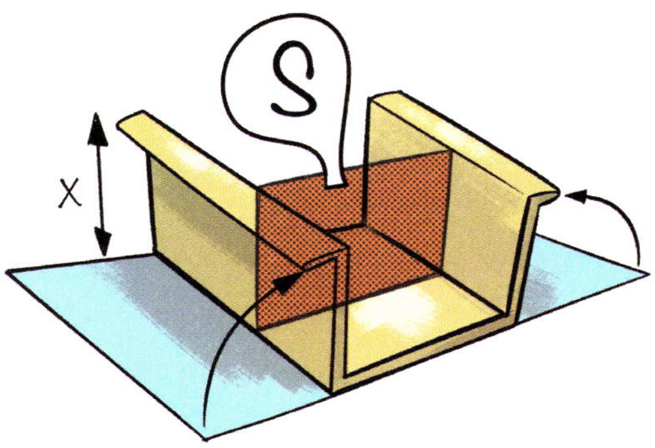

a) Determina la anchura de la canaleta en función de su altura, x.

b) Escribe una función que represente el área de la sección transversal, S, de la canaleta. ¿Cuál es su dominio?

c) Determina cómo se debe plegar la plancha de aluminio para que S tenga la mayor superficie.

PROBLEMA RESUELTO

80. **Una población de aves cuenta inicialmente con 50 individuos y se triplica cada 2 años. Escribe la función que representa el crecimiento de la población de aves. ¿Cuántas aves hay después de 4 años?**

Llamando x al número de años y teniendo en cuenta que la población se triplica cada dos años, la función exponencial debe tener base 3 y exponente $\frac{x}{2}$:

$$P(x) = 50 \cdot 3^{\frac{x}{2}}$$

Para $x = 4$, $P(4) = 50 \cdot 3^2 = 50 \cdot 9 = 450$ aves.

81. Una especie de bacteria se duplica cada 20 min. En una placa Petri con un cultivo de esta bacteria había inicialmente 12 microorganismos.

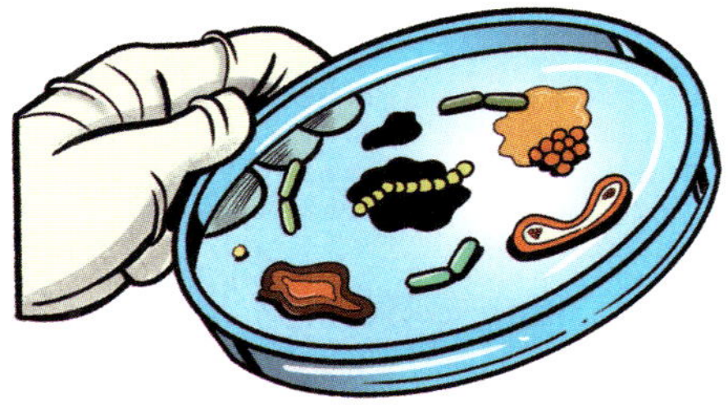

a) ¿Cuál es la fórmula de la función que representa el crecimiento de la población de la bacteria?

b) ¿Cuántas bacterias hay en la placa después de 3 horas?

c) ¿Cuántas horas deben pasar para que el número de bacterias sea de 10 000 microorganismos?

ACTIVIDADES PARA PENSAR MÁS

82. El vértice de la parábola $y = ax^2 + bx + c$ es el punto (4, 2). Si el punto (2, 0) pertenece a la parábola, ¿cuál es el valor de $a + b + c$?

A. $\frac{5}{2}$ B. $\frac{-5}{2}$ C. 5 D. 10

83. La función $f(x)=\frac{x^4+3x^3-4x}{(x^2-1)(x+2)}$ tiene:

A. Una asíntota vertical y una oblicua.
B. Tres asíntotas verticales y una horizontal.
C. Tres asíntotas verticales y una oblicua.
D. Dos asíntotas verticales y una oblicua.

84. Sea f la función definida por $f(x)=\frac{x+1}{x-1}$. Cuando $x^2 \neq 1$, $f(-x)$ es:

A. $\frac{1}{f(x)}$ B. $-f(x)$ C. $\frac{1}{f(-x)}$ D. $-f(-x)$

Encuentra el error

85. Pedro ha encontrado una curiosa propiedad con la función:

$$f(x)=\sqrt{100x-20x^2+x^3}+\sqrt{x^3}$$

Calcula distintos valores de la misma y obtiene:

$$f(2)=10\sqrt{2};\ f(3)=10\sqrt{3};\ f(4)=20=10\sqrt{4};\ f(5)=10\sqrt{5}$$

por lo que concluye que es igual a la función $f(x)=10\sqrt{x}$.

Ana hace los siguientes cálculos y concluye que **tiene razón:**

$$f(x)=\sqrt{100x-20x^2+x^3}+\sqrt{x^3}=\sqrt{x(100-20x+x^2)}+\sqrt{x^3}=$$
$$=\sqrt{x(10-x)^2}+\sqrt{x\cdot x^2}=(10-x)\sqrt{x}+x\sqrt{x}=10\sqrt{x}$$

Sin embargo, su profesor no está de acuerdo con los cálculos y les dice que comprueben con $f(15)$. Calcula esos valores y encuentra el error en los cálculos de Pedro y Ana.

Ponte a prueba

PROBLEMA **RESUELTO** **Investigación forense**

El inspector L'Etras volvía a necesitar su ayuda en aquel caso.

La Ley de Enfriamiento de Newton viene dada por la función: $t(T) = -10 \cdot \ln \dfrac{T - T_0}{T_i - T_0}$.

En esta expresión, el tiempo, t, se expresa en horas y las temperaturas, T, T_0 y T_i en grados Fahrenheit. T_0 es la temperatura ambiente, y T_i,la temperatura inicial. Se supone que antes de morir esta temperatura es de 37 ºC.

La función de conversión de la escala Fahrenheit de temperatura a la escala centígrada es: $C(T) = \dfrac{5(T - 32)}{9}$

1. Expresa la función de la Ley de Enfriamiento de Newton utilizando la escala centígrada.
2. Determina la hora del fallecimiento.
3. ¿Podría el cadáver tener una temperatura de 20 °C? ¿Por qué? Justifícalo aplicando la ley de enfriamiento.

SOLUCIÓN

1. Se sustituye la función del cambio de escala en la función de la ley del enfriamiento de Newton, $t(T)$:

$$t(T) = -10 \cdot \ln \frac{T - T_0}{T_i - T_0} \Rightarrow t(C) = -10 \cdot \ln \frac{\left(32 + \frac{9}{5}C\right) - \left(32 + \frac{9}{5}C_0\right)}{\left(32 + \frac{9}{5}C_i\right) - \left(32 + \frac{9}{5}C_0\right)} = -10 \cdot \ln \frac{C - C_0}{C_i - C_0}$$

2. Utilizando la primera temperatura tomada: $t = -10 \cdot \ln \dfrac{C_1 - C_0}{C_i - C_0} = -10 \cdot \ln \dfrac{29{,}8 - 21}{37 - 21} = 5{,}97$. Habían transcurrido 6 h aproximadamente, por lo que la hora de la muerte fue las 3:00.
3. No puede estar por debajo de la temperatura ambiente. Al sustituir en la fórmula se obtiene: $t = -10 \cdot \ln \dfrac{20 - 21}{37 - 21} = -10 \cdot \ln(-0{,}0625)$, que no existe.

El precio

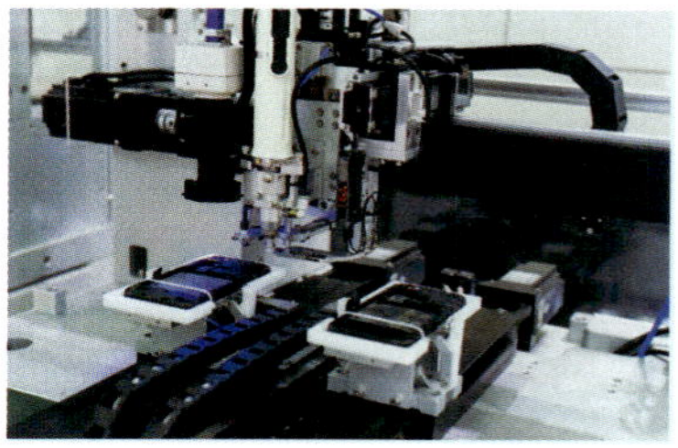

El departamento de ventas de una empresa que fabrica teléfonos móviles ha determinado una función que analiza la demanda para un nuevo modelo: $p = 160 - 0{,}000\,015x$, para $0 \le x \le 8\,000\,000$, donde p es el precio en euros, por móvil, y x representa el número de móviles vendidos.

La fabricación de x teléfonos cuesta 10 € por cada teléfono más un coste de 40 000 000 € de desarrollo. Los ingresos de la empresa vienen dados por la venta de x móviles al precio de p € y la función que proporciona los beneficios B, es la diferencia entre ingresos, I, y costes, C.

1. Escribe cuál será la función ingresos, I, la función costes, C, y la función beneficios, B.
2. ¿A qué precio habría que vender cada móvil si se fabrica el máximo número de ellos? ¿Qué ganancias tendría la empresa?
3. ¿Cuál es el mínimo número de móviles que hay que vender para que la empresa no tenga pérdidas?
4. Si la empresa quiere ganar un mínimo de 250 000 000 €, ¿a qué precio debe vender cada móvil?
5. ¿Cuál sería el número de móviles que debe fabricar la empresa para obtener la ganancia máxima? ¿Cuál será la ganancia obtenida?

Meteorología

En cierto punto del hemisferio norte, las temperaturas máximas a lo largo de un año se aproximaron por la función $M(t) = 29{,}2 - 6{,}5\cos\frac{\pi t}{6} - 5\,\text{sen}\frac{\pi t}{6}$ y las mínimas se aproximaron por $m(t) = 10 - 3{,}8\cos\frac{\pi t}{6} - 3{,}8\,\text{sen}\frac{\pi t}{6}$, donde t es el tiempo en meses y la temperatura viene dada en grados centígrados.

En el diagrama se representan ambas funciones, comenzando a las 0:00 del 1 de enero.

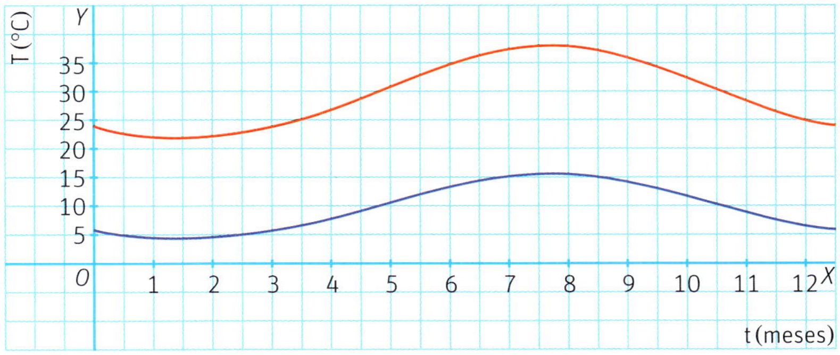

1. ¿Durante qué meses las temperaturas máximas superaron los 30 °C? ¿En qué período las mínimas no llegaron a 10 °C?
2. ¿Cuál es el período de cada función?
3. ¿Consideras que estas funciones también son válidas para el próximo año?
4. La amplitud térmica es la función que marca la diferencia entre las máximas y las mínimas. ¿Cuál es su expresión? ¿Es también periódica?
5. ¿Cuándo es mayor la amplitud térmica?
6. ¿A qué crees que es debido que las temperaturas más altas no coincidan exactamente con los meses que tienen más horas de sol? ¿Ocurre algo parecido con las temperaturas más bajas?

AUTOEVALUACIÓN

1. Una función polinómica de primer grado tiene ordenada en el origen $b = -2$. Además el punto $P(3, 4)$ pertenece a su gráfica.
   a) ¿De qué función se trata?
   b) ¿Cuál es su pendiente?

2. Determina el eje de simetría, las coordenadas del vértice, los puntos de corte con los ejes y estudia el signo de la función $f(x) = 6x - x^2$. Represéntala de forma aproximada.

3. Halla el dominio de las funciones racionales:
   a) $y = \frac{2x}{x^2+2}$ b) $y = \frac{x^2+3x+4}{x+1}$
   ¿Cuáles son sus asíntotas?

4. Una función de proporcionalidad inversa, $f(x)$, verifica que $f(4) = 6$.
   a) Halla la constante de proporcionalidad.
   b) Indica si es creciente o decreciente.
   c) Halla el número a para que $f(a) = -18$.
   d) Escribe la expresión de la función $f(x)$.

5. Se considera la función exponencial $f(x) = \left(\frac{2}{3}\right)^x$. Determina:
   a) Su dominio y recorrido
   b) Los puntos de corte con los ejes
   c) Sus asíntotas
   Represéntala de forma aproximada ayudándote de una tabla de valores.

6. Halla la inversa de las siguientes funciones y represéntalas a partir de las gráficas de las funciones de partida:
   a) $y = 2\ln x$ b) $y = \log(x-2)$

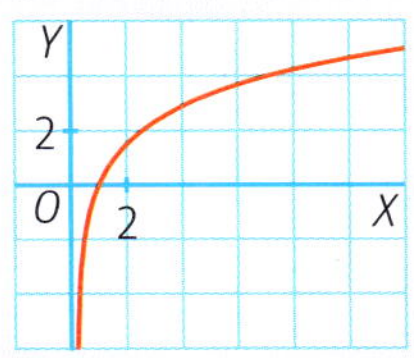

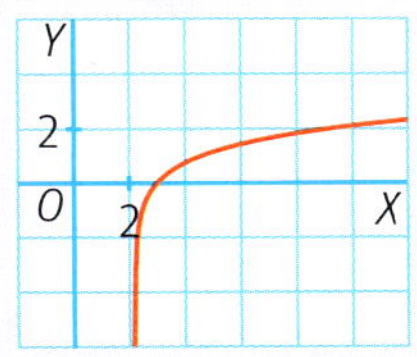

7. A partir de la gráfica de la función $f(x) = \cos x$, representa las gráficas de las siguientes funciones.
   a) $g(x) = \cos x + \frac{\pi}{2}$ b) $h(x) = \cos\left(x + \frac{\pi}{2}\right)$

10 Introducción al concepto de límite

- ¿Cómo se comporta una hipérbola en las proximidades del eje de ordenadas?
- ¿Y cuándo la x toma valores muy grandes?
- ¿Siempre es posible saber hacia qué valor se aproxima una función?
- ¿Cómo resolvemos problemas con ecuaciones?

Piensa y contesta

Según Zenón de Elea, ¿quién gana la carrera: Aquiles o la tortuga?

¿Por qué no es correcto el razonamiento de Zenón?

¿Qué significa **límite** en la frase "...su valor exacto es el límite de esta suma $S = 600 + \ldots + \frac{6}{10^n} = \frac{2000}{3}$"?

Lee y comprende

Aquiles, la tortuga y el infinito

Aquiles, el gran guerrero, fue retado a una carrera por una simple tortuga. Aquiles, sorprendido, rechazó el duelo por considerarlo poco digno de su condición de hijo de dioses, pero la tortuga insistió y propuso que, para hacer más justa la carrera, el no tomaría la salida hasta que ella hubiese ganado una ventaja de un estadio, unos 600 pies. Finalmente, Aquiles accedió a tan extraño reto.

La carrera comenzó, y Aquiles esperó a que la tortuga recorriera el primer estadio con la paciencia del guerrero que ha librado mil batallas. Cuando lo hizo, se lanzó como un rayo hacia la meta. Cuando Aquiles llegó al primer estadio, vio que la tortuga había recorrido apenas sesenta pies. Pensó que ya tenía la carrera ganada, pues corría diez veces más rápido que su rival, pero cuál fue su sorpresa al ver que, al avanzar esos sesenta pies, la tortuga todavía le aventajaba en seis pies. Recorrió esos seis pies decidido a dar alcance a la tortuga, pero para cuando lo logró ésta se hallaba a seis décimas partes de un pie de donde él se encontraba [...]. De esta manera Aquiles, *el de los pies ligeros*, nunca fue capaz de dar alcance a la tortuga, pues cada vez que llegaba al lugar donde ella había estado un instante antes ésta ya se había desplazado un poco más allá.

Esta historia atribuida a Zenón de Elea (490 a. C. – 430 a. C.) se conoce como la *paradoja de Aquiles y la tortuga*. A pesar del razonamiento de Zenón, la realidad nos dice que Aquiles le daría una paliza tremenda a la tortuga en una carrera real.

¿Dónde está el fallo de Zenón? Su error fue pensar que la suma de infinitos tramos, aunque sean infinitamente pequeños será una distancia infinita y, por tanto, inalcanzable. Pero, la suma de los infinitos tramos que tiene que recorrer Aquiles es finita. Su valor "exacto" es el límite de esta suma:

$$S = 600 + 60 + 6 + \frac{6}{10} + \ldots \frac{6}{10^n} = 666{,}666\ldots = \frac{2000}{3} \text{ pies.}$$

Al final, Aquiles tampoco tuvo que esforzarse tanto.

ANTONIO PÉREZ SANZ

Investiga y resuelve

Las series infinitas atrajeron la atención de los matemáticos desde los tiempos de Newton.

No todas las sumas de números cada vez más pequeños tiene límite finito. La suma de la *serie armónica*, $S = 1 + \frac{1}{2} + \frac{1}{3} + \frac{1}{4} + \ldots$ no es un número finito. Investiga por qué se la conoce como *serie armónica*.

Euler resolvió el *Problema de Basilea*, formulado por J. Bernoulli, que consiste en calcular la suma de los inversos de los cuadrados de los números naturales: $S = \frac{1}{1^2} + \frac{1}{2^2} \ldots$ ¿Cómo lo resolvió?

¿Se puede estudiar la continuidad de una función sin dibujar su gráfica?

1 Límite de una función en un punto

MAT-TIC GeoGebra

Entra en smSaviadigital.com y visualiza el concepto de límite de una función en un punto.

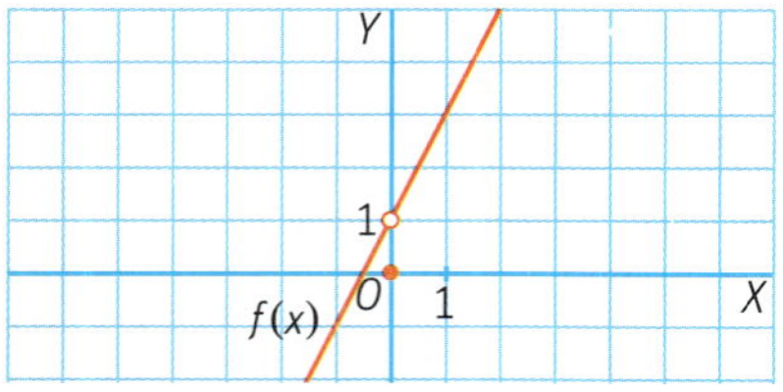

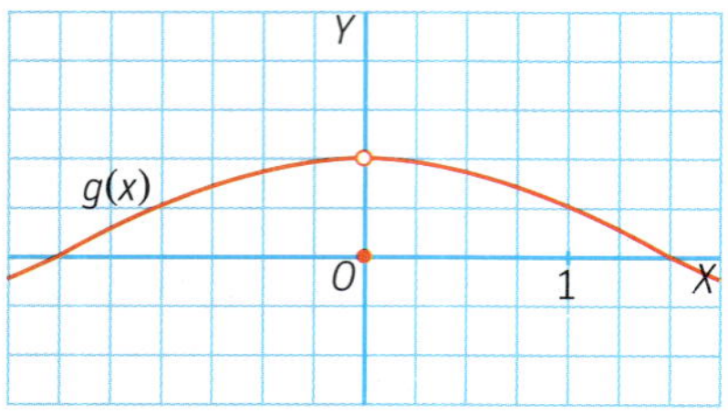

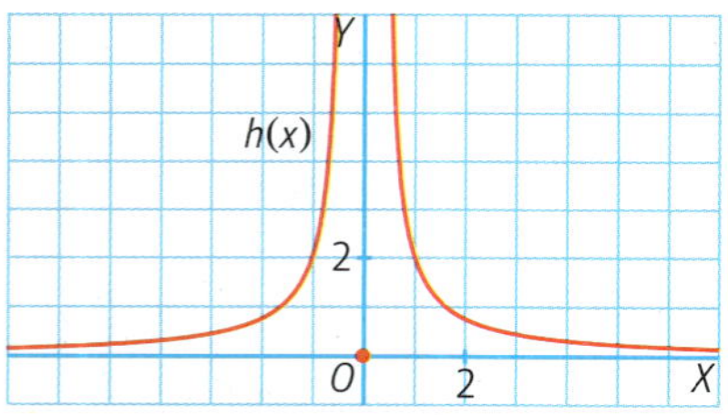

Dada una función $f(x)$, es importante conocer su valor en un punto de su dominio, pero también observar el comportamiento de la función en las proximidades de ese punto.

Ejemplo ▸ Estudia el valor de las siguientes funciones para $x = 0$ y en las proximidades de este punto.

$$f(x)=\begin{cases}2x+1 & \text{si } x\neq 0\\ 0 & \text{si } x=0\end{cases} \qquad g(x)=\begin{cases}\dfrac{1-\cos x}{x^2} & \text{si } x\neq 0\\ 0 & \text{si } x=0\end{cases} \qquad h(x)=\begin{cases}\dfrac{2}{x^2} & \text{si } x\neq 0\\ 0 & \text{si } x=0\end{cases}$$

Para $x = 0$ las tres están definidas y su valor es el mismo:

$f(0) = 0$ $\qquad g(0) = 0$ $\qquad h(0) = 0$

En los valores cercanos a $x = 0$ se estudia el comportamiento de cada función:

- Cuando $x \neq 0$, $f(x)$ está definida como $2x + 1$.
  Como $2x + 1$ es continua en $x = 0$ para valores muy próximos a 0, positivos o negativos, la función se aproxima a 1.

- Cuando $x \neq 0$, $g(x)$ está definida como $\dfrac{1-\cos x}{x^2}$ que no existe en $x = 0$, ya que se anula el denominador. Por tanto, para ver su comportamiento se construye una tabla con valores cada vez más próximos a $x = 0$:

x	−1	−0,1	−0,01	−0,001	0,001	0,01	0,1	1
g(x)	0,46	0,4996	0,499996	0,49999996	0,49999996	0,499996	0,4996	0,46

  La función $g(x)$ **tiende** a 0,5, cuando x se acerca a 0, tanto por la izquierda como por la derecha.

- Cuando $x \neq 0$, $h(x)$ está definida como $\dfrac{2}{x^2}$ que no existe en $x = 0$, por lo que se estudia su comportamiento dando valores cada vez más próximos a $x = 0$:

x	−1	−0,1	−0,01	−0,001	0,001	0,01	0,1	1
h(x)	2	200	20000	2000000	2000000	20000	200	2

  Los valores de la función $h(x)$ se hacen cada vez más y más grandes, tanto por la izquierda como por la derecha y se dice que **tienden** a infinito.

Los resultados obtenidos se expresan así:

- $\lim\limits_{x\to 0} f(x) = 1 \Rightarrow$ El límite de $f(x)$ en $x = 0$ es 1 o $f(x)$ tiende a 1 cuando x tiende a 0.
- $\lim\limits_{x\to 0} g(x) = \dfrac{1}{2} \Rightarrow$ El límite de $g(x)$ en $x = 0$ es $\dfrac{1}{2}$.
- $\lim\limits_{x\to 0} h(x) = +\infty \Rightarrow$ La función $h(x)$ tiende a $+\infty$ cuando x tiende a 0.

El **límite de $f(x)$ en $x = a$** es L, si al tomar valores de x que pertenecen al $D(f)$ cada más próximos al número a, sus imágenes $f(x)$ se acercan tanto como se quiera a L:

$$\lim_{x\to a} f(x) = L$$

Es decir, la distancia de $f(x)$ a L tiende a cero cuando x tiende a a:

$$\lim_{x\to a} f(x) = L \Leftrightarrow \lim_{x\to a} |f(x) - L| = 0$$

Ten en cuenta

Al hallar el límite de $f(x)$ en $x = a$:

- f puede tener límite y el valor $f(a)$ no existir o ser distinto del valor del límite.
- Para que exista el límite, es condición necesaria que cualquier entorno de a contenga puntos del dominio de f distintos de a.

Límites laterales

En algunos casos, el comportamiento de la función es distinto al aproximarse por la derecha o por la izquierda a un valor $x = a$, es decir, con valores mayores o menores que a.

- El **límite por la derecha de $f(x)$ en $x = a$** es L_1, si al tomar x valores del $D(f)$, mayores que el número a y cada vez más próximos a él, sus imágenes $f(x)$ se aproximan a L_1:

$$\lim_{x \to a^+} f(x) = L_1$$

- El **límite por la izquierda de $f(x)$ en $x = a$** es L_2, si al tomar x valores del $D(f)$, menores que el número a y cada vez más próximos a él, sus imágenes $f(x)$ se aproximan a L_2:

$$\lim_{x \to a^-} f(x) = L_2$$

A partir de estas definiciones y de la definición de límite, se puede afirmar que:

Si una función tiene límite, L, en un punto $x = a$, entonces también tiene límites laterales en ese punto y ambos coinciden con L, y viceversa:

$$\lim_{x \to a} f(x) = L \Leftrightarrow \lim_{x \to a^+} f(x) = \lim_{x \to a^-} f(x) = L$$

Ejemplo ▸ A partir de la gráfica de la función $f(x)$, halla los límites laterales en $x = 1$ e indica qué se puede decir del límite de la función en ese punto.

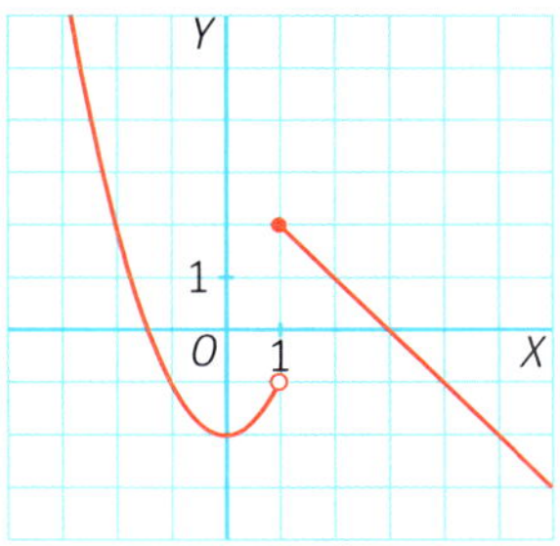

- Si x se acerca a 1 por la derecha, $f(x)$ tiende a 2:

$$\lim_{x \to 1^+} f(x) = 2$$

- Si x se acerca a 1 por la izquierda, $f(x)$ tiende a -1:

$$\lim_{x \to 1^-} f(x) = -1$$

Como los límites por la derecha y por la izquierda son distintos, la función no se aproxima a un único valor cuando x tiende a 1, por lo que no existe el límite en ese punto.

smSaviadigital.com

PRACTICA Observa la gráfica y determina los límites.

ACTIVIDADES

1. Calcula el límite de las funciones en los valores indicados.

a) $f(x) = \dfrac{x}{x-2}$, para $x = 3$ y $x = 1$

b) $f(x) = \sqrt{x} - 1$, para $x = 0$ y $x = 4$

2. Halla los límites, construyendo una tabla de valores en cada caso para estudiar hacia qué valor tiende la función.

a) $\lim\limits_{x \to -2} \dfrac{2+x}{x^2-2}$

b) $\lim\limits_{x \to 0} \dfrac{\operatorname{sen} x}{x}$

c) $\lim\limits_{x \to 1^+} \sqrt{x-1}$

d) $\lim\limits_{x \to \frac{\pi}{2}^-} \operatorname{tg} x$

3. Calcula los límites laterales de la función $f(x) = \dfrac{1}{x}$ cuando x tiende a 0 e indica si existe el límite en ese punto.

4. A partir de la gráfica de $f(x)$, indica el valor de la función, los límites laterales y el límite si existe en:

a) $x = -2$

b) $x = 0$

c) $x = 1$

d) $x = 3$

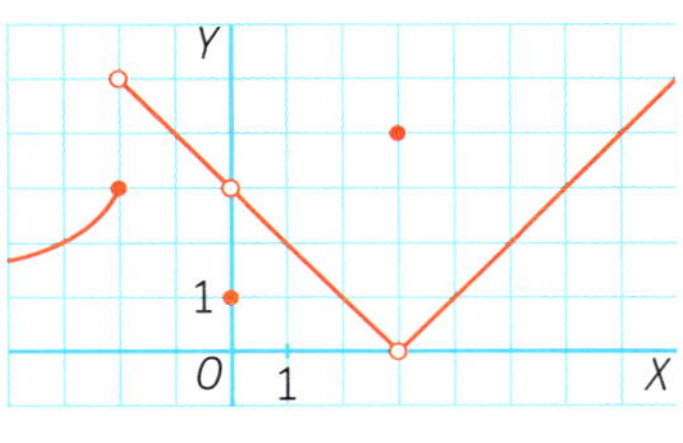

5. Representa la función $f(x) = \begin{cases} -x-1 & \text{si } x \le -2 \\ x+2 & \text{si } -2 < x \le 2 \\ 4 & \text{si } x > 2 \end{cases}$.

Calcula los límites laterales cuando x tiende a -2 y a 2. ¿Existe el límite en cada caso?

6. Calcula los límites laterales para $x = 2$ de la función $f(x) = \begin{cases} x-1 & \text{si } x < 2 \\ 5-x^2 & \text{si } x > 2 \end{cases}$. ¿Existe $\lim\limits_{x \to 2} f(x)$?

2 Límites infinitos y en el infinito

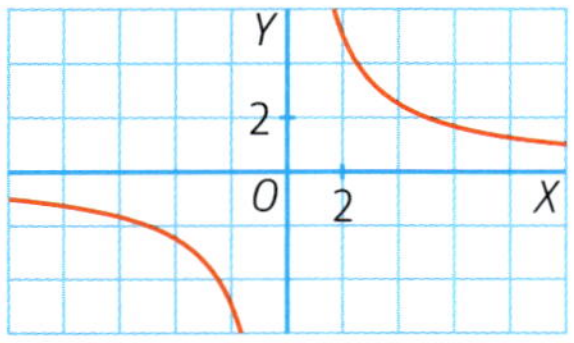

Algunas funciones pueden tomar valores muy grandes o muy pequeños al aproximarse a un determinado valor de x, como ocurre con la función de proporcionalidad inversa al aproximarse a $x = 0$.

El **límite de una función $f(x)$ en un punto $x = a$** es $+\infty$ si al tomar valores de x cada vez más próximos a a, tanto por la derecha como por la izquierda, los valores de la función se hacen arbitrariamente grandes:

$$\lim_{x \to a} f(x) = +\infty$$

De forma análoga se define $\lim_{x \to a} f(x) = -\infty$.

Ejemplos

▶ Halla el límite de la función $f(x) = \dfrac{5}{|x-2|}$ cuando x tiende a 2.

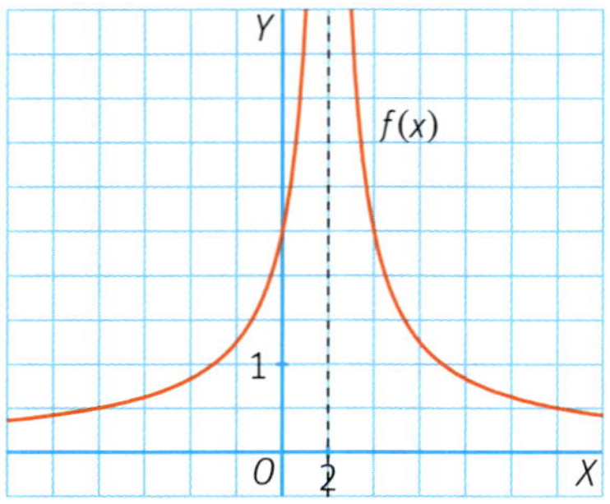

Para calcular $\lim_{x \to 2} \dfrac{5}{|x-2|}$, se construye una tabla de valores:

x	1,9	1,99	1,999	2,001	2,01	2,1
$f(x)$	50	500	5000	5000	500	50

Cuando x toma valores cada vez más cercanos a 2, los valores que toma la función se van haciendo cada vez mayores, por lo que se puede concluir que:

$$\lim_{x \to 2} \frac{5}{|x-2|} = +\infty$$

▶ Calcula el límite de la función $g(x) = \dfrac{-1}{(1-x)^2}$ cuando x tiende a 1.

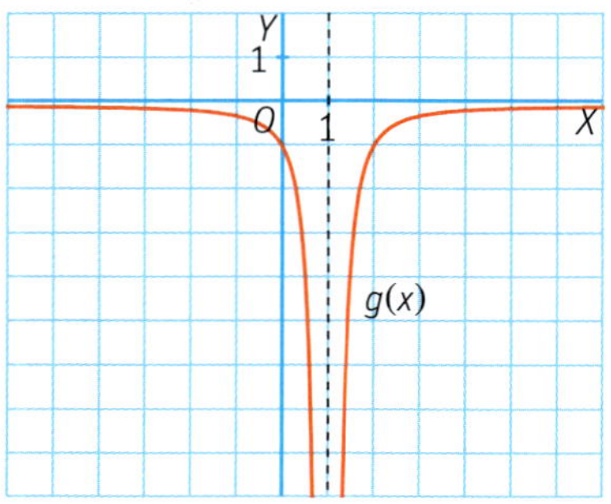

Para calcular el límite, se construye una tabla de valores:

x	0,9	0,99	0,999	1,001	1,01	1,1
$g(x)$	−100	−10000	−1000000	−1000000	−10000	−100

Cuando x toma valores cada vez más cercanos a 1, los valores que toma la función se van haciendo cada vez menores, por lo que se puede concluir que:

$$\lim_{x \to 1} \frac{-1}{(1-x)^2} = -\infty$$

Como el comportamiento de una función puede no ser el mismo al acercarse a un valor por la derecha o por la izquierda, se pueden dar los siguientes límites laterales.

$\lim_{x \to a^+} f(x) = +\infty$ $\quad$ $\lim_{x \to a^+} f(x) = -\infty$ $\quad$ $\lim_{x \to a^-} f(x) = +\infty$ $\quad$ $\lim_{x \to a^-} f(x) = -\infty$

Ejemplo ▶ A partir de la gráfica de la función $h(x) = \dfrac{x^2}{(x-2)(x+2)}$, indica el valor de los límites laterales en $x = -2$ y $x = 2$.

$\lim_{x \to 2^+} h(x) = +\infty$ $\quad$ $\lim_{x \to 2^-} h(x) = -\infty$

$\lim_{x \to -2^+} h(x) = -\infty$ $\quad$ $\lim_{x \to -2^-} h(x) = +\infty$

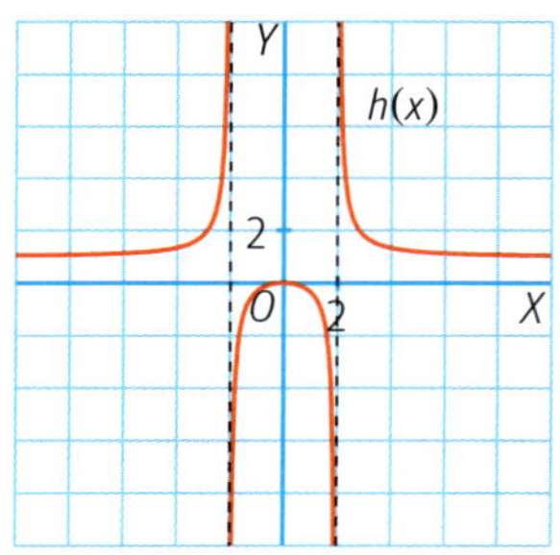

Límites en el infinito

Además de estudiar el comportamiento de las funciones para valores determinados de la variable independiente, puede resultar útil observar qué sucede cuando dicha variable toma valores muy grandes en valor absoluto.

El **límite de una función $f(x)$, cuando x tiende a** $+\infty$, es L cuando al tomar valores de x cada vez más grandes, los valores que toma la función $f(x)$ se aproximan a L:

$$\lim_{x \to +\infty} f(x) = L$$

De forma análoga se define $\lim\limits_{x \to -\infty} f(x) = L$.

MAT-TIC GeoGebra

Entra en smSaviadigital.com y observa a qué valor se aproxima la función.

Ejemplo ▸ Dada la función $f(x) = \dfrac{x^2}{(1+x^2)}$, estudia el comportamiento de la función para valores muy grandes en valor absoluto de la variable independiente.

Para calcular $\lim\limits_{x \to +\infty} \dfrac{x^2}{(1+x^2)}$ y $\lim\limits_{x \to -\infty} \dfrac{x^2}{(1+x^2)}$, se construye una tabla de valores:

x	–10	–100	–1000	10	100	1000
$g(x)$	0,99	0,9999	0,999999	0,99	0,9999	0,999999

Cuando x toma valores cada vez más grandes en valor absoluto, la función se va acercando cada vez más a 1:

$$\lim_{x \to +\infty} \frac{x^2}{(1+x^2)} = 1 \quad \text{y} \quad \lim_{x \to -\infty} \frac{x^2}{(1+x^2)} = 1$$

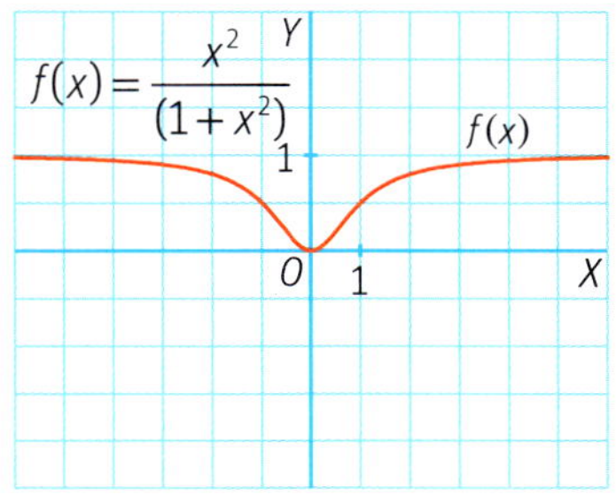

También puede ocurrir que el límite de una función $f(x)$ en el infinito sea $+\infty$ o $-\infty$.

$\lim\limits_{x \to +\infty} f(x) = +\infty$ $\qquad$ $\lim\limits_{x \to +\infty} f(x) = -\infty$ $\qquad$ $\lim\limits_{x \to -\infty} f(x) = +\infty$ $\qquad$ $\lim\limits_{x \to -\infty} f(x) = -\infty$

Ejemplo ▸ Indica el valor de los límites en el infinito de la función $g(x) = x^3 + x^2$.

Los límites son: $\lim\limits_{x \to +\infty} (x^3 + x^2) = +\infty$

$\lim\limits_{x \to -\infty} (x^3 + x^2) = -\infty$

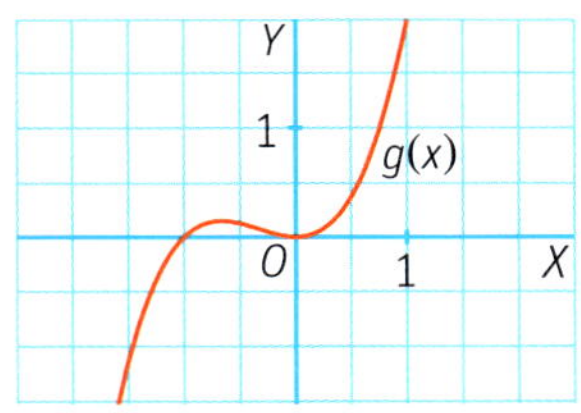

ACTIVIDADES

7. Halla el valor de los siguientes límites.

a) $\lim\limits_{x \to 2^+} \left(\dfrac{x^2 - 2}{2 - x} \right)$

b) $\lim\limits_{x \to 2^+} \left(\dfrac{x^2 - 4}{2 - x} \right)$

c) $\lim\limits_{x \to 2^-} \left(\dfrac{x^2 - 2}{2 - x} \right)$

d) $\lim\limits_{x \to 2^-} \left(\dfrac{x^2 - 4}{2 - x} \right)$

8. Calcula los siguientes límites de funciones:

a) $\lim\limits_{x \to +\infty} \left(\dfrac{-2x + 1}{5 + x} \right)$

b) $\lim\limits_{x \to +\infty} \left(\dfrac{4x^2 - x}{2x^2 + 1} \right)$

c) $\lim\limits_{x \to +\infty} \left(\dfrac{x + 2}{5x - 30} \right)$

d) $\lim\limits_{x \to -\infty} \left(\dfrac{x^2 - 2x + 2}{5 - x^2} \right)$

9. Con ayuda de la calculadora completa la tabla de valores para determinar el siguiente límite: $\lim\limits_{x \to +\infty} \left(\dfrac{e^x}{x^5} \right)$

x	2	10	20	30	50
$f(x)$	●	●	●	●	●

10. Dada la función $f(x) = \begin{cases} \dfrac{4 - x}{x - 2} & \text{si } x < 0 \\ \dfrac{2x - 2}{x + 1} & \text{si } x \geq 0 \end{cases}$, calcula los límites cuando x tiende a –1, a 2 y en $+\infty$ y $-\infty$.

3 Propiedades de los límites finitos. Indeterminaciones

Para calcular los límites de funciones se pueden aplican las propiedades de los límites.

Si k es un número real y $f(x)$ y $g(x)$ dos funciones tales que $\lim\limits_{x \to a} f(x) = L_1$ y $\lim\limits_{x \to a} g(x) = L_2$, entonces se verifica:

- $\lim\limits_{x \to a} k = k$
- $\lim\limits_{x \to a} x = a$
- $\lim\limits_{x \to a} (f \pm g)(x) = L_1 \pm L_2$
- $\lim\limits_{x \to a} (f \cdot g)(x) = L_1 \cdot L_2$
- $\lim\limits_{x \to a} k \cdot f(x) = k \cdot L_1$
- $\lim\limits_{x \to a} \left(\dfrac{f}{g}\right)(x) = \dfrac{L_1}{L_2}$, si $L_2 \neq 0$
- $\lim\limits_{x \to a} [f(x)]^{g(x)} = \left[\lim\limits_{x \to a} f(x)\right]^{\lim\limits_{x \to a} g(x)} = (L_1)^{L_2}$, si $L_1 > 0$

Ejemplo ▸ Calcula $\lim\limits_{x \to 2} (x^2 - 3x + 5)$ aplicando las propiedades de los límites.

Se descompone el límite en sumas y productos para calcularlo:

$$\lim_{x \to 2} (x^2 - 3x + 5) = \lim_{x \to 2} x^2 - \lim_{x \to 2} 3x + \lim_{x \to 2} 5 = (\lim_{x \to 2} x) \cdot (\lim_{x \to 2} x) - 3 \lim_{x \to 2} x + \lim_{x \to 2} 5.$$
$$= 2 \cdot 2 - 3 \cdot 2 + 5 = 3$$

Se obtiene el mismo resultado si se sustituye el valor de x por 2:

$$\lim_{x \to 2} (x^2 - 3x + 5) = 2^2 - 3 \cdot 2 + 5 = 3$$

Para calcular el límite en $x = a$, de una función polinómica, basta sustituir x por a.

$$\lim_{x \to a} P(x) = P(a)$$

De la misma forma se puede calcular el límite en un punto de cualquier función.

Ejemplo ▸ Halla el valor de los siguientes límites de funciones racionales.

$$\lim_{x \to 2} \frac{x+1}{x-2} \qquad \lim_{x \to -1} \frac{x+1}{x^2-1}$$

- Se sustituye en la función: $\lim\limits_{x \to 2} \dfrac{x+1}{x-2} = \dfrac{3}{0}$

  Como la función puede tomar valores muy grandes y muy pequeños, según sea el signo del denominador en valores próximos a 2, se estudian los límites laterales:

  $\lim\limits_{x \to 2^+} \dfrac{x+1}{x-2} = \dfrac{3}{0^+} = +\infty \Rightarrow$ porque al acercarse por la derecha, x toma valores ligeramente mayores que 2 y, por tanto, $x - 2 > 0$.

  $\lim\limits_{x \to 2^-} \dfrac{x+1}{x-2} = \dfrac{3}{0^-} = -\infty \Rightarrow$ porque al acercarnos por la izquierda, x toma valores ligeramente menores que 2 y por tanto, $x - 2 < 0$.

  Como los límites laterales no son iguales, no existe el límite de la función en $x = 2$.

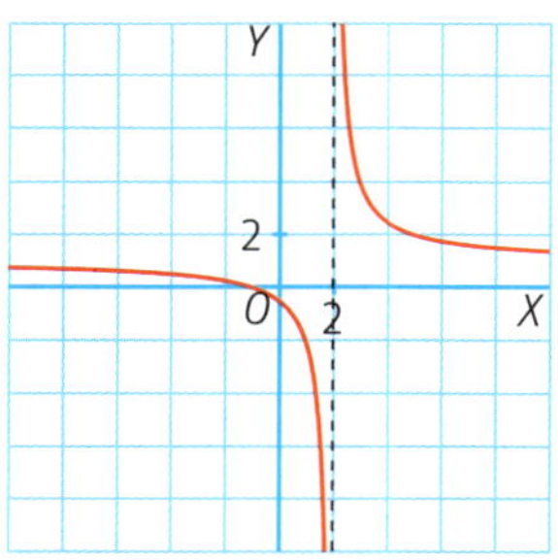

- Se sustituye la x por -1: $\lim\limits_{x \to -1} \dfrac{x+1}{x^2-1} = \dfrac{0}{0}$

El valor $\dfrac{0}{0}$ no es un número real, se trata de una expresión indeterminada.

Al calcular el límite de una función $f(x)$ se pueden obtener expresiones de la que no se conoce el valor directamente. Estas expresiones se denominan **indeterminaciones** y para resolverlas se realizan transformaciones en la función.

Indeterminación $\frac{0}{0}$

Si $P(x)$ y $Q(x)$ son polinomios tales que $\lim\limits_{x\to a}\dfrac{P(x)}{Q(x)}=\dfrac{0}{0}$, $P(a)=Q(a)=0$ y por el teorema del factor, se sabe que ambos polinomios son divisibles entre $(x-a)$.

> Cuando $\lim\limits_{x\to a}\dfrac{P(x)}{Q(x)}$ es una indeterminación del tipo $\dfrac{\mathbf{0}}{\mathbf{0}}$ se simplifica la fracción, dividiendo entre el factor $(x-a)$ las veces que sea necesario.

Ten en cuenta

El teorema del factor:

Si $P(x)$ es un polinomio, con $P(a)=0$, $(x-a)$ es un factor de $P(x)$, y por tanto $P(x)$ es divisible por $(x-a)$.

Ejemplo ▸ Halla el valor de $\lim\limits_{x\to1}\dfrac{2x^3-3x^2+1}{x^3-3x+2}$.

1.º Se sustituye el valor $x=1$: $\lim\limits_{x\to1}\dfrac{2x^3-3x^2+1}{x^3-3x+2}=\dfrac{2-3+1}{1-3+2}=\dfrac{0}{0}\Rightarrow$ INDETERMINACIÓN

2.º Para resolver la indeterminación $\dfrac{0}{0}$, se factorizan los polinomios del numerador y del denominador:

	2	−3	0	1
1		2	−1	−1
	2	−1	−1	0
1		2	1	
	2	1	0	

$2x^3-3x^2+2=(x-1)^2(2x+1)$

	1	0	−3	2
1		1	1	−2
	1	1	−2	0
1		1	2	
	1	2	0	

$x^3-3x+2=(x-1)^2(x+2)$

3.º Se simplifica la expresión obtenida y se calcula el valor del límite:

$$\lim_{x\to1}\frac{2x^3-3x^2+1}{x^3-3x+2}=\lim_{x\to1}\frac{(x-1)^2(2x+1)}{(x-1)^2(x+2)}=\lim_{x\to1}\frac{2x+1}{x+2}=\frac{3}{3}=1$$

ACTIVIDADES

11. Si $\lim\limits_{x\to1}f(x)=2$ y $\lim\limits_{x\to1}g(x)=5$, calcula:

a) $\lim\limits_{x\to1}(f+g)(x)$

b) $\lim\limits_{x\to1}(f\cdot g)(x)$

c) $\lim\limits_{x\to1}\left(\dfrac{f}{g}\right)(x)$

d) $\lim\limits_{x\to1}[f(x)]^{g(x)}$

12. Calcula los siguientes límites utilizando sus propiedades.

a) $\lim\limits_{x\to-3}(x^2-7)$

b) $\lim\limits_{x\to4}(x^{20}-6)(x-4)$

c) $\lim\limits_{x\to1}(7x-6)(x+1)$

d) $\lim\limits_{x\to-1}(6+4x)^{2x}$

13. Sean las funciones $f(x)=2x+1$ y $g(x)=\dfrac{2x-3}{x+2}$, calcula:

a) $\lim\limits_{x\to5}(f+g)(x)$

b) $\lim\limits_{x\to5}(g-f)(x)$

c) $\lim\limits_{x\to-2}3\cdot g(x)$

d) $\lim\limits_{x\to0}\left(\dfrac{f}{g}\right)(x)$

ACTIVIDAD **RESUELTA**

14. Calcula $\lim\limits_{x\to2}\dfrac{x^3-8}{2x^2-6x+4}$.

1.º Se sustituye el valor $x=2$:

$$\lim_{x\to2}\frac{x^3-8}{2x^2-6x+4}=\frac{2^3-8}{2\cdot2^2-6\cdot2+4}=\frac{0}{0}\Rightarrow\text{IND.}$$

2.º Se factorizan el numerador y el denominador:

$$x^3-8=(x-2)(x^2+2x+4)\ \text{ y }\ 2x^2-6x+4=(x-2)(2x-2)$$

3.º Se simplifica y se halla el valor del límite:

$$\lim_{x\to2}\frac{x^3-8}{2x^2-6x+4}=\lim_{x\to2}\frac{\cancel{(x-2)}(x^2+2x+4)}{\cancel{(x-2)}(2x-2)}=\frac{12}{2}=6$$

15. Calcula $\lim\limits_{x\to2}\dfrac{x^2-2x}{x-2}$ y $\lim\limits_{x\to-1}\dfrac{x^2+2x+1}{x^2-2x-3}$.

4 Propiedades de los límites infinitos. Indeterminaciones

Cuando los límites de dos funciones son números reales es fácil determinar el límite de las operaciones con esas dos funciones. Sin embargo, cuando las funciones tienen límites infinitos puede resultar más complicado analizar el comportamiento de la función.

Ejemplo ▸ Si $f(x) = 2x + 3$ y $g(x) = 2x^2$, calcula los siguientes límites:

$$\lim_{x\to+\infty}[f(x)+g(x)] \qquad \lim_{x\to+\infty}[f(x)\cdot g(x)] \qquad \lim_{x\to+\infty}\frac{f(x)}{g(x)}$$

$$\lim_{x\to+\infty}[f(x)-g(x)] \qquad \lim_{x\to+\infty}\frac{5}{f(x)} \qquad \lim_{x\to+\infty}2^{-g(x)}$$

Se calculan los límites de $f(x)$ y $g(x)$ cuando x tiende a infinito.

- $\lim_{x\to+\infty} f(x) = \lim_{x\to+\infty}(2x+3) = 2\cdot\lim_{x\to+\infty} x + \lim_{x\to+\infty} 3 = 2\cdot(+\infty)+3 = +\infty$
- $\lim_{x\to+\infty} f(x) = \lim_{x\to+\infty}(2x^2) = 2\cdot\lim_{x\to+\infty} x^2 = 2\cdot(+\infty)^2 = 2\cdot(+\infty) = +\infty$
- $\lim_{x\to+\infty}[f(x)+g(x)] = \lim_{x\to+\infty} f(x) + \lim_{x\to+\infty} g(x) = +\infty + \infty = +\infty$
- $\lim_{x\to+\infty}[f(x)-g(x)] = \lim_{x\to+\infty} f(x) - \lim_{x\to+\infty} g(x) = +\infty - \infty \Rightarrow$ INDETERMINACIÓN

  El resultado de esta operación es indeterminado, por lo que habrá que operar las funciones iniciales para hallar el valor del límite.
- $\lim_{x\to+\infty}[f(x)\cdot g(x)] = \lim_{x\to+\infty} f(x)\cdot\lim_{x\to+\infty} g(x) = +\infty\cdot(+\infty) = +\infty$
- $\lim_{x\to+\infty}\frac{5}{f(x)} = \frac{5}{\lim_{x\to+\infty} f(x)} = \frac{5}{+\infty} = 0$

  Cuando el denominador de una fracción se va haciendo muy grande, el cociente se va haciendo muy pequeño, por tanto, el límite tiende a 0.
- $\lim_{x\to+\infty}\frac{f(x)}{g(x)} = \frac{\lim_{x\to+\infty} f(x)}{\lim_{x\to+\infty} g(x)} = \frac{+\infty}{+\infty} \Rightarrow$ INDETERMINACIÓN

  El resultado de esta operación también es indeterminado, por lo que habrá que realizar alguna transformación en las funciones para hallar el valor del límite.
- $\lim_{x\to+\infty} 2^{-g(x)} = 2^{\left[\lim_{x\to+\infty} -g(x)\right]} = 2^{-\infty} = \frac{1}{2^{+\infty}} = \frac{1}{+\infty} = 0$

Ten en cuenta

Otros resultados indeterminados que pueden aparecer al resolver límites de funciones en el infinito son:

- $0\cdot\infty$
- $(0^+)^0$
- $(+\infty)^0$
- 1^∞

ACTIVIDADES

16. Sabiendo el valor de los límites, halla los límites siguientes o indica si son indeterminaciones o no tienen solución.

$\lim_{x\to+\infty} f(x) = +\infty$ $\quad\lim_{x\to+\infty} h(x) = 0$ $\quad\lim_{x\to+\infty} j(x) = 4$

$\lim_{x\to+\infty} g(x) = -\infty$ $\quad\lim_{x\to+\infty} i(x) = 0{,}5$

a) $\lim_{x\to+\infty}[f(x)\cdot j(x)]$

b) $\lim_{x\to+\infty}[f(x)+g(x)]$

c) $\lim_{x\to+\infty}\left[\frac{j(x)}{g(x)}\right]$

d) $\lim_{x\to+\infty}[f(x)\cdot h(x)]$

17. A partir de las siguientes funciones, $f(x) = -5x$ y $g(x) = x^2 - 2$, calcula los valores de los límites que aparecen a continuación.

a) $\lim_{x\to+\infty}\frac{f(x)}{g(x)}$

b) $\lim_{x\to+\infty}\frac{-4}{f(x)}$

c) $\lim_{x\to+\infty}\left[\frac{1}{g(x)}\right]^{f(x)}$

d) $\lim_{x\to+\infty}\left(\frac{1}{10}\right)^{g(x)}$

e) $\lim_{x\to+\infty}4^{g(x)}$

f) $\lim_{x\to+\infty}[g(x)]^{f(x)}$

Indeterminación $\frac{\infty}{\infty}$

La indeterminación del tipo $\frac{\infty}{\infty}$, se resuelve sacando factor común a la máxima potencia de x, tanto en el numerador como en el denominador, y simplificando.

Ejemplo ▶ Calcula $\lim\limits_{x\to+\infty} \frac{x^5+x^4-3x^3}{5x^3+6x^2}$.

1.º Se calcula el valor del límite: $\lim\limits_{x\to+\infty} \frac{x^5+x^4-3x^3}{5x^3+6x^2} = \frac{\infty}{\infty} \Rightarrow$ INDETERMINACIÓN

2.º Se puede extraer como factor común la máxima potencia del numerador o la máxima potencia del denominador y al simplificar llegamos al mismo resultado.

$$\lim_{x\to+\infty} \frac{x^5+x^4-3x^3}{5x^3+6x^2} = \lim_{x\to+\infty} \frac{\cancel{x^5}\left(1+\frac{1}{x}-\frac{3}{x^2}\right)}{\cancel{x^5}\left(\frac{5}{x^2}+\frac{6}{x^3}\right)} = \lim_{x\to+\infty} \frac{1+\frac{1}{x}-\frac{3}{x^2}}{\frac{5}{x^2}+\frac{6}{x^3}} = \frac{1+0-0}{0+0} = \frac{1}{0} = +\infty$$

$$\lim_{x\to+\infty} \frac{x^5+x^4-3x^3}{5x^3+6x^2} = \lim_{x\to+\infty} \frac{\cancel{x^3}(x^2+x-3)}{\cancel{x^3}\left(5+\frac{6}{x}\right)} = \lim_{x\to+\infty} \frac{x^2+x-3}{5+\frac{6}{x}} = \frac{+\infty}{5+0} = \frac{+\infty}{5} = +\infty$$

Indeterminación $\infty - \infty$

- Si la indeterminación aparece al restar dos expresiones racionales, se opera la diferencia y se calcula el límite.
- Si aparece al restar dos expresiones con algún radical cuadrático, se multiplica y divide por la expresión conjugada, se simplifica y se calcula el límite.

Ejemplo ▶ Halla $\lim\limits_{x\to+\infty} \left[(x+1)-\sqrt{x^2+2}\right]$

1.º Se halla el valor del límite: $\lim\limits_{x\to+\infty} \left[(x+1)-\sqrt{x^2+2}\right] = +\infty - \infty \Rightarrow$ INDETERMINACIÓN

2.º Se multiplica y divide por la expresión conjugada y se simplifica:

$$\lim_{x\to+\infty} (x-\sqrt{x^2+x+2}) = \lim_{x\to+\infty} \frac{(x-\sqrt{x^2+x+2})\cdot(x+\sqrt{x^2+x+2})}{x+\sqrt{x^2+2}} = \lim_{x\to+\infty} \frac{x^2-(\sqrt{x^2+x+2})^2}{x+\sqrt{x^2+2}} =$$

$$= \lim_{x\to+\infty} \frac{-x-2}{x+\sqrt{x^2+x+2}} = \frac{-\infty}{+\infty} \Rightarrow \text{IND.}$$

$$\lim_{x\to+\infty} \frac{-x-2}{x+\sqrt{x^2+x+2}} = \lim_{x\to+\infty} \frac{\cancel{x}\left(-1-\frac{2}{x}\right)}{\cancel{x}\left(1+\sqrt{1+\frac{1}{x}+\frac{2}{x^2}}\right)} = \frac{-1-0}{1+\sqrt{1+0+0}} = \frac{-1}{1+1} = \frac{-1}{2}$$

smSaviadigital.com

PRACTICA Halla el valor de los límites resolviendo las indeterminaciones.

Ten en cuenta

Al hallar $\lim\limits_{x\to\infty} \frac{P(x)}{Q(x)}$:

- Si grad $P(x) >$ grad $Q(x)$ el límite es $+\infty$ o $-\infty$
- Si grad $P(x) <$ grad $Q(x)$ el límite es 0.
- Si grad $P(x) =$ grad $Q(x)$ el límite es un número real, distinto de 0.

Ten en cuenta

El conjugado de una expresión $a + b$ se define como la suma del primer término más el opuesto del segundo:

- Conj $(a + b) = a + (-b) = a - b$
- Conj $(a - b) = a + (b) = a + b$

MAT-TIC GeoGebra

Entra en smSaviadigital.com y utiliza la calculadora de límites.

smSaviadigital.com

PRACTICA Comprueba si sabes calcular límites con indeterminaciones.

ACTIVIDADES

18. Calcula los siguientes límites.

a) $\lim\limits_{x\to+\infty} \frac{x^2-3x+1}{3x^2+6x}$

b) $\lim\limits_{x\to+\infty} \frac{x^2-3x}{2x^3-x^2+2}$

19. Halla el valor de los siguientes límites.

a) $\lim\limits_{x\to+\infty} \left(\frac{x^2}{x+3}-\frac{x^2-2}{x+1}\right)$

b) $\lim\limits_{x\to+\infty} \left[\sqrt{x+1}-\sqrt{2x+5}\right]$

5 Límites y continuidad

La idea intuitiva de función continua, como aquélla cuya gráfica se puede dibujar sin levantar el lápiz del papel, se puede estudiar de forma analítica sin conocer la gráfica.

Una función $f(x)$ es **continua en el punto $x = a$** si y solamente si $\lim\limits_{x \to a} f(x) = f(a)$.

Para ello deben cumplirse estas tres condiciones:

- Existe $f(a)$, es decir, la función está definida en $x = a$.
- La función tiene límite finito en $x = a$, es decir, existe $\lim\limits_{x \to a} f(x) = L$, con $L \in \mathbb{R}$.
- El límite de la función L coincide con el valor de la función en $x = a$: $L = f(a)$.

MAT-TIC GeoGebra

Entra en smSaviadigital.com y calcula el valor numérico de una expresión algebraica.

Ejemplo ▸ Estudia si las siguientes funciones son continuas en $x = 1$.

$$f(x) = \frac{x^2-1}{x-1} \qquad g(x) = \begin{cases} 2x-1 & \text{si } x<1 \\ 2 & \text{si } x=1 \\ 5-3x & \text{si } x>1 \end{cases} \qquad h(x) = \begin{cases} \dfrac{2}{x-1} & \text{si } x \neq 1 \\ 0 & \text{si } x=1 \end{cases} \qquad i(x) = \sqrt{x-2}$$

- $f(x)$ no es continua porque no existe $f(1)$, aunque sí tiene límite en $x = 1$:

$$\lim_{x \to 1} \frac{x^2-1}{x-1} = \frac{0}{0} \Rightarrow \lim_{x \to 1} \frac{(x-1)(x+1)}{x-1} = \lim_{x \to 1}(x+1) = 2$$

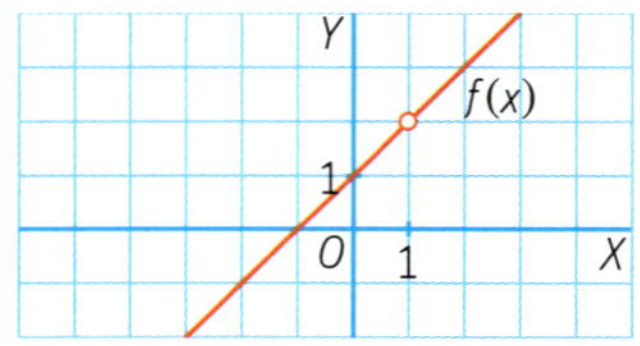

- El valor de la función en $x = 1$ es $g(1) = 2$.

  Se calculan los límites laterales:

$$\lim_{x \to 1^-} g(x) = \lim_{x \to 1^-}(2x-1) = 1$$

$$\lim_{x \to 1^+} g(x) = \lim_{x \to 1^+}(5-3x) = 2$$

  Como $g(1) = \lim\limits_{x \to 1^+} g(x) \neq \lim\limits_{x \to 1^-} g(x)$, la función no tiene límite en $x = 1$ y por tanto, no es continua.

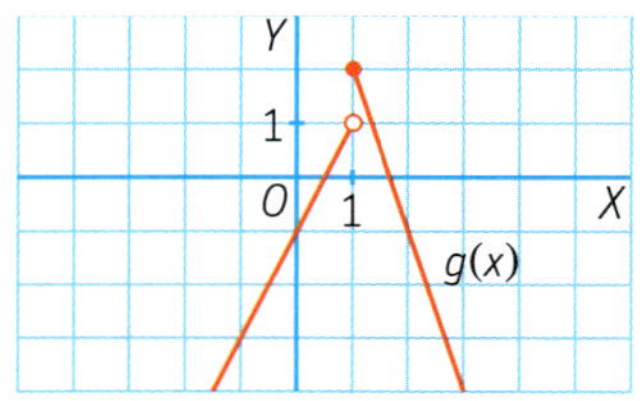

- El valor de la función en $x = 1$ es $h(1) = 0$.

  Se calculan los límites laterales:

$$\lim_{x \to 1^+} h(x) = \lim_{x \to 1^+} \frac{2}{x-1} = \frac{2}{0^+} = +\infty$$

$$\lim_{x \to 1^-} h(x) = \lim_{x \to 1^-} \frac{2}{x-1} = \frac{2}{0^-} = -\infty$$

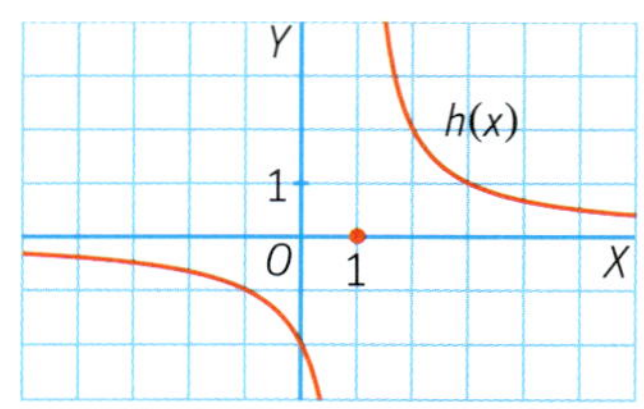

  Como los límites laterales no coinciden, no existe el límite de la función en $x = 1$ y las función $h(x)$ no es continua en ese punto.

- El dominio de $i(x)$ es $D(i) = [2, +\infty)$, por lo que no tiene sentido estudiar la continuidad en $x = 1$.

Ten en cuenta

Para poder estudiar la continuidad de una función en un punto $x = a$ es necesario que la función esté definida en un intervalo (c, a) o (a, d) mientras que en el punto a puede estar definida o no. Si no está definida da lugar a una discontinuidad.

Una función **$f(x)$ es continua en un intervalo abierto (a, b)** si es continua en todos los puntos del intervalo.

Ejemplo ▸ La función $k(x) = \dfrac{4}{x^2-4} + 3$ es continua en el intervalo $(-2, 2)$.

Los puntos de discontinuidad son los extremos del intervalo $(-2, 2)$.

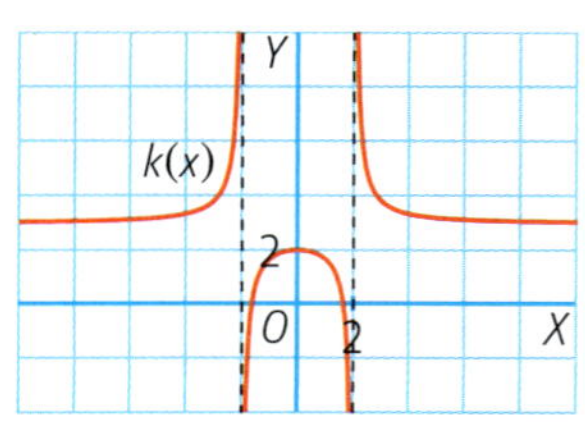

Discontinuidades

Una función ***f*(*x*) es discontinua** en el punto $x = a$ cuando la función no verifica alguna de las condiciones de continuidad en ese punto.

MAT-TIC GeoGebra

Entra en smSaviadigital.com y estudia la continuidad de forma gráfica.

Dependiendo de cual sea la condición que no se verifique hay diferentes tipos de discontinuidad.

- **Discontinuidad evitable**, cuando existe $\lim_{x \to a} f(x) = L$, $L \in \mathbb{R}$ pero o no existe $f(a)$ o es un valor distinto del límite.
- **Discontinuidad inevitable de salto finito**, cuando existen los límites laterales en a y son finitos y distintos.
- **Discontinuidad inevitable de salto infinito**, cuando alguno de los límites laterales es infinito.

Ejemplo ▸ Estudia qué tipo de discontinuidad presentan las funciones anteriores en $x = 1$.

- $f(x) = \dfrac{x^2 - 1}{x - 1}$ presenta una discontinuidad evitable, ya que existe el límite, pero la función no está definida en $x = 1$.
- $h(x) = \begin{cases} 2x - 1 & \text{si } x < 1 \\ 1 & \text{si } x = 1 \\ 5 - 3x & \text{si } x > 1 \end{cases}$ presenta una discontinuidad inevitable de salto finito, ya que sus límites laterales son finitos, pero diferentes entre sí.
- $g(x) = \begin{cases} \dfrac{2}{x - 1} & \text{si } x \neq 1 \\ 0 & \text{si } x = 1 \end{cases}$ presenta una discontinuidad inevitable de salto infinito, ya que sus límites laterales tienden a $+\infty$ y a $-\infty$.

Ten en cuenta

Las discontinuidades evitables, se eliminan redefiniendo la función y haciendo que $f(a) = \lim_{x \to a} f(x)$.

Así, la función $f(x)$ se puede transformar en continua definiendo:

$$F(x) = \begin{cases} \dfrac{x^2 - 1}{x - 1} & \text{si } x \neq 1 \\ 2 & \text{si } x = 1 \end{cases}$$

ACTIVIDADES

20. Clasifica las discontinuidades de la siguiente función.

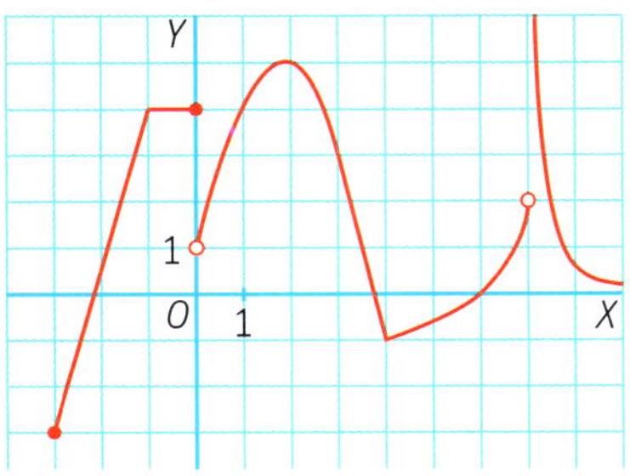

Indica los intervalos en los que es continua.

21. Estudia la continuidad y clasifica las discontinuidades de la función:

$$f(x) = \begin{cases} \dfrac{1}{x} & \text{si } x < 0 \\ 2 - x & \text{si } 0 \leq x < 2 \\ x^2 - 4 & \text{si } 2 < x \end{cases}$$

Esboza su gráfica de forma aproximada.

22. Estudia la continuidad y clasifica las discontinuidades de:

$$f(x) = \frac{2x + 2}{x^2 + 3x + 2}$$

ACTIVIDAD **RESUELTA**

23. Determina los valores de *a* y *b* para que la siguiente función sea continua en todo su dominio.

$$f(x) = \begin{cases} 2x + a & \text{si } x < 3 \\ 5 & \text{si } x = 3 \\ 8 + bx & \text{si } x > 3 \end{cases}$$

El punto que se debe estudiar es $x = 3$, ya que en este valor cambia la definición de la función. En el resto de puntos es continua al estar definida por polinomios.

$f(3) = 5$ $\quad \lim_{x \to 3^-} f(x) = 6 + a$ $\quad \lim_{x \to 3^+} f(x) = 8 + 3b$

Para que sea continua en $x = 3$, el valor de la función y de los límites debe coincidir:

$5 = 6 + a = 8 + 3b \Rightarrow a = -1$ y $b = -1$.

24. Halla los valores de b y c para que la función $f(x)$ sea continua en toda la recta real y represéntala.

$$f(x) = \begin{cases} x + 1 & \text{si } x < b \\ 2 & \text{si } b \leq x \leq c \\ 6 - x & \text{si } c < x \end{cases}$$

6 Sucesiones y límites de sucesiones

Sabías que...

La sucesión de Fibonacci $\{1, 1, 2, 3, 5, 8, 13, 21,...\}$ es una sucesión recurrente en la que: $a_1 = a_2 = 1$ y $a_n = a_{n-1} + a_{n-2}$.
Tiene un complicado término general que es:

$$a_n = \frac{1}{\sqrt{5}}\left[\left(\frac{1+\sqrt{5}}{2}\right)^n - \left(\frac{1-\sqrt{5}}{2}\right)^n\right]$$

Una **sucesión** es un conjunto de números reales, ordenado e infinito.

Ejemplo ▸ El conjunto de números A = $\{11, 13, 15, 17, 19,...\}$ es una sucesión. ¿Existe una expresión que permita encontrar cualquier término de la sucesión?

En esta sucesión el primer término es 11 y se expresa $a_1 = 11$, el quinto término es $a_5 = 19$, etc.

Para precisar cuáles son los elementos de la sucesión y qué posición ocupan en la misma hay diferentes métodos:

- Mediante un "**criterio**" o "**ley de la sucesión**"
  A: "Números impares mayores que 10"
- Por el método de "**recurrencia**", que consiste en hallar cada término a partir de los anteriores mediante un criterio.
  A: sucesión en la que $a_1 = 11$ y $a_n = a_{n-1} + 2$
- Con el "**término general**" que es una expresión de a_n que te permite calcular cualquier término de la sucesión.
  A: sucesión en la que $a_n = 2n + 9$

Una **sucesión de números reales es una función** entre el conjunto de los números naturales y el conjunto de los números reales.

Ejemplo ▸ La sucesión $f(n)=\frac{n^2+1}{2n+1}$ con $n \in \mathbb{N}$ es la sucesión de término general $a_n=\frac{n^2+1}{2n+1}$ y cuyos términos son: $a_1=f(1)=\frac{2}{3}$, $a_2=f(2)=\frac{5}{5}=1$, $a_3=f(3)=\frac{10}{7}$, etc.

Límites de sucesiones

En el caso de las sucesiones, solo tiene sentido estudiar sus límites cuando n tiende a $+\infty$, ya que la variable independiente solo puede tomar valores naturales.

El **límite de una sucesión a_n**, cuando n tiende a $+\infty$, es $L \in \mathbb{R}$ cuando al tomar valores de n cada vez más grandes, los valores de la sucesión se aproximan a L:

$$\lim_{n\to+\infty} a_n = L$$

Para calcular el límite de una sucesión se procede de la misma forma que en el caso de las funciones.

Ejemplo ▸ Halla los límites de las sucesiones $a_n=\frac{2n+1}{n+2}$ y $b_n=\frac{n^2-n}{n-1}$.

$$\lim_{n\to+\infty} a_n = \lim_{n\to+\infty}\frac{2n+1}{n+2} = \frac{\infty}{\infty} \Rightarrow \text{IND} \Rightarrow \lim_{n\to+\infty} a_n = \lim_{n\to+\infty}\frac{\cancel{n}\left(2+\frac{1}{n}\right)}{\cancel{n}\left(1+\frac{2}{n}\right)} = \frac{2+0}{1+0} = 2$$

$$\lim_{n\to+\infty} b_n = \lim_{n\to+\infty}\frac{n^2-n}{n-1} = \frac{\infty}{\infty} \Rightarrow \text{IND} \Rightarrow \lim_{n\to+\infty} b_n = \lim_{n\to+\infty}\frac{\cancel{n^2}\left(1-\frac{1}{n}\right)}{\cancel{n^2}\left(\frac{1}{n}-\frac{1}{n^2}\right)} = \frac{1-0}{0-0} = +\infty$$

MAT-TIC GeoGebra
Entra en smSaviadigital.com y evalúa los límites de sucesiones dando valores y representándolas gráficamente.

Propiedades de las sucesiones

- Una sucesión es **creciente** si cada uno de sus términos es mayor o igual que el anterior: $a_{n+1} \geq a_n$ para todo n.
- Una sucesión es **decreciente** si cada uno de sus términos es menor o igual que el anterior: $a_{n+1} \leq a_n$ para todo n.
- Un número real k es una **cota superior** de una sucesión si es mayor o igual que cualquier término de la sucesión: $k \geq a_n$ para todo n.
- Un número real k' es una **cota inferior** de una sucesión si es menor o igual que cualquier término de la sucesión: $k' \leq a_n$ para todo n.
- Cuando una sucesión tiene cota superior se dice que está **acotada superiormente**, si tiene cota inferior está **acotada inferiormente** y si tiene ambas, está **acotada**.

Ten en cuenta

- Una sucesión es **estrictamente creciente** si $a_{n+1} > a_n$ para todo n.
- Una sucesión es **estrictamente decreciente** si $a_{n+1} < a_n$ para todo n.

Ejemplo ▸ Comprueba si la sucesión $a_n = \frac{n+1}{n}$ es decreciente y si está acotada.

Para demostrar que $a_{n+1} \leq a_n$, se puede comprobar que $a_{n+1} - a_n \leq 0$:

$$a_{n+1} - a_n = \frac{(n+1)+1}{(n+1)} - \frac{n+1}{n} = \frac{-1}{n(n+1)}$$

Como $n \in \mathbb{N}$, $n(n+1) \geq 0 \Rightarrow a_{n+1} - a_n \leq 0$, por tanto, la sucesión es decreciente.

Está acotada superiormente, ya que: $a_n = \frac{n+1}{n} = 1 + \frac{1}{n} \leq 2$ y también está acotada inferiormente, ya que: $\lim\limits_{n \to +\infty} a_n = \lim\limits_{n \to +\infty} \frac{n+1}{n} = \lim\limits_{n \to +\infty} \left(1 + \frac{1}{n}\right) = 1$.

Por tanto, es una sucesión acotada: $2 \geq a_n = \frac{n+1}{n} > 1$ para todo n.

- Si $\lim\limits_{n \to +\infty} a_n = k$ se dice que la sucesión $\{a_n\}$ es **convergente**.
- Si $\lim\limits_{n \to +\infty} a_n = \pm\infty$ se dice que la sucesión $\{a_n\}$ es **divergente**.
- Las sucesiones que no son convergentes ni divergentes se llaman **oscilantes**.

Ejemplos

▸ La sucesión $a_n = \frac{3n+7}{2n+1}$ es convergente porque $\lim\limits_{n \to +\infty} \frac{3n+7}{2n+1} = \frac{3}{2}$.

▸ La sucesión $b_n = 3n+7$ es divergente porque $\lim\limits_{n \to +\infty} (3n+7) = +\infty$.

▸ La sucesión $c_n = (-1)^n \cdot \frac{n+4}{2n-3}$ es oscilante, no porque cambie de signo sino porque ni es convergente ni divergente.

ACTIVIDADES

25. Estudia si las siguientes sucesiones son crecientes o decrecientes y si tienen cotas.

a) $a_n = \frac{2n+1}{3}$ b) $b_n = \frac{4n+1}{n+2}$ c) $c_n = \frac{2n+1}{n^2}$

26. Calcula los siguientes límites e indica si las sucesiones son convergentes.

a) $\lim \frac{n^3+1}{n(n^2+1)}$ b) $\lim \frac{2n^2}{n^3-2n+2}$

7 El número *e*. Indeterminación 1^{∞}

Para analizar la sucesión $a_n = \left(1+\dfrac{1}{n}\right)^n$, se hallan algunos términos de la misma:

$a_1 = 2$, $a_2 = \dfrac{9}{4} = 2{,}25$, $a_3 = \dfrac{64}{27} = 2{,}37\ldots$, $a_{50} = 2{,}69\ldots$, $a_{500} = 2{,}71556\ldots$, $a_{1000} = 2{,}71692\ldots$

Observando estos términos, se puede decir que la sucesión:

- Es creciente, aunque crece lentamente.
- Está acotada superiormente pues $a_n < 3$ para todo n.

Por tanto, el límite de esta sucesión es un número irracional menor que 3. Se le designa con la letra ***e*** y se conoce como el **número o constante de Euler**.

$$\lim_{n\to+\infty}\left(1+\frac{1}{n}\right)^n = e = 2{,}718281828459\ldots$$

> El número ***e*** es el límite de las sucesiones de la forma $\left(1+\dfrac{1}{a_n}\right)^{a_n}$ cuando $a_n \to \infty$.

Sabías que...

Fue John Napier en 1618 el primero que hizo una referencia a este número y Jacob Bernouilli el primero que lo definió como el límite de la sucesión $a_n = \left(1+\dfrac{1}{n}\right)^n$ y calculó los primeros decimales del mismo.

Indeterminación 1^{∞}

Para resolver las indeterminaciones del tipo 1^{∞} se transforma la expresión de partida y se escribe de forma que una parte del límite sea la definición del número ***e***.

Ejemplo ▸ Halla $\lim\limits_{n\to+\infty}\left(\dfrac{2n+5}{2n-3}\right)^{n+1}$.

1º. Se calculan los límites de la base y el exponente:

$$\lim_{n\to+\infty}\frac{2n+5}{2n-3} = \frac{2}{2} = 1 \text{ y } \lim_{n\to+\infty}(n+1) = +\infty \Rightarrow \text{Es una indeterminación del tipo } 1^{\infty}.$$

2º. Se transforma la base para expresarla como $\left(1+\dfrac{1}{a_n}\right)$. Para ello, se divide la fracción y, en su caso, se reescribe la nueva fracción para que su numerador sea 1:

$$\frac{2n+5}{2n-3} = 1+\frac{8}{2n-3} = 1+\frac{1}{\frac{2n-3}{8}}$$

3º. Finalmente, se ajusta el exponente y se calcula el límite:

$$\lim_{n\to+\infty}\left(\frac{2n+5}{2n-3}\right)^{n+1} = \lim_{n\to+\infty}\left(1+\frac{1}{\frac{2n-3}{8}}\right)^{n+1} = \lim_{n\to+\infty}\left(1+\frac{1}{\frac{2n-3}{8}}\right)^{\frac{2n-3}{8}\cdot\frac{8}{2n-3}\cdot(n+1)} =$$

$$= \lim_{n\to+\infty}\left[\left(1+\frac{1}{\frac{2n-3}{8}}\right)^{\frac{2n-3}{8}}\right]^{\lim\limits_{n\to+\infty}\frac{8n+8}{2n-3}} = e^{\lim\limits_{n\to+\infty}\frac{8n+8}{2n-3}} = e^{\frac{8}{2}} = e^4$$

Ten en cuenta

Para descubrir errores de cálculo es conveniente hallar términos avanzados de la sucesión y comprobar que son próximos al límite.

$a_{100} = \left(\dfrac{2\cdot 100+5}{2\cdot 100-3}\right)^{100+1} = 55{,}72513\ldots$

$\lim\limits_{n\to+\infty} a_n = e^4 = 54{,}59815\ldots$

Por tanto, a_{100} es muy próximo a e^4.

ACTIVIDADES

27. Calcula los siguientes límites de sucesiones.

a) $\lim\limits_{n\to+\infty}\left(\dfrac{2+3n}{2n-1}\right)^2$

b) $\lim\limits_{n\to+\infty}\left(1+\dfrac{2}{2n-1}\right)^n$

c) $\lim\limits_{n\to+\infty}\left(\dfrac{2+3n}{2n-1}\right)^n$

d) $\lim\limits_{n\to+\infty}\left(\dfrac{2+2n}{3n-1}\right)^{2n}$

28. Resuelve los siguientes límites de sucesiones.

a) $\lim\limits_{n\to+\infty}\left(\dfrac{2+3n}{2n-1}\right)^{\frac{2}{n}}$

b) $\lim\limits_{n\to+\infty}\left(\dfrac{2+2n}{2n-1}\right)^{2n+1}$

Halla el término 1000 de la sucesión y comprueba que se aproxima al límite obtenido.

Organiza tus ideas

LÍMITES DE FUNCIONES

El **límite de $f(x)$ en $x = a$** es L, si al tomar valores de x que pertenecen al $D(f)$ cada más próximos al número a, sus imágenes $f(x)$ se aproximan a L.

$$\lim_{x \to a} f(x) = L$$

- El **límite por la derecha de $f(x)$ en $x = a$** es L_1, si al tomar x valores del $D(f)$, mayores que el número a y cada vez más próximos a él, sus imágenes $f(x)$ se aproximan a L_1.

$$\lim_{x \to a^+} f(x) = L_1$$

- El **límite por la izquierda de $f(x)$ en $x = a$** es L_2, si al tomar x valores del $D(f)$, menores que el número a y cada vez más próximos a él, sus imágenes $f(x)$ se aproximan a L_2.

$$\lim_{x \to a^-} f(x) = L_2$$

Si una función tiene límite, L, en un punto $x = a$, también tiene límites laterales en ese punto y coinciden con L, y viceversa.

$$\lim_{x \to a} f(x) = L \Leftrightarrow \lim_{x \to a^+} f(x) = \lim_{x \to a^-} f(x) = L$$

Propiedades de los límites

Si k es un número real y $f(x)$ y $g(x)$ dos funciones tales que $\lim_{x \to a} f(x) = L_1$ y $\lim_{x \to a} g(x) = L_2$, entonces se verifica:

- $\lim_{x \to a} k = k$
- $\lim_{x \to a} x = a$
- $\lim_{x \to a} (f \pm g)(x) = L_1 \pm L_2$
- $\lim_{x \to a} (f \cdot g)(x) = L_1 \cdot L_2$
- $\lim_{x \to a} k \cdot f(x) = k \cdot L_1$
- $\lim_{x \to a} \left(\frac{f}{g}\right)(x) = \frac{L_1}{L_2}$, si $L_2 \neq 0$
- $\lim_{x \to a} [f(x)]^{g(x)} = \left[\lim_{x \to a} f(x)\right]^{\lim_{x \to a} g(x)} = (L_1)^{L_2}$, si $L_1 > 0$

INDETERMINACIONES

$$\frac{0}{0}, \frac{\infty}{\infty}, \infty - \infty, 1^{\infty}$$

$\frac{0}{0}$	$\frac{\infty}{\infty}$
Se simplifica la fracción entre $(x - a)$ las veces que sea necesario.	Se extrae factor común a la máxima potencia de x, tanto en el numerador como en el denominador, y se simplifica.
$\infty - \infty$	1^{∞}
• Si aparece al restar dos expresiones racionales, basta con efectuar la diferencia y volver a calcular el límite. • Si aparece al restar dos expresiones con radicales cuadráticos, se multiplica y divide por la expresión conjugada y se simplifica.	Se transforma la expresión de partida y se escribe de forma que una parte del límite sea la definición del número **e**. $\lim_{n \to +\infty} \left(1 + \frac{1}{a_n}\right)^{a_n} = e$

LÍMITES Y CONTINUIDAD

Una función $f(x)$ **es continua en el punto $x = a$** si y solamente si $\lim_{x \to a} f(x) = f(a)$.

Una función $f(x)$ **es discontinua en el punto $x = a$** cuando no verifica alguna de las condiciones de continuidad en ese punto.

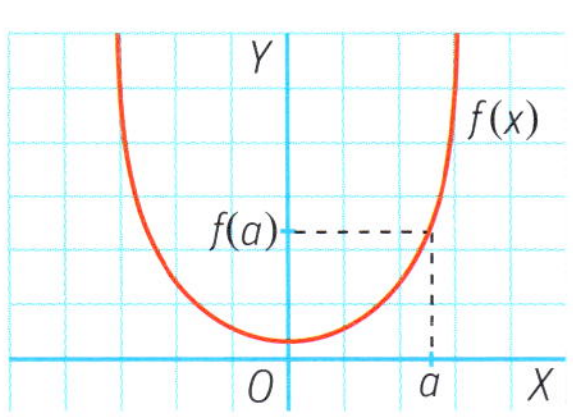

Continua

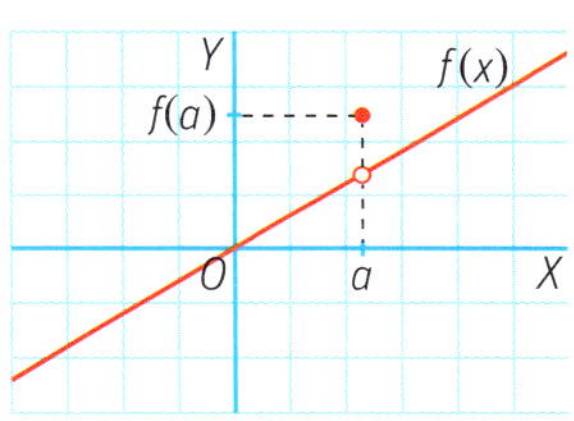

Discontinuidad evitable

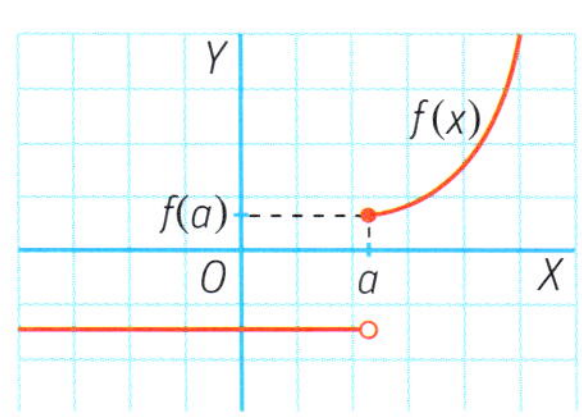

Discontinuidad inevitable de salto finito

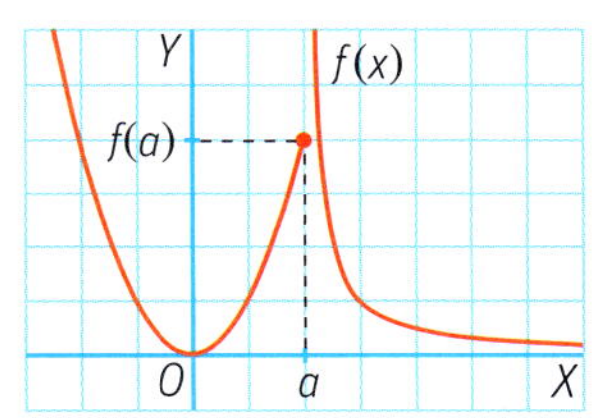

Discontinuidad inevitable de salto infinito

Actividades clave

1. Dada la función $f(x)=\dfrac{x^2+3}{2-x}$ calcula:

a) $\lim\limits_{x\to 2^-} f(x)$ y $\lim\limits_{x\to 2^+} f(x)$

b) $\lim\limits_{x\to +\infty} f(x)$ y $\lim\limits_{x\to -\infty} f(x)$

a) $\lim\limits_{x\to 2^-}\dfrac{x^2+3}{2-x}=\dfrac{7}{0^+}=+\infty$ $\qquad$ $\lim\limits_{x\to 2^+}\dfrac{x^2+3}{2-x}=\dfrac{7}{0^-}=-\infty$

b)

$$\lim_{x\to +\infty}\frac{x^2+3}{2-x}=\frac{\infty}{\infty}\Rightarrow \text{IND.}$$

$$\lim_{x\to +\infty}\frac{x^2+3}{2-x}=\lim_{x\to +\infty}\frac{\cancel{x^2}\left(1+\dfrac{3}{x^2}\right)}{\cancel{x^2}\left(\dfrac{2}{x^2}-\dfrac{1}{x}\right)}=\lim_{x\to +\infty}\frac{\left(1+\dfrac{3}{x^2}\right)}{\left(\dfrac{2}{x^2}-\dfrac{1}{x}\right)}=\frac{1+\dfrac{3}{\infty^2}}{\left(\dfrac{2}{\infty^2}-\dfrac{1}{\infty}\right)}=\frac{1}{0^-}=-\infty$$

Para evitar tener que analizar el signo del denominador, se puede extraer como factor común la variable con máxima potencia del denominador:

$$\lim_{x\to +\infty}\frac{x^2+3}{2-x}=\lim_{x\to +\infty}\frac{\cancel{x}\left(x+\dfrac{3}{x}\right)}{\cancel{x}\left(\dfrac{2}{x}-1\right)}=\lim_{x\to +\infty}\frac{\left(x+\dfrac{3}{x}\right)}{\left(\dfrac{2}{x}-1\right)}=\frac{\infty+\dfrac{3}{\infty}}{\dfrac{2}{\infty}-1}=\frac{+\infty+0}{0-1}=-\infty$$

Se procede del mismo modo para calcular el límite en el menos infinito:

$$\lim_{x\to -\infty}\frac{x^2+3}{2-x}=\frac{\infty}{+\infty}\Rightarrow \text{IND.}$$

$$\lim_{x\to -\infty}\frac{x^2+3}{2-x}=\lim_{x\to -\infty}\frac{\cancel{x}\left(x+\dfrac{3}{x}\right)}{\cancel{x}\left(\dfrac{2}{x}-1\right)}=\lim_{x\to -\infty}\frac{\left(x+\dfrac{3}{x}\right)}{\left(\dfrac{2}{x}-1\right)}=\frac{-\infty+\dfrac{3}{(-\infty)}}{\dfrac{2}{(-\infty)}-1}=\frac{-\infty+0}{0-1}=+\infty$$

2. Resuelve los siguientes límites de funciones en un punto.

a) $\lim\limits_{x\to 1}\dfrac{2x^3+3x^2-2x-3}{x^3-x^2+x-1}$

b) $\lim\limits_{x\to -2}\dfrac{x^3+2x^2+x+2}{x^2+4x+4}$

a) $\lim\limits_{x\to 1}\dfrac{2x^3+3x^2-2x-3}{x^3-x^2+x-1}=\dfrac{0}{0}\Rightarrow \text{IND.}$

Se factorizan los polinomios del numerador y del denominador y se simplifica la fracción.

	2	3	−2	−3
1		2	5	3
	2	5	3	0
−1		−2	−3	
	2	3	0	

	1	−1	1	−1
1		1	0	1
	1	0	1	0

$2x^3+3x^2-2x-3=(x-1)(x+1)(2x+3)$ $\qquad$ $x^3-x^2+x-1=(x-1)(x^2+1)$

$$\lim_{x\to 1}\frac{2x^3+3x^2-2x-3}{x^3-x^2+x-1}=\lim_{x\to 1}\frac{\cancel{(x-1)}(x+1)(2x+3)}{\cancel{(x-1)}(x^2+1)}=\frac{(1+1)(2+3)}{(1+1)}=\frac{10}{2}=5$$

b) $\lim\limits_{x\to -2}\dfrac{x^3+2x^2+x+2}{x^2+4x+4}=\dfrac{0}{0}\Rightarrow \text{IND.}$

Se factoriza el numerador y el denominador es el cuadrado de una suma.

	1	2	1	2
−2		−2	0	−2
	1	0	1	0

$x^3+2x^2+x+2=(x+2)(x^2+1)$

Se simplifica la fracción: $\lim\limits_{x\to -2}\dfrac{x^3+2x^2+x+2}{x^2+4x+4}=\lim\limits_{x\to -2}\dfrac{\cancel{(x+2)}(x^2+1)}{\cancel{(x+2)}(x+2)}=\dfrac{5}{0}$

Se estudian los límites laterales para determinar el valor del límite:

$\lim\limits_{x\to -2^-}\dfrac{x^2+1}{x+2}=\dfrac{5}{0^-}=-\infty$ $\qquad$ $\lim\limits_{x\to -2^+}\dfrac{x^2+1}{x+2}=\dfrac{5}{0^+}=+\infty$

Como los límites laterales son diferentes, no existe el límite de la función en $x=-2$.

3. Calcula los siguientes límites de funciones.

a) $\lim\limits_{x\to+\infty} \dfrac{3x^2+4x-5}{x^2-3x+3}$

b) $\lim\limits_{x\to+\infty} \dfrac{x^2-2x-5}{(x^2+1)(3x+1)}$

c) $\lim\limits_{x\to+\infty} \dfrac{3x+\sqrt{4x^2+3x-5}}{5x-3}$

En los tres casos, al hallar el valor del límite, aparecen indeterminaciones del tipo $\dfrac{\infty}{\infty}$. Para resolver la indeterminación, se extrae como factor común la máxima potencia de x en el numerador o el denominador y se simplifica.

a) $$\lim_{x\to+\infty} \frac{3x^2+4x-5}{x^2-3x+3} = \lim_{x\to+\infty} \frac{\not{x^2}\left(3+\frac{4}{x}-\frac{5}{x^2}\right)}{\not{x^2}\left(1-\frac{3}{x}+\frac{3}{x^2}\right)} = \lim_{x\to+\infty} \frac{\left(3+\frac{4}{x}-\frac{5}{x^2}\right)}{\left(1-\frac{3}{x}+\frac{3}{x^2}\right)} = \frac{3+0-0}{1-0+0} = 3$$

b) $$\lim_{x\to+\infty} \frac{x^2-2x-5}{(x^2+1)(3x+1)} = \lim_{x\to+\infty} \frac{\not{x^2}\left(1-\frac{2}{x}-\frac{5}{x^2}\right)}{\not{x^2}\left(1+\frac{1}{x^2}\right)(3x+1)} = \frac{1-0-0}{(1+0)\cdot\infty} = \frac{1}{\infty} = 0$$

c) Para extraer factor común en un radical, hay que tener en cuenta el índice de la raíz.

$$\lim_{x\to+\infty} \frac{3x+\sqrt{4x^2+3x-5}}{5x-3} = \lim_{x\to+\infty} \frac{3x+\sqrt{x^2\left(4+\frac{3x}{x^2}-\frac{5}{x^2}\right)}}{5x-3} = \lim_{x\to+\infty} \frac{3x+x\sqrt{4+\frac{3x}{x^2}-\frac{5}{x^2}}}{5x-3} =$$

$$= \lim_{x\to+\infty} \frac{\not{x}\left(3+\sqrt{4+\frac{3}{x}-\frac{5}{x^2}}\right)}{\not{x}\left(5-\frac{3}{x}\right)} = \frac{3+\sqrt{4+0-0}}{5-0} = \frac{5}{5} = 1$$

4. Resuelve las siguientes indeterminaciones del tipo $\infty - \infty$.

a) $\lim\limits_{x\to+\infty} \left(\dfrac{x^2+4}{x-1} - \dfrac{2x^2-3}{2x-2}\right)$

b) $\lim\limits_{x\to 1} \left(\dfrac{x^2+4}{x-1} - \dfrac{2x^2-3}{2x-2}\right)$

c) $\lim\limits_{x\to+\infty} (2x-1-\sqrt{4x^2+3x+1})$

En los dos primeros apartados, para resolver la indeterminación, se efectúa la resta y se calcula el límite después.

a) $$\lim_{x\to+\infty} \left(\frac{x^2+4}{x-1} - \frac{2x^2-3}{2x-2}\right) = \lim_{x\to+\infty} \left(\frac{2(x^2+4)-(2x^2-3)}{2(x-1)}\right) = \lim_{x\to+\infty} \frac{11}{2(x-1)} = \frac{11}{+\infty} = 0$$

b) $$\lim_{x\to 1} \left(\frac{x^2+4}{x-1} - \frac{2x^2-3}{2x-2}\right) = \lim_{x\to 1} \frac{11}{2(x-1)} = \frac{11}{0}$$

Se estudian los límites laterales para determinar el valor del límite:

$$\lim_{x\to 1^-} \left(\frac{x^2+4}{x-1} - \frac{2x^2-3}{2x-2}\right) = \lim_{x\to 1^-} \frac{11}{2(x-1)} = \frac{11}{0^-} = -\infty$$

$$\lim_{x\to 1^+} \left(\frac{x^2+4}{x-1} - \frac{2x^2-3}{2x-2}\right) = \lim_{x\to 1^+} \frac{11}{2(x-1)} = \frac{11}{0^+} = +\infty$$

Como los límites laterales son diferentes, no existe el límite de la función en $x = 1$.

c) En este caso, aparecen radicales cuadráticos, por lo que para deshacer la indeterminación, se multiplica y divide por la expresión conjugada y se simplifica.

$$\lim_{x\to\infty}(2x-1-\sqrt{4x^2+3x+1}) = \lim_{x\to\infty} \frac{(2x-1-\sqrt{4x^2+3x+1})(2x-1+\sqrt{4x^2+3x+1})}{2x-1+\sqrt{4x^2+3x+1}} =$$

$$= \lim_{x\to\infty} \frac{(2x-1)^2-(\sqrt{4x^2+3x+1})^2}{2x-1+\sqrt{4x^2+3x+1}} = \lim_{x\to\infty} \frac{4x^2-4x+1-(4x^2+3x+1)}{2x-1+\sqrt{4x^2+3x+1}} =$$

$$= \lim_{x\to\infty} \frac{-7x}{2x-1+\sqrt{4x^2+3x+1}} = \frac{-\infty}{\infty} \Rightarrow \text{IND.}$$

Aparece una indeterminación $\dfrac{\infty}{\infty}$. Para resolverla, se extrae x como factor común en el numerador y el denominador y se simplifica.

$$\lim_{x\to\infty} \frac{-7x}{2x-1+\sqrt{4x^2+3x+1}} = \lim_{x\to\infty} \frac{-7\not{x}}{\not{x}\left(2-\frac{1}{x}+\sqrt{4+\frac{3}{x}+\frac{1}{x^2}}\right)} = \frac{-7}{2-0+\sqrt{4+0+0}} = -\frac{7}{4}$$

5. Calcula los siguientes límites de sucesiones.

a) $\lim_{n\to+\infty}\left(\frac{1+2n}{2+n}\right)^{1-n}$

b) $\lim_{n\to+\infty}\left(\frac{3+2n}{2+2n}\right)^{1-n}$

c) $\lim_{n\to+\infty}\left(\frac{5+n}{3+n}\right)^{3n}$

a) $$\lim_{n\to+\infty}\left(\frac{1+2n}{2+n}\right)^{1-n}=\lim_{n\to+\infty}\left(\frac{\not{n}\left(\frac{1}{n}+2\right)}{\not{n}\left(\frac{2}{n}+1\right)}\right)^{1-n}=2^{-\infty}=\frac{1}{2^{+\infty}}=\frac{1}{\infty}=0$$

b) $$\lim_{n\to+\infty}\left(\frac{3+2n}{2+2n}\right)^{1-n}=\lim_{n\to+\infty}\left(\frac{\not{n}\left(\frac{3}{n}+2\right)}{\not{n}\left(\frac{2}{n}+2\right)}\right)^{1-n}=1^{-\infty}\Rightarrow \text{IND.}$$

Se busca escribir el límite de la sucesión de forma que se pueda simplificar utilizando la definición del número e.

$$\lim_{n\to+\infty}\left(\frac{3+2n}{2+2n}\right)^{1-n}=\lim_{n\to+\infty}\left(1+\frac{1}{2+2n}\right)^{\frac{2+2n}{2+2n}(1-n)}=\lim_{n\to+\infty}\left[\left(1+\frac{1}{2+2n}\right)^{2+2n}\right]^{\frac{1-n}{2+2n}}=$$

$$=e^{\lim_{n\to+\infty}\frac{1-n}{2+2n}}=e^{-\frac{1}{2}}=\frac{1}{e^{\frac{1}{2}}}=\frac{1}{\sqrt{e}}=\frac{\sqrt{e}}{e}$$

c) $$\lim_{n\to+\infty}\left(\frac{5+n}{3+n}\right)^{3n}=\lim_{n\to+\infty}\left(\frac{\not{n}\left(\frac{5}{n}+1\right)}{\not{n}\left(\frac{3}{n}+1\right)}\right)^{3n}=1^{\infty}\Rightarrow \text{IND.}$$

También aparece una indeterminación del tipo 1^{∞}. Se resuelve como en el apartado anterior.

$$\lim_{n\to+\infty}\left(\frac{5+n}{3+n}\right)^{3n}=\lim_{n\to+\infty}\left(1+\frac{2}{3+n}\right)^{3n}=\lim_{n\to+\infty}\left[\left(1+\frac{1}{\frac{3+n}{2}}\right)^{\frac{3+n}{2}}\right]^{\frac{2}{3+n}\cdot 3n}=e^{\lim\frac{6n}{3+n}}=e^{6}$$

6. Estudia la continuidad de las funciones siguientes, indica los intervalos en los que son continuas y clasifica el tipo de discontinuidad que presentan.

a) $f(x)=\frac{x^2+2x}{x^2-x-6}$

b) $g(x)=\frac{2x+1}{x^2-2x+3}$

c) $h(x)=\begin{cases}x-\frac{x}{|x|} & \text{si } x\neq 0\\ 0 & \text{si } x=0\end{cases}$

a) La función no está definida, y por lo tanto no es continua, cuando el denominador se anula:

$x^2-x-6=0$, para $x=-2$ y $x=3$ la función no es continua.

Se halla el límite de la función en esos puntos para estudiar el tipo de discontinuidad.

- $\lim_{x\to-2}\frac{x^2+2x}{x^2-x-6}=\lim_{x\to-2}\frac{x\,\cancel{(x+2)}}{\cancel{(x+2)}(x-3)}=\frac{2}{5}\Rightarrow$ En $x=-2$ hay una discontinuidad evitable.
- $\lim_{x\to3}\frac{x^2+2x}{x^2-x-6}=\lim_{x\to3}\frac{x}{x-3}=\begin{cases}\lim_{x\to3^-}\frac{x}{x-3}=-\infty\\ \lim_{x\to3^+}\frac{x}{x-3}=+\infty\end{cases}\Rightarrow$ En $x=3$ hay una discontinuidad inevitable de salto infinito.

La función es continua en su dominio:

$$(-\infty,-2)\cup(-2,3)\cup(3,+\infty)$$

b) El polinomio del denominador no se anula nunca ya que su discriminante es menor que cero:

$$b^2-4ac=4-12<0$$

La función es continua en toda la recta real.

c) Como $h(0)=0$, se estudia el límite de la función en ese punto.

$$h(x)=\begin{cases}x-\frac{x}{-x} & \text{si } x<0\\ 0 & \text{si } x=0\\ x-\frac{x}{x} & \text{si } x>0\end{cases}\Rightarrow h(x)=\begin{cases}x+1 & \text{si } x<0\\ 0 & \text{si } x=0\\ x-1 & \text{si } x>0\end{cases}\Rightarrow\begin{cases}\lim_{x\to0^-}(x+1)=0+1=1\\ \lim_{x\to0^+}(x-1)=0-1=-1\end{cases}$$

Como los límites laterales son diferentes, pero finitos, h tiene una discontinuidad inevitable de salto finito.

7. Se pretende que la función $f(x)$ sea continua en todo su dominio. Calcula los valores que han de tener las constantes a, b y c, para que sea continua y representa gráficamente la función de forma aproximada.

$$f(x)=\begin{cases} \dfrac{2x-5}{x-1} & \text{si } x<a \\ 3 & \text{si } a\le x\le 0 \\ b+\cos x & \text{si } 0<x\le \pi \\ \dfrac{3(x+c)}{3x-7} & \text{si } \pi<x \end{cases}$$

- Como $f(a)=\lim\limits_{x\to a^+} f(x)=3$, el límite por la izquierda tiene que ser 3 para que la función sea continua.

$$\lim_{x\to a^-} f(x)=\lim_{x\to a^-}\frac{2x-5}{x-1}=\frac{2a-5}{a-1}=3\Rightarrow 2a-5=3a-3\Rightarrow a=-2$$

- En $x=0$ se tiene que: $f(0)=\lim\limits_{x\to 0^-} f(x)=3$, por lo que el otro límite lateral también debe ser igual a 3:

$$\lim_{x\to 0^+} f(x)=\lim_{x\to 0^+}(b+\cos x)=b+1=3\Rightarrow b=2$$

- En $x=\pi$, $f(\pi)=\lim\limits_{x\to \pi^-} f(x)=2+\cos\pi=2-1=1$, por lo que el límite por la derecha también debe valer 1.

$$\lim_{x\to \pi^+} f(x)=1\Rightarrow \frac{3(\pi+c)}{3\pi-7}=1\Rightarrow 3\pi+3c=3\pi-7\Rightarrow 3c=-7\Rightarrow c=-\frac{7}{3}$$

La función queda así:

$$f(x)=\begin{cases} \dfrac{2x-5}{x-1} & \text{si } x<-2 \\ 3 & \text{si } -2\le x<0 \\ 2+\cos x & \text{si } 0\le x\le \pi \\ 1 & \text{si } \pi<x \end{cases}$$

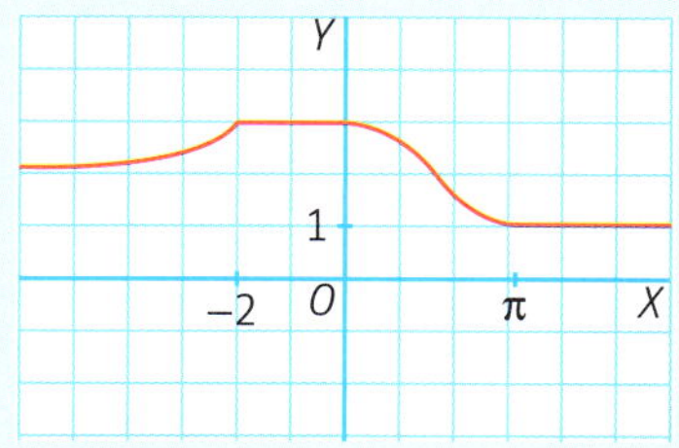

8. Representa una función $f(x)$ que verifique las siguientes condiciones.

a) Su dominio es:
$D(f)=(-\infty, 0)\cup[1, +\infty)$

b) Es continua en los intervalos:
$(-\infty,-2)\cup(-2, 0)\cup(1,3)\cup(3,+\infty)$

c) $\lim\limits_{x\to -2} f(x)=\lim\limits_{x\to 3^+} f(x)=+\infty$

d) No corta al eje X.

e) $\lim\limits_{x\to -\infty} f(x)=\lim\limits_{x\to +\infty} f(x)=0$

f) $f(-2)=1$

La gráfica puede ser similar a esta:

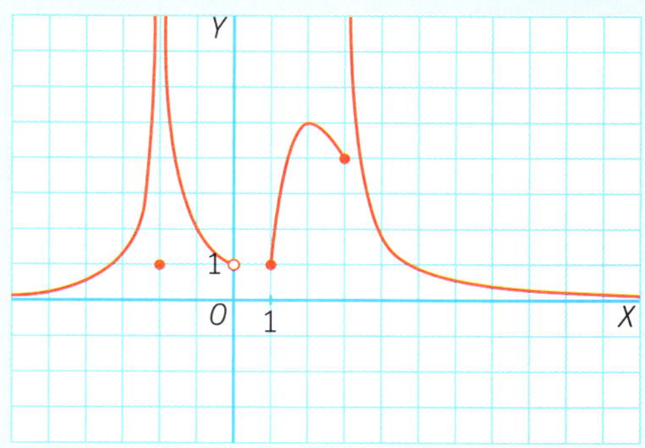

9. Sea la función $f(x)=\dfrac{x^2-3x-4}{x+1}$

a) Determina su dominio.

b) Estudia su continuidad.

c) ¿Qué tipo de discontinuidad presenta?

d) ¿Cuál debería ser el valor de $f(-1)$ para que sea continua en toda la recta real?

a) Para determinar el dominio, se calculan los puntos que anulan al denominador:
$x+1=0\Rightarrow x=-1$, por lo que $D(f)=(-\infty,-1)\cup(-1,+\infty)$

b) Como no existe $f(-1)$, la función es discontinua en $x=-1$ y es continua en todo su dominio ya que es una función racional.

c) Para determinar de qué tipo es la discontinuidad, se halla el límite en $x=-1$.

$$\lim_{x\to -1}\frac{x^2-3x-4}{x+1}=\lim_{x\to -1}\frac{(x+1)(x-4)}{(x+1)}=\lim_{x\to -1}(x-4)=-5$$

Como existe el límite cuando x tiende a -1 pero no existe $f(-1)$, se trata de una discontinuidad evitable.

d) Para que la función sea continua en $x=-1$ es preciso redefinir la función de forma que el valor de la función coincida con el del límite en ese punto:

$$f(-1)=\lim_{x\to -1}\frac{x^2-3x-4}{x+1}=-5\Rightarrow f(-1)=-5$$

La función continua en $x=-1$ es:

$$F(x)=\begin{cases} \dfrac{x^2-3x-4}{x+1} & \text{si } x\ne 1 \\ -5 & \text{si } x=1 \end{cases}$$

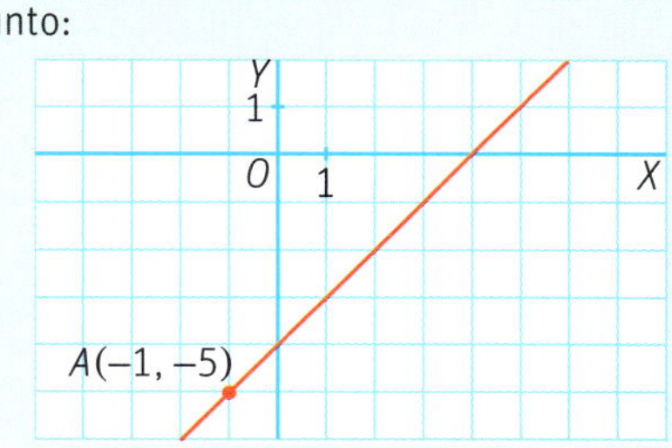

Actividades

EJERCICIOS **PARA PRACTICAR**

Límite de una función en un punto

29. Completa la tabla de valores en tu cuaderno para determinar la tendencia de las siguientes funciones en el punto $x = 2$.

$$f(x) = x^2 - 2 \qquad g(x) = \frac{4}{2-x}$$

x	1	1,9	1,99	1,999	2,001	2,01	2,1	3
$f(x)$	●	●	●	●	●	●	●	●
$g(x)$	●	●	●	●	●	●	●	●

¿Cuáles parecen ser los siguientes límites?

$$\lim_{x\to 2^-} f(x);\ \lim_{x\to 2^+} f(x);\ \lim_{x\to 2} f(x);\ \lim_{x\to 2^-} g(x);\ \lim_{x\to 2^+} g(x);\ \lim_{x\to 2} g(x)$$

ACTIVIDAD **RESUELTA**

30. Halla los límites de la función

$$f(x) = \frac{x^2 - 3x + 2}{\sqrt{1-x}}$$

para $x = 1$ y $x = 2$.

El dominio de $f(x)$ es $D(f) = (-\infty, 1)$, por lo que no tiene sentido calcular el límite en $x = 2$, ya que hay entornos de $x = 2$ que no contienen puntos del dominio.

Se calcula el límite cuando x tiende a 1:

Por la derecha no tiene sentido, pues no hay puntos del dominio.

Para hallar el límite por la izquierda se construye una tabla de valores.

x	0,9	0,99	0,999	0,9999	0,99999
$f(x)$	0,348	0,101	0,032	0,0100	0,0032

Se observa que $\lim_{x\to 1^-} \frac{x^2 - 3x + 2}{\sqrt{1-x}} = 0$.

31. Determina la tendencia de la función $h(x) = \sqrt{x^2 + x - 6}$ en el punto $x = 2$, construyendo en tu cuaderno una tabla de valores.

¿Cuáles parecen ser los siguientes límites?

$$\lim_{x\to 2^-} h(x);\ \lim_{x\to 2^+} h(x);\ \lim_{x\to 2} h(x)$$

32. Sabiendo que $\lim_{x\to a} f(x) = 3$, $\lim_{x\to a} g(x) = -2$, $\lim_{x\to -2} f(x) = -5$ y $\lim_{x\to 3} g(x) = 7$, calcula los siguientes límites en el caso de que existan.

a) $\lim_{x\to a} [f(x) + g(x)]$

b) $\lim_{x\to a} [f(x) \cdot g(x)]$

c) $\lim_{x\to a} \frac{f(x)}{g(x)}$

d) $\lim_{x\to a} [f(x)]^{g(x)}$

e) $\lim_{x\to a} (g(x))^{f(x)}$

f) $\lim_{x\to a} [f \circ g](x)$

g) $\lim_{x\to a} (g \circ f)(x)$

h) $\lim_{x\to a} [(f \circ g)(x)]^{g(x)}$

33. La función $f(x) = \frac{2x-2}{\text{sen}(x-1)}$ no existe en $x = 1$ pero sí en los puntos cercanos a 1. Completa la tabla de valores para estudiar la tendencia de la función cuando $x \to 1$.

x	0,9	0,99	0,999	0,9999	0,99999
$f(x)$	●	●	●	●	●
x	1,1	1,01	1,001	1,0001	1,00001
$f(x)$	●	●	●	●	●

Utiliza tu calculadora para hacer los cálculos en radianes.

34. Con ayuda de una tabla de valores, halla los límites laterales para $x = 2$ de la función:

$$f(x) = \begin{cases} x - 1 & \text{si} \quad x < 2 \\ 5 - x^2 & \text{si} \quad x > 2 \end{cases}$$

Representa su gráfica de forma aproximada.

35. Sea $f(x) = (3 + x)^{\frac{1}{x-1}}$. Calcula, ayudándote de tu calculadora, $f(2)$, $f(1{,}1)$, $f(1{,}02)$, $f(0)$, $f(0{,}9)$, $f(0{,}98)$. ¿Qué te sugieren estos resultados acerca de $\lim_{x\to 1} f(x)$?

Límite de una función en el infinito

36. Indica cuáles de los siguientes límites dan lugar a indeterminaciones y cuáles pueden calcularse directamente. En ese caso, calcula su valor.

a) $\lim_{x\to +\infty} (2x - 1)$

b) $\lim_{x\to -\infty} (2x - 1)$

c) $\lim_{x\to +\infty} (2x - x^2)$

d) $\lim_{x\to -\infty} (2x - x^2)$

e) $\lim_{x\to +\infty} \sqrt{1 - 2x}$

f) $\lim_{x\to -\infty} \sqrt{1 - 2x}$

g) $\lim_{x\to +\infty} (1 - 2x)^x$

h) $\lim_{x\to -\infty} (1 - 2x)^x$

i) $\lim_{x\to +\infty} \left(\frac{1-2x}{3+x}\right)^x$

j) $\lim_{x\to -\infty} \left(\frac{1+2x}{3+x}\right)^{1-x}$

37. Compara los valores de las funciones $f(x) = \frac{3x^2 - 2x + 6}{1+x}$ y $g(x) = 3x - 5$ cuando $x \to +\infty$ y cuando $x \to -\infty$. Puedes hacerlo completando la tabla.

x	99	999	9999	−101	−1001	−10001
$f(x)$	●	●	●	●	●	●
$g(x)$	●	●	●	●	●	●

38. Opera y calcula los límites a partir de una tabla de valores.

a) $\lim_{x\to +\infty} \left(\frac{3x^2 - 2x + 6}{1+x} : x\right)$

b) $\lim_{x\to +\infty} \left(\frac{3x^2 - 2x + 6}{1+x} - 3x\right)$

c) $\lim_{x\to +\infty} \left(\frac{3x^2 - 2x + 6}{1+x} - (3x - 5)\right)$

Límites de funciones. Indeterminaciones.

39. Resuelve los siguientes límites, que son indeterminaciones del tipo $\frac{0}{0}$.

a) $\lim\limits_{x\to 0}\left(\dfrac{x^2-2x}{x}\right)$

b) $\lim\limits_{x\to -1}\left(\dfrac{x^2+x}{x^2-2x-3}\right)$

c) $\lim\limits_{x\to 3^+}\left(\dfrac{x^3-x^2-6x}{x^3-4x^2-3x+18}\right)$

d) $\lim\limits_{x\to 3^-}\left(\dfrac{x^3-x^2-6x}{x^3-4x^2-3x+18}\right)$

40. Calcula los siguientes límites de funciones racionales.

a) $\lim\limits_{x\to +\infty}\left(\dfrac{4-x}{3+4x}\right)$

b) $\lim\limits_{x\to +\infty}\left(\dfrac{x^2-2x}{3+4x}\right)$

c) $\lim\limits_{x\to +\infty}\left(\dfrac{x^3+1}{1-x}\right)$

d) $\lim\limits_{x\to +\infty}\left(\dfrac{x^3+x^2-5}{1-x^2+4x^3}\right)$

ACTIVIDAD **RESUELTA**

41. Calcula $\lim\limits_{x\to -\infty}\dfrac{-3x^3+x-4}{5x^3+2x^2-7}$.

Se sustituye en la función para hallar el valor del límite:

$$\lim_{x\to -\infty}\frac{-3x^3+x-4}{5x^3+2x^2-7}=\frac{\infty}{\infty}\Rightarrow \text{IND.}$$

Cuando $x\to -\infty$, para deshacer la indeterminación, se puede proceder directamente o bien hacer el cambio x por $(-x)$ y luego calcular el límite cuando $x\to +\infty$.

- $$\lim_{x\to -\infty}\frac{-3x^3+x-4}{5x^3+2x^2-7}=\lim_{x\to -\infty}\frac{\cancel{x^3}\left(-3+\dfrac{1}{x^2}-\dfrac{4}{x^3}\right)}{\cancel{x^3}\left(5+\dfrac{2}{x}-\dfrac{7}{x^3}\right)}=\frac{-3+0-0}{5+0-0}=-\frac{3}{5}$$
- $$\lim_{x\to -\infty}\frac{-3x^3+x-4}{5x^3+2x^2-7}=\lim_{x\to +\infty}\frac{-3(-x)^3+(-x)-4}{5(-x)^3+2(-x)^2-7}=\lim_{x\to +\infty}\frac{3x^3-x-4}{-5x^3+2x^2-7}=$$
$$=\lim_{x\to +\infty}\frac{x^3\left(3-\dfrac{1}{x^2}-\dfrac{4}{x^3}\right)}{x^3\left(-5+\dfrac{2}{x}-\dfrac{7}{x^3}\right)}=-\frac{3}{5}$$

Por ambos métodos se obtiene el mismo resultado.

42. Calcula los siguientes límites de funciones racionales.

a) $\lim\limits_{x\to -\infty}\left(\dfrac{x+5}{3-x^2}\right)$

b) $\lim\limits_{x\to -\infty}\left(\dfrac{x^2-2x}{3+4x}\right)$

c) $\lim\limits_{x\to -\infty}\left(\dfrac{4-x}{3+4x}\right)$

d) $\lim\limits_{x\to -\infty}\left(\dfrac{1-x^2+4x^3}{x^3+x^2-5}\right)$

43. Resuelve estas indeterminaciones del tipo $\infty-\infty$.

a) $\lim\limits_{x\to +\infty}\left(\dfrac{x^2-3x+1}{x+5}-x\right)$

b) $\lim\limits_{x\to +\infty}\left(\dfrac{x^2-3x+1}{x+5}-\dfrac{x^2+4x-3}{x+1}\right)$

c) $\lim\limits_{x\to +\infty}\left(\sqrt{x^2+x+1}-x\right)$

Continuidad de funciones

44. Estudia la continuidad de cada una de las siguientes funciones racionales y clasifica sus discontinuidades.

a) $f(x)=\dfrac{x^2-3x+2}{x-1}$

b) $f(x)=\dfrac{x^2+2}{x+1}$

c) $f(x)=\dfrac{x^2+3x+2}{(x+1)^2}$

d) $f(x)=\dfrac{x+2}{x^2+1}$

45. Analiza la continuidad de las funciones y clasifica sus discontinuidades.

a) $f(x)=\begin{cases}-3-x & \text{si } x<-2\\ x+1 & \text{si } -2\le x\le 2\\ 3-x & \text{si } 2<x\end{cases}$

b) $g(x)=\begin{cases}\dfrac{-3-x}{x^2+2x-3} & \text{si } 1\ne x\ne -3\\ \dfrac{1}{4} & \text{si } x=-3\\ 0 & \text{si } x=1\end{cases}$

c) $h(x)=\dfrac{x-7}{4-|x-3|}$

46. La función $f(x)=\dfrac{x^4-3x^3-3x^2-3x-4}{(x^2-1)(x-4)}$ no está definida en $x=\pm 1$ y $x=4$.

a) Analiza el tipo de discontinuidad que presenta la función en cada uno de estos puntos.

b) Define los valores que debería tomar la función en esos puntos para evitar esas discontinuidades cuando sea posible.

47. Calcula los valores de a y b para que la función $f(x)$ sea continua.

$$f(x)=\begin{cases}x+a & \text{si } x<-\pi\\ \operatorname{sen} x & \text{si } -\pi\le x\le \pi\\ x+b & \text{si } \pi<x\end{cases}$$

Represéntala gráficamente.

48. Halla los valores de a y b para que la función siguiente sea continua en todo su dominio.

$$f(x)=\begin{cases}\dfrac{x^2-3x-4}{x^3-4x^2-x+4} & \text{si } x\ne -1 \text{ y } x\ne 4\\ a & \text{si } x=-1\\ b & \text{si } x=4\end{cases}$$

¿Es discontinua en algún punto?

49. La función $f(x)$ es continua para cierto valor de a.

$$f(x)=\begin{cases}8-x^2 & \text{si } -2\le x\\ a|x| & \text{si } -2<x<2\\ 8-x^2 & \text{si } 2\le x\end{cases}$$

a) Calcula el valor de a.

b) Representa la función para ese valor de a.

c) Representa la función para $a=1$ y explica el tipo de discontinuidad que presenta la función.

Actividades

50. Dada la función:

$$f(x)=\begin{cases}\dfrac{-3-x}{x+1} & \text{si } -2\le x\\ \sqrt{x+3} & \text{si } -2<x<1\\ \dfrac{x+5}{x^2+2x} & \text{si } 1\le x\end{cases}$$

a) Calcula $f(-3)$, $f(-2)$, $f(-1)$, $f(0{,}24)$, $f(1)$.

b) Justifica que la función es continua en toda la recta real.

Límites de sucesiones. Indeterminación 1^{∞}

51. Resuelve los siguientes límites de sucesiones.

a) $\lim\limits_{n\to+\infty}\left(\dfrac{2+n}{1+n}\right)^{n}$

b) $\lim\limits_{n\to+\infty}\left(\dfrac{1+2n}{3+2n}\right)^{2n}$

c) $\lim\limits_{n\to+\infty}\left(2+\dfrac{2-n}{n+2}\right)^{n}$

d) $\lim\limits_{n\to+\infty}\left(\dfrac{3+n}{n}\right)^{n}$

e) $\lim\limits_{n\to+\infty}\left(1+\dfrac{2}{1+n}\right)^{\frac{n+1}{2}}$

f) $\lim\limits_{n\to+\infty}\left(\dfrac{5+n}{3+n}\right)^{\frac{n^2}{n+1}}$

52. Calcula los siguientes límites.

a) $\lim\limits_{n\to+\infty}\left(\dfrac{2n^2+5}{n^2+4n}\right)^{n-2}$

b) $\lim\limits_{n\to+\infty}\left(\dfrac{2n^2+5}{n^2+4n}\right)^{2-n}$

c) $\lim\limits_{n\to+\infty}\left(\dfrac{n^2+4n}{2n^2+5}\right)^{n-2}$

d) $\lim\limits_{n\to+\infty}\left(\dfrac{n^2+4n}{2n^2+5}\right)^{2-n}$

e) $\lim\limits_{n\to+\infty}\left(\dfrac{n^2+4n}{2n^2+5}\right)^{\frac{2n-3}{1+n}}$

f) $\lim\limits_{n\to+\infty}\left(\dfrac{2n^2+5}{n^2+4n}\right)^{\frac{1+n}{2n-3}}$

ACTIVIDAD **RESUELTA**

53. Halla $\lim\limits_{n\to+\infty}\left(\dfrac{5+3n}{1-3n}\right)^{2n+1}$.

Aparece la indeterminación $(-1)^{\infty}$. Como el exponente siempre es impar, la función siempre es negativa, por lo que se puede escribir el límite como:

$$\lim_{n\to+\infty}\left(\frac{5+3n}{1-3n}\right)^{2n+1}=\lim_{n\to+\infty}\left((-1)\cdot\frac{5+3n}{-1+3n}\right)^{2n+1}=-\lim_{n\to+\infty}\left(\frac{5+3n}{3n-1}\right)^{2n+1}=$$

$$=-\lim_{n\to+\infty}\left[\left(1+\frac{1}{\frac{3n-1}{6}}\right)^{\frac{3n-1}{6}}\right]^{\frac{6(2n+1)}{3n-1}}=-e^{\lim\limits_{n\to+\infty}\frac{6(2n+1)}{3n-1}}=-e^4$$

54. Calcula estos límites.

a) $\lim\limits_{n\to+\infty}\left(\dfrac{-n}{n+4}\right)^{2n+1}$

b) $\lim\limits_{n\to+\infty}\left(\dfrac{-n-3}{n}\right)^{2(n-1)}$

c) $\lim\limits_{n\to+\infty}\left(\dfrac{n+4}{1-n}\right)^{2n}$

d) $\lim\limits_{n\to+\infty}\left(\dfrac{n+1}{n+4}\right)^{\frac{2n+1}{3}}$

ACTIVIDAD **RESUELTA**

55. Calcula $\lim\limits_{x\to5^+}(x-4)^{\frac{2}{x-5}}$.

Al calcular el límite de la función, se obtiene una indeterminación del tipo $1^{+\infty}$, por lo que se busca transformarla en una expresión de la forma $\left(1+\dfrac{1}{a(x)}\right)^{a(x)}$, cuyo límite cuando $a(x)\to\infty$ es el número e.

$$\lim_{x\to5^+}(x-4)^{\frac{2}{x-5}}=\lim_{x\to5^+}(x-4+1-1)^{\frac{2}{x-5}}=\lim_{x\to5^+}[1+(x-5)]^{\frac{2}{x-5}}=$$

$$=\lim_{x\to5^+}\left[\left(1+\frac{1}{\frac{1}{x-5}}\right)^{\frac{1}{x-5}}\right]^2=e^2$$

56. Halla el valor de los siguientes límites de funciones.

a) $\lim\limits_{x\to1^+}(2x-1)^{\frac{1}{2x-2}}$

b) $\lim\limits_{x\to1^+}\left(\dfrac{2x+1}{x+2}\right)^{\frac{x+2}{x-1}}$

57. Los siguientes límites de funciones dan lugar a indeterminaciones del tipo 1^{∞}. Resuélvelas.

a) $\lim\limits_{x\to+\infty}\left(\dfrac{2x-1}{2x+3}\right)^{\frac{1}{2x-2}}$

b) $\lim\limits_{x\to-\infty}\left(\dfrac{2x-1}{2x+3}\right)^{2-x}$

c) $\lim\limits_{x\to+\infty}\left(\dfrac{2x-1}{2x+3}\right)^{x+2}$

d) $\lim\limits_{x\to-\infty}\left(\dfrac{2x-1}{2x+3}\right)^{x+2}$

Actividades de síntesis

58. Calcula los límites que dan lugar a indeterminaciones.

a) $\lim\limits_{x\to\frac{1}{2}}\dfrac{4x-2}{4x^2-6x+2}$

b) $\lim\limits_{x\to-\frac{2}{3}}\dfrac{9x^2-4}{3x^2+5x+2}$

c) $\lim\limits_{x\to5^+}\dfrac{2x-10}{x^3-10x^2+25x}$

d) $\lim\limits_{x\to5^-}\dfrac{2x-10}{x^3-10x^2+25x}$

59. Dadas las funciones $f(x)=\dfrac{3x^2-2x+1}{x+3}$ y $g(x)=\dfrac{3x^2+x-7}{3-x}$ calcula:

a) $\lim\limits_{x\to+\infty}f(x)$

b) $\lim\limits_{x\to+\infty}g(x)$

c) $\lim\limits_{x\to+\infty}(f+g)(x)$

d) $\lim\limits_{x\to+\infty}(f-g)(x)$

e) $\lim\limits_{x\to+\infty}(f\cdot g)(x)$

f) $\lim\limits_{x\to+\infty}(f:g)(x)$

60. Calcula los siguientes límites de sucesiones racionales.

a) $\lim\limits_{n\to+\infty}\dfrac{2n+5}{n^2-3n+1}$

b) $\lim\limits_{n\to+\infty}\dfrac{2n^2+5}{n^2+4n}$

c) $\lim\limits_{n\to+\infty}\dfrac{\sqrt{2n+5}}{n+1}$

d) $\lim\limits_{n\to+\infty}\dfrac{n+\sqrt{n+5}}{3n+1}$

61. Calcula $\lim\limits_{x\to1^+}\sqrt{\dfrac{x^2-2x+1}{x^2+x-2}}$ y justifica que $\lim\limits_{x\to1^-}\sqrt{\dfrac{x^2-2x+1}{x^2+x-2}}$ no existe.

PROBLEMAS **PARA RESOLVER**

62. Emprende

Ana se ha pasado toda la mañana contando los coches que pasaban por su calle para su estudio sobre contaminación. Cada 15 minutos apuntaba en una gráfica la cantidad de coches que habían pasado en ese periodo de tiempo. La gráfica que obtuvo al cabo de 6 horas es:

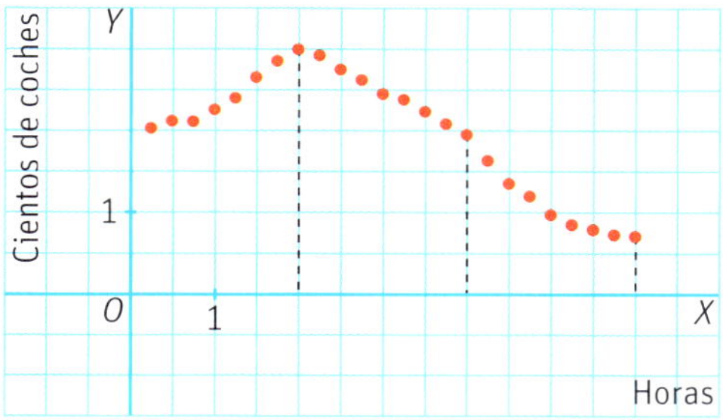

Para obtener una función que se ajuste a la gráfica, le pide ayuda a su hermana mayor, que le da esta respuesta:

"La función es continua y pasa por el punto (2, 3). Las constantes *k*, *a* y *b* que faltan las puedes hallar tú."

$$f(x)=\begin{cases} 2+\dfrac{x^2}{k} & \text{si } 0\le x\le 2\\ ax+b & \text{si } 2<x\le 4\\ \dfrac{2}{x-3} & \text{si } 4<x\le 6\end{cases}$$

Calcula esas constantes y representa la gráfica de la función para valorar el ajuste. Ayúdate de tu compañero y proponed otra función que también ajuste los datos de Ana.

63. Un científico ha obtenido que el número de miles de bacterias que hay en un cultivo de laboratorio viene dado por la función:

$$f(t)=\begin{cases} \dfrac{3}{4}t^2+2 & \text{si } 0\le t\le 2\\ \dfrac{15}{t+1} & \text{si } 2<t\end{cases}$$

Donde la variable, *t*, representa el tiempo en horas.

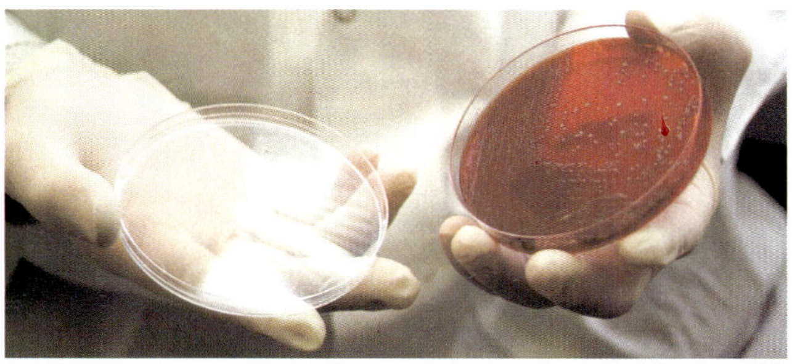

Determina:

a) El número de bacterias que había al principio.

b) El número de bacterias que hay al cabo de 150 minutos.

c) A partir de qué instante habrá menos de 1000 bacterias.

d) ¿Qué ocurrirá con el número de bacterias al cabo de mucho tiempo?

e) ¿Es continua la función $f(t)$?

64. Irene y Ricardo se proponen ahorrar para poder comprar material escolar para el próximo curso.

- Irene comienza con 2 CENT, al día siguiente añade otros 2 CENT y cada día va añadiendo 2 CENT más de los que añadió el día anterior.
- Ricardo comienza con 3 €, al día siguiente añade 1 CENT, y cada día añade un céntimo más de los que añadió el día anterior.

a) Escribe los 10 primeros términos de la sucesión que obtiene cada uno de ellos con el número de céntimos que van acumulando cada día.

b) El término general de cada una es:

$$I_n=n^2-an+b \qquad R_n=cn^2-\frac{1}{2}n+d$$

Calcula *a*, *b*, *c* y *d*.

¿Llegaría alguna vez a tener ahorrado Irene el doble de céntimos que Ricardo?

ACTIVIDADES **PARA PENSAR MÁS**

65. Si $f(x)$ es una función estrictamente creciente en $\mathbb{R}$, considera las siguientes afirmaciones:

I) $\lim\limits_{x\to-\infty} f(x)=-\infty$

II) $\lim\limits_{x\to+\infty} f(x)=+\infty$

III) $f(x)$ es continua $\mathbb{R}$.

IV) $f(x)$ puede estar acotada en $\mathbb{R}$.

Entonces se verifica:

A. Todas son ciertas excepto III.

B. La única cierta es IV.

C. Todas son falsas.

D. Todas son verdaderas.

66. La sucesión racional: $-\dfrac{21}{7}, -\dfrac{16}{10}, -\dfrac{11}{13}, \dots$ tiene por término general un cociente de polinomios de grado uno. Su límite es:

A. $-\dfrac{1}{3}$ **B.** 0 **C.** $\dfrac{5}{3}$ **D.** $+\infty$

67. Si $\lim\limits_{x\to a} f(x)=0$ y $\lim\limits_{x\to a} g(x)=+\infty$ el $\lim\limits_{x\to a}(f\cdot g)(x)$ no puede ser:

A. 1

B. 0

C. Ninguna de las dos

D. Pueden ser las dos cosas.

Encuentra el error

68. Pilar ha hecho una descripción de las discontinuidades de la siguiente función. Corrige lo que sea erróneo.

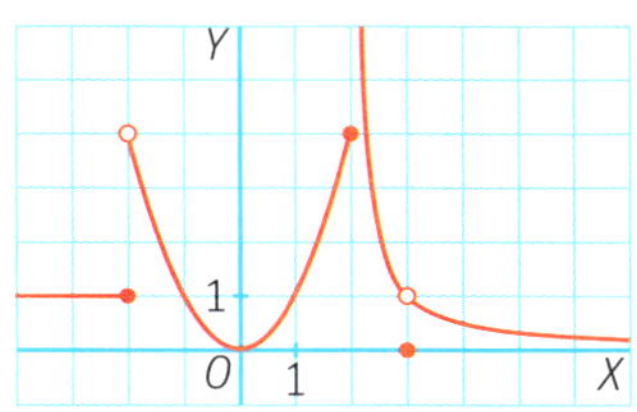

- Hay una discontinuidad evitable en $x=3$.
- Hay un discontinuidad inevitable cuando *x* tiende a 2 por la derecha.
- Hay una discontinuidad evitable en $x=2$.

Ponte a prueba

PROBLEMA **RESUELTO** **Interés continuo**

Juan ha conseguido un premio de la lotería primitiva de 500 000 €. Como no entiende mucho de economía y no quiere arriesgar su dinero ha decidido meterlo en una entidad bancaria durante un periodo de 10 años. Después de consultar en varias está a punto de decidirse por una de estas dos.

- **La entidad *A* le ofrece un 4% anual a interés simple por el tiempo que tenga el dinero.**
- **La entidad *B* le ofrece un 3,4% anual a interés compuesto. Los períodos de capitalización serán anuales, es decir, cada año le va sumando los intereses a su capital.**

1. **Escribe las funciones que permiten saber la cantidad de dinero que tiene Juan en cualquier momento si lo pone en la entidad *A* o en la entidad *B*. ¿Crees que estas funciones son continuas? Justifícalo.**
2. **Si va a tener el dinero durante los 10 años previstos, ¿cuál de las dos entidades es más rentable? ¿Y si lo tuviera durante 11 años?**
3. **Juan ha oído que el interés compuesto es más rentable si los periodos de capitalización son más cortos y quiere saber cuál es la función que le permite saber su capital en la entidad *B* si los plazos de capitalización fueran instantáneos, al menos teóricamente.**

   Calcula el dinero que acumularía en este caso al cabo de los 10 años.

SOLUCIÓN

1. Si t es el tiempo en años:

   – Entidad *A*: $C(t)=C_i+\frac{4}{100}C_i t=C_i(1+0{,}04t)$

   – Entidad *B*: $C(t)=C_i\left(1+\frac{3{,}4}{100}\right)^t=C_i\cdot 1{,}034^t$

   Teóricamente, las expresiones obtenidas corresponden a funciones continuas pero, en la práctica, la variable ***t*** que corresponde al tiempo de imposición del capital, se contabiliza en años, meses o como mucho en días, pero no fracciones más pequeñas de tiempo. Por lo tanto no serían continuas ya que están definidas puntualmente.

2. Si lo tiene 10 años.

   – Entidad *A*. $C(10)=C_i(1+0{,}04\cdot 10)=500000\cdot 1{,}4=700000$ €

   – Entidad *B*. $C(10)=C_i\left(1+\frac{3{,}4}{100}\right)^{10}=500000(1{,}034)^{10}=698514{,}45$ €

   Si lo tiene 10 años es más rentable la entidad *A*.

   Si lo tuviera 11 años.

   – Entidad ***A***. $C(11)=C_i(1+0{,}04\cdot 11)=500000\cdot 1{,}44=720000$ €

   – Entidad ***B***. $C(10)=C_i\left(1+\frac{3{,}4}{100}\right)^{11}=500000(1{,}034)^{11}=722263{,}94$ €

   Sería más rentable la entidad *B*.

3. Si n es el número de partes en las que se fracciona el año, la expresión del capital final sería $C(t)=C_i\left(1+\frac{\frac{3{,}4}{n}}{100}\right)^{nt}$.

   Para obtener la expresión con el interés se debe hallar el límite cuando $n\to+\infty$.

   $$C(t)=\lim_{n\to+\infty}C_i\left(1+\frac{\frac{3{,}4}{n}}{100}\right)^{nt}=C_i\cdot\lim_{n\to+\infty}\left(1+\frac{1}{\frac{100n}{3{,}4}}\right)^{\frac{100n}{3{,}4}\cdot\frac{3{,}4}{100n}\cdot nt}=C_i\cdot e^{\frac{3{,}4t}{100}}=C_i\cdot e^{0{,}034t}$$

   Al cabo de 10 años, tendría: $C(10)=C_i\cdot e^{0{,}034\cdot 10}=500000\cdot e^{0{,}34}=702473{,}80$ €

El gasto en ocio y cultura

El lunes 1 de septiembre de 2014, la EAE Business School (Escuela de Administración de Empresas) presentó el estudio sobre *El Gasto en Ocio y Cultura* en España 2014 en el que analizaba la inversión en bienes culturales y de ocio en España.

Según el análisis realizado por EAE, en 2013 se invirtieron en España 27 990 millones de euros en ocio, cultura y espectáculos, un 7,38 % menos que el año anterior. El gasto ha caído un 17 % respecto a 2006 y un 24 % respecto a 2007. También descienden el gasto medio por hogar, que pasa a ser de 1537 € y cae un 8 % respecto a 2012, y el gasto medio por persona, que se sitúa en 607 € anuales y presenta una caída del 7 % respecto del año anterior.

En un colectivo de familias se hace un estudio particular relacionando el gasto mensual, $G(x)$, con sus ingresos mensuales, x, ambos en miles de euros, y se obtiene una relación que puede expresarse mediante la función:

$$G(x)=\begin{cases} 0{,}05x & \text{si } 0\le x\le 1 \\ 0{,}2x-0{,}07 & \text{si } 1<x\le 2 \\ \dfrac{3x}{2x+13} & \text{si } 2<x \end{cases}$$

1. ¿Qué cantidad se invirtió en España en el año 2012 en ocio y cultura? ¿Y en 2007?
2. ¿Cuál fue el gasto medio por hogar en 2012?
3. ¿Cuál es el número medio de personas por hogar en 2012?
4. ¿Es continua la función gasto $G(x)$?
5. Justifica que el gasto en ocio y cultura de ese colectivo es siempre creciente con los ingresos.
6. Justifica que, según ese estudio, ninguna familia de ese colectivo realiza un gasto superior a 1500 € mensuales en ocio y cultura.
7. Si los ingresos de una familia en 2012 fueron de 2050 € y en 2013 de 1900 €, ¿se puede decir que la función del colectivo de familias refleja la situación descrita por la EAE?

AUTOEVALUACIÓN

1. Calcula los siguientes límites de funciones.

a) $\lim\limits_{x\to -3}\dfrac{5x+3}{x-3}$

b) $\lim\limits_{x\to 0}\dfrac{x^7+3x^5-4x^3}{x^4-x^3}$

c) $\lim\limits_{x\to -5}\dfrac{x+5}{25-x^2}$

d) $\lim\limits_{x\to 5^+}\dfrac{x+5}{25-x^2}$

2. Halla los siguientes límites en el infinito.

a) $\lim\limits_{x\to +\infty}\dfrac{x+5}{2x-7}$

b) $\lim\limits_{x\to +\infty}\dfrac{x+5x^2-3}{1+2x^2-7x}$

c) $\lim\limits_{x\to +\infty}\dfrac{x^2+2x}{3-x}$

d) $\lim\limits_{x\to -\infty}\dfrac{x^3-2x+3}{1-x^2}$

3. Resuelve las siguientes indeterminaciones.

a) $\lim\limits_{x\to +\infty}(x-\sqrt{x^2+x})$

b) $\lim\limits_{x\to +\infty}\left(\dfrac{4x-3}{1+4x}\right)^{x+1}$

c) $\lim\limits_{x\to +\infty}\left(\dfrac{x^2}{x+1}-\dfrac{x^2}{x+3}\right)$

d) $\lim\limits_{x\to +\infty}\left(2-\dfrac{1+3x}{2+3x}\right)^{3x+2}$

4. Calcula los siguientes límites de sucesiones.

a) $\lim\limits_{n\to +\infty}(3-n-n^2)$

b) $\lim\limits_{n\to +\infty}\left(\dfrac{2n^2+n+1}{n^2-n+8}\right)$

c) $\lim\limits_{n\to +\infty}\left(\dfrac{3n-3}{2+4n}\right)^{n+1}$

d) $\lim\limits_{n\to +\infty}\left(1+\dfrac{1+3n}{2+3n}\right)^{3n+2}$

5. Calcula los siguientes límites.

a) $\lim\limits_{x\to 3}\dfrac{x-\sqrt{x+6}}{2x-6}$

b) $\lim\limits_{x\to +\infty}\left(\sqrt{\dfrac{1+x}{x}}\right)^{2x}$

c) $\lim\limits_{x\to +\infty}\left(\dfrac{1+x}{x+3}\right)^{5x}$

d) $\lim\limits_{x\to -1}\dfrac{x^3+3x^2+3x+1}{x^2-5x-6}$

6. Estudia la continuidad y discontinuidad de la función:

$$f(x)=\begin{cases} \dfrac{1}{x} & \text{si } x<0 \\ 4-2x & \text{si } 0\le x<3 \\ 7-x^2 & \text{si } 3<x \end{cases}$$

11 Introducción al concepto de derivada

- ¿Cómo puedo saber si una función crece en un intervalo? ¿Y en un punto?
- Gráficamente, ¿qué es la derivada?
- ¿Sabes derivar cualquier función?
- ¿Para qué sirven la derivadas?

Analiza y calcula

¿Sobre qué trata el libro *Analyse des infiniment petits pour l'intelligence des lignes courbes*, obra del marqués de l'Hôpital?

Comenta la referencia que hace marqués de l'Hôpital a su maestro en su libro.

Investiga y contesta

La polémica entre Newton y Leibniz sobre la paternidad del cálculo diferencial es la más popular en la historia de las matemáticas.

Busca información de cómo nació, se desarrolló y terminó esa polémica. ¿Qué papel jugaron los hermanos Bernoulli en la misma?

Lee y comprende

Los textos de la infancia del cálculo

Fue en 1696 cuando apareció publicado el primer libro destinado a la difusión del cálculo de Leibniz aplicado al estudio de las curvas: *Analyse des infiniment petits pour l'intelligence des lignes courbes*. En la portada no aparece el nombre del autor, pero el mundillo matemático reconocía que era obra del marqués Guillaume-François de l'Hôpital. Pero, ¿cómo tomó el marqués posesión de este nuevo instrumento matemático?

Johann Bernoulli (1667-1748) era aún muy joven cuando, junto con su hermano Jacob, ya dominaba el nuevo cálculo de los diferenciales. Tenía sólo 24 años cuando viajó de Basilea a París y conoció al marqués, quien aunque era distinguido como una figura de primera línea en la matemática francesa de la época, no conocía esta nueva herramienta. Por esta razón propuso al joven Bernoulli que le diera clases a cambio de una remuneración generosa. Inicialmente las lecciones se llevaron a cabo en forma de conversaciones pero enseguida propuso l'Hôpital que Bernoulli le proporcionara las clases por escrito. Estos apuntes serán la base del libro de l'Hôpital. Sin embargo, la única referencia que el marqués hace a su maestro es este párrafo en el prólogo del libro:

"... reconozco estar en deuda con los trabajos brillantes de los señores Bernoulli; sobre todo con el más joven quien es ahora profesor en Groninga. Me he servido sin cumplidos de sus descubrimientos y de los del señor Leibniz. Por ello consiento que ellos reivindiquen todo lo que gusten; yo me conformo con lo que tengan a bien dejarme."

Naturalmente, en vida del marqués, Johann Bernoulli no hizo ninguna reclamación, pero tras su muerte reivindicó para sí la autoría de este curso. La prueba de que Bernoulli tenía razón apareció en 1922 cuando se encontraron los manuscritos del curso por él brindado y redactados por su sobrino Nicolaus I Bernoulli.

CARLOS SÁNCHEZ Y CONCEPCIÓN VALDÉS
De los Bernoulli a los Bourbaki. Una historia del arte del CÁLCULO.
Ed. Nivola 2004

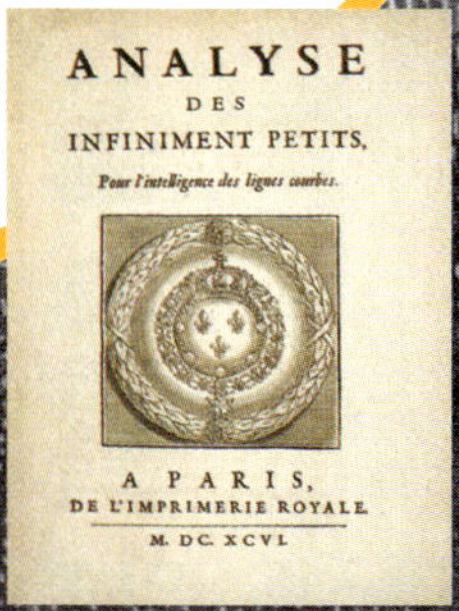

1 Tasas de variación

Para conocer cómo varía una función en un intervalo $[a, b]$ se estudia la **tasa de variación media**.

Si $y = f(x)$ es una función definida en el intervalo $[a, b]$, con $a \neq b$, se define la **tasa de variación media, *TVM*,** de la función $f(x)$ en el intervalo $[a, b]$ como:

$$TVM\ f[a, b] = \frac{f(b) - f(a)}{b - a} = \frac{\Delta y}{\Delta x}$$

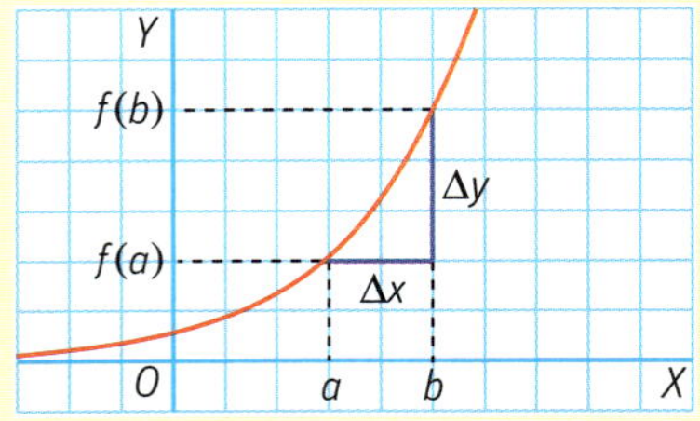

Ten en cuenta

- Se llama **incremento de la variable** a $\Delta x = (b - a)$.
- Se llama **incremento de la función** a $\Delta y = f(b) - f(a)$.

La tasa de variación media puede ser positiva, negativa o nula.

Ejemplo ▸ Calcula la *TVM* de la función $f(x) = 2 + 5x - x^2$ en los siguientes intervalos: $[0, 2]$, $[1, 4]$ y $[3, 7]$.

- $TVM\ f[0, 2] = \frac{f(2) - f(0)}{2 - 0} = \frac{8 - 2}{2} = 3 > 0$
- $TVM\ f[1, 4] = \frac{f(4) - f(1)}{4 - 1} = \frac{6 - 6}{3} = 0$
- $TVM\ f[3, 7] = \frac{f(7) - f(3)}{7 - 3} = \frac{-12 - 8}{4} = -5 < 0$

MAT-TIC GeoGebra

Entra en smSaviadigital.com y calcula la *TVM*.

Si h es el incremento de la variable, $b = a + h$ y la *TVM* se puede expresar como:

$$TVM\ f[a, b] = \frac{f(b) - f(a)}{b - a} = \frac{f(a + h) - f(a)}{\cancel{a} + h - \cancel{a}} = \frac{f(a + h) - f(a)}{h}$$

Tasa de variación instantánea

Para conocer cómo varía la función en un punto $x = a$ se estudia la **tasa de variación puntual** o **instantánea**.

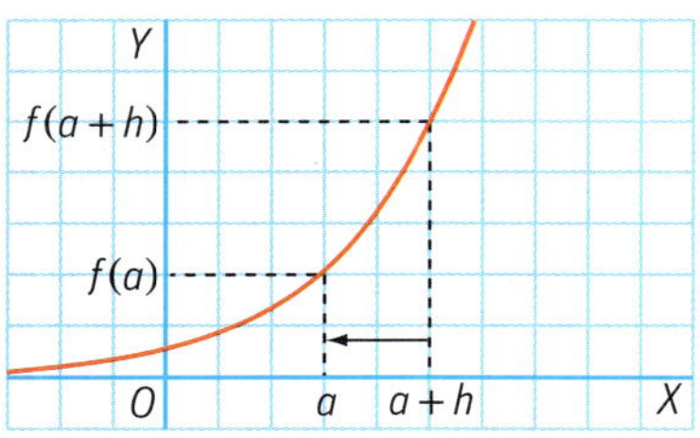

La **tasa de variación instantánea**, ***TVI***, de una función $f(x)$ en un punto $x = a$, es:

$$TVI\ f[a] = \lim_{h \to 0} \frac{f(a + h) - f(a)}{h}$$

Ejemplo ▸ Calcula la *TVI* de $f(x) = 2 + 5x - x^2$ en los puntos $x = 1$ y $x = -2$.

- $TVI\ f[1] = \lim_{h \to 0} \frac{f(1 + h) - f(1)}{h}$

  Se calcula $f(1 + h) = 2 + 5(1 + h) - (1 + h)^2 = 6 + 3h - h^2$ y $f(1) = 6$ y se sustituye:

  $$TVI\ f[1] = \lim_{h \to 0} \frac{f(1 + h) - f(1)}{h} = \lim_{h \to 0} \frac{\cancel{6} + 3h - h^2 - \cancel{6}}{h} = \lim_{h \to 0} \frac{\cancel{h}(3 - h)}{\cancel{h}} = 3$$

- $TVI\ f[-2] = \lim_{h \to 0} \frac{f(-2 + h) - f(-2)}{h}$

  Se calcula $f(-2 + h) = 2 + 5(-2 + h) - (-2 + h)^2 = -12 + 9h - h^2$ y $f(-2) = -12$ y se sustituye:

  $$TVI\ f[1] = \lim_{h \to 0} \frac{f(1 + h) - f(1)}{h} = \lim_{h \to 0} \frac{\cancel{-12} + 9h - h^2 - (\cancel{-12})}{h} = \lim_{h \to 0} \frac{\cancel{h}(9 - h)}{\cancel{h}} = 9$$

Derivada

La *TVI* de una función en un punto se llama también **derivada** de la función en ese punto.

La **derivada** de $f(x)$ en $x = a$, se expresa como $\boldsymbol{f'(a)}$ y se define como:

$$x = a + h \Rightarrow h = x - a$$

$$f'(a) = \lim_{h \to 0} \frac{f(a+h) - f(a)}{h} = \lim_{x \to a} \frac{f(x) - f(a)}{x - a}$$

Si existe el límite y es finito, se dice que la función $f(x)$ es **derivable en $x = a$**.

Ten en cuenta

La derivada también se puede expresar como $Df(a)$.

Ejemplos

- ¿Es derivable la función $f(x) = x^3 - 3x$ en $x = 0$?

  Se calcula la derivada:

$$f'(0) = \lim_{x \to 0} \frac{f(x) - f(0)}{x - 0} = \lim_{x \to 0} \frac{x^3 - 3x}{x} = \lim_{x \to 0} \frac{\cancel{x}(x^2 - 3)}{\cancel{x}} = \lim_{x \to 0}(x^2 - 3) = -3$$

  Como el límite existe y es finito, f es derivable en $x = 0$.

- ¿Es derivable la función $g(x) = \sqrt[3]{x}$ en $x = 0$?

$$\lim_{x \to 0} \frac{g(x) - g(0)}{x - 0} = \lim_{x \to 0} \frac{\sqrt[3]{x}}{x} = \lim_{x \to 0} \frac{x^{\frac{1}{3}}}{x} = \lim_{x \to 0} \frac{1}{x^{\frac{2}{3}}} = +\infty$$

  Como el límite no es finito, f no es derivable en $x = 0$.

ACTIVIDADES

1. Observa la gráfica de la función y calcula su tasa de variación media en cada uno de los intervalos siguientes.

a) [0, 2] c) [3, 9] e) [12, 15]

b) [3, 5] d) [5, 11] f) [0, 15]

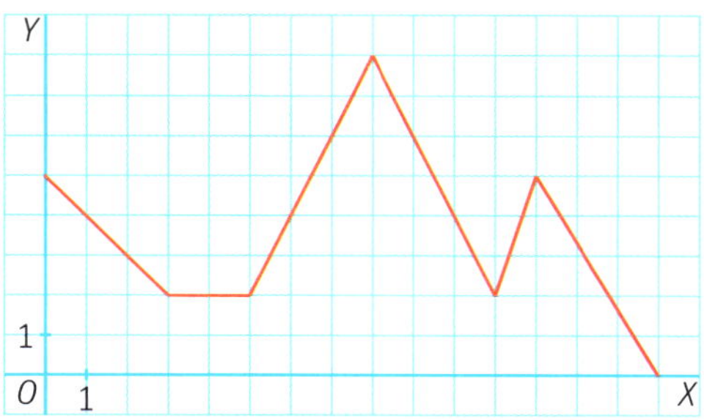

¿En qué intervalos crece la función? ¿Y en cuáles decrece?

2. Halla la *TVM* de estas funciones en el intervalo [1, 4].

a) $f(x) = 5$ c) $f(x) = -2x + 1$ e) $f(x) = \sqrt{x}$

b) $f(x) = x$ d) $f(x) = x^2$ f) $f(x) = 2^x$

3. Halla la tasa de variación media de la función $f(x) = 3x - 8$ en los siguientes intervalos.

a) [−7, −3] c) [−4, 1] e) [1, 10]

b) [−6, −4] d) [0, 6] f) [−2, 15]

¿Qué observas? ¿Por qué ocurre esto? ¿Tiene algo que ver el coeficiente de x de la función dada?

4. Calcula la tasa de variación instantánea de las siguientes funciones en el punto indicado.

a) $f(x) = 2x - 5$, en $x = 7$ c) $f(x) = \frac{2}{x}$, en $x = 2$

b) $f(x) = x^2 - 3x + 2$, en $x = 1$ d) $f(x) = x^3 + 2$, en $x = -3$

5. Calcula las derivadas de las siguientes funciones en $x = 1$, $x = 4$, $x = 0$, $x = -4$.

a) $f(x) = 3x + 1$ b) $f(x) = -x + 4$

¿Qué observas?

ACTIVIDAD **RESUELTA**

6. Si $f(x) = \frac{2}{x-1}$, ¿cuál es el valor de $f'(-2)$?

Se calcula la derivada en $x = -2$:

$$f'(-2) = \lim_{h \to 0} \frac{f(-2+h) - f(-2)}{h} = \lim_{h \to 0} \frac{\frac{2}{-2+h-1} - \frac{2}{-2-1}}{h}$$

$$= \lim_{h \to 0} \frac{\frac{2}{h-3} + \frac{2}{3}}{h} = \lim_{h \to 0} \frac{2h}{3h(h-3)} = \lim_{h \to 0} \frac{2}{3(h-3)} = -\frac{2}{9}$$

7. Dada la función $f(x) = x^2$, calcula $f'(3)$, $f'(-2)$, $f'(5)$.

Comprueba que para cualquier valor $x = a$, $f'(a) = 2a$.

2 Interpretación geométrica de la derivada. Ecuación de la recta tangente.

Ten en cuenta

La **pendiente**, m, de una recta es la tangente del ángulo que forma la recta con la dirección positiva del eje X, es decir, $m = \text{tg}\alpha$.

En la representación gráfica de la *TVM* de una función $f(x)$ en el intervalo $[a, b]$ se consideran tres puntos A, B y C que determinan un triángulo ABC, rectángulo en C.

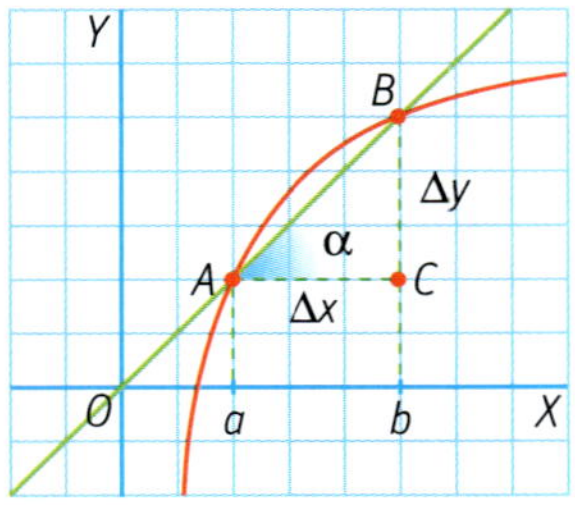

En este triángulo se verifica que:

$$\text{tg}\alpha = \frac{\overline{BC}}{\overline{AC}} = \frac{\Delta y}{\Delta x} = TVM\, f\,[a, b]$$

Pero también tg α es la pendiente de la recta secante a la gráfica de la función $f(x)$ que pasa por A y B.

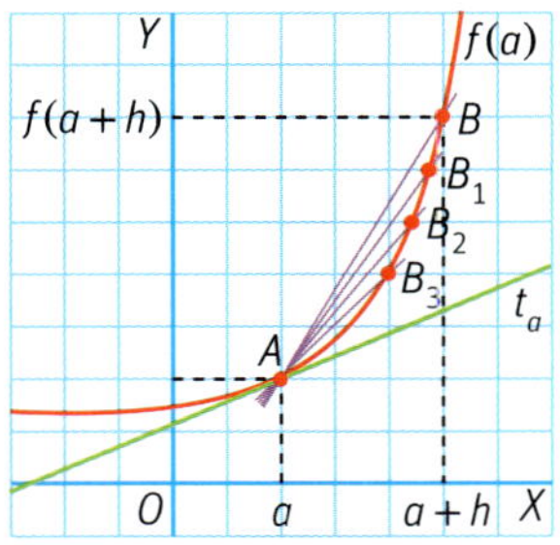

La derivada de la función en el punto $x = a$ se obtiene haciendo que el incremento de la variable, h, tienda a cero en la *TVM*, lo que es equivalente a hacer que el punto B se vaya acercando cada vez más al punto A hasta llegar a confundirse con él.

Las rectas secantes a la curva en A y B_1, A y B_2, ..., tienden a la recta que corta a la curva solo en el punto A, es decir, a la tangente en ese punto.

La derivada de una función $f(x)$ en un punto $x = a$ representa la **pendiente de la recta tangente** a la gráfica de la función en dicho punto.

$$m = \lim_{h \to 0} m_{AB} = \lim_{h \to 0} \frac{f(a+h) - f(a)}{h} = f'(a)$$

Ejemplos

- Halla las pendientes de las rectas AB_1, AB_2, AB_3, AB_4, AB_5, secantes a la gráfica de la función $f(x) = x^2$.

  Los puntos que determinan las rectas son $A(1, f(1))$, $B_1(2, f(2))$, $B_2(1{,}1; f(1{,}1))$, $B_3(1{,}01; f(1{,}01))$, $B_4(1{,}001; f(1{,}001))$...

  Se observa que B se va acercando a A. Se calculan las pendientes:

$[x, x+h]$	$\Delta x = x+h-x = h$	$\Delta y = f(x+h) - f(x)$	$m_{AB} = \frac{\Delta y}{\Delta x}$
[1, 2]	1	3	3
[1; 1,1]	0,1	0,21	2,1
[1; 1,01]	0,01	0,0201	2,01
[1; 1,001]	0,001	0,002001	2,001
[1; 1,0001]	0,0001	0,00020001	2,0001

  Las pendientes se van aproximando a 2 por lo que $\lim_{h \to 0} m_{AB} = 2$.

  Al hallar directamente $f'(1)$ se obtiene ese resultado.

$$f'(1) = \lim_{h \to 0} \frac{f(1+h) - f(1)}{h} = \lim_{h \to 0} \frac{(1+h)^2 - 1}{h} = \lim_{h \to 0} \frac{h^2 + 2h}{h} = \lim_{h \to 0} (h+2) = 2$$

- Calcula el ángulo que forma la tangente a la curva de ecuación $y = x^2 + 4x - 3$ en el punto $x = 0$ con la horizontal.

  En primer lugar, se halla la pendiente.

$$m = f'(0) = \lim_{h \to 0} \frac{f(0+h) - f(0)}{h} = \lim_{h \to 0} \frac{(h^2 + 4h - 3) - (-3)}{h} = \lim_{h \to 0} \frac{h^2 + 4h}{h} = \lim_{h \to 0} (h+4) = 4$$

  Como tg $\alpha = 4 \Rightarrow \alpha = \text{arctg } 4 = 75{,}964° \Rightarrow \alpha = 75°\ 57'\ 49{,}5''$

Ecuación de la recta tangente

Para hallar la ecuación de una recta es necesario conocer un punto de la misma y su pendiente. En este caso el punto es $A(a, f(a))$ y la pendiente $m = f'(a)$.

La **ecuación de la recta tangente** a la función $f(x)$ en $A(a, f(a))$ es:

$$y - f(a) = f'(a)(x - a)$$

Ejemplo ▸ Halla la ecuación de la recta tangente a la parábola $y = x^2 - 5x + 5$ en el punto de abscisa $x = 2$.

1.º Se halla el punto de tangencia.

$f(2) = 4 - 10 + 5 = -1$, el punto es $A(2, -1)$.

2.º Se halla la pendiente.

$$m = f'(2) = \lim_{x \to 2} \frac{f(x) - f(2)}{x - 2} = \lim_{x \to 2} \frac{(x^2 - 5x + 5) - (-1)}{x - 2} = \frac{0}{0} \Rightarrow \text{IND.}$$

$$m = \lim_{x \to 2} \frac{x^2 - 5x + 6}{x - 2} = \lim_{x \to 2} \frac{\cancel{(x-2)}(x-3)}{\cancel{(x-2)}} = -1$$

3.º Se escribe la ecuación.

$y - (-1) = -1(x - 2) \Rightarrow y = -x + 1$

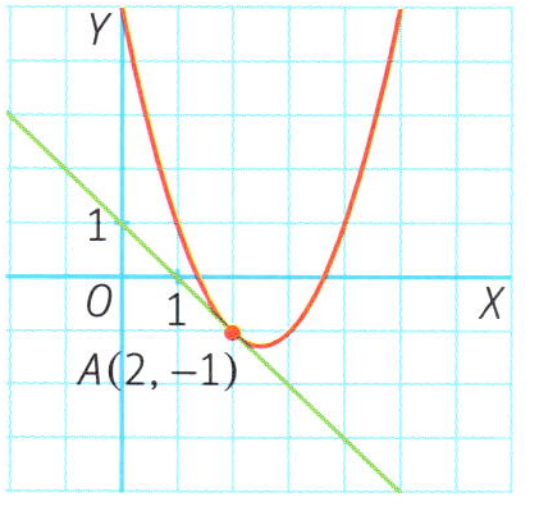

Ten en cuenta

Para hallar la ecuación de la recta que pasa por el punto $A(a, b)$ y tiene pendiente m se puede utilizar la ecuación punto-pendiente:

$$y - a_2 = m(x - a_1)$$

MAT-TIC GeoGebra

Entra en **smSavia**digital.com y encuentra las rectas tangentes.

ACTIVIDADES

8. Calcula la pendiente de la recta tangente a las siguientes funciones en los puntos indicados. ¿Qué ángulo forman con el eje de abscisas?

a) $f(x) = 4x - x^2$ en $x = 0$ y $x = 5$

b) $f(x) = \frac{2}{x}$ en $x = 1$ y $x = -2$

9. Halla la recta tangente a las funciones en el punto indicado.

a) $f(x) = x^2 + 2x - 3$ en $x = 0$

b) $f(x) = \frac{1}{x}$ en $x = -1$

ACTIVIDAD **RESUELTA**

10. **Halla el punto en que la recta $y = x + 3$ es tangente a la parábola de ecuación $y = x^2 + 3x + 4$. ¿Cuánto vale la derivada de la función, que define a la parábola, en ese punto?**

Los puntos de corte entre la recta y la parábola son las soluciones del sistema:

$$\begin{cases} y = x + 3 \\ y = x^2 + 3x + 4 \end{cases} \Rightarrow x^2 + 3x + 4 = x + 3 \Rightarrow x^2 + 2x + 1 = 0 \Rightarrow x = -1$$

Al ser tangentes solo hay una solución.

La derivada en $x = -1$ debe coincidir con la pendiente de la ecuación de la recta tangente en ese punto, $m = 1$.

$$f'(-1) = \lim_{x \to -1} \frac{f(x) - f(-1)}{x - (-1)} = \lim_{x \to -1} \frac{(x^2 + 3x + 4) - 2}{x + 1} = \lim_{x \to -1} \frac{(x+1)(x+2)}{x+1} = 1$$

11. La recta $y = -x + 2$ es tangente a la parábola $y = x^2 - 5x + 6$ en un punto. ¿Cuáles son sus coordenadas?

Halla la derivada de la función en ese punto.

12. ¿Cuáles de las siguientes rectas son tangentes a la parábola $y = x^2 - 3$?

1. $y = x - 4$ **3.** $y = -3$ **5.** $y = x - 7$

2. $y = -4x - 7$ **4.** $y = x$ **6.** $y = 2x$

a) Halla el punto de tangencia.

b) Calcula la derivada de la función en esos puntos.

13. La gráfica de la función $y = \sqrt{25 - x^2}$ es una semicircunferencia de centro $O(0, 0)$ y radio 5.

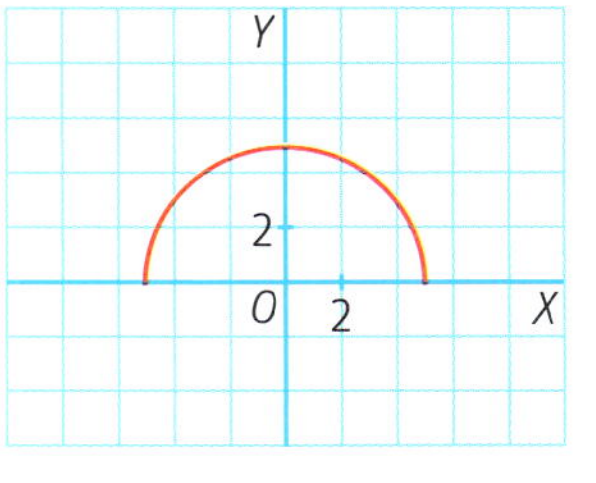

a) Halla la ecuación de la tangente a la semicircunferencia en el punto de abscisa $x = 3$.

b) ¿Qué ángulo forma la tangente con el eje de abscisas?

14. smSaviadigital.com

PRACTICA Utiliza la definición de derivada.

3 Función derivada. Derivada de las funciones elementales

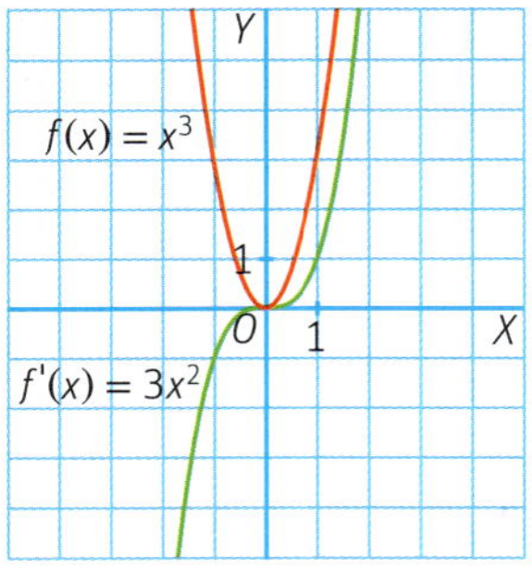

A partir de una función f, se puede definir otra función f' en la que a cada x del dominio le corresponde, si existe, la derivada de la función f en ese punto.

La **función derivada** de una función f es otra función f' que se define como:

$$f'(x) = \lim_{h \to 0} \frac{f(x+h) - f(x)}{h}$$

El dominio, $D(f')$, está formado por los números reales en los que la función f es derivable, es decir, en los que existe el límite anterior y es finito.

Ejemplo ▸ Halla la función derivada de $f(x) = x^2 + 3x - 2$.

$$f'(x) = \lim_{h \to 0} \frac{f(x+h) - f(x)}{h} = \lim_{h \to 0} \frac{\overbrace{(x+h)^2 + 3(x+h) - 2}^{f(x+h)} - \overbrace{(x^2 + 3x - 2)}^{f(x)}}{h} =$$

$$= \lim_{h \to 0} \frac{2xh + h^2 + 3h}{h} = \lim_{h \to 0} \frac{\not{h}(2x + h + 3)}{\not{h}} = \lim_{h \to 0} (2x + h + 3) = 2x + 3$$

La función derivada de $f(x)$ es $f'(x) = 2x + 3$.

MAT-TIC GeoGebra

Entra en smSaviadigital.com y encuentra la función derivada.

Para hallar la derivada de una función f en un punto $x = a$ cuando se conoce la función derivada f', se calcula el valor de $f'(x)$ en $x = a$.

Ejemplo ▸ Calcula el valor de la derivada de la función $f(x) = x^2 + 3x - 2$ en los puntos $x = 0$, $x = 1$, $x = -1$, $x = -5$.

Como la función derivada es $f'(x) = 2x + 3$, se sustituyen los valores de la variable.

- $f'(0) = 2 \cdot 0 + 3 = 3$
- $f'(1) = 2 \cdot 1 + 3 = 5$
- $f'(-1) = 2 \cdot (-1) + 3 = 1$
- $f'(-5) = 2 \cdot (-5) + 3 = -7$

La función derivada $f'(x)$ permite conocer la **pendiente de la recta tangente** a la gráfica de la función $f(x)$ en cada punto.

Como en los puntos de máximo y mínimo relativos de una función, si existe la tangente, es paralela al eje X, su pendiente es $m = 0$ y, por tanto, la derivada en esos puntos es igual a cero.

Ejemplo ▸ ¿En qué puntos la tangente a la gráfica de la función $f(x) = x^3 - 12x$ es paralela al eje X?

Se calcula la derivada de la función:

$$f'(x) = \lim_{h \to 0} \frac{\overbrace{(x+h)^3 - 12(x+h)}^{f(x+h)} - \overbrace{(x^3 - 12x)}^{f(x)}}{h} = \lim_{h \to 0} \frac{3x^2h + 3xh^2 + h^3 - 12h}{h} =$$

$$= \lim_{h \to 0} (3x^2 + 3xh + h^2 - 12) = 3x^2 - 12$$

Si la tangente es paralela al eje X tiene pendiente $m = 0$, por lo que $f'(x) = 0$.

$$f'(x) = 0 \Rightarrow 3x^2 - 12 = 0 \Leftrightarrow x^2 = 4 \Rightarrow \begin{cases} x_1 = -2 \Rightarrow f(-2) = 16 \\ x_2 = 2 \Rightarrow f(2) = -16 \end{cases}.$$

Los puntos son $A(-2, 16)$ y $B(2, -16)$.

Derivada de las funciones elementales

Obtener la derivada de una función mediante la definición puede ser un proceso largo y complicado. Por eso, es más práctico conocer las derivadas de las funciones elementales.

Tipo de función	Función	Derivada
Constante	$f(x) = k$	$f'(x) = 0$
Identidad	$f(x) = x$	$f'(x) = 1$
Potencial	$f(x) = x^n$	$f'(x) = nx^{n-1}$
Exponencial	$f(x) = a^x$	$f'(x) = a^x \ln a$
Logarítmica	$f(x) = \log_a x$	$f'(x) = \frac{1}{x}\frac{1}{\ln a}$
	$f(x) = \ln x$	$f'(x) = \frac{1}{x}$
Seno	$f(x) = \operatorname{sen} x$	$f'(x) = \cos x$
Coseno	$f(x) = \cos x$	$f'(x) = -\operatorname{sen} x$

Para probar estos resultados se aplica la definición de función derivada. Por ejemplo:

- Derivada de una función constante $f(x) = k$

$$f'(x) = \lim_{h\to 0} \frac{f(x+h) - f(x)}{h} = \lim_{h\to 0} \frac{k-k}{h} = \lim_{h\to 0} \frac{0}{h} = \lim_{h\to 0} 0 = 0$$

- Derivada de la función identidad.

$$f'(x) = \lim_{h\to 0} \frac{f(x+h) - f(x)}{h} = \lim_{h\to 0} \frac{(x+h) - x}{h} = \lim_{h\to 0} \frac{h}{h} = \lim_{h\to 0} 1 = 1$$

De forma análoga se prueban los demás casos.

Ten en cuenta

La derivada de la función $f(x) = \ln x$ es $f'(x) = \frac{1}{x}$ y su dominio es $D(f') = (0, +\infty)$, ya que la función logarítmica solo está definida para los números reales positivos.

MAT-TIC GeoGebra

Entra en smSaviadigital.com y calcula derivadas de funciones elementales.

ACTIVIDADES

15. Calcula la función derivada de las siguientes funciones utilizando la definición.

a) $f(x) = 7x - 2$

b) $h(x) = \frac{1}{x}$

c) $g(x) = 3x^2 + 5x - 6$

d) $r(x) = x^3 - 5$

ACTIVIDAD **RESUELTA**

16. Halla la derivada de las funciones:

a) $f(x) = 3x$

b) $f(x) = x^3$

c) $f(x) = \frac{x^2}{\sqrt{x}}$

d) $f(x) = e^x$

e) $f(x) = 2^x \cdot 5^x$

f) $f(x) = \ln x^2 - \ln x$

a) $f'(x) = 3$

b) $f'(x) = 3x^2$

c) $f(x) = \frac{x^2}{\sqrt{x}} = \frac{x^2}{x^{\frac{1}{2}}} = x^{2-\frac{1}{2}} = x^{\frac{3}{2}}$

$f'(x) = \frac{3}{2}x^{\frac{1}{2}}$

d) $f'(x) = e^x \ln e = e^x$

e) $f(x) = 10^x \Rightarrow f'(x) = 10^x \ln 10$

f) $f(x) = \ln \frac{x^2}{x} = \ln x$

$f'(x) = \frac{1}{x}$

17. Halla las derivadas de las siguientes funciones.

a) $f(x) = x^2$

b) $f(x) = x^{-2}$

c) $f(x) = \sqrt{x}$

d) $f(x) = \frac{\sqrt{x}}{x^3}$

e) $f(x) = 5^x$

f) $f(x) = \frac{9^x}{3^{2x}}$

18. Sean las funciones $f(x) = x^4$, $g(x) = \sqrt[3]{x}$ y $h(x) = \log x$. Calcula los valores de:

a) $f'(2)$

b) $f'(-1)$

c) $g'(8)$

d) $g'(-1)$

e) $h'(1)$

f) $h'(100)$

19. Averigua los puntos en los que la tangente a la parábola de ecuación $f(x) = 8x - x^2$ tiene pendiente:

a) Nula

b) Positiva

c) Negativa

20. ¿En qué puntos de la hipérbola $y = \frac{1}{x}$ la tangente tiene una pendiente $m = -4$? ¿Cuál es su ecuación?

4 Derivada de las operaciones con funciones

A partir de las propiedades de los límites se puede obtener la derivada de la suma, resta, producto y cociente de funciones.

Operación	Función	Derivada
Suma	$h(x) = f(x) + g(x)$	$h'(x) = f'(x) + g'(x)$
Resta	$h(x) = f(x) - g(x)$	$h'(x) = f'(x) - g'(x)$
Producto	$h(x) = kf(x)$ $h(x) = f(x)g(x)$	$h'(x) = kf'(x)$ $h'(x) = f'(x)g(x) + f(x)g'(x)$
Cociente	$h(x) = \dfrac{f(x)}{g(x)}$	$h'(x) = \dfrac{f'(x)g(x) - f(x)g'(x)}{[g(x)]^2}$

MAT-TIC GeoGebra

Entra en smSaviadigital.com y comprueba las derivadas de las operaciones con funciones.

Ejemplo ▸ Calcula la derivada de las siguientes funciones:

- $f(x) = x^3 - 4x^2 + 7x - 1$

  Para derivar una función polinómica se tiene en cuenta que es suma, resta y producto de funciones constantes y potenciales.

  1.º Se aplica la derivada de sumas y restas:
  $f'(x) = (x^3)' - (4x^2)' + (7x)' - (1)'$

  2.º Se deriva como una constante por una función:
  $f'(x) = (x^3)' - 4(x^2)' + 7(x)' - (1)'$

  3.º Se deriva cada término según el tipo de función:
  $f'(x) = 3x^2 - 4 \cdot 2x + 7 \cdot 1 - 0 \Rightarrow f'(x) = 3x^2 - 8x + 7$

- $f(x) = \text{tg}\,x$

  Para derivar esta función se tiene en cuenta que se trata de un cociente de funciones elementales: $f(x) = \text{tg}\,x = \dfrac{\text{sen}\,x}{\cos x}$.

$$f'(x) = \frac{(\text{sen}x)'\cos x - \text{sen}x(\cos x)'}{\cos^2 x} = \frac{\cos x \cos x - \text{sen}x(-\text{sen}x)}{\cos^2 x} = \frac{\cos^2 x + \text{sen}^2 x}{\cos^2 x} = \frac{1}{\cos^2 x}$$

ACTIVIDADES

ACTIVIDAD **RESUELTA**

21. **Halla la derivada de la función $f(x) = (2x^2 + 5)(x^3 + x - 1)$.**

- Se puede derivar como el producto de funciones:

$$\begin{aligned} f'(x) &= (2x^2 + 5)'(x^3 + x - 1) + (2x^2 + 5)(x^3 + x - 1)' = \\ &= 4x(x^3 + x - 1) + (2x^2 + 5)(3x^2 + 1) = \\ &= 4x^4 + 4x^2 - 4x + 6x^4 + 17x^2 + 5 = \\ &= 10x^4 + 21x^2 - 4x + 5 \end{aligned}$$

- También se puede operar primero y derivar la función polinómica que se obtiene:

$$f(x) = (2x^2 + 5)(x^3 + x - 1) = 2x^5 + 7x^3 - 2x^2 + 5x - 5$$

$$f'(x) = 10x^4 + 21x^2 - 4x + 5$$

Con ambos métodos se obtiene el mismo resultado.

22. **Halla las derivadas de las funciones.**

a) $f(x) = (x^3 - 1)(x^2 + 5x)$

b) $f(x) = x^2 \cdot 2x$

c) $f(x) = \text{sen}\,x \cos x$

d) $f(x) = (\ln x)^2$

23. **Obtén las derivadas de las funciones siguientes.**

a) $f(x) = \dfrac{x+1}{x-1}$

b) $f(x) = \dfrac{2x+3}{x+2}$

c) $f(x) = \dfrac{x^3 + x^2 + 3x - 3}{x}$

d) $f(x) = \dfrac{x^3 + e^{2x}}{x+1}$

24. **Halla la derivada de la función $y = \text{cotg}\,x$:**

a) Como cociente entre el $\cos x$ y el $\text{sen}\,x$.

b) A partir de la igualdad $\text{cotg}\,x = \dfrac{1}{\text{tg}\,x}$.

25. **Calcula la derivada de las siguientes funciones en los puntos indicados.**

a) $f(x) = x\,\text{sen}\,x$, en $x = \pi$

b) $g(x) = \dfrac{\ln x}{x}$, en $x = 1$

c) $h(x) = 2x + \sqrt{x}$, en $x = 16$

d) $i(x) = x^2 + 5x - 1$, en $x = \dfrac{3}{2}$

e) $j(x) = 3x + 5x$, en $x = 0$

f) $k(x) = \dfrac{\text{sen}\,x}{x^2}$, en $x = \dfrac{\pi}{2}$

5 Derivada de la función compuesta

Si la función $f(x)$ es derivable en x y la función $g(x)$ es derivable en $f(x)$, entonces la **derivada de la función compuesta $(g \circ f)(x) = g[f(x)]$ es:**

$$(g \circ f)'(x) = g'[f(x)]f'(x)$$

Esta igualdad se conoce como **regla de la cadena**.

Para probarlo, se calcula la derivada de la función $(g \circ f)$:

$$(g\circ f)'(x) = \lim_{h\to 0} \frac{(g\circ f)(x+h)-(g\circ f)(x)}{h}$$

La composición $g \circ f$ sigue el siguiente esquema:

$$\begin{array}{ccccc} & f & & g & \\ x & \longrightarrow & f(x) & \longrightarrow & g[f(x)] \\ x+h & \longrightarrow & f(x+h) & \longrightarrow & g[f(x+h)] \end{array}$$

Se sustituye en la expresión de la derivada:

$$(g\circ f)'(x)=\lim_{h\to 0}\frac{(g\circ f)(x+h)-(g\circ f)(x)}{h}=\lim_{h\to 0}\frac{g[f(x+h)]-g[f(x)]}{h}$$

Se multiplica y divide por $f(x + h) - f(x)$ y se utilizan las propiedades de los límites:

$$(g\circ f)'(x)=\lim_{h\to 0}\frac{g[f(x+h)]-g[f(x)]}{h}=\lim_{h\to 0}\frac{g(f(x+h))-g(f(x))}{h}\cdot\frac{f(x+h)-f(x)}{f(x+h)-f(x)}=$$

$$=\lim_{h\to 0}\frac{g(f(x+h))-g(f(x))}{f(x+h)-f(x)}\cdot\lim_{h\to 0}\frac{f(x+h)-f(x)}{h}$$

Por ser $f(x)$ derivable en x se verifica que $\lim_{h\to 0}\left[f(x+h)-f(x)\right]=0$, por tanto:

$$(g\circ f)'(x)=\lim_{h\to 0}\frac{g(f(x+h))-g(f(x))}{f(x+h)-f(x)}\cdot\lim_{h\to 0}\frac{f(x+h)-f(x)}{h}=g'[f(x)]f'(x)$$

Ejemplos

- Calcula la derivada de $(g \circ f)(x)$, donde $f(x)=\sqrt{x}$ y $g(x) = \operatorname{sen} x$.

  Como $f'(x)=\dfrac{1}{2\sqrt{x}}$ y $g'(x) = \cos x$ y $(g\circ f)(x)=g[f(x)]=\operatorname{sen}\sqrt{x}$, su derivada es:

$$(g\circ f)'(x)=g'[f(x)]f'(x)=\cos[f(x)]\,f'(x)=\cos\sqrt{x}\,\frac{1}{2\sqrt{x}}=\frac{\cos\sqrt{x}}{2\sqrt{x}}$$

- Calcula la derivada de la función $h(x) = \ln(2x + 1)$.

  La función $h(x)$ es la composición de las funciones $g(x) = \ln x$ y $f(x) = 2x + 1$, cuyas derivadas son $g'(x)=\dfrac{1}{x}$ y $f'(x) = 2$. Por tanto, la derivada de $h(x)$ es:

$$h'(x)=g'[f(x)]f'(x)=\frac{1}{2x+1}\cdot 2=\frac{2}{2x+1}$$

smSaviadigital.com

PRACTICA Calcula derivadas de funciones y aplica la regla de la cadena cuando sea necesario.

ACTIVIDADES

26. Si $f(x) = 3x$, $g(x)=\dfrac{1}{x}$ y $h(x) = e^x$, halla la expresión de las siguientes funciones y de sus derivadas.

a) $(g \circ f)(x)$
b) $(g \circ h)(x)$
c) $(h \circ f)(x)$
d) $(f \circ h \circ g)(x)$
e) $(h \circ f \circ g)(x)$
f) $(g \circ h \circ f)(x)$

27. Halla las derivadas de las siguientes funciones.

a) $f(x) = (3x + 1)^3$
b) $f(x)=\sqrt{4x-1}$
c) $f(x) = 5^{2x-3}$
d) $f(x) = \operatorname{sen}(\ln x)$
e) $f(x) = \operatorname{sen} x \ln x$
f) $f(x) = \operatorname{sen}^3 x$
g) $f(x) = \ln(x^2 + x + 1)$
h) $f(x) = \ln(\operatorname{sen} x)$

6 Aplicaciones de las derivadas en diferentes campos

El concepto de derivada está muy relacionado con la variación o el crecimiento y decrecimiento de una función. Por ello, las derivadas son de gran utilidad en campos como física, biología, economía...

Crecimiento y decrecimiento

Ten en cuenta

Estudiar la **monotonía** de una función es lo mismo que estudiar sus intervalos de crecimiento y decrecimiento.

Al estudiar una función, para determinar si es creciente o decreciente en un intervalo, se puede calcular la *TVM* en ese intervalo.

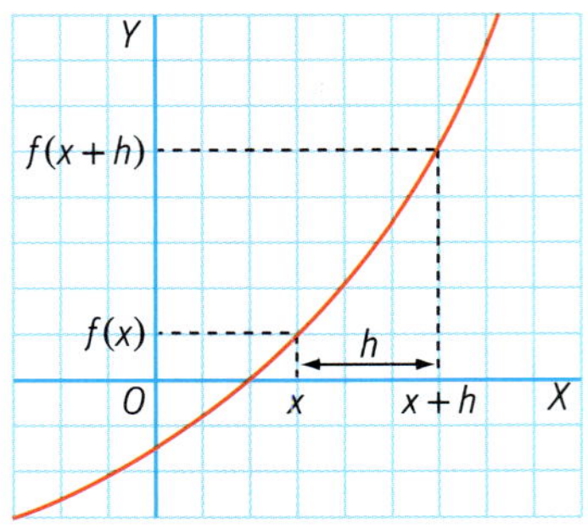

Si una función es **creciente**:

$$TVM\,f(x, x+h) = \frac{f(x+h)-f(x)}{h} > 0$$

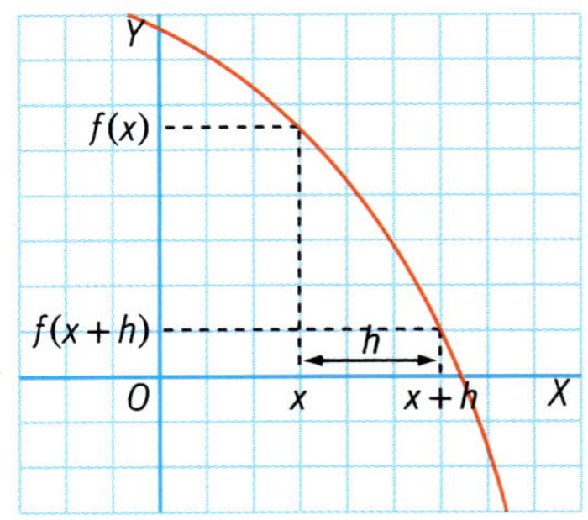

Si una función es **decreciente**:

$$TVM\,f(x, x+h) = \frac{f(x+h)-f(x)}{h} < 0$$

Por tanto, para calcular como es la función en un punto, se puede utilizar su derivada.

Ten en cuenta

- Si $f'(x) > 0$ para todo $x \in (a, b)$, se dice que f es **estrictamente creciente** en (a, b).
- Si $f'(x) < 0$ para todo $x \in (a, b)$, se dice que f es **estrictamente decreciente** en (a, b).

Si la función $f(x)$ es derivable en x se deduce:

- $f(x)$ es **creciente** en (a, b) si $\mathbf{f'(x) \geq 0}$ para cualquier $x \in (a, b)$.
- $f(x)$ es **decreciente** en (a, b) si $\mathbf{f'(x) \leq 0}$ para cualquier $x \in (a, b)$.

Ejemplo ▸ Estudia la monotonía de las siguientes funciones, es decir, los intervalos de crecimiento y decrecimiento:

- $f(x) = 7$

  Se calcula la derivada de la función: $f'(x) = 0$

  Como el dominio de la función es $\mathbb{R}$ y la derivada no es positiva ni negativa para cualquier $x \in \mathbb{R}$, la función no es estrictamente creciente ni estrictamente decreciente, es decir, es una función constante.

- $f(x) = 5x - 1$

  Se calcula la derivada: $f'(x) = 5 > 0$ para cualquier x.

  Como la derivada es siempre positiva, la función es creciente en su dominio.

- $f(x) = \sqrt{2x+1}$

  Se calcula la derivada:

  $$f(x) = \sqrt{2x+1} = (2x+1)^{\frac{1}{2}} \Rightarrow f'(x) = \frac{1}{\cancel{2}}(2x+1)^{-\frac{1}{2}} \cdot \cancel{2} = \frac{1}{\sqrt{2x+1}}$$

  f es creciente si $f'(x) > 0$, es decir, $f'(x) = \dfrac{1}{\sqrt{2x+1}} > 0 \Rightarrow 2x+1 > 0 \Rightarrow x > -\dfrac{1}{2}$.

  La derivada es positiva en $\left(-\dfrac{1}{2}, +\infty\right)$ y negativa en $\left(-\infty, \dfrac{1}{2}\right)$.

  El dominio de la función es $D(f) = \left[-\dfrac{1}{2}, +\infty\right)$, por lo que la derivada siempre es positiva en el dominio y la función es creciente.

Máximos y mínimos relativos

En los puntos de máximo o mínimo relativo, la tangente es paralela al eje X y, por tanto, su pendiente es nula.

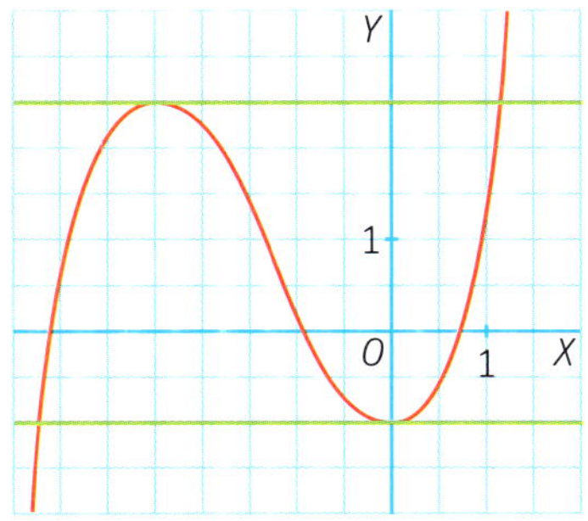

Si una función tiene un **máximo** o un **mínimo relativo** en $x = a$ y es derivable en este punto, entonces $f'(a) = 0$.

- En los máximos relativos la función cambia de creciente a decreciente.
- En los mínimos relativos la función cambia de decreciente a creciente.

Ejemplo ▸ Estudia los extremos relativos de la función $f(x) = 4x^2 + 7x - 1$, es decir, los puntos donde presenta un máximo o un mínimo relativos.

Se calcula la derivada y se iguala a cero:

$$f'(x) = 8x + 7 \Rightarrow 8x + 7 = 0 \Rightarrow x = -\frac{7}{8}$$

En $x = -\frac{7}{8}$ la función puede tener un máximo o un mínimo. Para determinarlo, se estudia el signo de la derivada. Basta con hallar el valor de la derivada en un punto de cada uno de los intervalos y observar su signo:

	$-\infty$ … $-\frac{7}{8}$	$-\frac{7}{8}$ … $+\infty$
$f'(x) = 8x + 7$	−	+
$f(x) = 4x^2 + 7x - 1$	↘	↗

Como en $x = -\frac{7}{8}$ la función cambia de ser decreciente a creciente, es un mínimo relativo. Sus coordenadas son $\left(x = -\frac{7}{8}, f\left(-\frac{7}{8}\right)\right) = \left(-\frac{7}{8}, -\frac{65}{16}\right)$.

MAT-TIC GeoGebra

Entra en smSaviadigital.com y trabaja las aplicaciones de la derivada.

ACTIVIDADES

28. Calcula las coordenadas del vértice de estas parábolas e indica los intervalos de crecimiento y decrecimiento.

a) $y = x^2 - 4x + 4$
b) $y = 1 - x^2$
c) $y = 3x^2 + 6x - 3$
d) $y = (2x - 1)^2$

29. Determina el dominio, los intervalos de crecimiento y decrecimiento y los máximos y mínimos relativos de las siguientes funciones.

a) $f(x) = 3x^2 - 12x + 7$
b) $f(x) = 4x^3 - x^4$
c) $f(x) = \dfrac{x}{x-5}$
d) $f(x) = \dfrac{2x+1}{x-3}$
e) $f(x) = \sqrt{x^2+6x-7}$
f) $f(x) = \sqrt{x^2+6x+9}$

30. Estudia los intervalos de crecimiento y de decrecimiento de las funciones siguientes.

a) $f(x) = x^2(8 - x^2)$
b) $f(x) = (2x - 1)^3$
c) $f(x) = 2xe^x$
d) $f(x) = \ln(x + 4)$
e) $f(x) = \sqrt{x^2-2x+2}$
f) $f(x) = 2^{2x-x^2}$

ACTIVIDAD **RESUELTA**

31. **Un fondo de inversión produce una rentabilidad $R(x) = -0{,}001x^2 + x - 20$, donde x es la cantidad invertida. Si se dispone de 600 €, ¿qué cantidad se debe invertir para obtener la máxima rentabilidad posible?**

Para encontrar la máxima rentabilidad se estudian los extremos de la función $R(x)$, cuyo dominio es [0, 600].

$$R'(x) = -0{,}002x + 1 \Rightarrow -0{,}002x + 1 = 0 \Rightarrow x = 500$$

Se estudia el signo de la derivada.

	$-\infty$ … 500	500 … 600
$R'(x) = -0{,}002x + 1$	+	−
$R(x) = -0{,}001x^2 + x - 20$	↗	↘

La máxima rentabilidad se alcanza invirtiendo 500 €.

32. El precio previsto de un terreno durante los 2 próximos años, es $P(t) = \dfrac{t-8}{(t+2)^2} + 100$, donde t es el tiempo transcurrido en meses. ¿Cuándo es el mejor momento de vender?

Organiza tus ideas

DERIVADA DE UNA FUNCIÓN

La **tasa de variación media**, ***TVM***, de una función $f(x)$ en un intervalo $[a, b]$ es: $TVM\, f[a, b] = \dfrac{f(b) - f(a)}{b - a}$

La **tasa de variación instantánea**, ***TVI***, de una función $f(x)$ en un punto $x = a$ es: $TVI\, f[a] = \lim\limits_{h \to 0} \dfrac{f(a+h) - f(a)}{h}$

La "**derivada de $f(x)$ en $x = a$**" es la *TVI* en $x = a$ y se expresa así:

$$f'(a) = \lim_{h \to 0} \frac{f(a+h) - f(a)}{h}$$

La **función derivada de una función f** es:

$$f'(x) = \lim_{h \to 0} \frac{f(x+h) - f(x)}{h}$$

INTERPRETACIÓN GEOMÉTRICA DE LA DERIVADA

La derivada de una función $f(x)$ en un punto $x = a$ representa **la pendiente de la recta tangente** a la gráfica de la función en dicho punto.

$$m = \lim_{h \to 0} m_{AB} = \lim_{h \to 0} \frac{f(a+h) - f(a)}{h} = f'(a)$$

La **ecuación de la recta tangente** a la función $f(x)$ en el punto $A(a, f(a))$ es:

$$y - f(a) = f'(a)(x - a)$$

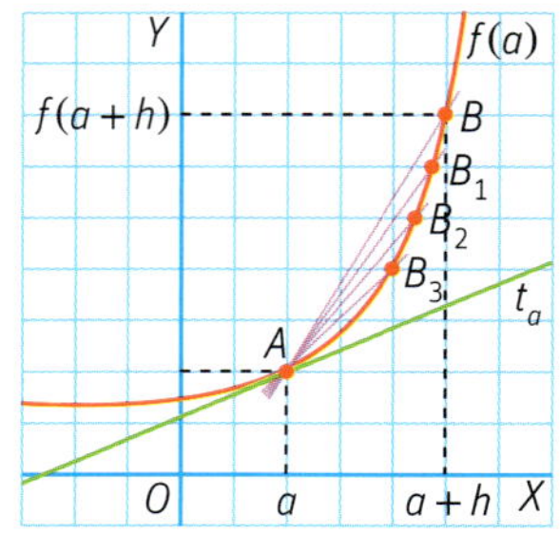

DERIVADAS DE LAS FUNCIONES ELEMENTALES

Función	Derivada
$f(x) = k$	$f'(x) = 0$
$f(x) = x$	$f'(x) = 1$
$f(x) = x^n$	$f'(x) = nx^{n-1}$
$f(x) = a^x$	$f'(x) = a^x \ln a$
$f(x) = \log_a x$	$f'(x) = \dfrac{1}{x} \dfrac{1}{\ln a}$
$f(x) = \ln x$	$f'(x) = \dfrac{1}{x}$
$f(x) = \operatorname{sen} x$	$f'(x) = \cos x$
$f(x) = \cos x$	$f'(x) = -\operatorname{sen} x$

DERIVADAS DE LAS OPERACIONES CON FUNCIONES

Función	Derivada
$h(x) = f(x) + g(x)$	$h'(x) = f'(x) + g'(x)$
$h(x) = f(x) - g(x)$	$h'(x) = f'(x) - g'(x)$
$h(x) = kf(x)$	$h'(x) = kf'(x)$
$h(x) = f(x)g(x)$	$h'(x) = f'(x)g(x) + f(x)g'(x)$
$h(x) = \dfrac{f(x)}{g(x)}$	$h'(x) = \dfrac{f'(x)g(x) - f(x)g'(x)}{(g(x))^2}$
Regla de la cadena: $(g \circ f)(x) = g[f(x)]$	$(g \circ f)'(x) = g'[f(x)]f'(x)$

APLICACIONES DE LA DERIVADA

- f es **creciente** en (a, b) si $f'(x) \geq 0$ para cualquier $x \in (a, b)$.

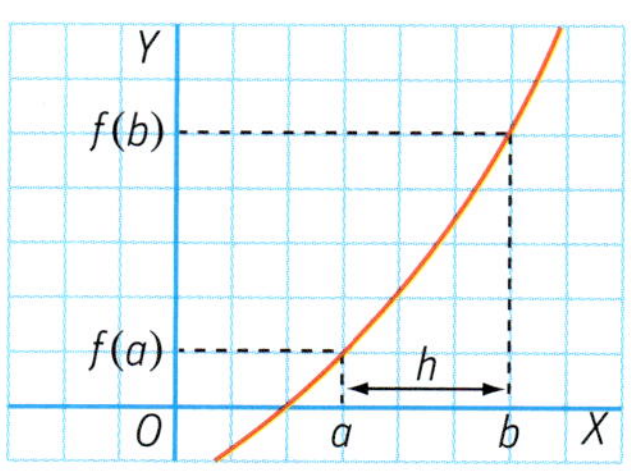

- f es **decreciente** en (a, b) si $f'(x) \leq 0$ para cualquier $x \in (a, b)$.

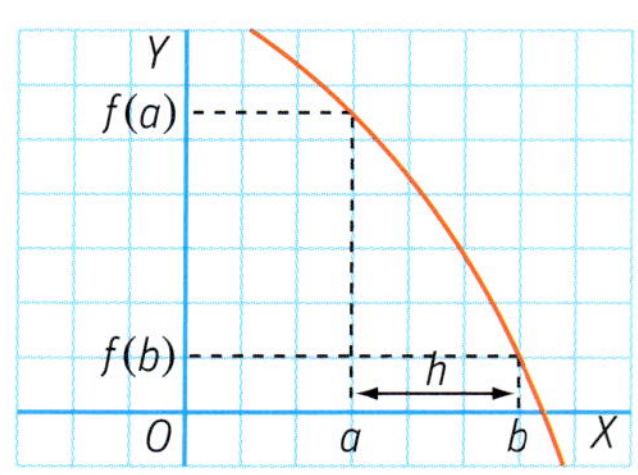

Una función tiene un **máximo** o un **mínimo relativo** en $x = a$ y f es derivable en este punto y $f'(a) = 0$.

Actividades clave

1. Halla la *TVM* $f[1, 5]$ y la *TVI* $f[3]$ de la función $f(x) = x^2 + x$.

- $TVM\,f[1,5]=\dfrac{f(5)-f(1)}{5-1}=\dfrac{(5^2+5)-(1^2+1)}{4}=\dfrac{30-2}{4}=7$
- $TVI\,f[3]=\lim\limits_{h\to 0}\dfrac{f(3+h)-f(3)}{h}=\lim\limits_{h\to 0}\dfrac{(3+h)^2+(3+h)-(3^2+3)}{h}=$

  $=\lim\limits_{h\to 0}\dfrac{(9+6h+h^2+3+h)-(9+3)}{h}=\lim\limits_{h\to 0}\dfrac{h^2+7h}{h}=\lim\limits_{h\to 0}(h+7)=7$

2. La recta de ecuación $y = x + 1$ corta a la parábola $y = x^2 - 1$ en dos puntos. Halla la ecuación de las rectas tangentes a la parábola en esos puntos.

Se resuelve el sistema para obtener los puntos A y B.

$$\begin{cases} y=x+1 \\ y=x^2-1 \end{cases} \Rightarrow x+1=x^2-1 \Rightarrow x^2-x-2=0 \Rightarrow \begin{cases} x=-1 \Rightarrow f(-1)=0 \Rightarrow A(-1,0) \\ x=2 \Rightarrow f(2)=3 \Rightarrow B(2,3) \end{cases}$$

Se deriva la función correspondiente a la parábola: $f'(x) = 2x$.

- La ecuación de la recta tangente en A es:

  $$y - f(-1) = f'(-1)\,(x - (-1)) \Rightarrow y - 0 = -2(x + 1) \Rightarrow y = -2x - 2$$

- La ecuación de la recta tangente en B es:

  $$y - f(2) = f'(2)\,(x - 2) \Rightarrow y - 3 = 4(x - 2) \Rightarrow y = 4x - 5$$

3. Halla las derivadas de las funciones:

a) $f(x)=2x^3-3x+\dfrac{5}{x^2}-3\sqrt[3]{x^2}$

b) $g(x)=\dfrac{2x+1}{x+3}-\dfrac{1}{x-1}$

c) $h(x) = \operatorname{sen} x \cos x$

a) $f(x)=2x^3-3x+5x^{-2}-3x^{\frac{2}{3}} \Rightarrow f'(x)=6x^2-3-10x^{-3}-2x^{-\frac{1}{3}}=6x^2-3-\dfrac{10}{x^3}-\dfrac{2}{\sqrt[3]{x}}$

b) $g'(x)=\left(\dfrac{2x+1}{x+3}\right)'-\left(\dfrac{1}{x-1}\right)'=\dfrac{2(x+3)-1(2x+1)}{(x+3)^2}-\dfrac{-1}{(x-1)^2}=\dfrac{5}{(x+3)^2}+\dfrac{1}{(x-1)^2}$

c) $h'(x) = (\operatorname{sen} x)'\cos x + \operatorname{sen} x(\cos x)' = \cos x \operatorname{co} x + \operatorname{sen} x(-\cos x) = \cos^2 x - \operatorname{sen}^2 x$

4. Si $f(x) = x^2 + 1$ y $g(x)=\sqrt{x}$ halla la derivada de las funciones $(f \circ g)(x)$ y $(g \circ f)(x)$.

Se halla la derivada de cada función: $f'(x) = 2x$ y $g'(x)=\dfrac{1}{2\sqrt{x}}$ y se aplica la regla de la cadena.

- $(f\circ g)'(x)=f'[g(x)]g'(x)=2\left(\sqrt{x}\right)\dfrac{1}{2\sqrt{x}}=1$
- $(g\circ f)'(x)=g'[f(x)]f'(x)=\dfrac{1}{2\sqrt{x^2+1}}\cdot 2x=\dfrac{x}{\sqrt{x^2+1}}$

Se podía haber resuelto, hallando la función compuesta y calculando su derivada:

$(f\circ g)(x)=f[g(x)]=\left(\sqrt{x}\right)^2+1=x+1 \Rightarrow (f\circ g)'(x)=1$

5. Estudia la monotonía y calcula los extremos relativos de la función $f(x)=\dfrac{4x}{x^2+1}$.

El dominio de la función es $D(f) = \mathbb{R}$, ya que el denominador no se anula para ningún valor.

Se halla la derivada y se iguala a cero para obtener los extremos:

$$f'(x)=\frac{4(x^2+1)-2x(4x)}{(x^2+1)^2}=\frac{4-4x^2}{(x^2+1)^2} \Rightarrow 4-4x^2=0 \Rightarrow x=\pm 1$$

Los intervalos de crecimiento y decrecimiento son: $(-\infty, -1)$, $(-1, 1)$, $(1, +\infty)$.

Se estudia el signo de la derivada. Como el denominador siempre es positivo, se estudia el numerador:

	$-\infty$ … -1	-1 … 1	1 … $+\infty$
	$x=-2$	$x=0$	$x=2$
$4-4x^2$	$-$	$+$	$-$
$f(x)=\dfrac{4x}{x^2+1}$	↘	↗	↘

Tiene un mínimo relativo en $x = -1$ y un máximo relativo en $x = 1$.

Actividades

EJERCICIOS **PARA PRACTICAR**

Tasas de variación. Derivada

33. Determina la *TVM* en cada uno de los intervalos indicados, correspondientes a la función de la gráfica adjunta.

a) [0, 5] c) [1, 9] e) [13, 17]

b) [3, 6] d) [4, 6] f) [0, 19]

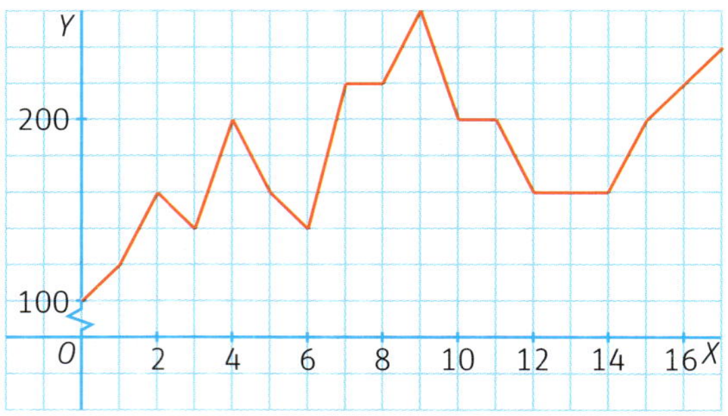

34. Halla la tasa de variación media de la función $f(x)=\dfrac{8}{x-1}$ en los siguientes intervalos.

a) [−29, −25] c) [−4, 0] e) [13, 17]

b) [−17, −13] d) [2, 6] f) [51, 55]

¿En qué intervalos es mayor? ¿Por qué crees que ocurre esto?

35. ¿Por qué no tiene sentido hallar la *TVM* de la función $f(x)=\dfrac{3}{x-2}$ en el intervalo [1, 4]? ¿ Y en el intervalo [3, 6]?

ACTIVIDAD **RESUELTA**

36. Calcula las tasas de variación media de la función $f(x) = x^2 - 2x$ en los intervalos:

[1, 2], [1; 1,1], [1; 1,01], [1; 1,001]

¿A qué valor se aproxima la *TVI* de la función en $x = 1$?

Se completa la tabla de valores de la función:

x	1	2	1,1	1,01	1,001
$f(x)$	−1	0	−0,99	−0,9999	−0,999 999

Se calcula la *TVM* en cada intervalo:

- $TVM\,[1, 2]=\dfrac{f(2)-f(1)}{2-1}=\dfrac{0-(-1)}{2-1}=\dfrac{1}{1}=1$
- $TVM\,[1; 1{,}1]=\dfrac{f(1{,}1)-f(1)}{1{,}1-1}=\dfrac{-0{,}99-(-1)}{1{,}1-1}=\dfrac{0{,}01}{0{,}1}=0{,}1$
- $TVM\,[1; 1{,}01]=\dfrac{f(1{,}01)-f(1)}{1{,}01-1}=\dfrac{-0{,}9999-(-1)}{1{,}01-1}=0{,}01$
- $TVM\,[1; 1{,}001]=\dfrac{f(1{,}001)-f(1)}{1{,}001-1}=\dfrac{0{,}000\,001}{0{,}001}=0{,}001$

Se aproxima a cero ya que cada vez la *TVM* es más pequeña:

$$f'(1)=\lim_{h\to 0}\frac{f(1+h)-f(1)}{h}=\lim_{h\to 0}\frac{(1+h)^2-2(1+h)-(-1)}{h}$$

$$=\lim_{h\to 0}\frac{h^2}{h}=\lim_{h\to 0}h=0$$

37. Calcula la *TVM* de la función $f(x) = x^2 - 4$ en cada uno de los intervalos siguientes.

a) [3, 4] d) [3; 3,001]

b) [3; 3,1] e) [3; 3,0001]

c) [3; 3,01] f) [3; 3,00001]

¿Cuál parece ser la *TVI* de la función en $x = 3$? Compruébalo hallando su valor mediante la definición.

38. Calcula la tasa de variación instantánea de la función $f(x) = 3x - 8$ en cada uno de los siguientes puntos.

a) $x = 0$ c) $x = -2$

b) $x = 5$ d) $x = -7$

¿Qué observas en todos los casos? ¿Por qué crees que ocurre esto?

39. Halla la derivada de las siguientes funciones polinómicas de segundo grado y comprueba que en la abscisa de su vértice el valor de la derivada es cero.

a) $f(x) = x^2 - 4x$ c) $f(x) = x^2 + 4x + 1$

b) $f(x) = -x^2 + 2x + 3$ d) $f(x) = 2x^2 - 6x + 5$

40. Halla la *TVI* en el punto $x = 2$ de cada una de las funciones siguientes.

a) $f(x) = 4x - 1$ d) $f(x) = x^3 - 4x^2$

b) $f(x) = x^2$ e) $f(x)=8\sqrt{2x}$

c) $f(x)=\dfrac{4}{x}+5x$ f) $f(x) = -x^2 + 8x + 5$

41. Determina la *TVI* de cada una de las funciones representadas en el punto $x = 2$.

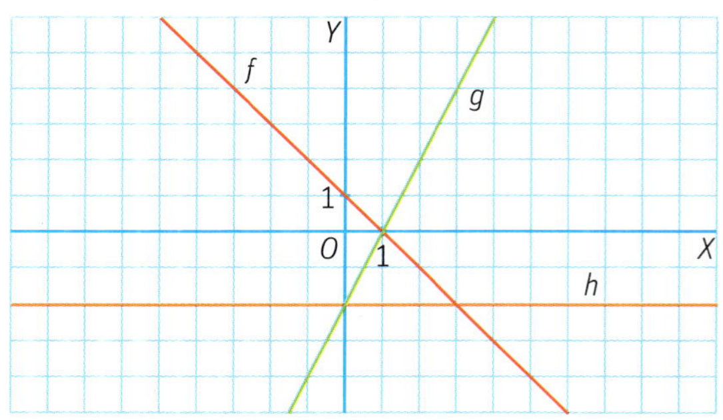

¿Cuál sería la *TVI* en el punto $x = 123$?

42. Halla la tasa de variación instantánea de la función $f(x) = ax + b$ en el punto $x = p$.

43. Aplicando directamente la definición, calcula la derivada de las siguientes funciones en los puntos indicados.

a) $f(x) = 4x - 7$ en $x = 3$

b) $g(x) = 2x - x^2$ en $x = -2$

c) $h(x)=\dfrac{3}{x+1}$ en $x = 0$

d) $i(x)=\sqrt{3x+7}$ en $x = -1$

e) $k(x)=\dfrac{\sqrt{x}}{x-2}$ en $x = 2$

Interpretación geométrica. Recta tangente

44. Escribe la ecuación de la recta tangente a las gráficas de las funciones $g(x)$, $h(x)$ y $i(x)$ en los puntos indicados.

a) $g(x) = 2x - x^2$ en $x = -2$

b) $h(x) = \dfrac{3}{x+1}$ en $x = 0$

c) $i(x) = \sqrt{3x+7}$ en $x = -1$

45. Halla la ecuación de la recta tangente a la curva de ecuación $y = (x - 1)^2$ en el punto $x = 3$.

46. ¿En qué puntos corta la recta $y = x$ a la curva de ecuación $y = \dfrac{2}{x-1}$?

Halla la ecuación de la tangente a la curva en cada uno de esos puntos.

ACTIVIDAD **RESUELTA**

47. Halla la ecuación de las rectas tangentes a la curva de ecuación $y = -\dfrac{4}{x}$ que sean paralelas a la recta de ecuación $y = x + 3$.

Si son paralelas deben tener la misma pendiente. Luego $m = 1$.

Para hallar el punto de tangencia se halla el valor de x que debe verificar que $f'(a) = 1$.

$$f'(a) = \lim_{h\to 0} \frac{f(a+h) - f(a)}{h} = \lim_{h\to 0} \frac{\frac{-4}{a+h} - \frac{-4}{a}}{h} =$$
$$= \lim_{h\to 0} \frac{4h}{h(a+h)a} = \lim_{h\to 0} \frac{4}{(a+h)a} = \frac{4}{a^2}$$

Como $f'(a) = 1 \Rightarrow \dfrac{4}{a^2} = 1 \Rightarrow a = \pm 2$.

Hay dos posibles puntos de tangencia:

$a = 2 \Rightarrow f(2) = -2 \Rightarrow A(2, -2)$

$a = -2 \Rightarrow f(-2) = 2 \Rightarrow B(-2, 2)$

Por tanto, hay dos tangentes paralelas a la recta dada, que son:

r_1: $y - (-2) = 1\,(x - 2) \Rightarrow y = x - 4$

r_2: $y - 2 = 1\,(x - (-2)) \Rightarrow y = x + 4$

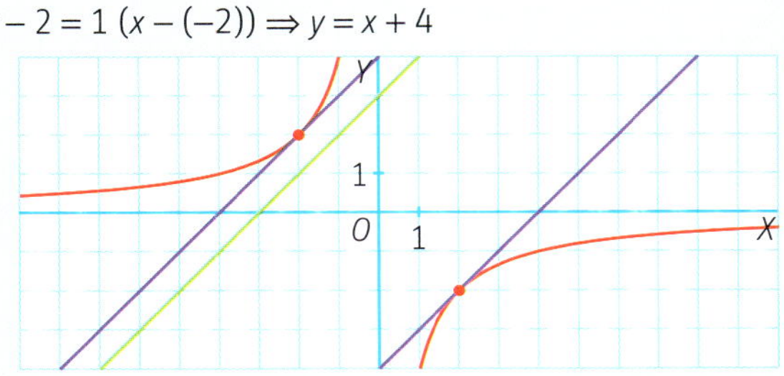

48. La hipérbola de ecuación $y = \dfrac{6}{x}$ tiene dos tangentes paralelas a la recta $y = 7 - 6x$.

a) ¿En qué puntos son tangentes?

b) ¿Cuál es la ecuación de las dos tangentes?

Función derivada

49. Halla la derivada de estas funciones polinómicas.

a) $f(x) = x^5$

b) $f(x) = x^4 + 3$

c) $f(x) = x^6 + x$

d) $f(x) = 2x - 1$

e) $f(x) = -3x^3 + 2x$

f) $f(x) = x^2 + 2x - 3$

g) $f(x) = x^4 - 2x^2 + 1$

h) $f(x) = x^5 + 2x^4 - 3x^3 + 5x^2$

i) $f(x) = 4x^4 - 3x^2 - 3x - 10$

j) $f(x) = x^3 - 3x^2 + 3x - 1$

50. Deriva las funciones potenciales:

a) $f(x) = (2x - 1)^5$

b) $f(x) = (x^2 - 1)^{-2}$

c) $f(x) = (x^6 + x)^3$

d) $f(x) = (x^2 + 2x - 3)^{-1}$

e) $f(x) = (x^2 - 1)^2$

f) $f(x) = (3x + x^2)^{-3}$

51. Expresa las siguientes funciones racionales como potenciales, halla su derivada y después exprésalas otra vez como racionales.

a) $f(x) = \dfrac{2}{(x-1)^2}$

b) $f(x) = \dfrac{2}{(x^2+1)^3}$

c) $f(x) = \dfrac{3}{(3-2x)^2}$

d) $f(x) = \dfrac{1}{(2x+1)^3}$

e) $f(x) = \dfrac{5}{(x^2+x+4)^4}$

f) $f(x) = \dfrac{5}{(x^3-3x)^5}$

52. Calcula $f'(0)$ en las siguientes funciones exponenciales.

a) $f(x) = 10^x$

b) $f(x) = 2^x$

c) $f(x) = \dfrac{2^x}{4^x}$

d) $f(x) = e^x$

e) $f(x) = 3^x \cdot 5^x$

f) $f(x) = \dfrac{e^x}{2^{2x}}$

ACTIVIDAD **RESUELTA**

53. Comprueba que las derivadas de las siguientes funciones son las que se indican en cada caso.

a) $y = \sqrt{f(x)} \Rightarrow y' = \dfrac{f'(x)}{2\sqrt{f(x)}}$

b) $y = \sqrt[n]{f(x)} \Rightarrow y' = \dfrac{f'(x)}{n\sqrt[n]{[f(x)]^{n-1}}}$

Se expresan como funciones potenciales, se deriva y se vuelve a expresar como funciones irracionales.

a) $y = \sqrt{f(x)} = [f(x)]^{\frac{1}{2}} \Rightarrow y' = \dfrac{1}{2}[f(x)]^{\frac{1}{2}-1} f'(x) = \dfrac{f'(x)}{2[f(x)]^{\frac{1}{2}}} = \dfrac{f'(x)}{2\sqrt{f(x)}}$

b) $y = \sqrt[n]{f(x)} = [f(x)]^{\frac{1}{n}} \Rightarrow$

$\Rightarrow y' = \dfrac{1}{n}[f(x)]^{\frac{1}{n}-1} f'(x) = \dfrac{f'(x)}{n[f(x)]^{\frac{n-1}{n}}} = \dfrac{f'(x)}{n\sqrt[n]{[f(x)]^{n-1}}}$

54. Expresa estas funciones como funciones potenciales y después deriva.

a) $f(x) = \sqrt{4x}$

b) $f(x) = \sqrt{2x+1}$

c) $f(x) = \sqrt{x^3}$

d) $f(x) = \sqrt[3]{6x+2}$

Actividades

55. Deriva las funciones:

a) $f(x) = (2x-1)^3(x+1)^2$

b) $f(x) = x(x+1)(x+2)$

c) $f(x) = \dfrac{2-x}{(x+1)^2}$

d) $f(x) = \left(\dfrac{x+4}{x+3}\right)^2$

56. Deriva las funciones trigonométricas:

a) $f(x) = \operatorname{sen} 4x$

b) $f(x) = \cos(1-x)$

c) $f(x) = \dfrac{\operatorname{sen} x}{\cos(2x)}$

d) $f(x) = \left(\dfrac{\operatorname{sen} x}{\cos x}\right)^2$

57. Deriva las funciones logarítmicas:

a) $f(x) = \ln(2x+1)$

b) $f(x) = \ln(3x+1)^2$

c) $f(x) = \ln^2(3x+1)$

d) $f(x) = \log(2-3x)$

e) $f(x) = \log(1+7x)^3$

f) $f(x) = \log_2(5x)$

58. Halla la derivada de las funciones en los puntos indicados.

a) $f(x) = x^2 + \dfrac{1}{x^2} + \sqrt{x}$ en $x = 1$

b) $g(x) = \dfrac{2x}{x^2+1}$ en $x = 0$

c) $h(x) = \operatorname{sen}\left(2x - \dfrac{\pi}{2}\right)$ en $x = 2\pi$

d) $i(x) = x^2 \ln(x+3)$ en $x = -2$

e) $j(x) = x^3 e^{2x}$ en $x = -1$

59. Deriva las funciones:

a) $f(x) = \ln(x)$

b) $f(x) = \ln(\operatorname{sen} x)$

c) $f(x) = x \ln x$

d) $f(x) = \ln(\operatorname{tg} x)$

Aplicaciones de la derivada

60. Halla los intervalos de crecimiento y decrecimiento y los extremos de la función $f(x) = x^3 - 6x^2 - 15x + 2$.

61. Determina los extremos relativos de las funciones:

a) $f(x) = x^3 - 12x + 7$

b) $f(x) = 6 + 4x^3 - x^4$

c) $f(x) = \dfrac{2x-7}{2x+3}$

d) $f(x) = \sqrt{x^2+2x+1}$

62. Estudia la monotonía y determina los extremos relativos de las siguientes funciones.

a) $f(x) = \dfrac{x^3}{x-1}$

b) $f(x) = \sqrt{\dfrac{x}{x-2}}$

c) $f(x) = e^{-x^2}$

d) $f(x) = \dfrac{\ln x}{x}$

63. Estudia la monotonía y determina los extremos relativos de las funciones:

a) $f(x) = \operatorname{sen}\left(\dfrac{x}{2}\right)$ en $-2\pi \le x \le 2\pi$

b) $f(x) = x + \cos x$ en $-\pi \le x \le \pi$

Actividades de síntesis

64. Todas las funciones siguientes pasan por el punto (1, 0). Halla sus derivadas y determina cuáles de las funciones son derivables en ese punto.

a) $f(x) = \ln x \sqrt{x}$

b) $g(x) = \ln\left(x\sqrt{x}\right)$

c) $h(x) = x \ln\sqrt{x}$

d) $i(x) = \sqrt{\ln x}$

e) $j(x) = \sqrt{x \ln x}$

f) $f(x) = x\sqrt{\ln x}$

Escribe la ecuación de recta de la tangente en ese punto a cada una de las funciones derivables en él.

ACTIVIDAD **RESUELTA**

65. **Halla la derivada de $f(x) = \ln\left(\dfrac{2+x}{1-x}\right)$ e indica su dominio.**

Aunque se puede derivar directamente, es más sencillo transformar la función con las propiedades de los logaritmos y luego derivar.

$$f(x) = \ln\left(\frac{2+x}{1-x}\right) = \ln(2+x) - \ln(1-x)$$

Se deriva la expresión obtenida:

$$f'(x) = [\ln(2+x)]' - [\ln(1-x)]' = \frac{1}{2+x} - \frac{-1}{1-x} = \frac{1}{2+x} + \frac{1}{1-x}$$

Como el dominio de la función es (–2, 1) su derivada solo existe en este intervalo.

66. Halla la derivada de las siguientes funciones e indica su dominio.

a) $f(x) = \ln\left(\dfrac{x^2+1}{2x-3}\right)$

b) $f(x) = \ln\sqrt{x^5}$

c) $f(x) = \ln(x \cos x)$

67. Se sabe que la derivada de la función $f(x)$ es $f'(x) = (x^2-1)\sqrt{x}$.

a) Calcula sus intervalos de crecimiento y decrecimiento.

b) ¿Tiene máximos o mínimos relativos? En caso afirmativo, calcúlalos.

68. Halla dos números enteros que cumplan las siguientes condiciones.

- La suma de los dos números debe ser 18.
- La suma del cuadrado del primero más 10 veces el segundo debe ser lo más pequeña posible.

69. La función $f(x) = x^3 + ax^2 + b$ tiene un extremo relativo en el punto (4, 13).

a) Determina los valores de a y b.

b) Indica si el extremo relativo corresponde a un máximo o a un mínimo.

c) La función tiene otro extremo relativo. Halla el punto en el que se encuentra.

d) Con los datos obtenidos representa la gráfica de la función.

PROBLEMAS PARA RESOLVER

70. El perfil de una carrera ciclista puede ajustarse mediante la función, $y = \dfrac{x-10}{(x-10)^2+1} + 1$, donde x representa la distancia recorrida, e y, la altura sobre el nivel del mar, en kilómetros.

Si la carrera tienen una longitud de 50 km, determina:

a) La altura del punto de salida y de llegada.

b) Los tramos del recorrido que son de subida y los que son de bajada.

c) Los puntos donde se alcanza la altura máxima y la altura mínima.

d) La altura máxima y la mínima del recorrido.

e) El punto de subida de máxima pendiente.

ACTIVIDAD RESUELTA

71. La posición de una partícula que se mueve en línea recta viene determinada por la función $s(t) = \dfrac{50t+12}{t+3}$, en donde s se mide en metros y t en segundos.

Determina:

a) Su posición y su velocidad inicial.

b) La velocidad de la partícula al cabo de 5 s.

c) Si la velocidad de la partícula aumenta, disminuye o se mantiene constante.

La velocidad es la derivada de la función de posición respecto del tiempo.

$$v(t) = s'(t) = \frac{138}{(t+3)^2}$$

a) Posición inicial: $s(0) = \dfrac{50 \cdot 0 + 12}{0+3} = 4$ m

Velocidad inicial: $v(0) = \dfrac{138}{(0+3)^2} = 15{,}33$ m/s

b) La velocidad para $t = 5$ s: $v(5) = \dfrac{138}{(5+3)^2} = \dfrac{138}{64} = 2{,}16$ m/s

c) Se estudia el signo de la derivada de la velocidad para determinar su crecimiento o decrecimiento.

Se observa que para $t > -3 \Rightarrow v' < 0$, es decir, la velocidad disminuye a medida que pasa el tiempo.

72. Se lanza un objeto verticalmente y hacia arriba desde una grúa. La función que determina la altura del objeto, en metros, en cada instante es $h(t) = -4{,}9t^2 + 39{,}2t + 21{,}6$, donde t es el tiempo en segundos.

a) ¿Qué altura tiene la grúa?

b) ¿Con qué velocidad se lanzó el objeto?

c) ¿Cuándo alcanzará el objeto su altura máxima? ¿Cuál es la altura máxima alcanzada?

d) ¿Cuánto tiempo tardará el objeto en llegar al suelo? ¿Qué velocidad tendrá en ese momento?

73. Para optimizar la producción de aceitunas en un terreno se quiere aumentar el número de olivos. Actualmente hay 80 olivos que producen una media de 60 kg cada uno. Se prevé que por cada olivo que se añada la producción de cada uno disminuirá en un 1 %.

a) ¿Cuál es la producción prevista si se plantan 20 olivos? ¿Y si se plantan x?

b) Calcula el número de olivos que hay que plantar para que la producción total sea máxima.

c) En el caso de producción máxima, ¿cuál es la producción media de cada árbol?

ACTIVIDADES PARA PENSAR MÁS

74. Si $f(x) = x + \sqrt{x^2 - 6x + 8}$ entonces $f'(3)$ es:

A. 0 B. 1 C. $+\infty$ D. No existe.

75. La *TVM* de la función $f(x) = \dfrac{4x-2}{x-2}$ en el intervalo [1, 5] es:

A. 2 B. 1 C. 8 D. No hay.

76. Las funciones f y g son continuas y derivables en (0, 6) y además, $f(1) = 2$, $g(1) = 3$, $f'(1) = 3$, $f'(3) = -5$, $g'(1) = 4$ y $g'(2) = 7$. El valor de $(f \circ g)'(1) + (g \circ f)'(1)$ es:

A. 0 B. 1 C. -1 D. Otro valor

77. La función $f(x) = x^2 \operatorname{sen} x$ en el punto $x = 0$:

A. Es creciente. C. Es decreciente.

B. Tiene un máximo. D. Tiene un mínimo.

Encuentra el error

78. Sergio tiene que estudiar el crecimiento, decrecimiento, máximos y mínimos de la función $f(x) = \sqrt{1 - \cos^2 x}$ en el intervalo $[0, 2\pi]$ y ha procedido así:

$\operatorname{sen}^2 x + \cos^2 x = 1 \Rightarrow 1 - \cos^2 x = \operatorname{sen}^2 x \Rightarrow f(x) = \operatorname{sen} x$

La derivada de esta función es $f'(x) = \cos x$.

Esta derivada se anula en el intervalo $[0, 2\pi]$ para $x = \dfrac{\pi}{2}$ y $x = \dfrac{3\pi}{2}$, y como $\cos x > 0$ en $\left(0, \dfrac{\pi}{2}\right) \cup \left(\dfrac{3\pi}{2}, 2\pi\right)$ y $\cos x < 0$ en $\left(\dfrac{\pi}{2}, \dfrac{3\pi}{2}\right)$, la función es creciente en $\left(0, \dfrac{\pi}{2}\right) \cup \left(\dfrac{3\pi}{2}, 2\pi\right)$ y decreciente en $\left(\dfrac{\pi}{2}, \dfrac{3\pi}{2}\right)$, con un máximo en $x = \dfrac{\pi}{2}$ y un mínimo en $x = \dfrac{3\pi}{2}$.

Si su respuesta es incorrecta, ¿dónde ha cometido el error?

Ponte a prueba

PROBLEMA **RESUELTO** **Aprovechando el vidrio**

Un cristalero trabaja con un cristal rectangular de 92 cm de largo por 50 cm de ancho. En un descuido golpea una de las esquinas y rompe un trozo de forma triangular. Para poder aprovechar el cristal, decide hacer un corte paralelo a uno de los bordes y así obtener otra vez una forma rectangular.

El segundo ayudante comienza a hacer los siguientes cálculos:

1. Usando como eje de ordenadas el lado más largo del cristal y como eje de abscisas el lado más corto, se halla la ecuación de la recta que pasa por A y B.
2. Se elige un punto $P(x, y)$ del segmento AB y se expresan las dos coordenadas en función de x, $P(x, f(x))$.
3. Se halla la longitud de los lados del rectángulo que se obtiene si se corta el cristal mediante dos cortes paralelos a los bordes originales pasando por el punto P y se expresa la superficie del cristal rectangular que se obtiene como una función $y = S(x)$.
4. Se calcula el máximo de esta función.

¿De qué forma se aprovecha más superficie del cristal?

SOLUCIÓN

Se calculan las superficies según las indicaciones de cada uno:

Cristalero:

- Si hace el corte paralelo al lado menor y pasando por el punto B, quedarían unos lados de longitudes: 50 y $(92 - 16) = 76$ cm. Por tanto, la superficie es $76 \cdot 50 = 3800$ cm^2.
- Si hace el corte paralelo al lado mayor y pasando por el punto A, los lados serían de 42 y 92 cm y la superficie $42 \cdot 92 = 3864$ cm^2.

Primer ayudante:

El punto medio del segmento AB sería el punto $M(4, 8)$ y las longitudes de los lados del rectángulo que se obtendría serían de 46 y 84 cm. La superficie aprovechable es de $46 \cdot 84 = 3864$ cm^2

Segundo ayudante:

1. La ecuación de la recta que pasa por $A(8, 0)$ y $B(0, 16)$ es de la forma $y = mx + b$.
   - Como la ordenada en el origen es 16, la ecuación es de la forma $y = mx + 16$.
   - Debe pasar por $B(8, 0)$, entonces $0 = 8m + 16 \Rightarrow m = -2$.

   Por tanto, la ecuación de la recta es $y = -2x + 16$.
2. Las coordenadas del punto P son $(x, 16 - 2x)$.
3. La longitud del lado menor será $(50 - x)$ y la del mayor es $(92 - (16 - 2x)) = 76 + 2x$.

   Por tanto, la superficie será: $S(x) = (50 - x)(76 + 2x) = -2x^2 + 24x + 3800$. Su dominio es el intervalo $[0, 8]$.
4. Para hallar el máximo de $S(x)$, se deriva la función y se obtiene $S'(x) = (24 - 4x)$ que se anula para $x = 6$. Como

   $S'(x) > 0$ para valores de $x \in (0, 6) \Rightarrow f$ es creciente en ese intervalo.

   $S'(x) < 0$ para valores de $x \in (6, 8) \Rightarrow f$ es decreciente en ese intervalo.

   Por tanto, para $x = 6$ la función alcanza un máximo relativo que es absoluto. El máximo es $S(6) = 3872$ cm^2 y se alcanza cortando por el punto $P(6, 4)$.

Se aprovecha más cristal, usando el método del segundo ayudante.

La velocidad de la sombra

Una farola de 5 m de altura está situada en una calle horizontal y recta por la que camina un hombre de 2 m de altura si incluimos la longitud de su sombrero. Pasea a velocidad constante de 1 m/s, alejándose de la farola. En un instante, se fija en la sombra que proyecta y comprueba que mide exactamente lo mismo que él. A los 6 s, se da cuenta de que la sombra es ahora bastante más larga, por lo que deduce que el tamaño de la sombra crece a una cierta velocidad y que la sombra que proyecta su sombrero avanza bastante más rápida que él sobre la calzada de la calle.

El hombre se plantea estas preguntas: ¿Es posible determinar la velocidad de crecimiento de la sombra? ¿Y la velocidad de alejamiento de la sombra del sombrero? ¿En qué instante la sombra del sombrero estará a cierta distancia de la farola?

Para contestar a estas cuestiones pueden ayudarte estas indicaciones:

1. Realiza un gráfico que represente la situación. Incluye la distancia a la que estaba el hombre de la farola cuando hizo la primera y segunda observación, el tiempo que había transcurrido desde que pasó junto a la farola en la primera y en la segunda observación, la longitud de su sombra en la segunda observación...
2. Si llamas x a la distancia del hombre a la farola y s a la longitud de la sombra, expresa ambas en función del tiempo t.
3. Si z es la distancia del extremo de la sombra del sombrero a la farola, expresa z también como una función del tiempo t.
4. Halla la velocidad a la que crece la longitud de la sombra y la velocidad con la que la sombra del sombrero se va alejando de la farola.
5. Si se supone que la luz de la farola sea suficientemente intensa, ¿cuánto tiempo tardará en llegar la sombra del sombrero a un punto situado a 150 m de la farola?

AUTOEVALUACIÓN

1. La siguiente tabla muestra las temperaturas de una ciudad desde las 6 hasta las 12 h.

Hora	6	7	8	9	10	11	12
Temp. °C	4	4,5	5	7,5	8,6	10	13

Calcula la tasa de variación media de la temperatura en los intervalos, [6, 12] y [9, 10].

2. Halla la *TVI* de las funciones:

a) $f(x) = x^3 + x^2$ en $x = 5$

b) $g(x) = \dfrac{8}{3-x}$ en $x = -7$

3. Halla la derivada de las funciones:

a) $f(x) = \dfrac{1-x}{x+3}$

b) $f(x) = \sqrt{2x+3}$

c) $f(x) = (3x^2 - x)^3$

d) $f(x) = \ln\left(\dfrac{1-x}{x+3}\right)$

e) $f(x) = \cos(\pi - 4x)$

f) $f(x) = x^2e^x$

4. Si $f(x) = x^2 - 5x + 2$ calcula $f'(0)$, $f'(4)$, $f'(-1)$.

5. Calcula la ecuación de la recta tangente a la parábola $f(x) = x^2 - 3x - 4$ en uno de los puntos en los que la función corta al eje X.

6. Determina los extremos relativos de la función $f(x) = 3x(x-4)^2$. Indica sus intervalos de crecimiento y de decrecimiento.

7. Desde la ventana de un edificio, se lanza una pelota verticalmente. Su altura, en metros, viene determinada por la función $h(t) = -4{,}9t^2 + 14{,}63t + 30{,}5$ donde t es el tiempo en segundos, y su velocidad se halla calculando la derivada de la posición respecto del tiempo.

a) ¿A qué altura está la ventana?

b) ¿Con qué velocidad se lanzó la pelota?

c) ¿Cuándo alcanzará la pelota su altura máxima? ¿Cuál es la altura que alcanza?

d) ¿Cuánto tiempo tardará en caer el objeto?

smSaviadigital.com VALORA LO APRENDIDO > Autoevaluación.

MATES + MAGIA

LA X MARCA EL LUGAR

En muchas películas de piratas las instrucciones para encontrar el tesoro se encuentran escondidas por separado y hay que reunirlas para poder descubrir su ubicación. Imagina que tienes 6 pistas que forman las instrucciones y no tienes manera de saber el orden en que tienes que leerlas. ¿Cómo hallarías el tesoro?

Vamos a realizar un juego de magia con estas instrucciones para encontrarlo.

¿Dónde está el tesoro?

- Copia en un papel las instrucciones y recórtalas.

COMIENZA UN PASO AL SUR DE LA PALMERA

DA CUATRO PASOS AL OESTE

DA SEIS PASOS AL SUR

DA SIETE PASOS AL ESTE

DA DOS PASOS AL NORTE

Y AHÍ ENCONTRARÁS EL TESORO

- En una cartulina, dibuja una cuadrícula como la de la imagen por las dos caras. En una de ellas no marques la X.
- Pide a un espectador que lea las instrucciones en el orden que quiera, elija un itinerario e indique el lugar del tesoro con una X en la cara de la cartulina que esté limpia.

- Entonces, es el momento de dar la vuelta a la cuadrícula y mostrarle que habías señalado con anterioridad ese mismo lugar, sin saber el orden de los pasos que iba a seguir.

¿Cuál es el secreto?

Elija el camino que elija, el espectador llegara siempre al mismo punto. Cada paso que realizamos en la cuadrícula equivale a un vector. Como has estudiado, la suma de vectores es conmutativa, es decir, da igual en qué orden leamos las partes del mapa, el resultado será el mismo.

LOS ROMPECABEZAS DE MACMAHON

PERCY ALEXANDER MACMAHON (1854-1929)

Fue un matemático inglés que escribió varias obras sobre análisis combinatorio y matemáticas recreativas, inventando varios rompecabezas de éxito.

En 1021 publicó el libro *New mathematical pastimes* sobre rompecabezas basados en baldosas con forma de polígono regular de diferentes colores.

A continuación te proponemos uno de los rompecabezas de MacMahon.

En la imagen, los 11 triángulos representan todas las combinaciones posibles de 3 colores colocados en cada una de las tres aristas de un triángulo equilátero.

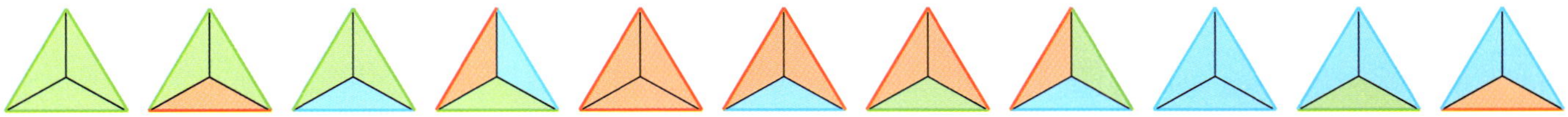

El rompecabezas consiste en colocar 10 de estos triángulos formando un hexágono de forma que dos baldosas colindantes deben tener el mismo color.

Copia los triángulos y recórtalos. Busca otras formas de colocarlos que cumplan la condición pedida.

Fácil ¿Verdad?

Podemos complicar más el rompecabezas añadiendo una nueva condición:

El borde solo debe mostrar dos colores, rojo en la parte superior y verde en la inferior.

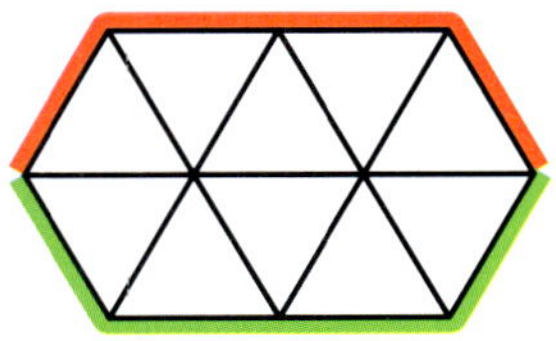

¿Cuál es el secreto?

La clave para resolver este tipo de rompecabezas es ir deduciendo poco a poco la colocación de las piezas.

Si solo tenemos que usar 10 piezas, ¿podrías deducir cuál es la pieza que no debes usar en el rompecabezas?

En cualquiera de las conexiones interiores del hexágono coincidirán dos aristas del mismo color. En el borde inferior habrá 4 verdes y en el superior 4 rojas. Podemos deducir entonces, que entre las 10 piezas que elija debe aparecer cada color de arista un número par de veces. Como en el grupo de 11 piezas aparece cada color 11 veces, tendré que quitar una de las dos piezas que tienen los tres colores, y me quedarán 10 aristas de cada color.

La siguiente pregunta que deberías plantearte es: ¿Dónde debes colocar la pieza de 3 aristas azules?

12 Combinatoria

- ¿Cuántas contraseñas puedes crear en un candado numérico?
- ¿Sabes cuántos números de tres cifras distintas son pares? ¿Y si tienen cifras iguales?
- ¿Cuántas banderas distintas pueden tener una franja roja, una blanca y una azul?

Analiza y calcula

En muchos países europeos existen loterías parecidas a ésta. En España, es popular la bonoloto. Cada apuesta consiste en marcar 6 números de una tabla (del 1 al 49). Se obtiene premio si se aciertan tres números o más.

¿Crees que importa el orden en que se marcan los números?

¿Es más fácil acertar la bonoloto (6 de 49) o la antigua lotería genovesa (5 de 90)?

Es mucho más fácil acertar tres números que los seis del sorteo. ¿Con cuántas apuestas distintas se pueden acertar 3 de los números de la combinación ganadora?

Lee y comprende

Entre pastelitos anda el juego

— ... Pero abuelo, ¿no pretenderás hacerme creer que los antiguos chinos necesitaban un esquema así para comerse unos pastelitos? Yo creo que uno puede zampárselos tranquilamente sin pensar para nada en los números... Mira, ¡así! – Y le dio un mordisco a una galleta sacada de algún bolsillo.

— Tienes razón, Filo, pero en otros casos los números ayudan ¡y vaya si ayudan! Tú qué crees, ¿las personas que juegan a la lotería piensan o no piensan en los números? – le preguntó el abuelo, mirándole a los ojos.

— Pero ¿qué tienen que ver los pastelitos con la lotería? Y además, a veces veo a mi padre muy obsesionado con sus boletos, la verdad, abuelo, ¡ni idea de cómo se juega! – acabó por reconocer Filo, sin dejar de masticar su galleta.

— Pues ahora te lo explico: se trata de un juego muy antiguo, surgido en Génova a finales del siglo XVI. Debes saber que esa ciudad era antiguamente una república marítima gobernada por cinco senadores, quienes eran elegidos al azar entre noventa candidatos y se renovaban cada seis meses. Por ello, cada seis meses, la ciudad vivía con gran interés los días previos a la elección y fue así como, en determinado momento, los ciudadanos empezaron a hacer apuestas sobre el resultado de la misma. Al principio el juego fue prohibido, como todos los juegos de azar, pero más tarde, visto que los genoveses seguían haciendo apuestas a escondidas, se convirtió en algo lícito y adoptó el nombre de lotería genovesa. Hoy se llama lotería a secas, pero su funcionamiento en toda Italia es el mismo: se extraen 5 números de un recipiente que contiene los números del 1 al 90. ¿Te queda claro ahora?

Tal vez así te resulte más fácil comprender también por qué la lotería se parece a escoger 5 pastelitos de una bandeja que contiene 90.

Filo se quedó de piedra y solo al cabo de un rato logró decir:

— Mmmm, pensándolo bien, tienes razón abuelo... Sin embargo, ¡qué bonito sería que cayera en las manos una bandeja tan golosa!...

ANNA CERASOLI.
LA SORPRESA DE LOS NÚMEROS
EDITORIAL MAEVA. 2012

Reflexiona y saca conclusiones

¿Cuál es el origen de la lotería? ¿Dónde surgió?

¿Cuántas apuestas diferentes se pueden hacer: más de 100 000, más de un millón?

¿Crees que es muy complicado acertar los 5 números?

¿Cuántos equipos de 5 pueden formar con 8 amigos?

1 Principio de multiplicación. Diagramas de árbol

Sabías que...

Los primeros problemas de combinatoria aparecen en la obra del matemático indio Bhaskara (1114 – 1185).

Entra en sm**Savia**digital.com y descubre más sobre la historia de la combinatoria.

Las cajas fuertes, algunos maletines, las taquillas... tienen una clave numérica de 3 o más dígitos que es necesario conocer para abrirlos. ¿Cuál es el número de claves distintas que se pueden formar?

La **combinatoria** es una rama de las matemáticas que estudia el número de posibilidades de ordenación de los elementos de un conjunto.

Cuando el número de posibilidades es muy grande, las técnicas combinatorias permiten hacer el recuento de manera sencilla.

Ejemplo ▸ Juan ha cerrado su maleta con un candado numérico de tres dígitos, pero ha olvidado la combinación secreta. Recuerda que el número solo tenía cifras impares y que no se repetía ninguna cifra. ¿Cuántas posibles combinaciones tendrá que probar?

Juan puede anotar todos los números de tres cifras que cumplen estas condiciones y contarlos o puede calcularlos directamente.

- La primera cifra puede ser una de estas 5 posibilidades {1, 3, 5, 7, 9}.
- Para el segundo dígito solo dispone de 4 posibilidades porque los números no están repetidos.
- Y para el tercer dígito solo le quedan 3 opciones.

El número de posibilidades para elegir la combinación de tres cifras será $5 \cdot 4 \cdot 3 = 60$ posibilidades.

Esta técnica se llama **principio de la multiplicación**.

Por el **principio de la multiplicación**, si en una elección múltiple existen n_1 posibilidades para la primera elección, n_2 para la segunda, n_3 para la tercera, y así sucesivamente, hasta n_k para la última, el número total de posibilidades es:

$$N = n_1 \cdot n_2 \cdot n_3 \cdot \ldots \cdot n_k$$

ACTIVIDADES

1. Una chica tiene 3 faldas y 5 blusas. ¿Cuántas combinaciones distintas de falda y blusa puede ponerse?

ACTIVIDAD **RESUELTA**

2. En una clase hay 15 chicos y 10 chicas. Hay que elegir una comisión con un delegado, un subdelegado, un tesorero y un secretario. Ningún estudiante puede tener dos cargos y además, el tesorero ha de ser una alumna, y el secretario, un alumno. ¿De cuántas maneras distintas se puede formar la comisión?

Se empieza por las condiciones más restrictivas:

- Si el tesorero ha de ser una chica hay 10 posibilidades.
- Si el secretario ha de ser un chico existen 15 posibilidades.

Una vez elegidos estos dos cargos habrá 23 alumnos disponibles para ser elegido delegado. Y tras la elección del delegado nos quedarán 22 alumnos para poder elegir subdelegado.

Aplicando el principio de multiplicación se tiene:

$$N = 10 \cdot 15 \cdot 23 \cdot 22 = 75\,900$$

El número total de comisiones distintas es 75 900.

3. Utiliza los siguientes dígitos y contesta.

2	4	6	8

a) ¿Cuántos números distintos de tres cifras pueden formarse?

b) ¿Cuántos números que no tengan ninguna cifra repetida?

c) ¿Cuántos que tengan un solo dígito repetido?

4. En una fila del cine van a sentarse 4 hombres y 3 mujeres.

a) ¿De cuantas formas pueden sentarse para que no haya ni dos hombres ni dos mujeres juntas?

b) ¿Y si todos los hombres han de estar juntos y las mujeres también? ¿Y si las mujeres han de estar juntas pero los hombres pueden estar separados?

Diagramas de árbol

En ocasiones, cuando hacer un recuento es complejo o es necesario enumerar las distintas agrupaciones, es útil realizar una representación gráfica.

Ejemplo ▸ Alberto es un gran aficionado al ciclismo. Tiene dos camisetas, una roja y otra verde; un culote negro y otro blanco; y dos pares de calcetines: azules y grises. ¿De cuántas formas diferentes puede vestirse?

Del origen salen dos ramas que representan los colores de las camisetas, R y V. De cada una de estas ramas salen otras dos que corresponden a los pantalones, N y B. Y de cada una de estas ramas salen otras dos para los calcetines, A y G.

Se puede representar mediante un diagrama de árbol:

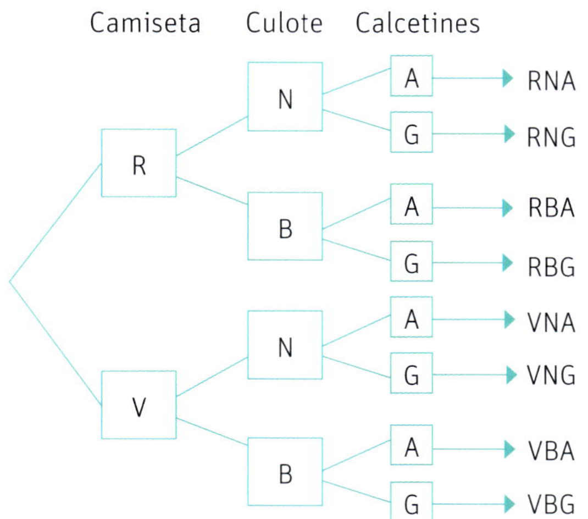

De esta forma se sabe que puede vestirse de ocho formas distintas y además se conoce cuáles son.

MAT-TIC GeoGebra

Entra en smSaviadigital.com y utiliza la aplicación para construir diagramas de árbol.

Los **diagramas de árbol** son una herramienta que nos permite explorar todas las posibilidades de una forma ordenada y sistemática.

ACTIVIDADES

5. ¿Cuántos menús puede elaborar Juan con estos platos? Realiza el recuento con la ayuda de un diagrama de árbol.

Menú

1.er plato	2.º plato	Postre
Menestra de verduras	Pollo en salsa	Fruta
Frijoles con arroz	Salmón a la plancha	Natillas
Ensalada templada	Albóndigas	Tarta de queso
Tallarines al pesto		Cuajada con miel

6. ¿Cuántos resultados se pueden obtener al extraer dos bolas sin reemplazamiento de una urna que contiene 2 bolas blancas, 1 verde y 1 amarilla?

7. Utiliza un diagrama de árbol para expresar todos los resultados obtenidos al lanzar una moneda y un dado y haz un recuento de los resultados.

8. ¿Cuántas banderas distintas se pueden formar con 3 franjas horizontales de color azul, blanco o verde? Realiza un diagrama de árbol para ver todas las posibilidades teniendo en cuenta que dos franjas del mismo color no pueden estar juntas.

9. Se quiere construir una clave alfanumérica de cinco caracteres que contenga 3 letras y 2 cifras. Las cifras no se pueden repetir, pero las letras sí, aunque solo se pueden usar vocales. ¿Cuántas claves diferentes, con estas condiciones, existen?

2 Métodos de recuento: Variaciones

Según las características de las agrupaciones que se quieran realizar, se pueden aplicar distintos métodos de recuento, como las **variaciones**, las **permutaciones** o las **combinaciones**.

Variaciones sin repetición

Ejemplo ▸ ¿Cuántos números de tres cifras distintas se pueden formar con los dígitos impares {1, 3, 5, 7 y 9}?

Se aplica el principio de la multiplicación: para elegir la primera cifra hay 5 opciones, para la segunda, 4 opciones y para la tercera, 3 opciones.

Por tanto, la cantidad de números de tres cifras distintas formados con los dígitos impares será: $N = 5 \cdot 4 \cdot 3 = 60$ números distintos.

60 es el número de variaciones sin repetición de 5 elementos tomados de 3 en 3.

Con calculadora

Para hallar las variaciones de 5 elementos tomados de 3 en 3 se debe escribir:

5 nPr 3

Las variaciones sin repetición de *m* elementos tomados de *n* en *n*, son los grupos ordenados de *n* elementos distintos que se pueden formar con los *m* elementos de un conjunto. El número de grupos es:

$$V_{m,n} = m\,(m-1)(m-2)\ldots(m-n+1)$$

Dos grupos se diferencian si:

- Tienen elementos distintos.
- Tienen los mismos elementos pero están colocados en distintas posiciones, es decir, influye el orden.

Ejemplo ▸ La agencia de viajes Euro-Tour oferta circuitos por Europa para visitar 7 capitales europeas:

En cada circuito se visitan 3 capitales, ¿cuántos circuitos diferentes se pueden organizar?

Se representa cada ciudad por su letra inicial, $\{M, L, P, R, B, A, V\}$, por lo que el conjunto tiene $m = 7$ elementos y se busca hacer grupos de $n = 3$ elementos distintos. Teniendo en cuenta que:

- Se eligen 3 ciudades de las 7 posibles.
- El orden influye, ya que las estancias en cada ciudad son diferentes.
- Las ciudades no se repiten en cada circuito.

Se trata de formar las variaciones de 7 elementos tomados de 3 en 3.

$$V_{7,3} = 7 \cdot 6 \cdot 5 = 210$$

El número de circuitos posibles visitando tres ciudades es de 210.

Ten en cuenta

Son **variaciones sin repetición de *m* elementos tomados de *n* en *n*, si:**

- No se toman todos los elementos del conjunto.
- Influye el orden en cada grupo.
- No puede haber elementos repetidos en cada grupo.

Variaciones con repetición

Ejemplo ▸ ¿Cuántos números de tres cifras se pueden formar con los dígitos impares {1, 3, 5, 7 y 9} si se pueden repetir dígitos?

Se aplica el principio de la multiplicación: para elegir la primera cifra hay 5 posibilidades, igual que para la segunda y para la tercera, ya que los dígitos se pueden repetir.

Por tanto, la cantidad de números que se pueden formar es:

$$N = 5 \cdot 5 \cdot 5 = 5^3 = 125$$

125 es el número de variaciones con repetición de 5 elementos tomados de 3 en 3.

MAT-TIC GeoGebra

Entra en **smSavia**digital.com y utiliza la aplicación para calcular y enumerar variaciones con y sin repetición.

Las variaciones con repetición de *m* elementos tomados de *n* en *n*, son los grupos ordenados de *n* elementos que se pueden formar con los *m* elementos de un conjunto. El número de grupos es:

$$VR_{m,n} = m^n$$

Dos grupos se diferencian si:

- Tienen elementos distintos.
- Tienen los mismos elementos pero están colocados en distinto orden, es decir, influye el orden.

Ten en cuenta

Son **variaciones con repetición de *m* elementos tomados de *n* en *n*, si:**

- No se toman todos los elementos del conjunto.
- Influye el orden en cada grupo.
- Puede haber elementos repetidos en cada grupo.

Ejemplo ▸ Las matrículas de los coches en España constan de tres letras y cuatro números. Las letras *ñ*, *q* y las vocales están excluidas. ¿Cuántas matrículas diferentes se pueden formar?

- Se calcula la cantidad de grupos de 3 letras.

  El alfabeto castellano consta de 27 letras. Si se quitan las 5 vocales, la *ñ* y la *q* se tienen 20 letras para formar los grupos de 3 letras. Como las letras se pueden repetir e influye el orden, el número de grupos distintos es:

  $$VR_{20,3} = 20^3 = 8000$$

- Se calcula la cantidad de grupos de 4 números.

  Para formar los grupos de 4 cifras, se dispone de 10 dígitos. Como se pueden repetir e influye el orden, el número de grupos distintos será:

  $$VR_{10,4} = 10^4 = 10000$$

Para cada grupo de letras hay 10 000 grupos posibles de números. Aplicando el principio de multiplicación, el número total de matrículas distintas será:

$$N = 8000 \cdot 10000 = 8 \cdot 10^7$$

ACTIVIDADES

10. En una liga de baloncesto escolar participan 12 equipos. Cada equipo juega contra todos los demás, a doble vuelta. ¿Cuántos partidos se disputan en total?

11. Con las letras de la palabra BURGOS:

a) ¿Cuántas palabras de 4 letras, con significado o sin él, se pueden formar?

b) ¿Cuántas de ellas tienen alguna letra repetida?

12. Con los dígitos {3, 4, 5, 6, 7 y 8}:

a) ¿Cuántos números de tres cifras se pueden formar?

b) ¿Cuántos no tienen ninguna cifra repetida?

13. En el alfabeto Braille cada letra y cada signo está representado por 6 puntos, distribuidos en dos columnas de 3, de los cuales unos están en relieve y otros no.

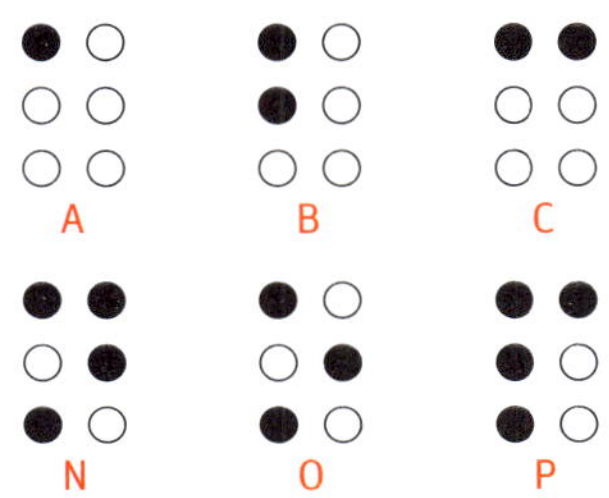

¿Cuántos signos distintos se pueden formar así?

3 Factorial de un número. Permutaciones

Con calculadora

Para hallar el factorial de 6 con la calculadora se escribe:

6 shift x!

El **factorial** de un número natural n, se representa por $n!$ y es el producto de n por todos los números naturales menores que él, es decir:

$$n! = n(n-1)(n-2) \cdot \ldots \cdot 2 \cdot 1$$

Se cumple que:

- $0! = 1 = 1!$
- $n! = n(n-1)!$

Ejemplo ▸ Calcula 5!.

$5! = 5 \cdot 4 \cdot 3 \cdot 2 \cdot 1 = 120$

Permutaciones sin repetición

Ejemplo ▸ ¿Cuántos resultados posibles pueden darse en una carrera entre 4 atletas?

Si se llama a los atletas A, B, C y D, se trata de ordenar estos cuatro elementos de todas las formas posibles y sin repetir ninguno. Se puede calcular como las variaciones de $m = 4$ elementos tomados de $n = 4$ en $n = 4$.

$$V_{4,4} = 4 \cdot 3 \cdot 2 \cdot 1 = 24$$

Cuando el número de elementos del conjunto y el número de elementos de cada grupo coinciden se conocen como permutaciones de 4 elementos.

Ten en cuenta

Son **permutaciones sin repetición de m elementos**, si:

- Se toman todos los elementos del conjunto.
- Influye el orden en cada grupo.
- No puede haber elementos repetidos en cada grupo.

Las **permutaciones de orden m** son los grupos ordenados que se pueden formar con todos los elementos de un conjunto, sin repetir ninguno. El número de grupos es:

$$P_n = V_{n,n} = n(n-1)(n-2) \cdot \ldots \cdot 2 \cdot 1 = n!$$

Dos grupos se diferencian si el orden de los elementos es distinto.

Ejemplo ▸ ¿Cuántas palabras distintas de 6 letras, con significado o sin él, se pueden formar con las letras de la palabra DUBLÍN?

Como DUBLÍN tiene 6 letras y se quieren hacer grupos de 6 elementos, son permutaciones de orden 6.

$$P_6 = 6! = 6 \cdot 5 \cdot 4 \cdot 3 \cdot 2 \cdot 1 = 720$$

ACTIVIDADES

ACTIVIDAD **RESUELTA**

14. **¿De cuántas maneras distintas se pueden colocar 5 libros en una estantería? Si se quiere que el más grande y el más pequeño estén juntos, ¿cuántos resultados distintos hay?**

- Las formas de colocar los 5 libros son:

$$P_5 = 5! = 5 \cdot 4 \cdot 3 \cdot 2 \cdot 1 = 120$$

- Si el libro más grande y el más pequeño deben estar juntos, se pueden considerar como uno solo y quedan 4 libros para colocar: $P_4 = 4! = 4 \cdot 3 \cdot 2 \cdot 1 = 24$

  Pero hay dos formas de colocar el libro más grande y el más pequeño: $P_2 = 2! = 2 \cdot 1 = 2$

  Aplicando el principio de multiplicación, el número de formas de colocar los libros será:

$$N = P_4 \cdot P_2 = 24 \cdot 2 = 48$$

15. **Cinco amigos han sacado cinco entradas consecutivas en la misma fila para ver el último estreno de cine.**

a) ¿De cuántas maneras pueden sentarse?

b) Luis y Carmen quieren estar en butacas contiguas. ¿De cuántas maneras se pueden sentar ahora los cinco amigos?

16. **¿De cuántas maneras distintas pueden sentarse 5 personas en un coche si…**

a) …todos tienen carnet de conducir?

b) …solo una de ellas tiene carnet de conducir?

c) …hay dos que tienen carnet de conducir?

17. **¿Cuántas palabras distintas de 4 letras, con significado o sin él, se pueden formar con las letras de la palabra *GAME*?**

Si las colocamos por orden alfabético, ¿en qué posición estará la palabra *GAME*?

Permutaciones con repetición

Ejemplo ▸ Con las letras de la palabra *OMELETTE*, ¿cuántas palabras distintas se pueden formar de tal forma que en todas aparezcan 3 veces la letra ***e***, 2 veces, la ***t***, y una, la ***o***, la ***m*** y la ***l***?

Si las 8 letras fuesen distinguibles entre sí, la respuesta sería el conjunto de permutaciones de orden 8: $P_8 = 8! = 40\,320$, pero:

- Las 3 letras *E* son indistinguibles. Si en la palabra *OMELETTE* intercambiamos las posiciones de las tres el resultado es el mismo. Las 3 es se pueden permutar entre sí de $P_3 = 3! = 6$ formas distintas, es decir, seis palabras que se reducen a una, luego las palabras totales serían las 40320 divididas entre 6, es decir, 6720.
- De forma análoga ocurre con las dos letras *T*. Como hay $P_2 = 2! = 2$ formas distintas de permutarlas, las palabras serían la mitad de 6720, es decir, 3360.
- Las letras *O*, *M* y *L* ocupan una sola posición, es decir $P_1 = 1! = 1$.

Son las permutaciones con repetición de 8 elementos en los que uno se repite 3 veces, otro 2 veces y los otros 3 una vez.

Las **permutaciones con repetición** de ***n*** elementos donde el primer elemento se repite n_1 veces, el segundo n_2 veces, ... son los grupos ordenados que se pueden formar con los ***n*** elementos del conjunto. El número de grupos es:

$$PR_n^{n_1, n_2, \dots, n_k} = \frac{n!}{n_1!\, n_2! \dots n_k!}, \text{ con } n = n_1 + n_2 + \quad + n_k$$

Ejemplo ▸ En la biblioteca del centro hay 4 libros iguales de matemáticas, 3 iguales de lengua y 2 iguales de inglés. ¿De cuántas formas diferentes se pueden colocar en una estantería?

El número de posibilidades son las permutaciones con repetición de 9 elementos:

$$PR_9^{4,3,2} = \frac{9!}{4!3!2!} = 1260$$

smSaviadigital.com

PRACTICA Comprueba que sabes utilizar los métodos de conteo.

Ten en cuenta

Son **permutaciones con repetición de *n* elementos**, si:

- Se toman todos los elementos del conjunto.
- Influye el orden en cada grupo.
- Puede haber elementos repetidos en cada grupo.

ACTIVIDADES

18. En el código morse, los caracteres están formados por dos símbolos: punto y raya. Por ejemplo, los dígitos del 0 al 9 se representan mediante grupos de 5 símbolos:

1	• ▬ ▬ ▬ ▬	6	▬ • • • •
2	• • ▬ ▬ ▬	7	▬ ▬ • • •
3	• • • ▬ ▬	8	▬ ▬ ▬ • •
4	• • • • ▬	9	▬ ▬ ▬ ▬ •
5	• • • • •	0	▬ ▬ ▬ ▬ ▬

¿Cuántos caracteres distintos se pueden formar con grupos de 3 rayas y 2 puntos, como el número 2 o el número 8?

19. En un garaje hay 10 plazas numeradas para aparcar los 10 coches de los vecinos, pero están sin asignar.

a) ¿De cuántas formas distintas pueden aparcar los 10 coches?

b) Si los tres vecinos del primer piso ocuparan las tres primeras plazas, ¿de cuántas maneras podrán aparcar ahora?

20. ¿De cuántas maneras diferentes pueden colocarse en fila 7 bolas de billar de igual tamaño, de las que 4 son lisas, 2 rayadas y una negra? ¿Y si la bola negra debe estar en el centro?

21. Ana nació en el año 2000 y quiere crear una clave de 7 caracteres con las letras de su nombre y los dígitos de su año de nacimiento.

a) ¿Cuántas claves distintas podrá formar?

b) ¿Cuántas de ellas tienen las tres letras al principio y las cuatro cifras al final?

c) ¿Cuántas tienen las tres letras juntas?

22. Usando todas las letras de la palabra BANANA:

a) ¿Cuántas palabras distintas, con significado o sin él, se pueden formar?

b) ¿En cuántas de estas palabras las tres aes ocupan los lugares pares?

c) ¿En cuántas de ellas las tres aes están juntas?

4 Combinaciones. Números combinatorios

Con calculadora

Para hallar las combinaciones de 5 elementos tomados de 3 en 3 se puede debe escribir:

5 nCr 3

En ocasiones no importa el orden en que se coloquen los elementos de cada grupo.

Ejemplo ▸ Para asistir a una olimpíada matemática, se seleccionan 3 alumnos al azar entre los 5 con mejores notas en matemáticas. ¿De cuántas maneras se pueden elegir?

Si influyera el orden de los elementos, serían:

$$V_{5,3} = 5 \cdot 4 \cdot 3 = 60$$

En un equipo no importa el orden de los participantes, el *ABC* es igual que el *BAC*, el *CBA*, ... , es decir, algunas variaciones dan lugar al mismo equipo. Son las formas de permutar los tres elementos: $P_3 = 3! = 3 \cdot 2 \cdot 1 = 6$. Así, 6 variaciones representan un solo equipo. Por tanto, el número de grupos que se pueden formar, sin importar el orden es $\frac{V_{5,3}}{P_3} = \frac{5 \cdot 4 \cdot 3}{3!} = \frac{60}{6} = 10$.

Se pueden formar 10 equipos diferentes.

Las combinaciones de *m* elementos tomados de *n* en *n*, con $n < m$, son los grupos de *n* elementos distintos que se pueden formar con los *m* elementos de un conjunto, sin repetir y sin importar el orden de los elementos. El número de grupos es:

$$C_{m,n} = \frac{V_{m,n}}{P_n} = \frac{m(m-1) \cdot \ldots \cdot (m-n+1)}{n!} = \frac{m!}{n!(m-n)!}$$

Dos agrupaciones son distintas solo cuando tienen algún elemento distinto.

MAT-TIC GeoGebra

Entra en smSaviadigital.com y utiliza la aplicación para calcular combinaciones y números combinatorios.

Para comprobar la igualdad, se multiplica el numerador y denominador por $(m - n)!$

$$C_{m,n} = \frac{V_{m,n}}{P_n} = \frac{m(m-1)\cdot\ldots\cdot(m-n+1)(m-n)!}{n!(m-n)!} = \frac{m(m-1)\cdot\ldots\cdot(m-n)(m-n-1)(m-n-2)\cdot\ldots\cdot 3\cdot 2\cdot 1!}{n!(m-n)!}$$

Así, el numerador se puede expresar como $m!$ y se obtiene la expresión buscada:

$$C_{m,n} = \frac{m!}{n!(m-n)!}$$

Ten en cuenta

Son **combinaciones de m elementos tomados de *n* en *n***, si:

- No se toman todos los elementos del conjunto.
- No influye el orden en cada grupo.
- No puede haber elementos repetidos en cada grupo.

Ejemplo ▸ De 10 coches que se han fabricado en una cadena de montaje, se eligen 4 para un test de calidad. ¿Cuántas muestras distintas de 4 vehículos se pueden elegir?

La muestra será la misma sin importar el orden en que se seleccionen los coches. Por tanto, las muestras serán las combinaciones de 10 elementos tomados de 4 en 4:

$$C_{10,4} = \frac{V_{10,4}}{P_4} = \frac{10 \cdot 9 \cdot 8 \cdot 7}{4 \cdot 3 \cdot 2 \cdot 1} = 210$$

ACTIVIDADES

23. Mario va a colocar 50 libros en cajas de 6. ¿De cuantas formas puede hacerlo?

24. Para aprobar un examen de 5 preguntas es necesario contestar bien a tres de ellas. ¿De cuántas formas se pueden elegir las tres preguntas?

25. Ocho equipos llegan a cuartos de final en un campeonato. ¿Cuántos partidos diferentes se pueden dar?

26. En una clase de baile de salón hay 12 personas. ¿Cuántas parejas de baile pueden formarse?

27. Un estudiante debe elegir 3 temas de física de 5 posibles, y 2 de química, de 4 posibles. ¿De cuántas maneras puede elegir los temas de física? ¿Y los temas que va a estudiar?

Números combinatorios

Al número de combinaciones de ***m*** elementos tomados de ***n*** en ***n***, también se le denomina **número combinatorio *m*** sobre ***n***, donde $n \leq m$.

Se representa así: $\binom{m}{n} = C_{m,n} = \dfrac{m!}{n!(m-n)!}$.

Ejemplo ▸ Calcula el valor del número combinatorio $\binom{6}{4}$.

$$\binom{6}{4} = \frac{6!}{4!2!} = \frac{6 \cdot 5 \cdot \cancel{4!}}{\cancel{4!}2!} = 15$$

Ten en cuenta

Los valores del triángulo combinatorio y del triángulo de Pascal coinciden:

T. combinatorio	T. Pascal
$\binom{1}{0}\binom{1}{1}$	1 1
$\binom{2}{0}\binom{2}{1}\binom{2}{2}$	1 2 1
$\binom{3}{0}\binom{3}{1}\binom{3}{2}\binom{3}{3}$	1 3 3 1
...	...

Se puede comprobar, aplicando su definición, que los números combinatorios cumplen las siguientes propiedades:

Propiedad	Comprobación
1. $\binom{m}{0} = 1$	$\binom{m}{0} = \dfrac{m!}{0!(m-0)!} = \dfrac{\cancel{m!}}{1 \cdot \cancel{m!}} = 1$
2. $\binom{m}{m} = 1$	$\binom{m}{m} = \dfrac{m!}{m!(m-m)!} = \dfrac{m!}{m!0!} = \dfrac{\cancel{m!}}{\cancel{m!}1!} = 1$
3. $\binom{m}{n} = \binom{m}{m-n}$	$\binom{m}{m-n} = \dfrac{m!}{(m-n)!(m-(m-n))!} = \dfrac{m!}{(m-n)!n!} = \binom{m}{n}$
4. $\binom{m-1}{n} + \binom{m-1}{n-1} = \binom{m}{n}$	$\binom{m-1}{n} + \binom{m-1}{n-1} = \dfrac{(m-1)!}{n!(m-1-n)!} + \dfrac{(m-1)!}{(n-1)!(m-n)!} = \dfrac{(m-1)!(m-n)}{n!(m-n)!} + \dfrac{(m-1)!n}{n!(m-n)!} =$ $= \dfrac{(m-1)!(m-n+n)}{n!(m-n)!} = \dfrac{m(m-1)!}{n!(m-n)!} = \dfrac{m!}{n!(m-n)!} = \binom{m}{n}$

Ejemplos

▸ Calcula $\binom{5}{0}$ y $\binom{6}{6}$.

- $\binom{5}{0} = 1$
- $\binom{6}{6} = 1$

▸ Comprueba las igualdades $\binom{7}{3} = \binom{7}{4}$ y $\binom{6}{3} + \binom{6}{4} = \binom{7}{4}$.

- $\binom{7}{3} = \binom{7}{4} \Rightarrow \dfrac{7!}{3!4!} = \dfrac{7!}{4!3!}$
- $\binom{6}{3} + \binom{6}{4} = \binom{7}{4} \Rightarrow \dfrac{6!}{3!3!} + \dfrac{6!}{4!2!} = \dfrac{7!}{4!3!} \Rightarrow 20 + 15 = 35$

MAT-TIC GeoGebra

Entra en sm**Savia**digital.com y construye el triángulo combinatorio.

ACTIVIDADES

28. Calcula los siguientes números combinatorios.

a) $\binom{4}{1}$ b) $\binom{5}{2}$ c) $\binom{5}{3}$ d) $\binom{6}{6}$ e) $\binom{8}{5}$

29. Comprueba que se cumple la siguiente igualdad.

$$\binom{4}{0} + \binom{4}{1} + \binom{4}{2} + \binom{4}{3} + \binom{4}{4} = 2^4$$

Organiza tus ideas

TÉCNICAS DE RECUENTO

Principio de multiplicación

Si en una elección múltiple hay n_1 posibilidades para la primera elección, n_2, para la segunda, n_3, para la tercera...

El número total de posibilidades es: $N = n_1 \cdot n_2 \cdot n_3 \cdot ...$

Diagrama de árbol

Los **diagramas de árbol** son una herramienta que nos permite explorar todas las posibilidades de una forma ordenada y sistemática.

VARIACIONES

Son los grupos ordenados de n elementos que se pueden formar con los m elementos de un conjunto.

Dos grupos se diferencian si tienen elementos distintos o si tienen los mismos elementos pero están colocados en distinto orden.

Variaciones sin repetición

Los elementos no se repiten.

$$V_{m,\,n} = m\,(m-1)(m-2)\ ...\ (m-n+1)$$

Variaciones con repetición

Los elementos se pueden repetir.

$$VR_{m,\,n} = m^n$$

PERMUTACIONES

Son los grupos ordenados que se pueden formar con todos los elementos de un conjunto. Dos grupos se diferencian si el orden de los elementos es distinto.

FACTORIAL DE *N*

Es el producto de n por todos los números naturales menores que él y se representa por $n!$.

$$n! = n(n-1)(n-2)\cdot ... \cdot 2 \cdot 1$$

Permutaciones sin repetición.

Los elementos no se repiten.

$$P_n = V_{n,\,n} = n(n-1)(n-2)\cdot ... \cdot 2 \cdot 1 = n!$$

Permutaciones con repetición

El primer elemento se repite n_1 veces, el segundo n_2 veces.

$$PR_n^{n_1,\,n_2,\,...,\,n_k} = \frac{n!}{n_1!n_2!...\,n_k!}\text{, con } n = n_1 + n_2 + \ \ + n_k$$

COMBINACIONES

Son los grupos de n elementos distintos que se pueden formar con los m elementos de un conjunto, sin importar el orden. Dos grupos son distintos solo cuando tienen algún elemento distinto.

$$C_{m,\,n} = \frac{V_{m,\,n}}{P_n} = \frac{m(m-1)\cdot ... \cdot(m-n+1)}{n!}$$

NÚMERO COMBINATORIO

Es el número de combinaciones de m elementos tomados de n en n.

$$\binom{m}{n} = C_{m,\,n} = \frac{m!}{n!(m-n)!}$$

- $\binom{m}{0} = 1$
- $\binom{m}{m} = 1$
- $\binom{m}{n} = \binom{m}{m-n}$
- $\binom{m-1}{n} + \binom{m-1}{n-1} = \binom{m}{n}$

TÉCNICAS COMBINATORIAS

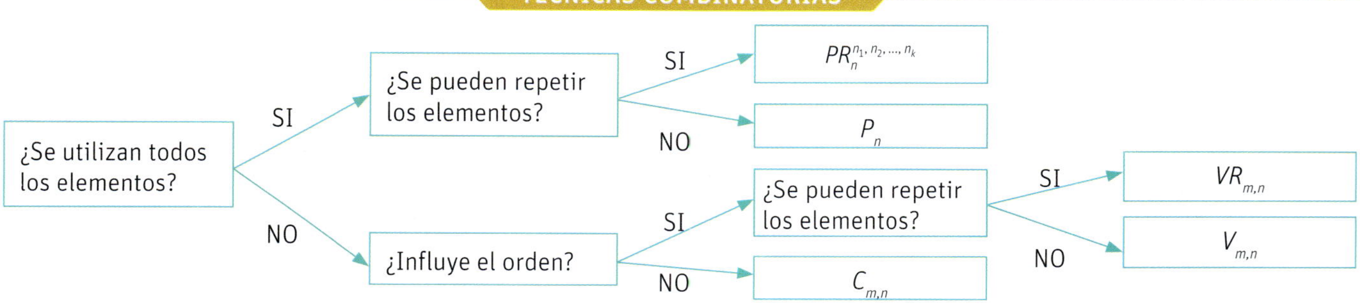

Actividades clave

1. En la final de los 100 m lisos participan 8 atletas. ¿De cuántas formas distintas pueden ocupar las tres plazas del podio?

Las plazas del podio pueden ser ocupadas por 3 de los 8 atletas. El orden de llegada influye, ya que no es lo mismo una medalla de oro que una de bronce.

Entonces de 8 elementos hay que seleccionar 3 y el orden es determinante. Se trata de calcular las variaciones sin repetición de 8 elementos tomados de 3 en 3.

$$V_{8,\,3} = 8 \quad 7 \cdot 6 = 336$$

Se pueden dar 336 podios diferentes.

2. Si las calles de la final se asignasen por sorteo, ¿de cuántas maneras distintas se podrían colocar los atletas.

Si se sortean las calles, cualquiera de los 8 atletas puede ocupar cualquiera de las 8 calles.

Entonces, de 8 elementos, se toman los 8 y dos salidas serán distintas solo si los atletas están en distinto orden. Son permutaciones de orden 8.

$$P_8 = 8! = 40320$$

Se pueden colocar de 40320 formas.

3. En cada una de las dos series semifinales de esa misma carrera se clasifican los 4 primeros.

a) ¿De cuántas formas distintas se pueden clasificar los atletas que pasen a la final en una serie?

b) ¿Y entre las dos series? Es decir, ¿cuántas finales distintas se pueden dar con este método de clasificación?

c) ¿El resultado sería el mismo si se hubiesen seleccionado los 8 mejores tiempos de las dos semifinales?

a) El orden de llegada de los cuatro primeros en la semifinal no importa, ya que se clasifican los cuatro, de hecho, algunos atletas reservan sus fuerzas para la final y no luchan por el primer puesto.

Disponemos de 8 atletas de los que pasan 4 sin importar el orden de esos 4. Hay que calcular las combinaciones de 8 elementos tomados de 4 en 4.

$$C_{8,\,4} = \frac{V_{8,\,4}}{P_4} = \frac{8 \cdot 7 \cdot 6 \cdot 5}{4!} = \frac{1680}{24} = 70$$

Se pueden dar 70 clasificaciones distintas en una semifinal.

b) Para cada clasificación de la primera semifinal, en la segunda semifinal hay otras 70 clasificaciones posibles. Aplicando el principio de multiplicación, el número total de finales distintas es:

$$N = 70 \cdot 70 = 4900$$

c) Si se hubiesen clasificado los 8 mejores tiempos serían las combinaciones de 16 elementos tomados de 8 en 8.

$$C_{16,\,8} = \frac{V_{16,\,8}}{P_8} = \frac{16 \cdot 15 \cdot 14 \cdot 13 \cdot 12 \cdot 11 \cdot 10 \cdot 9}{8!} = 12870$$

Se pueden dar 12870 clasificaciones diferentes para la final.

4. Los tres finalistas pueden elegir para beber una sola bebida isotónica entre 5 diferentes y una pieza de fruta entre manzanas, plátanos y naranjas.

a) ¿De cuántas formas pueden elegir las bebidas?

b) ¿De cuántas formas pueden elegir las frutas?

a) Hay que seleccionar 3 bebidas de entre las 5, pero dos finalistas pueden elegir la misma bebida, es decir, una bebida puede estar repetida.

Se trata de variaciones con repetición de 5 elementos tomados de 3 en 3.

$$VR_{5,\,3} = 5^3 = 125$$

Hay 125 posibilidades.

b) Hay que seleccionar 3 frutas de entre las 3 variedades disponibles, pero pueden estar repetidas, por lo que se trata de variaciones con repetición de 3 elementos tomados de 3 en 3.

$$VR_{3,\,3} = 3^3 = 27$$

Hay 27 posibilidades.

Actividades

EJERCICIOS PARA PRACTICAR

Principio de multiplicación y diagramas de árbol.

30. Si se lanzan dos dados consecutivamente, ¿cuántos resultados se pueden producir? ¿Y si se lanzan dos dados y dos monedas?

ACTIVIDAD **RESUELTA**

31. En una clase de 4.º ESO hay 12 chicos y 8 chicas. En clase de educación física el profesor les ha pedido que hagan grupos de 5 personas para jugar al baloncesto. Si el puesto de pívot debe ser ocupado por una chica, y el de base, por un chico, ¿cuántos equipos distintos se pueden formar?

- Si el pívot debe ser una chica hay 8 posibilidades.
- Si el base debe ser un chico existen 12 posibilidades.

Una vez elegidos estas dos posiciones habrá 18 alumnos disponibles para la posición de escolta.

Tras la elección del escolta nos quedarán 17 alumnos para poder elegir alero. Para elegir ala-pívot habrá 16 alumnos.

Aplicando el principio de multiplicación se tiene:

$$N = 8 \cdot 12 \cdot 18 \cdot 17 \cdot 16 = 470016$$

El número total de equipos distintos es 470016.

32. Los padres de Pedro, Laura y Daniel van a repartir las tareas entre todos.

- La madre quiere que se encargue un chico de hacer la compra.
- Daniel no puede salir solo de casa.
- El padre ha pedido no pasear al perro.

¿De cuántas formas pueden asignarse las tareas, teniendo en cuenta todas las condiciones?

33. Para volar de Madrid a Wellington (Nueva Zelanda) hay que hacer dos escalas: en Dubái y en Melbourne.

Hay 3 compañías que vuelan de Madrid a Dubái, dos que vuelan de Dubái a Melbourne y tres que enlazan Melbourne y Wellington.

a) Haz un diagrama de árbol.

b) ¿De cuántas maneras se puede organizar el viaje?

34. Una línea de ferrocarril constaba de 10 estaciones. En cada billete figura la estación de partida y la de llegada.

a) ¿Cuántos billetes distintos hay?

b) La línea se ha ampliado con 3 nuevas estaciones. ¿Cuántos billetes nuevos habrá que imprimir?

Variaciones

35. Calcula.

a) $V_{7,5}$ b) $V_{6,1}$ c) $V_{12,3}$ d) $V_{20,5}$ e) $VR_{2,5}$ f) $VR_{3,4}$

36. ¿De cuántas maneras pueden aparcar 4 coches en 7 plazas de garaje diferentes?

37. Una expedición de alta montaña está formada por 10 alpinistas, 4 expertos y 6 novatos.

a) ¿De cuántas maneras pueden formar una cordada de 3 personas?

b) Si la cordada la tiene que encabezar un alpinista experto, ¿cuántas cordadas diferentes pueden formar?

38. La profesora de lengua quiere organizar una obra de teatro en la que haya 5 personajes masculinos y 3 femeninos. En la clase hay 10 chicas y 13 chicos.

a) ¿De cuántas maneras puede repartir los papeles masculinos entre los chicos?

b) ¿Y los femeninos entre las chicas?

c) ¿Cuántos repartos globales diferentes puede organizar?

39. El consejo asesor de una gran empresa está formado por 15 consejeros.

El consejo ejecutivo se elige entre los miembros del consejo asesor y está formado por un presidente, un vicepresidente, un secretario y un asesor. Todos son elegibles y no pueden ocupar dos puestos.

¿De cuantas maneras distintas puede constituirse el consejo ejecutivo?

40. ¿Cuántos números de cinco cifras hay formados exclusivamente por cifras impares?

a) ¿Cuántos de ellos no tienen ninguna cifra repetida?

b) ¿Cuántos de ellos tienen alguna cifra repetida?

c) ¿Cuántos tienen la misma cifra al principio y al final del número?

d) ¿Cuántos son capicúas?

Permutaciones

41. Calcula.

a) P_3 b) P_6 c) P_{12} d) P_8 e) $PR_8^{2,3,3}$ f) $PR_{15}^{5,3,7}$

42. Utilizando exclusivamente las cifras pares 2, 4, 6 y 8, y sin que se repita ninguna:

a) ¿Cuántos números distintos de 4 cifras se pueden formar?

b) ¿Cuántos de ellos son mayores que 7000?

c) ¿Cuántos son menores que 5000?

43. La palabra *HOUSEMAID* no tiene ninguna letra repetida y además contiene las cinco vocales. Si utilizamos una sola vez cada una de sus letras:

a) ¿Cuántas palabras distintas podemos formar?

b) ¿Cuántas tienen las 5 vocales juntas al principio?

c) ¿En cuántas las vocales ocupan las posiciones pares, y las consonantes, las impares?

d) ¿Cuántas empiezan por consonante?

e) ¿Cuántas empiezan y terminan por consonante?

44. En la lotería de Navidad hay 100 000 números, desde el 00000 hasta el 99999.

¿Cuántos números distintos hay que tengan 3 veces la cifra 3 y 2 veces la cifra 2?

45. Con las letras de la palabra ANAGRAMA, ¿cuántas palabras, con o sin significado, puedes formar?

a) ¿Cuántas empiezan y terminan por A?

b) ¿Cuántas tienen las letras A en la misma posición que en la palabra ANAGRAMA?

Combinaciones. Números combinatorios

46. Calcula.

a) $C_{5,3}$ b) $C_{8,6}$ c) $C_{7,2}$ d) $C_{10,9}$

47. Antes del inicio de una reunión, sus 10 asistentes se dan la mano entre sí. ¿Cuántos choques de mano se producen?

48. Alberto, Belén, Carlos y Diana quieren jugar al pádel en partidos de dobles.

a) ¿Cuántos equipos distintos pueden formarse?

b) Si los equipos han de ser mixtos, ¿cuántos equipos distintos se pueden formar?

49. ¿Qué valor corresponde al número $\binom{6}{4}$?

A. 24 B. 15 C. 1 D. 6

50. Encuentra otro número combinatorio que valga lo mismo que:

a) $\binom{7}{3}$ b) $\binom{8}{8}$ c) $\binom{5}{1}$ d) $\binom{20}{16}$

51. Comprueba que se cumplen las igualdades:

a) $\binom{8}{4}+\binom{8}{5}=\binom{9}{5}$ b) $\binom{9}{4}=\binom{9}{5}$

52. Una baraja española consta de 40 cartas, 10 cartas de cada palo: oros, copas, espadas y bastos.

a) ¿Cuántas manos diferentes de 4 cartas se pueden formar?

b) ¿En cuántas de ellas las 4 cartas son de oros?

c) ¿En cuántas dos cartas son de oros, y dos, de copas?

53. En un torneo de tenis participan 5 hombres y 4 mujeres. ¿Cuántos partidos se pueden organizar en las modalidades?

a) Individual masculino

b) Individual femenino

c) Dobles masculinos

d) Dobles femeninos

e) Dobles mixtos

ACTIVIDAD **RESUELTA**

54. Encuentra el valor de x en la igualdad $\binom{2x}{3}=\binom{2x}{5}$.

Aplicando la definición de número combinatorio se tiene:

$$\binom{2x}{3}=\binom{2x}{5} \Rightarrow \frac{\cancel{(2x)!}}{3!(2x-3)!}=\frac{\cancel{(2x)!}}{5!(2x-5)!} \Rightarrow$$

$$\Rightarrow 5!\,(2x-5)! = 3!(2x-3)! \Rightarrow$$

$$\Rightarrow 5\cdot 4\cdot 3!\,(2x-5)! = 3!\,(2x-3)\,(2x-4)\,(2x-5)! \Rightarrow$$

$$\Rightarrow 20=(2x-3)(2x-4) \Rightarrow 2x^2-7x-4=0 \Rightarrow x=4 \text{ y } x=-\frac{1}{2}$$

Como $x=-\frac{1}{2}$ no es natural, la solución es $x=4$.

55. Encuentra el valor de x para que se cumplan las igualdades.

a) $\binom{x}{4}=\binom{x}{5}$ b) $\binom{10}{4}+\binom{10}{x}=\binom{11}{x}$

56. Escribe en función de m el valor de los siguientes números combinatorios.

a) $\binom{m+2}{m}$ b) $\binom{m}{m-2}$

57. Utiliza las propiedades de los números combinatorios para encontrar el valor de las incógnitas.

a) $\binom{m}{5}=\binom{m}{8}$ c) $\binom{8}{n}+\binom{m}{4}=\binom{p}{4}$

b) $\binom{12}{n}=\binom{m}{7}$ d) $\binom{m}{n}+\binom{m}{6}=\binom{12}{6}$

58. Aplica las propiedades de los números combinatorios para calcular las siguientes sumas.

a) $\binom{5}{0}+\binom{5}{1}+\binom{5}{2}+\binom{5}{3}+\binom{5}{4}+\binom{5}{5}$

b) $\binom{5}{0}+\binom{5}{1}+\binom{5}{2}$

c) $\binom{5}{0}+\binom{5}{2}+\binom{5}{4}$

Actividades

Actividades de síntesis

59. Una urna contiene 10 bolas numeradas del 1 al 10. ¿Cuántos resultados distintos se pueden obtener si...

a) ...se sacan tres bolas sucesivamente?

b) ...se sacan de una en una, y tras cada extracción, se vuelve a introducir la bola en la urna?

c) ...se sacan tres bolas simultáneamente?

60. ¿Cuántas palabras distintas, con o sin significado se pueden formar con las letras de estas palabras?

a) LIBELULA

b) CACATUA

c) ANACONDA

61. Un estudiante debe resolver en un examen 8 problemas de 10 propuestos.

a) ¿De cuántas formas puede hacer la selección?

b) Si debe resolver obligatoriamente los 4 primeros. ¿De cuántas formas puede seleccionar ahora los problemas?

c) Debe responder obligatoriamente 3 de los 5 primeros problemas. ¿De cuántas maneras puede hacer la selección del examen ahora?

62. La diagonal de un polígono une dos de sus vértices no consecutivos. Un triángulo no tiene ninguna diagonal, un cuadrado tiene dos, un pentágono 5...

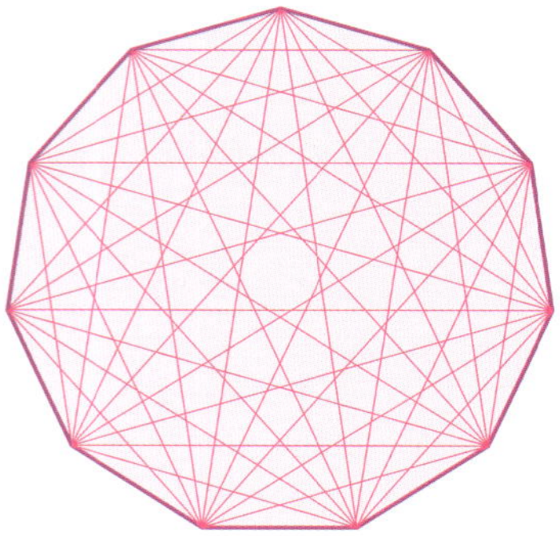

a) ¿Cuántas diagonales tiene un decágono?

b) ¿Cuántas diagonales tiene un polígono de n lados?

63. La diagonal de un poliedro es la recta que une dos vértices no pertenecientes a una misma cara.

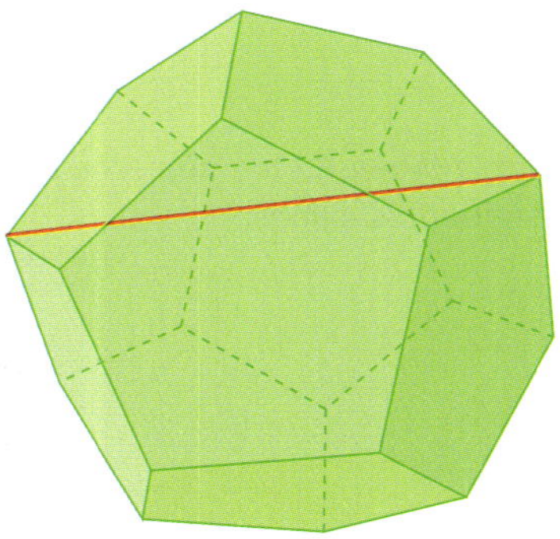

¿Cuántas diagonales tiene un dodecaedro?

PROBLEMAS **PARA RESOLVER**

64. ¿De cuántas maneras pueden colocarse en fila 5 chicos y 3 chicas? ¿Y si no puede haber dos chicas juntas?

65. Dos hermanas mellizas tienen 5 faldas y 4 blusas que comparten. Esta tarde deciden salir juntas.

¿De cuántas maneras diferentes pueden vestirse si ambas llevan falda y blusa?

66. Cuatro amigos, dos chicos y dos chicas, van juntos al teatro y sacan cuatro entradas consecutivas en una misma fila.

a) ¿De cuántas maneras distintas pueden sentarse?

b) ¿De cuántas formas diferentes pueden colocarse si se sientan de forma alterna chico-chica?

c) ¿De cuántas si las chicas deciden estar juntas? ¿Y si tanto las chicas como los chicos están juntos?

PROBLEMA **RESUELTO**

67. Entre los números comprendidos entre 4000 y 7000.

a) ¿Cuántos números hay que no tengan ninguna cifra repetida?

b) ¿Cuántos que tengan dos dígitos repetidos dos veces?

a) Se calculan primero los números entre 4000 y 4999. Como la primera cifra es 4, importa el orden y no se pueden repetir dígitos, se calculan las variaciones sin repetición de 9 elementos tomados de 3 en 3:

$$V_{9,3} = 9 \cdot 8 \cdot 7 = 504$$

De forma análoga, entre 5000 y 5999 hay:

$$V_{9,3} = 9 \cdot 8 \cdot 7 = 504$$

Entre 6000 y 6999, también hay:

$$V_{9,3} = 9 \cdot 8 \cdot 7 = 504$$

En total, hay $504 \cdot 3 = 1512$ números.

b) Uno de los dígitos que se repite es el inicial, que puede estar colocado en cualquiera de las 3 posiciones restantes. Para las otras dos posiciones hay 9 cifras posibles, puesto que debe repetirse. Por tanto, habrá:

- Entre 4000 y 4999: $3 \cdot 9 = 27$ números
- Entre 5000 y 5999: 27 números
- Entre 6000 y 6999: 27 números

En total hay $27 \cdot 3 = 81$ números con dos dígitos repetidos dos veces.

68. Si en una administración de loterías pides un número al azar, ¿qué es más probable?

a) Qué el número no tenga ninguna cifra repetida.

b) Que tenga al menos una repetida.

69. Se extraen 3 cartas de una baraja de 40 naipes.

a) ¿Cuántos resultados distintos podemos obtener?

b) ¿En cuántos de ellos habrá 3 ases?

c) ¿En cuántos habrá dos ases y un rey?

d) ¿En cuántos no habrá ningún as?

70. Emprende

Cada apuesta de la bonoloto consiste en marcar 6 números entre el 1 y el 49.

a) ¿Cuántas apuestas distintas se pueden hacer?

b) Cada apuesta cuesta 0,50 €. ¿Cuánto dinero hay que jugar para tener la certeza de acertar la combinación ganadora?

c) El promedio de los 10 mejores premios repartidos en este juego es 4 879 272,82 €. ¿Crees que es rentable invertir en este juego?

d) Analiza otro juego de azar y compara tus conclusiones con las de tu compañero.

71. ¿Cuántos números de seis cifras se pueden formar con los dígitos 0, 1, 2, 3, 4 y 5 que sean múltiplos de 5? ¿Y que sean múltiplos de 2?

72. ¿De cuántas maneras pueden sentarse en un restaurante 6 personas en una mesa circular?

73. La profesora de lengua manda a cada uno de sus 25 alumnos leer 3 libros de una lista de 6. ¿Puede ocurrir que no haya dos alumnos que hayan seleccionado los mismos libros?

74. Nos podemos desplazar sobre una cuadrícula moviéndonos hacia la derecha o hacia arriba.

¿Cuántos itinerarios diferentes podemos tomar para llegar desde el punto *A* al punto *B*?

75. Los ordenadores operan en sistema binario. Solo utilizan los dígitos 0 y 1. Cuando se introdujo el código ISO se usaban 8 celdas (bits) ocupadas por 0 o 1 para formar los distintos símbolos. Cada conjunto de 8 bits es un octeto o *byte*.

a) ¿Cuántos octetos diferentes se pueden formar?

b) ¿Cuántos están formados por 4 ceros o 4 unos?

c) ¿Cuántos tienen más unos que ceros?

ACTIVIDADES **PARA PENSAR MÁS**

76. Coloca en orden alfabético las 120 palabras de 5 letras formadas con las letras de la palabra NEPAL. ¿Cuál es la última letra de la que ocupa el lugar 86.º?

A. N **B.** E **C.** P **D.** L

77. ¿Qué cifra ocupa el lugar 2010 en el desarrollo decimal de $x = 0{,}1234567891011\ldots998999$?

A. 5 **B.** 6 **C.** 7 **D.** 8

78. En un aula hay 9 asientos en fila que van a ser ocupados por 6 estudiantes y 3 profesores. Los profesores llegan antes y deciden ocupar los asientos de manera que cada uno esté entre dos estudiantes. ¿De cuántas formas diferentes pueden elegir sus asientos los tres profesores?

A. 12 **B.** 36 **C.** 60 **D.** 84

79. Un niño tiene una caja de 96 piezas. Cada una es, o bien de plástico, o bien de madera; pequeña, mediana o grande; azul, verde, roja o amarilla, y puede ser un círculo, un hexágono, un cuadrado o un triángulo. ¿Cuántas piezas se diferencian del "círculo rojo de plástico mediano" en exactamente dos características?

A. 29 **B.** 39 **C.** 48 **D.** 56

80. ¿Cuántos números de 3 cifras tienen estas en orden creciente o en orden decreciente?

A. 168 **B.** 204 **C.** 216 **D.** 240

Busca la solución correcta

81. ¿Cuántos números entre el 0000 y el 9999 tienen al menos una vez la cifra 3?

Solución A

Si tiene que haber un 3, este puede estar en cuatro posiciones distintas.

Se supone que está en la de las unidades, se tienen que ocupar las otras tres posiciones y se dispone de los 10 dígitos. Las posibilidades son:

$$VR_{10,\,3} = 10^3 = 1000$$

Como el 3 puede estar en 4 posiciones, el número de posibilidades totales será:

$$4 \cdot VR_{10,\,3} = 10^3 = 4000 \text{ números}$$

Solución B

Se cuenta cuántos números de los 10000 no tienen ningún 3. El resto tendrá algún 3.

Números sin 3: Se dispone de 9 dígitos para ocupar 4 lugares y se pueden repetir:

$$VR_{9,\,4} = 9^4 = 6561 \text{ posibilidades}$$

Por tanto, la cantidad de números que llevan al menos un 3 será:

$$10000 - 6561 = 3439 \text{ números}$$

Elige la solución correcta razonando tu respuesta.

PROBLEMA **RESUELTO**

Contando rectángulos

En muchas ocasiones, para resolver un problema es conveniente crear un modelo matemático que se ajuste a la situación a investigar. Esta práctica se conoce como modelización.

En el rectángulo *ABCD* trazamos 7 rectas paralelas al lado *AB* y 5 paralelas al lado *AD* como en la figura. Busca una forma de modelizar esta situación y calcula cuántos rectángulos diferentes se forman.

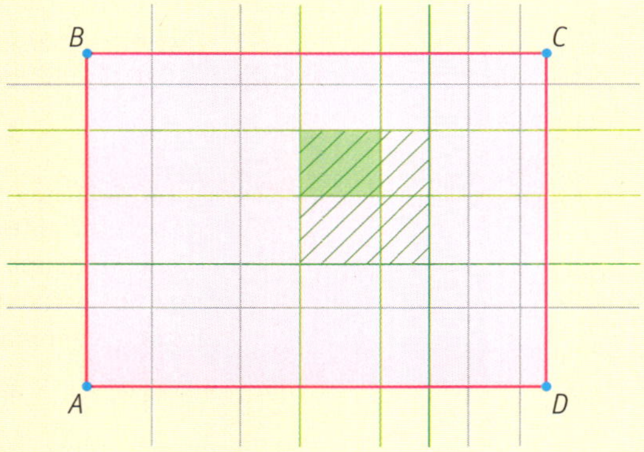

SOLUCIÓN

Una manera de modelizar el problema para poder aplicar técnicas combinatorias es la siguiente:

1.º Se elige una notación adecuada.

Se llaman *a*, *b*, *c*, *d*, *e*, *f* y *g* a las rectas horizontales, incluidos los lados horizontales del rectángulo, y 1, 2, 3, 4, 5, 6, 7, 8 y 9, a las rectas verticales.

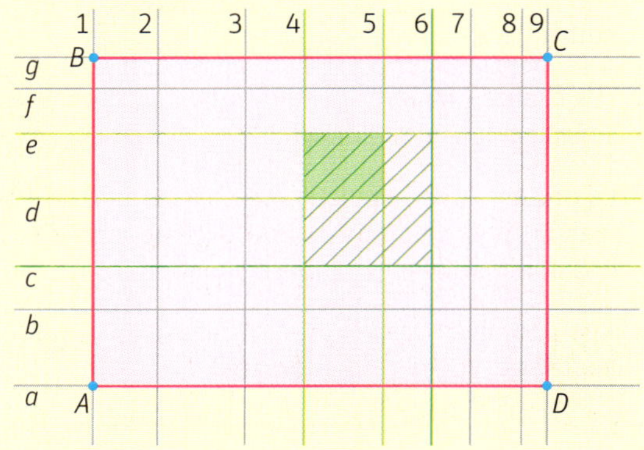

2.º Se busca una forma de identificar los rectángulos.

Cada rectángulo está formado por la región encerrada por dos rectas horizontales y dos verticales: el rectángulo sombreado en verde es el $\{de45\}$ y el que aparece con fondo rayado es el $\{ce46\}$.

3.º Una vez modelizado el problema se pueden utilizar técnicas combinatorias.

Habrá tantos rectángulos como grupos distintos de números y letras se puedan formar. No importa el orden de selección de las rectas, pero no se pueden repetir, por tanto:

- El número de lados horizontales son las combinaciones de 7 rectas tomadas de 2 en 2:

$$C_{7,2} = \binom{7}{2} = \frac{7!}{2!(7-2)!} = 21 \text{ posibilidades.}$$

- El número de lados verticales son las combinaciones de 9 rectas tomadas de 2 en 2:

$$C_{9,2} = \binom{9}{2} = \frac{9!}{2!(9-2)!} = 36 \text{ posibilidades.}$$

El número total de rectángulos, por el principio de la multiplicación, es: $N = 21 \cdot 36 = 756$ rectángulos.

Combinatoria y ajedrez. El problema de las ocho torres

En el juego del ajedrez una torre se puede mover en horizontal o en vertical cualquier número de casillas y come a cualquier pieza de distinto color cuya posición pueda alcanzar.

El problema de las 8 torres consiste en colocar 8 torres de tal forma que ninguna pueda comer a otra.

La solución más simple es la que puedes observar en la ilustración, pero, ¿exactamente, de cuántas formas se pueden colocar las 8 piezas para que no se coman entre sí?

Un nuevo lenguaje de programación

Un grupo de chicos ha ideado un lenguaje de programación al que han llamado TREAX. Las palabras reservadas que sirven para establecer órdenes de forma automática son las que se obtienen al permutar las letras de TREAX y se clasifican en:

Tipo de orden	Empiezan por	Acaban en
Instrucciones aritméticas	Consonante	Consonante
Instrucciones algebraicas	*A*	Consonante
Instrucciones condicionales	*E*	*X*
Instrucciones iterativas	*E*	Consonante distinta de *X*
Funciones y procedimientos	Vocal	Vocal

1. ¿Cuántas palabras reservadas diferentes tiene este lenguaje?
2. Calcula el número de órdenes de cada tipo que se pueden establecer.
3. ¿Existen palabras reservadas no utilizadas en ninguna de las órdenes? En caso afirmativo, calcula su número y descríbelas.

El problema de la coincidencia

Leonhard Euler, en 1779, escribió un artículo titulado *Una cuestión interesante de la teoría de las combinaciones*. Esta cuestión está basada en un viejo juego de azar de origen francés, llamado *Rencontre* (coincidencia).

Las reglas son: un jugador baraja las 13 cartas de un palo de una baraja francesa. Luego las levanta de una en una, diciendo uno al levantar la primera, dos, al levantar la segunda... Gana si la carta coincide con el número que ha dicho.

Euler lo planteó utilizando letras: "Dada una serie de *n* letras *a*, *b*, *c*, *d*, *e*, ... ¿De cuántas maneras se pueden colocar sin que ninguna ocupe la posición que inicialmente ocupaba?"

1. ¿De cuántas maneras no hay coincidencias con solo tres letras: a, b, c?

   A. 1 B. 3 C. 4 D. 6
2. ¿De cuántas, si las letras son cuatro: *a*, *b*, *c*, *d*?
3. ¿Y si son cinco letras: *a*, *b*, *c*, *d*, *e*?

AUTOEVALUACIÓN

1. ¿Cuántos resultados distintos puedes obtener al lanzar dos dados de distinto color?

2. Un salón tiene un sofá de tres plazas, y otro, de dos plazas.
   a) ¿De cuántas formas diferentes se pueden sentar 5 personas?
   b) Si hay tres hombres y dos mujeres, ¿de cuántas maneras pueden sentarse estando los tres hombres juntos?
3. Con los dígitos 1, 2, 3, 4, 5, y 6:
   a) ¿Cuántos números de 4 cifras pueden formarse?
   b) ¿Cuántos tienen las 4 cifras distintas?
   c) ¿Cuántos empiezan y terminan en cifra impar?
4. ¿Cuántos palabras, con o sin significado, se pueden formar con las letras de la palabra TEGUCIGALPA?
5. Un equipo de vóleibol consta de 10 jugadores, 4 zagueros, 4 delanteros y 2 líberos.
   a) ¿Cuántas alineaciones distintas de 6 jugadores pueden hacerse?
   b) ¿En cuántas alineaciones juegan simultáneamente los dos líberos?
   c) El entrenador quiere jugar con 2 zagueros, un líbero y 3 delanteros. ¿De cuántas formas puede hacerlo?

smSaviadigital.com VALORA LO APRENDIDO > Autoevaluación.

13 Probabilidad

- ¿Puedes predecir qué resultado saldrá al lanzar una moneda al aire?
- ¿Es más probable sacar un as o sacar un oro al extraer una carta de una baraja española?
- Al lanzar dos veces un dado, ¿el segundo resultado depende del primero? ¿Y al sacar dos cartas de una baraja?

Analiza y calcula

¿Crees que merece la pena aplicar razonamientos matemáticos en los juegos de azar o piensas que al final el azar decide por su cuenta?

En la cita, Jakob Bernoulli vincula la probabilidad a la toma de decisiones, ¿por qué?

¿A qué se refiere cuando habla de la sabiduría del filósofo y la prudencia del político?

¿Piensas que el conocimiento de las leyes del azar nos ayuda en nuestra vida cotidiana? Pon algún ejemplo.

Lee y comprende

Las leyes del azar

¿Qué es más ventajoso, apostar a sacar un seis en cuatro tiradas de un dado, o sacar dos seises al lanzar dos dados 24 veces?

Pascal resolvió el problema e inició una interesante correspondencia con otro genio de la época, Pierre de Fermat (1601-1665). Era el verano de 1654 y, sin saberlo, estaban poniendo una de las primeras piedras de una nueva rama de las matemáticas: la teoría de las probabilidades. Un año más tarde Christiaan Huygens conocería la correspondencia entre Pascal y Fermat y puso su empeño en la resolución de estos problemas; el fruto de este trabajo fue la obra titulada *De los razonamientos en los juegos de azar*, publicada en 1657.

Aunque serán tres auténticos genios matemáticos, dos suizos, Jakob Bernoulli (1654-1705) y Leonhard Euler (1701-1783) y un francés, Pierre Simon de Laplace (1749-1827), los que elevarían la teoría de las probabilidades a la categoría de ciencia matemática. El primero, con la obra *Ars conjectandi* publicada en 1713, ocho años después de su muerte, pondrá las bases matemáticas del cálculo de probabilidades. En ella afirma:

"*Ars conjectandi* se define como el arte de medir lo más exacto posible la probabilidad de las cosas, para que en nuestros juicios o acciones podamos siempre elegir lo que será encontrado como lo mejor, más satisfactorio, moderado y razonable. En esta unidad se resume toda la sabiduría del filósofo y la prudencia del político."

ANTONIO PÉREZ SANZ
Más por menos. Entiende las matemáticas.
Editorial Espasa. 2011

JACOBI BERNOULLI,
Profess. Basil. & utriusque Societ. Reg. Scientiar. Gall. & Pruss. Sodal.
MATHEMATICI CELEBERRIMI,
ARS CONJECTANDI,
OPUS POSTHUMUM.
Accedit
TRACTATUS
DE SERIEBUS INFINITIS,
Et Epistola Gallicè scripta
DE LUDO PILÆ
RETICULARIS.
BASILEÆ,
Impensis THURNISIORUM, Fratrum.
MDCCXIII.

Reflexiona y saca conclusiones

En la pregunta inicial del texto, ¿qué opción elegirías? ¿Por qué?

¿Por qué crees que matemáticos tan notables dedicaban su tiempo y sus esfuerzos en resolver problemas relacionados con juegos de azar?

¿Sabes cómo analizar un juego para elegir la mejor estrategia?

1 Azar y determinismo. Sucesos

En la vida cotidiana hay acontecimientos cuyo resultado es completamente predecible y otros que dependen del azar.

Ejemplos

- Al dejar caer un dado desde una altura determinada, se puede calcular exactamente el tiempo que tarda en llegar al suelo.
- Es imposible predecir qué cara quedará en la parte superior del dado. Sólo se sabe que será un número entre 1 y 6.

- Un experimento es **determinista** cuando se puede predecir su resultado antes de realizarlo.
- Un experimento es **aleatorio** si al repetirlo varias veces en las mismas condiciones se pueden obtener distintos resultados.

Para estudiar los resultados de un experimento aleatorio, es conveniente definir los siguientes conceptos:

Ten en cuenta

El espacio muestral es diferente del espacio de sucesos.

- El **espacio muestral**, ***E***: es el conjunto formado por todos los resultados posibles.
- **Sucesos**: cualquier subconjunto del espacio muestral. Se representan con letras mayúsculas.
- El **espacio de sucesos**, ***S***: es el conjunto formado por todos los sucesos asociados a ese experimento.

Ejemplo ▸ Escribe el espacio muestral y un suceso del experimento "lanzar un dado cúbico":

- El espacio muestral es: $E = \{1, 2, 3, 4, 5, 6\}$
- Un suceso puede ser A = "sacar un número mayor que 3" $= \{4, 5, 6\}$.

Tipos de sucesos

- Un suceso es **elemental** si es uno de los resultados posibles.
- Un suceso es **compuesto** si está formado por varios sucesos elementales.
- Un suceso es **imposible** si no ocurre nunca. Se representa con el símbolo $\varnothing$.
- Un suceso es **seguro** si ocurre siempre. Coincide con el espacio muestral, ***E***.
- El suceso **contrario** o **complementario** de un suceso ***A***, $\overline{A}$, está formado por todos los sucesos elementales que no son de ***A***.

Ten en cuenta

Los sucesos contrarios verifican:

- $A \cap \overline{A} = \varnothing$
- $A \cup \overline{A} = E$

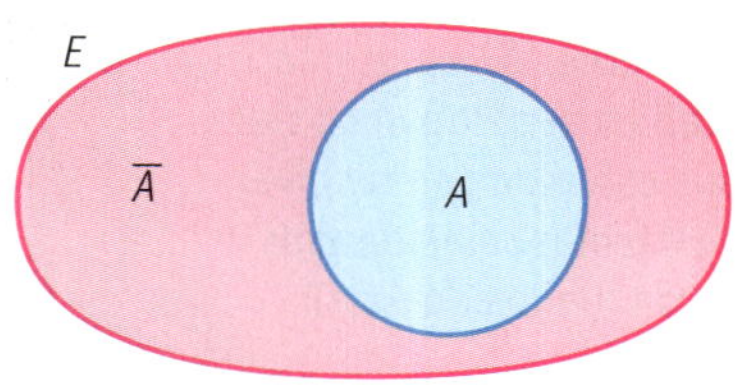

Ejemplo ▸ En el experimento de lanzar un dado cúbico, escribe los sucesos:

- El suceso A = "sacar un número par", está formado por los elementos $\{2, 4, 6\}$. Es un suceso compuesto porque está formado por los sucesos elementales:

  B = "sacar un 2" $= \{2\}$

  C = "sacar un 4" $= \{4\}$

  D = "sacar un 6" $= \{6\}$

- El suceso F = "sacar un 7" es un suceso imposible porque no puede ocurrir nunca.

  $$F = \{\varnothing\}$$

- Si consideramos el suceso H = "sacar menos de 5" $= \{1, 2, 3, 4\}$, el suceso contrario, $\overline{H}$, es $\overline{H} = \{5, 6\}$ = "sacar un 5 o un 6".

Operaciones con sucesos

- La **unión** de dos sucesos A y B, $\mathbf{A \cup B}$, está formado por todos los elementos de A y de B. Ocurre cuando sucede A o sucede B o ambos a la vez.
- La **intersección** de dos sucesos A y B, $\mathbf{A \cap B}$, está formado por los elementos comunes de A y de B. Ocurre si suceden al mismo tiempo A y B.
- La **diferencia** de sucesos A y B, $\mathbf{A - B}$ está compuesto por los elementos de A que no están en B. Ocurre cuando sucede A y no sucede B. Se escribe $\mathbf{A - B = A \cap \overline{B}}$.

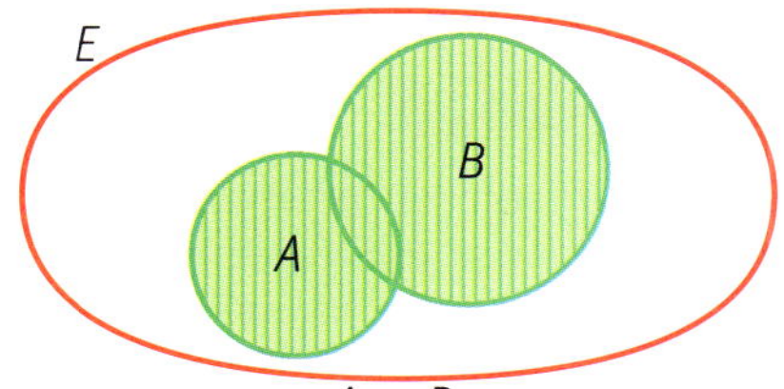

$A \cup B$

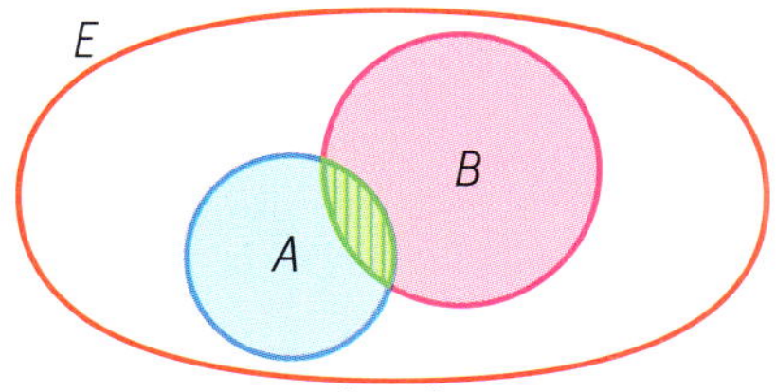

$A \cap B$

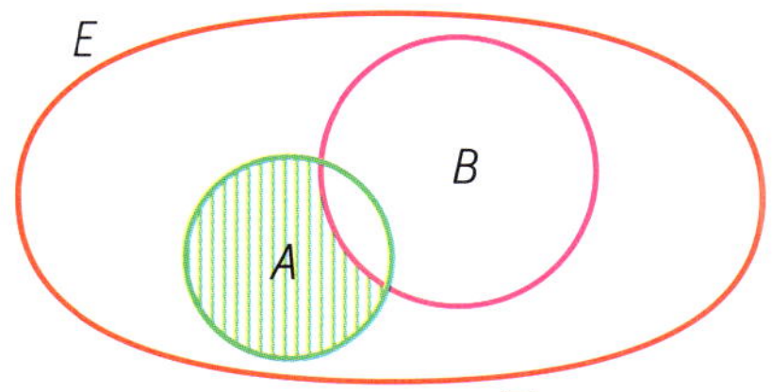

$A - B = A \cap \overline{B}$

Ejemplo ▸ En el experimento "lanzar tres veces una moneda" se consideran los sucesos A = "sacar más cruces que caras" y B = "sacar un número impar de caras". Escribe los sucesos:

$$A \cup B,\ A \cap B \text{ y } A - B$$

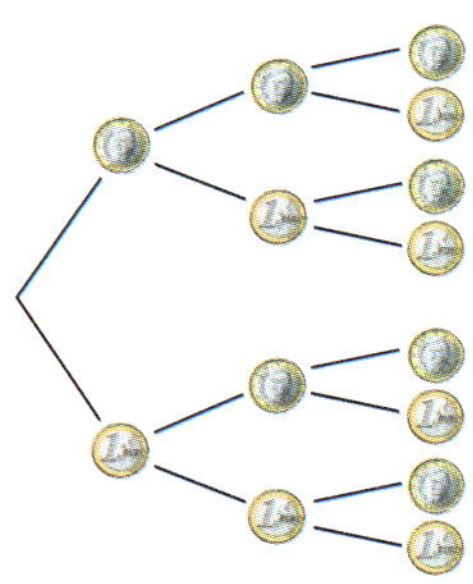

$A = \{XXX, XXC, XCX, CXX\}$ $\qquad$ $B = \{XXC, XCX, CXX, CCC\}$

- El suceso $A \cup B$ = "sacar más cruces que caras o sacar un número impar de caras" está formado por los elementos que están en el suceso A o en el suceso B.

$$A \cup B = \{XXX, XXC, XCX, CXX, CCC\}$$

- El suceso $A \cap B$ = "sacar más cruces que caras y sacar un número impar de caras" está formado por los elementos que están simultáneamente en A y en B.

$$A \cap B = \{XXC, XCX, CXX\}$$

- El suceso $A - B$ = "sacar más cruces que caras sin sacar un número impar de caras" estará formado por los elementos de A que no están en B.

$$A - B = A \cap \overline{B} = \{XXX\}$$

MAT-TIC GeoGebra

Entra en **smSavia**digital.com y utiliza diagramas de Venn.

Compatibilidad de sucesos

Dos sucesos A y B son **compatibles** si tienen algún elemento en común: $A \cap B \neq \varnothing$.

Dos sucesos A y B son **incompatibles** si no tienen elementos en común: $A \cap B = \varnothing$.

Ejemplo ▸ En el experimento "lanzar tres veces una moneda" se consideran los sucesos A = "sacar más cruces que caras", B = "sacar un número impar de caras" y C = "sacar un número par de caras".

- $A \cap B = \{XXC, XCX, CXX\} \neq \varnothing \Rightarrow A$ y B son sucesos compatibles.
- $B \cap C = \{\varnothing\} \Rightarrow B$ y C son sucesos incompatibles.

ACTIVIDADES

1. Se lanza una moneda tres veces.

a) Escribe el espacio muestral.

b) Describe dos sucesos elementales y uno compuesto.

c) Escribe el suceso S ="salir una cara" y el suceso contrario $\overline{S}$.

2. Se extraen tres bolas de una urna con 5 bolas rojas y 5 bolas blancas.

a) Describe dos sucesos elementales y uno compuesto.

b) Escribe el suceso contrario de S ="sacar dos bolas blancas y una roja".

3. En el experimento consistente en extraer una carta de una baraja española de 40 naipes, describe los elementos de los sucesos:

a) A = "sacar un oro".

b) B = "sacar un rey".

c) C = "sacar una figura".

d) $A \cup B$ y $B \cup C$

4. Se extrae una bola de un bombo que contiene 10 bolas numeradas de 0 a 9. Se consideran los sucesos A = "sacar un número par", B = "sacar un múltiplo de tres". Calcula:

a) $A \cup B$ $\qquad$ b) $A \cap B$ $\qquad$ c) $A - B$

2 Probabilidad de un suceso

Los términos casi seguro, muy probable, probable, poco probable, indican de una forma poco precisa la posibilidad de que ocurra un suceso. El análisis probabilístico trata de cuantificar esas posibilidades.

Ten en cuenta

- Si un experimento presenta cierta regularidad se construye un **modelo teórico**, que asigna un valor a la probabilidad de cada suceso, como en el caso del dado.
- En otros casos se recurre a **la probabilidad experimental** y se asignan probabilidades según los resultados obtenidos en la simulación real o virtual del experimento.

Ejemplo ▸ Si se lanza un dado muchas veces es previsible que cada resultado salga aproximadamente el mismo número de veces.

Si se repitiese el experimento indefinidamente la frecuencia relativa de los sucesos "salir 1", "salir 2", "salir 3"... sería exactamente $\frac{1}{6}$.

La **probabilidad *P*(*A*),** de un suceso *A*, es el valor de la frecuencia relativa de ***A***, ***h*(*A*)**, al repetir el experimento infinitas veces.

La probabilidad asociada a un experimento aleatorio cumple las propiedades:

- La probabilidad de cualquier suceso *A* está comprendida entre 0 y 1:

$$0 \leq P(A) \leq 1$$

- La probabilidad del suceso imposible es 0: $P(\varnothing) = 0$
- La probabilidad del suceso seguro es 1: $P(E) = 1$

Sucesos equiprobables

Si en un experimento aleatorio todos los sucesos elementales tienen la misma probabilidad se dice que son **sucesos equiprobables**.

MAT-TIC GeoGebra

Entra en smSaviadigital.com y simula el lanzamiento de uno y dos dados.

Ejemplo ▸ Al lanzar un dado cúbico, $E = \{1, 2, 3, 4, 5, 6\}$, si el dado no está trucado la probabilidad de sacar cada resultado es la misma.

$$P(1) = P(2) = P(3) = P(4) = P(5) = P(6) = \frac{1}{6}$$

$$P(1) + P(2) + P(3) + P(4) + P(5) + P(6) = \frac{1}{6} + \frac{1}{6} + \frac{1}{6} + \frac{1}{6} + \frac{1}{6} + \frac{1}{6} = 1$$

Regla de Laplace

Si en un experimento aleatorio los sucesos elementales son **equiprobables**, la probabilidad de un suceso *A* es $P(A) = \dfrac{\text{n.º casos favorables}}{\text{n.º casos posibles}}$

Ejemplo ▸ Se lanzan dos dados de distinto color, uno negro y uno rojo. ¿Cuál es la probabilidad de que la suma de las puntuaciones de los dos dados sea 8?

El espacio muestral está formado por 36 elementos:

	1	2	3	4	5	6
1	(1,1)	(1,2)	(1,3)	(1,4)	(1,5)	(1,6)
2	(2,1)	(2,2)	(2,3)	(2,4)	(2,5)	(2,6)
3	(3,1)	(3,2)	(3,3)	(3,4)	(3,5)	(3,6)
4	(4,1)	(4,2)	(4,3)	(4,4)	(4,5)	(4,6)
5	(5,1)	(5,2)	(5,3)	(5,4)	(5,5)	(5,6)
6	(6,1)	(6,2)	(6,3)	(6,4)	(6,5)	(6,6)

A = "la suma de los dados es 8" = = {(2,6), (3,5), (4,4), (5,3), (6,2)}

Todos los sucesos del espacio muestral son equiprobables y el suceso *A* tiene 5 elementos, por tanto:

$$P(A) = \frac{\text{n.º casos favorables}}{\text{n.º casos posibles}} = \frac{5}{36} = 0{,}139$$

Probabilidad de la unión de sucesos

La **probabilidad de la unión** de dos sucesos A y B es:

$$P(A \cup B) = P(A) + P(B) - P(A \cap B)$$

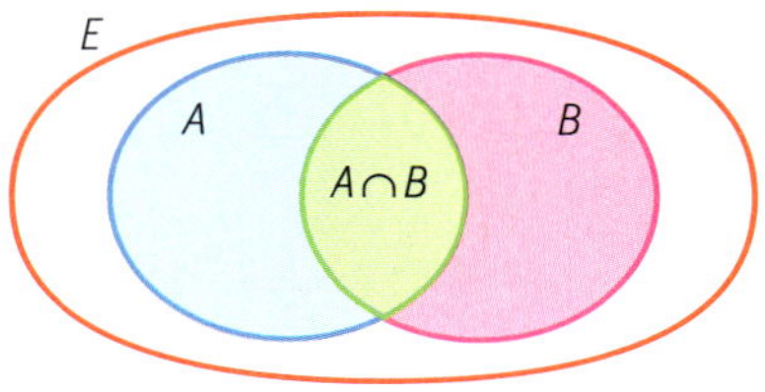

Si A y B son sucesos incompatibles, $A \cap B = \varnothing \Rightarrow P(\varnothing) = 0 \Rightarrow P(A \cup B) = P(A) + P(B)$

Ejemplo ▸ Se extrae una carta de una baraja española de 40 cartas y se definen los sucesos:

A = "sacar un oro"	B = "sacar una copa"	C = "sacar un as"
$P(A) = \frac{10}{40}$	$P(B) = \frac{10}{40}$	$P(C) = \frac{4}{40}$

Calcula la probabilidad de los sucesos $A \cup B$ y $A \cup C$.

- Suceso $A \cup B$ = "sacar un oro o una copa".
  A y B son sucesos incompatibles, es decir, $A \cap B = \varnothing \Rightarrow P(A \cap B) = 0$.
  $$P(A \cup B) = P(A) + P(B) - P(A \cap B) = \frac{10}{40} + \frac{10}{40} - 0 = \frac{20}{40} = \frac{1}{2}$$
- Suceso $A \cup C$ = "sacar un oro o un as".
  A y C son compatibles, $A \cap C$ = "as de oros" $\Rightarrow P(A \cap C) = \frac{1}{40}$.
  $$P(A \cup C) = P(A) + P(C) - P(A \cap C) = \frac{10}{40} + \frac{4}{40} - \frac{1}{40} = \frac{13}{40}$$

Probabilidad del suceso contrario

La **probabilidad del suceso contrario de A** es $P(\overline{A}) = 1 - P(A)$.

Para probarlo se utiliza que un suceso y su contrario son incompatibles, $A \cap \overline{A} = \varnothing$, y que su unión forma el espacio muestral, $A \cup \overline{A} = E$.

Aplicando la probabilidad de la unión de sucesos, se halla la probabilidad del suceso contrario:

$$P(A \cup \overline{A}) = P(E) = 1 \Rightarrow P(A) + P(\overline{A}) = 1 \Rightarrow P(\overline{A}) = 1 - P(A)$$

smSaviadigital.com

PRACTICA la probabilidad de un suceso.

ACTIVIDADES

5. En una bolsa hay 4 bolas rojas, 3 verdes y 2 azules. Si se saca al azar una bola de la bolsa, halla las siguientes probabilidades.

a) Que la bola sea verde.

b) Que la bola no sea roja.

c) Que la bola sea verde o azul.

d) Que la bola no sea roja ni azul.

6. Se elige un número al azar entre 1 y 50. Calcular la probabilidad de que:

a) Sea un múltiplo de 4.

b) Sea múltiplo de 6.

c) Sea múltiplo de 6 y de 4.

d) Sea múltiplo de 6 o de 4.

7. Se lanzan un dado blanco y otro rojo y se consideran los sucesos:

- A = "la suma de los puntos es 6"
- B = "sacar los mismos puntos en los dos dados"
- C = "sacar más de 3 en el dado rojo"

Calcula las probabilidades de los sucesos:

a) A, B y C

b) $\overline{B}$

c) $A \cap C$ y $A \cup C$

d) $\overline{A \cap B}$

8. Si A y B son dos sucesos de un mismo experimento y sabemos que $P(A) = 0{,}6$, $P(B) = 0{,}3$ y $P(A \cup B) = 0{,}7$. ¿Son A y B sucesos incompatibles? Calcula la probabilidad de $A \cap B$.

3 Sucesos dependientes e independientes. Probabilidad de experimentos compuestos.

Si se realizan dos o más experimentos simples de forma simultánea o uno detrás de otro, se obtiene un **experimento compuesto**. En ocasiones puede ocurrir que el resultado de uno influya en el resultado de los siguientes.

Ejemplo ▸ Se extraen sucesivamente dos cartas de una baraja española de 40 naipes. ¿Cuál es la probabilidad de que la primera sea un as? ¿Y de que lo sea la segunda?

La probabilidad del suceso A_1 = "la 1.ª carta extraída es un as", es: $P(A_1) = \frac{4}{40} = \frac{1}{10}$

La probabilidad del suceso A_2 = "la 2.ª carta extraída es un as" depende de si se devuelve o no la primera carta extraída de la baraja:

- **Si hay devolución** el resultado de la primera extracción no influye, sigue habiendo 4 ases y 40 cartas. Por tanto, $P(A_2) = \frac{4}{40} = \frac{1}{10}$.
- **Si no hay devolución** y se supone que en la primera extracción ha salido un as, para la segunda extracción solo quedan 3 ases y 39 cartas. El resultado de la primera extracción condiciona el resultado de la segunda y se representa como A_2/A_1. Por tanto, $P(A_2 / A_1) = \frac{3}{39} = \frac{1}{13}$.

- Dos sucesos son **dependientes** cuando la realización del segundo está condicionada por la realización del primero. Se representa como $\boldsymbol{A_2 / A_1}$.
- Dos sucesos son **independientes** cuando la realización del segundo no está condicionada por la realización del primero.

Probabilidad de experimentos compuestos

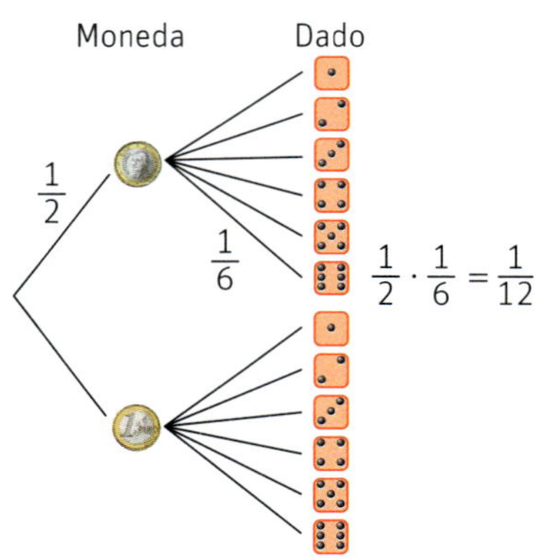

Ejemplo ▸ Se lanza una moneda y un dado cúbico. Calcula la probabilidad del suceso A = "sacar cruz y un número par".

Es un experimento compuesto formado por dos experimentos simples:

$E = \{(C, 1), (C, 2), (C, 3), (C, 4), (C, 5), (C, 6), (X, 1), (X, 2), (X, 3), (X, 4), (X, 5), (X, 6)\}$

- Por tanto, el número total de casos es el producto de los resultados de lanzar la moneda y los del dado: $2 \cdot 6 = 12$ elementos.
- Los casos favorables del suceso A son: $\{(X,2), (X,4), (X,6)\}$.

Utilizando la regla de Laplace: $P(A) = \frac{\text{n.º casos favorables}}{\text{n.º casos posibles}} = \frac{3}{12} = \frac{1}{4}$

Observa que $P(A) = P(X) \cdot P(\text{par}) = \frac{1}{2} \cdot \frac{3}{6} = \frac{3}{12} = \frac{1}{4}$.

La probabilidad de un suceso de un experimento compuesto **es el producto de las probabilidades** de los sucesos simples que lo forman.

MAT-TIC GeoGebra

Practica con diagramas de árbol en smSaviadigital.com.

ACTIVIDADES

9. De una baraja de 40 cartas se extraen simultáneamente dos cartas (equivale a no reponer la primera). Halla las probabilidades de que:

a) Las dos sean copas.

b) Al menos una sea copas.

10. Una bolsa contiene 5 bolas blancas, 3 rojas y 2 azules. Se extraen dos bolas sucesivamente. ¿Cuál es la probabilidad de que las dos sean del mismo color si devolvemos la primera bola a la bolsa? ¿Y si no lo hacemos?

4 Probabilidad condicionada

Ejemplo ▸ En una urna hay 5 bolas rojas y 4 azules del mismo tamaño numeradas.

- Se saca una bola al azar, ¿cuál es la probabilidad de que la bola sea un 1?

  En la urna hay 3 unos en las 9 bolas, por tanto $P(1)=\frac{3}{9}=\frac{1}{3}$.

- Si se sabe que la bola extraída es roja, ¿cuál es ahora la probabilidad de que sea un 1?

  La probabilidad $P(1/R)$ se puede obtener utilizando la regla de Laplace:

$$P(1/\mathrm{R})=\frac{P(1\cap R)}{P(R)}=\frac{\frac{2}{9}}{\frac{5}{9}}=\frac{2}{5}$$

La probabilidad de obtener 1 cambia cuando se dispone de información adicional.

Si A y B son dos sucesos de un experimento y B no es el suceso imposible, $P(B)>0$, la **probabilidad de *A* condicionado por *B*** es:

$$\boldsymbol{P(A/B)=\frac{P(A\cap B)}{P(B)}}$$

Ten en cuenta

Si A y B son sucesos independientes:

$P(B/A)=P(B)\Rightarrow P(A\cap B)=P(A)\cdot P(B)$

A partir de la expresión de la probabilidad condicionada, se deduce la regla de la multiplicación de las probabilidades condicionadas. Si $P(A)>0$ y $P(B)>0$, se verifica que:

$$P(A\cap B)=P(B)\cdot P(A/B) \text{ y } P(A\cap B)=P(A)\cdot P(B/A)$$

Tablas de contingencia

Las tablas de doble entrada asociadas a un experimento se denominan tablas de contingencia y son útiles para asignar probabilidades condicionadas.

Ejemplo ▸ En una bolsa hay 5 bolas grandes y 4 pequeñas. Se sabe que 6 son blancas y 3 negras y que 3 de las bolas grandes son blancas.

- Si se extrae una bola al azar, ¿cuál es la probabilidad de que sea blanca y pequeña?

  Se organizan los datos en una tabla de contingencia, completando los que faltan:

	Blancas	Negras	Total
Grandes	3	2	5
Pequeñas	3	1	4
Total	6	3	9

  Así, $P(B\cap P)=\frac{3}{9}=\frac{1}{3}$.

- Si ha salido una bola grande, ¿cuál es la probabilidad de que sea negra?

  La probabilidad es $P(N/G)=\frac{2}{5}$.

ACTIVIDADES

11. En una clase hay 12 chicas y 16 chicos. Si se eligen 2 alumnos al azar, calcula la probabilidad en cada caso.

a) Que sean los dos chicos.

b) Que sean exactamente un chico y una chica.

c) Que haya al menos una chica.

d) Que no haya ningún chico.

12. Un alumno ha estudiado 10 de los 15 temas de un examen. El profesor preselecciona dos temas y deja que el alumno escoja uno de los dos. Halla la probabilidad de que el alumno pueda elegir uno de los temas estudiados.

13. En una ciudad el 25 % de las mujeres y el 40 % de los hombres usan gafas. Halla la probabilidad de que, al elegir una persona al azar, sea una mujer y use gafas.

5 Probabilidad total

Ten en cuenta

Una **partición** del espacio muestral E. es el conjunto de sucesos $A_1, A_2,..., A_n$ que verifican:

- $A_i \cap A_j = \varnothing$ si $i \neq j$
- $A_1 \cup A_2 \cup ... \cup A_n = E$

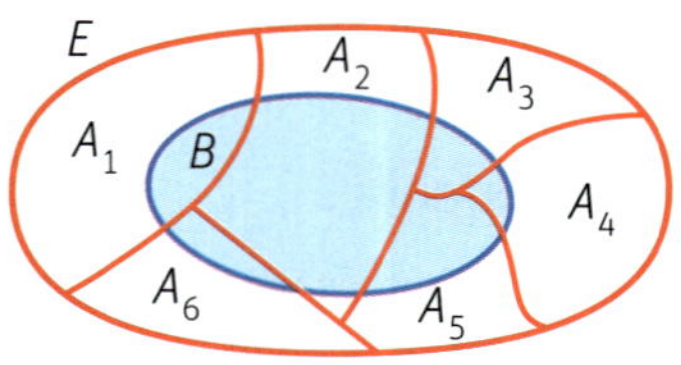

Ejemplo ▶ La población activa de un país está formada por un 15 % de trabajadores dedicados a la agricultura, un 30 %, a la industria, y el 55 %, al sector servicios. El 60 % de los trabajadores agrícolas son mayores de 50 años, el 35 %, en industria, y el 40 %, en el sector servicios. Si se selecciona un trabajador al azar, ¿qué probabilidad hay de que tenga más de 50 años?

Los sucesos **A**: "dedicarse a la agricultura", I = "dedicarse a la industria" y S = "dedicarse a los servicios" son incompatibles dos a dos y su unión constituye el espacio muestral que es la población activa.

Si **B** es el suceso "tener más de 50 años", se representa en un diagrama de árbol los sucesos y sus probabilidades.

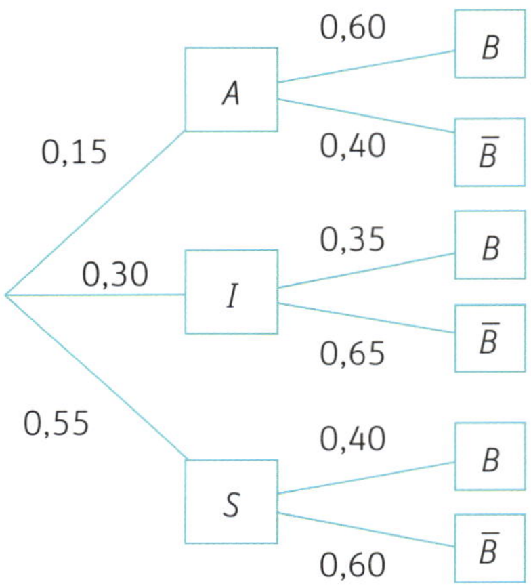

El suceso B es la unión de los sucesos: $B = (B \cap A) \cup (B \cap I) \cup (B \cap S)$. Como A, I y S son incompatibles $P(B) = P(B \cap A) + P(B \cap I) + P(B \cap S)$.

Aplicando la regla de la multiplicación de la probabilidad condicionada:

$$P(B) = P(A) \cdot P(B/A) + P(I) \cdot P(B/I) + P(S) \cdot P(B/S) =$$
$$= 0{,}15 \cdot 0{,}60 + 0{,}30 \cdot 0{,}35 + 0{,}55 \cdot 0{,}40 = 0{,}09 + 0{,}105 + 0{,}22 = 0{,}415$$

MAT-TIC GeoGebra

Entra en sm**Savia**digital.com y trabaja la probabilidad total con diagramas de árbol.

Teorema de la probabilidad total:

$$P(B) = P(A_1) \cdot P(B / A_1) + P(A_2) \cdot P(B / A_2) + ... + P(A_n) \cdot P(B / A_n)$$

donde B es un suceso cualquiera asociado al experimento y $A_1, A_2,..., A_n$ son un conjunto de sucesos que verifican:

- Son incompatibles dos a dos: $A_i \cap A_j = \varnothing$, si $i \neq j$
- Su unión es el espacio muestral: $A_1 \cup A_2 \cup A_3 \cup ... \cup A_n = E$

ACTIVIDADES

14. En una academia de inglés se imparten clases de tres niveles: inicial, básico y avanzado.

- En el nivel inicial están el 50 % de los inscritos, en el básico, el 30 %, y en el avanzado, el 20 %.
- En el nivel inicial hay un 55 % de mujeres, en el nivel básico, un 60 %, y en el avanzado, un 45 %.

a) Se elige al azar una persona inscrita. ¿Cuál es la probabilidad de que sea un hombre y esté en el nivel básico?

b) ¿Cuál es la probabilidad de que sea una mujer?

15. Una industria fabrica dos tipos de tornillos A y B.

- Produce al día 600 del tipo A y 800 del tipo B.
- El 4 % de los de tipo A y el 5 % de los de tipo B salen defectuosos.

Si se selecciona un tornillo al azar, ¿cuál es la probabilidad de que no sea defectuoso?

16. Una urna contiene 4 bolas blancas y negras del mismo tamaño. Se sabe que al menos hay una de cada color. Se extrae una bola. ¿Cuál es la probabilidad de que sea blanca?

Teorema de Bayes

En algunas ocasiones, se conoce el resultado de un experimento y se quiere calcular la probabilidad de un suceso previo.

Ejemplo ▶ El 60 % los alumnos de la clase aprueban matemáticas. El 70 % de ellos practica deporte semanalmente. Entre los que no aprueban matemáticas, también el 80 % practica deporte. Si se elige al azar un alumno y se sabe que practica deporte, ¿qué probabilidad hay de que apruebe matemáticas?

Se llama A al suceso "aprobar matemáticas" y D al suceso "hacer deporte".

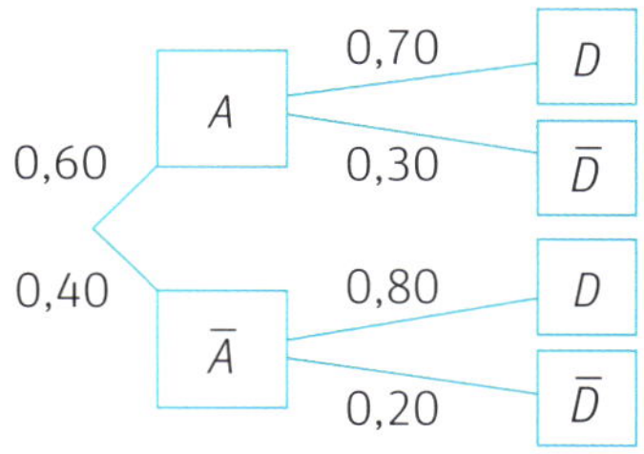

La probabilidad que se quiere calcular es la del suceso A/D.

Utilizando la definición de la probabilidad de la intersección de sucesos, se tiene que: $P(A \cap D) = P(A) \cdot P(D/A) = P(D) \cdot P(A/D)$, de donde se puede despejar $P(A/D)$:

$$P(A/D) = \frac{P(A) \cdot P(D/A)}{P(D)}$$

1.º Se calcula $P(D)$ con el teorema de probabilidad total:

$$P(D) = P(A) \cdot P(D/A) + P(\bar{A}) \cdot P(D/\bar{A}) = 0{,}60 \cdot 0{,}70 + 0{,}40 \cdot 0{,}80 = 0{,}74$$

2.º Se sustituye en la expresión y se calcula la probabilidad de que haya aprobado matemáticas, sabiendo que practica deporte:

$$P(A/D) = \frac{P(A) \cdot P(D/A)}{P(D)} = \frac{0{,}60 \cdot 0{,}70}{0{,}74} = 0{,}57$$

Teorema de Bayes:

$$P(A_i/B) = \frac{P(A_i \cap B)}{P(B)} = \frac{P(A_i) \cdot P(B/A_i)}{P(A_1) \cdot P(B/A_1) + P(A_2) \cdot P(B/A_2) + \cdots + P(A_n) \cdot P(B/A_n)}$$

Donde B es un suceso cualquiera asociado al experimento y $A_1, A_2, \ldots, A_n$ son un conjunto de sucesos que verifican:

- Son incompatibles dos a dos: $A_i \cap A_j = \varnothing$ si $i \neq j$
- Su unión es el espacio muestral: $A_1 \cup A_2 \cup A_3 \cup \ldots \cup A_n = E$

MAT-TIC GeoGebra

En smSaviadigital.com podrás descubrir aplicaciones del teorema de Bayes.

ACTIVIDADES

17. En una ferretería hay tres cajas de bombillas. La primera contiene 20 bombillas, de las cuales 3 están fundidas, en la segunda hay 16 bombillas, con 2 fundidas, y en la tercera caja hay 10 bombillas, ninguna de ellas fundida.

a) ¿Cuál es la probabilidad de que al sacar una bombilla al azar esté fundida?

b) Se saca una bombilla y no está fundida. ¿Qué probabilidad hay de que sea de la tercera caja?

18. En una ciudad el 25 % de la población activa tiene estudios superiores. La tasa de paro entre los titulados superiores es del 8 %, mientras que en el resto de la población activa es del 30 %. Se elige una persona al azar que tiene empleo, ¿qué probabilidad tiene de ser titulado superior?

19. smSaviadigital.com

PRACTICA Aplica los teoremas de la probabilidad.

6 Análisis del azar

El azar está presente en nuestras vidas, desde el sexo de una cría, hasta las decisiones más cotidianas. Aunque no se pueda predecir el resultado concreto de un fenómeno aleatorio, sí se pueden cuantificar las distintas posibilidades.

En general, se intenta construir un modelo teórico que se ajuste al fenómeno estudiado y asignar probabilidades.

Ejemplo ▸ Luis ha encontrado cuatro huevos de pavo real. Cree que lo más probable es que sean dos machos y dos hembras, ya que la probabilidad de ser macho o hembra es la misma. ¿Es cierto o se equivoca?

La probabilidad del suceso A = "ser macho", es $P(A) = \frac{1}{2}$ y por tanto, el suceso $\overline{A}$ = "ser hembra", también tiene probabilidad $P(\overline{A}) = \frac{1}{2}$.

Así, la probabilidad de que los 2 primeros sean machos y los siguientes sean hembras será:

$$P(A, A, \overline{A}, \overline{A}) = \frac{1}{2}\cdot\frac{1}{2}\cdot\frac{1}{2}\cdot\frac{1}{2} = \frac{1}{16}$$

Pero los dos machos pueden ocupar otras posiciones en el orden de nacimiento. Para contar todas las posibilidades, se forman grupos de 2 elementos entre los 4 posibles, en los que no importa el orden y en los que no se pueden repetir los elementos. Por tanto, el número total de opciones son las combinaciones de 4 elementos tomados de 2 en 2.

$$C_{4,2} = \frac{4!}{2!\cdot 2!} = \frac{4\cdot 3\cdot \cancel{2!}}{2!\cdot \cancel{2!}} = 6$$

La probabilidad de cada una de ellas es la misma que la de $(A, A, \overline{A}, \overline{A})$, por tanto, la probabilidad de que sean dos machos y dos hembras es:

$$P(\text{2 machos y 2 hembras}) = 6\cdot\frac{1}{16} = \frac{3}{8} = 0{,}375 < 0{,}5$$

Lo más probable es no sean dos machos y dos hembras.

Ejemplo ▸ Una forma de echar a suertes, es tomar tres palitos donde uno es más corto que los otros. Una persona los sujeta en la mano y oculta uno de los extremos, mientras los otros van sacando uno a uno los palos. ¿Quién tiene ventaja, el que saca en primer lugar, en segundo o el último?

Se define el suceso C = "sacar el palo corto" y $\overline{C}$ a su contrario. Las probabilidades de sacar el palo corto de cada persona son:

- 1.ª persona: $P(C_1) = \frac{1}{3}$
- 2.ª persona: Solo lo puede sacar si el primero ha sacado palo largo. Como quedan uno largo y uno corto: $P(C_2) = P(\overline{C}_1)\cdot P(C/\overline{C}_1) = \frac{2}{3}\cdot\frac{1}{2} = \frac{1}{3}$.
- 3.ª persona: Solo es posible si el primero y el segundo han sacado palo largo, es decir, $P(C_3) = 1 - P(C_1) - P(C_2) = 1 - \frac{1}{3} - \frac{1}{3} = \frac{1}{3}$.

Los tres tienen las mismas probabilidades, se trata, por tanto, de "un juego justo".

Ejemplo ▸ El problema de Monty Hall.

Se conoce así porque se planteó en un programa de televisión de EE. UU., *Let's Make a Deal* (Hagamos un trato), cuyo presentador se llamaba Monty Hall.

El concursante debe elegir una de las tres puertas cerradas que contienen los premios: un coche y dos calabazas.

Una vez elegida, el presentador, que conoce el contenido de las tres puertas, abre una de las restantes y descubre una de las calabazas. A continuación, ofrece al concursante cambiar su elección. ¿Qué es mejor, cambiar o quedarse con la puerta elegida?

Puede parecer que las dos puertas que quedan tienen las mismas posibilidades, pero eso no es del todo cierto.

- Se supone que en la primera elección el concursante ha elegido la puerta 3. La probabilidad de que esta puerta oculte el coche es $\frac{1}{3}$. La probabilidad de que esté en las otras dos puertas será $\frac{2}{3}$.
- Cuando el presentador abre una puerta y se comprueba que no está el coche, la otra puerta acumula los $\frac{2}{3}$ de la probabilidad anterior.

Por tanto, la probabilidad de que el coche esté en ella es el doble de la probabilidad de que esté en la elegida al principio por el concursante. Sin lugar a dudas la mejor opción será: ¡cambiar de puerta!

MAT-TIC GeoGebra

Entra en sm**Savia**digital.com y realiza una simulación del problema de Monty Hall.

ACTIVIDADES

20. En un concurso hay dos bolsas. En la bolsa *A* hay 3 bolas verdes y 2 rojas y en la bolsa *B* hay 7 bolas verdes, una blanca y 5 bolas rojas. Tienes que elegir una bolsa y sacar una bola roja para ganar un premio.

a) ¿Qué bolsa elegirías?

b) ¿Qué probabilidad tienes de ganar?

c) Si ha salido una bola roja, ¿que probabilidad hay de que el concursante haya elegido la bolsa *A*?

21. Mi abuelo ha marcado las 6 caras de un dado con cuatro Δ y dos O y dos urnas, una con un Δ y otra con una O.

Me pide tirar el dado y sacar una bola de la urna marcada con esa letra y dice que me dará el equivalente en euros al número de la bola.

a) Calcula la probabilidad de que me dé 45 €.

b) Calcula la probabilidad de que me dé solo 3 €.

22. En un juego se utilizan dos monedas iguales pero una de ellas está trucada y sale cara un 75 % de las veces. Se escoge una moneda al azar y se lanza.

a) Cuál es la probabilidad de sacar cara?

b) En el lanzamiento ha salido cara, ¿cuál es la probabilidad de haber elegido la moneda trucada?

23. Calcula la probabilidad de ganar en este juego de cartas:

- Se ponen en un montón las cartas as, 2, 3, 4 y 5 de oros de una baraja española.
- Se barajan las cinco cartas y se sacan una tras otra tres de ellas sin reemplazamiento.
- Se gana si las tres cartas son consecutivas.

24. Se ha realizado un test sobre una nueva vacuna a 12000 personas. En 75 de ellas, entre las que había 30 mujeres embarazadas, se ha producido una reacción secundaria adversa.

a) Si la vacuna se ha administrado a 700 mujeres embarazadas, ¿cuál es la probabilidad de que una mujer embarazada sufra la reacción?.

b) ¿Cuál es la probabilidad de que una persona no embarazada tenga una reacción adversa?

Organiza tus ideas

AZAR Y DETERMINISMO

Un experimento es **aleatorio** si al repetirlo varias veces en las mismas condiciones se pueden obtener distintos resultados.

- El **espacio muestral**, E, es el conjunto formado por todos los resultados posibles.
- Un **suceso** es cualquier subconjunto del espacio muestral. Los tipos de sucesos son:
  - **Elemental**: si es uno de los resultados posibles.
  - **Compuesto**: si está formado por varios sucesos elementales.
  - **Imposible**: si no ocurre nunca, $\varnothing$.
  - **Seguro**: si ocurre siempre. Coincide con el espacio muestral, E.
  - **Contrario** o **complementario**, $\overline{B}$.
- El **espacio de sucesos**, S, es el conjunto formado por todos los sucesos asociados a ese experimento.

SUCESOS. OPERACIONES

UNIÓN

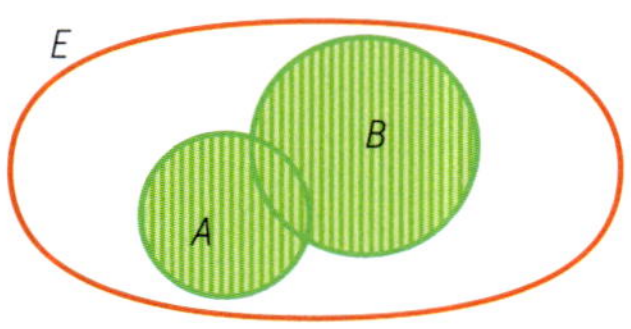

$A \cup B$

INTERSECCIÓN

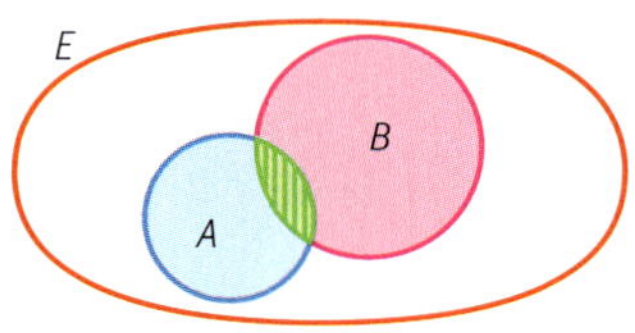

$A \cap B$

DIFERENCIA

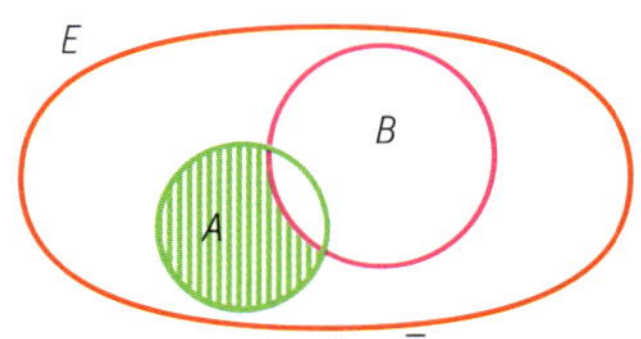

$A - B = A \cap \overline{B}$

CONTRARIO

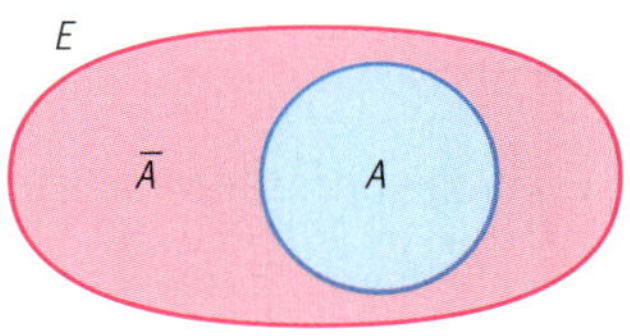

- Dos sucesos A y B son **compatibles** si $A \cap B \neq \varnothing$.
- Dos sucesos A y B son **incompatibles** si $A \cap B = \varnothing$.

PROBABILIDAD DE UN SUCESO

La **probabilidad** $P(A)$, de un suceso A, es el valor de la frecuencia relativa de A, al repetir el experimento infinitas veces.

$$0 \leq P(A) \leq 1 \qquad P(\varnothing) = 0 \qquad P(E) = 1$$

Regla de Laplace

Si los sucesos elementales son equiprobables, la probabilidad de un suceso A es:

$$P(A) = \frac{\text{n.º casos favorables}}{\text{n.º casos posibles}}$$

Probabilidad de la unión

$$P(A \cup B) = P(A) + P(B) - P(A \cap B)$$

Probabilidad del complementario

$$P(\overline{A}) = 1 - P(A)$$

PROBABILIDAD DE EXPERIMENTOS COMPUESTOS. PROBABILIDAD CONDICIONADA

Un **experimento compuesto** es el formado por dos o más experimentos simples.

Regla del producto

La probabilidad de un resultado de un experimento compuesto es el **producto de las probabilidades de las ramas** que forman el resultado.

Dependencia de sucesos

- **Sucesos dependientes**: la realización de uno depende de la realización del otro. $P(A \cap B) = P(A) \cdot P(B / A)$
- **Sucesos independientes**: la realización de uno no depende de la realización del otro. $P(A \cap B) = P(A) \cdot P(B)$

TEOREMA DE BAYES

La probabilidad de A condicionado por B es $P(A / B) = \dfrac{P(A \cap B)}{P(B)}$.

- **Teorema de la probabilidad total:** $P(B) = P(A_1) \cdot P(B / A_1) + P(A_2) \cdot P(B / A_2) + \ldots + P(A_n) \cdot P(B / A_n)$
- **Teorema de Bayes:** $P(A_i / B) = \dfrac{P(A_i \cap B)}{P(B)} = \dfrac{P(A_i) \cdot P(B / A_i)}{P(A_1) \cdot P(B / A_1) + P(A_2) \cdot P(B / A_2) + \ldots + P(A_n) \cdot P(B / A_n)}$

Actividades clave

1. En un estudio de uso de redes sociales en una población, el 35 % de los encuestados usa la red *A*, y el 25 %, la red *B*, mientras que un 5 % dice usar ambas redes.

Si se elige una persona al azar, calcula las siguientes probabilidades.

a) Que use alguna red social.

b) Que solo use la red *A*.

c) Que use solo una red.

d) Que no use ninguna red.

Se designan los sucesos $A =$ "usar la red *A*" y $B =$ "usar la red *B*" y se utilizan diagramas de Venn para asignar probabilidades:

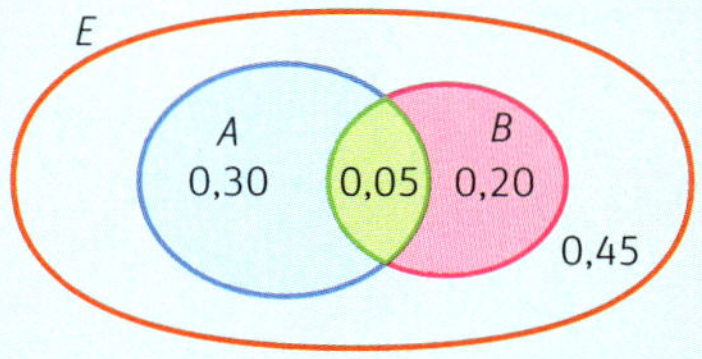

- Un 5 % usa ambas redes:
  $$P(A \cap B) = 0{,}05$$
- Los que solo usan la red *A*:
  $$P(A - B) = P(A \cap \overline{B}) = 0{,}35 - 0{,}05 = 0{,}30$$
- Los que solo usan *B*:
  $$P(B - A) = P(B \cap \overline{A}) = 0{,}25 - 0{,}05 = 0{,}20$$
- Los que no usan ninguna red:
  $$P(\overline{A \cup B}) = 0{,}45$$

a) El suceso "usar alguna red" se puede expresar como $A \cup B$:
$$P(A \cup B) = P(A) + P(B) - P(A \cap B) = 0{,}35 + 0{,}25 - 0{,}05 = 0{,}55$$

b) El suceso "usar solo la red *A*" se puede expresar como $A - B$:
$$P(A - B) = 0{,}30$$

c) El suceso "usar solo una red" se describe como $(A - B) \cup (B - A)$:
$$P\,[(A - B) \cup (B - A)] = 0{,}30 + 0{,}20 = 0{,}50$$

d) El suceso "no usar ninguna red" se expresa como $(\overline{A \cup B})$.
$$P(\overline{A \cup B}) = 0{,}45$$

2. Una bolsa tiene 5 bolas verdes y 3 negras. Se sacan sucesivamente dos bolas, sin devolver la primera.

Raúl apuesta que las dos bolas serán del mismo color y Estela que serán de distinto color.

¿Quién tiene mayor probabilidad de acertar?

Se utiliza un diagrama de árbol para representar la situación:

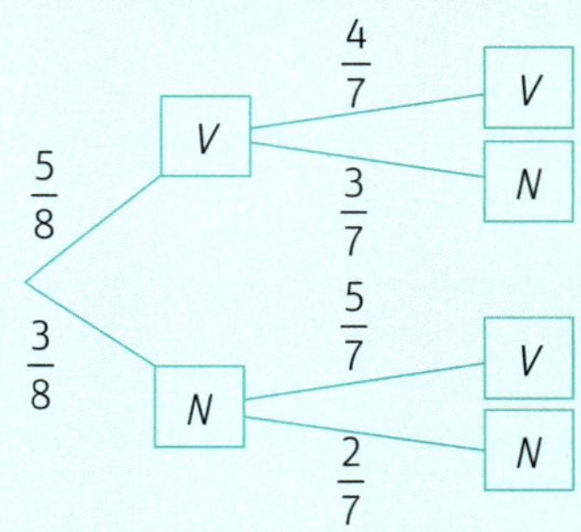

- Raúl acierta si se sacan dos verdes o dos negras:
  $$P(\text{Raúl}) = P(VV) + P(NN) = \frac{5}{8} \cdot \frac{4}{7} + \frac{3}{8} \cdot \frac{2}{7} = \frac{20 + 6}{56} = \frac{13}{28} = 0{,}46$$
- Y Estela acierta si se sacan dos bolas de distinto color:
  $$P(\text{Estela}) = 1 - P(\text{Raúl}) = 1 - \frac{13}{28} = \frac{15}{28} = 0{,}54$$

Tiene más probabilidades de acertar Estela.

3. A una prueba se han presentado 80 mujeres y 70 hombres. Aprueban el 60 % de las mujeres y el 50 % de los hombres.

a) ¿Cuál es la probabilidad de aprobar?

b) Se elige al azar una persona aprobada, ¿qué probabilidad hay de que sea mujer?

Se designan los sucesos así:

- $A =$ "aprobado"
- $\overline{A} =$ "suspenso"
- $M =$ "mujer"
- $H =$ "hombre"

a) Para calcular la probabilidad de aprobar, se aplica el teorema de la probabilidad total:
$$P(A) = P(M) \cdot P(A / M) + P(H)P(A / H) = \frac{80}{150} \cdot 0{,}6 + \frac{70}{150} \cdot 0{,}50 = 0{,}553$$

b) La probabilidad de elegir a una mujer al azar, sabiendo que está aprobada es $P(M / A)$. Para hallarla se aplica el teorema de Bayes:
$$P(M / A) = \frac{P(M \cap A)}{P(A)} = \frac{P(M) \cdot P(A / M)}{P(M) \cdot P(A / M) + P(H) \cdot P(A / H)} = \frac{0{,}32}{0{,}553} = 0{,}729$$

Actividades

EJERCICIOS **PARA PRACTICAR**

Azar y determinismo. Sucesos

25. Indica cuáles de los experimentos siguientes son aleatorios. Cuando lo sean escribe su espacio muestral.

a) Medir el volumen de una botella de agua.

b) Encestar al lanzar un triple de espaldas a la canasta.

c) Extraer una carta de una baraja y mirar su palo.

d) Acertar el segundo premio del sorteo de la lotería de Navidad.

26. En una urna hay nueve bolas numeradas del 1 al 9.

a) Escribe los sucesos elementales.

b) Describe dos sucesos compuestos.

c) Describe dos sucesos incompatibles.

27. Se pueden construir dados equiprobables con los cinco poliedros regulares.

¿Cuántos sucesos elementales hay en los siguientes experimentos?

a) Lanzar un dado dodecaédrico y uno cúbico.

b) Lanzar un dado octaédrico y un tetraédrico.

c) Lanzar tres dados icosaédricos.

28. Se lanza un dado de ocho caras y se consideran los sucesos:

A = "sacar más de 5"

B = "sacar un número par"

C = "sacar un múltiplo de 3"

a) Escribe los elementos de los sucesos A, B y C.

b) Di si son compatibles: A y B, A y C, B y C

c) Escribe los sucesos: $\overline{C}$, $A \cap B$, $B \cup C$, $B - C$

d) Describe: $\overline{A} \cup B$, $\overline{B} \cap C$, $\overline{A \cup C}$, $\overline{B \cap C}$

29. Lanzamos un dado cúbico y consideramos los sucesos:

$A = \{1, 2, 3, 5\}$

$B = \{3, 4, 5\}$

$C = \{4, 5, 6\}$

a) Copia en tu cuaderno el diagrama de Venn y coloca los números en las regiones correspondientes.

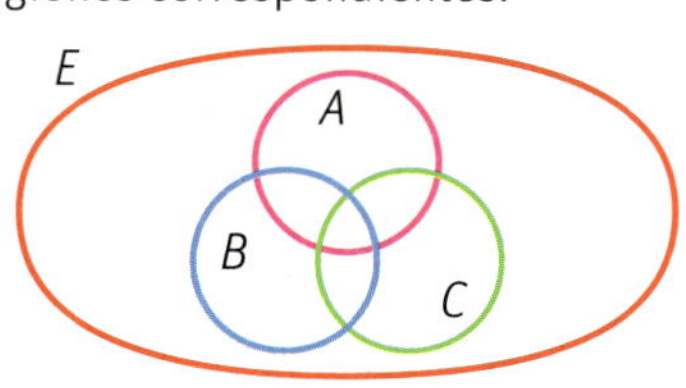

b) Calcula los sucesos:
$A \cup B \cup C$; $(A \cup B) \cap C$; $A \cup (B \cap C)$; $\overline{A} \cup B$ y $\overline{A} \cap \overline{C}$.

30. Se escoge al azar una carta de una baraja de 40 cartas. Consideramos los sucesos:

A = "sacar un basto"

B = "sacar un rey"

C = "sacar una carta más baja que 3"

Describe los sucesos:

a) $A \cap C$

b) $\overline{A} \cap \overline{B}$

c) $A \cap \overline{B}$

d) $\overline{A - C}$

31. Utiliza diagramas de Venn para comprobar si son ciertas las igualdades siguientes:

a) $\overline{A \cup B} = \overline{A} \cap \overline{B}$

b) $\overline{A \cap B} = \overline{A} \cup \overline{B}$

Probabilidad de un suceso

32. Se lanzan dos dados y se mira la diferencia de puntos entre uno y otro.

a) Escribe el espacio muestral del experimento.

b) ¿Son sucesos equiprobables? En caso negativo, escribe las probabilidades de cada suceso elemental.

c) Halla la probabilidad del suceso A = "la diferencia es menor que 4".

33. Se elige un número de tres cifras. ¿Qué probabilidad hay de que tenga alguna cifra repetida?

ACTIVIDAD **RESUELTA**

34. Sabiendo que $P(A) = 0{,}4$, $P(B) = 0{,}6$ y $P(A \cup B) = 0{,}7$, calcula las probabilidades siguientes:

a) $P(A \cap B)$

b) $P(A - B)$

c) Que no se cumpla ni A ni B.

a) Para calcular $P(A \cap B)$ se utiliza la probabilidad de la unión:

$$P(A \cup B) = P(A) + P(B) - P(A \cap B) \Rightarrow$$

$$P(A \cap B) = P(A) + P(B) - P(A \cup B) = 0{,}4 + 0{,}6 - 0{,}7 = 0{,}3$$

b) $P(A - B) = P(A) - P(A \cap B) = 0{,}4 - 0{,}3 = 0{,}1$

c) $P(\overline{A \cup B}) = 1 - P(A \cup B) = 1 - 0{,}7 = 0{,}3$

35. Se lanzan dos dados y consideramos los sucesos:

A = "sacar al menos un 6"

B = "la diferencia de puntos es 2"

Calcula las probabilidades de:

a) $A \cap B$

b) $A \cup B$

c) $A - B$

36. Se elige al azar un número de seis cifras (no puede empezar por 0). ¿Cuál es la probabilidad de que tenga al menos una cifra impar?

37. En una empresa hay 20 trabajadores: 12 hombres y 8 mujeres. Se eligen tres de ellos al azar para formar una comisión. Halla la probabilidad de que:

a) Entre los elegidos haya solo una mujer.

b) Haya al menos una mujer.

c) La comisión no sea mixta, es decir, haya solo hombres o solo mujeres.

38. Colocamos 3 bolas rojas, 3 verdes y 3 azules en fila sin mirar su color. ¿Cuál es la probabilidad de que no haya dos bolas azules juntas?

Probabilidad de sucesos compuestos

39. ¿Cuál es la probabilidad de tener 4 ases al sacar 5 cartas de una baraja de 52 cartas?

40. Se lanza una moneda 4 veces. Calcula las probabilidades de:

a) Sacar 4 cruces.

b) Sacar exactamente 3 cruces.

c) Sacar al menos 3 cruces.

d) Sacar al menos una cruz.

41. Observa la bolsa que contiene bolas del mismo tamaño.

Se sacan al azar dos bolas al mismo tiempo. Calcula la probabilidad de que:

a) Las dos sean del mismo color.

b) Las dos tengan el mismo número.

42. Con la misma bolsa del ejercicio anterior se consideran los sucesos: A = "sacar una bola negra", B = "sacar un número impar". ¿Son sucesos dependientes? Justifica la respuesta.

43. Una paloma mensajera llamada Pronta llega a su destino con el mensaje el 90 % de las veces. Otra paloma menos experta, llamada Tarda, entrega el mensaje el 80 % de las veces. Se envía a las dos palomas a un mismo destino. Calcula las probabilidades siguientes:

a) Que al menos una de las palomas entregue el mensaje.

b) Que no llegue ninguna de las dos.

Probabilidad condicionada

44. Se extraen sucesivamente tres cartas de una baraja de 40 cartas. Calcula la probabilidad de que las tres cartas sean reyes si:

a) Se vuelven a meter al mazo las cartas extraídas.

b) No se devuelven al mazo las cartas.

45. Las habitaciones de un hotel están numeradas de tal forma que la primera cifra indica la planta y las otras dos el número de la habitación en esa planta. El hotel tiene 3 plantas y en cada planta hay 40 habitaciones. Si se eligen dos habitaciones al azar, calcula la probabilidad de que las habitaciones sean contiguas.

PROBLEMA **RESUELTO**

46. En un centro educativo hay 100 estudiantes de 4.º ESO. De ellos, 40 son chicos y 30 de los 100 usan ortodoncia, de los cuales 12 son chicos. Se selecciona un estudiante al azar. Calcula la probabilidad de que:

a) Sea chica y no lleve ortodoncia.

b) Sea chico, sabiendo que lleva ortodoncia.

Se resumen los datos en una tabla de contingencia:

	Con ortodoncia	Sin ortodoncia	Total
Chicos	12	28	40
Chicas	18	42	60
Total	30	70	100

a) $P(\text{ser chica y no llevar ortodoncia}) = \frac{42}{100} = \frac{21}{50}$

b) $P(\text{ser chico / lleva ortodoncia}) = \frac{12}{30} = \frac{2}{5}$

47. En un congreso de médicos hay 200 congresistas. De ellos, 130 son morenos y 80 tienen los ojos castaños, de los cuales 50 son morenos. Se selecciona al azar a un asistente. Haz una tabla de contingencia y calcula la probabilidad de que:

a) Sea moreno y con los ojos castaños.

b) No tenga los ojos castaños y no sea moreno.

48. En una rifa con números del 001 al 500 se sortean tres premios distintos. Luisa ha comprado 10 boletos. Calcula las probabilidades siguientes:

a) Que al menos un boleto tenga premio.

b) Que tengan premio a lo sumo dos boletos.

49. Un estudio de una tienda de electrodomésticos dice que 6 de cada 10 clientes compra un televisor. La probabilidad de que un cliente compre un lector de DVD si ha comprado un televisor es 0,4, mientras que si no ha comprado el televisor la probabilidad es 0,2. Calcular la probabilidad de que:

a) Compre un televisor y un lector de DVD.

b) Compre un lector de DVD.

c) Compre un televisor si ha comprado un lector de DVD.

Actividades

Probabilidad total. Teorema de Bayes

PROBLEMA **RESUELTO**

50. **El 50 % de los alumnos de 4.º ESO cursa Cultura Clásica, el 35 %, Francés, y el 15 %, Música. El porcentaje de aprobados es, respectivamente, 80 %, 70 % y 95 %. Se elige al azar un alumno.**

a) **¿Cuál es la probabilidad de que apruebe?**

b) **Si se sabe que ha aprobado, ¿cuál es la probabilidad de que curse Francés?**

Se identifican las asignaturas con sus iniciales: *CC*, *F* y *M*. Aprobar como *A* y suspender con $\overline{A}$. Se construye un diagrama de árbol con las probabilidades:

$P(CC) = 0{,}50$ $\quad P(F) = 0{,}35$ $\quad P(M) = 0{,}15$

$P(A/CC) = 0{,}80$ $\quad P(A/F) = 0{,}70$ $\quad P(A/M) = 0{,}95$

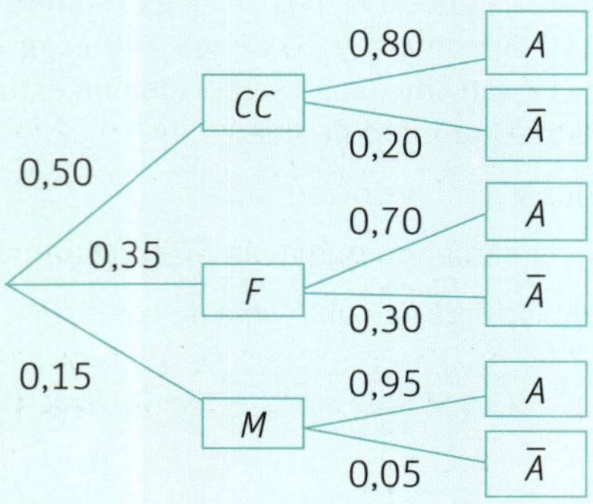

a) Se halla la probabilidad de aprobar aplicando el teorema de la probabilidad total:

$$P(A) = P(CC)\,P(A/CC) + P(F)\,P(A/F) + P(M)\,P(A/M) =$$
$$= 0{,}50 \cdot 0{,}80 + 0{,}35 \cdot 0{,}70 + 0{,}15 \cdot 0{,}95 = 0{,}7875$$

b) La probabilidad de que curse Francés, sabiendo que ha aprobado se calcula aplicando el teorema de Bayes:

$$P(F/A) = \frac{P(F)\cdot P(A/F)}{P(A)} = \frac{0{,}35\cdot 0{,}70}{0{,}7875} = 0{,}3\widehat{1}$$

51. Se dispone de dos urnas *A* y *B*. La urna *A* contiene 3 bolas blancas y una negra, y la urna *B*, una blanca y 2 negras. Se lanza un dado y si sale un número menor que 3 se saca una bola de la urna *A* y si no es así se saca de la urna *B*.

a) Calcula la probabilidad de sacar una bola negra.

b) Se saca una bola de una de las urnas y es blanca. ¿Cuál es la probabilidad de que haya salido más de 2 en el dado?

52. Existen tres medicamentos genéricos para combatir una enfermedad, excluyentes entre sí.

- El *A* lo toman el 60 % de los enfermos y su índice de curación es del 85 %.
- El *B* lo toman el 25 % de los enfermos y es eficaz en 9 de cada 10 pacientes.
- El *C* lo toma el resto y su nivel de eficacia es del 80 %.

a) Calcula la probabilidad global de curación de un paciente.

b) Se ha seleccionado al azar a un paciente que no ha respondido positivamente al tratamiento. Calcula la probabilidad de que haya tomado el medicamento *B*.

Actividades de síntesis

53. Indica el suceso contrario en los siguientes casos.

a) En una clase se eligen al azar dos estudiantes.
A = "los dos son chicos"

b) En un restaurante Luis pide dos platos:
B = "sopa y pescado"

c) En una rifa Juan lleva tres números distintos:
C = "al menos uno está premiado"

54. Se lanza una moneda tres veces. Consideramos los sucesos *A* = "solo han salido caras" y *B* = "ha salido al menos una cara". Calcula las probabilidades de los sucesos:

a) $\overline{A}$

b) $A \cup B$

c) $\overline{A} \cap B$

d) $A \cup \overline{B}$

55. Una urna contiene 5 bolas rojas, 3 negras y 2 blancas. Se sacan 3 bolas sin reemplazarlas. Calcula las probabilidades de los sucesos siguientes:

a) Que las tres sean del mismo color.

b) Que sean de tres colores distintos.

56. Se tienen 4 cajas numeradas del 1 al 4 y repartimos al azar 10 bolas idénticas entre las 4 cajas. ¿Cuál es la probabilidad de que ninguna esté vacía?

57. En un experimento la probabilidad de un suceso *A* es $P(A) = 0{,}50$ y la de otro suceso *B* es $P(B) = 0{,}45$. La probabilidad de la unión es $P(A \cup B) = 0{,}90$.

a) ¿Son incompatibles *A* y *B*?

b) ¿Son independientes?

c) Calcula las probabilidades de $A \cap B$, A/B, B/A y $\overline{A} \cap B$.

58. En un concurso de redacción el ganador elige un libro al azar entre 5 novelas y 3 libros de poesía y tras él el segundo clasificado elige otro libro. Calcular la probabilidad de que:

a) Al segundo le toque un libro de poesía.

b) Al ganador le haya tocado una novela si sabemos que al segundo le tocó un libro de poesía.

c) Que a los dos les toque un libro del mismo género.

59. Un pastillero *A*1 contiene 4 pastillas blancas y 3 azules, otro *A*2 tiene 5 blancas y ninguna azul y un tercero *A*3 tiene 2 blancas y 4 azules.

a) Se escoge un pastillero al azar y de él se extrae una pastilla. Calcula la probabilidad de que sea blanca.

b) Si ha salido una pastilla blanca, ¿cuál es la probabilidad de que la pastilla estuviera en el primer pastillero?

c) Se han juntado todas las pastillas y se extrae una al azar. Calcula la probabilidad de que sea del primer pastillero.

PROBLEMAS **PARA RESOLVER**

60. Tres bolsas contienen bolas de colores, la *A* tiene 5 bolas negras y 2 blancas, la *B*, 4 negras y 3 blancas, y la *C*, 4 negras y 4 blancas. Se elige una bolsa al azar y se extraen dos bolas de la misma. Calcula la probabilidad de que las dos bolas sean del mismo color.

61. En un campamento hispano-francés los participantes se han apuntado a un único deporte según la siguiente tabla:

	Tenis	Natación	Vela
Español	40	24	16
Francés	14	21	35

Indica si los siguientes pares de sucesos son independientes.

a) A = "ser español" y T = "practicar tenis"

b) B = "ser francés" y V = "practicar vela"

62. En un comercio hay instaladas dos alarmas *A* y *B* contra incendios en zonas distintas. La probabilidad de que se active la alarma *A* es $P(A) = 0{,}90$, la probabilidad de que se active *B* es $P(B) = 0{,}95$ y la probabilidad de que se activen ambas simultáneamente es $P(A \cap B) = 0{,}70$. Si hay un incendio, calcula las siguientes probabilidades:

a) Que se active alguna alarma.

b) Que no se active ninguna de las dos alarmas.

c) Que se active solo una alarma.

63. Una bolsa contiene 5 bolas rojas numeradas del 1 al 5 y 3 bolas azules numeradas del 1 al 3. Se extraen, sin reponerlas, tres bolas al azar. Calcula las probabilidades siguientes:

a) No sacar 3 bolas rojas.

b) No sacar ninguna bola roja.

c) Sacar al menos una bola roja.

64. En un plató de televisión hay dos cámaras que enfocan al presentador en todo momento. La cámara *A* falla en un 8 % de los casos, y la *B*, en un 5 %. En un 2 % fallan las dos simultáneamente. Calcula la probabilidad de que:

a) Fallen las dos cámaras.

b) Falle *B* sabiendo que ha fallado *A*.

c) No falle ninguna cámara.

65. En una fábrica de envases se ha realizado un test de calidad resultando que el 3 % salen defectuosos. Se han seleccionado 10 piezas al azar. Calcula la probabilidad de que:

a) Ningún envase sea defectuoso.

b) El primer envase defectuoso salga en la tercera extracción.

c) Que haya exactamente un envase defectuoso.

66. Un estudiante hace un test de 8 preguntas. En cada una de ellas debe elegir la respuesta correcta entre tres posibles. Para pasar el test hay que acertar al menos 6 respuestas. Si decide rellenar todas las respuestas al azar, ¿cuál es la probabilidad de que pase el test?

67. En el claustro de profesores de un centro el 60 % de los miembros son mujeres. Entre las profesoras una de cada 3 lleva gafas, mientras que entre los profesores las llevan uno de cada dos.

Se elige al azar a un miembro del claustro, ¿cuál es la probabilidad de que sea una profesora si sabemos que llevaba gafas?

ACTIVIDADES **PARA PENSAR MÁS**

68. La probabilidad de que al seleccionar un número capicúa entre 1000 y 10000 sea múltiplo de 7 es:

A. $\frac{1}{4}$ B. $\frac{1}{5}$ C. $\frac{1}{6}$ D. $\frac{1}{7}$

69. *A* y *B* son dos sucesos tales que $P(A) = 0{,}40$, $P(B/A) = 0{,}25$ y $P(B) = b$. ¿Cuál es el mayor valor posible que puede tomar *b*?

A. 0,40 B. 0,36 C. 0,70 D. 1

70. Se escoge un punto al azar en el interior de un cuadrado de lado 1 y se mide la distancia del punto al lado más próximo. ¿Cuál es la probabilidad de que esa distancia esté comprendida entre $\frac{1}{5}$ y $\frac{1}{3}$?

A. $\frac{45}{225}$ B. $\frac{55}{225}$ C. $\frac{56}{225}$ D. $\frac{60}{225}$

Encuentra el error

71. Un fallo con historia.

Si se lanzan al aire dos monedas, ¿cuál es la probabilidad de que salga alguna cara?

El matemático francés Jean Le Rond d'Alembert (1717-1783) dijo que la probabilidad era $\frac{2}{3}$.

Razonó así:

- Si la primera moneda sale cara ya se cumple nuestro suceso.
- Si no es así los resultados pueden ser (X, C) o (X, X). En dos de los casos sale alguna cara y en el tercero no sale ninguna. Luego la probabilidad de salir alguna cara es $\frac{2}{3}$.

¿Estás de acuerdo con d'Alembert? Calcula la probabilidad de obtener "al menos una cara" al lanzar dos monedas. Encuentra el fallo, si lo hay, en el razonamiento de d'Alembert.

Ponte a prueba

PROBLEMA **RESUELTO**

La importancia de los análisis médicos y de las leyes del azar

Para detectar una determinada epidemia que ha afectado a un 4 % de la población se utiliza un análisis específico. Pero ningún análisis es infalible.

Este en concreto da falsos positivos (tener la enfermedad) en personas sanas en un 2 % de las ocasiones. Y, por el contrario, da falsos negativos (estar sano) en el 5 % de personas que sí tienen la enfermedad.

Luis, sospecha que está enfermo y se ha realizado el análisis, que ha dado positivo. Está convencido de que tiene la enfermedad. ¿Puedes demostrarle que no es seguro que esté enfermo?

1. ¿Qué probabilidad tiene de que el análisis dé positivo?
2. Si el análisis ha dado positivo, ¿qué probabilidad hay de que esté realmente enfermo?

SOLUCIÓN

Se denominan a los sucesos así:

$+ =$ "Dar positivo" $\qquad S =$ "Estar sano"

$- =$ "Dar negativo" $\qquad \overline{S} =$ "Estar enfermo"

Las probabilidades son:

$P(S) = 0{,}96 \qquad P(+ / S) = 0{,}02 \qquad P(- / S) = 0{,}98$

$P(\overline{S}) = 0{,}04 \qquad P(+ / \overline{S}) = 0{,}95 \qquad P(- / \overline{S}) = 0{,}05$

1. Como no se sabe si Luis está enfermo o sano habrá que contemplar las dos posibilidades, es decir, que dé positivo estando sano y que dé positivo estando enfermo. Se aplica el teorema de la probabilidad total.

   $P(+) = P(S)\ P(+ / S) + P(\overline{S})\ P(- / \overline{S}) = 0{,}96 \cdot 0{,}02 + 0{,}04 \cdot 0{,}95 = 0{,}0572$

   La probabilidad de dar positivo en el análisis es del 5,72 %.

2. El análisis ha dado positivo, es decir, se ha dado el suceso +. La probabilidad de que Luis esté enfermo es $P(\overline{S} / +)$ y para calcularla se aplica el teorema de Bayes:

   $$P(\overline{S} / +) = \frac{P(\overline{S} \cap +)}{P(+)} = \frac{P(\overline{S}) \cdot P(+ / \overline{S})}{P(S) \cdot P(+ / S) + P(\overline{S}) \cdot P(+ / \overline{S})} = \frac{0{,}04 \cdot 0{,}95}{0{,}0572} = 0{,}6643$$

   Es decir, a pesar de la alta fiabilidad del análisis y de haber dado positivo en el análisis, Luis tiene más de la mitad de posibilidades de estar sano.

Un juego con trampa

Belén y Carlos han descubierto un nuevo juego:

- Se introducen tres fichas en un sombrero.
- Una de ellas tiene las dos caras blancas, otra las dos caras rojas y la tercera una blanca y otra roja.
- Uno de ellos extrae una ficha, mira solo una de sus caras y le muestra el color al otro jugador.

Carlos apuesta a que la ficha es la que tiene las dos caras iguales, y Belén, a que es la que tiene las caras diferentes.

Parece que los dos jugadores tienen las mismas posibilidades de acertar, ya que si la cara que se ha visto es roja la cara oculta o es roja también, en cuyo caso sería la ficha de dos caras rojas, o por el contrario, es blanca, y entonces la ficha extraída sería la blanca-roja.

1. ¿Tienen los dos jugadores las mismas probabilidades de ganar?
2. En caso contrario, ¿por cuál de las dos opciones apostarías? Calcula la probabilidad de ganar de cada jugador.

Una partida sin terminar. Reparto justo

Blaise Pascal (1623-1662) y **Pierre de Fermat** (1601-1665) son dos de los fundadores de la teoría de la probabilidad.

Se intercambiaron numerosas cartas planteándose problemas relacionados con el azar. Uno de ellos fue cómo habría que repartir las cantidades apostadas por dos jugadores si hubieran de interrumpir el juego antes del final y uno fuera ganando al otro.

En una carta escrita el 29 de julio de 1654 Pascal le remite a Fermat su forma de resolver el problema:

> 29 de julio de 1654
>
> "He aquí como lo hago para saber el valor de cada una de las partidas cuando dos jugadores juegan al mejor de tres partidas, y cada uno ha apostado 32 monedas. Supongamos que el primero ha ganado dos y el otro una. Ahora están jugando una partida cuya suerte es que, si gana el primero, gana la apuesta, las 64 monedas. Si gana el otro empatan a dos partidas, y por tanto, si suspenden el juego cada una retiraría su apuesta.
>
> Considerad, señor, que si gana el primero le pertenecen 64 monedas y 32 si pierde. Ahora bien, si no quieren arriesgar esta partida y separarse sin jugarla, el primero debe decir: "estoy seguro de ganar 32 monedas, porque aunque pierda las tengo; pero las otras 32 quizás las tendré yo o quizás las tendréis vos; el azar es igual, repartamos pues estas monedas mitad por mitad, y me dais, además de estas 16 las 32 monedas que me corresponden con seguridad". Tendrá, pues, 48 monedas el primero y el otro 16"

1. ¿Estás de acuerdo con la solución de Pascal?
2. ¿No sería más justo este razonamiento: "si han jugado tres partidas y uno ha ganado dos, y el otro, una, lo lógico es dividir las 64 monedas en tres partes y que el primero se lleve dos partes, y el otro, una. Es decir, al primero le corresponden $\frac{2}{3}\cdot 64 = 42{,}66$ y al otro $\frac{1}{3}\cdot 64 = 21{,}33$?
3. Haz un diagrama de árbol, suponiendo que los dos tiene la misma probabilidad de ganar una partida y saca tus propias conclusiones.

AUTOEVALUACIÓN

1. Se consideran dos sucesos A y B de un experimento aleatorio y se sabe que $P(A) = 0{,}7$; $P(B) = 0{,}4$ y $P(A \cap B) = 0{,}3$. Representa los sucesos A y B mediante un diagrama de Venn y calcula:

   a) $P(A \cup B)$ b) $P(\overline{B})$ c) $P(A \cup \overline{B})$

2. Los dados para rellenar quinielas son dados cúbicos con estas características:

   - Tres caras están marcadas con un 1 que representa la victoria local.
   - Dos caras con una X que representa el empate.
   - Una cara con un 2, que representa la victoria visitante.

   Calcula las probabilidades de que al lanzar el dado tres veces:

   a) Salgan 3 X.

   b) No salga ninguna X.

   c) Salga al menos una X.

3. Se elige un número al azar entre 1000 y 9999. Calcula las siguientes probabilidades.

   a) Que tenga alguna cifra repetida.

   b) Que tenga solo una cifra repetida dos veces.

4. Se extraen 4 cartas al azar de una baraja de 40 naipes. Calcula la probabilidad de que:

   a) Tres de las cuatro cartas tengan el mismo valor: tres cuatros, tres reyes...

   b) Las cuatro tengan distinto valor.

5. En un concurso de televisión, un concursante domina 5 de los 8 temas sobre los que le pueden preguntar. En la primera ronda, el presentador elige dos sobres al azar y le muestra los temas que contienen al concursante, para que elija uno de ellos.

   a) Halla la probabilidad de que el concursante pueda elegir uno de los temas que domina.

   b) Halla la probabilidad de que el presentador le muestre al concursante dos temas que conoce.

6. En una ciudad hay tres centros educativos A, B y C que presentan alumnos al examen de acceso a la universidad. El 50 % de los alumnos presentados son del centro A, el 35 %, del B, y el 15 %, del C. El centro A tiene un porcentaje de aprobados del 90 %, el B, del 88 %, y el C, del 96 %.

   a) ¿Cuál es el índice global de aprobados en la ciudad?

   b) Se ha elegido un estudiante al azar y ha suspendido, ¿cuál es la probabilidad de que sea alumno del centro A?

smSaviadigital.com VALORA LO APRENDIDO > Autoevaluación.

14 Estadística

- ¿Cómo seleccionas una muestra representativa de la población activa de un país?
- ¿Sabes representar los datos de un estudio estadístico?
- ¿Qué parámetros describen una distribución estadística?

Piensa y contesta

Las variables que se representan en los gráficos estadísticos son de lo más variado. Y no todas son numéricas.

Encuentra gráficos estadísticos en los que se representen características no cuantitativas.

Analiza y reflexiona

En la actualidad es difícil abrir una revista o un periódico y no encontrar un gráfico estadístico. Pero son un invento relativamente reciente en la historia de las matemáticas. Poco más de dos siglos.

- **¿En qué áreas de la vida cotidiana aparecen a menudo gráficos estadísticos? Piensa en una en la que no se utilicen.**
- **¿Por qué crees que se utilizan en disciplinas tan dispares?**

Lee y comprende

Las representaciones gráficas en la historia

Parece que fue el escocés William Playfair (1759-1823) quien tuvo la idea de representar con gráficos de diferentes tipos muchas tablas numéricas empíricas. W. Playfair no era un matemático; era un diseñador, un comerciante, un inventor... que cambiaba de actividad según su interés en cada momento. Pienso que una de sus aserciones puede describir a este tipo original.

Escribe: “Cada noche, cuando regreso a mi casa, pongo mis guineas una sobre otra teniendo así un pequeño cilindro. Al final de cada semana, observando estos cilindros, puedo decir a simple vista cuando he ganado más”.

Un medio tan sencillo y útil como los histogramas ha sido inventado por un no matemático y, además, por un tipo que no tenía ningún escrúpulo académico. A William Playfair se deben también otras representaciones gráficas, como diagramas con áreas, histogramas, gráficos de sectores y gráficos de líneas.

[...] La actividad matemática de W. Playfair ha sido descubierta muy recientemente; su nombre no se encuentra ni siquiera en las grandes enciclopedias.

EMMA CASTELNUOVO
Conferencia inaugural de las VII JAEM
Actas. SMPM. “Emma Castelnuovo”.
1995

Y tú, ¿qué opinas?

William Playfair creó distintas representaciones gráficas y sin embargo, “su nombre no se encuentra ni siquiera en las grandes enciclopedias”. ¿Crees que es justo que se le reconozca por este hecho?

¿Por qué motivos crees que es justo que se valore o reconozca a una persona?

¿Cuándo guardan alguna relación dos características de una población?

1 Conceptos elementales de estadística. Muestreo

La **Estadística** es la rama de las matemáticas que permite analizar propiedades, estudiar caracteres o hacer previsiones sobre una población sin tener que observar a todos los individuos, sino solo a unos pocos.

La **población** es el conjunto formado por todos los individuos sobre los que se realiza un estudio estadístico.

Una **muestra estadística** es el subconjunto de la población sobre la que se hace el estudio.

Para que el estudio sea válido la muestra debe reflejar las características de la población, es decir, debe ser **una muestra representativa**. Se puede elegir de dos formas:

- **Muestreo aleatorio:** los elementos de la muestra se eligen al azar mediante un proceso aleatorio.
- **Muestreo aleatorio estratificado:** se divide a la población por estratos o partes según el carácter a estudiar. La proporción de elementos de cada estrato en la muestra debe coincidir con la proporción del estrato en la población.

Ejemplo ▸ Una multinacional textil quiere estudiar las tallas usadas por sus potenciales clientes. Sabe que el 80 % son hombres y la cuarta parte son menores de 30 años. Las clientes femeninas menores de 30 años son el 60 % del total. Van a tomar una muestra aleatoria estratificada de mil clientes, formada por:

	Total	< 30 años	> 30 años
Hombres	800	200	600
Mujeres	200	120	80

¿Es representativa esta muestra?

Es representativa porque los individuos que forman la muestra están en la misma proporción que en la población.

Las características que se pueden analizar en un estudio estadístico son muy diversas.

Variable estadística es la característica o propiedad objeto del estudio. Puede ser:

- **Cualitativa**: Si no se puede expresar mediante una cantidad o un número.
- **Cuantitativa**: Si se expresa mediante un número. Según los valores numéricos que puede tomar se clasifican en:
  - **Discreta**: solo toma valores aislados.
  - **Continua**: puede tomar todos los valores de un intervalo.

Ejemplo ▸ Clasifica las características sobre las que se ha preguntado en un estudio estadístico: Edad, Altura, Peso, N.º de hermanos, Nacionalidad, Asignatura optativa.

Variables estadísticas
- **Cualitativas:** Nacionalidad y Asignatura optativa
- Cuantitativas
  - **Discretas:** Edad y N.º de hermanos
  - **Continuas:** Altura y Peso

La obtención de los **datos** puede ser:

- **Directa**, si se obtienen midiendo, observando o preguntando a los individuos. En este caso se realiza una **encuesta** cuyo elemento básico es el **cuestionario**.
- **Indirecta**, mediante datos obtenidos de fuentes diversas: bases de datos, prensa, instituciones...

Ten en cuenta

Las fases de un estudio estadístico son:

- **Selección** de la **muestra**.
- **Obtención** de los **datos**.
- **Análisis** y **tratamiento** de los datos.
- Elaboración de **conclusiones**.

Para facilitar el análisis de los datos se utilizan la **hoja de cálculo** **o la calculadora**.

Tablas de frecuencias

Para organizar los datos recogidos en el estudio estadístico, se realiza el recuento y se construye la **tabla de frecuencias**.

En una **tabla de frecuencias**, se representan los valores que toma la variable estadística, x_i, con $1 \le i \le n$ y las frecuencias asociadas:

- **Frecuencia absoluta, f_i**: es el número de veces que aparece el valor x_i en el recuento. La suma de las frecuencias absolutas es igual al número de datos. $$\sum_{i=1}^{n} f_i = N$$
- **Frecuencia relativa, h_i**: es el cociente entre la frecuencia absoluta f_i y el número total de datos, N. $$h_i = \frac{f_i}{N}$$
- **Frecuencia absoluta acumulada F_i**: es la suma de las frecuencias absolutas de los valores menores o iguales a x_i. $$F_i = \sum_{j \le i} f_j$$
- **Frecuencia relativa acumulada H_i**: es la suma de las frecuencias relativas de los valores menores o iguales a x_i. $$H_i = \frac{F_i}{N} = \sum_{j \le i} h_j$$

Ejemplo ▸ Las notas de matemáticas sobre 5 de los 32 alumnos de una clase son:

4, 2, 3, 1, 5, 4, 3, 1, 2, 4, 4, 2, 1, 2, 5, 2, 4, 2, 4, 4, 5, 4, 3, 3, 2, 3, 4, 4, 3, 3, 4, 5

Si el aprobado es una nota igual o superior a 3, ¿cuántos alumnos han suspendido?

x_i	f_i	h_i	F_i	H_i	H_i(%)
1	3	0,094	3	0,094	9,4
2	7	0,219	3 + 7 = 10	0,313	31,3
3	7	0,219	3 + 7 + 7 = 17	0,532	53,2
4	11	0,343	28	0,875	87,5
5	4	0,125	32	1	100
	$N = 32$	1			

El número de suspensos coincide con la frecuencia acumulada de 2, es decir, 10 alumnos que son el 31,3 % de la clase.

Si la variable estadística es continua o es discreta con un gran número de datos, se agrupan los datos en intervalos y se selecciona el valor medio del intervalo como representativo de todos los valores del mismo intervalo. Se denomina **marca de clase**.

Ten en cuenta

El símbolo Σ se utiliza para representar de forma abreviada una suma:

$$f_1 + f_2 + f_3 + \dots + f_n = \sum_{i=1}^{n} f_i$$

Ten en cuenta

- La suma de las frecuencias relativas h_i es siempre 1.
- La frecuencia relativa acumulada se suele dar en porcentaje para facilitar la presentación de los datos.
- La frecuencia acumulada del dato mayor coincide con el número total de datos (absoluta) o con el 100 % (relativa).

ACTIVIDADES

1. Unos grandes almacenes quieren hacer un estudio sobre el grado de satisfacción de sus clientes. Para ello, seleccionan al azar, entre ellos, a 100 que han gastado menos de 1000 € el último año, otros 100 entre los que han gastado entre 1000 € y 5000 € y otros 100 entre los que han gastado más de 5000 €. ¿Es representativa la muestra?

2. Clasifica las siguientes variables estadísticas:
   a) Número de goles en una jornada de la liga.
   b) Cotización en bolsa de una empresa en una semana.
   c) Profesiones con menor índice de paro.
   d) Causas de mortalidad en una población.

3. Los resultados de una encuesta a 40 jóvenes sobre el número de horas que utilizan una consola el fin de semana son:

4	2	3	7	6	4	3	7	6	8
3	4	3	5	3	2	1	0	5	4
3	7	8	0	1	6	4	5	7	6
1	4	3	7	5	4	3	1	0	3

   a) ¿De qué tipo es la variable estadística?
   b) Haz una tabla de frecuencias indicando la frecuencia absoluta, relativa, y las frecuencias acumuladas de cada dato.
   c) ¿Qué porcentaje utiliza la consola menos de 3 horas? ¿Y más de 6?

2 Gráficos estadísticos

Los **gráficos estadísticos** permiten organizar la información de un estudio estadístico de forma visual. El tipo de gráfico a utilizar depende del tipo de variable estadística y de las características del estudio.

Diagrama de barras y polígono de frecuencias

En un **diagrama de barras** cada valor se representa con una barra cuya altura es proporcional a su frecuencia.

Si se marcan los puntos medios de los extremos superiores de las barras y se unen mediante rectas se obtiene el **polígono de frecuencias**.

Se utiliza para variables cualitativas o cuantitativas discretas.

MAT-TIC GeoGebra

Entra en smSaviadigital.com y construye diagramas de barras con distintos datos.

Ejemplo ▸ Representa el diagrama de barras y el polígono de frecuencias de la siguiente tabla de frecuencias:

x_i	f_i	h_i	F_i	H_i
1	2	0,1	2	0,1
2	5	0,25	7	0,35
3	7	0,35	14	0,7
4	6	0,3	20	1
	$N = 20$	1		

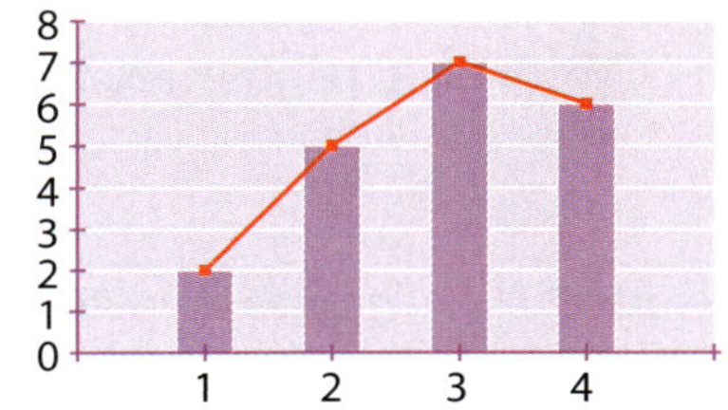

También se pueden representar las frecuencias acumuladas mediante diagramas de barras y polígonos de frecuencias.

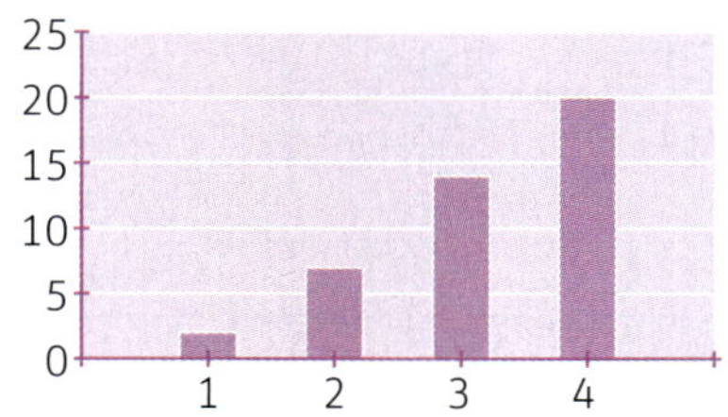

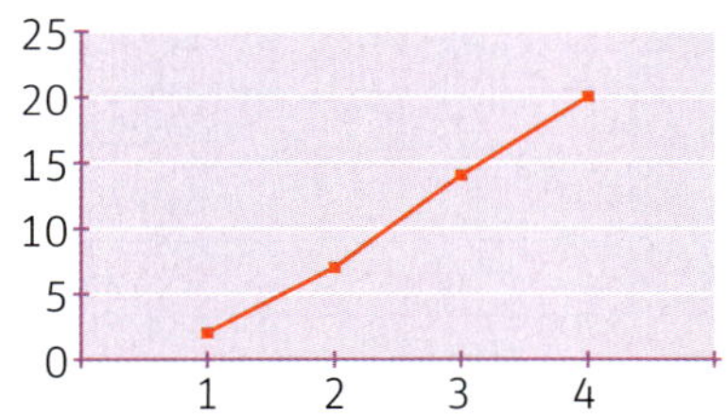

Sabías que...

El polígono de frecuencias acumuladas se denomina **ojiva**.

Diagrama de sectores

En un **diagrama de sectores** cada valor de la variable se representa por un sector cuya amplitud es proporcional a su frecuencia.

$$\textbf{Amplitud del sector } (^\circ) = \frac{f_i}{N} \cdot 360^\circ = h_i \cdot 360^\circ$$

Se utiliza para variables cualitativas o cuantitativas discretas con pocos valores.

MAT-TIC GeoGebra

Entra en smSaviadigital.com y practica construyendo diagramas de sectores.

Ejemplo ▸ Representa mediante un diagrama de sectores la distribución de los 822 alumnos de secundaria de un centro.

Curso	Alumnos	Amplitud
1.º ESO	242	$\frac{242}{822} \cdot 360^\circ = 106^\circ$
2.º ESO	230	100,72°
3.º ESO	185	81,02°
4.º ESO	165	72,26°

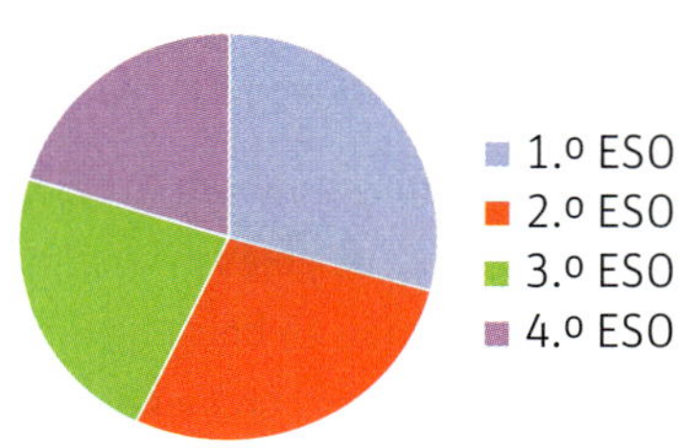

Diagramas lineales

En los **diagramas lineales** cada valor se representa mediante un punto cuya ordenada es proporcional a su frecuencia y se unen los puntos mediante segmentos.

Sirven para ver la evolución de una o varias variables estadísticas en distintas fases.

Ejemplo ▸ El gráfico muestra la evolución de las notas de un alumno a lo largo de un curso en tres asignaturas:

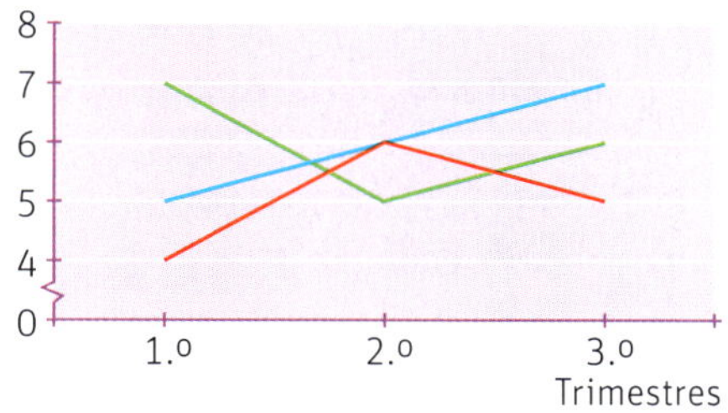

Histogramas

Cuando los datos se agrupan en intervalos, el gráfico que se utiliza es el **histograma**.

En un **histograma** cada intervalo está representado por un rectángulo cuya base tiene la longitud del intervalo correspondiente y cuya altura es proporcional a su frecuencia. Si se unen las marcas de clase de cada intervalo se obtiene el **polígono de frecuencias**.

Ejemplo ▸ Representa mediante un histograma los datos de un control de velocidad en una avenida de una ciudad.

Velocidad (km/h)	Marca de clase, x_i	f_i
[0, 20)	10	7
[20, 40)	30	10
[40, 60)	50	13
[60, 80)	70	12
[80, 100)	90	8
		$N = 50$

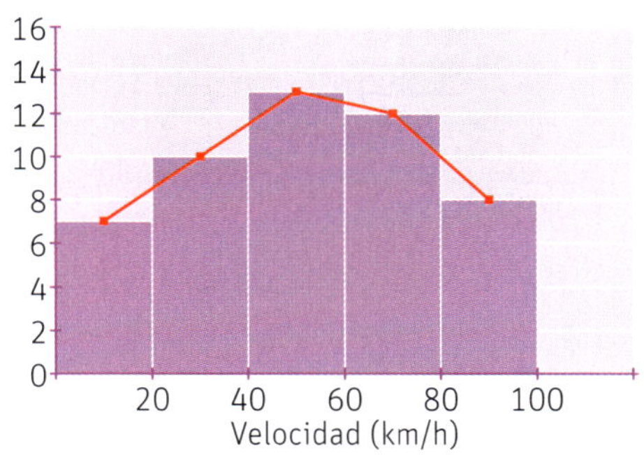

Sabías que...

Las pirámides de población son histogramas dobles.

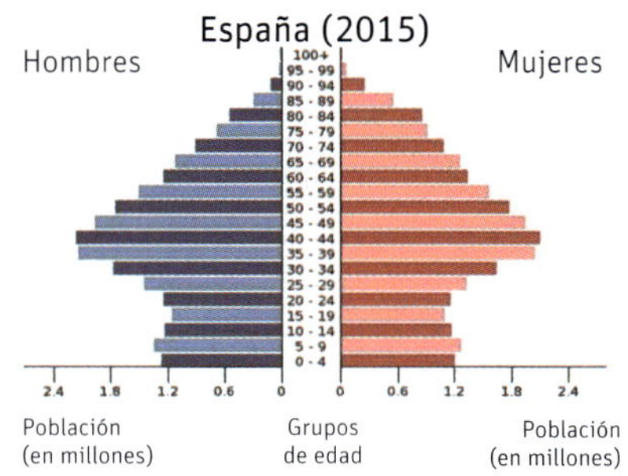

MAT-TIC GeoGebra

Entra en smSaviadigital.com y prepara histogramas.

ACTIVIDADES

4. El número de alumnos, en miles, matriculados en enseñanzas no universitarias en España en el curso 2015/2016 fue:

E. Infantil	1798
E. Primaria	2918
E.S.O.	1865
Bachillerato	698
F. Profesional	784

a) Construye el diagrama de barras de la distribución escolar y el polígono de frecuencias acumuladas.

b) Si los datos en 2012/2013 fueron respectivamente 1900, 2827, 1806, 692 y 663, haz un diagrama lineal con los datos de ambos cursos y comenta la evolución.

5. En una fábrica de bombillas se estudia la vida de un tipo de bombilla. Se ha tomado una muestra de 200 lámparas con los siguientes resultados:

Vida en horas	N.º de bombillas
[100,300)	10
[300,500)	65
[500,700)	75
[700,900)	35
[900,1100)	15

Dibuja el polígono de frecuencias acumuladas en porcentaje. ¿Cuál es el porcentaje de bombillas que dura más de 800 horas?

3 Medidas de centralización

Las tablas y los gráficos proporcionan una visión global de los datos de una distribución estadística, pero si la variable es cuantitativa es conveniente resumir el estudio mediante unos pocos valores que reflejen sus propiedades generales. Estos valores son los **parámetros estadísticos**: de **centralización** o **posición** y de **dispersión**.

Las medidas de centralización son **moda**, **media**, **mediana**, **cuartiles**, **deciles**, **percentiles**...

- **Moda**

La **moda**, M_o, es el valor o los valores de la variable que tienen mayor frecuencia.

Si los datos están agrupados en intervalos, el **intervalo modal** es el que presenta mayor frecuencia.

- **Media**

La **media**, $\overline{x}$, de una distribución es el resultado de dividir la suma de los valores de todos los datos entre el número total de datos.

$$\overline{x} = \frac{x_1 + x_2 + ... + x_n}{N} = \frac{\sum x_i}{N}$$

– Si los datos vienen dados en una tabla de frecuencias absolutas, la media es:

$$\overline{x} = \frac{x_1 f_1 + x_2 f_2 + ... + x_n f_n}{N} = \frac{\sum x_i f_i}{N} = \sum x_i h_i$$

– Si los datos están agrupados por intervalos se toman como valores de la variable x_i, las **marcas de clase** de los intervalos.

- **Mediana**

La **mediana**, M, es el dato que ocupa el centro de los datos cuando están ordenados de menor a mayor. El número de datos que hay por debajo de la mediana coincide con el número de datos que hay por encima.

– Si el número de datos es impar, la mediana es el dato que ocupa la posición central.
– Si el número de datos es par, la mediana es la media aritmética de los dos valores centrales.

Si los datos están agrupados en intervalos, el **intervalo mediano** es el que contiene a la mediana.

Ejemplo ▶ Calcula la moda, la media y la mediana del estudio que se ha realizado a los 30 empleados de una empresa sobre el número de horas semanales que dedican a practicar algún deporte. Los datos recogidos han sido:

Horas	0	1	2	3	4	5
Empleados	3	7	12	5	2	1

- La moda es el valor más frecuente: $M_o = 2$ horas.
- La media es:

$$\overline{x} = \frac{0 \cdot 3 + 1 \cdot 7 + 2 \cdot 12 + 3 \cdot 5 + 4 \cdot 2 + 5 \cdot 1}{30} = \frac{59}{30} = 1,97$$

- Para calcular la mediana, se ordenan los valores y se dividen en dos partes iguales:

0 0 0 1 1 1 1 1 1 1 2 2 2 2 2 | 2 2 2 2 2 2 2 3 3 3 3 3 4 4 5

La mediana dejará 15 datos por abajo y 15 por arriba. Es la media entre los valores que ocupan las posiciones 15 y 16: $M = 2$ horas.

Con calculadora

Para realizar cálculos estadísticos con la calculadora, se elige el modo estadístico para una variable:

MODE MODE SD

Se introducen los valores de la variable:

x_1 M+, x_2 M+, ...

Para calcular la media:

SHIFT S-VAR $\overline{x}$

smSaviadigital.com

AMPLIA Cuando los datos están agrupados en intervalos el cálculo de la mediana se realiza utilizando el método de **interpolación**.

- Cuartiles

Si se dividen los datos ordenados del estudio estadístico en cuatro partes iguales se obtienen los **cuartiles**.
- El **primer cuartil**, Q_1, es el dato que es mayor que el 25 % de los datos.
- El **segundo cuartil**, Q_2, es el dato que es mayor que el 50 % de los datos, es la mediana.
- El **tercer cuartil**, Q_3, es el dato que es mayor que el 75 % de los datos.

MAT-TIC GeoGebra
Entra en **smSavia**digital.com y calcula medias, medianas y cuartiles.

Si se divide el conjunto de datos ordenados en 10 partes iguales, los valores que separan cada una de las partes se llaman **deciles**, D_i.

Si se divide en 100 partes, las divisiones se llaman **percentiles**, P_i. Se suelen utilizar en estudios de características antropométricas: peso, estatura, *CI*...

Ejemplo ▸ Calcula los cuartiles en el estudio sobre los hábitos deportivos de los empleados de una empresa.

Para calcular los cuartiles se dividen los datos en cuatro partes iguales.

0 0 0 1 1 1 1 | 1 1 1 2 2 2 2 **2** | **2** 2 2 2 2 2 2 2 | 3 3 3 3 3 4 4 5

- El 25 % de 30 es 7,5. El primer cuartil es el valor del término octavo, $Q_1 = x_8 = 1$.
- El 50 % de 30 es 15. El segundo cuartil es la mediana, $Q_2 = M = 2$.
- El 75 % de 30 es 22,5. El tercer cuartil es el valor del dato que ocupa el lugar 23, $Q_3 = x_{23} = 3$.

ACTIVIDADES

ACTIVIDAD **RESUELTA**

6. **En una gasolinera han estudiado los litros de combustible que los clientes han comprado en un día.**

Litros	[0,20)	[20,40)	[40,60)	[60,80)
Clientes	76	154	310	60

Calcula la mediana y los cuartiles.

Se utiliza el gráfico de frecuencias acumuladas para obtener los parámetros. Se completa la tabla de frecuencias acumuladas:

Extremos	20	40	60	80
F_i	76	230	540	600
H_i %	12,67	38,33	90	100

Desde los valores 25 %, 50 % y 75 % del eje *Y* se trazan rectas horizontales hasta que corten a la gráfica. Las abscisas de esos puntos son la mediana y los cuartiles.

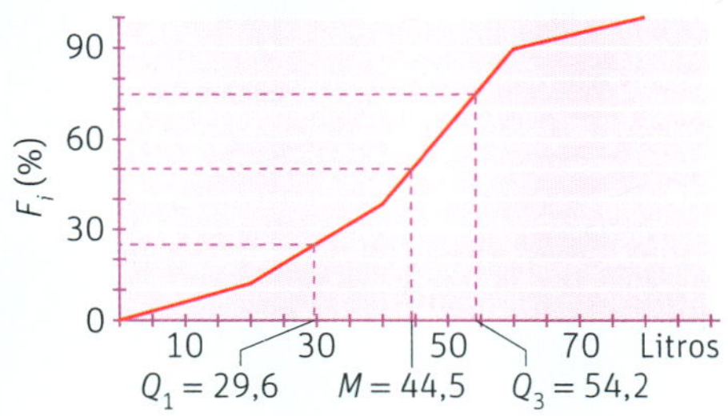

7. La edad de los 50 socios de club deportivo juvenil viene dada por la tabla:

Edad	16	17	18	19	20	21
N.º	5	8	10	12	9	6

Halla la moda, la media y la mediana y los cuartiles.

8. La evaluación de un test realizado a los 215 trabajadores de una empresa ha sido:

Nota	1	2	3	4	5	6	7	8	9	10
N.º Trab.	9	7	8	34	40	37	50	13	10	7

a) Completa la tabla de frecuencias y representa la distribución con un diagrama de barras.

b) Calcula la moda, la media, la mediana y los cuartiles.

c) Deberán hacer un curso de formación los trabajadores por debajo del tercer decil. ¿Cuántos son?

9. En un saco de patatas, su masa se distribuye de la forma:

Peso (g)	Patatas
[0, 100)	3
[100, 200)	32
[200, 300)	54
[300, 400)	41
[400, 500]	20

a) Dibuja el gráfico de frecuencias acumuladas en porcentaje.

b) Halla la mediana y los cuartiles.

c) ¿Qué número aproximado de patatas pesarán menos de 230 g?

4 Medidas de dispersión. Interpretación conjunta de la media y la desviación típica

Además de conocer el centro, es conveniente conocer la distribución de los datos respecto a los valores centrales. Para ello, hay que estudiar las **medidas de dispersión: recorrido, varianza, desviación típica...**

Recorrido

El **recorrido** o **rango** es la diferencia entre el mayor y el menor de los valores que toma la variable.

Si los datos están agrupados en intervalos el recorrido es la diferencia entre el extremo superior del intervalo mayor y el extremo inferior del menor.

Se puede calcular entre qué valores se sitúan la mitad central de los datos.

El **recorrido intercuartílico** es la diferencia entre el tercer cuartil, Q_3, y el primer cuartil Q_1. $R_I = Q_3 - Q_1$.

Ten en cuenta

En un **diagrama de caja y bigotes**:

- Los extremos indican el recorrido.
- El rectángulo, el recorrido intercuartílico.
- La barra central es la mediana.

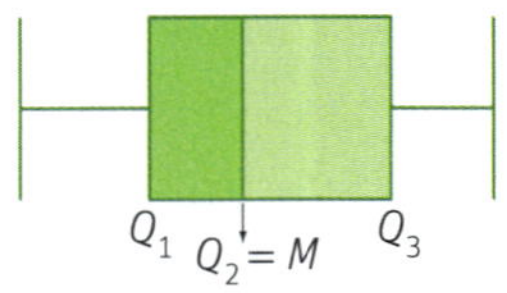

Varianza y desviación típica

Se puede medir la dispersión como la desviación de cada dato respecto de la media, $x_i - \bar{x}$. Pero la suma de las desviaciones siempre es 0, ya que las negativas compensan a las positivas, por eso se utilizan sus cuadrados. Como la medida así calculada no tiene las mismas unidades que la variable, se toma su raíz cuadrada.

- La **varianza**, s^2, es la media de los cuadrados de las desviaciones de los datos respecto de la media de la distribución:

$$s^2 = \frac{(x_1-\bar{x})^2 f_1 + (x_2-\bar{x})^2 f_2 + (x_3-\bar{x})^2 f_3 + \ldots + (x_n-\bar{x})^2 f_n}{N} = \frac{\sum (x_i-\bar{x})^2 f_i}{N} = \frac{\sum x_i^2 f_i}{N} - \bar{x}^2$$

- La **desviación típica**, s, es la raíz cuadrada positiva de la varianza:

$$s = \sqrt{\frac{(x_1-\bar{x})^2 f_1 + (x_2-\bar{x})^2 f_2 + \ldots + (x_n-\bar{x})^2 f_n}{N}} = \sqrt{\frac{\sum (x_i-\bar{x})^2 f_n}{N}} = \sqrt{\frac{\sum x_i^2 f_i}{N} - \bar{x}^2}$$

Ejemplo ▸ Calcula el rango, la varianza y la desviación típica de la edad de los profesores de un centro recogidas en la siguiente tabla:

Edad	[25-35)	[35-45)	[45-55)	[55-65)
f_i	6	14	18	12

Se completa la tabla para facilitar los cálculos:

Edad	x_i	f_i	$x_i \cdot f_i$	$x_i^2 \cdot f_i$
[25-35)	30	6	180	5400
[35-45)	40	14	560	22400
[45-55)	50	18	900	45000
[55-65)	60	12	720	43200
		$\sum f_i = 50$	$\sum x_i f_i = 2360$	$\sum x_i^2 f_i = 116000$

- El recorrido es $65 - 25 = 40$.
- Se calcula la media para obtener la varianza:

$$\bar{x} = \frac{\sum x_i f_i}{N} = \frac{2360}{50} = 47{,}2 \Rightarrow s^2 = \frac{\sum x_i^2 f_i}{N} - \bar{x}^2 = \frac{116000}{50} - 2227{,}84 = 92{,}16$$

- Por tanto, la desviación típica es $s = \sqrt{s^2} = \sqrt{92{,}16} = 9{,}6$ años.

MAT-TIC GeoGebra

Entra en smSaviadigital.com y practica con las medidas de centralización y de dispersión realizando diagramas de cajas.

Con calculadora

Se introducen los valores en el modo estadístico de la calculadora y, para calcular la desviación típica, se escribe:

SHIFT S-VAR S_x

Coeficiente de variación

Para comparar la **dispersión relativa** de varias distribuciones se relaciona la desviación típica con la media correspondiente de cada distribución.

El **coeficiente de variación** de una distribución estadística es el cociente entre la desviación típica y la media aritmética:

$$CV = \frac{s}{\overline{x}}$$

El resultado se suele expresar en forma de porcentaje y cuanto menor es, más **representativa de la distribución** es la media.

Ejemplo ▸ La media de la edad de los profesores en otro centro es $\overline{x} = 38{,}9$ años y la desviación típica es $s = 13{,}7$ años. ¿En qué centro es más representativa la media?

Se calculan coeficientes de variación en los dos centros:

$$CV_1 = \frac{9{,}6}{47{,}2} = 0{,}2033 \rightarrow 20\ \% \qquad CV_2 = \frac{13{,}7}{35{,}9} = 0{,}3816 \rightarrow 38{,}16\ \%$$

Como 20 % < 38 %, la media es más representativa en el primer centro.

smSaviadigital.com

PRACTICA Calcula parámetros estadísticos y comprueba cómo de significativa es la media.

Interpretación conjunta de la media y la desviación típica

Se puede resumir toda la información de cualquier distribución estadística con solo **dos números**: la **media**, $\overline{x}$, y la **desviación típica**, s. La media indica el centro y la desviación típica el grado de dispersión de los datos.

Muchas distribuciones estadísticas se ajustan a un modelo conocido como **distribución normal**. Es una distribución simétrica y con una sola moda.

Si el número de datos es lo suficientemente grande y la distribución es simétrica, con una sola moda y se aproxima a la **distribución normal**:

- Aproximadamente el 68 % de los datos están entre $\overline{x} - s$ y $\overline{x} + s$.
- El 95 % de los datos están entre $\overline{x} - 2s$ y $\overline{x} + 2s$.
- El 99 % de los datos están entre $\overline{x} - 3s$ y $\overline{x} + 3s$.

MAT-TIC GeoGebra

Entra en smSaviadigital.com y aprende a hacer estudios estadísticos globales con GeoGebra.

ACTIVIDADES

10. El número de libros solicitados por los usuarios de una biblioteca ha sido:

Libros	1	2	3	4	5	6
Usuarios	8	12	9	6	3	2

a) Calcula el recorrido y el recorrido intercuartílico.

b) Halla la varianza y la desviación típica.

11. Las notas de 10 alumnos en una prueba han sido:

6, 5, 3, 6, 3, 7, 5, 8, 5, 4

a) Halla el recorrido y el recorrido intercuartílico.

b) Calcula la desviación típica y el coeficiente de variación.

c) El profesor decide puntuar sobre 20 puntos y para ello multiplica las notas por 2. ¿Qué le ocurre a los tres parámetros estadísticos? ¿En qué caso hay mayor dispersión relativa?

12. Se han realizado dos pruebas *A* y *B* de 120 preguntas tipo test cada una. ¿En cuál es más representativa la media?

- En la prueba *A* la media de respuestas correctas ha sido 72, y la desviación típica, 15.
- En la prueba *B* la media ha sido 58, y la desviación típica, 13.

13. Para medir la eficacia de un abono se han medido el crecimiento de 20 plantas en un mes:

Altura (cm)	[0, 10)	[10, 20)	[20, 30)	[30, 40)
N.º plantas	4	7	5	4

a) Halla la media, el recorrido, la desviación típica y el coeficiente de variación.

b) ¿Entre que valores se encuentra el 68 % de los datos? ¿Y el 95 %?

5 Distribuciones bidimensionales

Los estudios estadísticos pueden analizar más de una característica de los individuos de una población.

En una **distribución bidimensional** a cada individuo de una población se le asignan dos valores, uno de cada variable o característica.

Una **variable estadística bidimensional**, **(*X*, *Y*)**, representa los pares de valores asociados a cada individuo.

Ejemplo ▸ Las notas de 8 alumnos en un examen de Lengua y otro de Matemáticas han sido:

Alumno	1	2	3	4	5	6	7	8
Lengua	2	4	4	5	5	6	7	8
Matemáticas	3	5	4	4	7	7	5	9

Si *X* es la nota de Lengua e *Y* es la nota de Matemáticas, la variable bidimensional (*X*, *Y*) toma los valores asociados a cada alumno: $(x_i, y_i) = \{(2, 3), (4, 5), (4, 4), ..., (8, 9)\}$.

Si se interpreta el par de valores de cada individuo como las coordenadas de un punto y se representa en el plano, se obtiene un gráfico que se denomina diagrama de dispersión o nube de puntos.

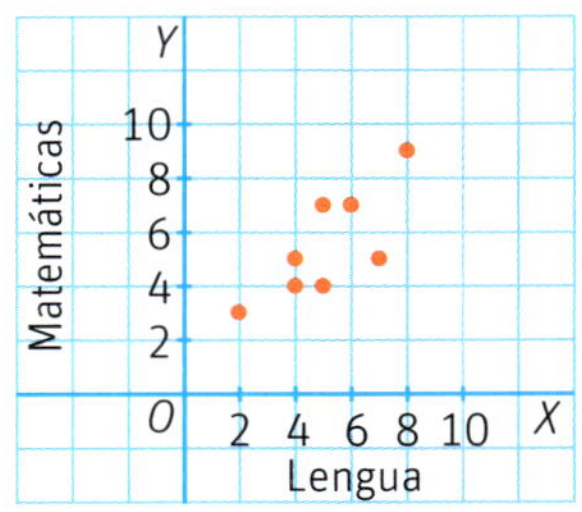

MAT-TIC GeoGebra

Entra en smSaviadigital.com y representa nubes de puntos.

Correlación lineal

La forma de la nube de puntos permite establecer de forma intuitiva la relación entre las dos variables.

- Si los puntos se ajustan a la gráfica de una función hay **dependencia funcional** entre las variables.
- Si los puntos no se ajustan exactamente pero están colocados alrededor de la gráfica de una función hay una **correlación o dependencia aleatoria**.

Se dice que hay **correlación lineal** entre las variables, si los puntos se distribuyen en torno a una línea recta. Si la pendiente de la recta es positiva la **correlación es directa** y si es negativa la **correlación es inversa**.

Observando la forma de la nube de puntos, se puede deducir si la **correlación es fuerte** o **débil**.

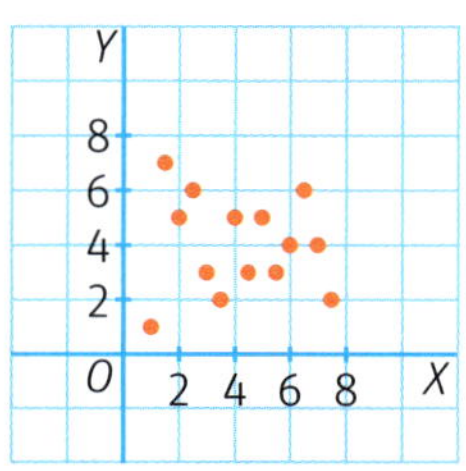

Correlación débil

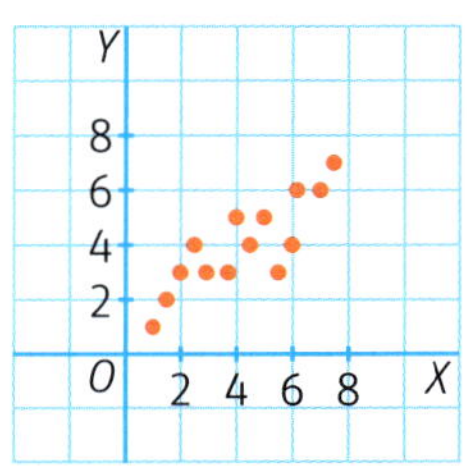

Correlación fuerte directa

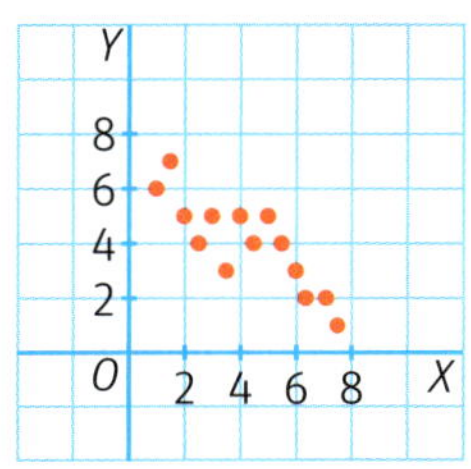

Correlación fuerte inversa

Ten en cuenta

Puede haber correlación no lineal, como en la siguiente distribución.

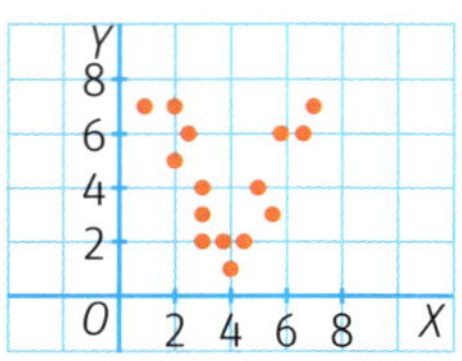

Tablas de contingencia

Si el número de datos es grande y los pares de valores se repiten se utiliza una **tabla de contingencia**.

X \ Y	y_1	y_2	...	y_m	Suma
x_1	f_{11}	f_{12}	...	f_{1m}	$f_{1\cdot}$
x_2	f_{21}	f_{22}	...	f_{2m}	$f_{2\cdot}$
...	...	...	...	...	...
x_n	f_{n1}	f_{n2}	...	f_{nm}	$f_{n\cdot}$
Suma	$f_{\cdot 1}$	$f_{\cdot 2}$	...	$f_{\cdot m}$	N

- $x_1, x_2, ..., x_n$ son los valores de la variable X.
- $y_1, y_2, ..., y_m$ son los valores de la variable Y.
- f_{11} es la frecuencia del valor (x_1, y_1). En general f_{ij} es la frecuencia correspondiente al valor (x_i, y_j).
- $f_{1\cdot}$ es la suma de las frecuencias correspondientes a x_1. $f_{\cdot 1}$ es la suma de las frecuencias correspondientes a y_1.

Ejemplo ▸ Un grupo de alumnos realiza dos tests, X e Y, con 4 preguntas cada uno. Los errores en las respuestas se recogen en la tabla, donde cada casilla recoge el número de individuos que han tenido esos dos errores. ¿Qué número de alumnos han fallado la primera pregunta del primer test (X)? ¿Y la tercera del segundo test (Y)?

Se suman las filas de cada valor de X y las columnas de cada valor de Y:

X \ Y	1	2	3	4	Suma X
1	12	6	4	2	12 + 6 + 4 +2 = **24**
2	8	7	3	0	8 + 7 + 3 + 0 = **18**
3	6	5	2	1	6 + ... + 1 = **14**
4	4	3	1	0	**8**
Suma Y	**30**	**21**	**10**	**3**	**64**

Los alumnos que han fallado la primera pregunta del primer test han sido 24 y los que han fallado la tercera del segundo test han sido 10.

ACTIVIDADES

ACTIVIDAD **RESUELTA**

14. **Diez amigos hacen una competición que consiste en escribir un texto y mirar el tiempo empleado en minutos y los errores cometidos.**

t (X)	2	7	8	8	9	10	11	12	14
E (Y)	24	16	12	15	18	14	14	8	2

Dibuja la nube de puntos e indica qué tipo de correlación existe entre el tiempo y los errores cometidos.

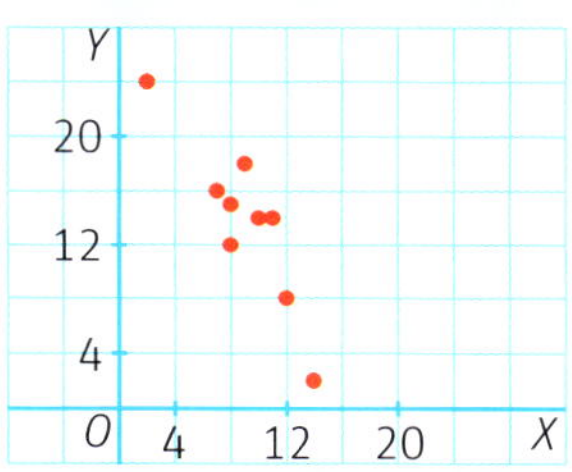

Como los puntos se ajustan bien a una recta de pendiente negativa, la correlación es fuerte e inversa.

15. **Dada la siguiente distribución bidimensional.**

X	2	3	5	6	8	9	10
Y	4	3	6	5	5	6	8

Representa la nube de puntos e indica el tipo de correlación entre las variables.

16. **Las puntuaciones obtenidas por 40 personas en dos test que miden la comprensión lectora (X) y el cálculo numérico (Y) han sido:**

X \ Y	20	30	40	50
20	3	4	2	1
30	5	2	2	1
40	1	3	4	2
50	0	1	3	6

a) ¿Cuántas personas han obtenido 30 puntos en comprensión lectora? ¿Y 50 puntos en cálculo numérico?

b) ¿Hay correlación entre ambas habilidades?

6 Covarianza y coeficiente de correlación lineal

La correlación entre las dos variables de una distribución bidimensional se puede cuantificar estudiando la relación entre los puntos del **diagrama de dispersión y el centro de gravedad**.

Ten en cuenta

El **centro de gravedad** no tiene por qué coincidir con uno de los puntos de la nube.

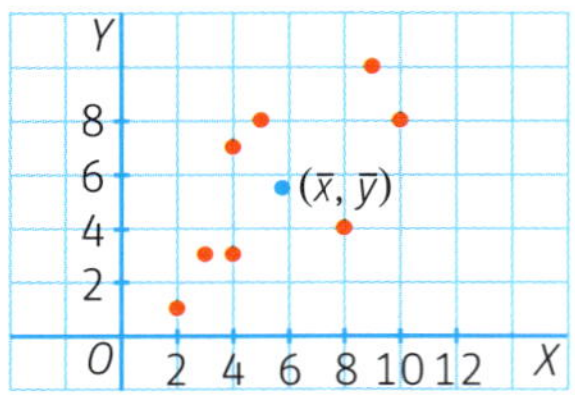

Centro de gravedad

El **centro de gravedad $(\overline{x}, \overline{y})$** es el punto cuyas coordenadas son las medias aritméticas de cada una de las variables:

$$\overline{x} = \frac{\sum x_i}{N} \quad \text{e} \quad \overline{y} = \frac{\sum y_i}{N}, \text{ donde } N \text{ es el número de puntos.}$$

Ejemplo ▸ La tabla muestra las notas de Matemáticas y de Física de 5 alumnos seleccionados al azar de 4.º ESO. Calcula el centro de gravedad.

Alumno	1	2	3	4	5
Matemáticas (X)	3	4	5	8	10
Física (Y)	3	3	7	4	8

Se calcula la media de la variable X y la variable Y.

$$\overline{x} = \frac{\sum x_i}{N} = \frac{3+4+5+8+10}{5} = \frac{30}{5} = 6 \qquad \overline{y} = \frac{\sum y_i}{N} = \frac{3+3+7+4+8}{5} = \frac{25}{5} = 5$$

El centro de gravedad es $(\overline{x} = 6;\ \overline{y} = 5)$.

Ten en cuenta

La **covarianza** mide la suma de las áreas de los rectángulos que tienen por vértices opuestos el punto y el centro de gravedad.

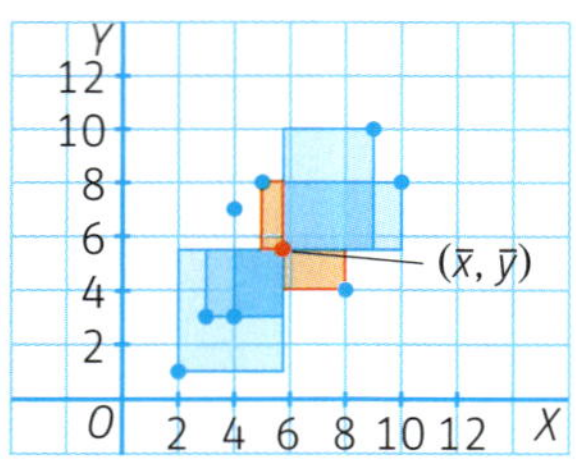

Sus lados miden $(x_i - \overline{x})$ e $(y_i - \overline{y})$ con su signo correspondiente.

Covarianza

La **covarianza** mide la variación conjunta de ambas variables.

$$s_{xy} = \frac{\sum (x_i - \overline{x}) \cdot (y_j - \overline{y})}{N} = \frac{\sum x_i y_j}{N} - \overline{x}\,\overline{y}$$

Si los datos vienen dados con sus frecuencias f_{ij}, la covarianza es:

$$s_{xy} = \frac{\sum (x_i - \overline{x}) \cdot (y_j - \overline{y}) f_{ij}}{N} = \frac{\sum x_i y_j f_{ij}}{N} - \overline{x}\,\overline{y}$$

El valor de la covarianza depende de las unidades de medida de las variables, pero su signo indica la correlación entre ellas.

- $s_{xy} > 0 \Rightarrow$ Directa
- $s_{xy} < 0 \Rightarrow$ Inversa
- $s_{xy} \simeq 0 \Rightarrow$ Débil

Ejemplo ▸ Calcula la covarianza entre las notas de los alumnos.

Alumno	x_i	y_j	$(x_i - \overline{x})$	$(y_i - \overline{y})$	$(x_i - \overline{x}) \cdot (y_i - \overline{y})$
1	3	3	−3	−2	6
2	4	3	−2	−2	4
3	5	7	−1	2	−2
4	8	4	2	−1	−2
5	10	8	4	3	12
Suma	30	25	0	0	18

La covarianza es $s_{xy} = \frac{\sum (x_i - \overline{x}) \cdot (y_j - \overline{y})}{N} = \frac{18}{5} = 3{,}6 > 0$.

Como el valor es positivo y no es cercano a 0, la correlación entre X e Y es directa.

Coeficiente de correlación lineal

La correlación lineal entre dos variables se puede cuantificar con un único número, el **coeficiente de correlación lineal**, r.

$$r = \frac{s_{xy}}{s_x s_y}$$

Donde s_{xy} es la covarianza y s_x, s_y son las desviaciones típicas de las variables.

El coeficiente de correlación lineal no tiene dimensiones, es decir, no depende de las dimensiones de las variables. Su valor está comprendido entre -1 y 1.

- Si $r > 0$, la correlación es directa.
- Si $r < 0$, la correlación es inversa.
- Si r está próximo a 0, la correlación es débil.
- Si r está próximo a 1 o -1 la correlación es fuerte.
- Si $r = 1$ o $r = -1$ la correlación es perfecta y los puntos están sobre una recta, es decir, hay dependencia funcional.

Ejemplo ▸ Calcula el coeficiente de correlación lineal de la distribución de las notas de Matemáticas y de Física.

Completamos la tabla para calcular las desviaciones típicas de X e Y.

Alumno	x_i	y_i	x_i^2	y_i^2
1	3	3	9	9
2	4	3	16	9
3	5	7	25	49
4	8	4	64	16
5	10	8	100	64
Suma	30	25	214	147

$$s_x = \sqrt{\frac{\sum x_i^2}{N} - \bar{x}^2} = \sqrt{\frac{214}{5} - 6^2} = 2{,}608$$

$$s_y = \sqrt{\frac{\sum y_i^2}{N} - \bar{y}^2} = \sqrt{\frac{147}{5} - 5^2} = 2{,}098$$

La covarianza es $s_{xy} = 3{,}6$.

Así, el coeficiente de correlación lineal es $r = \frac{s_{xy}}{s_x s_y} = \frac{3{,}6}{2{,}608 \cdot 2{,}098} = 0{,}658$.

Hay correlación fuerte directa entre las notas de Matemáticas y de Física.

MAT-TIC GeoGebra

Entra en smSaviadigital.com y calcula e interpreta la covarianza y el coeficiente de correlación.

Con calculadora

Para trabajar con distribuciones bidimensionales:

- Se elige el modo estadístico para varias variables:
  Mode Mode REG
- Se introducen los valores de la variable bidimensional
  x_1, y_1 M+
  x_2, y_2 M+
  ...
- Para calcular el coeficiente de correlación.
  Shift S-VAR r =

ACTIVIDADES

17. Se quiere estudiar la relación entre las ventas de un producto y el espacio destinado a su exposición. Se anotan las ventas, en unidades, y la longitud de los expositores, en metros, durante seis semanas:

Semana	1.ª	2.ª	3.ª	4.ª	5.ª	6.ª
Metros	0,5	1	1,5	2	3	4
Unidades	12	15	13	25	24	30

a) Representa la nube de puntos e indica qué tipo de correlación existe.

b) Calcula el centro de gravedad de la distribución.

c) Calcula la media y la desviación típica de cada variable.

d) Halla la covarianza y el coeficiente de correlación.

18. La tabla muestra los datos de importaciones y exportaciones de los años 2007 a 2014, en miles de millones de euros.

Año	08	09	10	11	12	13	14
X (I)	270	210	247	271	263	256	270
Y (E)	191	163	192	220	230	238	245

Dibuja la nube de puntos y calcula el coeficiente de correlación.

19. Se ha preguntado a 10 viandantes sobre el número de veces que han ido al teatro y al cine en el último año.

Teatro	0	1	2	3	3	4	5	5	6	7
Cine	6	12	15	10	5	8	6	9	4	2

¿Hay correlación entre las dos variables? Justifica tu respuesta.

7 Recta de regresión lineal

smSaviadigital.com

AMPLÍA Para encontrar la mejor recta de regresión se podrían adoptar varios criterios: la que pase por más puntos de la nube, la que se distancie menos del mayor número de puntos...

El criterio que se sigue normalmente es el **método de los mínimos cuadrados**.

MAT-TIC GeoGebra

Entra en smSaviadigital.com y encuentra la recta de regresión de forma intuitiva.

PON EN VALOR

Los estudios estadísticos permiten establecer relaciones entre variables y así predecir qué puede ocurrir en el futuro. Esto permite tomar decisiones justas y evitar situaciones de conflicto.

Entra en smSaviadigital.com y elabora un mural donde muestres, con evidencias, la relación entre el comercio de armas y situaciones de conflicto.

smSaviadigital.com

PRACTICA Calcula parámetros de distribuciones bidimensionales.

Cuando hay una fuerte correlación lineal entre las variables de una distribución bidimensional, se busca la recta que mejor se ajusta a la nube de puntos.

La **recta de regresión lineal de *Y* sobre *X*** pasa por el centro de gravedad $(\overline{x}, \overline{y})$ y su ecuación es:

$$y - \overline{y} = \frac{s_{xy}}{s_x^2}(x - \overline{x})$$

Su pendiente $\frac{s_{xy}}{s_x^2}$ se llama **coeficiente de regresión de *Y* sobre *X***.

La recta de regresión de *Y* sobre *X* permite estimar el valor que tomará la variable *Y* para un determinado valor de la variable *X*. El valor de la estimación es fiable cuando:

- El valor está en el rango de valores de *X* o muy cerca de sus extremos.
- Si el coeficiente de correlación se aproxima a 1 o −1.

Ejemplo ▸ El número de licencias de armas por cada 100 000 habitantes, *X*, y el de homicidios por cada 100 000 habitantes, *Y*, en una ciudad de EE. UU. entre 2010 y 2016 están representadas en la siguiente tabla. Si las autoridades hubiesen reducido en 2016 las licencias a 500, ¿cuál hubiese sido el número de homicidios esperados?

X	219	395	589	655	700	809	820
Y	9	25	43	22	54	42	32

Se completa la tabla de datos y se calculan los parámetros necesarios:

x_i	y_i	$x_i y_i$	x_i^2	y_i^2
219	9	1971	47 961	81
395	25	9875	156 025	625
589	43	25 327	346 921	1849
655	22	14 410	429 025	484
700	54	37 800	490 000	2916
809	42	33 978	654 481	1764
820	32	26 240	672 400	1024
4187	**227**	**149 061**	**2 796 813**	**8743**

$$\overline{x} = \frac{4187}{7} = 598{,}14$$

$$\overline{y} = \frac{227}{7} = 32{,}43$$

$$s_x^2 = \frac{2796813}{7} - 598{,}14^2 = 41773{,}25$$

$$s_y^2 = \frac{8743}{7} - 32{,}43^2 = 197{,}3$$

$$s_{xy} = \frac{149061}{7} - 598{,}14 \cdot 32{,}43 = 1896{,}75$$

Por tanto, la ecuación de la recta de regresión de *Y* sobre *X* es:

$$y - 32{,}43 = \frac{1896{,}75}{41\,773{,}25}(x - 598{,}14) \Rightarrow y = 0{,}045x + 5{,}514$$

El número de homicidios estimado para 500 licencias se calcula sustituyendo $x = 500$ en la recta de regresión: $y = 0{,}045 \cdot 500 - 5{,}514 = 28{,}014$ homicidios.

Como el valor está dentro del rango de la variable *X*, la estimación es fiable.

ACTIVIDADES

20. Los datos de importaciones y exportaciones de un país entre los años 2008 a 2014 en miles de millones de euros son:

I	270	210	247	271	263	256	270
E	191	163	192	220	230	238	245

Dibuja la nube de puntos y calcula la recta de regresión de *Y* sobre *X*.

21. Las edades de los actores que han protagonizado "Romeo y Julieta" en las últimas 9 representaciones de un teatro han sido:

Romeo	27	32	39	37	45	38	43	25
Julieta	23	30	32	40	39	38	32	34

Dibuja la nube de puntos y calcula la recta de regresión. ¿Cuál es la edad esperada de Julieta si Romeo tiene 36 años?

Organiza tus ideas

CONCEPTOS BÁSICOS

Población es el conjunto formado por todos los individuos.

Muestra es el subconjunto de la población sobre la que se hace el estudio.

Variable estadística
- Cualitativa
- Cuantitativa
  - Continua
  - Discreta

Frecuencias

- Frecuencia absoluta: f_i
- Frecuencia relativa: $h_i = \dfrac{f_i}{N}$
- Frecuencia absoluta acumulada: $F_i = \sum\limits_{j \le i} f_j$
- Frecuencia relativa acumulada: $H_i = \dfrac{F_i}{N}$

GRÁFICOS ESTADÍSTICOS

Diagrama de barras y polígono de frecuencias

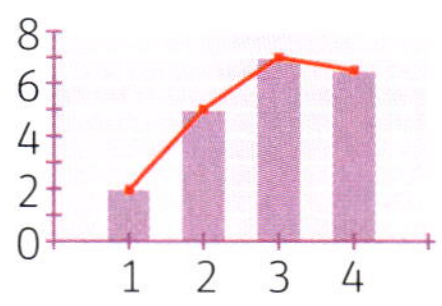

Polígono de frecuencias acumuladas

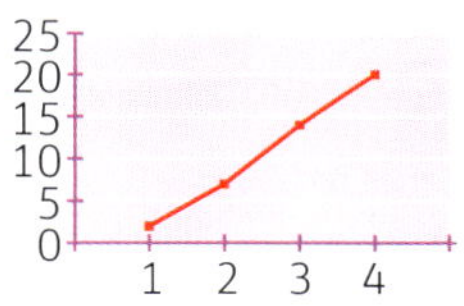

Diagrama de sectores

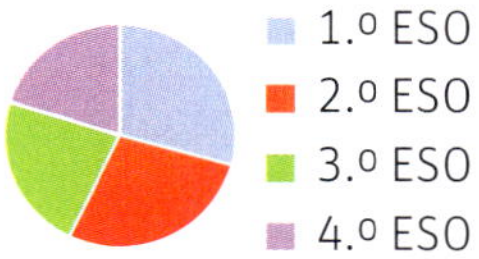

Diagramas lineales

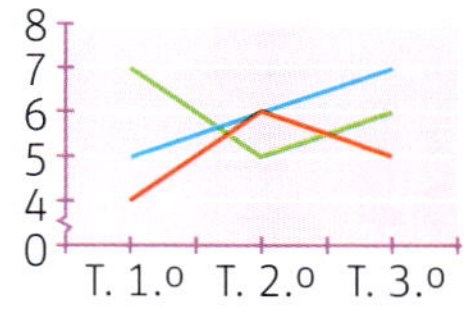

Histograma. Polígono de frecuencias

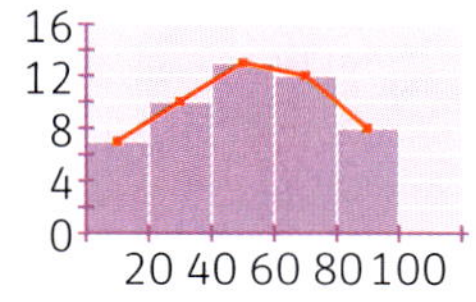

MEDIDAS DE CENTRALIZACIÓN

- **Moda**, M_0, es el valor o los valores de la variable de mayor frecuencia.
- **Media**, $\bar{x}$, es el cociente de la suma de todos los datos entre el número total de datos.
- **Mediana**, M, es el dato que ocupa el lugar central de los datos ordenados de menor a mayor.
- **Cuartiles**, Q_1, Q_2 y Q_3, dividen a la distribución en cuatro partes iguales. $Q_2 = M$.

MEDIDAS DE DISPERSIÓN

- **Recorrido o rango**: diferencia entre el mayor y el menor valor de la variable.
- **Varianza**: $s^2 = \dfrac{\sum (x_i - \bar{x})^2 f_i}{N} = \dfrac{\sum x_i^2 f_i}{N} - \bar{x}^2$
- **Desviación típica**: $s = \sqrt{\dfrac{\sum (x_i - \bar{x})^2 f_i}{N}} = \sqrt{\dfrac{\sum x_i^2 f_i}{N} - \bar{x}^2}$
- **Coeficiente de variación**: $CV = \dfrac{s}{\bar{x}}$

DISTRIBUCIONES BIDIMENSIONALES

Estudian dos características de una población.

Cada individuo se representa por un par de valores, uno de cada variable, mediante una **nube de puntos**.

Correlación débil

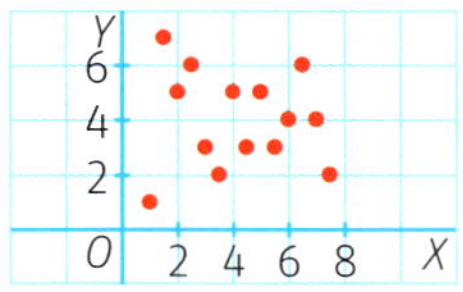

Correlación fuerte directa

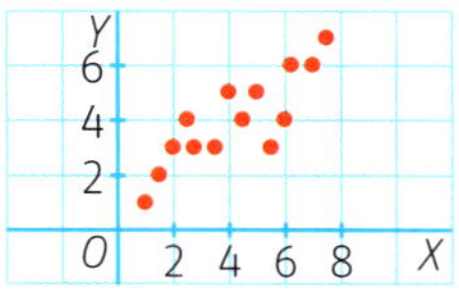

Correlación fuerte inversa

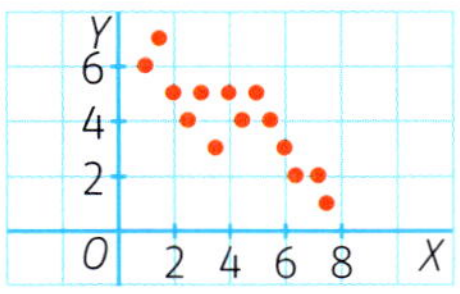

- **Centro de gravedad**: $\left(\bar{x} = \dfrac{\sum x_i}{N},\ \bar{y} = \dfrac{\sum y_j}{N}\right)$
- **Covarianza**: $s_{xy} = \dfrac{\sum (x_i - \bar{x}) \cdot (y_j - \bar{y})}{N} = \dfrac{\sum x_i y_j}{N} - \bar{x}\,\bar{y}$
- **Coeficiente de correlación**: $r = \dfrac{s_{xy}}{s_x s_y}$
- **Recta de regresión lineal**: $y - \bar{y} = \dfrac{s_{xy}}{s_x^2}(x - \bar{x})$

Actividades clave

1. En un test de hábitos de consumo, donde 1 son malos hábitos y 9, buenos hábitos, los compradores de una gran superficie han obtenido las siguientes puntuaciones.

x_i	f_i
1	5
2	8
3	7
4	32
5	43
6	38
7	45
8	12
9	10

a) Representa el polígono de frecuencias acumuladas en tanto por ciento.

b) Calcula la media y la mediana de las puntuaciones.

c) Halla los cuartiles utilizando el polígono de frecuencias acumuladas y el recorrido intercuartílico.

a) Se construye la tabla de frecuencias acumuladas.

x_i	f_i	$x_i f_i$	F_i	H_i (%)
1	5	5	5	2,5
2	8	16	13	6,5
3	7	21	20	10
4	32	128	52	26
5	43	215	95	47,5
6	38	228	133	66,5
7	45	315	178	89
8	12	96	190	95
9	10	90	200	100
	200	**1114**		

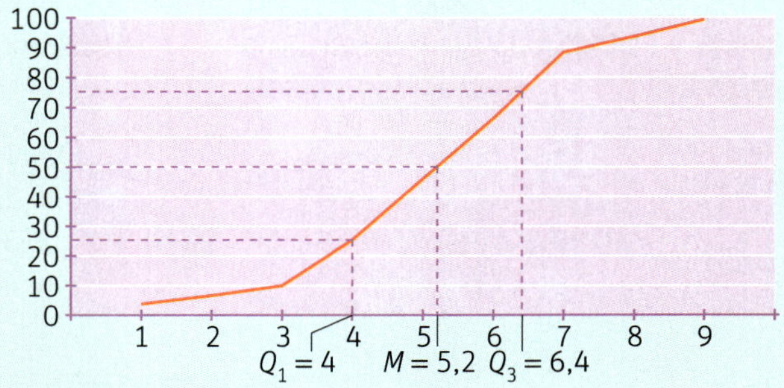

b) La media es: $\overline{x} = \dfrac{1114}{200} = 5,57$

Se calcula la mediana gráficamente. Para ello, se traza una recta horizontal en el valor 50 % hasta que corte a la gráfica. La abscisa de ese punto es el valor de la mediana: $M = 5,2$

c) De forma similar se hallan los cuartiles, trazando rectas horizontales en los valores 25 % y 75 %: $Q_1 = 4$ y $Q_3 = 6,4$

El recorrido intercuartílico es: $R_i = Q_3 - Q_1 = 6,4 - 4 = 2,4$

2. Los resultados para medir el cociente intelectual (C.I.) de 80 estudiantes en un test de inteligencia han sido:

C.I.	Est.
[70,90)	15
[90,110)	38
[110,130)	24
[130,150)	3

a) Halla la media de C.I.

b) Calcula la varianza y la desviación típica

c) Halla el coeficiente de variación.

Para realizar los cálculos se amplía la tabla con las marcas de clase y las frecuencias y cálculos intermedios necesarios.

Intervalos	Marca: x_i	f_i	F_i	$x_i f_i$	$x_i^2 f_i$
[70,90)	80	15	15	1200	96000
[90,110)	100	38	53	3800	380000
[110,130)	120	24	77	2880	345600
[130,150)	140	3	80	420	58800
		80		**8300**	**880400**

a) Media: $\overline{x} = \dfrac{8300}{80} = 103,75$

b) Varianza: $s^2 = \dfrac{\sum x_i^2 f_i}{N} - \overline{x}^2 = \dfrac{880400}{80} - 103,75^2 = 240,94$

Desviación típica: $s = \sqrt{240,94} = 15,52$

c) Coeficiente de variación $CV = \dfrac{s}{\overline{x}} = \dfrac{15,52}{103,75} = 0,15$

3. Para estudiar la relación entre la estatura y el peso se han anotado la estatura en centímetros y el peso, en kilogramos, de 8 jóvenes de 14 años.

Estatura: x_i	Peso: y_i
158	51
178	65
170	67
173	59
164	53
162	51
169	63
177	70

a) Representa la nube de puntos e indica cómo es la correlación entre las variables.

b) Halla el centro de gravedad.

c) Calcula la covarianza y el coeficiente de correlación.

d) Halla la recta de regresión del peso sobre la estatura.

- ¿Cuál es el peso esperado para un joven que mida 165 cm?
- ¿Cuál es el peso esperado para uno que mida 205 cm? ¿Esta estimación es más o menos fiable que la anterior? ¿Por qué?

a) Se representan los pares de valores para obtener la nube de puntos:

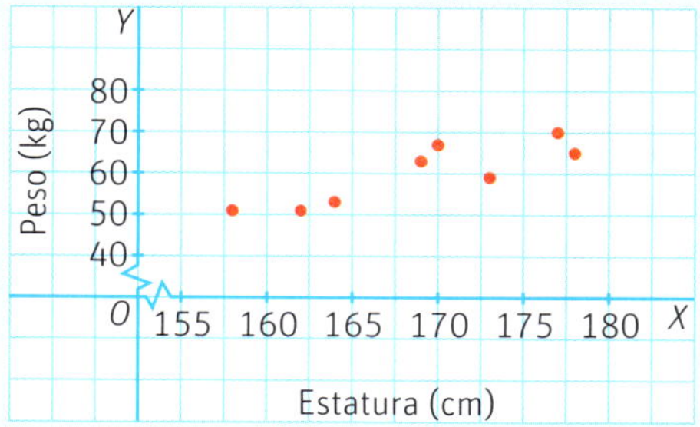

Se observa que la correlación es fuerte y directa.

b) Se amplía la tabla de datos para facilitar los cálculos:

Estatura: x_i	Peso: y_i	x_i^2	y_i^2	$x_i \cdot y_i$
158	51	24964	2601	8058
178	65	31684	4225	11570
170	67	28900	4489	11390
173	59	29929	3481	10207
164	53	26896	2809	8692
162	51	26244	2601	8262
169	63	28561	3969	10647
177	70	31329	4900	12390
1351	**479**	**228507**	**29075**	**81216**

El centro de gravedad es el punto de coordenadas:

$$\overline{x} = \frac{1351}{8} = 168{,}875 \text{ cm}, \quad \overline{y} = \frac{479}{8} = 59{,}875 \text{ kg}$$

c) Covarianza:

$$s_x^2 = \frac{\sum x_i^2}{N} - \overline{x}^2 = \frac{228507}{8} - 168{,}875^2 = 44{,}61 \Rightarrow s_x = 6{,}68$$

$$s_y^2 = \frac{\sum y_i^2}{N} - \overline{y}^2 = \frac{29075}{8} - 59{,}875^2 = 49{,}36 \Rightarrow s_y = 7{,}03$$

$$s_{xy} = \frac{\sum x_i y_i}{N} - \overline{x}\,\overline{y} = \frac{81216}{8} - 168{,}875 \cdot 59{,}875 = 40{,}61$$

Coeficiente de correlación: $r = \frac{s_{xy}}{s_x s_y} = \frac{40{,}61}{6{,}68 \cdot 7{,}03} = 0{,}865$

Este valor, próximo a 1, confirma que existe una correlación fuerte y directa, como se había deducido a partir de la nube de puntos.

d) La recta de regresión es:

$$y - \overline{y} = \frac{s_{xy}}{s_x^2}(x - \overline{x}) \Rightarrow y - 59{,}875 = \frac{40{,}61}{44{,}61}(x - 168{,}875) \Rightarrow y = 0{,}91x - 93{,}86$$

- El peso esperado de un joven que mide 165 cm es:

  $y = 0{,}91 \cdot 165 - 93{,}86 = 56{,}29$ kg

  Esta estimación es fiable, ya que el valor de X esta dentro del rango de valores que toma esta variable.

- El peso esperado de un joven que mide 205 cm es:

  $y = 0{,}91 \cdot 205 - 93{,}86 = 92{,}69$ kg

  Esta estimación es menos fiable que la anterior ya que el valor 205 cm se encuentra alejado del extremo superior de la variable X en la distribución, que es 178 cm.

Actividades

EJERCICIOS PARA PRACTICAR

Conceptos elementales de estadística

22. Emprende

Se quiere realizar un estudio sobre el tipo de mascotas que tiene la población de una ciudad de 10000 habitantes. Se proponen varias alternativas para seleccionar una muestra de 500 ciudadanos:

- Muestra aleatoria utilizando el censo municipal.
- Muestra estratificada por edad de forma aleatoria.
- Muestra aleatoria estratificada por barrios de la ciudad donde viven.

a) ¿Qué muestra consideras más representativa?

b) Se quiere hacer un estudio sobre el gasto que supone tener una mascota. Diseña el tipo de muestreo que consideres más adecuado y compáralo con el de tu compañero. ¿Qué muestra es más representativa?

23. Un supermercado realiza un estudio estadístico de sus clientes para conocer:

a) El número de clientes cada hora.

b) El importe de la compra de cada cliente.

c) Medio de transporte utilizado para llegar.

Indica de qué tipo es cada una de estas variables.

24. La Encuesta de Población Activa (EPA), mide la tasa de parados y de población ocupada. La realiza el Instituto Nacional de Estadística (INE) sobre una muestra de unas 200000 personas cada trimestre. La población total del estudio (población activa) asciende a 23015500 personas. El gráfico muestra la evolución del número de parados desde 2011 a 2015.

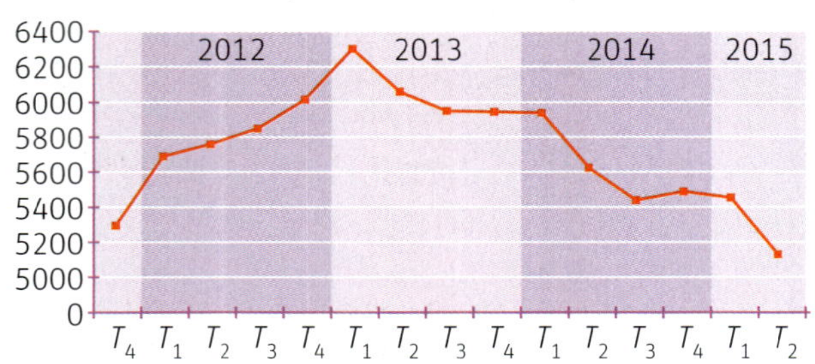

a) ¿Qué porcentaje de la población total forma la muestra?¿Es representativa?

b) ¿De qué tipo es el gráfico estadístico?

c) Los puntos representan trimestres. ¿Cuándo se alcanza el máximo? ¿En cuánto aumentó el paro entre el 4.º trimestre de 2011 y el máximo del número de parados?

d) Indica de forma aproximada la diferencia de parados entre el principio y el final de la serie.

25. Durante el mes de junio las temperaturas máximas en una ciudad han sido (en grados centígrados):

28, 27, 28, 29, 25, 24, 23, 25, 27, 30, 29, 28, 29, 30, 26, 28, 31, 30, 30, 27, 29, 28, 30, 29, 30, 31, 32, 29, 30, 31

a) Define la variable estadística. ¿De qué tipo es?

b) Completa la tabla de frecuencias relativas y acumuladas.

c) ¿Tiene sentido agrupar los datos en intervalos? Justifica tu respuesta.

Gráficos estadísticos

26. Según datos del Ministerio de Educación, Cultura y Deporte (MECyD) los estudiantes matriculados en grados universitarios en 2014/2015 fueron 1373000, distribuidos así:

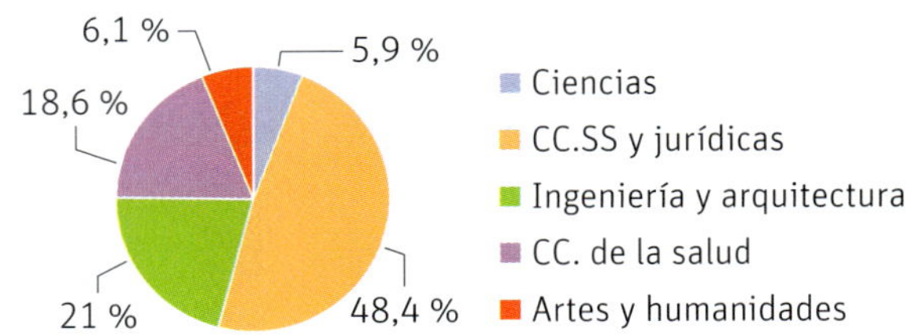

a) Calcula la amplitud de los sectores correspondientes a los estudios de Ciencias y de Ciencias de la salud.

b) ¿Cuántos estudiantes cursan Ingeniería y Arquitectura?

27. Se ha encuestado a 50 personas para saber si pasaban sus vacaciones en el extranjero. Los resultados han sido:

	Nunca	A veces	A menudo	Siempre
Número	4	20	22	4

a) ¿De qué tipo es la variable?

b) Construye la tabla de frecuencias acumuladas.

c) Representa la distribución. ¿Qué tipo de gráfico es el más aconsejable?

28. Se recomienda ingerir las calorías que necesita una persona de la siguiente forma:

Hidratos de carbono	Grasas	Proteínas
50 %	35 %	15 %

Representa los datos en un diagrama de sectores.

29. Según datos del Ministerio de Empleo y Seguridad Social sobre actividad económica, el número de empresas y de trabajadores por sectores en 2014 fue:

Actividad económica	N.º de empresas	N.º de trabajadores
Industria	107195	1795103
Construcción	105103	597357
Transporte y almacenamiento	63407	594952
Hostelería	159488	962144
Comunicaciones y finanzas	18753	369762
Act. científicas y técnicas	86862	617004
Act. administrativas	47894	1133914
Act. artísticas	24858	205011

a) ¿Cuál es el mejor tipo de gráfico para representar la participación de cada sector?

b) Utiliza una hoja de cálculo para hacer los gráficos de cada columna. ¿Hay correspondencia entre ellos?

30. Representa en el gráfico más adecuado el gasto mensual de una familia en comida y en ropa en los últimos 6 meses.

Comida	325	285	345	300	280	290
Ropa	220	180	68	120	90	280

Medidas de centralización

31. Una empresa de marketing hace una encuesta sobre un producto entre 20 personas. Han de valorar el producto de 1 a 5:

1 = muy malo | 4 = bueno
2 = malo | 5 = muy bueno
3 = regular

Los resultados obtenidos han sido:

1, 3, 3, 4, 1, 2, 2, 5, 1, 4, 5, 1, 5, 5, 1, 1, 2, 2, 3, 5

a) Halla la media, la moda y la mediana de las valoraciones.

b) Elige el gráfico adecuado para presentar los resultados.

32. Las notas obtenidas por Juan en los exámenes escritos en Matemáticas a lo largo de un curso han sido:

3, 5, 6, 4, 6, 7, 5, 7, 8, 6, 7, 6

a) Calcula la moda, la media y la mediana.

b) Halla los cuartiles.

33. La cantidad mensual de lluvia recogida en un observatorio a lo largo de un año ha sido:

E	F	M	A	M	J	JL	A	S	O	N	D
182	170	137	117	149	80	40	122	133	156	198	182

a) ¿Se trata de un clima seco o húmedo?

b) Calcula la media y la mediana.

c) Halla los cuartiles.

34. El número de pensionistas en España y la cuantía de las pensiones en 2015 vienen dados en este gráfico.

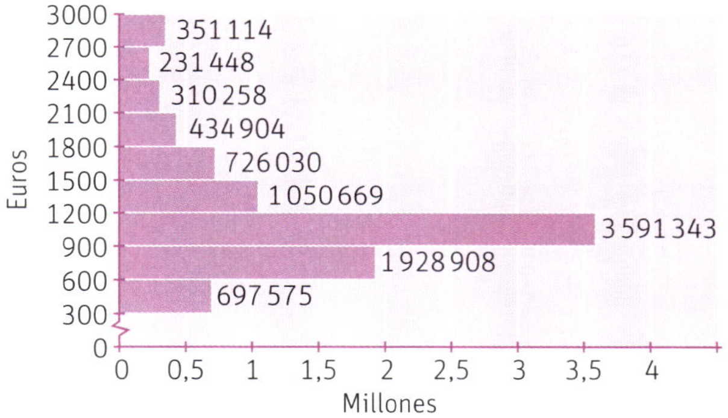

a) Haz la tabla de frecuencias relativas acumuladas (%) y dibuja el histograma.

b) Halla la moda, la media y la mediana.

35. Los resultados de una prueba de evaluación externa en un centro han sido:

Puntos	0	1	2	3	4	5	6	7	8	9	10
Alumnos	2	12	32	38	45	54	68	60	54	29	6

a) Halla la moda, la media y la mediana de las notas.

b) Dibuja el polígono de frecuencias acumuladas.

c) Calcula los cuartiles.

d) Dibuja el diagrama de cajas.

Medidas de dispersión

36. Se ha preguntado a 30 personas sobre el número de horas diarias que ven la televisión, con el siguiente resultado:

Horas TV	0	1	2	3	4	5
N.º personas	4	6	8	7	4	1

a) Calcula la media, la varianza y la desviación típica.

b) Halla el coeficiente de variación.

ACTIVIDAD **RESUELTA**

37. Las notas de un grupo de 20 alumnos son:

Nota	3	4	5	6	7	8	9
f_i	2	3	6	4	2	2	1

a) Halla la media y la desviación típica.

b) Si se supone que se aproxima a una distribución normal, ¿entre qué valores se encuentra aproximadamente el 68 % de los datos?

a) La media es $\overline{x} = 5{,}55$ y la desviación típica es $s = 1{,}6$.

b) Se construye el diagrama de barras de las notas.

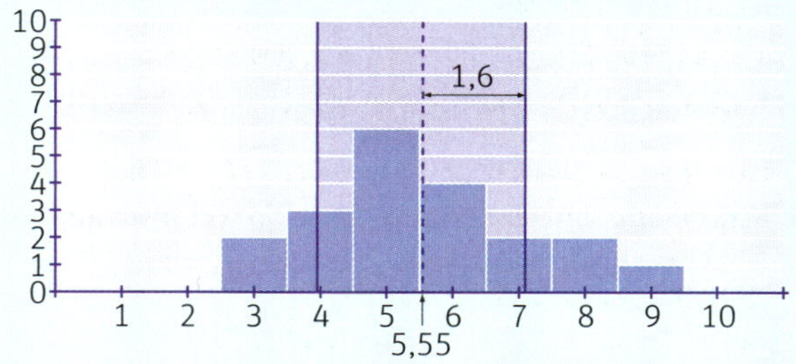

El 68 % de los datos está entre las dos líneas verticales:

$\overline{x} - s = 5{,}55 - 1{,}6 = 3{,}95$

$\overline{x} + s = 5{,}3 + 1{,}8 = 7{,}1$

Entre 3,95 y 7,1 se encuentran un poco más de las dos terceras partes de las notas.

38. En una empresa de madera una sierra automática corta tablones de 2 m de longitud. En un control se ha medido una muestra de 10 tablones y las longitudes han sido:

2,01 2,03 1,96 2,06 1,98 2,05 2,08 1,95 2,10 1,92

a) Halla la media y la desviación típica.

b) Se desechan los tablones cuyas longitudes no estén comprendidas entre $\overline{x} - s$ y $\overline{x} + s$. ¿Cuántos tablones de la muestra hay que desechar?

39. Las edades de los empleados de unos grandes almacenes vienen dadas en la tabla:

Edad	[20,30)	[30,40)	[40,50)	[50,60)	[60,70)
N.º	22	48	50	42	28

a) Haz el histograma de frecuencias y el polígono de frecuencias acumuladas.

b) Halla la media y la mediana.

c) Calcula el recorrido intercuartílico, la varianza y la desviación típica.

Actividades

Distribuciones bidimensionales

40. Observa los siguientes diagramas de dispersión e indica el tipo de relación entre las variables.

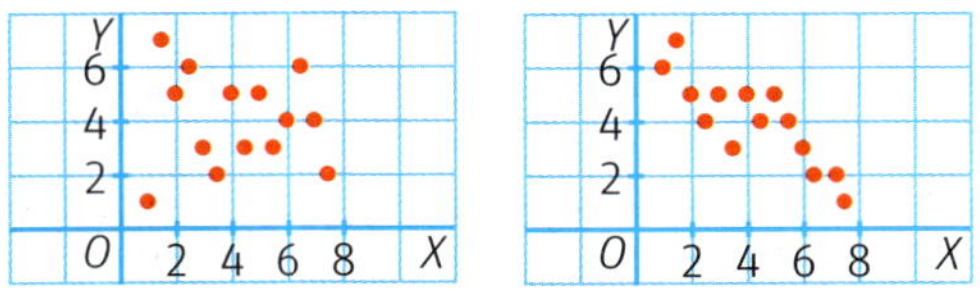

ACTIVIDAD **RESUELTA**

41. Asocia los coeficientes de correlación r, con su nube de puntos:

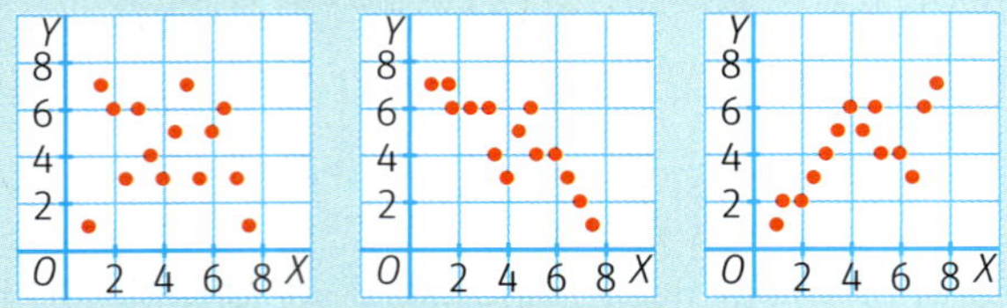

A. $r = 0{,}75$ **B.** $r = -0{,}1$ **C.** $r = -0{,}9$

- La primera nube de puntos no se ajusta a ninguna recta, por lo que su coeficiente de correlación lineal debe ser $r = -0{,}1$.
- La segunda nube se ajusta a una recta de pendiente negativa, por lo que su coeficiente de correlación lineal es $r = -0{,}9$.
- La tercera nube se ajusta a una recta con pendiente positiva, por lo que su coeficiente de correlación lineal es $r = 0{,}75$.

42. Asocia los coeficientes de correlación r, con su nube de puntos:

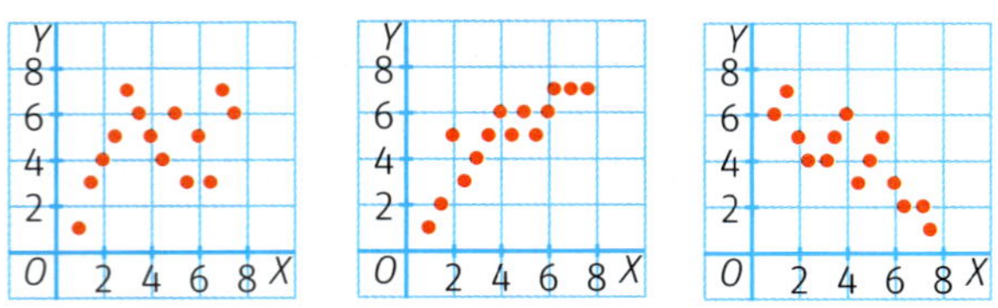

A. $r = -0{,}8$ B. $r = 0{,}4$ C. $r = 0{,}9$

43. Para llegar al trabajo Isa puede ir en su coche o en autobús. Durante una semana va en su coche y la siguiente en transporte público para controlar el tiempo que tarda, en minutos.

	L	M	X	J	V
Coche	25	18	22	24	23
Autobús	27	22	21	28	30

a) Dibuja la nube de puntos y el centro de gravedad.

b) Halla la covarianza e interpreta el resultado.

c) Calcula el coeficiente de correlación.

44. El director de un comercio quiere evaluar el impacto de los gastos en publicidad en el volumen de ventas de su negocio. Ha recogido los gastos en publicidad y ventas, en miles de euros, los últimos ocho meses:

G	2,6	2,5	2,4	1,5	0,9	3	2,7	2,3
V	280	220	250	180	150	340	300	220

a) Dibuja la nube de puntos y marca el centro de gravedad.

b) Calcula la covarianza y el coeficiente de correlación.

c) Halla las ventas estimadas si el gasto en publicidad hubiese sido de 1,2 miles de euros.

45. ¿Cuál de estas dos nubes de puntos representa la edad (X) y las notas obtenidas en un examen de acceso a la universidad de mayores de 25 años? ¿Por qué?

A.

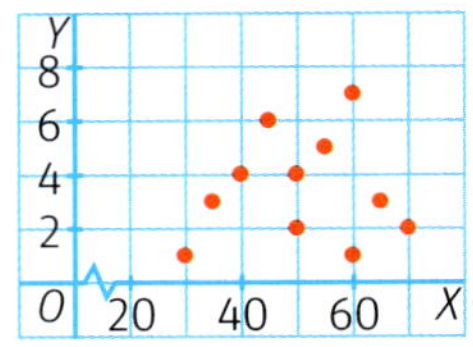

B.

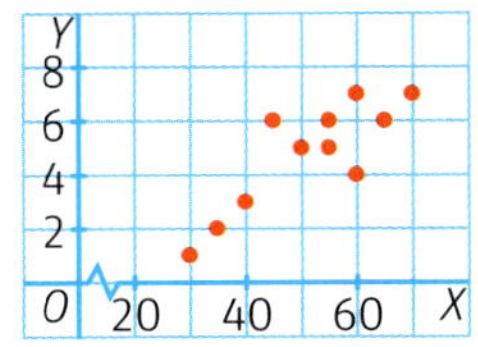

46. Una sociedad industrial vende máquinas a varias empresas. El precio mínimo es de 10 000 €. El número de máquinas vendidas, Y, está relacionado con el precio, X, en miles de euros, según la tabla:

Precio	10	11	12	13	14	15
N.º máquinas	98	72	52	44	32	12

a) Representa la nube de puntos.

b) Calcula la recta de regresión.

c) ¿Cuál serían las ventas estimadas para un precio de 11 500 €?

47. La tabla muestra las emisiones de CO_2 por habitante (en toneladas métricas) y el uso de combustibles fósiles como fuente de energía en 2013. (*Fuente Banco Mundial*)

	CO_2/Hab. (Tm)	**C. fósiles (% del total de energía)**
Alemania	8,9	80,9
Argelia	3,3	99,9
Brasil	2,2	56,5
Canadá	14,1	73,4
China	6,7	88,2
Colombia	1,6	75,6
España	5,8	75,0
Ghana	0,4	43,6
EE. UU.	17,0	83,7

a) ¿Existe alguna correlación entre las dos variables? Halla el coeficiente de correlación para justificar tu respuesta.

b) Halla la recta de regresión del uso de combustibles fósiles sobre las emisiones de CO_2.

c) ¿Serían fiables el valor aproximado de uso de combustibles fósiles para un país con unas emisiones de CO_2 de 10 Tm por habitante?

ACTIVIDAD **RESUELTA**

48. De una distribución bidimensional (X, Y) se sabe que $\overline{x} = 6$, $\overline{y} = 10$, $r = 0{,}85$, $s_x = 1{,}2$ y $s_y = 2{,}2$. Calcula la recta de regresión de Y sobre X.

Como $r = \frac{s_{xy}}{s_x s_y} \Rightarrow s_{xy} = r\, s_x\, s_y \Rightarrow s_{xy} = 0{,}85 \cdot 1,2 \cdot 2{,}2 = 2{,}24$. Por tanto la recta es: $y - 10 = 2{,}24\,(x - 6) \Rightarrow y = 2{,}24x - 3{,}44$

49. Calcula la recta de regresión de Y sobre X en una distribución bidimensional (X, Y) si $\overline{x} = 195$; $\overline{y} = 92{,}1$; $r = 0{,}94$; $s_x = 6{,}07$; $s_y = 6{,}56$.

PROBLEMAS **PARA RESOLVER**

50. Las notas de 8 alumnos en un examen de Matemáticas han sido: 4, 5, 6, 4, 7, 9, 3 y 5.

a) Represente los datos en un gráfico adecuado.

b) Calcula la media y la desviación típica.

c) El profesor premia a sus alumnos y les sube 2 puntos a cada uno. ¿Qué les sucede a la media y a la desviación típica?

51. Las previsiones de la Agencia Estatal de Meteorología AEMET para una semana en Zaragoza han sido:

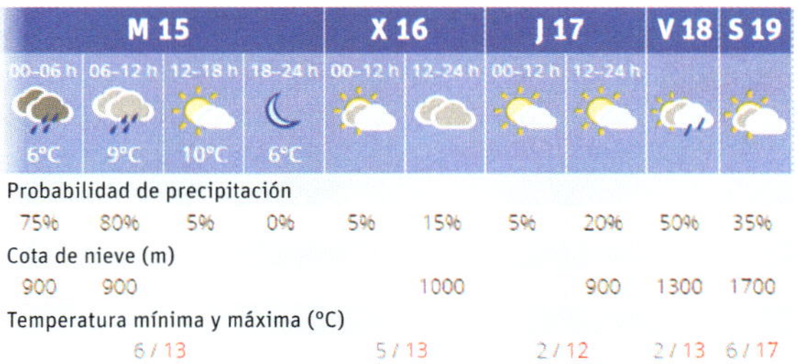

a) Dibuja la nube de puntos que relaciona la temperatura máxima con la probabilidad de precipitación.

b) Calcula la covarianza y el coeficiente de correlación.

c) ¿Existe alguna correlación entre la temperatura máxima y la probabilidad de precipitaciones? ¿De qué tipo?

52. Luis quiere comprarse una moto de 1000 c.c. Compara precios, potencia y peso de varios modelos.

Marca	€	CV	Kg
Tuzuki	14 300	185	208
Conda	15 700	175	199
MMM	16 500	170	202
ZVK	17 500	193	209
Tamiha	16 000	182	216
Asawaki	14 600	188	208
MV Felicia	18 500	186	212

a) Representa la nube de puntos en la que X es el precio en miles de euros e Y la potencia. Halla el coeficiente de correlación. Explica el tipo de relación entre las dos variables.

b) Representa la nube de puntos en la que X sea la potencia e Y el peso. ¿Qué puedes indicar de la correlación entre ambas?

53. Un pediatra ha obtenido esta nube de puntos al estudiar la relación entre el peso y la edad de seis niños de su consulta.

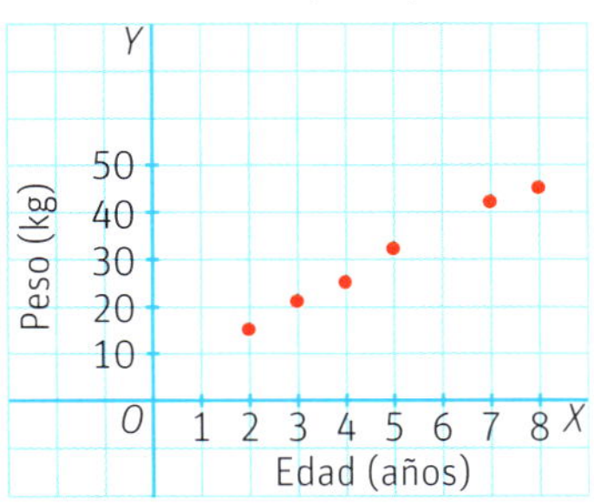

Se conocen los siguientes datos de la distribución:

$\overline{x} = 527$

$\overline{y} = 25{,}5$

$s_x^2 = 4{,}47$

$s_y^2 = 117{,}33$

$s_{xy} = 22{,}93$

a) Halla el coeficiente de correlación. ¿Qué indica?

b) Calcula la ecuación de la recta de regresión de Y sobre X.

c) ¿Cuál sería el peso aproximado de un niño de 6 años? ¿Es fiable esta estimación?

ACTIVIDADES **PARA PENSAR MÁS**

54. En una clase de 30 alumnos de 4.º ESO, las chicas calzan por término medio un 37, y los chicos, un 42. La media global de la clase es un 40. ¿Cuántas chicas hay en clase?

A. 10 **B.** 12 **C.** 16 **D.** 20

55. La media de la estatura de 8 personas es 169 cm, y la desviación típica, 6,68. Se ha descubierto un error en los datos y una estatura de 180 cm se había anotado como 170 cm. ¿Cuál será la desviación típica correcta?

A. 6,54 **B.** 6,70 **C.** 5,92 **D.** 7,64

56. De una distribución bidimensional (X, Y) se sabe que $r = 0{,}9$, $s_{xy} = 2{,}268$ y que $s_y = 2{,}1$. La pendiente de la recta de regresión es:

A. −2,250 **B.** 2,125 **C.** 2,083 **D.** 3,125

57. Las pulsaciones por minuto de un atleta pueden bajar con el entrenamiento:

Meses	0	3	6	9	12	15
Pulsaciones/min	65	64	62	58	57	55

¿Cuántas pulsaciones por minuto tendrá tras 4 años de entrenamiento ininterrumpido?

A. 50 **B.** 45 **C.** No se sabe **D.** 31

Encuentra el error

58. Una imagen vale más que mil tablas.

A veces los parámetros estadísticos pueden jugar malas pasadas. El estadístico Francis J. Anscombe se empeñó en demostrarlo con imágenes.

Observa las dos tablas que inventó.

x	y
4	4,26
5	5,68
6	7,24
7	4,82
8	6,95
9	8,81
10	8,04
11	8,33
12	10,84
13	7,58
14	9,96

x	y
4	3,1
5	4,74
6	6
7	7,26
8	8,14
9	8,87
10	9,14
11	9,26
12	9,13
13	8,74
14	8,1

- La media de la variable y en las dos distribuciones es 7,5.
- En ambas, la variable x toma los mismos valores.
- En las dos el coeficiente de correlación es $r = 0{,}816$.
- La recta de regresión de las dos es: $y = 0{,}5x + 3$.

Y sin embargo, si se afirma que el valor estimado de y para $x = 16$ es 11 se comete un error grave en una de las dos.

¿Por qué? Dibuja las dos nubes de puntos y explica la situación.

Ponte a prueba

PROBLEMA **RESUELTO**

¿Influye el genero en los índices de colesterol?

El doctor Floid ha realizado un pequeño estudio estadístico entre 50 de sus pacientes, con los siguientes resultados separados por género.

Hombres: 215, 155, 190, 157, 120, 151, 210, 156, 190, 137, 168, 194, 228, 216, 170, 232, 175, 149, 190, 139, 209, 212, 212, 191, 157, 158, 179, 211, 189, 198, 151.

Mujeres: 175, 285, 162, 193, 172, 173, 211, 166, 193, 197, 189, 188, 194, 178, 227, 199, 190, 131, 179.

1. Dibuja un histograma doble en el que se muestren los valores de hombres y mujeres.
2. Halla la media y la desviación típica del índice de colesterol de los hombres y de las mujeres.
3. ¿Hay diferencias significativas?

SOLUCIÓN

1. Se agrupan los datos en intervalos de amplitud 20 y se dibuja el histograma de los datos:

Colesterol	Hombres x	Mujeres y
120-140	3	1
140-160	7	2
160-180	5	6
180-200	7	7
200-220	7	1
220-240	2	1
240-260	0	1

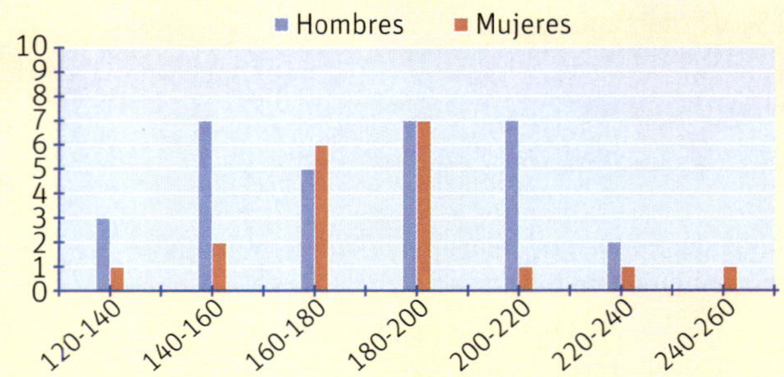

2. Se calculan las medias y las desviaciones típicas:

   Hombres: $\overline{x} = 181{,}26$, $s_x = 28{,}78$

   Mujeres: $\overline{y} = 183{,}79$, $s_y = 26{,}67$

3. El doctor Floid debe concluir que, al menos entre sus pacientes, no hay diferencias significativas en el índice de colesterol en función del género.

Los niveles de CO_2

Desde hace varias décadas el aumento del gas CO_2 en la atmósfera está ayudando a producir un cambio climático. El diagrama muestra los niveles de emisión de CO_2 en 2000 (barras claras) de varios países, los niveles de emisión en 2011 (barras oscuras) y el porcentaje de cambio en los niveles (flechas).

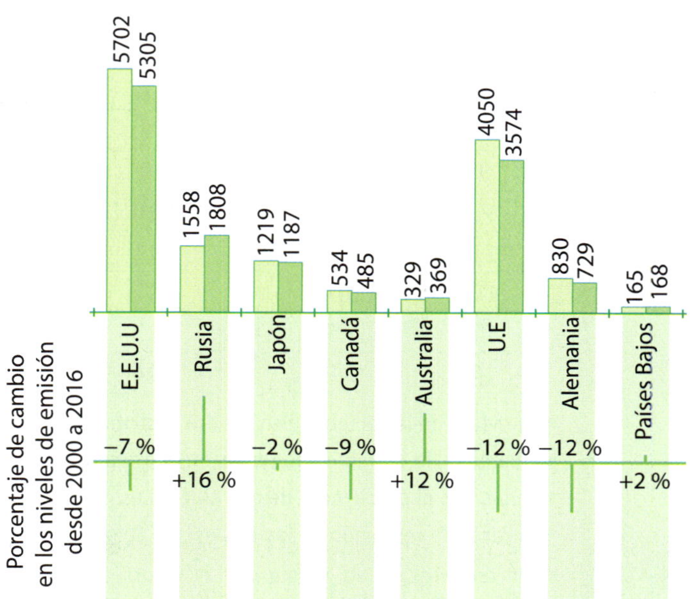

1. El incremento de emisiones en la federación rusa ha sido del 16 %. Explica con los datos del gráfico cómo se ha obtenido ese 16 %.
2. Luisa se fija en los cambios en los niveles de Países Bajos (+2 %) y de la Unión Europea (–12 %) y le resulta extraño que mientras en el conjunto de la UE desciende, en Países Bajos aumenta. ¿Cuál es el porcentaje global de cambio del resto de los países para que esos datos sean ciertos?
3. Luisa y Antonio discuten sobre qué país o región tuvo el mayor aumento de emisiones. Cada uno llega a una conclusión distinta basándose en el diagrama. Da dos posibles respuestas "correctas" a esta pregunta y explica por qué ambas lo son.

Abandono escolar y gasto por estudiante

España tenía en 2014 una de las tasas de abandono escolar prematuro más altas de la Unión Europea, con el 21,9 %. Es decir, casi 22 de cada 100 estudiantes abandonan los estudios sin obtener el título de secundaria.

¿Hay alguna relación entre la tasa de abandono y el gasto por estudiante de secundaria? En la ilustración puedes ver los datos del gasto por estudiante de secundaria expresado en términos de paridad de poder adquisitivo en euros (PPS) y la tasa de abandono escolar en tanto por ciento (TAE).

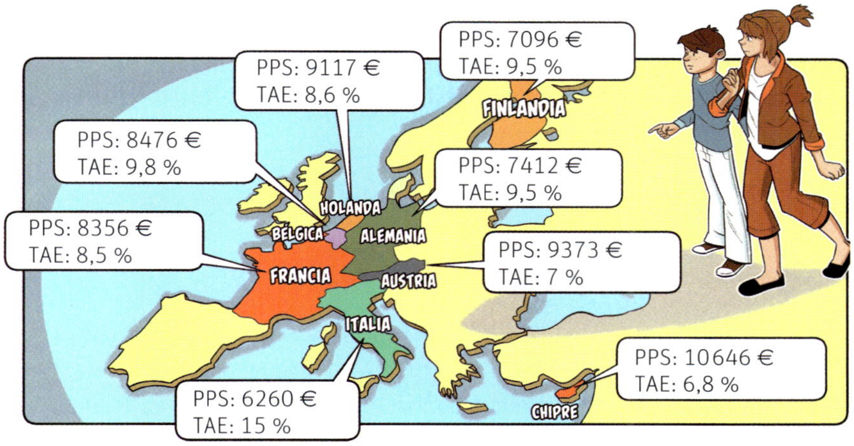

Fuente Eurostat

1. Dibuja la nube de puntos ajustando las unidades de los ejes.
2. Halla el coeficiente de correlación. ¿Existe correlación entre las dos variables? ¿De qué tipo es?
3. Encuentra la ecuación de la recta de regresión de Y (abandono escolar) sobre X (gasto por estudiante).
4. El gasto por estudiante en España es de 7364 €. Según este dato, ¿qué tasa de abandono escolar sería la esperada? Compara el resultado con el valor real. Intenta explicar la diferencia.

AUTOEVALUACIÓN

1. En una encuesta realizada a 500 personas se ha preguntado el número de periódicos comprados a lo largo de una semana con los siguientes resultados expresados en porcentaje de encuestados:

N.º periódicos	0	1	2	3	4	5	6	7
Personas (%)	8	15	23	17	12	11	9	5

a) Construye el diagrama de barras y el polígono de frecuencias.

b) Calcula la media de periódicos comprados semanalmente.

c) Halla la mediana y los cuartiles.

d) Representa el diagrama de cajas.

2. Una tienda de embutidos hace recuento del número de jamones y de su peso. Los resultados son:

[5,5; 6)	[6; 6,5)	[6,5; 7)	[7; 7,5)	[7,5; 8)	[8; 8,5]
3	7	8	12	8	2

a) Representa la distribución con un histograma.

b) Calcula la media, la varianza y la desviación típica.

c) Halla el coeficiente de variación.

3. Asocia cada nube de puntos con su correspondiente coeficiente de correlación r:

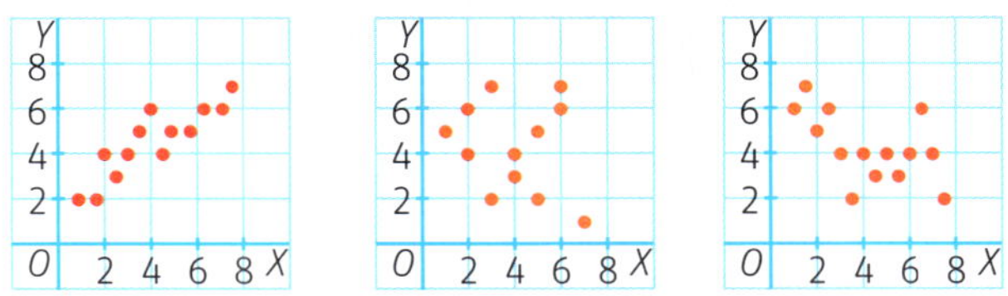

A. $r = -0,2$ **B.** $r = 0,9$ **C.** $r = -0,5$

4. Las notas obtenidas por 10 alumnos en Lengua (x_i) y en Música (y_i) han sido:

x_i	6	4	8	5	3	7	5	10	5	4
y_i	7	5	7	5	4	8	7	9	6	6

a) Representa la nube de puntos.

b) Calcula la media y la desviación típica de cada variable.

c) Halla la covarianza y el coeficiente de correlación.

d) Encuentra la recta de regresión de Y sobre X.

e) ¿Cuál será la nota esperada en Música por un alumno que haya tenido un 8,5 en Lengua?

smSaviadigital.com VALORA LO APRENDIDO > Autoevaluación.

MATES + MAGIA

DESBARAJUSTES

Vamos a hacer un experimento con dos barajas de cartas:

¿Qué probabilidad crees que hay de sacar la misma carta eligiéndola al azar de dos mazos de cartas? ¿Crees qué es fácil encontrar una coincidencia o, por el contrario, que lo más natural es que pasemos toda la baraja sin encontrar ninguna?

¡Haz el experimento!

- Busca dos barajas, barájalas y colócalas sobre la mesa una al lado de la otra cara abajo, como se muestra en la imagen.
- Ahora debes coger la carta superior de un mazo con la mano derecha y la superior del otro con la izquierda, y descubrirlas.

¿Coinciden? Lo más probable es que no coincidan. Sigue descubriendo cartas hasta terminar los mazos.

Da la impresión que es muy difícil que coincidan, pero la verdad es que 2 de cada 3 veces que realizamos este experimento encontramos alguna coincidencia. Puedes pedirle a otros compañeros que realicen el experimento y 2 de cada 3 encontraran una coincidencia al ir descubriendo todas las cartas de los mazos.

Parece que la lógica nos dice que sí, pues cuantas más cartas descubras, más posibilidades habrá de que exista una coincidencia.

Pero sorprendentemente, la respuesta correcta es que la probabilidad de que ocurra una coincidencia no depende apenas del número de cartas. Es casi igual de probable obtener una coincidencia con una baraja de póquer que tiene 52 cartas que con una de 1000 cartas.

¿Cuál es el secreto?

La probabilidad, para cualquier baraja a partir de 2 cartas, se calcula con la fórmula que ves a continuación:

$$\text{Probabilidad} = 1 - \frac{1}{2!} + \frac{1}{3!} - \frac{1}{4!} + \frac{1}{5!} - \frac{1}{6!} + \frac{1}{7!} - \frac{1}{8!} + \ldots + \frac{(-1)^n}{n!}$$

Tendremos que usar tantos sumandos como cartas tengan las barajas, es decir, si solo tienen dos me quedo en el denominador 2! y si tienen 52 pues solo hasta 52!, siempre alternando el signo de los sumandos. Al tener un denominador que crece tan deprisa, el total se verá muy poco modificado por cada sumando que se vaya añadiendo.

COMBINACIONES LIGUERAS

Vamos a ver una forma de organizar un calendario de liga con 10 equipos, construyendo un curioso artilugio. Solo necesitas cartulina de dos colores diferentes, un rotulador y un encuadernador. Cada semana deben jugarse 5 partidos y deberemos calcular bien los cruces para que a lo largo de las 9 jornadas siguientes cada equipo haya jugado contra cada uno de los otros 9.

- Copia en una cartulina cada una de las piezas que muestra la imagen. La pieza más grande, de color azul en la imagen, debes rotularla con las letras de la A a la I, mientras que en la naranja debes rotular las flechas y la letra J en el medio.

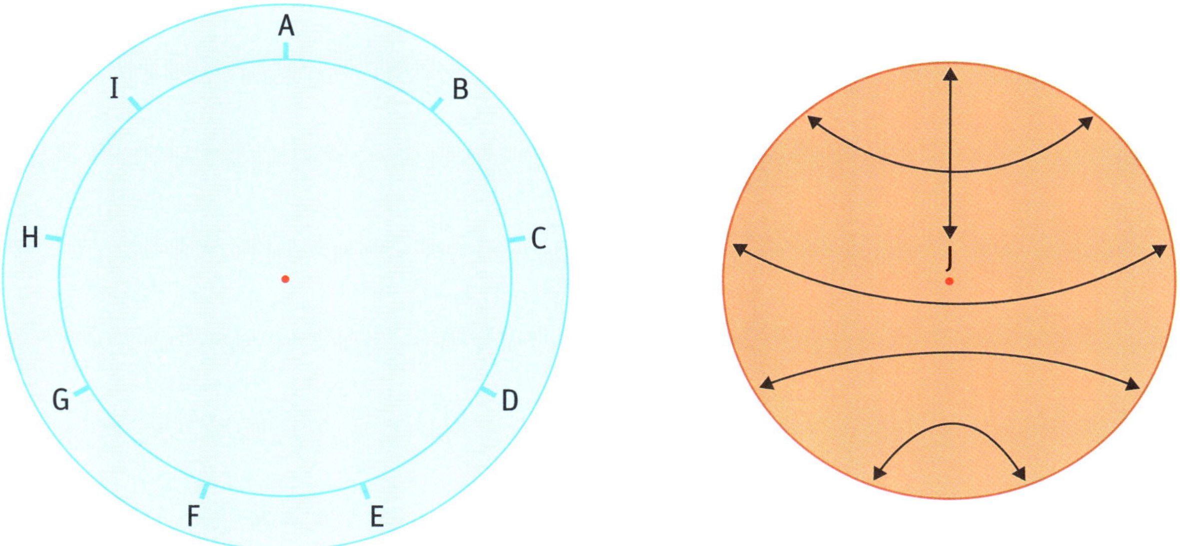

- Después debes unir las dos piezas con un encuadernador que permita que la pieza naranja pueda girar sobre la azul.
- Coloca la pieza naranja de forma que la doble flecha central vertical una la letra A de la pieza exterior con la J interior. Esta sería la distribución de partidos de la primera jornada.
- Después solo tienes que girar el círculo pequeño hasta que la J interior coincida con la B exterior, y así sucesivamente.

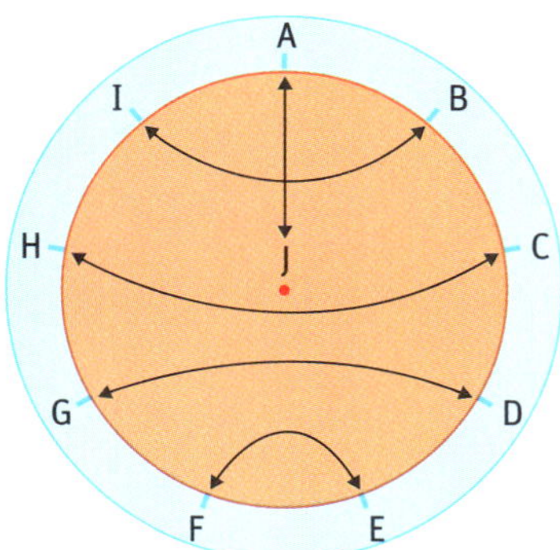

1.ª Jornada

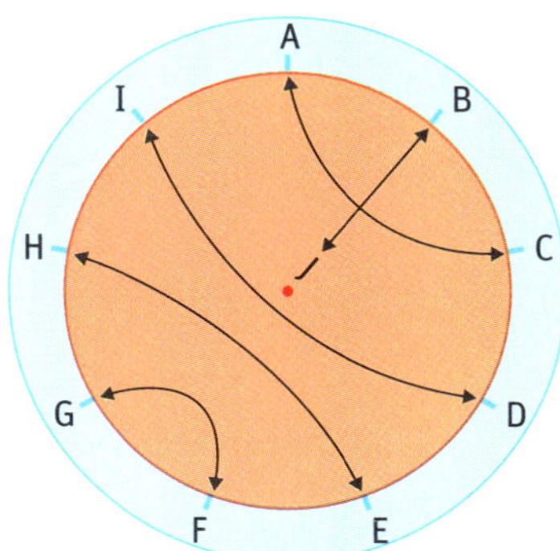

2.ª Jornada

Puedes cambiar las letras por los nombres de los equipos de tu liga, y si fuesen impares, añadir un equipo ficticio llamado "jornada de descanso".

Con este artilugio podrás ir obteniendo sin dificultad todas las parejas posibles distribuidas por jornadas y sin repeticiones, es decir, las combinaciones.

Soluciones de las autoevaluaciones

UNIDAD 1

1. a) $\frac{5}{3}=1+\frac{2}{3} \Rightarrow$ Racional

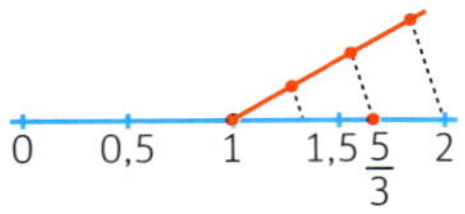

b) $\sqrt{13} \Rightarrow$ Irracional

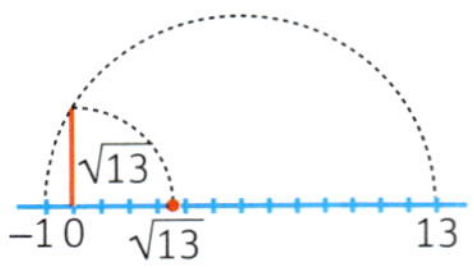

2. $-1 < x < 5$; $x \in (-1, 5)$

3. $1{,}96 \cdot 10^{15}$

4. a) $\sqrt[15]{\frac{32}{27}}$ **b)** $\sqrt[4]{18}$ **c)** $\sqrt[3]{4}$ **d)** $26\sqrt{2}$

5. a) $16-5\sqrt{10}$ **b)** $-23\sqrt{3}$ **c)** 27 **d)** $2+4\sqrt{2}$

6. a) $x=-\frac{15}{2}$ **b)** $x=4$ **c)** $x=-\frac{25}{2}$ **d)** $x=-2$

7. a) $\sqrt{2}$ **b)** $\frac{\sqrt[3]{18}}{6}$ **c)** $\frac{\sqrt{7}-\sqrt{3}}{4}$

8. a) 0,699 **b)** 1,301 **c)** 1,204 **d)** 0,431

9. $\log A = 3\log x + \frac{2}{7}\log y + \frac{3}{4}\log z - 2\log t$

10. $A=\frac{\sqrt[5]{x}\sqrt[9]{y^2}}{z^8}$

UNIDAD 2

1. $P(2)=-2$; $P(-1)=-\frac{1}{2}$

2. a) $x^4+x^3+8x^2-4x+3$; grado 4
b) $-6x^5+2x^4+8x^3-13x^2+25x-6$; grado 5

3. a) I. $9a^2b^2-c^2=(3ab+c)(3ab-c)$
b) C. $9a^2b^2-6abc+c^2=(3ab-c)^2$
c) I. $4x^2y^2-9y^4z^2=(2x^2y+3y^2z)(2x^2y-3y^2z)$
d) C. $4x^2y^2-9y^4z^2=(2x^2y+3y^2z)(2x^2y-3y^2z)$
e) I. $16x^2y^2-16xy+4x^2=(4xy-2x)^2$

4. a) Cociente: $5x$; resto: $2x^2+6x-1$
b) Cociente: $4x-4$; resto: $-2x+6$

5. a) Cociente: $2x^2+8x+11$; resto: 19
b) Cociente: $x^3-3x^2+6x-14$; resto: 40

6. $k=-4$

7. No, por el teorema del resto, $P(-1)\neq 0$.

8. a) $6(x+1)\left(x-\frac{4}{3}\right)\left(x+\frac{5}{2}\right)$
b) $(x+1)^2(x-2)(x^2+x+3)$

9. -2

UNIDAD 3

1. a) $x=\frac{13}{7}$
b) $x=3$; $x=-3$; $x=-\frac{1}{2}$; $x=-\frac{2}{3}$

2. a) $x=-2$; $x=-\frac{3}{4}$
b) $x=\pm\sqrt{\frac{3}{2}}$; $x=\pm 1$
c) $x=\frac{1}{5}$

3. a) $x=-3$ **b)** $x=-\frac{2}{5}$ **c)** $x=0$; $x=2$

4. $x=2$, $y=3$

5. $x=3$, $y=1$; $x=-3$, $y=1$

6. $h=13$

7. 14,80 €

UNIDAD 4

1. A. $[1, +\infty)$

2. Son equivalentes a) y c).
$x-2-5\le 5 \to x-2\le 10 \Rightarrow -(2-x)\ge -10$

3. a) $(-\infty, -2] \cup [3, +\infty]$
b) $\left[-1, -\frac{1}{3}\right] \cup [1, +\infty)$
c) $(-\infty, -\sqrt{2}) \cup (\sqrt{2}, +\infty)$
d) $(-\infty, -5) \cup (0, 1)$

4. $y<\frac{1}{3}x-1$

5. a) $x\in\left(-\frac{1}{3}, 2\right]$ **b)** $x\in(4, +\infty)$ **c)** $(-5, -1)$ **d)**

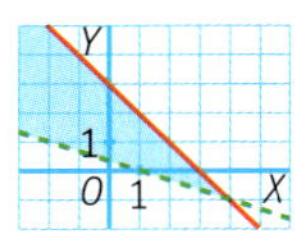

6. Área $\in (400\pi, 625\pi)$ cm^2;
Perímetro $\in (40\pi, 50\pi)$ cm

7. 70 ordenadores de 500 € y ninguno de 700 €.

UNIDAD 5

1. $x=2{,}13$; $y=2{,}85$; $z=4{,}75$

2. Los lados miden 4, 5 y 6 y la razón es 1,5.

3. 24 cm

4. a) Paralelos **b)** $x=7{,}5$; Razón: 2,5

5. a) 105° **b)** $\frac{8}{15}\pi$

6. sen $\alpha=-0{,}8$; cos $\alpha=0{,}6$

7. a) sen $(180°-\alpha)=$ sen $\alpha=0{,}2$
b) cos $(90°-\alpha)=$ sen $\alpha=0{,}2$
c) cos $(-\alpha)=$ cos $\alpha=0{,}98$

8. Se sustituye la tangente por el cociente seno entre coseno y se simplifica.

9. a) $c=7{,}52$ cm; $a=8{,}52$ cm; $h=3{,}53$ cm
b) cos $\alpha=0{,}88$, sen $\alpha=0{,}47$, tg $\alpha=0{,}53$
sec $\alpha=1{,}136$, cosec $\alpha=2{,}13$, cotg $\alpha=1{,}89$
c) $\alpha=28°$; $\beta=28°$

UNIDAD 6

1. a) $\hat{B}=55°$; $b=25{,}71$ cm; $c=31{,}38$ cm
b) $b=6{,}25$; $\hat{B}=51{,}3°$; $\hat{C}=38{,}7°$
c) $\hat{C}=116°$; $b=14{,}31$ cm; $c=25{,}72$ cm
d) $a=22{,}41$; $\hat{B}=62°\ 45'\ 43''$; $\hat{C}=32°\ 14'\ 17''$

2. $A=187$ cm^2

3. $a=5{,}07$ cm; $b=10{,}88$ cm; $c=15{,}41$ cm
$A=111{,}4$ cm^2

4. $h=17{,}32$ m

5. $V=2103{,}04$ cm^3
$A=1057$ cm^2

6. $\alpha=0{,}52°$

UNIDAD 7

1. a) $(11, -4)$
b) $(-5, -5)$
c) $(-16, -6)$

2. a) $(4, 5)$
b) $(0, -10)$

3. a) Perpendiculares
b) $\alpha=139{,}7°$
c) $\alpha=81°$

4. a) No; $\vec{v}=(4, 6)$ $\vec{v}_\perp=(6, -4)$
b) Sí; $\vec{v}=(-6, 1)$; $\vec{v}_\perp=(1, 6)$

5. Vectorial: $(x, y)=(9, 4)+t(-1, -3)$
Paramétricas: $\begin{cases} x=9-t \\ y=4-3t \end{cases}$
Continua: $\frac{x-9}{-1}=\frac{y-4}{-3}$
General: $-3x+y+23=0$
Explícita: $y=3x-23$
Punto-pendiente: $y-4=3(x-9)$

6. a) $5x-y=0$
b) $2x+y=0$

7. a) Secantes; $P\left(-\frac{22}{9}, -\frac{4}{3}\right)$
b) Paralelas

8. a) $M(AB)=\left(\frac{3}{2}, -5\right)$
$M(AC)=\left(6, -\frac{7}{2}\right)$
$M(BC)=\left(\frac{5}{2}, \frac{1}{2}\right)$
b) $d(A, B)=\sqrt{113}$
$d(A, C)=\sqrt{125}$
$d(B, C)=\sqrt{90}$
$\alpha=51°\ 29'$
c) $19x+5y=50$

UNIDAD 8

1. a) Sí, es una función.
b) No es inyectiva, por ejemplo $f(1) = f(10)$
c) $Im(f) = [1, 18]$
d) 10

2. a) $D(f+g) = \mathbb{R} - \{-3\}$ $D(f \cdot g) = \mathbb{R} - \{-3\}$
$D\left(\frac{f}{g}\right) = \mathbb{R} - \{-3, -2, 2\}$
b) $\frac{1}{3}$
c) $D(f \circ g) = \mathbb{R} - \{\pm 1\}$

3. a) $D(f) = (-8, 8)$; $Im(f) = [0, 5]$
b) Par
c) $f(6) = 5$

4. a) $Im(f) = (-4,4]$; Sí; No
b) $f(2016) = 0$; $f(2020) = 4$
c) 4

5. a) No; Sí
b) f es creciente en $(0, 2)$ y decreciente en $(-\infty, 0)$ y $(2, +\infty)$. Tiene un máximo absoluto en $(-2, 2)$.
g es creciente en $(-2, 0)$ y $(1, 4)$ y decreciente en $(-4, -2)$ y $(0, 1)$. Tiene un máximo en $(0, 2)$, un mínimo relativo en $(1, -1)$ y un mínimo absoluto en $(-2, -2)$.
c) $y = 0$ y $x = 0$

UNIDAD 9

1. a) $y = 2x - 2$ b) $a = 2$

2. a) Eje de simetría: $x = 3$;
$V(3, 9)$;
Puntos de corte $(0, 0)$ y $(6, 0)$.
La función es positiva en $[0, 6]$ y negativa en $(-\infty, 0)$ y $(6, \infty)$.

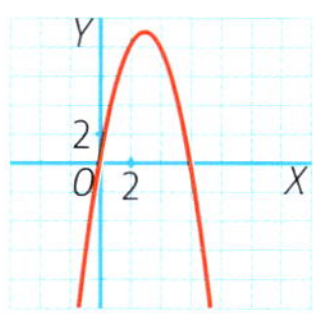

3. a) $D(f) = \mathbb{R}$; $y = 0$
b) $D(f) = \mathbb{R} - \{-1\}$; $y = x + 2$

4. a) $k = 24$ c) $a = -\frac{4}{3}$
b) Decreciente d) $f(x) = \frac{24}{x}$

5. a) $D(f) = \mathbb{R}$; $Im(f) = [0, +\infty)$
b) $(0, 1)$
c) $y = 0$
d)

x	0	1	−1	2
y	1	$\frac{2}{3}$	$\frac{1}{5}$	$\frac{4}{9}$

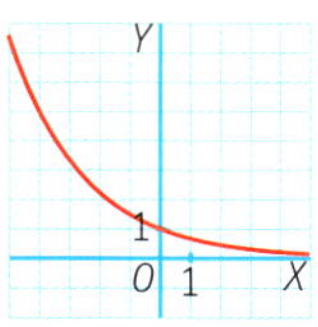

6. a) $y^{-1} = \sqrt{e^x}$ b) $y^{-1} = 10^x + 2$

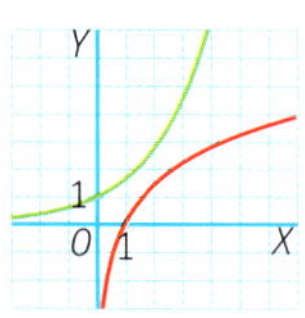

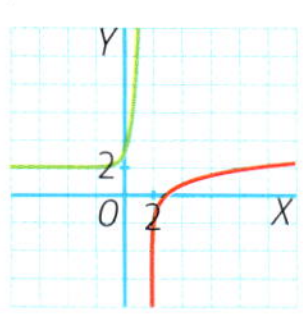

7. a)

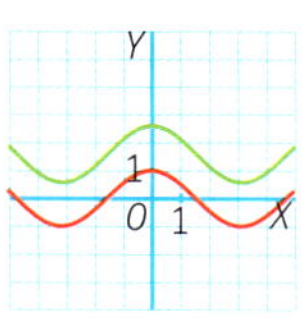

b)

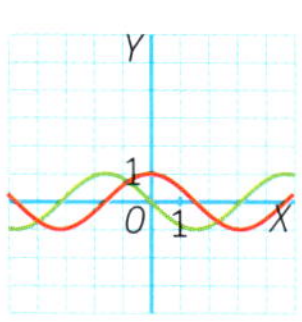

UNIDAD 10

1. a) 2 b) 4 c) $\frac{1}{10}$ d) $-\infty$

2. a) $\frac{1}{2}$ b) $\frac{5}{2}$ c) $-\infty$ d) ∞

3. a) $-\frac{1}{2}$ b) e^{-1} c) 2 d) e

4. a) $-\infty$ b) 2 c) 0 d) ∞

5. a) $\frac{5}{12}$ b) e c) e^{-10} d) 0

6. $x = 0$, inevitable de salto infinito;
$x = 3$, evitable

UNIDAD 11

1. a) $TVM\, f[6, 12] = \frac{3}{2}$
b) $TVM\, f[9, 10] = 1{,}1$

2. a) $TVI\, f[5] = 85$
b) $TVI\, f[-7] = \frac{8}{100}$

3. a) $f'(x) = -\frac{4}{(x+3)^2}$
b) $f'(x) = \frac{1}{\sqrt{2x+3}}$
c) $f'(x) = 3(6x-1)(3x^2-x)^2$
d) $f'(x) = \frac{4}{(x-1)(x+3)}$
e) $f'(x) = 4\,\text{sen}(\pi - 4x)$
f) $f'(x) = x(x+2)e^x$

4. $f'(0) = -5$; $f'(4) = 3$; $f'(-1) = -7$

5. $y = 5x - 20$; $y = -5x - 5$

6. Tiene un máximo en $x = \frac{4}{3}$ y un mínimo en $x = 4$.
Es creciente entre $\left(-\infty, \frac{4}{3}\right)$ y $(4, \infty)$ y decreciente entre $\left(\frac{4}{3}, 4\right)$.

7. a) $h(t) = 30{,}5$ m
b) $v = 14{,}63$ m/s
c) $t = 1{,}49$ s; $h(t) = 41{,}42$ m
d) $t = 4{,}4$ s

UNIDAD 12

1. a) 36

2. a) $P_5 = 120$
b) $P_3 \cdot P_2 = 12$

3. a) $VR_{6,4} = 1296$
b) $V_{6,4} = 360$
c) 324

4. a) $PR_{11}^{1,1,2,1,1,1,2,1,1} = 9979200$

5. a) $C_{10,6} = 210$
b) $C_{8,4} = 70$
c) $C_{4,2} \cdot C_{4,3} \cdot C_{2,1} = 48$

UNIDAD 13

1. a)

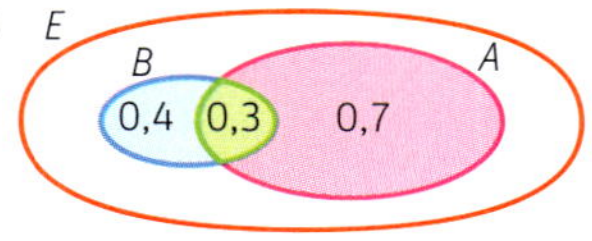

a) $P(A \cup B) = 0{,}8$
b) $P(\overline{B}) = 0{,}6$
c) $P(A \cup \overline{B}) = 0{,}9$

2. a) $\frac{1}{27}$ b) $\frac{8}{27}$ c) $\frac{19}{27}$

3. a) 0,496 b) 0,216

4. a) 0,016 b) 0,59

5. a) 0,90 b) 0,36

6. a) 0,902 b) 0,51

UNIDAD 14

1. a)

x_i	%	h_i	f_i	F_i
0	8	0,08	40	40
1	15	0,15	75	115
2	23	0,23	115	230
3	17	0,17	85	315
4	12	0,12	60	375
5	11	0,11	55	430
6	9	0,09	45	475
7	5	0,05	25	500

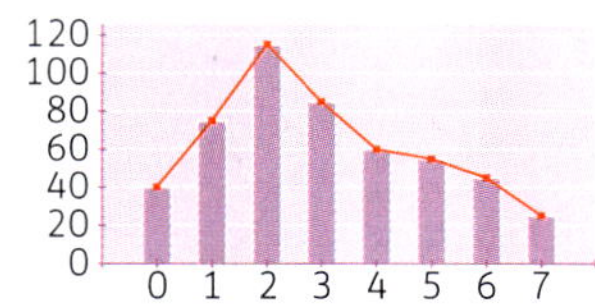

b) $\overline{x} = 3{,}04$
c) $M = 3$; $Q_1 = 2$; $Q_3 = 4$
d)

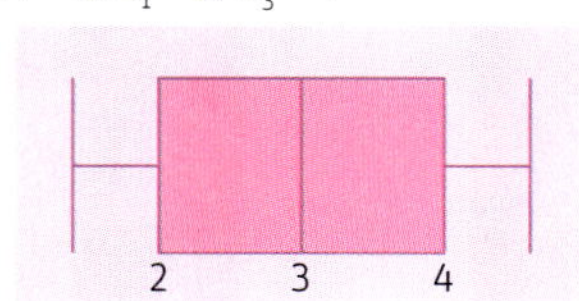

2. a)

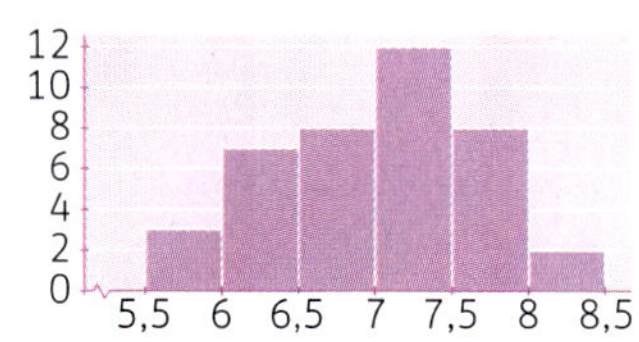

b) $\overline{x} = 7{,}01$; $s^2 = 0{,}44$; $s = 0{,}66$
c) $CV = 0{,}047$

3. a) $r = 0{,}9$ b) $r = -0{,}2$ c) $r = -0{,}5$

4. a)

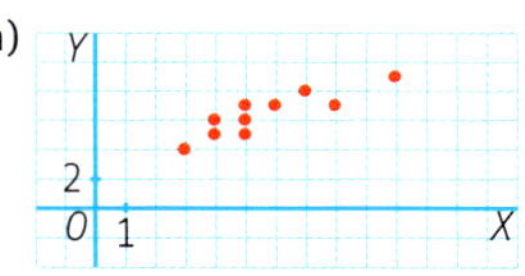

b) $\overline{x} = 5{,}7$; $\overline{y} = 6{,}4$; $s_x = 2$; $s_y = 1{,}4$;
c) $S_{xy} = 2{,}52$; $r = 0{,}88$
d) $y = 0{,}63x + 2{,}82$
e) 8,2

El libro **Matemáticas aplicadas a las enseñanzas académicas** para **4.º de ESO** forma parte del Proyecto Editorial de Educación Secundaria de SM. En su realización ha participado el siguiente equipo:

Autoría
Fernando Alcaide, Joaquín Hernández, María Moreno, Esteban Serrano, Juan Jesús Donaire, Antonio Pérez, Divermates (Mates+Magia)
- Proyecto MAT-TIC con Geogebra: Antonio Pérez, José Luis Álvarez, José Manuel Arranz, Rafael Losada, José Antonio Mora, Manuel Sada

Edición
Ana Mª Casado, Eva Béjar, Pilar Gutiérrez, Juan Alberto Torresano, Natividad Juarros

Asesoría pedagógica
José Ramón Vizmanos

Corrección científica
Miguel Nieto

Corrección
Javier López

Ilustración
Daniel García, Juan Antonio Rocafort / ARCHIVO SM

Fotografía
Sonsoles Prada, Javier Calbet, Montse Fontich / ARCHIVO SM; Pedro Carrion Juarez, Peter Rey, Sergio Cuesta; EFE; SCALA; ARTIMAGOS; THINKSTOCK; Brand x Pictures; CORDON PRESS; 123RF; SHUTTERSTOCK; COUNTRY SESSIONS; iStock; GETTY IMAGES; Sergio Cuesta; AGE FOTOSTOCK; ALBUM; SHUTTERSTOCK (Cubierta)

Edición gráfica
Sergio Cuesta

Diseño de cubierta e interiores
Estudio SM

Responsable del proyecto
Eva Béjar

Coordinación de contenidos digitales
Mara Mañas

Coordinación editorial de Matemáticas
Josefina Arévalo

Dirección de Arte del proyecto
Mario Dequel

Dirección editorial
Aída Moya

ISBN General: 978-84-675-8693-0
ISBN Andalucía: 978-84-675-8636-7
Depósito legal: M-03376-2016
Impreso en la UE / *Printed in EU*

Este libro está impreso en papel procedente de bosques gestionados de manera sostenible.